Deutscher Verein von Gas- und Wasserfachmännern

Verhandlungen aus dem Jahre 1910

BERICHT

über die

51. Jahresversammlung

in

Königsberg i. Pr.

vom 21. bis 23. Juni 1910

Mit 1 Tafel und 28 Textfiguren

München 1910
Druck von R. Oldenbourg

Inhaltsverzeichnis

Jahresbericht des Vorstandes

für 1909/10.

Die glänzend verlaufene Jubiläumsversammlung des Vereins zu Frankfurt a. M., wo vor 50 Jahren die Gründung erfolgt ist, hat Anlaſs gegeben zu einer erhebenden Feier, bei welcher ehrende Glückwünsche und hohe Anerkennung seiner Bestrebungen von allen Seiten zum Ausdruck kamen. Zum Dank für diese Ehrungen hat der Vorstand allen mit uns befreundeten Vereinen sowie den Behörden und Korporationen die Jubiläumsschrift zugesandt, in welcher die Entwicklung unseres Vereins und die Merksteine seiner 50 jährigen Wirksamkeit dargestellt sind. Auch den Hochschulen des Deutschen Reiches und den Bibliotheken wurde die Denkschrift überreicht. Überall hat dieses Buch, das von frischem Schaffen und unermüdlichem Ringen, von Männern und von Taten erzählt, Verstorbenen ein Denkmal setzt und Lebende ehrt, Anerkennung und Dank gefunden.

Eine Reihe von ehrenvollen Aufträgen hat aus diesem Anlaſs die Jahresversammlung dem Vorstand zur Ausführung überwiesen. An seinem Jubelfeste hat unser Verein zwei seiner verdientesten Mitglieder zu Ehrenmitgliedern ernannt. Auf 25 jährige Vereinstätigkeit blickte der Generalsekretär, Geh. Hofrat, Prof. Dr. Hans Bunte zurück; er hatte den Wunsch ausgesprochen, jüngeren Kräften einen Teil der Arbeit zu übergeben, nachdem er fast über ein Menschenalter innig mit dem Vereinsleben verwachsen war und für dessen Ziele gelebt hatte. Unser Verein konnte keinen schöneren Dank finden als die Bitte, weiter mitzuarbeiten mit Rat und Tat, entlastet, aber stets zur Hilfe bereit, als dauerndes Ehrenmitglied des Vorstandes. Eine Ehrenurkunde von Peter Behrens wurde dem hochverdienten Führer der Gastechnik vom Vorstand am 18. Dezember des Jahres 1909 in Karlsruhe überreicht. Zum Ehrenmitglied des Vereins wurde Herr Generaldirektor Dr.-Ing. W. v. Oechelhaeuser in Dessau ernannt, der wiederholt an der Spitze unseres Vereins als Vorsitzender stand und dessen weitschauendem Blick der Verein viele Anregungen, dessen grofszügiger Arbeit als Generaldirektor der Deutschen Kontinental-Gasgesellschaft in Dessau das Gasfach die Entstehung und Entwicklung vieler technischer Vervollkommnungen verdankt. Die von demselben Künstler ausgeführte Urkunde überreichte der Vorstand am 20. Februar in Dessau.

Herrn Baurat W. H. Lindley, Frankfurt a. M., verlieh der Verein in Anerkennung seiner ausgezeichneten Arbeiten auf dem Gebiet der Wasserversorgung Deutschlands und ferner Länder und zum Dank für seine grofsen Verdienste, die er sich durch aufopfernde und sachkundige Mitarbeit in vielen Kommissionen um den Verein erworben hat, die Bunsen-Pettenkofer-Ehrentafel.

Wie hoch der Verein die rastlose Arbeit der Industrie bewertet, die an der Vervollkommnung der technischen Einrichtungen erfolgreich mitgewirkt und an der Entwicklung des deutschen Gasfaches tätigen Anteil genommen hat, sprach sich in der Verleihung der Bunsen-Pettenkofer-Ehrentafel an die verdienten Leiter zweier unserer bedeutendsten gastechnischen Firmen aus: Kgl. Baurat Dr.-Ing. E. Blum, Berlin, und Geh. Kommerzienrat Dr.-Ing. R. Pintsch, Berlin, die auch persönlich seit langen Jahren dem Verein ihre Arbeitskraft und ihren Rat gewidmet haben. Die Ehrentafel wurde den genannten Herren im Laufe des Jahres mit Begleitschreiben des Vorstandes, in denen diesen Gedanken Ausdruck gegeben war, zugesandt.

Stand so die Jubiläumsversammlung im Zeichen des Rückblickes und der Sammlung, so ist das Zeichen des verflossenen Vereinsjahres lebhaftere Arbeit in wirtschaftlicher Richtung.

Die Beweise mehrten sich, dafs die vornehme selbstsichere Ruhe, die das Gasfach bisher beherrscht und seine wissenschaftliche und technische Durchbildung begünstigt hatte, vielfach verkannt wurden. Es fehlte eine Verbindung unserer Industrie mit der breiten Öffentlichkeit und ein Zusammenschlufs der vorhandenen Kräfte, um diese Verbindung schaffen zu können. Diesen Mangel brachte der Gasindustrie vor allem die einseitige Festlegung des Einflusses der Staatsbehörden zu gunsten der Interessen der Elektrizitätsindustrie zum Bewufstsein. Die Entfaltung einer lebhafteren Tätigkeit nach aufsen ist es, was dem Gasfach für die nächste Zeit Ziel und Richtung seiner Bestrebungen zu geben scheint.

Um in diesem Sinne die Interessen der Gasindustrie zu wahren und durch gegenseitige Information enge Fühlung zu erhalten, wurde am 14. März 1910 in Berlin die Zentrale für Gasverwertung gegründet.

Unser Verein hat die Förderung des Gas- und Wasserfaches zum Ziel. Deshalb sind die Arbeiten der Zentrale für Gasverwertung seiner freudigen Unterstützung stets sicher, auch wenn er sich als technischer Verein von dem wirtschaftlichen Kampfe im allgemeinen fernhält. Vorstand und Ausschufs haben auf einer Sitzung am 8. April 1910 in Berlin beschlossen, die Ziele der Zentrale für Gasverwertung durch einen jährlichen Beitrag von M. 5000 aus Vereinsmitteln zu fördern und die Genehmigung der Hauptversammlung hierfür zu erbitten.

Der Verein selbst hat bereits Schritte getan, um an verschiedenen Punkten in der im Verein üblichen Weise mit dem Vollgewicht seiner auf die Mitgliedschaft aller bedeutenden Gaswerke gestützten Autorität sich gegen einige der oben gekennzeichneten Erscheinungen zu wenden. Gegen das Starkstromwegegesetz ist eine Eingabe an den Staatssekretär des Innern eingereicht worden, in der auf die Einseitigkeit des beabsichtigten Gesetzes und auf den Widerspruch gegen alle bisher bestehenden Grundsätze über Eigentumsrecht und Verträge hingewiesen wird. Vor allem ist aber, für den Fall sich das Bedürfnis unabweisbar zeigen sollte, für die zentrale Verteilung von Energieträgern Sondergesetze zu schaffen, gleiches Recht auch für die Gas- und Wasserversorgung gefordert worden.

Eine andere Eingabe des Vereins an die Ministerien des Innern, für Handel und Gewerbe und der öffentlichen Arbeiten wendet sich beschwerdeführend gegen die unberechtigte und einseitige Bevorzugung der elektrischen Beleuchtung für Warenhäuser, Konzert- und Theatersäle, wie sie in Verordnungen des Polizeipräsidenten von Berlin zum Ausdruck kommt.

Um die wirtschaftliche Bedeutung des Gasfaches, die sich in den letzten Jahren immer weiter gehoben hat, künftig in exakten Zahlen vorführen und so dem geflissentlich verbreiteten Märchen von dem Abnehmen seiner Bedeutung wirkungsvoll und in würdiger Weise entgegentreten zu können, hat der Verein eine wirtschaftliche statistische Erhebung über die letzten 3 Jahre in die Wege geleitet, deren Resultate manche wertvolle Unterlage geben dürften, deren Ergebnisse aber noch nicht abgeschlossen sind. Auch die Frage der Ausbreitung der Kenntnis vom Nutzen des Gases und seiner vielfachen Verwendbarkeit durch Propagandavorträge und Wanderkochkurse hat den Vorstand und die Heiz- und Unterrichtskommission mehrfach beschäftigt. Es ist zu erwarten, daſs durch die von der Deutschen Kontinental-Gasgesellschaft veranstalteten Kochkurse bald eine gröſsere Zahl von Lehrerinnen herangebildet sein wird, die in der Lage sind, für die weitere Verbreitung des Gases zu wirken.

Gemeinsam mit der Zentrale für Gasverwertung wird der Verein bestrebt sein, auf der Internationalen Hygieneausstellung in Dresden 1911 eine würdige Vertretung seiner Vereinsfächer zu schaffen. Zwar trafen die Bestrebungen, das Gasfach geschlossen zur Darstellung zu bringen, bei dem nach anderen Gesichtspunkten streng systematisierten Ausstellungsprogramm auf Widerstand; es ist jedoch zu erwarten, daſs es den Bemühungen unserer in die einzelnen Gruppen gewählten Vertreter aus der Heizkommission und der Kommission für den Betrieb von Wasserwerken gelingen wird, das Gasfach durch geeignete räumliche Anordnung zu wirkungsvoller Geltung zu bringen. Die Jahresversammlung in Dresden 1911, wozu eine Einladung des Magistrats vorliegt, wird uns Gelegenheit geben, auch die Hygieneausstellung zu sehen und uns von den Erfolgen der Bestrebungen des Vereins und der Zentrale für Gasverwertung zu überzeugen.

Im Frühjahr d. J. trat der Vorstand mit den englischen Kollegen in Fühlung, um durch persönlichen Besuch unseren Vereinsmitgliedern Gelegenheit zu geben, die interessanten und bedeutungsvollen Errungenschaften der englischen Gastechnik, die sich nach anderer Richtung als die deutsche in grofszügiger Weise entwickelt hat, kennen zu lernen. Durch diese Reise nach England sollte auch der Besuch der Mitglieder der Institution of Gas Engineers im Sommer 1908 in Berlin erwidert werden. Die Vorbereitungen hatten durch das besonders freundschaftliche Entgegenkommen der englischen Fachgenossen zu einem hochinteressanten Programm geführt, nach dem der Besuch in der zweiten Woche nach Pfingsten stattfinden und in achttägiger Reise durch die Werke Londons, Edinburgs und Glasgows führen sollte. An verschiedenen Orten sollten wir Gelegenheit haben, neben den ernsten Studien auch im geselligen Kreis mit den englischen Kollegen zusammen zu sein. Die Trauer, in die das englische Volk durch den Tod König Eduards gesetzt wurde, war die Veranlassung, den Besuch auf den Herbst zu verschieben. Der Präsident der englischen Institution of Gas-Engineers Mr. Helps hat unserem Verein inzwischen eine neue sehr herzliche Einladung für den Herbst zukommen lassen. Wir dürfen wohl hoffen, etwa Ende September mit gleich zahlreicher Beteiligung die Reise nach England machen zu können.

Der Vorstand hat im Berichtsjahre drei Sitzungen abgehalten; am 18. Dezember in Karlsruhe, am 20. Februar in Dessau und am 8. April in Berlin; eine vierte Sitzung folgt satzungsgemäfs vor der Jahresversammlung. Aufser den bereits genannten Punkten und den später zu behandelnden Vorlagen der Kommissionen haben den Vorstand folgende Fragen beschäftigt.

Von England, Amerika und Frankreich wurde der Vorschlag gemacht, eine internationale Lichteinheit einzuführen, auf Grund der vergleichenden Messungen der in den verschiedenen Ländern gebräuchlichen Lichtmafse. Die Lichteinheiten der genannten drei Länder waren mit gelindem Zwang auf eine Basis gebracht und zu einer sog. internationalen Kerze vereinigt worden. Deutschland hat in der Hefnerlampe diejenige Lichteinheit, die für die praktische Photometrie sich zwar am besten brauchbar erwiesen hat, mit der »internationalen« Lichteinheit jedoch nicht in Übereinstimmung zu bringen war. In Übereinstimmung mit dem Verband Deutscher Elektrotechniker hat es der Verein für richtig gehalten, vorläufig einen Einspruch gegen die internationale Kerze nicht zu erheben, wenn man nur das Verhältnis derselben zur Hefnerkerze genau festlegt. Man ging dabei von der Überlegung aus, dafs eine solche internationale Lichteinheit auf rationeller Grundlage aufgebaut, scharf definiert und reproduzierbar sein mufs, wie das zurzeitbei der Hefnerkerze der Fall ist; solange die Art der Lichtmessung sowohl wie die übrigen in Betracht kommenden Einheiten und Mefsmethoden noch so sehr voneinander abweichen, wie dies bis jetzt der Fall ist, wird eine Umrechnung der Versuchsergebnisse nicht zu vermeiden sein. Die Schaffung einer internationalen Lichteinheit ist daher nicht sehr dringlich. Zur Schaffung einer rationellen Lichteinheit auf wissenschaftlicher Grundlage hat unser Verein, gemeinsam mit dem Verband Deutscher Elektrotechniker eine Eingabe an das Reichsamt des Innern gerichtet, worin die Unterstützung des Reichs und der Physikalisch-Technischen Reichsanstalt für die Bearbeitung dieser Frage erbeten wurde. Vom Herrn Staatssekretär des Innern lief ein Bescheid ein, wonach den Ausführungen der Eingabe beigepflichtet wird, Versuche der Physikalisch-Technischen Reichsanstalt in Aussicht gestellt werden und das weitere Vorgehen von dem Ausfall derselben abhängig gemacht ist.

Für die internationale Lichtmefskommission wurde an Stelle des verstorbenen Herrn Nolte Herr Prof. Dr. P. Eitner-Karlsruhe vorgeschlagen.

Über die Verhandlungen wegen Schaffung eines internationalen Gasgewindes ist im Vorjahr ausführlich berichtet worden; in der Zwischenzeit wurde die Angelegenheit nicht weiter gefördert, doch ist zu wünschen, dafs die von unserem

Verein veranlafste Kommission recht bald zu dieser wichtigen Frage Stellung nimmt.

Rege Tätigkeit herrschte in den Kommissionen in denen eine grofse Reihe wichtiger Fragen bearbeitet wurde. Namens des Vereins glaubt der Vorstand allen Herren, die in aufopfernder Tätigkeit in den Kommissionen mitgearbeitet haben, an dieser Stelle den aufrichtigsten Dank aussprechen zu sollen. Vor allem richtet sich dieser Dank auch an die Vorsitzenden der Kommissionen; die Arbeiten der einzelnen Kommissionen sind von diesen zusammenfassend besprochen. Es kann hier auf diese Berichte verwiesen werden.

Zwei Kommissionen können über den Abschlufs umfangreicher Arbeiten langer Jahre berichten, die Heizkommission hat den Entwurf der Installationsvorschriften unter dem Titel »Die Abgabe und Verwendung des Leuchtgases« fertig gestellt, und die Erdstromkommission empfiehlt die Annahme der aus den Arbeiten der Vereinigten Erdstromkommission hervorgegangenen Vorschriften, die der Jahresversammlung im Anhang des Berichts vorgelegt werden. Es ist zu hoffen und zu erwarten, dafs die Hauptversammlung den Anträgen des Vorstandes und Ausschusses folgend, die beiden Arbeiten gut heifsen wird.

Die XXX. Gasstatistik, umfassend die Betriebsjahre 1908 bzw. 1908/09, ist im Vereinsjahr zum ersten Mal in wesentlich veränderter und erweiterter Form erschienen. Im Laufe der Zeit sind manche in der bisherigen Statistik enthaltenen Angaben in ihrem Wert wesentlich zurückgetreten, während durch die Fortschritte der Gaserzeugung und Gasverwendung andere technische Einrichtungen in den Vordergrund des Interesses gerückt wurden. Die Änderungen und Neuerungen haben — häufig sogar noch bei der Bearbeitung des eingegangenen Materials — vielfach nachträgliche Besprechungen und Rückfragen notwendig gemacht, so dafs der sonst übliche Termin für die Versendung der Statistik nicht eingehalten werden konnte. Vom nächsten Jahr ab aber wird sie wieder wesentlich früher fertiggestellt und versandt werden können.

Von den Veränderungen und Erweiterungen der Statistik seien als wesentlichste Punkte hervorgehoben:

Angaben über Zahl der Öfen sowie Zahl und Bauart der Retorten oder Kammern,
besondere Berücksichtigung der Erzeugung und Verwendung des Wassergases
sowie die wichtigen und besonderes Interesse erheischenden Angaben über die Gasfernleitungen.

Ferner sind die neueren Starklichtversorgungen besonders berücksichtigt.

Auch die wirtschaftliche Seite ist zum Teil mitberücksichtigt, indem Angaben über die Menge des für 100 cbm Gas verbrauchten Vergasungsmaterials, über Zu- oder Abnahme der jährlichen Gasabgabe gegen das Vorjahr, über die Ausbreitung des Gases sowie eingehendere Angaben über den Selbstverbrauch des Kokses gebracht werden.

Die Statistik selbst weist wiederum eine vermehrte Teilnahme der dazu beitragenden Werke auf. Während die vorjährige Statistik die Betriebsergebnisse von 273 Gasanstalten oder Firmen enthielt, hat sich diese Zahl im letzten Jahr auf 287 erhöht. Wie stets, so zeugt auch diesmal wiederum die Statistik von einer ständig zunehmenden Gaserzeugung, wenn auch diese Vermehrung zum grofsen Teil hinter dem Mehr des Vorjahres an sich etwas zurücksteht. In den nachfolgenden Angaben sind zum Vergleich die entsprechenden Zahlen des vorhergehenden Jahres in Klammern beigefügt. Von gröfseren Werken erzeugten z. B. mehr als im vorhergehenden Jahr die städtischen Gaswerke von Berlin 15 090 000 cbm (18 474 000), Hamburg 6 354 700 cbm (9 400 500), Stuttgart 4 289 650 cbm (1 149 150), Leipzig 4 025 540 cbm (3 620 040), München 3 750 160 cbm (2 788 310), Charlottenburg 2 804 994 cbm (4 803 836), Dresden 2 411 640 cbm (4 723 730), Düsseldorf 1 640 100 cbm (670 000), Nürnberg 1 553 220 cbm (1 581 375), Essen-Ruhr 1 491 290 cbm (869 315), Bremen 1 321 320 cbm (3 492 200), Kiel 1 162 470 cbm (1 801 560), Karlsruhe 1 100 502 cbm (783 568), Danzig 1 037 260 cbm (1 273 800).

Auch bei den mittleren und kleineren Werken weist die Statistik fast überall eine zum Teil recht erhebliche Steigerung der Gaserzeugung auf.

Es besteht ferner, wie bereits im vorigen Jahresbericht angedeutet wurde, die Absicht, in Zeiträumen von etwa je fünf Jahren eine eingehendere, nach wirtschaftlichen Gesichtspunkten aufgestellte Gasstatistik zu vertraulicher Mitteilung an diejenigen Vereinsmitglieder herauszugeben, die sich an dieser Statistik beteiligt haben. Die erstmalige Statistik dieser Art befindet sich im Druck und wird demnächst erscheinen.

Der Bestand der Teilnehmer hat sich gegen das Vorjahr um 12 vermehrt. Nach dem Jahresbericht für 1908/09 gehörten am Schlufs desselben dem Verein an 1092 Teilnehmer, nämlich 2 Ehrenmitglieder, 891 Mitglieder und 199 Genossen.

Neu aufgenommen wurden im Berichtsjahr 31 Mitglieder und 18 Genossen, zusammen 49 Teilnehmer, ferner sind 2 Mitglieder zu Ehrenmitgliedern ernannt worden.

Ausgeschieden sind unter Berücksichtigung der beiden zu Ehrenmitgliedern ernannten Mitglieder 28 Mitglieder und 11 Genossen, zusammen 39 Teilnehmer.

Der Teilnehmerbestand am Schlusse des Berichtsjahres beträgt daher 4 Ehrenmitglieder, 898 Mitglieder und 205 Genossen, zusammen 1107 Teilnehmer.

Weitere Anmeldungen liegen vor.

Im folgenden geben wir das Verzeichnis der Neuaufnahmen in der Reihenfolge der Anmeldungen (die mit einem * bezeichneten sind Genossen):

1. *Schneider, Hugo, Akt.-Ges., Spezialfabrik für alle Arten Petroleum- und Gasglühlicht- etc. Brenner, Leipzig.
2. *Steinfeldt, Richard, Oberingenieur und Prokurist, Bunzlau, Löwenbergerstr. 32 pt.

3. *Kuntze, Gustav, Wassergasschweifswerk, Akt.-Ges., Worms.
4. Städtisches Gaswerk Gelsenkirchen.
5. Mohr, Lothar, Gaswerksdirektor, Gotha.
6. *Mannheimer Kohlenhandelsgesellschaft m. b.H. Mannheim.
7. Giulini, B., Ingenieur, Bukarest, Uzina hydraulica.
8. Magistrat Charlottenburg (Kanalisationswerk).
9. Städtische Gasanstalt Lauenburg in Pommern.
10. Steinbrenner & Co., Gasanstalt in Barr im Elsafs, Münster i. E., Kupferschmiedgasse 4.
11. Städtisches Elektrizitätswerk Hannover, Osterstr. 86/87.
12. English, I. W., Zivilingenieur, Frankfurt a. M., Finkenhofstr. 20.
13. Bopp & Reuther, Mannheim-Waldhof.
14. Wasserwerk des Landkreises Aachen, G. m. b. H., Aachen, Bismarckstr. 84.
15. Thüringische Elektrizitäts- und Gaswerke Akt.-Ges. Apolda, Luttstätterstr. 7.
16. Königliche Bergwerksdirektion, Zabrze.
17. *Apparate - Vertriebsgesellschaft m. b. H., Berlin-Wilmersdorf, Xantenerstr. 5.
18. Christensen, Peter, Direktor des Gaswerks Randers (Dänemark), Jernbanegade 9.
19. *Hahnsche Werke Akt.-Ges. (Röhrenwerk, Stahlwerk, Walzwerk) Grofsenbaum, Bez. Düsseldorf.
20. *Witte, Rud., Kohlengrofshandlung, Kassel, Hohenzollernstr. 28.
21. Kümmel, Anton, Reg.-Baumeister a. D., Direktor der städt. Wasserwerke Charlottenburg, Neue Kantstrafse 25.
22. Lang, Alexander, Diplomingenieur, städt. Wasserbauingenieur, Oberhausen (Rheinland) Gutenbergstr. 16.
23. Teichmann, Dr. phil. H., Fabrikdirektor, Rauxel i. W.
24. Direktion der städt. Gas- und Wasserwerke Weinheim i. B.
25. Quist, Johannes, Gasanstaltsdirektor, Horsens (Dänemark).

26. Marx, Anton, Ingenieur und Direktor, Frankfurt a. M., Oppenheimerlandstr. 20.
27. *Bollmann, Georg, Diplomingenieur, Hamburg, Bornstrafse 1.
28. Gemeinde-Betriebsverwaltung des Gas-, Wasser- und Elektrizitätswerks, Homberg a. Rh.
29. Direktion der städt. Gaswerke Chemnitz.
30. Bruhn, Karl, Betriebsingenieur des städt. Gaswerks Königsberg i. Pr., Lizentgrabenstr. 13 II.
31. *Moderne Conveyor-Baugesellschaft m. b. H., Berlin W. 15, Meinekestr. 21.
32. *Jucho, Heinrich, Diplomingenieur und Fabrikbesitzer, Dortmund, Weifsenburgerstr. 73.
33. Korten, Dr. Betriebsleiter, Oberhausen (Rheinland), Grillostr. 18.
34. Städt. Gas- und Wasserwerk Ragnit (Ostpr.)
35. Gas-, Elektrizitäts- und Wasserwerke der Stadt Bonn.
36. *Hortmann, Karl, Röhrengrofshandlung, Vertreter der Firma Bopp & Reuther, Mannheim-Waldhof, in Siegen, Schnabelstr. 1.
37. Städtische Gas- und Wasserwerke, Gebweiler i. E.
38. Lessing, Rudolf, Dr., konsultierender Chemiker, London W. C., Southhampton House, High Holborn 317.
39. Städtische Gas- und Wasserwerke Freiburg i. Schles.
40. Lempelius, K., Direktor der Zentrale für Gasverwertung, Berlin N 4, Chauseestr. 13.
41. *Hanyzer, Bruno, Direktor der »Multiplex« Gaszünder, G. m. b. H., Berlin, Potsdamerstr. 22 a.
42. *Kilchmann, Ed., St. Ludwig (Oberelsafs), Mitinhaber der Firma Deutsche Laternen-Automatenfabrik.
43. *Westphal, F. & Co., Hamburg-Harburg, Kohlenaufbereitungs-, Anthrazit- und Brikettwerke.
44. *Rheinbay, Hans, Ingenieur, Höchst a. M., Homburgerstr. 24.
45. *Pascher, Gerhard, Gas-, Wasser- und Heizungsanlagen, Oberhausen (Rheinland), Mülheimerstr. 315.

46. Eigel, Jean, Zivilingenieur, Vertreter der Firma O. Smreker, Wasserwerksbau, Mannheim, in Köln-Ehrenfeld, Venloerstr. 422.
47. *»Monitor« Gasapparate-Industrie, G. m. b. H., Stuttgart.
48. Menzel, Hermann, Direktor der Berlin-Anhalt. Maschinenbau-A.-G., Berlin, Wullenweberstr. 12 I.
49. Bresina, Richard, Direktor der Hannoverschen Eisengiefserei, Anderten bei Hannover Nr. 140.

Auch im vergangenen Jahre hat der Tod wieder schmerzliche Lücken im Kreise der unserem Verein angehörenden Fachgenossen gerissen. Es starben:

am 18. Juni 1909 Karl Weichelt, Ingenieur der Gasmesserfabrik Mainz (Elster & Co.). Mitglied seit 1904;

am 26. Januar 1910 E. Kunath, Direktor a. D. der Gas- und Wasserwerke der Stadt Danzig, Hallensee. Mitglied seit 1890;

am 3. März 1910 Franz Manoschek, Fabrikant, Wien. Mitglied seit 1885.

Über den Lebensgang der beiden letztgenannten ist bereits eingehend im Journal für Gasbeleuchtung berichtet worden. Mit Kunath hat der Verein ein aufserordentlich eifriges Mitglied verloren; nicht nur als stellvertretender Vorsitzer des Vereins war er längere Zeit tätig, sondern auch in den verschiedensten Kommissionen hat er viele Jahre im Interesse des Vereins in dankenswerter Weise gewirkt. Wir werden allen Heimgegangenen stets ein ehrendes Andenken bewahren.

Unserm Verein gehören wie im Vorjahre acht Zweigvereine an. Nach der Reihenfolge ihres Eintritts sind dies:

1. Märkischer Verein von Gas-, Elektrizitäts- und Wasserfachmännern, vertreten durch den Vorsitzenden Herrn Pfudel-Charlottenburg.

2. Mittelrheinischer Gas- und Wasserfachmänner-Verein, vertreten durch den Vorsitzenden Herrn Frahm-Baden-Baden.
3. Verein von Gas- und Wasserfachmännern Schlesiens und der Lausitz, vertreten durch den Vorsitzenden Herrn Goerisch-Schweidnitz.
4. Verein der Gas-, Elektritität- und Wasserfachmänner Rheinlands und Westfalens, mit zwei Mitgliedschaften, vertreten durch den stellvertretenden Vorsitzenden Herrn Spanjer-Witten.
5. Bayerischer Verein von Gas- und Wasserfachmännern, vertreten durch den Vorsitzenden Herrn Terhaerst-Nürnberg.
6. Baltischer Verein von Gas- und Wasserfachmännern, vertreten durch den Vorsitzenden Herrn Gellendien-Elbing.
7. Verein Sächsisch-Thüringischer Gas- und Wasserfachmänner, vertreten durch den Vorsitzenden Herrn Martin-Erfurt.
8. Niedersächsischer Verein von Gas- und Wasserfachmännern, vertreten durch den Vorsitzenden Herrn Hase-Lübeck.

Über die Tätigkeit dieser unserer Zweigvereine sind uns von den Herren Vorsitzenden derselben die nachstehenden Mitteilungen zugegangen, für welche wir den verbindlichsten Dank aussprechen mit den besten Wünschen für das weitere Blühen und Gedeihen dieser fachlichen Vereinigungen, welche die Bestrebungen unseres Hauptvereines in erfolgreichster Weise unterstützen.

Märkischer Verein von Gas-, Elektrizitäts- und Wasserfachmännern. Die 31. Jahresversammlung des Märkischen Vereins von Gas-, Elektrizitäts- und Wasserfachmännern wurde in den Tagen vom 9. bis 11. April 1910 in Berlin abgehalten.

Am Sonnabend, den 9. April, fanden verschiedene Besichtigungen statt: die Versuchsanlage der Klönneschen horizontalen Kammeröfen in Rixdorf, die Wassergewinnungsstelle in Nikolassee und ihre mit Dieselmotoren angetriebenen Vorpumpen und die Dampfturbinen mit Hochdruckzentrifugalpumpen der Wasserförderstation Beelitzhof und der neue Vertikalofen mit 18 Retorten im Gaswerke Mariendorf.

Die Jahresversammlung am 10. April nahm einen sehr angeregten Verlauf. Der geschäftliche Teil brachte zuerst die Vorstandswahlen. Herr E. Körting legte satzungsgemäfs den Vorsitz nieder, verbleibt aber im Vorstande, und Herr Pfudel-Charlottenburg wurde an Stelle des ausscheidenden Herrn Anklam in den Vorstand und zum Vorsitzenden gewählt.

Der Vorsitzende, Herr E. Körting, wies sodann auf die Bedeutung und die Zwecke der neu gegründeten Zentrale für Gasverwertung hin und trat dafür ein, dafs die Vereinsmitglieder ihre Stadtverwaltungen zum Eintritte auffordern und sich selbst in den Dienst der guten Sache stellen möchten. Herr Lempelius, der Direktor der Zentrale, wies dann ebenfalls auf die Zwecke und Ziele der Zentrale hin. Aus der Versammlung heraus wurde darauf der Antrag gestellt, den vom Vorstande für die Zentrale für Gasverwertung vorgeschlagenen Jahresbeitrag des Vereins von M. 200 auf M. 500 zu erhöhen, was einstimmig beschlossen wurde.

Herr Wellmann im Verein mit Herrn Gaze von der Allgemeinen Elektrizitäts-Gesellschaft machte über den Kraftbedarf der Wasserförderstation unter besonderem Vergleiche von Kolbenmaschinen mit Kolbenpumpen und Dampfturbinen mit Hochdruckzentrifugalpumpen sehr instruktive technische und wirtschaftliche Mitteilungen. Es folgte eine Übersicht über das gesamte Gasfach, eine Einrichtung, die sich seit langen Jahren im Märkischen Vereine von Gas-, Elektrizitäts- und Wasserfachmännern eingebürgert hat und sich dort grofser Beliebtheit erfreut. Die Versammlung nahm so grofses Interesse an den ersten Punkten des Programms, dafs die Übersicht lange nicht zu Ende geführt werden konnte. Bei der Besprechung von Kohle und Kohlenbetrieb wurde besonders auf den Wertverlust der Kohle durch längeres Lagern in bezug auf die Verkokungs- und Widerstandsfähigkeit des

Kokses hingewiesen, wobei auch über die Versuchsmethoden der Lehr- und Versuchsgasanstalt in Karlsruhe berichtet wurde.

Die Mitteilungen der Herren Riemann über die Kammeröfen, Delbrück über die Retortenhausanlage in Weifsensee, Pohmer über die Erfahrungen mit dem Treppenroste und Körting über die Erfahrungen mit dem Vertikalofen, Modell 1910, riefen eine vielseitige Besprechung hervor. Es zeigte sich, dafs in dieser Versammlung die Richtung trotz einiger trefflicher Mitteilungen der Herren von der Kammerofenpartei im ganzen für die Vertikalöfen eine günstige war.

Unter »Apparate« machte Herr Dr. Karl Bunte, Karlsruhe, Mitteilungen über das neue Ammoniakgewinnungsverfahren von Professor Haber; Dr. Funk, Charlottenburg, gab eine lehrreiche Übersicht über die bisherigen Versuche zur Entfernung des Schwefelkohlenstoffes aus dem Gase. Der Vorsitzende wandte sich schliefslich mit einer Aufforderung an die Versammlung, sich durch das Unglück in Hamburg nicht zu übereilten Vorsichtsmafsregeln und Schlüssen hinreifsen zu lassen, sondern die Sachlage mit objektiver Ruhe betrachten und an der wohlbegründeten Überzeugung festhalten zu wollen, dafs Gasbehälter bei einiger Vorsicht als völlig ungefährliche Apparate anzusehen sind, die keinerlei Ausnahmemafsregeln der Behörden erfordern und für die Zukunft zu keinen Bedenken Anlafs geben.

Am Nachmittage schlofs sich an die Versammlung ein Festessen im grofsen Saale der Schlaraffia an.

Der dritte Versammlungstag führte die Teilnehmer nach Weifsensee. Hier wurden zunächst die neuen Gaswerke der Imperial Continental Gas-Association besucht und gewürdigt; die Gemeindewerke von Weifsensee, das Elektrizitätswerk und die Pumpstation fanden reichen Beifall. Ein Festmahl bildete den Schlufs des Ausfluges nach Weifsensee.

Mittelrheinischer Gas- und Wasserfachmänner-Verein. Die 46. Jahresversammlung des Vereins fand am 5. und 6. September 1909 in Konstanz am Bodensee statt. Am Nachmittag des 4. September erfolgte unter Führung des Herrn Direktors Ringk die Besichtigung des Konstanzer

Wasserwerkes bei Staad am Bodensee. Der Abend vereinigte eine grofse Anzahl Vereinsteilnehmer zur Begrüfsungsfeier.

Am Sonntag, den 5. September, wurde die Sitzung vormittags $9^1/_4$ Uhr durch den Vorsitzenden, Herrn Direktor Kuckuk, Heidelberg, eröffnet. Zum Schriftführer wurde Herr Martin Oberdhan-Mainz, zu Kassenprüfern die Herren Direktor Foertsch, Ludwigshafen und Martin, Mülheim a. Rh. gewählt.

Der Vorsitzende, Herr Direktor Kuckuk, erstattete darauf den Jahresbericht, nach welchem dem Verein angehören 7 Ehrenmitglieder, 105 Vereinsmitglieder und 150 Vereinsgenossen, also zusammen 262 Vereinsteilnehmer. Durch den Tod verlor der Verein im letzten Jahre 4 Mitglieder, nämlich die Herren, Ingenieur August Klönne, Dortmund, Ingenieur Karl Weichelt, Mainz, Direktor J. Hillenbrand, Ludwigshafen und Direktor Münster, St. Wendel. 18 neue Teilnehmer wurden aufgenommen.

Dem verdienstvollen Mitglied des Vereins Herrn Stadtbaurat Reichard in Karlsruhe wurde vom Vereinsvorstand die herzlichsten Glückwünsche anläfslich seiner 40jährigen Tätigkeit im Dienste der technischen Werke der Stadt Karlsruhe zum Ausdruck gebracht und er auf Antrag des Vorstandes zum Ehrenmitglied des Vereins ernannt.

Vorträge hielten sodann Herr Direktor Frahm, Baden-Baden über die »Vorurteile gegen das Grundwasser«, Herr Direktor Kuckuk, Heidelberg über »Luftverbesserung in einem Hallenbade«. Die Herren Direktor Foertsch, Ludwigshafen und Dr. Aigner, München behandelten sodann das Thema »Die Wünschelrute« unter Ausführung sehr interessanter Experimente. Es sprachen sodann noch Herr Dipl.-Ingenieur A. Albrecht, Aachen über »Gasmotoren für das Kleingewerbe«, Herr Direktor Geyer, Schwäb. Gmünd über »Das Vorkommen von Pflanzenwurzeln in Wasserleitungen«, Herr Direktor Möllers, Köln über »Die Beschaffenheit und die Verkaufspreise des Gasteers« und Herr Bettega, Berlin über »Fortschritte auf dem Gebiete der Invertbeleuchtung speziell mit Prefsgas«.

Die Neuwahl des Vorstandes ergibt als neuen Vorsitzenden Frahm, Baden-Baden, als dessen Stellvertreter Heinrich,

Pforzheim und als Rechner Rudolph, Darmstadt. Die Herren nahmen die Wahl an. Als nächstjähriger Versammlungsort wurde Schwäb. Gmünd gewählt, für das Jahr 1911 Baden-Baden zur Tagung bestimmt. Die 50. Jubiläumsversammlung soll 1913 in Neustadt a. H., dem Gründungsort des Vereins, stattfinden.

Nachmittags vereinigte ein Festessen im Inselhotel sämtliche Teilnehmer der Jahresversammlung mit ihren Damen und den geladenen Gästen. Gegen 6 Uhr folgten sie einer Einladung des Herrn Oberbürgermeisters Dr. Weber zu einer Rundfahrt auf dem Bodensee bis zur Insel Mainau. Von 8 Uhr ab fanden sich dann die Mitglieder mit ihren Damen im Konsiliumsaal zusammen.

Am Sonntag, den 6. September, fand ein Ausflug nach Friedrichshafen zur Besichtigung der Anlagen der Luftschiffbaugesellschaft Zeppelin unter Führung des Herrn Direktor Colsmann statt.

Während des letzten Vereinsjahres hat sich eine auf der Versammlung in Bingen gewählte Kommission von 4 Mitgliedern mit den Vorarbeiten und Vorbereitungen zur Gründung einer Kohleneinkaufsgenossenschaft beschäftigt. Die Kommission hat sich wieder aufgelöst, nachdem der Zweck derselben erfüllt war und die hessisch badische Kohleneinkaufsvereinigung unter dem Vorsitz des Herrn Direktors Liebel, Griesheim a. M. gegründet worden ist.

Verein der Gas- und Wasserfachmänner Schlesiens und der Lausitz. Der Verein hielt einer Einladung der Reichsgräflich Schaffgotschen Badeverwaltung folgend seine 41. Jahresversammlung in der Zeit vom 5. bis 7. September 1909 in Bad Flinsberg ab. Am Abend des 5. September fand im grofsen Kurhaussaale eine Begrüfsungszusammenkunft statt.

Die Sitzung wurde am Montag, den 6. September, vormittags im grofsen Saale des Kurhauses durch den Vorsitzenden, Direktor Goerisch Schweidnitz, eröffnet. Zum Schriftführer wurde Herr Direktor Hofmann-Oppeln und zu Rechnungsprüfern die Herren Direktor Schultz-Zabrze und

Hoffmann-Sprottau gewählt. Der Vorsitzende erstattete hierauf den Jahres- und Kassenbericht. Aus demselben ist zu erwähnen, dafs die Kurse für Monteure von Gas-, Wasser- und Kanalisationsanlagen an der Kgl. Maschinenbau- und Hüttenschule in Gleiwitz auch im Winter 1908/09 mit gutem Erfolge abgehalten und aus der Vereinskasse unterstützt worden sind.

Einer auf der 40. Jahresversammlung in Neifse gegebenen Anregung folgend, ist der Vorstand der Bildung einer wirtschaftlichen Interessengemeinschaft unter den Mitgliedern des Vereins näher getreten und hatte zur Beratung der Grundsätze für eine solche eine gröfsere Zahl von Gasanstaltsleitern für den 31. Oktober 1908 nach Breslau eingeladen. Das Ergebnis dieser Zusammenkunft war, dafs beschlossen wurde, auf Grund von Fragebogen festzustellen, welche Preise die einzelnen Gasanstalten für die Gaskohlen anlegen müssen und welche Preise sie für die einzelnen Nebenerzeugnisse erzielen. Die Ermittelungen sollen alsdann vom Verein zusammengestellt und denjenigen Mitgliedern bekanntgegeben werden, welche ihrerseits den Fragebogen ausgefüllt zurückreichen. Um den Absatz zu erleichtern, sollen Vorräte an unverkauften Nebenerzeugnissen im Fragebogen gleichfalls aufgeführt werden, damit bei Anfragen etwaige Käufer an diese Werke gewiesen werden können. Von einem gemeinsamen Einkaufe der Kohlen wie dem gemeinsamen Verkaufe der Nebenerzeugnisse wurde vorderhand Abstand genommen. Diese Beschlüsse werden im Laufe des nächsten Vereinsjahres zur Durchführung gebracht werden.

Über die inneren Vereinsangelegenheiten berichtet der Vorsitzende, dafs der Verein seit langer Zeit im abgeschlossenen Jahre durch Tod keine Verluste erlitten hat und dafs er am Tage der Flinsberger Versammlung 149 Mitglieder und Genossen, darunter 1 Ehrenmitglied aufweist. Da für die 41. Jahresversammlung 16 Neuanmeldungen vorliegen, wird der Verein mit 165 Mitgliedern in das neue Vereinsjahr treten.

Im Anschlufs an die Erstattung des Jahresberichtes wurde auf Antrag des Vorstandes Herr Gasanstaltsdirektor La Ramée-Freiburg wegen seiner vielfachen Verdienste um den Verein.

die er sich namentlich als langjähriges Vorstandsmitglied erworben hat, anläſslich seines Übertrittes in den wohlverdienten Ruhestand zum Ehrenmitgliede ernannt.

Nach Erledigung des geschäftlichen Teiles begannen die Vorträge. Herr Direktor H. Buhe-Breslau sprach über »Gasdruckregelung auf den Breslauer Gaswerken unter Berücksichtigung der Gasfernzündung für Straſsenbeleuchtung«, Herr Oberingenieur Dr. Hübner-Berlin über »Pintsch Invertlicht unter besonderer Berücksichtigung der Anwendung von Glühkörperschutzkörben«. »Über ein neues Verfahren zur Herstellung von Leuchtgas aus flüssigen Kohlenwasserstoffen« sprach Herr Direktor H. Menzel-Berlin, während Herr Fabrikbesitzer Fliegel-Mallmitz über die »Einrichtung und Heizergebnisse seines neu erfundenen Zimmerheizofens« Mitteilungen machte. Herr Hauptmann a. D. W. Witt-Berlin berichtete über »Fortschritte der Preſsgas- und Preſsluftlampen, neue Kandelaber und Spannvorrichtungen sowie einige Neuheiten in Niederdruck-Invertbeleuchtung« und schlieſslich Herr Fabrikbesitzer Friedrich Lux-Ludwigshafen a. Rh. über »Neuere mechanische Gaszündapparate«. An die einzelnen Vorträge schloſs sich eine lebhafte Diskussion, welche das rege Interesse der Versammlung an den behandelten Stoffen bezeugte. Auch die freie Besprechung über Gegenstände aus dem Gas- und Wasserfach gestaltete sich äuſserst rege und ganz besonders bei dem Referat des Herrn Direktor A. Wilhelm-Zittau über den Entwurf zu »Grundsätzen für die Regelung der Beziehung zwischen Gaswerken, Abnehmern und Installateuren«, wie sie von der Heizkommission des Deutschen Vereins aufgestellt worden sind. Alle aufgeworfenen Fragen fanden ihre sachgemäſse Erledigung.

Bei der nun folgenden Vorstandswahl wurde Herr Gas- und Wasserwerksdirektor Goerisch-Schweidnitz, dessen Amtsperiode ablief, einstimmig als Vorstandsmitglied und zugleich auch als Vorsitzender wiedergewählt, so daſs in der Zusammensetzung des Vorstandes keinerlei Veränderungen gegen das Vorjahr zu verzeichnen sind.

Für die nächstjährige Versammlung waren Einladungen aus Zabrze O.-Schl. und aus Bunzlau ergangen. Da der Verein in den letzten Jahren nicht in Oberschlesien getagt hatte, wurde Zabrze als nächstjähriger Versammlungsort gewählt und Bunzlau für das Jahr 1911 in Aussicht genommen.

Ebenso wie der fachliche Teil verlief auch der gesellschaftliche Teil zur Befriedigung aller Teilnehmer.

Verein der Gas-, Elektrizitäts- und Wasserfachmänner Rheinlands und Westfalens. In dem vergangenen Vereinsjahr hatten Gas und Elektrizität mit den ungünstigen Verhältnissen zu rechnen, die in Gestalt des Darniederliegens des gewerblichen Lebens auch in Rheinland und Westfalen sich durchweg geltend machten. Der Verein zog daraus die allein richtige Schlufsfolgerung, dafs um so energischer Propaganda betrieben werden müsse. Die Anregungen hierzu, die aus den Vereinsversammlungen hervorgingen, wirken umfassend weiter und haben bereits an vielen Orten durchgreifende Mafsnahmen gezeitigt, die den Keim des Erfolges in sich tragen.

Die Ungunst der Verhältnisse hat auf der anderen Seite die erfreuliche Wirkung gehabt, die Vereinsmitglieder einander näher zu bringen; immer mehr bricht sich insbesondere die Überzeugung Bahn, dafs so, wie die Elektrizität ihre Erfolge zum grofsen Teil der Geschlossenheit ihres Vorgehens zuschreiben kann, eine solche Einheitlichkeit auch für das Gas eintreten mufs, um seine neuen Errungenschaften, wie das Starklicht und die Vervollkommnung des Gasglühlichtes überhaupt, so auch die Gasfernversorgung überall einzuführen. Der Verein ist seiner Aufgabe im vollen Umfange gerecht geworden, hierfür überall anregend und fördernd zu wirken.

Auf die schwebenden Fragen und die Vervollkommnungen im Wasserfach haben sich seine Arbeiten ebenfalls gerichtet.

Im einzelnen ist über seine Tätigkeit und das Vereinsleben zu berichten: Es gehören zurzeit dem Verein an: 2 Ehrenmitglieder, 222 wirkliche Mitglieder und 149 aufserordentliche Mitglieder. Der Verein hat fünf wirkliche Mitglieder durch den Tod verloren und zwar die Herren Th. Fufs, Direktor des Gaswerkes Steele; James Drory, Direktor der Gaserleuchtungsanstalt Aachen; Kassiepe, Direktor der städtischen Gas- und Wasserwerke Iserlohn; A. Baur, i. Firma Court & Baur, Köln; Carl Weichelt, i. Firma S. Elster & Co., Mainz, sowie ein aufserordentliches Mitglied: Herr Cahen von der Firma Cahen-Leudesdorff in Mülheim a. Rh. Ausgetreten und ausgeschieden sind 6 Teilnehmer. Neu aufgenommen wurden 7 wirkliche Mitglieder. Eine grofse Reihe fernerer Angemeldeter werden voraussichtlich in der kommenden Herbstversammlung Aufnahme finden.

An Stelle der satzungsgemäfs aus dem Vorstande geschiedenen Herren Direktor Kordt-Düsseldorf und Direktor Froitzheim-Köln-Deutz wurden die Herren Direktor Förster-Mülheim (Ruhr) und Direktor Wahl-Trier gewählt. Als Vorsitzender wurde Herr Direktor Lempelius-Barmen gewählt. Die anderen Ämter verteilte der Vorstand unter sich wie folgt: 2. Vorsitzender: Direktor Spanjer-Witten; Schriftführer: Direktor Franke-Hagen; Kassenführer: Direktor Förster-Mülheim (Ruhr); Beisitzer Direktor Wahl-Trier; er wurde insbesondere als Liederwart des Vereins bezeichnet. Kassenprüfer blieben die Herren Direktor Loh-Mülheim a. Rh. und Direktor Oechelhäuser-M.-Gladbach. Der Vorstand hielt vier Sitzungen ab.

Die Versammlungen des Vereins erfreuten sich eines äufserst regen Besuches. Die Hauptversammlung fand am 18. September v. Js. in Andernach statt und bot folgende Vorträge: Herr Direktor Reese-Dortmund über den Entwurf des neuen Wassergesetzes; Herr Direktor Meyer-Dortmund über den Entwurf der von der Heizkommission des Hauptvereins aufgestellten Installationsvorschriften; Herr Witt von der Firma Ehrich & Graetz-Berlin über die Fortschritte auf dem Gebiete der Invertbeleuchtung, speziell mit Prefsgas- und Prefsluftlampen, Strafsenüberspannungen und Gelenkkandelabern; Herr Direktor Menzel über die Bamag-Lukaslampe. Der Vortrag über die Installationsvorschriften führte zur Einsetzung einer besonderen Kommission, die mit der weiteren Durcharbeitung und Berichterstattung an die nächste Versammlung betraut wurde.

Die Winterversammlung fand am 22. Januar 1910 in Köln statt. Der Kommissionsbericht über die vom Hauptverein vorgelegten, die Verwendung des Gases und die Ausführung von Gasinstallationen betreffenden Ausarbeitungen fand die Billigung der Versammlung; sie beschlofs, diese Ausarbeitungen der Heizkommission des Hauptvereins als Material zu überweisen. Es trugen vor: Herr Direktor Buhe-Duisburg über »Ein neues Pumpenventil und die damit erzielten Betriebsergebnisse.« Herr Betriebsinspektor Debruck-Düsseldorf: »Wirtschaftlichkeit der Wassergaserzeugung in Vertikalöfen.« Herr Direktor Förster-Mülheim a. d. Rh.: »Versorgung der Städte mit Gas aus Kokereien.« Herr Direktor Lempelius-Barmen: »Wie verschaffen wir dem Gase erweiterten Absatz? Einheits-Gaspreis? Gasautomaten? Es schlossen sich noch an Mitteilungen der Herren Generaldirektor von Oechelhäuser-Dessau über die Herstellung von Ballongas und Generaldirektor Körtin-Berlin über Verwendung von Teer zur Dampfkesselfeuerung. Die auf die einzelnen Vorträge folgende Diskussion war eine ganz besonders rege; sie ist, wie die Vorträge im Gasjournal, von dessen Redaktion vollinhaltlich zum Abdruck gebracht worden, um die gegebenen Anregungen in die weitesten Kreise der deutschen Gasfachleute zu tragen.

Die Kassenverhältnisse des Vereins sind andauernd äufserst günstige, so dafs die Absicht besteht, namhafte Mittel zur Förderung des Gasfaches der Zentrale für Gasverwertung zuzuwenden.

Bayerischer Verein von Gas- und Wasserfachmännern. Der Verein hielt seine 25. Jahresversammlung am 23. und 24. Mai 1910 in Regensburg ab. Am Vorabend fand eine Begrüfsungszusammenkunft statt. Die Sitzung wurde am 23. Mai, vormittags 9 Uhr, vom Vorsitzenden, Herrn Stadtbaurat Ruoff, eröffnet. Nach den Begrüfsungsansprachen wurden die Herren Geh. Hofrat Prof. Dr. H. Bunte, Karlsruhe, und auf Antrag des Herrn Direktor Ries der Vorsitzende, Herr Stadtbaurat Ruoff, die mit zu Gründern des Vereins zählen, in Anbetracht ihrer Verdienste um den Verein und der von ihnen vertretenen Fächer zu Ehrenmitgliedern des Vereins ernannt. Herr Stadtbaurat Ruoff gab einen Überblick über den Stand der wasserfachlichen Tätigkeit des Vereins und über das in Kraft getretene neue bayerische Wassergesetz.

Nach dem Jahresbericht hat der Verein im letzten Jahre die Herren Haymann-Nürnberg, Dahinten-München, Lindmann-Fürth und Andrae-Stuttgart durch den Tod aus der Zahl seiner Teilnehmer verloren. Der Verein umfaſste am Schlusse des Vereinsjahres 82 Mitglieder und 92 Genossen. — Herr Direktor Finkler-Bamberg erstattete den Kassenbericht. Als Kassenprüfer wurden gewählt die Herren v. Gäſsler-Hanau und Direktor Lindmann-Straubing.

Herr Direktor Finkler-Bamberg eröffnete hierauf mit seinen Ausführungen über »Die Entwickelung des Bayerischen Vereins von Gas- und Wasserfachmännern seit seiner Gründung« die Reihe der Vorträge. Weiter sprachen Herr Direktor Friedrich-Regensburg über »Das neue Gaswerk der Stadt Regensburg«; Herr Zivilingenieur Dr. E. Schilling-München über »Überlandzentralen und Gaswerke«; Herr Oberingenieur Kammermaier-Regensburg über »Die Geschichte und die Entwickelung der Wasserversorgung von Regensburg«; Herr Zivilingenieur Hassold-Nürnberg über »Die Erweiterung des Wasserwerks der Stadt Asch in Böhmen«; Herr Friedrich Lux-Ludwigshafen über »Bauduins elektrische Gasdruckfernmelder und Wasserstandsfernmelder«; Herr Direktor Lebeis-Berlin über »Fortschritte auf dem Gebiete der Gasglühlichtbeleuchtung«; Herr Direktor Himmel-Tübingen über »Bahnhofsbeleuchtung mit Gas«; Herr Direktor Lempelius-Barmen über »Zweck und Ziele der neuen Zentrale für Gasverwertung«. An letzteren Vortrag knüpfte sich eine Diskussion, deren Verlauf klar zutage treten lieſs, daſs die Gründung der Zentrale für Gasverwertung allseitigen freudigen Beifall findet; über eine pekuniäre Beteiligung des Vereins an der Zentrale, konnte aus formellen Gründen kein Beschluſs gefaſst werden.

Nach dem Bericht der Kassenprüfer wurde dem Kassier Entlastung erteilt. Weiter berichteten Herr Direktor Ries-München über die Installateurschulen und Herr Direktor Förtsch-Ludwigshafen a. Rh. über die Tätigkeit der Kohleneinkaufsvereinigung. Zum 1. Vorsitzenden des Vereins wurde Herr Direktor Terhaerst-Nürnberg, zum Kassier Herr Direktor

Zimpell-Würzburg gewählt. Als Ort für die nächste Jahresversammlung wurde Koburg bestimmt.

Nach Schlufs der Sitzung, um 2 Uhr, vereinigte die Teilnehmer das übliche Festmahl, worauf eine Besichtigung des Gaswerks folgte. Abends trafen sich die Teilnehmer im Ausstellungsparke.

Soweit die Teilnehmer nicht durch die Sitzung der Sektion VII der Berufsgenossenschaft der Gas- und Wasserwerke in Anspruch genommen waren, wurden am folgenden Morgen die Kreisausstellung, die Sammlungen im Rathaus und andere Sehenswürdigkeiten besichtigt. Nachmittags wurde eine Fahrt nach dem Pumpwerk bei Sallern und zur Walhalla unternommen. Den Schlufs der Versammlung bildete ein Abschiedsschoppen im Parkhotel Masilian.

Baltischer Verein von Gas- und Wasserfachmännern. Die 37. Jahresversammlung fand am 20. und 21. August 1909 in Stralsund statt. Am Vorabend versammelten sich die Teilnehmer im Hotel Bismarck zur gegenseitigen Begrüfsung. Am 20. um $10^1/_2$ Uhr vormittags wurde die Sitzung im Sitzungssaale des Rathauses durch den Vorsitzenden, Herrn Direktor Gellendien-Elbing, mit einer Begrüfsungsansprache eröffnet. Er gedachte in ihr besonders der Tatsache, wie die gastliche Stadt Stralsund als Wiege des ungeheuren Fortschrittes, den das Gasfach durch Vervollkommnung der Ofenanlagen genommen habe, zu betrachten sei. Der frühere, inzwischen verstorbene Leiter des Werkes Liegel habe schon im Jahre 1866 hier in Stralsund die Generatorfeuerung zur Beheizung der Retorten mit Erfolg zur Anwendung gebracht. Die neueren Ofenanlagen mit Generatorfeuerung hätten die Liegelsche zum Ausgangspunkt genommen. Das Andenken dieses um das Gasfach so verdienten Mannes ehrend, sei heute auf Veranlassung des Vorstandes sein Grab hier mit einem schönen Kranze geschmückt worden. Herr Oberbürgermeister Gronow begrüfste die Versammlung im Namen der städtischen Behörden und stattete dem Verein für das ehrende Gedenken ihres verdienten früheren Gaswerksleiters ihren Dank ab.

Zum Schriftführer wurde Herr Direktor Harder-Hohensalza gewählt.

Aus dem von Herrn Direktor Gellendien erstatteten Jahresbericht ist anzuführen, dafs infolge Abganges und Zuganges der gleichen Zahl von Mitgliedern der Bestand derselbe geblieben ist wie im Vorjahre, nämlich 163, darunter zwei Ehrenmitglieder. Die Kasse hatte eine Einnahme von M. 1851,92, eine Ausgabe von M. 1068,57, so dafs ein Bestand von M. 783,35 verbleibt. Das Vermögen des Vereins beträgt M. 4555,18.

Vorträge wurden gehalten von Herrn Direktor Rauschenbach-Stralsund 1. über die Wasserversorgung der Stadt Stralsund, 2. einiges über die Gasanstalt Stralsund. Herr Direktor Sorge-Thorn berichtete über Vorschläge der Kommission für den gemeinschaftlichen Kohleneinkauf. An den Erörterungen beteiligten sich Herr Direktor Gellendien Elbing und Herr Direktor Stawitz-Insterburg. Weitere Vorträge hielten Herr Dr. Otto Hübner von der Firma Julius Pintsch Akt.-Ges. Berlin über »Neuerungen auf dem Gebiete der Invertbeleuchtung« ferner Herr R. Bettega von der Firma Ehrich & Graetz-Berlin über »Prefsgas und Prefsluftlampen-Strafsenüberspannungen und Gelenkkandelaber«. Herr Direktor Menzel von der Berlin-Anhaltischen Maschinenbau Akt.-Ges. Berlin machte Mitteilungen über eine neue Starklichtlampe ohne künstliche Druckerhöhung. Nach Einnahme eines von der Stadt im Ratskeller dargebotenen Frühstücks berichteten über neuere Erfolge bei Verwertung des Gasteeres, a) zur Feuerung von Halb- und Vollgeneratoröfen Herr Direktor Merkens-Lyck und b) zur Strafsenteerung Herr Direktor Sorge-Thorn.

Zur Besprechung gaben Veranlassung: Die von der Heizkommission des Deutschen Vereins von Gas- und Wasserfachmännern bearbeitete Broschüre »Die Abgabe und Verwendung des Leuchtgases«, insbesondere der Teil III »Installationsvorschriften« und die am 1. Oktober 1909 in Wirksamkeit getretene Glühkörpersteuer. Weiter folgt ein lebhafter Austausch von Erfahrungen aus der Praxis, namentlich betr. der bei Einführung der Automaten-Gasmesser in den Städten des Vereinsbezirkes erzielten Erfolge. An der Aussprache beteiligten sich die Herren Direktor Gellendien-Elbing, Direktor Menzel-Berlin, Direktor Stawitz-Insterburg, Direktor Sorge-Thorn und Stadtrat Arndt Pr. Stargard.

Nach dem Bericht der Kassenrevisoren spricht die Versammlung die Entlastung für die Kassenführung aus. Zu Kassenrevisoren für das Geschäftsjahr 1909/10 werden die Herren Direktor Nathan-Berlin und Kgl. Kommerzienrat Kromschröder-Osnabrück und zu deren Stellvertretern Direktor Handtke-Stolp und Direktor Menzel-Berlin wieder gewählt. Für das satzungsgemäfs ausscheidende Vorstandsmitglied, Herrn Direktor Ehlert-Stargard i. Pom., wurde Herr Direktor Harder-Hohensalza gewählt. Zum 1. Vorsitzenden wurde Herr Direktor Gellendien-Elbing wiedergewählt. Der Vorstand besteht demnach aus den Herren Direktor Gellendien-Elbing, Dr. Habermann-Greifswald und Harder-Hohensalza. Der vom Vorsitzenden vorgelegte Haushaltungsplan für das Geschäftsjahr 1909/10, der in Einnahme und Ausgabe mit M. 1200 balanziert, wurde genehmigt.

Die nächste Jahresversammlung soll zeitlich und örtlich zusammen mit der Versammlung des Deutschen Vereins in Königsberg abgehalten werden, um den Teilnehmern die Beteiligung an der Versammlung des Hauptvereins zu ermöglichen.

Am 21. August wurden vormittags die Gasanstalt und die Kläranlage unter Führung des Herrn Direktor Rauschenbach besichtigt. Nachmittags fand eine Fahrt nach Negast und von dort eine Besichtigung des Wasserwerkes statt.

Verein Sächsisch-Thüringischer Gas- und Wasserfachmänner. Die 57. Hauptversammlung wurde vom 14. bis 16. April 1910 in Magdeburg abgehalten. Die Versammlung wurde eingeleitet mit einem Begrüfsungsabend am 14. April im Saale des Fürstenhofes. Die Sitzung wurde am 15. April kurz nach 9 Uhr durch den Vorsitzenden, Herrn Direktor Achtermann-Annaberg, im Fürstenhof eröffnet. Nach den üblichen Begrüfsungsreden wurde das Andenken der im letzten Vereinsjahr verstorbenen Mitglieder seitens der Versammelten durch Erheben von den Plätzen geehrt. Hierauf fand die Widerwahl des Herrn Direktor Schäl-Aschersleben zum Schriftführer statt. Der Vorsitzende erstattete sodann den Jahresbericht, wonach die Teilnehmerzahl am Schlufs des Vereinsjahres 189 betrug, davon 111 Mitglieder und 78 Genossen. Nach dem Kassenbericht betrug der Kassenbestand am Jahresschlufs M. 59,28 und das Vereinsvermögen M. 2926,62. Gegen den Jahres- und Kassenbericht hatte die Versammlung nichts einzuwenden, worauf auf Antrag der beiden Kassenprüfer Herrn Taubmann-Meifsen und Teichmann-Werdau dem Vorstande Entlastung erteilt wurde. Dem Vorschlag des Vorstandes, der Gasmeisterschule zu Altenburg eine Unterstützung von M. 150.— zur Vermehrung der Lehrmittel und der Apparate zu gewähren, wurde zugestimmt,

Hierauf folgten die Vorträge. Es sprachen: Herr Dr. Pfeiffer-Magdeburg über »Die Entwicklung des Magdeburger Gaswerks« und über »Das Wasserwerk der Stadt Magdeburg«, insbesondere über die Versorgung der Stadt mit Elbwasser und die neuen Sandfilteranlagen System Puech. Herr Direktor Lempelius berichtete über die »Zentrale für Gasverwertung«; seiner Anregung entsprechend beschliefst der Verein vorläufig einen Beitrag von M. 500 auf ein Jahr zu leisten.

Die Aktiengesellschaft Lauchhammer, Gröditz, hat dem Verein einen Betrag von M. 1000 zur beliebigen Verwendung zur Verfügung gestellt; die Annahme desselben wird mit Dank beschlossen.

Weiter sprach Herr Direktor Lebeis-Berlin über »Die neuesten Errungenschaften auf dem Gebiete der Gasbeleuchtungstechnik«; an der Diskussion beteiligten sich die Herren Direktoren Lempelius-Barmen, Weber-Eisenach und Scholz-Berlin. Herr Dr. Geipert-Berlin machte Mitteilungen »Über den neuen Vertikalofen 1910«; an der sich anschliefsenden lebhaften Besprechung beteiligten sich die Herren Direktor Reinhardt-Leipzig, Direktor Göbel-Dresden, Dr. Heckert-München und der Vortragende. Herr Direktor Schäl-Aschersleben sprach über »Die innere Verwaltung mittlerer städtischer Gas- und Wasserwerke«, Herr Ingenieur Voigt-Köln »Über einen neuen Stadtdruckregler«.

Neu aufgenommen wurden vier Mitglieder und zwei Genossen. Die Wahl als Kassenprüfer fiel auf die Herren Teichmann-Werdau (Wiederwahl) und Mohr-Altenburg (an Stelle des in den Vorstand gewählten Herrn Traubmann-Meifsen). An Stelle des Herrn Direktor Achtermann-Annaberg wurde Herr Direktor Traubmann-Meifsen in den Vorstand und Herr Direktor Martin-Erfurt zum Vorsitzenden gewählt. Die Abhaltung einer Sommerversammlung wurde abgelehnt und als Ort für die nächste Hauptversammlung Leipzig bestimmt.

Es folgte noch eine Besprechung über die Wichtigkeit der Einführung der Gasautomaten als erfolgreiches Mittel zur Hebung des Gasverbrauchs, woran sich die Herren Direktoren Weber-Eisenach, Lempelius-Barmen, Teichmann-Werdau und Steuernagel-Meerane beteiligten. Hierauf schlofs der Vorsitzende die Sitzung.

Abends fand ein Festessen im Saale des Fürstenhofes statt. Am folgenden Tage, 16. April, wurden die Gas- und Wasserwerke besichtigt, woran sich nachmittags ein Ausflug nach Herrenkrug schlofs.

Niedersächsischer Verein von Gas- und Wasserfachmännern. Der Verein hielt seine 11. Jahresversammlung am 1. und 2. Oktober 1909 in Hamburg ab. Am Vorabend versammelten sich die Teilnehmer in den Räumen der »Alsterlust« zu einem Begrüfsungsabend. Die Sitzung des Vereins wurde am Freitag den 1. Oktober vormittags 9¼ Uhr im grofsen Hörsaal des Naturhistorischen Museums in Gegenwart von Vertretern der Hamburgischen Behörden und verwandter Fachvereinigungen von dem Vorsitzenden, Herrn Direktor Hase-Lübeck, eröffnet. Derselbe erstattete in üblicher Weise den Jahresbericht. Der im Berichtsjahr Verstorbenen: der Herren Stadtbaumeister Jürgens-Einbeck, Direktor a. D. Baumert-Osnabrück und Stadtbaurat Burgmann-Altona wurde ehrend gedacht. Die Zahl der Mitglieder hat sich von 145 auf 155 erhöht. Der Kassenbericht wurde von Herrn Direktor Pippig-Kiel vorgelegt und nach Prüfung durch die Herren Burgemeister-Celle und Schultz-Itzehoe genehmigt. Die Kassenverhältnisse ergaben eine Einnahme von M. 881,28, eine Ausgabe von M. 467,31 und einen Kassenbestand von M. 3018,13. Die aus dem Vorstande ausscheidenden Herren Baudirektor Bock-Hannover und Direktor Hase-Lübeck wurden wieder gewählt; letzterer behielt auf Wunsch das Amt des Vorsitzenden. Der Vorstand besteht zurzeit aus folgenden Herren: Direktor Hase-Lübeck, Vorsitzender, Direktor Pippig-Kiel, Kassenführer, Direktor Dr. Leybold-Hamburg und Baudirektor Bock-Hannover. Die nächste Jahresversammlung soll zufolge einstimmigen Beschlusses in Flensburg abgehalten werden.

Die Fachverhandlungen wurden eingeleitet durch einen Vortrag des Herrn Direktor Krause-Hamburg über »Die Hamburger Gaswerke und deren Erweiterungen«. Über »Neuerungen in der Wasserversorgung Hamburgs« sprach zunächst Herr Direktor Schertel-Hamburg; seine Ausführungen wurden ergänzt durch Berichte der Herren Baurat Schröder, Bauinspektor Düwel und Bauinspektor Holthusen-Hamburg, welche »Die neueren Pumpmaschinen«, »Die neuen Wassertürme« und die »Erfahrungen im Betriebe des Grundwasserwerkes« besprachen. Es folgten sodann Vorträge des Herrn Direktor Mohr-Altenburg S.-A. über »Staubfreie Strafsen und Strafsenteerung«, des Herrn Direktor Anderson-Hannover über »Zeitgemäfse Reklame im Dienste der Gasanstalten«, des Herrn Direktor v. Feilitzsch-Braunschweig über »Ein neues Lösch- und Transportverfahren für Gaskoks« und des Herrn Dr.-Ing. G. Thiem-Leipzig über »Die Hydrologie des unteren Elbegebietes und besonders der Umgebung Harburgs«. Sämtliche Vortragende wufsten das volle Interesse der Versammlung an ihren Mitteilungen zu wecken und wurden mit Dank und Beifall belohnt.

Der Vereinssitzung folgten ein Frühstück im St. Pauli-Fährhaus, nachmittags eine Hafenrundfahrt mit Besichtigung eines Ozeandampfers und abends ein Festmahl im Ratskeller.

Am Sonnabend, den 2. Oktober, wurden besichtigt: das Gaswerk Grasbrook mit dem neuen Riesengasbehälter und die daselbst stattfindenden Um- und Neubauten, das Pumpwerk Rothenburgsort, das Gaswerk Billwärder Ausschlag, das Grundwasserwerk Billwärder und der neue Wasserturm Sternschanze.

Der angeregt verlaufenen Versammlung schlossen sich an eine gemeinschaftliche Fahrt nach Hagenbecks Tierpark in Stellingen mit anschliefsendem Rundgang durch denselben und ein gemütliches Beisammensein im Hauptrestaurant daselbst.

Auch im verflossenen Jahre sind zur Förderung der wissenschaftlichen Zwecke des Vereins von gröfseren Werken und Firmen reiche Beiträge bewilligt. Wir führen die Beitragsgeber in alphabetischer Ordnung nach dem Sitz der Verwaltungen hier auf:

Gasbeleuchtungsanstalt der I.-C.-G.-A. in Aachen.
Städtische Gaswerke in Berlin.
Städtische Wasserwerke in Berlin.
Gasbeleuchtungsanstalt der I.-C.-G.-A. in Berlin.
Julius Pintsch in Berlin.
Städtische Gas-, Elektrizitäts- und Wasserwerke in Bonn.
Städtische Gas- und Wasserwerke in Braunschweig.
Städtische Betriebswerke in Breslau.
Allgemeine österr.-ungar. Gasgesellschaft in Budapest.
Städtisches Gaswerk in Charlottenburg.
Städtische Gasanstalt in Chemnitz.
Städt. Gas-, Elektrizitäts- und Wasserwerke in Cöln a. Rh.
Deutsche Kontinental-Gasgesellschaft in Dessau.
Städtische Gaswerke Dresden.
Städtische Wasserwerke Dresden.
Frankfurter Gasgesellschaft in Frankfurt a. M.
Städtisches Gaswerk in Freiburg i. Br.
Städtisches Wasserwerk in Freiburg i. Br.
Städtische Gasanstalt in Görlitz.
Städtische Gas- und Wasserwerke in Hagen i. W.
Städtische Gas- und Wasserwerke in Halle a. S.
Direktion der Gaswerke Hamburg.
Stadtwasserkunst in Hamburg.
Gasbeleuchtungsanstalt der I.-C.-G.-A. in Hannover.
Städtische Gas- und Wasserwerke in Heidelberg.
Städtisches Gas- und Wasserwerk in Hildesheim.
Städtische Gas- und Wasserwerke in Karlsruhe.

Städtische Gas-, Elektrizitäts- und Wasserwerke in Kiel.
Städtisches Gaswerk in Königsberg, Pr.
Städtisches Wasserwerk in Königsberg, Pr.
Städtische Gasanstalten in Leipzig.
Städtisches Gaswerk in Liegnitz.
Städtisches Wasserwerk in Liegnitz.
Städtisches Kanalisationswerk in Liegnitz.
Städtische Gas-, Elektrizitäts- und Wasserwerke Lübeck.
Allgemeine Gas-Aktiengesellschaft in Magdeburg.
Städtische Gas- und Wasserwerke Magdeburg.
Städtisches Gasamt in Mainz.
Gasbeleuchtungs-Aktiengesellschaft in Metz.
Gasgesellschaft Mülhausen i. Els.
Städtische Gas- und Wasserwerke in Mülheim a. Ruhr.
Städtische Gasanstalt in München.
Städtisches Gaswerk in Nürnberg.
Städtisches Wasserwerk in Nürnberg.
Städtische Gas- und Wasserwerke Osnabrück.
Städtisches Gaswerk in Pforzheim.
Gasanstalt Plauen i. V.
Städtische Licht- und Wasserwerke Posen.
Städtische Gas- und Wasserwerke Stettin.
Gaswerk, Aktiengesellschaft, Strafsburg i. Els.
Städtisches Gaswerk Stuttgart.
Gasbeleuchtungsanstalt der I.-C.-G.-A. in Wien.
Städtisches Wasserwerk in Wiesbaden.
Städtische Gas-, Wasser- und Elektrizitätswerke Worms.

Das Kapital der Schiele-Stiftung besteht, wie bisher, aus M. 21800, deren Zinsen (M. 763) nebst dem Bestande des Vorjahres (M. 833,23) zu Stipendien für Studienreisen zur Verfügung standen. Auf Vorschlag des Stiftungsausschusses beschlofs der Vereinsvorstand in seiner Sitzung vom 8. April d. J., folgenden Ingenieuren Studienbeihilfen zukommen zu lassen:

Fritz Linde in Pritzwalk M. 100 zur Ermöglichung der Teilnahme am Gaskursus in Karlsruhe,

Franz Topper in Siegburg M. 100 zu gleichem Zweck,

Hans Geitmann in Charlottenburg M. 500 für eine Reise zum Studium gröfserer Gaswerke,

Friedrich Greineder in Cöln M. 400 zum Studium von Gaswerken nach der wirtschaftlichen Seite,

Karl Diefenbach in Darmstadt ebenfalls zum Studium gröfserer Gaswerke.

Den drei letztgenannten wurde zugleich auferlegt, einen Bericht über ihre Studien zu liefern.

Im Rechnungsjahr 1909/10 sind nur die erstaufgeführten zweimal je M. 100 gezahlt worden. Die übrigen Beträge werden im Rechnungsjahr 1910/11 verausgabt werden.

Der Ausschufs für den Schielefonds besteht zurzeit aus den Herren: Prenger, Cöln, als Vereinsvorsitzendem, Reese, Dortmund, als Mitglied des Hauptausschusses, Achtermann, Annaberg, Hase, Lübeck, und Pfudel, Charlottenburg als Vertreter der Zweigvereine.

Herr Reese scheidet nach § 4 Absatz 2 der Satzung für die Schiestiftung aus dem Stiftungsausschufs aus und ist, da er satzungsgemäfs aus dem Ausschufs ausscheidet, nicht wieder wählbar. Die Ersatzwahl erfolgt durch den Hauptausschufs.

An Stelle des, wie im vorigen Bericht erwähnt, verstorbenen Mitgliedes des Unterstützungsausschusses, Herrn Direktor Dr. Mohr, Potsdam, ist Herr Direktor Pfudel, Charlottenburg, in den Unterstützungsausschufs gewählt worden.

Zurzeit besteht der Unterstützungsausschufs aus folgenden Personen: H. Prenger, Cöln, als Vereinsvorsitzendem, Dr. Leybold, Hamburg, als Mitglied des Hauptausschusses, Müller, Charlottenburg, R. Pintsch, Berlin, Schneider, Cottbus und Pfudel, Charlottenburg, als persönlichen Vereinsmitgliedern. Nach § 3 Absatz 2 der Stiftungssatzung scheiden von diesen letzten vier Mitgliedern zwei — die Herren Müller und R. Pintsch — aus. Wiederwahl ist zulässig. Die Ergänzungswahl erfolgt durch die Jahresversammlung.

Dank der Freigebigkeit unserer Mitglieder belief sich die Summe der im Berichtsjahr für den Unterstüzungsfonds eingegangenen Beträge auf M. 8387,21. Gelegentlich der Erhebung der ordentlichen Vereinsbeiträge wurden folgende freiwillige Gaben für den Unterstützungsfonds gezahlt:

1	zu M.	400,—	. . . =	M. 400,—
1	» »	250,—	. . . =	» 250,—
1	» »	200,—	. . . =	» 200,—
1	» »	150,—	. . . =	» 150,—
1	» »	135,—	. . . =	» 135,—
21	» »	100,—	. . . =	» 2100,—
1	» »	65,—	. . . =	» 65,—
13	» »	50,—	. . . =	» 650,—
5	» »	35,—	. . . =	» 175,—
4	» »	30,—	. . . =	» 120,—
14	» »	25,—	. . . =	» 350,—
12	» »	20,—	. . . =	» 240,—
29	» »	15,—	. . . =	» 435,—
62	» »	10,—	. . . =	» 620,—
89	» »	5,—	. . . =	» 445,—
11	» »	3,—	. . . =	» 33,—
2	» »	2,—	. . . =	» 4,—
3	» »	1,—	. . . =	» 3,—
zusammen 271	Beiträge mit			M. 6375,—

Die Umrechnung fremder Geldsorten ergab	M. 2,21
Ferner wurden für den Unterstützungsfonds aus Anlafs der 50. Jahresversammlung in Frankfurt a. M. gespendet:	
von Herrn Geh. Kommerzienrat Dr. ing. h. c. Richard Pintsch in Berlin .	M. 1000,—
und von der Firma P. Stühlen, Cöln-Deutz	» 1000,—
Gelegentlich des Ausfluges nach Homburg bei der 50. Jahresversammlung wurden gesammelt	» 10,—
Insgesamt sind also eingegangen .	M. 8387,21.

Wir danken allen Spendern für ihre Gaben.

I. Rechnungs-Abschlufs

Voranschlag M.	Gegen den Voranschlag mehr M.	Gegen den Voranschlag weniger M.	Einnahmen	Wertpapiere (Nennwert) M.	Ankaufswert M.	
			A. Aufserhalb des Voranschlages:			
—	—	—	1. Bestand aus vorigem Jahre .	54 200,—	55 178,80	12
—	—	—	2. Umgesetzte Kapitalien . . .	—	—	
—	—	—	3. Besondere Zuwendungen . .	—	—	
—	—	—	Summe A.	54 200,—	55 178,80	18
			Hierzu kommt der am Fuß der Rechnung angeführte Buchwert der Lehr- und Versuchsgasanstalt in Karlsruhe für 1909—1910 mit 45 255,93 M.			
			B. Nach dem Voranschlage:			
2 000	—	121,48	1. Zinsen	—	—	1
17 500	—	585,—	2. Vereinsbeiträge und Aufnahmegebühren	—	—	16
12 500	—	840,—	3. Aufserordentliche Beiträge für wissenschaftliche Zwecke . .	—	—	11
10 000	—	—	4. Beitrag des Verlags der Vereinszeitschrift	—	—	10
—	—	—	5. Lehr- und Versuchsgasanstalt .	—	—	
3/4 v. 500 375	—	270,05	6. Durch Verkauf von Drucksachen	—	—	
42 375	—	1816,53	Summe B.	—	—	40
			Hierzu Summe A.	54 200,—	55 178,80	18
			Gesamteinnahme	54 200,—	55 178,80	59

Vereinsjahr 1909/1910.

	Gegen den Voranschlag mehr M.	Gegen den Voranschlag weniger M.	Ausgaben	Wertpapiere (Nennwert) M.	Ankaufswert M.	Bar M.
			A. Aufserhalb des Voranschlages:			
—	—	—	Zuschufs des Vereins zu den Kosten der Lehr- und Versuchsgasanstalt in Karlsruhe[2]) . .	—	—	18 282,28
—	—	—	Summe A.	—	—	18 282,28
			B. Nach dem Voranschlage:			
500	246,95	—	1. Vorstand und Ausschufs . .	—	—	1 746,95
875	—	—	2. Geschäftsführung	—	—	4 875,—
750	713,52	—	3. Allgemeine Unkosten . . .	—	—	4 463,52
500	1 056,50	—	4. Jahresversammlung	—	—	3 556,40
000	258,74	—	5. Verhandlungsberichte . . .	—	—	2 258,74
250	—	1 850,—	6. Wissenschaftliche Arbeiten .	—	—	400,—
—	—	—	7. Lehr- und Versuchsgasanstalt .	—	—	—
300	—	—	8. Beitrag zum Museum f. Meisterwerke der Naturwissenschaft und Technik.	—	—	300,—
000	—	3 237,35	9. Gasstatistik	—	—	762,65
800	936,02	—	10. Wasserstatistik	—	—	4 736,02
400	—	—	11. Beitrag an den Verein für Wasserversorgung und Abwässerbeseitigung	—	—	400,—
			Kommissionen:			
375	—	361,60	12. Lichtmefskommission . . .	—	—	13,40
225	77,35	—	13. Gasmesserkommission . . .	—	—	302,35
750	922,81	—	14. Heizkommission	—	—	1 672,81
375	—	3,05	15. Kommission für Normalien .	—	—	371,95
250	283,10	—	16. Erdstromkommission	—	—	5 533,10
—	—	—	17. Kommission für Normalbestimmungen beim Gasbehälterbau	—	—	—
750	—	27,15	18. Unterrichtskommission . . .	—	—	722,85
750	—	127,60	19. Kommission für den Betrieb von Wasserwerken	—	—	622,40
—	—	—	20. Kommission für das Deutsche Museum	—	—	—
950	716,30	—	21. Dispositionsfonds und zum Ausgleich	—	—	2 666,30
800	5 211,19	5 606,75	Summe B.	—	—	35 404,44
			Hierzu Summe A.	—	—	18 282,28
		395,56	Summe der Ausgaben	—	—	53 686,72
			Bestand	54 200,—	[1])55 178,80	5 359,43
			Summe	54 200,—	55 178,80	59 046,15
			[1]) Hierzu kommt der Buchwert der Lehr- und Versuchsgasanstalt in Karlsruhe am Ende des Vereinsjahrs 1909—1910 nach Aufgabe der dortigen Leitung mit . .	—	45 255,93	—
			ergibt Anlagewerte	—	100 434,73	—

is Ende des Vereinsjahres 1908—1809 betrug dieser Zuschuß 26 973,65 M.
ierzu obiger Zuschuß in 1909—19010 von . . . . 18 282,28 »
rgibt als Zuschuß aus dem aus Vereinsmitteln bis zur Höhe
von 70 000 M. bewilligten Betrage . . . . 45 255 93 M.

II. Abschlufs des Unterstützungs-Fonds.

Einnahmen	Wertpapiere (Nennwert) M.	Ankaufswert M.	Bar M.
1. Bestand aus dem vorigen Jahre .	104 000	104 884,95	2 747,72
2. Umgesetzte Kapitalien	3 000	2 829,—	—
3. Beiträge	—	—	8 387,21
4. Zinsen	—	—	3 649,60
Summe der Einnahmen:	107 000	107 713,95	14 784,53
Ausgaben:			
1. Umgesetzte Kapitalien	—	—	2 829,—
2. Unterstützungen	—	—	6 645,—
Summe der Ausgaben:	—	—	9 474,—
Bleibt Bestand:	107 000	107 713,95	5 310,53
Summe:	107 000	107 713,95	14 784,53

III. Abschlufs des Simon Schiele-Fonds.

Einnahmen	Wertpapiere (Nennwert) M.	Ankaufswert M.	Bar M.
1. Bestand aus dem vorigen Jahre .	21 800	22 573,95	833,23
2. Zinsen	—	—	763,—
Summe der Einnahmen:	21 800	22 573,95	1 596,23
Ausgaben:			
Stipendien	—	—	200,—
Bleibt Bestand Summe . . .	21 800	22 573,95	1 396,23 1 596,23

Die vorstehenden drei Abschlüsse habe ich geprüft und mit der Jahresrechnung in Übereinstimmung gefunden. Die Hinterlegung der Wertpapiere bei der Kgl. Seehandlung ist nachgewiesen.

Berlin, 10. Juni 1910.

E. Ohme,
Beeidigter Bücher-Revisor.

Unterstützt wurden im Berichtsjahr 29 Familien oder Personen mit zusammen M. 6645.

Aus den verbliebenen Mitteln konnten M. 3000 Staatspapiere angekauft werden.

Das Vermögen des Fonds beträgt danach zurzeit M. 10700 in Staatspapieren. Ferner verblieb am Jahresschlufs ein Barbestand von M. 5310,53, worüber der Rechnungsabschlufs näheren Aufschlufs gibt.

Auf Grund des § 10 der Vereinssatzung und nach Mafsgabe der auf den letzten Jahresversammlungen stattgehabten Wahlen scheiden in diesem Jahre aus und sind in gleicher Eigenschaft nicht wieder wählbar:

aus dem Vorstand Herr W. H. Lindley, Frankfurt a. M.,

aus dem Ausschufs die Herren F. Reese, Dortmund, und O. Schertel, Hamburg.

Es sind daher für die nächsten drei Jahre zu wählen ein Vorstandsmitglied und zwei Ausschufsmitglieder. (§ 10 der Satzung.)

Berlin, den 10. Juni 1910.

Der Vorstand.

H. Prenger,
Direktor der städt. Gas-, Elektrizitäts- und Wasserwerke, Cöln,
Vorsitzender.

W. H. Lindley,
Zivilingenieur, Frankfurt a. M.

F. Kordt,
Direktor der städt. Gas-, Elektrizitäts- u. Wasserwerke, Düsseldorf

stellvertretende Vorsitzende.

Generalsekretär:

Dipl.-Ingenieur Dr. K. Bunte, Leiter der Lehr- und Versuchsgasanstalt in Karlsruhe.

Berichte der Kommissionen.

Bericht der Heizkommission.

Den Beschlüssen der letztjährigen Versammlung in Frankfurt a. M. entsprechend wurde der Entwurf unserer Kommission zu einer »Anleitung zur Aufstellung von Vorschriften und Regeln für den Gasbezug, die Einrichtung und der Gebrauch des Gases« nach seinem II. Abschnitt auch kurz »Installationsvorschriften« genannt, den Zweigvereinen zur Abgabe ihrer Meinung und zur Kundgebung etwaiger Änderungsvorschläge zugestellt.

Für die auf diesem Wege uns zugegangenen wertvollen Anregungen sei an dieser Stelle den Zweigvereinen der wärmste Dank ausgesprochen. Soweit es sich um technische Fragen handelte, konnten wir die Vorschläge der Kommissionen meistens ohne weiteres in den Text aufnehmen. Durchgreifender waren die Anträge des Rheinisch-Westfälischen und des Märkischen Vereins. Sie brachten im wesentlichen das zum Ausdruck, was auch auf den letzten Hauptversammlungen Gegenstand der Diskussion war, nämlich den Grundsatz, daſs unter keinen Umständen zur Überwachung der Installationsarbeiten die Polizei hereinbezogen werden dürfe, auch nicht, wenn diese nur als Rückhalt für die die Kontrolle selbst ausführenden Gaswerke diene.

Die weiteren Beratungen unserer Kommission, bei denen unser neukooptiertes Mitglied, Herr Direktor Meyer-Dortmund, hauptsächlich den Standpunkt des Rheinisch-Westfälischen Vereins vertrat, führten schlieſslich zu einer Verständigung dahin, daſs unter allen Umständen die Prüfung und Kontrolle der Gaseinrichtungen in den Händen des Gaswerks liegen müsse; die Polizei sei aus der »Anleitung« völlig auszuschliefsen, um vor allem in jenen Fällen, wo die Gasanstalt selbst installiert, zu verhüten, dafs sie die Kontrolle in die Hand nehme oder gar den Gaswerken das Installieren verbiete.

Die Kommission war sich darüber einig, dafs gerade die Installationstätigkeit der Gaswerke heute wichtiger sei wie je und entschlofs sich deshalb, nicht nur alle diejenigen Punkte der Anleitung, die der Polizei irgendwelche Handhabe zu unerwünschter Einmischung geben könnten, zu ändern, sondern auch das Vorwort in dem Sinne zu fassen, dafs die Wichtigkeit der Installationstätigkeit seitens der Gaswerke zum Ausdruck kommt. Gegenüber dem Verlangen, dafs polizeiliche Gewalt notwendig sei, um die Installationsvorschriften wirksam durchzuführen und Verfehlungen zu strafen, wurde auf das Mittel hingewiesen, das die Verweigerung des Gasanschlusses in Fällen mangelhafter Installationsarbeiten bietet und das im Abschnitt D 1 (s. S. 75) in dem Satze zum Ausdruck kommt: »In Anlagen, die diesen Bedingungen nicht entsprechen, darf Gas nicht abgegeben werden«. Freilich kann ein derartiges Strafmittel nicht in allen Fällen zur Anwendung kommen. Es ist aber wohl zu erwarten, dafs in jenen Fällen, wo grobe, straffällige Nachlässigkeiten von Installateuren oder Arbeitern vorliegen, die eine Aufhebung der Gaslieferung nicht angezeigt erscheinen lassen, die Gerichte die vorliegenden Installationsvorschriften als »allgemein anerkannte Regeln der Baukunst« betrachten und Verfehlungen dagegen nach den Strafgesetzen verfolgen werden.

Um in jenen Fällen, wo die Gaswerke selbst installieren, gleichzeitig aber auch die Kontrolle ausüben, jeder Parteilichkeit vorzubeugen, wurde im gleichen Abschnitt wie oben eine Berufungsinstanz vorgesehen, die in der Person eines Unparteiischen von dem betreffenden Gaswerk und von der Vertretung der Installateure gemeinsam zu ernennen ist. Es wurde in unserer Kommission als wünschenswert bezeichnet, dafs für Streitfälle mit den Installateuren Sachverständigenkommissionen in Anlehnung an unseren Verein oder eine seiner Kommissionen gebildet werden; man glaubte jedoch eine solche Instanz vorerst noch nicht festlegen, sondern diese Frage zunächst der weiteren Entwicklung überlassen zu sollen.

Gegenstand eingehender Erörterungen war auch die Frage, ob eine die Zulassung der Installateure beschränkende Bestimmung aufzunehmen sei. Die Heizkommission konnte sich zur Aufnahme einer solchen nicht entschliefsen, da sie keine genügende gesetzliche Handhabe zu einer derartigen Beschränkung eines freien Gewerbes zu besitzen glaubte. Immerhin bleibt nach dieser Richtung den einzelnen Stadtverwaltungen unbenommen, beschränkende Bestimmungen zu treffen, zumal auch die neuesten Auslegungen der Gewerbeordnung (Dr. F. Hoffmann, Erläuterte Ausgabe der Gewerbeordnung, 8. Aufl., Berlin 1910, C. Heymanns Verlag) die Zulässigkeit einer Beschränkung der Gewerbefreiheit in bezug auf die Ausführung von Gasinstallationen ausdrücklich anerkennen.

Um auch die Wünsche und Interessen der Installateure nach Möglichkeit zu berücksichtigen, wurde eine nochmalige gemeinsame Sitzung unserer Kommission mit dem Verband selbständiger deutscher Installateure, Klempner und Kupferschmiede am 12. März a. c. in Frankfurt a. M. abgehalten, deren Ergebnis die nunmehr vorliegende Fassung des Entwurfes ist. Freilich gelang es uns nicht, allen Wünschen des Installateurverbandes zu entsprechen, weshalb unserer Arbeit zum Schlufs noch Erläuterungen und Ergänzungen angefügt wurden, in denen diese Wünsche in Form von »Leitsätzen« des Verbandes präzisiert sind.

Die Kommission glaubt hiermit alles getan zu haben, um den vorliegenden Entwurf (s. S. 49) so zu gestalten, dafs er nunmehr die Zustimmung des Vereins finden kann. Die Kommission bittet deshalb, ihm die Genehmigung der Hauptversammlung zu erteilen und hofft, dafs diese Arbeit, die die Zeit und Arbeitskraft der Heizkommission schon über Gebühr lange in Anspruch genommen hat, unserem Fache zum Nutzen gereichen möge. —

Eine der Kommission überwiesene Anregung unseres Mitgliedes, Baurat Reichard, Gaskochlehrerinnen auszubilden, hat inzwischen ihre Erledigung darin gefunden, dafs die Deutsche Kontinentalgasgesellschaft ihr bewährtes Fräulein

Wirth auch anderen Gaswerken zu Vorträgen zur Verfügung gestellt hat; auch die neugegründete »Zentrale für Gasverwertung« hat sich die Propaganda für die Gasküche und die Abhaltung von Kochvorträgen und Ausstellungen zur speziellen Aufgabe gemacht; auf diese Weise wird dem Bedürfnis nach möglichster Verbreitung des Kochens mit Gas jedenfalls mit gröfserem Nachdruck entsprochen werden können, als es im Rahmen unserer Kommissionstätigkeit bisher möglich war.

Eine neue Aufgabe, die an unsere Heizkommission herangetreten ist, ist die Beteiligung unseres Vereins an der internationalen Hygieneausstellung in Dresden im Jahre 1911. Dem Wunsche des Vorstandes entsprechend hat die Kommission am 13. März a. c. mit der Kommission für den Betrieb von Wasserwerken in Frankfurt a. M. eine gemeinsame Sitzung abgehalten, in der die Notwendigkeit einer wirksamen und möglichst einheitlich geschlossenen Vertretung unserer Vereinsfächer auf der Ausstellung zum Ausdruck kam. Für die weiteren Arbeiten wurde ein Ausschufs, bestehend aus den Herren Götze, Junkers, Reese, Schäfer und Schilling niedergesetzt. Es wurde als wünschenswert bezeichnet, ähnlich wie auf der Städteausstellung in Dresden, einen Sonderpavillon für das Gas- und Wasserfach zu erhalten und darin vor allem die hygienische wissenschaftliche Seite unserer Fächer zur Darstellung zu bringen. Die diesbezüglich vom Herrn Generalsekretär unseres Vereins unternommenen Schritte haben zu einem positiven Ergebnis bis jetzt noch nicht geführt. Es läfst sich deshalb auch die Höhe der für diese Zwecke erforderlichen Geldmittel zurzeit noch nicht bestimmen.

In Anbetracht der jedenfalls gegen das Vorjahr gesteigerten Ansprüche erbittet sich die Kommission einen Kredit von M. 2000.

Schliefslich haben wir noch zu berichten, dafs der Nestor unserer Kommission, das hochverdiente Ehrenmitglied unseres Vereins, Herr Direktor L. Körting, den Wunsch ausgesprochen hat, sich von der Tätigkeit in unserer Kommission zurückzuziehen. Nur ungern sehen wir unsern hochverehrten treuen Mitarbeiter und langjährigen Vorsitzenden aus unserer

Mitte scheiden und werden stets mit den Gefühlen wärmsten Dankes seiner Verdienste um die Heizkommission gedenken.

Auch Herr Ing. Galley hat infolge Austritts aus dem Verein sein Ausscheiden aus unserer Kommission, die ihm für seine eifrige Mitarbeit zu grofsem Dank verpflichtet ist, erklärt. Die Kommission besteht sonach noch aus den 8 Herren: Eisele, Junkers, Meyer, Reichard, Ries, Schäfer, Schilling, Söhren.

München, den 17. Mai 1910.

Dr. E. Schilling.

Die Abgabe und Verwendung des Leuchtgases.

Anleitung zur Aufstellung von Vorschriften
und Regeln für den Gasbezug,
die Einrichtung und den Gebrauch des Gases,

bearbeitet
von der Heizkommission des Deutschen Vereins
von Gas- und Wasserfachmännern.

Inhaltsübersicht.

Vorwort.

Das Gas hat in den letzten Jahrzehnten eine ungeahnte Bedeutung gewonnen. Neben seiner Verwendung als angenehmes, sicheres und billiges Beleuchtungsmittel hat es sich auch als Heiz- und Kraftmittel in Küche und Haushalt, in Gewerbe und Industrie immer mehr eingebürgert, und es ist anzunehmen, dafs die Zukunft dem Gase noch eine weitere grofse Verbreitung bringen wird.

Hand in Hand mit dem mächtigen Aufschwung der Gasindustrie geht auch die Entwicklung des Installationswesens, das einen wichtigen Faktor für die weitere Verbreitung des Gasverbrauchs bildet. Die Gaswerke haben deshalb ein besonderes Interesse daran, dafs durch eine rege Agitation und Installationstätigkeit dem Gasabsatz neue Gebiete erschlossen werden und dafs die Beschaffung der Gasapparate und Einrichtungen dem Publikum möglichst erleichtert wird. Für die weitere Entwicklung des Gasverbrauchs ist es aber auch von hoher Bedeutung, dafs die gröfste Sorgfalt auf eine zweckmäfsige und solide Ausführung der Gaseinrichtungen verwendet wird. Deshalb ist es notwendig, dafs die Gaswerke eine Kontrolle über die Gasinstallationen ausüben, um ungeeignete Arbeitsausführungen zu verhindern und das Publikum sowie sich selbst gegen Nachteile und Gefahren zu schützen, die aus mangelhaften Installationsarbeiten entstehen können. An vielen Orten bestehen deshalb schon Vorschriften für die Ausführung von Gasinstallationen. Um diese jedoch möglichst einheitlich, dem jetzigen Stand der Technik entsprechend zu gestalten und gleichzeitig Grundlagen für die Regelung der mit dem Bezug und der Verwendung des Gases zusammenhängenden sonstigen Fragen zu schaffen, hat der Deutsche Verein von Gas- und Wasserfachmänner beschlossen, durch seine Heizkommission die nachstehende Anleitung über die Abgabe und Verwendung des Gases ausarbeiten zu lassen.

Diese zerfällt:

I. **In eine Gasbezugsordnung,** durch die den Gaswerken ein Vorbild zur Regelung ihres Verhältnisses zu den Gasabnehmern an die Hand gegeben werden soll;

II. **in den Hauptteil, die eigentlichen Installationsvorschriften,** in denen das Verhältnis der Gaswerke zu den Installateuren behandelt ist und technische Bedingungen für die solide und zweckmäfsige Ausführung von Gaseinrichtungen und für deren Prüfung und Überwachung aufgestellt sind;

III. **in eine Belehrung des Gas verbrauchenden Publikums** über Eigenschaften des Gases, Instandhaltung, Benutzung der Gaseinrichtung und über das Verhalten bei Störungen an diesen.

Die Art und Weise, wie die vorliegenden Bestimmungen, insbesondere die Installationsvorschriften, in den einzelnen Städten zur Durchführung gelangen sollen, mufste in der vorliegenden Arbeit offen gelassen werden und den einzelnen Städten zur Regelung je nach den Verhältnissen überlassen bleiben. Die verschiedene Art der Durchführung ist schon allein dadurch bedingt, dafs ein Teil der Gaswerke in städtischem, ein anderer Teil in privatem Besitz ist, ferner dadurch, das manche Gaswerke selbst Installationen ausführen, andere hingegen nicht. Je nachdem werden die Mafsnahmen zur Durchführung der vorliegenden Installationsvorschriften verschieden sein müssen. Die Ausübung der Prüfung und Überwachung von Gaseinrichtungen aber mufs unter allen Umständen durch das Gaswerk selbst, bzw. durch erfahrene Gasfachleute, die seiner Leitung unterstellt sind, erfolgen. Für diese Prüfung eine einheitliche, fachliche und objektive Grundlage zu schaffen, ist Hauptzweck der vorliegenden Installationsvorschriften.

Deutscher Verein von Gas- und Wasserfachmännern.

Der Vorstand:

Der Vorsitzende:	Der Generalsekretär:
H. Prenger,	**Dr. K. Bunte,**
Direktor der Gas-, Wasser- und Elektrizitätswerke, Köln.	Dipl.-Ing., Karlsruhe.

I. Gasbezugsordnung[1]).

Regelung des Verhältnisses der Gaswerke zu ihren Gasabnehmern. Jedem Abnehmer an Vertragesstatt gegen Anerkennungsschein zu behändigen.

1. Gaslieferung.

Die Lieferung des Gases für sämtliche Benutzungszwecke erfolgt nach Mafsgabe der nachstehenden Bestimmungen innerhalb des Bereichs des vorhandenen Rohrnetzes.

Der Gasabnehmer hat jedoch keinen Anspruch auf Entschädigung, wenn das Gaswerk an der Lieferung des Gases verhindert ist.

2. Anmeldung.

Die Anmeldungen sowohl zum Gasbezug wie zur Vornahme damit in Verbindung stehender Arbeiten (Herstellung von Zuleitungen, Setzen von Gasmessern) sind bei dem Gaswerk . . . . Strafse Nr. . . schriftlich einzureichen.

3. Zuleitung.

Die Herstellung der Zuleitung bis zu den Gasmessern sowie die Aufstellung der letzteren und deren Verbindung mit der Hausleitung darf nur durch das Gaswerk erfolgen. Dasselbe gilt auch von allen bis hierhin etwa erforderlichen Unterhaltungs- und Reparaturarbeiten.

Die Herstellung einer Zuleitung geschieht auf Antrag des Grundbesitzers, und zwar vom Hauptrohr bis (zur Strafsengrenze), auf Rechnung des Gaswerks, von da an auf Rechnung des Bestellers. In gleicher Weise sind auch die Kosten der Unterhaltung

---

[1]) Örtlich den Verhältnissen anzupassen. Die in Klammern gesetzten Stellen sind nur als Beispiele anzusehen.

zu tragen. Lage, Richtung und Weite der Zuleitung werden durch das Gaswerk bestimmt, doch sollen etwaige Wünsche des Abnehmers möglichst berücksichtigt werden.

Gröfsere Gasmotoren (über 3 PS) sollen eine gesonderte Zuleitung erhalten.

4. Innere Leitungen.

Die Herstellung der inneren Leitungen von den Gasmessern an bis zu den Verbrauchsstellen kann sowohl durch das Gaswerk wie durch Privatinstallateure erfolgen.

Diese Arbeiten unterliegen der Aufsicht durch das Gaswerk und müssen den Installationsvorschriften gemäfs ausgeführt sein. Ist dies nicht der Fall, so gibt das Gaswerk kein Gas in diese Leitungen ab.

Der Gasabnehmer hat dafür zu sorgen, dafs jede Veränderung an seiner Gasleitung dem Gaswerk gemeldet wird.

5. Gasmesser.

Der Gasverbrauch wird durch amtlich geeichte Gasmesser gemessen und (monatlich) nach den festgesetzten Preisen in Rechnung gestellt. Der Gasmesser wird vom Gaswerk geliefert und bleibt dessen Eigentum. Die Kosten für ordnungsmäfsige Unterhaltung und Bedienung des Gasmessers trägt das Gaswerk. Für seine Benutzung wird ein Gebrauchszins nach der in § 7 folgenden Tabelle erhoben.

Den Aufstellungsort des Gasmessers bestimmt das Gaswerk in erster Linie nach dem Gesichtspunkt bequemer Zugänglichkeit und Ablesbarkeit. Erforderlichenfalls ist der Gasmesser auf Kosten des Gasabnehmers mit einem Schutzkasten zu umgeben oder sonst gegen mechanische oder Frosteinwirkungen zu schützen (z. B. durch Füllen mit Glyzerin usw.). Dem Gasabnehmer ist jede auch nur vorübergehende Entfernung des Gasmessers von seiner Stelle und jede Veränderung der Anlage untersagt.

Für Beschädigungen an Gasmessern, die nicht auf ordnungsgemäfsen Gebrauch zurückzuführen sind, haftet der Gasabnehmer.

Gasmesser kann das Gaswerk jederzeit durch andere ersetzen lassen.

6. Verbrauchsanzeige und Berechnung.

Dem Gasempfänger steht es frei, falls er an der Genauigkeit eines geeichten Gasmessers zweifelt, dessen nochmalige Prüfung durch das (Kgl.) Eichamt zu verlangen. Ergibt sich, dafs der

Gasmesser über die nach der Eichordnung zulässige Fehlergrenze hinaus zuungunsten des Abnehmers unrichtig anzeigt, so hat das Gaswerk die Kosten der Prüfung einschließlich der Auswechslung des Gasmessers zu tragen, andernfalls hat der Gasabnehmer diese Kosten zu ersetzen.

Wenn ein Gasmesser den Gasverbrauch gar nicht oder über die zulässige Fehlergrenze hinaus falsch angezeigt hat, so wird der Gasverbrauch durch das Gaswerk geschätzt. Der Gasabnehmer muſs die Schätzung gegen sich gelten lassen, soweit er deren Unrichtigkeit nicht nachweist. Als Anhaltspunkte für die Schätzung dienen besonders der Verbrauch im gleichen Zeitraum des Vorjahres, der Verbrauch in den Zeitabschnitten, die der Zeit, für welche die Schätzung erfolgen soll, unmittelbar vorhergehen oder nachfolgen.

Wenn nicht ein anderes nachgewiesen wird, wird angenommen, daſs die Mangelhaftigkeit des Gasmessers unmittelbar nach der letzten Feststellung des Gasverbrauchs (§ 9) eingetreten ist.

7. Gasmessermiete.

Die Mietpreise für die Gasmesser betragen monatlich:

für	einen	3 flammigen	Messer	M.
»	»	5 »	»	»
»	»	10 »	»	»
»	»	20 »	»	»
»	»	30 »	»	»
»	»	50 »	»	»
»	»	60 »	»	»
»	»	80 »	»	»
»	»	100 »	»	»
»	»	150 »	»	»
»	»	200 »	»	»
»	»	300 »	»	»

8. Gaspreis.

Der Preis des Gases beträgt:

1.	Für	1	cbm	Leuchtgas	Pf.
2.	»	1	»	Koch- und Heizgas	»
3.	»	1	»	Kraft- und gewerbliches Gas . . .	»
4.	»	1	»	Automatengas	»
5.	»	1	»	Ballongas	»

(Auf diese Preise wird Rabatt gewährt.)

Der billigere Preis für Koch- und Heizgas kann nur beansprucht werden, wenn der Verbrauch an solchem durch besondere Gasmesser gemessen wird. Für den etwaigen Anschlufs von Leuchtflammen an die Heizgasleitung können sog. Flammengebühren (. . Pf. pro Flamme im Monat) vorgesehen werden.

9. Zahlung.

Der Gasverbrauch wird (monatlich) durch einen Bediensteten des Gaswerks erhoben, der Betrag ist nebst der etwa fälligen Gas messermiete bereit zu halten und beim erstmaligen Vorzeigen der Quittung zu bezahlen. Beschwerden gegen die Abrechnung sind schriftlich einzubringen und halten die Zahlung nicht auf.

Der Abnehmer ist verpflichtet, den Betrag an (der Kasse des Gaswerks) zu zahlen, wenn der Bote zweimal vergeblich die Rechnung vorgezeigt hat (und hat alsdann für die Mahnung eine Gebühr von 20 Pf. zu entrichten).

10. Münzgasmesser (Gasautomaten).

Auf Verlangen der Gasabnehmer können Münzgasmesser aufgestellt werden. Für den Bezug des Gases durch Münzgasmesser gelten ebenfalls die in der Gasbezugsordnung für die gewöhnlichen Gasmesser aufgeführten Bestimmungen.

Der Gaskonsument bezahlt das Gas durch jedesmaligen Einwurf eines unbeschädigten Geldstückes (10 Pf., 50 Pf., 1,00 M.) in den Münzgasmesser.

Der Münzgasmesser darf nur von Beauftragten des Gaswerkes, die mit Ausweis versehen sind, geöffnet oder entleert werden. Widerrechtliche Entnahme von Geld aus Münzgasmessern gilt nach vorliegenden gerichtlichen Entscheidungen als Einbruchdiebstahl. (Bei dem Öffnen und bei der Entleerung der Geldbüchse hat der Beauftragte des Gaswerks den Gasabnehmer oder eine zum Haushalte gehörende grofsjährige Person heranzuziehen).

Wenn der Münzgasmesser schadhaft ist, ohne genügenden Geldeinwurf Gas durchläfst, oder wenn der in der Geldbüchse des Münzgasmessers vorgefundene Geldbetrag mit dem an dem Gasmesser abgelesenen Gasverbrauch nicht übereinstimmt, so sind die Angaben des an dem Gasmesser angebrachten Zählwerkes für die Feststellung der verbrauchten Gasmenge mafsgebend. Der Gasabnehmer hat hiernach aufzuzahlen, oder es wird ihm das Zuvielbezahlte erstattet. Ist der Gasmesser fehlerhaft, so finden die Bestimmungen des § 6 Anwendung.

11. Vermietung von Gaseinrichtungen in Verbindung mit Münzgasmessern.

Das Gaswerk kann mit dem Münzgasmesser auf Wunsch des Gasabnehmers auch Gasleitungen und Verbrauchsapparate vermieten. Der Mietzins wird dann zu dem Preis des Gases hinzugeschlagen und unterliegt einer besonderen Vereinbarung. Die mit den Münzgasmessern den Gasabnehmern vermietete Einrichtung bleibt Eigentum des Gaswerks und dies erkennt der Gasabnehmer hierdurch ausdrücklich an. Er verpflichtet sich, die ihm zur Miete abgegebene Gaseinrichtung in brauchbarem Zustande zu erhalten. Reparaturen, die ohne Verschulden des Gasabnehmers entstanden sind, trägt das Gaswerk. Der Gasabnehmer ist nicht berechtigt, Änderungen an der Leitung vorzunehmen oder durch Dritte vornehmen zu lassen und haftet für alle aus einer Übertretung entstandenen Nachteile. Das Gaswerk ist aufserdem berechtigt, das Mietsverhältnis sofort aufzuheben und die Gaslieferung einzustellen.

12. Vermietung von Gasapparaten und Beleuchtungskörpern.

Das Gaswerk kann auf Antrag Koch- und Heizapparate sowie Beleuchtungskörper mietsweise den Gasabnehmern überlassen. (Siehe Anhang S. 14.)

13. Mängel und Gasentweichungen.

Wahrgenommene Mängel, besonders Gasentweichungen sind dem Gaswerk sofort zur Anzeige zu bringen.

Bei Gasgeruch in der Wohnung hüte man sich vor dem Ableuchten; man lüfte, halte Feuer und Licht fern, schliefse den Haupthahn und benachrichtige das Gaswerk oder einen Installateur.

14. Kontrolle der Gaseinrichtungen.

Dem Gaswerk steht jederzeit das Recht der Kontrolle der Gaseinrichtungen zu.

Der Gasabnehmer ist verpflichtet, dafür zu sorgen, dafs dem Beauftragten des Gaswerks der Zutritt zu allen Teilen der Gasleitung und zum Gasmesser jederzeit möglich ist.

15. Sicherheitsleistung.

(Der Gasabnehmer hat für die Erfüllung seiner Verpflichtungen genügende Sicherheit zu leisten.)

16. Kündigung.

Der Gasabnehmer kann den Gasbezug mit achttägiger Frist kündigen. Verläfst ein Gasempfänger die bisher benutzten Räume, so hat er vor deren Räumung dem Gaswerk schriftlich hiervon Nachricht zu geben. Unterbleibt diese und findet ein weiterer Gasverbrauch statt, so bleibt der bei dem Gaswerk eingetragene ehemalige Abnehmer für die Zahlung des durch den Gasmesser als verbraucht nachgewiesenen Gases haftbar.

17. Zuwiderhandlungen.

Bei Zuwiderhandlungen gegen die vorstehenden Bestimmungen sowie bei Ordnungswidrigkeiten in der Benutzung oder Bezahlung des Gases ist der Gasabnehmer dem Gaswerk für allen Schaden haftbar und das Gaswerk berechtigt, die Gaslieferung einzustellen.

18. Anderungen der Gasbezugsordnung.

Abänderungen vorstehender Bestimmungen durch (das Gaswerk) bleiben jederzeit vorbehalten. Sie treten allgemein für jeden Abnehmer 8 Tage nach erfolgter öffentlicher Bekanntmachung in Kraft unter Aufhebung der zuvor getroffenen Bestimmungen.

(Der Empfang dieser Bestimmungen und ihre vertragliche Anerkennung wird durch Unterzeichnen eines Anerkennungsscheines bestätigt; siehe Formular.)

. . . ., den . . . . 19 . .

Die Direktion des Gaswerks

. . . .

19. Anerkennungsschein.

Der Unterzeichnete, welcher von dem Gaswerk .... Gas für folgende Zwecke:

Beleuchtung, Kochen, Heizen, Badeofen, Motoren,
... Flammen, ... Brenner, ... Brenner, ... Stück, ... PS,

Gewerbliche Zwecke
.... Brenner

durch Münzgasmesser ....., durch gewöhnliche Messer ....

zu beziehen wünscht, bescheinigt hierdurch, eine Belehrung über den Gebrauch des Gases sowie ein Exemplar der Gasbezugsordnung vom .... erhalten zu haben, und erkennt diese als für ihn verbindlich an.

.... M. Kaution sind gezahlt.

........, den .... 190 .

Vor- und Zuname: ....
Stand: ....
Strafse: ...., Nr. ...

20. Anhang.

Mietsbedingungen für die Vermietung von Gasapparaten und Beleuchtungskörpern.

1.

Das Gaswerk in . . . . vermietet die nachstehend aufgeführten Apparate an Herrn . . . . in . . . . Straße . . . . Nr. . . . . auf die Dauer von mindestens 12 Kalender-Monaten, beginnend vom . . . . 19 . . Nach Ablauf dieser Zeit steht beiden Teilen für die Folgezeit die Auflösung des Mietsverhältnisses zum Schluß eines jeden Kalender-Vierteljahres mit vierwöchentlicher Kündigungsfrist frei. Die Kündigung muß schriftlich geschehen unter Angabe der Nummer des Vertrages.

2.

Das Gaswerk hat die Apparate in gutem, brauchbarem Zustande vollständig betriebsfertig anzuliefern. Der Mieter hat sich von der richtigen Anlieferung zu überzeugen und diese durch Unterschrift zu bestätigen. Das Gaswerk ist berechtigt, vor Anlieferung der Apparate eine entsprechende Kaution zu verlangen.

3.

Die gemieteten Apparate bleiben Eigentum des Gaswerks. Der Mieter darf sie nicht veräufsern, verpfänden oder verleihen und hat auch von einer erfolgten zwangsweisen Pfändung der Mietsobjekte sofort dem Gaswerk Mitteilung zu machen. Ebenso verpflichtet sich der Mieter einen etwaigen Wohnungswechsel 4 Wochen vorher dem Gaswerk anzuzeigen und vor schriftlicher Genehmigung die Mietsobjekte nicht aus der bisherigen Wohnung zu entfernen. Falls Reparaturen an den Mietsobjekten nötig werden, dürfen diese nur durch das Gaswerk ausgeführt werden. Die Kosten hierfür sind vom Mieter zu tragen.

4.

Der Mieter ist berechtigt, jederzeit den Apparat zu dem vereinbarten Preis zu erwerben, wobei ihm die Hälfte der für den betreffenden Apparat gezahlten Miete auf den Kaufpreis angerechnet wird.

5.

Die vereinbarten Mieten sind monatlich bei Vorlage der Rechnung durch den Kassenboten des Gaswerks an diesen gegen Aushändigung der Quittung im voraus zu entrichten. Falls ausnahmsweise die sofortige Zahlung unterbleibt, hat der Mieter den Betrag der Rechnung innerhalb 5 Tagen portofrei an die Kasse des Gaswerks . . . . einzusenden.

Die erste Mietsrate sowie die etwa entstehenden Kosten für Einschaltung der betreffenden Apparate in die Gasleitung sind unmittelbar bei Zustellung der Mietsobjekte zu entrichten. Der angefangene Monat wird hierbei als voll gerechnet.

6.

Das Gaswerk ist zur sofortigen Wegnahme der Apparate, ohne dafs eine Zurückerstattung der bereits gezahlten Mietsbeträge gefordert werden kann, und zur Einstellung der weiteren Gaslieferung berechtigt, wenn der Mieter:

a) eine fällige Mietsrate nicht innerhalb 2 Wochen nach Vorlegung der Quittung bezahlt hat;
b) diesen Bedingungen oder den allgemeinen Bedingungen, unter denen das Gaswerk . . . . Gas liefert, zuwiderhandelt.

Falls der Mieter seinen Verpflichtungen nicht nachkommt, so dafs das Gaswerk gezwungen ist, das Mietsverhältnis aufzulösen und die Apparate zurückzunehmen, hat der Mieter diese in tadellosem Zustande zurückzugeben, widrigenfalls ihm etwaige Aufarbeitungs- usw. Kosten zur Last fallen.

7.

Alle Meldungen, Anfragen usw., welche die gemieteten Apparate betreffen, sind schriftlich an die Direktion des Gaswerks in . . . . zu richten, unter genauer Angabe der Adresse und der Nummer des Vertrags.

. . . ., den . . . . 19 . .

Die Direktion des Gaswerks

. . . .

Vertrag Nr. . . . .
Cons.-B. Fol. . . .
Lfd. Cons. . . . . .

Antrag

auf Mietung von Koch- und Heizapparaten.

1. $\frac{\text{Ich}}{\text{Wir}}$ miete . . heute von Ihnen unter den vorstehenden Mietsbedingungen für mindestens 12 Monate vom . . . . ab, die in

$\frac{\text{meine . . Wohnung}}{\text{unsere . . Geschäftslokal . .}}$ . . . .

aufzustellenden, nachstehend näher aufgeführten Apparate:

Bezeichnung der Apparate	vereinbarte monatliche Miete		vereinbarter Kaufpreis	
	M.	Pf.	M.	Pf.

2. Die vorstehenden Bedingungen habe . . $\frac{\text{ich}}{\text{wir}}$ gelesen und erkläre . . $\frac{\text{ich mich}}{\text{wir uns}}$ mit ihnen einverstanden.

. . . ., den . . . . 19 . .

Vor- und Zuname . . . .

Stand . . . .

II. Installationsvorschriften und Regeln für die Ausführung von Gasanlagen[1]),

aufgestellt vom Deutschen Verein von Gas- und Wasserfachmännern, e.V., im Zusammenwirken mit dem Verbande selbständiger deutscher Installateure, Klempner und Kupferschmiede, e.V., Sitz in Düsseldorf.

A. Die Ausführung der Gasleitungen.

1. Arbeiten, welche ausschliefslich dem Gaswerk vorbehalten sind.

Die Herstellung der Zuleitung, soweit sie ungemessenes Gas führt, sowie die Aufstellung und Verbindung aller Gasmesser mit der Leitung und alle Änderungen an diesen Teilen **sind ausschliefslich dem Gaswerk vorbehalten und dürfen nur von dessen Beauftragten ausgeführt werden.**

Jedes Anwesen, das ein einheitliches Besitztum bildet, soll eine eigene Zuleitung erhalten. Hauszuleitungen an Laternenzuleitungen und umgekehrt anzuschliefsen, ist nur in Ausnahmefällen gestattet.

Die Zuleitungsröhren müssen aus Eisen sein; hinter der Einführung an zugänglicher Stelle ist ein Abschlufshahn anzubringen, bei gröfseren oder feuergefährlichen Objekten aufserdem eine leicht erreichbare Absperrvorrichtung auf der Strafse. Dauernd unbenutzte Zuleitungen müssen am Hauptrohr totgelegt, solche, an denen die innere Einrichtung noch nicht angebracht oder zeitweilig abgenommen ist, gut und sicher verschlossen werden.

Die Gröfse, den Standort und die Art der Aufstellung des Gasmessers bestimmt die Gasanstalt. Räume, in denen Gasmesser stehen, sollen womöglich nicht als Schlafräume benutzt werden.

---

[1]) Regelung des Verhältnisses der Gaswerke zu den Installateuren. Öffentlich bekanntzugeben, bzw. den Installateuren vorzuschreiben.

Gasmesser und Haupthähne sollen nur in einem leicht und jederzeit zugänglichen, frostfreien und ausreichend gelüfteten Raum aufgestellt bzw. angebracht werden.

Die Aufstellung von Gasmessern in Räumen, die mit offenem Licht nicht betreten werden dürfen, oder in denen explosible Stoffe lagern oder verarbeitet werden, ist unzulässig.

Vor jedem Gasmesser ist ein leicht zu bedienender Abstellhahn anzubringen.

Bei Wegnahme eines Gasmessers müssen beide Leitungsenden durch Schlufszapfen, Kappen oder Blindflanschen gasdicht verschlossen werden.

Aus abgenommenen Gasmessern ist der Gasinhalt durch Auffüllen mit Wasser oder Ausblasen mit Luft alsbald gründlich zu entfernen.

Einem abgenommenen Gasmesser mit Feuer nahe zu kommen, ist streng verboten. (Explosionsgefahr.)

Den Installateuren wie auch den Besitzern der Gasleitungsanlage und allen fremden Personen ist es verboten, Gasmesser von den Leitungen loszuschrauben oder Änderungen an ihnen oder an der Zuleitung bis zum Gasmesser vorzunehmen.

Alles weitere bestimmt die Gasbezugsordnung.

2. Arbeiten, welche auch von Privatinstallateuren ausgeführt werden können.

Die Ausführung der übrigen, hinter den Gasmessern liegenden Einrichtung im Innern der Anwesen kann sowohl vom Gaswerk wie auch von Privatinstallateuren erfolgen. Diese Arbeiten unterliegen der Prüfung und Aufsicht durch das Gaswerk.

3. Material und Weite der Rohrleitungen.

Die im Innern von Gebäuden zu verwendenden Gasrohre müssen in der Regel aus Schmiedeeisen sein; Messingrohre sind gegebenenfalls zulässig, Kupfer- und Bleirohre sind für Verteilungsleitungen unzulässig und müssen bei nächster Gelegenheit durch eiserne ersetzt werden. Verbindungsstücke müssen aus Schmiedeeisen oder schmiedbarem Eisengufs bestehen.

Da wo Leitungen der Feuchtigkeit oder chemischen Einflüssen ausgesetzt sind, müssen sie durch einen gegen Zerstörung wirksamen, bei Bedarf zu erneuernden Anstrich geschützt sein.

Rohrleitungen, die in die Erde gebettet werden, sollen aus starkwandigen schmiedeeisernen, asphaltierten Röhren oder aus asphaltierten Mannesmannröhren bestehen. Bei Verwendung von gußeisernen Röhren ist auf genügende Bruchsicherheit zu achten.

Die inneren Weiten der Gasleitungen bestimmen sich nach dem zu erwartenden stündlichen Höchstverbrauch an Gas und der Länge der Leitung nach folgender Tabelle:

Tabelle der Rohrweiten.

(Zulässiger größter Gasdurchlaß in cbm/Std.)

l. Durchmesser		Länge der Leitung in Metern							
Zoll engl.	mm	3	5	10	20	30	50	100	150
1/4"	6	0,160	0,120						
3/8"	10	0,500	0,400	0,250	0,150				
1/2"	13	1,4	1,1	0,700	0,400	0,260	0,160		
3/4"	20	4,3	3,3	2,1	1,1	0,600	0,400	0,160	
1"	25	8,5	6,5	4,0	2,5	1,5	1,1	0,450	0,320
1 1/4"	32	16,5	12,5	8,0	5,0	3,5	2,8	1,8	1,2
1 1/2"	40	25	20	12	8,5	7,0	4,4	2,7	2,2
2"	50	54	44	28	19,8	16,5	12,0	7,5	6,5
2 1/2"	63	100	76	53	37	30	24	15	12,5
3"	75	170	130	90	62	51	40	26	21
4"	100	360	300	210	150	125	100	64	52

Für Bemessung der Rohrleitung ist als stündlicher Verbrauch anzunehmen:

Bei	Glühlichtern	125 l
»	Kochapparaten, und zwar für jeden einzelnen Brenner	300 »
»	Heizöfen je nach Gröfse	1000 bis 2000 »
»	Badeöfen	3000 » 4000 »
»	Gasmotoren, soweit nicht besondere Vorschriften seitens der Fabrikanten gegeben sind, für die PS	750 »

Schmiedeeiserne Leitungen im Freien oder an kalten Wänden sollen möglichst weit, nicht unter 20 mm ($^3/_4$") genommen werden.

Wo Frost zu befürchten ist, sind die Rohrdurchmesser immer etwas gröfser, als in der Tabelle angegeben, zu wählen.

4. Die Anordnung der Rohrleitungen.

Die Rohrleitungen sollen möglichst zugänglich und vor Frost geschützt sein.

Bei gröfseren Anlagen und da, wo Leitungen unter Putz, in Zwischenböden oder sonst verdeckt verlegt werden sollen, kann das Gaswerk Vorlage eines Planes mit genauen Mafs- und Rohrweitenangaben verlangen.

Verdeckt liegende Leitungen sollen mindestens 13 mm l. W. haben und müssen vor der Zudeckung der Prüfung durch das Gaswerk unterzogen werden.

Bei Rohrleitungen unter Fufsböden darf die Deckung nicht auf den Röhren aufliegen.

Die Führung der Rohrleitungen durch Schornsteine und Kanäle ist verboten.

Die Durchführung von Rohren durch unzugängliche, hohle Räume oder durch starke Mauern soll in einem an beiden Enden offenen Futterrohr geschehen. Dieses mufs in seiner ganzen Länge dicht und mindestens 1 cm weiter sein als der äufsere Durchmesser des Leitungsrohres.

Innerhalb der Futterrohre dürfen keine Rohrverbindungsstellen liegen. Ebenso sind bei allen Mauerdurchführungen Verbindungsstellen innerhalb der Mauern unstatthaft.

Beim Durchstemmen von Wänden, Gewölben und Balken ist Rücksicht zu nehmen, dafs keine tragenden Gebäudeteile geschwächt werden, nötigenfalls ist die Zustimmung des Architekten oder Bauherrn einzuholen.

Humus, Mull und Schlacken sind unter allen Umständen aus der Umgebung der Rohrleitungen fernzuhalten.

5. Schutz der Leitungen vor Wasseransammlungen und Frost.

Um die **Ansammlung von Wasser** in den Rohrleitungen zu verhindern, sind diese mit entsprechendem **Gefälle** zu legen. Das Gefälle ist bei nassen Gasmessern nach dem Gasmesser hin, bei trockenen Gasmessern von diesem weg zu richten.

An allen **tiefsten Punkten** der Rohrleitungen sind mit Kappen oder Schlufszapfen zu verschliefsende **Wasserablässe** anzubringen.

Wo gröfsere Wasseransammlungen zu erwarten sind, sind Wassersäcke (Siphons oder Schwanenhälse) anzubringen, die einen Gasaustritt verhindern und mit einer Messingkappe oder einem Hähnchen zu verschliefsen sind.

Wenn eine Leitung von einem warmen in einen kalten Raum tritt, ist das Gefälle nach dem warmen Raum hin zu führen und dort ein Wasserablafs anzubringen.

Leitungen, die vor Frost nicht vollständig geschützt werden können, sind mit Ansätzen zum Einschütten von Flüssigkeit behufs Auftauens der Leitung zu versehen.

Leitungen im Erdboden, aufserhalb der Gebäude, sollen in der Regel 0,75 bis 1,0 m Deckung haben; sie erhalten anstatt der Wassersäcke leicht zu bedienende Wassertöpfe.

6. Ausführung der Rohrleitungen.

Die einzelnen Rohr- und Verbindungsteile sind vor ihrer Verwendung und während der Arbeit stets auf ihre Brauchbarkeit, Durchlässigkeit und Dichtheit zu prüfen. Schadhafte Stücke sind auszuscheiden.

Es ist stets auf Freihaltung des vollen Rohrquerschnittes zu achten. Der beim Abschneiden der Rohre entstehende **innere Grat ist zu entfernen.** Hanffäden dürfen nicht in das Rohr hineinragen.

Es ist darauf zu achten, dafs alle Gewinde gerade, sauber geschnitten, genügend lang (halbe Muffenlänge) und unbeschädigt sind.

Die Verbindung der einzelnen Gasröhren unter sich und mit den Formstücken ist unter Verwendung von in Leinöl getränkten Hanffäden oder Hanf mit bleifreiem Kitt **vollständig fest und**

gasdicht herzustellen. Der Kitt soll nicht in das Innengewinde der Verbindungsstücke hineingestrichen werden.

Eisenasphaltlack und ähnliche Mittel oder weiches Lot dürfen nicht zur Dichtung verwendet werden. Das aus dem Gewinde hervortretende Dichtungsmittel ist sauber zu entfernen.

Die Leitungen sind sauber unter Vermeidung scharfer Ecken und überflüssiger Wege geradlinig und winkelrecht zu Decken und Wänden anzubringen und ausreichend (alle 1,5 m) zu befestigen.

Verbindungsstellen, die sich als undicht erweisen, sind sofort auseinanderzunehmen und vollständig dicht wieder herzustellen. **Das Verstreichen undichter Verbindungsstellen mit Kitt oder anderen Mitteln sowie das Dichten solcher Stellen durch Verstemmen ist verboten.**

Die gesamte Rohrleitung darf erst nach vollendeter Prüfung mit einem Anstrich oder mit Abdeckung versehen werden. Ein Anstrich ist überall da notwendig, wo Rostgefahr vorliegt. Fertiggestellte Leitungen sind an ihren Enden mittels metallener Stopfen und Kappen gasdicht zu verschliefsen. **Jedes auch nur vorübergehende Verschliefsen mit Holz, Kork, Papier, Pfropfen oder ähnlichen Mitteln ist aufs strengste untersagt.**

Während aller Arbeiten an bereits in Betrieb befindlichen Gaseinrichtungen ist der Hahn am Gasmesser zu schliefsen, der Hahnschlüssel abzunehmen und der Hahn so lange geschlossen zu halten, bis die hinter ihm liegenden Leitungsteile mit Verschlufszapfen oder Kappen wieder **gasdicht verschlossen** sind.

Auf eine längere Dauer ist auch das Schliefsen eines Hahns oder die Auffüllung eines in der Zuleitung etwa vorhandenen Absperrtopfes nicht als sicherer Verschlufs anzusehen, in solchen Fällen ist daher die Leitung aufserdem durch Schlufszapfen oder Kappen zu verschliefsen.

Das **Ableuchten von Gasleitungen ist streng untersagt.** Die Ermittlung von Fehlerstellen soll durch Abseifen oder Abriechen der Leitung erfolgen.

B. Die Gasverbrauchsapparate.

1. Zubehörteile.

(Hähne, Schlauchverbindungen, Druckregler.)

In den Leitungen und an den Gasverbrauchsapparaten dürfen nur Hähne verwendet werden, deren Kegel mit einem Anschlagstift versehen sind, nur eine Viertelsdrehung machen und nicht ohne weiteres aus dem Gehäuse gezogen werden können.

Alle Hähne müssen leicht erkennen lassen, ob sie geöffnet oder geschlossen sind. Zu diesem Zweck müssen Hahngriffe und Kerben in die Richtung der Hahnbohrung fallen, so dafs der Hahn geschlossen ist, wenn der Griff oder die Kerbe quer zur Rohrrichtung steht. Wo drei Rohrrichtungen, wie bei Lyren, zusammenstofsen, mufs die Griffstellung des **offenen** Hahnes in die Richtung des **Gasaustrittes** fallen.

Hahnschlüssel sind so einzurichten, dafs sie nicht durch einseitiges Übergewicht Anlafs zu selbsttätigem Öffnen des Hahnes geben können.

Schläuche dürfen nur zur Speisung einzelner Lampen und kleinerer Kochapparate verwendet werden. Bei Schlauchverbindungen, die nur für einzelne Lampen und kleinere Apparate verwendet werden dürfen, mufs ein Absperrhahn **vor** dem Schlauch vorhanden sein[1]).

Schläuche müssen stets so angebracht werden, dafs sie nicht in den Bereich der Flamme kommen können.

Die Anbringung von Druckreglern in Leitungen ist möglichst auf Gasmotoren und jene Fälle zu beschränken, wo gröfsere Druckschwankungen vorkommen.

Druckregler in Leitungen dürfen nur in hellen, gut gelüfteten Räumen untergebracht werden und nur da, wo eine regelmäfsige Überwachung des sicheren Gasabschlusses vorausgesetzt werden kann. Zweckmäfsig ist ein dichter Abschlufs mit einer Entlüftungsvorrichtung ins Freie.

An Reglern empfiehlt es sich, einen Ein- und Ausgangshahn und ein Umgangsrohr mit Hahn vorzusehen.

2. Beleuchtungskörper.

Die Beleuchtungskörper müssen durchaus dicht sein und sind mit der Leitung vollkommen **gasdicht** und derart **fest zu verschrauben**, dafs eine Lockerung durch den Gebrauch ausgeschlossen ist. Zu dem Behuf werden sie zweckmäfsig mittels genügend grofser Decken- und Wandscheiben, die anzuschrauben — nicht anzunageln — sind, befestigt.

---

[1]) Absperrhähne an mit Schlauch zu verbindenden einflammigen Lampen, Kochern und Heizapparaten selbst sind unzweckmäfsig und entweder ganz zu vermeiden oder nur als Regulierhähne auszubilden, die das Gas nicht ganz absperren, so dafs man gezwungen ist, zum Absperren stets den Hahn vor dem Schlauch zu benutzen.

Die Befestigung an Gipserlättchen oder Staak-Stecken ist verboten.

Decken- und Wandscheiben müssen so befestigt sein, dafs sie mehr wie das 4fache des Gewichts der für sie bestimmten Apparate, mindestens aber 25 kg mit Sicherheit tragen.

An der Decke hängende Lampen und Kronen sind möglichst mit Kugelbewegungen aufzuhängen; diese sind nur mit voller Kugel zulässig.

Schwere Hängeleuchter müssen mit durchgehenden Schrauben oder in besonderer Weise sicher befestigt werden. Auch müssen derartige Leuchter gegebenenfalls durch besondere, leicht zugängliche Hähne abgeschlossen werden können.

Sogenannte Korkzüge sind verboten. Flüssigkeitsverschlüsse sind zu vermeiden, jedenfalls aber nicht mit Wasser, sondern mit schwer verdunstender, nicht harzender Flüssigkeit, wie Glyzerin oder nicht harzendes Öl, zu füllen.

Alle Beleuchtungskörper sind so hoch anzubringen, dafs sie bei gewöhnlichem Gebrauch nicht leicht verletzt oder unbrauchbar gemacht werden können und den Verkehr nicht hindern. Wenn keine Möbel (Tische) unter ihnen stehen, mufs eine freie Höhe von mindestens 1,9 m bleiben.

Bei der Anbringung von Beleuchtungskörpern ist darauf zu achten, dafs diese **von brennbaren Stoffen** (Decken, Wänden, Verschlägen, Möbeln, Vorhängen usw.) so weit **entfernt** bleiben, als zur Verhütung einer Entzündung oder Verkohlung, also für völlige Feuersicherheit erforderlich ist.

Bewegliche Wandlampen dürfen nicht in der Nähe brennbarer Stoffe angebracht werden.

Wenn eine vollkommene Sicherheit bietende Entfernung der Flammen von brennbaren Stoffen nicht eingehalten werden kann, so ist durch geeignete Schutzmittel (Hitzefänger, Schutzbleche, Isolierungen, Glasglocken u. dgl.) für Feuersicherheit zu sorgen.

3. Gasheizapparate.

Gröfsere Gasheizapparate, wie Gasherde und Gasöfen sowie Gasbadeöfen dürfen nicht durch Schläuche mit der Leitung verbunden werden, sondern müssen durch feste Rohrleitungen angeschlossen werden.

Auch für kleinere Koch- und Heizapparate empfiehlt sich, wenn möglich, ein fester oder gelenkiger Rohranschlufs.

Unmittelbar vor jedem Heizapparat mufs ein bequem zugänglicher Hahn in der Rohrleitung angebracht sein.

Heifswasserautomaten müssen so konstruiert sein, dafs auch im Falle einer Störung kein Gas in den Aufstellungsraum austreten kann.

Baderäume, in denen Gasbadeöfen benutzt werden, besonders solche von kleinem Rauminhalt, müssen neben der Abführung der Abgase auch Vorrichtungen zur Zuführung frischer Luft besitzen.

Beim Fehlen besonderer Lüftungsvorrichtung kann schon eine unten an der Türe ausgeschnittene Öffnung dem Mangel abhelfen.

An jedem Gasbadeofen oder in dessen Nähe mufs eine deutlich sichtbare kurze Gebrauchsanweisung angebracht sein.

4. Abzugsvorrichtungen für die Abgase.

Zimmeröfen, Badeöfen sowie gröfsere Herde und andere gröfsere Gasheizapparate sind stets an eine gut wirkende **Einrichtung zur Abführung der Abgase** anzuschliefsen [1]).

Diese Apparate sind **von allen zufälligen Störungen** im Schornstein (fehlender Zug, Windstöfse) **unabhängig** zu machen, um eine ungestörte Verbrennung des Gases zu sichern. Dies kann durch besondere Konstruktion der Öfen oder durch Unterbrechungen mit Deflektor im Abzugsrohre bewirkt werden.

Die Weite des Abzugsrohres für die Verbrennungsprodukte richtet sich nach dem stündlichen Gasverbrauch des angeschlossenen Heizapparates. Das Abzugsrohr soll mindestens den 20fachen Querschnitt des Gaszuführungsrohres besitzen. (Weiten der Gasrohre siehe Abschn. A, Ziff. 3, Weiten der Abzugsrohre siehe Tabelle S. 73.)

Kanäle oder Kamine, die hiernach einen viel zu weiten Querschnitt haben, sind als Abzug von Gasheizapparaten im allgemeinen nicht geeignet.

Wo es möglich ist, sollen, um Zugstörungen durch die Einwirkung der Abgase anderer Heizapparate zu vermeiden, die Abgase gröfserer Gasheizapparate einen gesonderten Abzugskamin erhalten.

Um das Austreten von Niederschlagswasser in das Mauerwerk zu vermeiden, empfiehlt es sich, in Neubauten für Gasheizapparate

---

[1]) S. Anleitung zur richtigen Konstruktion, Aufstellung und Handhabung von Gasheizapparaten. R. Oldenbourg.

Tabelle der lichten Weiten von Abzugsrohren.

Weite des Gasrohres			Weite des Abzugsrohres		
Durchmesser		Querschnitt	Querschnitt	Durchmesser	
Zoll	mm	qmm	qcm	cm	abgerundet cm
$^3/_8$	10	78	14	4,2	5
$^1/_2$	13	133	27	5,9	6
$^5/_8$	16	201	40	7,2	8
$^3/_4$	20	314	63	9,0	9
1	25	491	98	11,2	12
1 $^1/_4$	32	804	161	14,3	15
1 $^1/_2$	40	1257	251	17,9	17
2	50	1963	393	22,4	22

dicht verputzte, gemauerte Kamine oder am besten Abzüge aus Tonröhren oder mit Tonröhren oder sonst dichten Röhren ausgefütterte Kamine vorzusehen.

Die Muffen der Tonrohre sind mit nachgiebigem Material (Lehm) zu dichten. Die Rohre sollen mit dem Mauerwerk nicht in fester Verbindung stehen, damit sie nicht durch Setzen desselben zerdrückt oder in den Verbindungen gelockert werden können.

Abzugsrohre aus Blech sind zweckmäfsig aus verbleitem Eisenblech herzustellen.

Bei allen Abzugsrohren mufs die Muffe bezw. der weitere Teil nach oben gerichtet sein; das Gefälle ist so zu legen, dafs Ansammlungen von Niederschlagwasser in der Leitung nicht erfolgen können. Da etwa die Hälfte der Verbrennungsprodukte aus Wasserdampf besteht, empfiehlt es sich, an den tiefsten Stellen der Abzugsleitungen Wasserauffangvorrichtungen anzubringen.

Die **Abzugsrohre** sind möglichst **vor starker Abkühlung zu schützen,** deshalb ist ihre Anlage in kalten Aufsenwänden und im Freien möglichst zu vermeiden.

Um einen ersten Auftrieb zu erhalten, empfiehlt es sich, das Abzugsrohr unmittelbar hinter dem Gasapparat zunächst im Raume frei in die Höhe und erst unterhalb der Decke in den Kamin bzw. ins Freie zu führen.

Lange, vielfach die Richtung ändernde oder gar abwärts gerichtete Rohrleitungen für die Abgase sind zu vermeiden.

Die Kamine oder Abzugsrohre für Gasheizapparate sind, um unnötige Abkühlung zu vermeiden, nur eben bis über Dach zu führen und ihre Mündungen durch feststehende Schutzhauben vor Oberwind zu schützen. In besonderen Fällen kann auch die Ausmündung von Abzugsrohren in unbewohnten Dachboden durch den Prüfungsbeamten zugelassen werden.

5. Gasmotoren.

Gasmotoren sind unter Verwendung von Gummibeuteln oder Druckreglern so anzuschliefsen, dafs keine Druckschwankungen und Stöfse sich auf das Rohrnetz übertragen. Vor dem Gummibeutel ist ein Absperr- und Regulierhahn anzubringen, der im Betrieb nötigenfalls soweit klein zu stellen ist, dafs Regler und Gummibeutel arbeiten (atmen) und die Zündflammen ruhig brennen. Die Zündflammen sind vor diesem Regulierhahn abzuzweigen.

C. Gaseinrichtungen für besondere Zwecke.

1. Einrichtungen in grofsen oder feuergefährlichen Gebäuden (Gesellschafts- und Warenhäusern), Schaufenstern.

Weit ausgedehnte Gasleitungen müssen nach Angabe des Gaswerks in einzelne, mit besonderen Absperrvorrichtungen versehene Teile getrennt sein.

In gröfseren, von vielen Menschen besuchten Gebäuden, wie Warenhäusern, gröfseren Geschäftshäusern, Schulen, Krankenhäusern, Fabriken, Vergnügungslokalen u. dgl., sind die Leitungen so anzulegen, dafs jedes Stockwerk bzw. jeder gröfsere Seitenstrang am Hauptstrang durch einen leicht zugänglichen Hahn für sich absperrbar ist.

In solchen Gebäuden und Räumen sind die Beleuchtungskörper von leicht brennbaren Stoffen fernzuhalten und möglichst über den Verkehrswegen anzuordnen.

Bewegliche Gasarme und Stehlampen sowie mit Schlauch verbundene Gasverbrauchsapparate sind in der Nähe leicht entzündlicher Stoffe unzulässig.

Die Beleuchtung von Auslagen und Schaufenstern, in denen sich besonders leicht entzündliche Stoffe befinden, soll womöglich von aufsen oder in der Weise erfolgen, dafs die Lichtquellen von dem Raume durch dichte Glaswände abgeschlossen sind. Gasflammen im Innern von Auslagen und Schaufenstern müssen so angebracht und durch entsprechende Garnituren geschützt sein, daſs jede Entzündung oder starke Erwärmung der brennbaren Bauteile oder der in dem Raume befindlichen Stoffe durch die Gasflammen ausgeschlossen ist. Nötigenfalls sind die Räume zu lüften; auch kann das Gaswerk besondere Zündung — z. B. mittels Zündflammen oder elektrischer Zündung — unter Ausschluſs der Verwendung von Streichhölzern oder anderer beweglicher Zündmittel anordnen.

2. Preſsgasanlagen.

Apparate zur Erzeugung von Preſsgas dürfen nur in unbewohnten Räumen aufgestellt werden, die genügend vom Tageslicht erhellt, leicht zugänglich und jederzeit lüftbar sind.

Die Apparate selbst müssen aus bestem Material gefertigt und vollkommen gasdicht sein. Ein Quecksilbermanometer muſs jederzeit den Druck in der Preſsgasleitung erkennen lassen.

In dem Raum, in dem die Kompression des Gases erfolgt, soll eine kurze Anleitung zur Behandlung der Anlage und Bedienung der zugehörigen Hähne und Ventile leicht sichtbar angebracht sein.

D. Prüfung, Abnahme und Überwachung der Gaseinrichtungen.

1. Prüfungspflicht.

Alle Anlagen zur Verteilung und Verwendung von Gas im Anschluſs an das Gaswerk müssen nach den vorstehenden Vorschriften in allen Teilen sachgemäſs und mit Sorgfalt ausgeführt sein, so daſs durch den Bestand und Betrieb der Anlage jede Gefährdung des Lebens und der Gesundheit und jede Sachbeschädigung vermieden wird.

Sie unterliegen deshalb der Prüfung und Aufsicht durch das Gaswerk. In Anlagen, die diesen Bedingungen nicht entsprechen, darf Gas nicht abgegeben werden.

Der die Prüfung vornehmende Beamte (Prüfungsbeamte) muſs mit der Erzeugung, Abgabe und Verwendung des Leuchtgases und seinen Eigenschaften sowie mit dem Installationswesen genau vertraut sein. Als Grundlage und Richtschnur seiner Wirksamkeit dienen die gesamten Vorschriften und Regeln für den Gasbezug, die Einrichtung und den Gebrauch des Gases, vornehmlich aber die eigentlichen »Installationsvorschriften«. Gegen seine Entscheidungen ist Berufung an einen Unparteiischen zulässig, der vom Gaswerk und von der Vertretung der Installateure gemeinsam ernannt wird.

Anzeigepflichtig ist jede Neuanlage, Erweiterung und Veränderung der Gasanlage.

Eine **Prüfung und Abnahme** durch den Prüfungsbeamten ist vorzunehmen:

a) bei jeder Neuanlage;
b) bei jeder gröfseren Erweiterung oder Veränderung nach dem Ermessen des Gaswerks;
c) wenn Gasleitungen, die länger als sechs Monate nicht benutzt worden sind, wieder in Gebrauch genommen werden sollen;
d) wenn bauliche Änderungen an Gebäudeteilen vorgenommen werden, wodurch Gasleitungen in Mitleidenschaft gezogen werden können.

Die Prüfungsanzeige ist vom Verfertiger der Gaseinrichtung zu unterzeichnen und mufs folgende Angaben enthalten:

a) Strafse, Nummer und Stockwerk des Anwesens, in dem die angemeldete Arbeit, die Augenscheinnahme oder die beantragte Prüfung vorgenommen werden soll;
b) Name, Stand und Wohnort des Hausbesitzers, bzw. des Antragstellers und des ausführenden Installateurs;
c) Zahl und Art der Gasverbrauchsstellen.

Jede prüfungspflichtige Gaseinrichtung darf erst dann in Benutzung bzw. unter Gasdruck genommen werden, wenn sie die in den Vorschriften vorgesehene Prüfung bestanden hat.

2. Abnahmeprüfung.

Alle der Prüfung unterworfenen Leitungen sind vor Zudeckung der Rohre und vor Verbindung mit den Gasmessern zur Prüfung vorzubereiten.

Die Prüfungen erfolgen in Gegenwart des Installateurs oder seines Stellvertreters, der auch den Probierapparat und das erforderliche Werkzeug und Geräte bereitzustellen und die Prüfung vorzuführen hat.

Der Prüfungsbeamte hat sich durch Besichtigung der gesamten Anlage von der genauen Einhaltung der Vorschriften zu überzeugen.

Diese **Besichtigung** erstreckt sich auf die Beschaffenheit des verwendeten Materials und dessen sachgemäfse Bearbeitung, auf Einhaltung der richtigen Rohrweiten, zweckmäfsige Rohrführung, Schutz vor Frost, Gefälle, Wassersäcke, ausreichende Befestigung und Verbindung der Röhren.

Hat die Besichtigung keine Beanstandung ergeben, so wird die **Dichtheitsprobe** vorgenommen; sie geschieht (mittels Wassermanometer) unter mindestens dem 5 fachen des Betriebsdruckes und gilt noch als gut, wenn der Druck innerhalb 5 Minuten um nicht mehr als 10 % sinkt (z. B. Betriebsdruck 40 mm, Prüfungsdruck 200 mm, zulässiger Druckabfall 20 mm in 5 Minuten).

Bei gröfseren Anlagen kann die Prüfung erstmalig in Abteilungen vorgenommen werden, der alsdann eine Dichtheitsprobe der gesamten Leitung zu folgen hat.

Nach Feststellung der Dichtheit untersucht der Prüfungsbeamte durch Öffnen einzelner Auslässe, ob sich die Leitung durch Ausströmen von Luft als frei, d. h. als durch Verstopfung nicht unterbrochen erweist.

Gröfsere Leuchter und gröfsere Gasverbrauchsgegenstände sind, wenn es von dem untersuchenden Beamten gefordert wird, vor der Anbringung besonders auf Dichtheit zu prüfen.

Bei solchen Einrichtungen, an denen Veränderungen oder Ausbesserungen vorgenommen worden sind, oder die eine Zeitlang unbenutzt waren und aus denen Gas schon verbraucht worden ist (z. B. bei Nachprüfungen bestehender Anlagen), bleibt die Art der Prüfung, besonders ob solche nur mit dem Gasmesser vorzunehmen ist, dem Ermessen des Prüfungsbeamten vorbehalten.

Bei **Prüfung mit dem Gasmesser** kann die Einrichtung für genügend dicht gehalten werden, wenn die Gasmesserablesungen zu Anfang und Ende der halbstündigen Beobachtungszeit keinen gröfseren Unterschied zeigen als den 1000. Teil der Gasmenge, die innerhalb einer Stunde bei vollem Betrieb der ganzen Einrichtung als Verbrauch anzunehmen ist.

Das Aufsuchen von Undichtheiten hat, soweit nicht schon der Geruch Aufschlufs gibt, durch »Abseifen« zu erfolgen. **Ableuchten ist verboten.**

Das **Füllen der Leitungen mit Wasser oder Säuren** zur Ermittlung und Beseitigung von Undichtheiten ist gleichfalls **verboten.** In solcher Weise behandelte Anlagen sind von jeder Abnahme ausgeschlossen.

Jede sich bei der Prüfung ergebende Undichtheit oder vorschriftswidrige Ausführung ist sofort zu verbessern und der vorschriftsmäfsige Zustand in neuer Prüfung nachzuweisen.

Über jede erfolgte Abnahme einer Leitung wird ein Prüfungsschein ausgefertigt. Durch diese Abnahme wird aber der Verfertiger der Anlage seiner Haftpflicht für gewissenhafte Ausführung und gutes Material nicht entbunden.

Für die vorbezeichneten Prüfungen und Einsichtnahmen können von demjenigen, für dessen Rechnung die Anlage ausgeführt ist, Gebühren erhoben werden.

Beispielsweise für eine Prüfung mit

1— 10	Entnahmestellen	(Deckenscheiben	oder	Schlauchstellen)	M.	2,—
11— 20	»	»	»	»	»	3,—
21— 30	»	»	»	»	»	4,—
31— 50	»	»	»	»	»	5,—
51—100	»	»	»	»	»	6,—

für jede weiteren 50 . . M. 1,—.

Für versäumte Prüfungstermine oder unbefriedigend verlaufene Prüfungen hat der schuldige Teil die obigen Gebühren zu bezahlen.

3. Übergabe zur Benutzung und spätere Überwachung.

Erst nach Übergabe des Prüfungsscheines dürfen, soweit erforderlich, die Rohrleitungen mit Anstrich versehen und unter Putz gelegt, bzw. verdeckt, die Gasmesser gesetzt und die Gasverbrauchsapparate verbunden werden.

Ein Anzünden der Flammen darf erst erfolgen, nachdem die Luft und das Gasluftgemisch unter nötiger Vorsicht aus der ganzen Einrichtung ausgeblasen ist.

Der Installateur hat sich vor Übergabe alsbald nach Öffnen des Haupthahnes durch Beobachtung des Literrädchens am Gasmesser nochmals zu überzeugen, dafs die ganze Einrichtung gasdicht ist, trifft dies nicht zu, so hat die Inbetriebsetzung zu unterbleiben bis die Gesamtanlage ordnungsmäfsig hergestellt ist.

Hat sich die betriebsfertige Einrichtung als völlig gasdicht erwiesen, so hat sich der Installateur von dem richtigen Brennen aller Gasflammen zu überzeugen. **(Brennprobe.)**

Auf Antrag des Besitzers oder Benutzers der Anlage kann auch die Vornahme einer nochmaligen Dichtheitsprobe mit dem

Gasmesser und der Brennprobe durch den Prüfungsbeamten verlangt werden.

Beleuchtungsflammen, sowohl offene als Gasglühlichtflammen, müssen ohne Geräusch und ohne zu zucken oder zu rufsen, hell brennen.

Bei allen Flammen (Lampen wie Brennern) ist darauf zu achten, dafs in ihrer Nähe kein unangenehmer Geruch auftritt, und dafs sie nicht rufsen, denn dies sind Zeichen unvollkommener Verbrennung.

Ganz besonders wichtig ist die Sicherung einer **stets vollkommenen Verbrennung bei den Heizflammen.** Leuchtende Heizflammen müssen eine klare begrenzte, helleuchtende Flammenscheibe über dem nichtleuchtenden Kern der Heizflamme bilden. Sie dürfen nicht trübe und unruhig werden und sich nicht in die Länge ziehen. Entleuchtete Heizflammen müssen kurz, mit blauer Farbe und einem inneren, scharf begrenzten grünen oder blaugrünen Kern brennen.

An Abzugsrohre angeschlossene Gasheizapparate sind besonders noch darauf zu prüfen, ob die vollkommene Verbrennung auch dann vorhanden ist, wenn Störungen im Abzugsrohr (Windstöfse, Stauungen der Abgase) eintreten. Solche Störungen können durch vorübergehendes Schliefsen des Abzugsrohres künstlich hervorgerufen werden.

Dem Prüfungsbeamten steht das Recht zu, sich von dem vorschriftsmäfsigen Zustand aller Gasleitungsanlagen zu überzeugen und Nachprüfungen anzuordnen.

Solche **Nachprüfungen** sind namentlich bei gröfseren Gaseinrichtungen sowie bei solchen Anlagen vorzunehmen, bei denen einzelne gröfsere Apparate in Benutzung sind.

4. Durchführungs- und Schlufsbestimmungen.

Die Durchführung dieser Bestimmungen ist auf privatrechtlichem oder öffentlich-rechtlichem Wege örtlich zu regeln.

Vorliegende Vorschriften treten am . . . . in Kraft. Zusätze, Ergänzungen und Auslegungen, die durch die technische und Verwaltungspraxis bedingt werden, bleiben vorbehalten und werden in üblicher Weise bekannt gemacht.

III. Belehrung über den Gebrauch des Gases.

Den Gasabnehmern gleichzeitig mit der Gasbezugsordnung auszuhändigen.

1. Eigenschaften des Gases.

Das Kohlenleuchtgas ist kein einheitlicher Stoff, sondern aus verschiedenen Gasarten und Dämpfen zusammengesetzt; letztere, namentlich der begleitende Wasserdampf, scheiden sich bei Abkühlung leicht als Flüssigkeit ab, die, wenn sie nicht unschädlich gemacht wird, den Gasdurchgang durch die Leitungsrohre stören kann. Das Gas ist wesentlich leichter als die Luft; durch seinen Kohlenoxydgehalt wirkt es, in gröfseren Mengen eingeatmet, giftig, besitzt aber einen eigentümlichen scharfen Geruch, der es schon bei geringer Beimengung in der Luft erkennen läfst. Es brennt mit heifser, leuchtender Flamme oder nach Beimischung von Luft im Bunsenbrenner entleuchtet (blau) und ist für sich allein nicht explosibel, sondern nur in Vermischung mit Luft, und auch so nur dann, wenn auf 1 Teil Gas mindestens 4 und nicht mehr als 11 Teile Luft treffen. Die Verbrennungsprodukte des Gases sind zu rund 40 % Kohlensäure und 60 % Wasserdampf und vollkommen rufs- und geruchlos. Wo bei einer Verbrennung von Leuchtgas dennoch Rufs oder Geruch auftreten, ist das stets die Folge einer unvollkommenen, fehlerhaften Verbrennung. Unvollkommene Verbrennungsprodukte besitzen einen eigentümlichen, widerlichen Geruch und, da sie in gröfserer Menge der Gesundheit nachträglich und mit Gasverlust verbunden sind, ist die Verbrennung zu verbessern.

Um unvollkommene Verbrennungsprodukte zu vermeiden, müssen gröfsere, an Kamine angeschlossene Gasapparate von den veränderlichen und schwer zu beherrschenden Zugverhältnissen des Schornsteins unabhängig gemacht werden.

Die mit der Gasbeleuchtung verbundene kräftige Ventilationswirkung und das Verbrennen in der Luft enthaltener schädlicher Mikroorganismen sind nicht zu unterschätzende hygienische Vorzüge der Gasbeleuchtung.

2. Instandhaltung und Benutzung der Gaseinrichtungen.

Die Verantwortung für die gute Instandhaltung der Gaseinrichtung samt allen Gebrauchsapparaten trifft ihren Eigentümer bzw. den Gasabnehmer.

Dieser hat in erster Linie darauf zu achten, dafs die ganze Gaseinrichtung völlig gasdicht ist und bleibt. Schon die geringsten Gasentweichungen geben sich durch den starken Geruch des Gases zu erkennen und müssen in fachgemäfser Weise beseitigt werden.

Der Inhaber oder Benutzer einer Gaseinrichtung mufs sich des öftern selbst davon überzeugen, dafs die Gebrauchsapparate (Lampen, Kocher, Gasöfen etc.) dauernd reinlich und in sicherem betriebsfähigen Zustand erhalten werden. Er mufs sich über deren Behandlung soweit unterrichten, dafs er ihr richtiges Brennen selbst beurteilen kann. Hierbei ist folgendes zu beachten:

Leuchtende, offene Flammen müssen eine klare, begrenzte, helleuchtende Flammenscheibe über dem nichtleuchtenden Flammenkern haben. Sie dürfen nicht trüb oder unruhig werden und sich nicht in die Länge ziehen.

Entleuchtete Flammen müssen kurz, mit blauem Schleier über einem inneren, scharf abgegrenzten grünen oder blaugrünen Kern brennen; wenn eine Flamme lang, violett oder gar mit leuchtenden Spitzen brennt, dann findet keine vollkommene Verbrennung statt und die Folgen sind: geringe Heizwirkung, Rufs und schlechter Geruch.

Das deutlichste Merkmal einer richtigen Verbrennung ist das Freisein von Geruch und Rufs und eine begrenzte, klare Flamme.

Zum Anzünden eines Brenners halte man schon vorher das Zündmittel bereit, Kochbrenner zünde man etwa zwei Finger breit über dem Brenner.

Man öffne keinen Brennerhahn ohne alsbald anzuzünden! Man hüte sich davor, erst den Hahn zu öffnen und dann erst das Zündmittel zu holen, weil sonst bei längerem Verweilen das Ausströmen des Gases verhängnisvoll werden könnte.

In Wohnhäusern ist das Schliefsen des Gasmesserhahns nur dann notwendig, wenn die Gaseinrichtung auf längere Zeit aufser Gebrauch gesetzt werden soll.

Wo gelegentlich der Haupthahn geschlossen worden ist, überzeuge man sich vor dem Wiederöffnen, dafs alle einzelnen Hähne an den Apparaten gehörig verschlossen sind.

Bei Schlauchverbindungen ist darauf zu achten, dafs der Schlauch fest auf der Hülse sitzt. Das Absperren mufs durch

Schliefsen des Hahns an der festliegenden Leitung vor dem Schlauche erfolgen.

Gashahnen sollen durch die Stellung ihrer Griffe oder Einschnitte in der Richtung des Gasdurchlasses jederzeit erkennen lassen, ob der Hahn offen oder geschlossen ist.

Wo an die Gasleitung angeschlossene Apparate und Lampen entfernt werden, ist die Leitung vom Installateur durch eingeschraubte eiserne Stopfen alsbald wieder dicht zu verschliefsen.

3. Gasglühlicht.

Ein Gasglühlicht brennt nur dann richtig und mit höchster Leuchtkraft, wenn ein in Qualität und Form guter Glühkörper bei klarem Zylinder verwendet wird, wenn ferner die Gasdüse, die für die Strumpfgröfse erforderliche Gasmenge — nicht zu wenig und nicht zu viel — liefert, wenn die Luftzumischung eine richtige und der ganze Brenner rein und gut imstande ist.

Zur Richtigstellung der Gasmenge sind Regulierdüsen zu empfehlen, die so einzustellen sind, dafs der Glühkörper voll leuchtet, ohne am Kopf schwarz zu werden. Tritt letzteres ein oder wird das Licht heller bei Kleinerstellen des Hahnes, so gibt die Düse zu viel Gas; knattert der Brenner, schlägt er leicht zurück oder leuchtet der Glühkörper nur unten, so gibt die Düse zu wenig Gas.

Düse und Brennerkrone sind durch Ausblasen und Bürsten von Staub, Oxyd und hineingeratenen Insekten freizuhalten.

4. Kochapparate.

Man achte auf richtige Flammenbildung und richtige Verbrennung.

Neben der richtigen Düsenweite und Luftzumischung ist Reinlichkeit im Brenner Haupterfordernis.

Ist die Düse (feine Öffnung durch die das Gas in das Mischrohr eintritt), zu eng, kommt zu wenig Gas, dann schlägt die Flamme leicht zurück und brennt mit Geräusch und unangenehmem Geruch im Mischrohr. Der Brenner ist sofort zu schliefsen und von neuem richtiges Brennen zu versuchen oder Abhilfe am Brenner zu veranlassen.

Die Brenner sind stets von Staub und Verunreinigungen freizuhalten. Man gebe nur zum Ankochen die volle Hitze; sobald nach einigen Minuten der Inhalt zum Sieden gebracht ist, stelle man den Hahn auf »klein«. Zum Weiterkochen genügt etwa der fünfte Teil des vollen Verbrauchs.

Bei Beachtung dieser Regel läfst sich aufserordentlich im Gasverbrauch sparen, ohne dafs deswegen das Kochen länger dauert. Das Ankochen geschieht am zweckmäfsigsten und billigsten auf offener Flamme.

5. Heiz- und Badeöfen.

Zimmeröfen, Badeöfen, Heifswasserautomaten sowie gröfsere Herde und andere gröfsere Apparate müssen stets an eine geeignete **Einrichtung zur Abführung der Abgase** angeschlossen werden. Sie sollen so beschaffen und installiert sein, dafs **unabhängig von der Wirksamkeit der Abzugsvorrichtung auch bei deren zeitweiligem Versagen weder eine unvollständige Verbrennung des Gases noch gar ein Verlöschen der Flammen eintreten kann.**

Bei **Gasbadeöfen** ist weiter zu beachten, dafs sie während des Brennens **stets Wasser enthalten.** Bleibt das Wasser durch irgendwelche Zufälligkeiten aus, so kann der Ofen in kürzester Zeit zerstört werden. Es empfiehlt sich deshalb, bei Gasbadeöfen während ihrer Benutzung auf das Vorhandensein von Wasser zu achten. Wenn unangenehmer Geruch sich im Badezimmer bemerkbar macht, dann beobachte man Vorsicht, bade nicht, schliefse den Hahn und lasse den Ofen nachsehen. Man beachte die an den Gasbadeöfen oder in deren Nähe angebrachte Gebrauchsanweisung.

Sind Gasöfen oder Badeöfen beschädigt oder ist Gasgeruch an ihnen wahrzunehmen, so sollen sie erst wieder in Gebrauch genommen werden, nachdem sie von **fachkundiger** Hand in Ordnung gebracht sind.

6. Störungen und deren Beseitigungen.

Treten bei Benutzung der Gaseinrichtung Störungen ein (geringer Druck, schlechtes Brennen), so hat sich der Gasabnehmer an die Gasanstalt zu wenden, wenn diese Störungen am Gasmesser oder an der Zuleitung liegen. Dies ist in der Regel dann der Fall, wenn sich die Störung an sämtlichen Flammen der Gaseinrichtung bemerkbar macht. Fehler, die nur an einzelnen Flammen oder Apparaten beobachtet werden, sind durch den Installateur zu beheben.

Wenn in einer Wohnung **Gasgeruch** bemerkt wird, so kann das die Folge eines offen stehenden Hähnchens oder einer undichten Hausanlage sein.

Kann der Inhaber den Fehler nicht selbst finden oder beseitigen, so ist der Installateur zu rufen und ev. der Haupthahn zu schliefsen.

Es kann aber auch der Gasgeruch in einer Wohnung von einem **Fehler der Strafsenleitung** herrühren (namentlich im Winter bei gefrorenem Boden und geheizten Wohnungen). Besondere Vorsicht ist in Wohnungen an Strafsen geboten, die frisch kanalisiert worden sind, auch wenn in ihnen kein Gas eingerichtet ist. Wenn in solchen Fällen Gasgeruch wahrgenommen wird, ist sofort das Gaswerk oder die von ihm eingerichtete Wach- und Meldestelle zu benachrichtigen.

Kein Raum, in dem es nach Gas riecht, darf zu längerem Aufenthalt für Personen, namentlich nicht zum Schlafen, benutzt werden.

Wo **stärkerer Gasgeruch** in einer Wohnung sich bemerkbar macht, **ist Licht und Feuer fernzuhalten, rasch zu lüften, die Gasleitung zu schliefsen und, wenn der Fehler nicht alsbald gefunden wurde, das Gaswerk zu benachrichtigen.**

Das Ableuchten einer fehlerhaften Leitung ist gefährlich und verboten.

Zeigen sich infolge von Gasausströmungen Vergiftungserscheinungen bei Personen, welche das Gas eingeatmet haben, so sind diese Personen sofort an die frische Luft zu bringen, alle beengenden Kleidungsstücke zu lösen und ist so rasch als möglich ärztliche Hilfe zu holen, nötigenfalls ist künstliche Atmung oder die Überführung des Erkrankten in das Krankenhaus zu veranlassen. Als wirksames Gegenmittel bei Leuchtgasvergiftungen hat sich vor allem die **Einatmung von reinem Sauerstoff** erwiesen.

Von einer etwa vorgekommenen Gasexplosion ist stets das Gaswerk zu benachrichtigen.

7. Verhalten bei Brandfällen.

In Brandfällen soll der Gaszuflufs durch Schliefsen des Haupthahns am Gasmesser erst dann abgesperrt werden, wenn die Beleuchtung für die Inwohner nicht mehr erforderlich ist.

In allen ernstlichen Fällen ist die Gasanstalt bzw. die mit dem Wachdienst betraute Persönlichkeit zu rufen.

IV. Erläuterungen und Ergänzungen zu den Installationsvorschriften.

Vorwort.

Der erste Entwurf zu dieser »Anleitung« enthielt aufser dem Vorwort in einer »Einleitung« Angaben über die für die Sicherheit und Wohlfahrt des Publikums in Betracht kommenden Eigenschaften des Steinkohlengases, ferner über das Strafsenrohrnetz und über die Zuführung des Gases zu den Gasabnehmern.

Der zweite Entwurf enthielt ebenfalls eine »Einleitung« mit einer knappen Darstellung der Gasbereitung und der Verteilung und Abgabe des Gases.

In der vorliegenden Fassung sind diese Abschnitte fortgelassen worden, teils im Interesse der notwendigen Kürze, teils, weil sie mit der Gasbezugsordnung und den Installationsvorschriften doch nur in losem Zusammenhang standen.

Durchführung der Installationsvorschriften.

So wünschenswert einheitliche Bestimmungen zur Durchführung der Installationsvorschriften gewesen wären, so mufste doch hiervon Abstand genommen werden, weil die Verhältnisse in den einzelnen Städten zu verschieden sind.

Im allgemeinen wird erwartet werden dürfen, dafs nach Annahme der Vorschriften durch den Deutschen Verein von Gas- und Wasserfachmännern und nach deren Veröffentlichung in vielen deutschen Städten und Gemeinden **die Gerichte** geneigt sein werden, sie als »allgemein anerkannte Regeln der Baukunst« im Sinne des § 330 des Reichs-Strafgesetzbuches zu behandeln und grobe Verstöfse dagegen nach den gesetzlichen Bestimmungen zu ahnden.

II. Installationsvorschriften und Regeln für die Ausführung von Gasanlagen.

1. Arbeiten, welche ausschliefslich dem Gaswerk vorbehalten sind.

Mit diesem Abschnitt haben sich die Vertreter des Verbandes selbständiger deutscher Installateure usw. bei den gemeinsamen Verhandlungen in Frankfurt a. M. am 12. März 1910 einverstanden erklärt, nachdem hervorgehoben worden war, dafs die Ausführung von Zuleitungen und die Aufstellung von Gasuhren durch Privatinstallateure, **die als »Beauftragte« des Gaswerks** handeln, nicht ausgeschlossen sein soll.

»Die Zuleitungsröhren müssen aus Eisen sein.«

Die unbestimmte Bezeichnung »Eisen« ist deshalb gewählt worden, weil im Kreise der Kommission keine Übereinstimmung darüber herrschte, ob **Schmiedeeisen** oder **Gufseisen** sich besser zu Zuleitungen eigne, und man daher eine bestimmte Vorschrift nicht geben wollte.

Der von einigen Kommissionsmitgliedern gewünschte Zusatz, **dafs Öffnungen in den Grund- und Kellermauern der Häuser** (z. B. Kanäle für elektrische Kabel) **dicht zu verschliefsen seien,** um bei Undichtheit der Strafsenrohre oder Anschlufsleitungen den Zutritt des Gases zu verhüten, wurde trotz seiner Wichtigkeit nicht aufgenommen, weil er keine Arbeit betrifft, die vom Gaswerk auszuführen ist.

»Vor jedem Gasmesser ist ein leicht zu bedienender Abstellhahn anzubringen«,

der in vielen Fällen mit dem oben im dritten Absatz geforderten Abschlufshahn identisch sein kann.

2. Arbeiten, welche auch von Privatinstallateuren ausgeführt werden können.

Die Vertreter des Verbandes selbständiger deutscher Installateure usw. äufserten bei den gemeinsamen Verhandlungen am 12. März 1910 den Wunsch, folgende »Leitsätze« zu diesem Abschnitt aufzunehmen.

a) Es liegt im Interesse der Privatinstallateure, dafs die Installationstätigkeit der Gaswerke hinter dem Gasmesser aufhört.

b) Es ist zu fordern, dafs die Bestimmungen für die innere Installation für beide Teile (Gaswerk und Installateure) vollkommen gleich sind, loyal durchgeführt werden und dafs die Gaswerke nicht gelegentlich besondere Vorteile (freie Steigleitungen u. a.) bieten dürfen.

Demgegenüber wurde von Mitgliedern der Heizkommission betont, dafs diese »Leitsätze« in das wirtschaftliche Gebiet hinüber spielten und die Kommission weder beauftragt noch befugt sei, die wirtschaftlichen Beziehungen zu regeln und die gesetzlich festgelegte Gewerbefreiheit zu beschränken.

Anderseits wurde hervorgehoben, dafs nach § 1 der Gewerbeordnung für das Deutsche Reich Ausnahmen oder Beschränkungen der Bestimmung, dafs der Betrieb eines Gewerbes jedermann gestattet ist, zugelassen seien, und dafs in der vom Geh. Ober-Regierungsrat Dr. F. Hoffmann verfafsten erläuterten Ausgabe der Gewerbeordnung (8. Auflage, Berlin 1910, C. Heymanns Verlag) die Zulässigkeit einer Beschränkung der Gewerbefreiheit in bezug auf die Ausführung von Gasinstallationen ausdrücklich erwähnt sei, wodurch sich die Möglichkeit ergebe ungeeignete Elemente von der Ausübung des Gasinstallationsgewerbes auszuschliefsen.

3. Material und Weite der Rohrleitungen.

»Rohrleitungen, die in die Erde gebettet werden, sollen aus starkwandigen schmiedeeisernen, asphaltierten Röhren oder aus asphaltierten Mannesmannröhren bestehen.«

Damit sind nicht die Zuleitungen bis ins Grundstück des Abnehmers, sondern die innerhalb dieses Grundstücks in die Erde zu bettenden Röhren von zumeist geringer Lichtweite gemeint.

»Stündlicher Verbrauch der Gasmotoren 750 l.«

Diese Zahl gilt nur zur Bemessung der Rohrweite und ist im Hinblick auf die mögliche Verringerung der Lichtweite durch feste und flüssige Ausscheidungen gröfser bestimmt, als nach dem wirklichen Gasverbrauch moderner Gasmotoren notwendig wäre.

D. Prüfung, Abnahme und Überwachung der Gaseinrichtungen.

1. Prüfungspflicht.

»Anzeigepflichtig ist jede Neuanlage, Erweiterung und Veränderung der Gasanlage.«

Im dritten Entwurf zu dieser »Anleitung« war gesagt, dafs dem Gaswerk »**vor Inangriffnahme der Arbeiten**« Anzeige zu erstatten sei. Auf Wunsch der Vertreter des Verbandes selbständiger deutscher Installateure usw. wurde diese Bestimmung bei den Verhandlungen am 12. März 1910 gestrichen, wobei betont wurde, dafs die Entscheidung über den Zeitpunkt der Anzeige von Fall zu Fall zu treffen sei.

Bericht der Gasmesserkommission.

Die Kommission hat neue Gegenstände in das Gebiet ihrer Tätigkeit im vergangenen Jahre nicht einbezogen und sich darauf beschränkt, begonnene Arbeiten und Untersuchungen weiterzuführen; sie ist daran zum Teil gehemmt worden durch den Umstand, dafs einzelne Mitglieder durch ihre Berufstätigkeit aufsergewöhnlich beansprucht waren und sich den übernommenen Kommissionsarbeiten nicht in dem von ihnen gewünschten Mafse widmen konnten.

Dies gilt in gewissem Sinne von der Ablieferung der Trockenmesser mit neuer Stoffmembran an die Gasanstalten, welche solche Messer bestellt und zugesagt haben, Dauerversuche damit vorzunehmen. Die Weitläufigkeiten, denen wir im Verkehr mit leistungsfähigen Webereien zur Erlangung geeigneten Stoffgewebes mehrfach begegneten, waren bei Erstattung des vorjährigen Berichtes so weit behoben, dafs mit der Zubereitung gröfserer Membranstücke, wie sie für Trockenmesser verschiedener Gröfsen nötig sind, begonnen werden konnte. Es waren für diese Massenherstellung besondere Apparate anzufertigen und Einrichtungen zu treffen, auch verschiedene Verbesserungen an Handen gemachter Erfahrung daran vorzunehmen, um bei der Zubereitung im grofsen das Verfahren genau zu wiederholen, das bei kleinen Probestücken für die Art der Imprägnierung und Trocknung im warmen Luftstrom mit gutem Erfolg eingehalten worden war. Nach den Untersuchungen der Normal-Eichungskommission von Probestücken der im grofsen so hergestellten Stoffmembran wurden 82,0 bis 82,8 % des Imprägnierungsmittels als verharzt

(Linoxyn) gefunden; ein Ergebnis, das hinter dem bei den Kleinversuchen gefundenen nicht zurücksteht und als das überhaupt höchst erreichbare angesehen werden kann.

Die 5- und 20-flammigen Versuchsmesser mit vorerwähnter Membran sind fertig zur Ausgabe und werden jedenfalls noch vor der bevorstehenden Jahresversammlung an die einzelnen Gasanstalten gelangen unter Beigabe von Anweisungen und Erläuterungen für die Dauerversuche und von Tabellenvordrucken zur Eintragung der Versuchsergebnisse. Ihre Kommission ist hierbei von der Ansicht geleitet, dafs die Versuche um so wertvoller und nutzbringender ausfallen werden, je mehr sie auf einheitlicher Grundlage bei den verschiedenen Versuchsstellen zur Einleitung und Durchführung gelangen. Unsere Kommission wird nicht verfehlen, mit den Versuchsstellen hierüber in direktes Benehmen zu treten.

Im vorjährigen Bericht ist bereits auf die Frage der Gebührenermäfsigung für Gasmessereichungen hingewiesen worden im Zusammenhang mit der Mafs- und Gewichtsordnung vom 30. Mai 1908, die allerdings erst mit einem durch kaiserliche Verordnung mit Zustimmung des Bundesrates zu bestimmenden Zeitpunkt in Kraft treten wird. Wir haben uns in dieser Angelegenheit an den Vorstand unseres Vereins gewendet und von diesem die Zusage erhalten, dafs er in Anerkennung der Notwendigkeit einer Gebührenermäfsigung bereit ist, bei dem Bundesrat in einer Eingabe vorstellig zu werden. Die Unterlagen dafür mit einer ausführlichen Begründung der zu stellenden Anträge sind dem Vorstande von uns unterbreitet worden.

Mit Prüfung von Methoden zu dem Zweck, die äufseren Abmessungen der Gasmesser verschiedener Herkunft einander näher zu bringen, haben wir uns im Berichtsjahr fortgesetzt beschäftigt und die im Vorjahr bearbeiteten Unterlagen für nasse Messer in einzelnen Punkten ergänzt. Das hiernach hergestellte Modell eines solchen Messers zeigt, wie die Mafsvereinheitlichung gedacht ist. Die weitere Aufgabe in gleicher Richtung betrifft die trockenen Gasmesser. Die

Kommission hat sich mit Vorarbeiten dafür eingehend beschäftigt, ohne jetzt schon angeben zu können, inwieweit die Vereinfachung der Mafse erreichbar ist. Bei trockenen Messern liegen die Aufsenmafse mitunter recht weit auseinander; mehr wie bei den nassen. Dies geht aus den Angaben hervor, die wir auf Anfrage von einer gröfseren Anzahl Gasmesserfirmen erhielten, und aus den tabellarischen Zusammenstellungen der Mafse. Zu bestimmten Vorschlägen konnten wir noch nicht gelangen; erst wenn dies geschehen sein wird, halten wir es für geeignet, mit Vertretern von Gasmesserfabriken ins Benehmen zu treten und deren Ansichten über unsere Vorschläge einzuholen. Die Frage über die Wahl der Gewinde und Gasmesserverschraubungen hängt damit eng zusammen; wir empfehlen dafür das einheitliche Gewinde wie für schmiedeeiserne Gas- und Wasserleitungsrohre nach dem Beschlufs der Normalienkommission unseres Vereins und des Vereins Deutscher Ingenieure von 1903.

Unsere Kommission ist von den »Rotawerken«, G. m b. H. in Aachen, eingeladen worden mit den Rotaapparaten Versuche zu machen, unter dem dankenswerten Anerbieten, die Apparate für einen gewissen Zeitraum kostenfrei zu überlassen. Nach den Versuchen zweier Mitglieder unserer Kommission kann der verwendete Apparat nach seiner Einrichtung zur genauen Messung von Gasmengen nicht verwendet werden, wohl aber für eine Reihe anderer Zwecke im praktischen Gasbetrieb, wie zum schnellen Messen des Gasverbrauches von Lampen und Apparaten und zur Regulierung von Düsen; zum Nachprüfen von Gasmessern am Aufstellungsort; zur Bestimmung der Durchlafsfähigkeit von Gasleitungen, des Luftzusatzes für Regeneration und zum Mischen verschiedener Gasarten. Weiteres hierüber brachte bekanntlich das Journal Nr. 16 nach den Untersuchungen der Lehr- und Versuchsgasanstalt.

Es war uns stets eine angenehme Pflicht der Kaiserlichen Normal-Eichungskommission und deren Vertreter, Herrn Regierungsrat Dr. Meyer, für die unseren Arbeiten fortgesetzt zugewandte Aufmerksamkeit und Förderung unseren Dank auszusprechen. Wir genügen gerne der gleichen Pflicht auch an dieser Stelle namens des Vereins und insbesondere unserer Kommission.

Die Versammlung hat uns für das abgelaufene Berichtsjahr M. 600 bewilligt, wovon etwa die Hälfte verausgabt ist. Wir richten an die diesjährige Versammlung die Bitte den gleichen Betrag mit M. 600 für Fortsetzung unserer Arbeiten zur Verfügung zu stellen.

Frankfurt a. M., Mitte Mai 1910.

Die Gasmesserkommission.
C. Kohn, Vorsitzender.

Bericht der Kommission für den Betrieb von Wasserwerken.

Die Kommission hat im Laufe des Berichtsjahres zwei Sitzungen abgehalten, die erste fand am 20. Januar cr. in Berlin, die zweite am 13. März cr. in Frankfurt a. M. statt. Zu der Sitzung in Berlin war auch Herr Direktor Eggert-Berlin zugezogen worden, weil die Kommission zu der aufgeworfenen Frage der Rohrschoner und Druckregler Stellung nehmen wollte, auf welchem Gebiete Herr Direktor Eggert mit Erfolg tätig gewesen ist und über eine reiche Erfahrung verfügt. Seitens des Unterzeichneten wurde in der Kommission zunächst Mitteilung über den Stand der XX. Wasserstatistik gemacht, deren Herausgabe unmittelbar bevorstand, und über welche erfreulicherweise berichtet werden konnte, daſs in derselben nunmehr 381 Werke vertreten sind gegen 345 im Vorjahre, so daſs also der Kreis der Teilnehmer sich um 36 Werke vergröſsert hatte, von welchen die Betriebsresultate aus den Jahren 1907 und 1908/09 vorlagen.

In der XX. Statistik hatte gemäſs einem früheren Beschlusse der Kommission wiederum eine Aufzählung der auf den sämtlichen Wasserwerken vorhandenen maschinellen Anlagen stattgefunden, um den Teilnehmern an der Statistik nochmals einen Gesamtüberblick über diese Materie geben zu können, über welche bekanntlich nur alle 5 Jahre berichtet wird, während in den nächsten 4 Jahren nur solche maschinellen Anlagen in der Statistik Aufnahme finden, welche während des Berichtsjahres auf einzelnen Werken neu hinzugekommen sind. In der Sitzung wurde ferner beschlossen, die Fragehefte für die XXI. Wasserstatistik zu versenden und mit derselben einen besonderen Fragebogen zu verbinden, welcher sich auf das Vorhandensein von Ortsstatuten mit Bestimmungen über Zwangsanschlufs an städtische Wasserleitungen erstrecken solle. Ebenso sollten die im vorigen Jahre gestellten Fragen wiederholt werden.

Der Fragebogen zur XXI. Wasserstatistik enthält demgemäfs folgende 9 Fragen:

1. Sind Ihre Angaben betreffend die Einwohnerzahl nach der sog. mittleren Jahresbevölkerung ermittelt worden oder wie sonst?
2. Sind innerhalb des Versorgungsgebietes Ihres Wasserwerks automatische Druckmesser vorhanden in welchem Umfange, seit wann, und wie haben sich dieselben bisher bewährt?
3. Sind bei den Dampfkesseln Ihres Wasserwerks Sparfeuerungen oder solche mit mechanischer Rostbeschickung, in welchem Umfange, welchen Systems und seit wann angebracht, und wie haben sich diese Vorrichtungen bewährt, bzw. welchen Nutzen gewähren dieselben gegenüber der Verwendung gewöhnlicher Rostfeuerungen?
4. Lassen Sie die auf Ihrem Werke erforderlichen Brennmaterialien auf ihren Heizwert untersuchen; wie oft, wo, und mit welchem Erfolge?
5. Besteht bei Ihrem Werke ein Ortsstatut, welches den Zwangsanschlufs der Einwohner an die Wasserleitung vorsieht und seit wann?
6. Besteht in Ihrer Stadt eine öffentliche Kanalisation, durch welche indirekt ein Zwang zum Anschlufs an die Wasserleitung vorliegt und seit wann?
7. Welche Gründe haben zu dem Erlafs eines Ortsstatuts mit Zwangsanschlufs geführt?
8. Welches Ergebnis hatte der Zwangsanschlufs auf die Zahl der Anschlüsse seit dem Bestehen des Zwanges?

9. Haben Sie Gelegenheit gehabt, Rutengänger an der Arbeit zu sehen oder deren Arbeiten zu verfolgen; wann, wo und mit welchem Erfolge? Falls ein positiver Erfolg vorgelegen, wäre derselbe nach Ihrer Ansicht unter Berücksichtigung der biologischen, geologischen und hydrologischen Verhältnisse durch einen auf dem Gebiete erfahrenen Fachmann ohne das Vorhandensein der Wünschelrute in einfacher Weise klarzustellen gewesen?

(Hier würde eine eingehende Beschreibung der Fälle von grofser Wichtigkeit sein und wird darum besonders gebeten.)

Es sind daraufhin am 11. Februar cr. 473 Fragehefte in doppelter Ausfertigung und ebenso viele Fragebögen versandt worden, von welchen bis jetzt erst 354 Exemplare beantwortet zurückgekommen sind, während 119 noch ausstehen. Die Kommission mufs leider auch diesmal wieder feststellen, dafs das Interesse an der pünktlichen Beantwortung der ausgesandten Fragebögen und Fragehefte kein besonders reges ist, trotzdem die baldige Beantwortung jeder einzelnen der aufgeworfenen Fragen allen Teilnehmern möglich ist, und jedes Werk durch die Einrichtung seiner Betriebsbücher Gelegenheit hat, die auch für seinen Betrieb so wichtigen Fragen ohne besondere Mühe festzustellen, so dafs die Beantwortung sämtlicher Fragehefte eigentlich in wenigen Tagen erfolgen könnte. Die Kommission richtet deshalb auch in diesem Jahre wieder die erneute Bitte an die Teilnehmer der Statistik, ihr das zur Herausgabe der letzteren unentbehrliche Material doch stets möglichst umgehend einsenden zu wollen, weil es ihr nur dann möglich ist, die Statistik so frühzeitig herauszugeben, dafs sie den Teilnehmern den vollen Nutzen gewährt, was sonst nicht der Fall ist, weil die Zahlen bald veralten.

Interessant ist auch die Beantwortung der vorstehenden Fragen des besonderen Fragebogens, soweit sie bisher erfolgt ist und gesichtet werden konnte. Die Fragen mögen hier in summarischer Übersicht wiedergegeben werden.

Von den 354 Werken wurden die Fragen 1 bis 9 wie folgt beantwortet:

	Frage 1	Frage 2	Frage 3	Frage 4	Frage 5	Frage 6	Frage 7	Frage 8	Frage 9
Mit **Ja**	156	51	21	56	107	215	—	—	24
Mit **Nein**	190	300	293	298	240	132	—	—	325
Nicht beantwortet sind	8	3	40	—	7	7	354	354	5

Von den beantworteten Fragen interessiert besonders auch die Frage unter 9, welche von 24 Werken mit ja, von 325 mit nein und von 5 Werken überhaupt nicht beantwortet ist. Es ergibt sich also aus dieser Fragenbeantwortung, dafs die Leiter von 325 Werken, also von mehr als $^9/_{10}$ derjenigen, welche die Fragebögen beantwortet haben, bisher niemals Gelegenheit hatten, Rutengänger an der Arbeit zu sehen oder deren Arbeiten zu verfolgen, und es ist vielleicht gerade in diesem Umstande ein Teil des Erfolges der Rutengänger zu sehen, weil diesem Gegenstande seitens der Fachkollegen nicht die nötige Beachtung geschenkt wird. Man kann schliefslich auch von dem einzelnen nicht verlangen, dafs er gröfsere Reisen unternimmt, um die Arbeiten der Wünschelrutenmänner genauer zu verfolgen; es würde sich indessen empfehlen, solchen Arbeiten wenigstens dann etwas näher zu treten, wenn dieselben in der Nähe des Heimatortes des betreffenden Fachmannes vorgenommen werden, weil man dann mit der Zeit über ein gröfseres einwandfreies Material verfügen könnte, während man heute fast ausnahmslos auf die Angaben der Wünschelrutenmänner angewiesen ist.

Die Wünschelrutenfrage wurde in der Sitzung vom 20. Januar cr. in Berlin noch besonders angeschnitten, wobei seitens des Unterzeichneten hervorgehoben wurde, dafs ihm aus Interessentenkreisen eine gröfsere Anzahl von Nachrichten über die Wirkung der Wünschelrute zugegangen seien, aus welchen hervorgehe, dafs das Ansehen der Rutengänger in letzter Zeit wieder im Steigen begriffen sei. Es konnte hingewiesen werden auf die Arbeiten des Dr. Aigner-München, der auch, wie das die 46. Jahresversammlung des Mittelrheinischen Gas- und Wasserversorgungsvereins, die in der Zeit vom 4. bis 6. September 1909 in Konstanz tagte, erwiesen, innerhalb des Deutschen Vereins von Gas- und Wasserfachmännern seine Anhänger habe, ferner auf die Erörterungen des Wirkl. Geh. Admiralitätsrats Franzius zu Kiel, welcher in einem Aufsatze, der auf S. 586 des Zentralblattes der Bauverwaltung vom 10. November enthalten ist, mitteilt, dafs die Professoren H. Engels, Entris, Kalkowski, W. Kübler, Slaby, M. Weber-München und Weihrauch auf Grund ihrer Beobachtungen kein Bedenken mehr trügen, öffentlich durch ihn (Franzius) aussprechen zu lassen, dafs sie die wissenschaftliche Erforschung der Erscheinung der Wünschelrute für durchaus angezeigt hielten. Demgegenüber gelangt ein Aufsatz von Oskar Pfungst-Berlin »Zur Psychologie der Wünschelrute«, welcher als Sonderabdruck in »Deutsche Revue«, Oktoberheft 1909, erschienen ist, zu dem Schlusse, dafs das Problem der Wünschelrute weder ein physikalisches noch ein physiologisches sei, dafs es vielmehr eine rein psychologische Frage geworden sei, und dafs bei genauerer Beobachtung der Sachlage die Rute sich stets enthüllt habe als ein Mittel der Konzentration und des Ausdrucks, wohl geeignet, jegliches Verborgene aufzuspüren, sofern irgendwelche Anhaltspunkte gegeben sind, dafs sie aber keinerlei Kenntnis von Ungeahntem, nicht durch die gewöhnliche Sinneserfahrung Erreichbarem verschaffe, und dafs sowohl Suggestion als Autosuggestion die Hauptrolle bei dem Auffinden von Wasseradern durch die Wünschelrute spielen.

Die Kommission war einstimmig der Ansicht, dafs man nach wie vor die Sammlung und Sichtung des für und wider die Wünschelrute auftauchenden Materials und die gelegentliche Bekanntgabe und Erörterung desselben fortsetzen solle, weil sie darin das beste Mittel erblickt, Irrtümern und Unwahrscheinlichkeiten auf diesem Gebiete entgegentreten zu können. Im übrigen glaubt sie aber nicht, dafs es im Interesse des Deutschen Vereins von Gas- und Wasserfachmännern liege, für diese Aufklärungen erhebliche Aufwendungen machen zu sollen.

Die Frage der Rohrschoner und Druckregler wurde eingehend besprochen und wurde beschlossen, diese Angelegenheit an die im Verein bestehende Normalienkommission zur Bearbeitung abzugeben, nachdem Herr Lindley als Vorsitzender dieser Kommission sich zur Übernahme derselben bereit erklärt hatte.

Am 26. Januar cr. entschlief sanft und unerwartet infolge eines Gehirnschlages das langjährige Mitglied der Kommission, Herr Ernst Kunath, Berlin-Halensee, nachdem er erst wenige Tage vorher an der gemeinschaftlichen Sitzung am 20. Januar cr. in voller Frische teilgenommen hatte. Die Kommission wird ihrem verstorbenen Mitgliede, welches sich stets in uneigennütziger Weise in den Dienst des Vereins gestellt hat, ein ehrendes Andenken bewahren.

Veranlassung zu der am 13. März cr. in Frankfurt a. M. stattgehabten Sitzung gab eine Einladung der Kongreſsleitung für die Internationale Hygieneausstellung Dresden 1911, welche an den Deutschen Verein von Gas- und Wasserfachmännern das Ersuchen gestellt hatte, seinerseits an den Arbeiten dieser Ausstellung teilzunehmen. Der Vorstand des Vereins hatte das Ersuchen an die Heizkommission und die Kommission für den Betrieb von Wasserwerken zu gemeinschaftlicher Beratung weitergegeben und fand zu diesem Zwecke unter dem Vorsitz des Herrn Dr. E. Schilling-München eine gemeinschaftliche Besprechung beider Kommissionen am 13. März in Frankfurt a. M. statt, in welcher beschlossen wurde, für die weitere Bearbeitung der Angelegenheit einen engeren Ausschuſs zu wählen, in welchen die Herren Schilling, Reese, Junckers, Schäfer und Götze deputiert wurden. Auf Grund einer am 8. April cr. zu Berlin stattgehabten Sitzung des Vereinsvorstandes und des Ausschusses wurde dann noch als wünschenswert erachtet, an diesen Arbeiten der engeren Kommission auch die Herren Eggert-Berlin und Lempelius-Barmen zu beteiligen, welch letzterer inzwischen die Leitung der Zentrale für Gasverwertung übernommen hatte. Auf Grund der seitens des Vereinsvorstandes der Kongreſsleitung in Dresden gemachten Mitteilung wurden dann von der letzteren Reese-Dortmund und Götze-Bremen in den Vorstand der Gruppe II 5, Wasserversorgung, kooptiert, welchem auch Herr Eggert bereits angehörte, und wurde von dieser Gruppe auf diesseitigen Antrag in Vorschlag gebracht, der Ausstellungsleitung zu empfehlen, in die Gruppe II 3,4 (Beleuchtung, Ventilation und Heizung) die Herren Dr. Schilling-München und Direktor Lempelius-Barmen ebenfalls in den Gruppenvorstand zu kooptieren, was voraussichtlich auch geschehen wird.

Unterm 14. Mai cr. teilte das Direktorium der Internationalen Hygieneausstellung mit, dafs es im Einverständnis mit dem Vorsitzenden der Gruppe II »Wasserversorgung«, Herrn Geh. Hofrat, Professor Dr. Gärtner, einstimmig beschlossen habe, dem Unterzeichneten einen stellvertretenden Vorsitz für diese Gruppenabteilung anzutragen, dessen Annahme inzwischen erfolgt ist; es ist wohl anzunehmen, dafs ein ähnlicher Vorschlag für die Gruppe II 3,4 gemacht werden wird, so dafs dann beide Fächer des Deutschen Vereins von Gas- und Wasserfachmännern in einer dem letzteren dienlichen Weise vertreten sein werden.

Die Kommission bittet schliefslich, ihr auch für das kommende Jahr die erforderlichen Mittel zur Weiterarbeit in bisherigem Umfange bewilligen zu wollen.

Die Kommission für den Betrieb von Wasserwerken.

Der Vorsitzende:

Reese.

Bericht der Erdstromkommission über das Jahr 1909/10.

Auch in diesem Jahre hat die Erdstromkommission des Vereins ihre selbständige Tätigkeit noch nicht wieder aufgenommen, da nach dem Beschlusse der Vereinigten Erdstromkommission dies nicht zulässig war, solange die V. E. K. besteht.

Die V. E. K. hat zunächst noch die Untersuchungen in Düsseldorf durchgeführt; über die Messungen in dieser Stadt ist von den beiden ausführenden Ingenieuren dieser Kommission ein umfangreicher Bericht erstattet worden.

Wie schon im vorjährigen Bericht der Erdstromkommission erwähnt, war das Untersuchungsmaterial der V. E. K. zu einem aufserordentlichen Umfange angewachsen, das verarbeitet werden mufste, um auf Grund der gewonnenen wichtigsten Ergebnisse die gemeinsamen Leitsätze aufzustellen. Zu diesem Zwecke war eine Unterkommission zusammenberufen worden, die am 24. Juli 1909 in Frankfurt a. M. zu einer Sitzung zusammentrat. In dieser Sitzung ist ein Entwurf für gemeinsame »Vorschriften« ausgearbeitet worden, die an Stelle der »Leitsätze« treten sollen. Der Ausdruck Vorschriften ist gewählt worden, weil er eine stärker bindende Kraft hat.

Wie nicht anders erwartet werden konnte, stiefsen die Verhandlungen zum Teil auf sehr grofse Schwierigkeiten; denn die Interessen der beiden in der V. E. K. vertretenen Hauptparteien sind in der vorliegenden Frage teilweise einander entgegengesetzt. Trotzdem wurde in dieser Sitzung der Unterkommission eine Verständigung dadurch erzielt, dafs beide Parteien Zugeständnisse machten und sich schliefslich auf einer mittleren Linie einigten.

Anschliefsend hieran wurden noch rückständige Arbeiten der V. E. K. erledigt. Diese bestanden hauptsächlich darin, die von den beiden ausführenden Ingenieuren der Kommission vorgelegten Berichte über ihre Untersuchungen in den Städten Braunschweig, Nürnberg, Kassel, Warschau, Beuthen und Düsseldorf in eine Form zu bringen, in der sie zur Absendung an die beteiligten Verwaltungen geeignet erschienen. Diese Arbeiten nahmen bei dem umfangreichen Material sehr viel Zeit in Anspruch; der ausführende Ingenieur unserer Kommission, Herr Besig, war bis zum Ende des Berichtsjahres fast ausschliefslich hierdurch in Anspruch genommen. Infolgedessen mufste die Fertigstellung des Gesamtberichts, den die Kommission schon im vorigen Jahre der Jahresversammlung unseres Vereins vorzulegen beabsichtigt hatte, wiederum hinausgeschoben werden.

Der von der Unterkommission ausgearbeitete Entwurf der Vorschriften wurde den übrigen Mitgliedern der V. E. K. zur Kenntnis gebracht. Diese Kommission trat am 30. April ds. Js. zu einer Plenarsitzung in Karlsruhe zusammen, um über die endgültige Fassung der Vorschriften zu beschliefsen, wie sie den drei in der Kommission vertretenen Vereinen — aufser unserem Verein, dem Verband Deutscher Elektrotechniker und dem Verein Deutscher Strafsenbahn- und Kleinbahnverwaltungen — auf ihren diesjährigen Hauptversammlungen vorgelegt werden sollten. Es darf als eine erfreuliche Tatsache festgestellt werden, dafs in dieser Sitzung die von der Unterkommission entworfenen Vorschriften mit geringfügigen Abänderungen einstimmig angenommen worden sind, und es darf als sicher erwartet werden, dafs der Genehmigung der Vorschriften durch die Jahresversammlungen der drei Vereine nichts mehr im Wege steht.

Berücksichtigt man die grofsen theoretischen und praktischen Schwierigkeiten, die in der Bearbeitung und Durchführung der Erdstromfrage naturgemäfs liegen, und überblickt man die lange Reihe von Jahren, die nötig waren, um endlich zu einem gemeinsamen Abschlufs zu kommen, so wird man dem Ergebnis der Verhandlungen der V. E. K. eine allseitige Anerkennung gewifs nicht versagen können.

Die »Vorschriften zum Schutze der Gas- und Wasserröhren gegen schädliche Einwirkungen der Ströme elektrischer Gleichstrombahnen, die die Schienen als Leiter benutzen«, sind diesem Berichte als besondere Anlage beigegeben (s. S. 106).

Die Vorschriften bestehen aus sechs Paragraphen, die vom Geltungsbereich, von der Schienenleitung, Schienenspannung, vom Übergangswiderstand, von der Stromdichte und von der Überwachung handeln.

Bezüglich des § 1, Geltungsbereich, ist darauf hinzuweisen, dafs die vorgeschriebenen oberen Grenzwerte für zulässige Spannungen grundsätzlich für die Projektierung der Anlagen gelten sollen. Hierdurch wird der Erbauer der Anlage gezwungen, das Schienennetz von vornherein so zu berechnen, dafs den Vorschriften Genüge geleistet wird; es bleibt ihm jedoch überlassen, die detaillierte technische Ausführung dem jeweiligen Stande der Technik und den jeweiligen besonderen lokalen Bedürfnissen anzupassen. Eine Überschreitung der Grenzwerte ist dann um so weniger zu befürchten, als, um nachträgliche und desto kostspieligere Verbesserungen an der fertigen Anlage zu vermeiden, mit genügender Sicherheit gerechnet werden mufs.

Aus diesem Gesichtspunkte ist auch die in § 3 angegebene obere Grenze für die mittlere Schienenspannung zu betrachten. An und für sich scheint allerdings die Spannung von 2,5 Volt im inneren verzweigten Schienennetz gegenüber der in den früheren Leitsätzen der Erdstromkommission des Deutschen Vereins von Gas- und Wasserfachmännern angegebenen Spannung von 1 Volt sehr hoch. Es ist aber zu berücksichtigen, dafs jene Spannung auf Berechnungen beruht, wobei die Erdung der Schienen aufser Betracht bleiben mufs und die Erhöhung des Gleiswiderstandes durch die Stofsverbindungen den in § 2 festgesetzten prozentualen Zuschlag, 20%, nicht überschreiten darf. Die in Wirklichkeit auftretende Spannung wird aber entsprechend der Erdung der Schienen geringer ausfallen.

Es kann keinem Zweifel unterliegen, dafs mit dieser Festsetzung von 2,5 Volt ein vollkommener Schutz unserer Gas- und Wasserröhren nicht erreicht wird. Ein solcher wird überhaupt so lange nicht erreicht werden, als die Schienen als Stromleiter benutzt werden. Es ist aber auf Grund des umfangreichen Untersuchungsmaterials anzunehmen, dafs, gewisse mittlere Verhältnisse im Schienen- und Rohrnetz vorausgesetzt, der elektrolytische Angriff der Rohrleitung auf einen Betrag herabgemindert wird, der im allgemeinen als erträglich bezeichnet werden darf. Bei ungünstigen Bodenverhältnissen wird der Angriff etwas stärker, bei besonders günstigen Bodenverhältnissen schwächer sein. Es ist aber unmöglich, in den »Vorschriften« alle einzelnen lokalen Verhältnisse vollauf zu berücksichtigen, und deshalb mufs man sich mit gewissen mittleren Werten begnügen. Ein weiteres Heruntergehen mit der zulässigen Spannung scheint nach dem übereinstimmenden Urteil der Vertreter der Strafsenbahnen viele Strafsenbahnbetriebe in ihrer Wirtschaftlichkeit erheblich zu beeinträchtigen; diesem Umstande mufsten die Vertreter der Gas- und Wasserwerke gebührend Rechnung tragen, um gemeinsame Vorschriften überhaupt zu ermöglichen.

Für besonders ungünstige Verhältnisse wurde der § 5, der über die Stromdichte handelt, aufgestellt. Dieser Paragraph ist gewissermafsen ein Schutzparagraph für solche Rohrnetze, die wegen besonders ungünstiger Verhältnisse trotz Einhaltung der übrigen Vorschriften durch Bahnrückströme noch erheblich gefährdet sind. Es ist dort derjenige Wert der Dichte des austretenden Stroms an den Röhren angegeben, bei dem die Röhrenleitung unbedingt gefährdet ist, so dafs weitere Schutzmafsnahmen getroffen werden müssen.

Es wurde für zweckmäfsig erachtet, noch in einem weiteren Punkte den Forderungen der Vertreter der Strafsenbahnen nachzugeben. Dieser Punkt betrifft die langen Aufsenstrecken der Strafsenbahnen, die in vielen Fällen von der Kraftstation weitab liegen. Bei solchen wären zur Erfüllung der Vorschrift des § 3 aufsergewöhnliche Aufwendungen erforderlich, die unter Umständen zu dem dadurch erreichten Nutzen in keinem erträglichen Verhältnis stehen würden. Aus diesem Grunde ist zwischen dem »inneren verzweigten Schienennetz« einschliefslich eines anschliefsenden Gürtels von 2 km Breite und den »auslaufenden Strecken« jenseits dieses Gürtels unterschieden und festgesetzt worden, dafs auf diesen auslaufenden Strecken noch eine zusätzliche Spannung zu jener von 2,5 Volt im inneren verzweigten Schienennetz zugelassen werden soll, wobei jedoch das gröfste »Spannungsgefälle« nicht mehr als 1 Volt pro km betragen, d. h. die Stromstärke in den Gleisen einen gewissen Höchstwert, je nach dem Gleiswiderstand, nicht überschreiten darf.

An Stelle des »Vollbetriebes« in den früheren Leitsätzen wurde für die Berechnung der »mittlere fahrplanmäfsige Betrieb« zugrunde gelegt, weil dieser Begriff eindeutiger ist und die Nachrechnung an Handen des Fahrplans jederzeit leicht ermöglicht.

Im grofsen und ganzen entsprechen die Vorschriften dem Sinne nach den Absichten, die der Deutsche Verein von Gas- und Wasserfachmännern zum Schutze seiner Rohrleitungen seit etwa einem Jahrzehnt verfolgt, und die in den früheren »Leitsätzen« unseres Vereins ihren Ausdruck fanden. Die äufsere Form ist eine andere geworden, und dies schien wünschenswert, um dem Projektanten und Konstrukteur der Strafsenbahnanlage möglichst freie Hand in der Wahl seiner Mittel zu lassen. Einige Einzelheiten sind jedoch in die »Vorschriften« aufgenommen worden, aber nicht als eigentliche Vorschriften, sondern als »empfehlenswerte Mafsnahmen«. Diese sind den einzelnen Paragraphen angefügt und haben zur Unterscheidung von den eigentlichen Vorschriften abweichenden Druck, wie es z. B. auch in den vom Verband Deutscher Elektrotechniker herausgegebenen Sicherheitsvorschriften gehandhabt worden ist.

Es mufs im Auge behalten werden, dafs die durch die V. E. K. ausgearbeiteten Vorschriften das bieten, was unter den heutigen Verhältnissen einerseits unbedingt erforderlich, anderseits durchführbar ist. Inwieweit die Vorschriften allen Bedürfnissen entsprechen, wird die Zukunft lehren, und es bleibt immer noch vorbehalten, sobald weitere Erfahrungen vorliegen, Abänderungen zu treffen.

Aus der Mitte unseres Vereins wurde verschiedentlich angeregt, dafs, nachdem die V. E. K. ihre Arbeiten zu Ende geführt hat, unsere Kommission ihre eigene Tätigkeit wieder aufnimmt, um auf Grund der in den langen Jahren mühevoller Arbeit gewonnenen Ergebnisse aufzubauen, weitere Erfahrungen zu sammeln und den Verwaltungen von Röhrennetzen, die fernerhin durch die Erdstromfrage berührt werden, mit Rat und Tat zur Seite zu stehen. Verschiedene Städte sind schon vor längerer Zeit in dieser Angelegenheit an unseren Verein herangetreten. Ihre Anfragen mufsen so lange zurückgestellt werden, bis die V. E. K. ihre Tätigkeit eingestellt hat. Zunächst aber soll, wenn irgend möglich zur Jahresversammlung, der Gesamtbericht über die Arbeiten unserer Kommission fertiggestellt werden.

Frankfurt a. M., Mai 1910.

W. H. Lindley.

Anlage.

Vorschriften
zum Schutze der Gas- und Wasserröhren gegen schädliche Einwirkungen der Ströme elektrischer Gleichstrombahnen, die die Schienen als Leiter benutzen.[1])

Aufgestellt von der Vereinigten Erdstromkommission des Deutschen Vereins von Gas- und Wasserfachmännern, des Verbandes Deutscher Elektrotechniker und des Vereins Deutscher Straſsenbahn- und Kleinbahnverwaltungen.

§ 1. Geltungsbereich.

Die nachfolgenden Vorschriften regeln die Anlage von Gleichstrombahnen oder Gleichstrombahnstrecken, die die Schienen als Leiter benutzen. Die vorgeschriebenen oberen Grenzwerte für zulässige Spannungen gelten, soweit nichts anderes ausdrücklich gesagt ist, für die Projektierung der Anlage, wobei bezüglich des Widerstandes und der Stromleitung nur die Schienen und zugehörigen Überbrückungsleitungen in die Rechnung einzusetzen und der angenommene Widerstand der Schienen sowie der für seine Vermehrung durch die Stoſsverbindungen angesetzte prozentuale Zuschlag anzugeben sind. Indessen dürfen sich diese Grenzwerte bei der rechnerischen sowohl wie bei der praktischen Nachprüfung an den in Betrieb stehenden Anlagen nicht als überschritten erweisen.

Von diesen Vorschriften bleiben Bahnen befreit, deren Gleise auf besonderem Bahnkörper isoliert verlegt sind. Als Beispiel wird die Verlegung auf Holzschwellen genannt, bei

---

[1]) Die in kleinerem Druck am Schluſs der §§ 3 und 4 angefügten Sätze sollen nicht als verbindliche Vorschriften, sondern als empfehlenswerte Maſsnahmen gelten.

welcher im allgemeinen ein Luftzwischenraum zwischen den Gleisen und der eigentlichen Bettung gewährleistet ist. Erfüllt eine solche Bahn diese Bedingungen an einzelnen Stellen, z. B. Niveaukreuzungen, nicht, so finden die Vorschriften sinngemäfse Anwendung, falls nicht durch örtliche Mafsnahmen eine gleichwertige Isolation dieser Stellen erreicht ist.

Ferner finden diese Vorschriften keine Anwendung auf Schienenstränge, die an jedem Punkte wenigstens 200 m von dem nächstgelegenen Punkte eines Rohrnetzes entfernt sind.

§ 2. Schienenleitung.

Alle zur Stromleitung benutzten Schienen sind als möglichst vollkommene und zuverlässige Leiter auszubilden und dauernd zu erhalten.

Der Widerstand einer Gleisstrecke darf durch die Stofsverbindungen höchstens um den der Projektierung zugrunde gelegten Zuschlag (vgl. § 1, Abs. 1), der jedoch nicht mehr als 20 % betragen darf, gröfser sein als der Widerstand eines ununterbrochenen Gleises von gleichem Querschnitt und gleicher spezifischer Leitfähigkeit. Die spezifische Leitfähigkeit der zur Verwendung gelangenden Schienen (vgl. § 1, Abs. 1) ist vor der Verlegung festzustellen.

Beim Entwurf der Stromleitungsanlage des Gleisnetzes darf bei der Verwendung von Schienen, die aus Haupt- und Nebenschienen zusammengesetzt sind, der volle Querschnitt beider Schienen nur dann in Rechnung gesetzt werden, wenn nicht nur die Stöfse der Hauptschienen sondern auch die Stöfse der Nebenschienen und beide Schienen untereinander dauernd gut leitend verbunden bleiben.

Die Schienen zu beiden Seiten von Kreuzungs- und Weichenstücken müssen durch besondere Überbrückungen in gut leitendem Zusammenhang stehen. Die Schienen eines Gleises sowie die mehrerer nebeneinander liegender Gleise müssen mindestens an jedem zehnten Stofse gut leitend verbunden sein. Diese Überbrückungs- und Querverbindungsleitungen müssen wenigstens die Leitfähigkeit einer Kupferverbindung von 80 qmm Querschnitt haben.

An beweglichen Brücken oder Anlagen ähnlicher Art, die eine Unterbrechung der Gleise zur Folge haben, ist durch besondere isolierte Leitungen der gut leitende Zusammenhang der Gleisanlage zu sichern. Hierbei darf der Spannungsabfall bei mittlerer Belastung (vgl. § 3, Abs. 2) 5 Millivolt pro m Entfernung zwischen den Unterbrechungsstellen nicht überschreiten.

Alle zur Stromführung dienenden, mit den Schienen verbundenen Leitungen sind gegen Erde zu isolieren. Ausgenommen hiervon sind kurze Verbindungsleitungen, wie Stofs- und Querverbindungen, Überbrückungen an Weichen, Schiebebühnen usw., die, falls sie nicht tiefer als 25 cm in dem Boden verlegt werden, blank ausgeführt werden dürfen.

§ 3. Schienenspannung.

Hinsichtlich der Spannungsverhältnisse im Schienengebiet ist zwischen dem »inneren verzweigten Schienennetz« und den »auslaufenden Strecken« zu unterscheiden. Bei Überlandbahnen werden die Verbindungsstrecken der Ortschaften als »auslaufende Strecken« behandelt.

Im »inneren verzweigten Schienennetz« und innerhalb eines anschliefsenden Gürtels von 2 km Breite soll bei mittlerem fahrplanmäfsigen Betrieb der Anlage die sich rechnerisch ergebende Spannung zwischen zwei beliebigen Schienenpunkten 2,5 Volt nicht überschreiten. Unter den gleichen Bedingungen soll jenseits des Gürtels auf den »auslaufenden Strecken« das gröfste Spannungsgefälle nicht mehr als 1 Volt pro km betragen. Der Verkehr vereinzelter Nachtwagen scheidet bei der Feststellung des mittleren fahrplanmäfsigen Betriebes aus.

Ist in einer Ortschaft das Schienennetz unverzweigt, so soll die Spannung innerhalb des verzweigten Rohrnetzes 2,5 Volt nicht überschreiten.

Der Anschlufs anderweitiger stromverbrauchender Anlagen an das Bahnnetz darf die Spannungen im Schienennetze nicht über die vorgeschriebenen Grenzen steigern.

Stehen verschiedene Bahnen miteinander in Verbindung — sei es durch das Schienennetz oder durch die Kraftquelle —, so sind sie so anzulegen, daſs sie zusammen diese Bedingungen erfüllen.

Gleisanlagen in Ortschaften mit selbständigen Röhrennetzen sollen für sich den vorstehenden Bestimmungen dieses Paragraphen genügen.

Abweichungen von diesen Vorschriften — und zwar nach beiden Richtungen — in bezug auf Spannungsverhältnisse im Schienennetz können durch besondere örtliche Verhältnisse oder durch erheblich abweichende Betriebsweise begründet sein. So z. B. kann, wenn die Betriebsdauer — wie dies bei Güterbahnen oft der Fall ist — nur einen kleinen Bruchteil des Tages ausmacht, eine Überschreitung der angegebenen Spannungsgrenzen zugelassen werden; bei Bahnen bis zu 3 Stunden Betriebsdauer bis auf das Zweifache und bei Bahnen bis zu 1 Stunde Betriebsdauer bis auf das Vierfache.

Wo das Schienennetz allein nicht genügt, die Rückleitung ohne Überschreitung der zulässigen Spannung im Netz zu bewirken, sind besondere Rückleitungen herzustellen. Bei der Wahl der Rückleitungspunkte sind solche Stellen auszusuchen, die möglichst günstig, das heiſst entfernt von den Röhren und möglichst in Gebieten mit trockenem, schlecht leitendem Boden, liegen.

Zweckmäſsig wird man bei Zweileiterbahnen abstufbare Widerstände in die Rückleitungen einbauen, durch die das Potential an allen Rückleitungspunkten auch unter veränderten Betriebsverhältnissen nach Möglichkeit gleichgehalten werden kann. Bei Dreileiterbahnen empfiehlt sich, zum gleichen Zweck die Speisebezirke der beiden Dreileiterseiten umschaltbar einzurichten.

§ 4. Übergangswiderstand.

Der Widerstand zwischen dem zur Stromleitung benutzten Schienennetz und Erde muſs möglichst hoch gehalten werden. Wo dies durch die Bodenverhältnisse oder durch die Anlage in der Fahrbahnfläche an und für sich nicht genügend gewährleistet wird, ist eine Erhöhung des Widerstandes durch möglichst wirksame Isolation anzustreben.

Die Gleise und die mit ihnen metallisch verbundenen Stromleitungen dürfen weder mit den Röhren noch mit sonstigen Metallmassen in der Erde metallisch verbunden sein.

Aufserdem ist darauf zu achten, dafs der Abstand zwischen der nächst gelegenen Schiene und solchen Rohrnetzteilen (Wassertopf-Saugröhren, Hülsenröhren, Deckkasten, Spindelstangen, Hydranten od. dgl.), die in die Oberfläche eingebaut sind oder nahe an sie herantreten und mit den Röhrenleitungen in metallischer Verbindung stehen, so grofs wie möglich gehalten wird, wenn irgend möglich, wenigstens 1 m.

Feststehende Motoren oder Licht- oder andere Anlagen, die aus einer Bahnleitung gespeist werden, die die Schienen als Stromleitung benutzt, sind mit dem Schienennetz oder dessen Stromleitungen durch isolierte Leitungen zu verbinden. Ausgenommen hiervon sind kurze Anschlufsleitungen bis zu 16 qmm Querschnitt, die weniger als 25 cm tief in der Erde und mindestens 1 m von der nächsten Röhrenleitung entfernt liegen; diese dürfen blank hergestellt werden.

Behufs Erhöhung des Widerstandes zwischen Schiene und Erde wird empfohlen, die Schiene auf möglichst schlecht leitender und gut entwässerter Unterbettung zu verlegen und diese gegen die Oberfläche der Fahrbahn in genügender Breite möglichst wasserdicht abzuschliefsen.

Die Verwendung von Salz zur Beseitigung von Schnee und Eis sollte auf die unumgänglich notwendigen Fälle beschränkt bleiben.

Wo sich durch die Schienenführung ein genügender Abstand zwischen den Schienen und den in die Oberfläche eingebauten Rohrnetzteilen nicht schaffen läfst, empfiehlt es sich, die Rohrnetzteile umzulegen oder durch geeignete Isolierschichten (Hülsenrohre aus Steinzeug, Schächte aus Mauerwerk u. dgl.) den Stromübergang zu hemmen.

§ 5. Stromdichte.

Die vorstehenden Vorschriften sollen das Auftreten von Rohrzerstörungen nach Möglichkeit verhindern. Mafsgebend für die elektrolytische Rohrzerstörung ist die Dichte des Stroms, der aus den Röhren austritt.

Wo diese durch Bahnströme hervorgerufene Stromdichte den Mittelwert (vgl. § 3) von 0,75 Milliampere pro qdcm erreicht, ist die Röhrenleitung unbedingt als durch die Bahn gefährdet zu bezeichnen, und es sind weitere Schutzmaſsnahmen zu treffen.

Für Güterbahnen mit auſsergewöhnlich kurzer Betriebszeit sind hier, wie in § 3, Ausnahmen zulässig.

Bei Richtungswechsel der aus den Röhren austretenden und in sie eintretenden Ströme sind, bis weitere Erfahrungen vorliegen, die letzteren bei der Bildung des Stromdichtemittels für die Betriebszeit gleich Null zu setzen.

§ 6. Überwachung.

Um die Potentiale an den Schienenanschluſspunkten prüfen zu können, sind für jedes Stromabgabegebiet von diesen Punkten Prüfdrähte zu je einer Sammelstelle zu führen.

Bei jeder gröſseren dauernden Betriebsverstärkung soll die Spannungsverteilung im Schienennetz nachgeprüft werden.

Die Schienenstoſsverbindungen sind alljährlich einmal mittels eines geeigneten Schienenstoſsprüfers nachzuprüfen und derart instand zu setzen, daſs sie die Vorschriften der § 1 und 2 erfüllen. Insbesondere sollen Stoſsverbindungen, deren Widerstand bei der Prüfung sich gröſser als der einer 10 m langen, ununterbrochenen Schiene erweist, alsbald vorschriftsmäſsig instand gesetzt werden.

Bericht der Unterrichtskommission pro 1909/10.

Nachdem die in den früheren Jahresberichten wiederholt erwähnten Gasmeister- und Installateurschulen ihre Tätigkeit im abgelaufenen Jahr in regulärer Weise fortgesetzt haben, erübrigt sich ein weiteres Eingehen auf ihre Lehrpläne und Erfolge, und wir behalten uns vor, dieselben im nächsten Jahr einmal wieder zusammenfassend darzustellen.

Als neu hingegen nahm die Unterrichtskommission in ihre Tätigkeit die Ziele auf, welche sich derselben in Verbindung mit der neubegründeten »Zentrale für Gasverwertung« darbieten. In der Sitzung der Kommission zu Berlin am 7. April d. J. wurde infolgedessen die Organisation des Gaskochunterrichtes als erstes Ziel weiter verfolgt, und die Kommission kam zu dem Ergebnis, dem Vereinsvorstand folgende Vorschläge zu unterbreiten:

1. An geeigneten Orten in Deutschland, u. a. in Berlin, Leipzig, Dresden, Karlsruhe, Wiesbaden usw. und wo immer die lokalen Verhältnisse günstig und das Interesse der Gasanstaltsleiter dafür rege, wären Kurse zur Ausbildung von Damen im Gaskochen einzurichten.
2. Durch die Mitglieder des Vereins feststellen zu lassen, welche Koch- und Haushaltungsschulen am Orte vorhanden sind, und ihnen zu empfehlen, diesen Schulen Gasapparate unentgeltlich zur Verfügung zu stellen und dort Unterricht im Kochen auf Gas erteilen zu lassen.

3. Auch wird empfohlen, dafs den auszubildenden Damen gleichzeitig Kenntnis gegeben wird von den Möglichkeiten, welche auf den Gasanstalten für leichte Beschaffung von Kochapparaten (Miete, Leihe usw.) bestehen; auch müfsten diese Damen darauf angewiesen werden, diese Kenntnisse in ihrem Unterricht weiterzuverbreiten.
4. Bei den Gaskochkursen und Vorträgen ist dringend zu empfehlen, die Regulierung der Gasbrenner zu erklären und über die Beseitigung etwa vorkommender Störungen Aufschlufs zu geben.
5. Bei Abhaltung von Gaskochkursen, die, wenn irgend möglich, öfter wiederholt werden müssen, empfiehlt es sich dringend, geschickte Besprechungen darüber in den Zeitungen zu veranlassen.
6. Ferner soll zur Prüfung und Überlegung empfohlen werden, ob an manchen Orten auch Gasautomaten einzuführen wären, welche lediglich für Heizen und Kochen bestimmt sind.
7. Auf Antrag von Stadtbaurat Hasse wird insbesondere empfohlen, der Beschaffung von besonders billigen Gaskoch- und Heizapparaten für die mittleren und unteren Klassen Aufmerksamkeit zuzuwenden. Herr Hasse macht noch darauf aufmerksam, dafs von den Installateuren sehr viele minderwertige Apparate geliefert werden. Dem müsse in irgendeiner Weise gesteuert werden.
8. Da, wo Gas und Elektrizität zur Verfügung stehen, wären zuverlässige vergleichende Versuche im Kochen mit Gas- und elektrischen Apparaten anzustellen und das Material hierüber der Zentrale für Gasverwertung zur Verfügung zu stellen.

Der Zentrale für Gasverwertung wird empfohlen, eine Sammlung von Schriften über Heizen und Kochen mit Gas sowohl aus dem In- wie aus dem Auslande zusammenzustellen, um daraus eine zusammenfassende, zur Veröffentlichung geeignete Darstellung zu gewinnen. Endlich soll angestrebt werden, Gaskochbücher und Gaskochrezepte herauszugeben.

Die vorstehend gegebenen Anregungen werden hoffentlich von unseren Fachgenossen je nach den lokalen Verhältnissen weiter ausgebaut werden, und die Unterrichtskommission wird dankbar jede weitere Anregung aufnehmen und weitergeben.

Dessau, den 20. Mai 1910.

Der Vorsitzende der Unterrichtskommission:
v. Oechelhaeuser.

Bericht der Kommission für die Lehr- und Versuchsgasanstalt.

Unsere Lehr- und Versuchsgasanstalt hat im verflossenen Jahr die systematischen Arbeiten über die deutschen Gaskohlen in gleicher Weise wie in den Vorjahren fortgesetzt, so dafs nunmehr ausführliche Untersuchungen über 52 Kohlensorten der wichtigsten Kohlenbecken Deutschlands vorliegen und ein ziemlich abgerundetes Bild über die Beschaffenheit des wichtigsten Rohstoffes für die Gaserzeugung gewonnen werden kann. Von der Gesamtzahl der Kohlensorten treffen 24 auf das Rheinisch-Westfälische Kohlenbecken, 14 auf das Saarbecken, 6 auf das Sächsische Steinkohlenbecken, 8 auf das Oberschlesische Becken. Im Vorjahre konnte bereits der Versammlung in Frankfurt a. M. ein zusammenfassender Bericht über deutsche Gaskohlen und einige Hauptergebnisse der Untersuchungen vorgelegt werden. Dieser Bericht wurde im Beginn unseres Vereinsjahres an alle Beitraggeber für unsere Anstalt und an alle diejenigen Zechen und Anstaltsverwaltungen versandt, welche durch Lieferung von Kohlen für die Untersuchungen zur Förderung unserer Arbeiten beigetragen hatten. Der Inhalt dieses Berichtes war vielfach Gegenstand der Besprechung in den Kreisen der Interessenten, und es gingen bei unserer Anstalt eine grofse Reihe von Anfragen ein, welche entsprechende Erledigung gefunden haben.

Mehrfach ist unsere Anstalt mit der Untersuchung von Kohlen, welche zum Kauf oder Verkauf bestimmt waren, von Käufern oder Händlern betraut worden. Es ist zu erwarten, dafs das Interesse für solche Untersuchungen sich in Zukunft noch weiter steigern wird, zumal da der Kreis der für Gaserzeugung verwendbaren Kohlen unter den heute herrschenden Anforderungen an die Beschaffenheit des Gases und unter Verwendung der neuen Ofenkonstruktionen, der Vertikal- und Kammeröfen, sich noch wesentlich erweitern läfst und eine freiere Auswahl passender Kohlen herbeigeführt werden wird.

Im laufenden Jahr sind zu den früher untersuchten Kohlen noch weitere 28 Untersuchungen hinzugekommen, über welche ausführliche Berichte vorliegen. Davon treffen 5 auf Ruhrkohlen, 11 auf Saarkohlen, 2 auf sächsische, 8 auf schlesische; ferner wurden 8 Sorten englischer Kohlen untersucht

Die Methoden der Untersuchungen wurden weiter ausgebildet und auf die genauere Ermittelung besonderer, bisher nicht zahlenmäfsig darstellbarer Verhältnisse, welche für die Beurteilung und Bewertung der Kohlen für Gaserzeugung von Wichtigkeit sind, weiter ausgedehnt, so auf die Festigkeit des erzeugten Koks, das Ammoniakausbringen bzw. die Verteilung des Stickstoffs und den Einflufs der Stückgröfse auf das Verhalten bei der Destillation u. a. m. Über diese Versuche wird besonders berichtet werden.

Neben den einheimischen Gaskohlen kommt eine grofse Zahl englischer Kohlensorten in deutschen Gasanstalten, namentlich an der Nordküste, aber auch in der Nähe der Wasserstrafsen bis weit nach dem Süden zur Verwendung. Durch eine Rundfrage bei einer grofsen Zahl von Gaswerken haben wir uns zunächst eine Übersicht über die verwendeten Kohlensorten und mit bereitwilliger Unterstützung der Verwaltungen kleine Proben dieser Kohlen verschafft. Diese Proben wurden in gleicher Weise, wie dies früher bei den deutschen Gaskohlen geschehen war, einer chemischen und kalorimetrischen Untersuchung unterworfen, um zunächst deren Charakter und wichtigste Eigenschaften festzustellen, ehe an eine Prüfung in unserer Versuchsgasanstalt im grofsen herangetreten werden konnte.

Für die Durchführung von Betriebsversuchen mit den wichtigsten englischen Kohlensorten, welche auf den deutschen Markt kommen, sind uns in entgegenkommendster Weise von einer Reihe von Gasanstalten gröſsere Mengen zur Verfügung gestellt, und wir haben bereits mit diesen Versuchen begonnen. Über die Ergebnisse wird später im Zusammenhang berichtet werden.

Bei der systematischen Prüfung von Gaskohlen wurden wie früher Studien über Vergasungsvorgänge gemacht, so über die Ammoniakverteilung in den einzelnen Apparaten unserer Versuchsanlage, über die Entwicklung der Schwefelverbindungen im Laufe der Destillation, über den Anteil des freien und gebundenen Ammoniaks im Gas bzw. Gaswasser, über die Veränderung der Festigkeit des Koks bei verschiedenen Umständen.

Nachdem nunmehr während einer längeren Arbeitsperiode unserer Anstalt eine Reihe von Erfahrungen gesammelt, die Ergebnisse der Beobachtungen kritisch geprüft worden sind und die Untersuchungsmethoden nach mehrfachen Verbesserungen eine gewisse Stabilität erreicht haben, ist in Aussicht genommen, einerseits einen Gesamtbericht über die bisherigen Untersuchungen der Anstalt zu veröffentlichen und anderseits fortlaufend über solche Arbeiten zu berichten, welche entweder von allgemeinem Interesse oder für die Mitglieder unseres Vereins bzw. für die Beitraggeber unserer Lehr- und Versuchsgasanstalt von Wert sind.

Neben den systematischen Untersuchungen über Gaskohlen und Gaserzeugung wurden Prüfungen und Analysen von Rohstoffen, Produkten und Gebrauchsgegenständen von und für Gaswerke im Auftrag untersucht; darunter Koks, Teer, Gaswasser, Ammoniaksulfat, Cyanschlamm, Reinigungsmasse, Anstrichmassen für Gasbehälter. Ferner kamen Lampen verschiedener Einrichtung für Niederdruck und Preſsgas, stehende und hängende Gasglühlichtlampen und Brenner zur Untersuchung. Auch Apparate zur Gasmessung und Regelung sowie zur automatischen Gasanalyse, für Feuerungen und andere gasanalytische Zwecke wurden eingehend geprüft und über die Ergebnisse berichtet oder an Interessenten Auskünfte erteilt.

Das lebhafte Interesse für unsere Anstalt zeigte sich wie früher auch in diesem Jahr nicht nur in der Benutzung derselben für Prüfungen und Auskunftserteilungen sondern auch in der Überweisung von wertvollen Geschenken, durch welche die Einrichtung unserer Anstalt nach verschiedenen Seiten hin verbessert werden konnte. Mit verbindlichstem Dank an die Stifter für diese Zuwendungen seien folgende genannt: Herr Dr.-Ing. h. c. E. Blum, Kgl. Baurat, Berlin, stiftete aus Anlafs der Redtenbacher-Feier der Technischen Hochschule Karlsruhe die Summe von M. 3000 zur Verfügung der Lehr- und Versuchsgasanstalt für Anschaffung von Präzisionsapparaten für photometrische Untersuchungen. Die Firma Sigmar Elster-Berlin stiftete einen Gasbehälter (Kubizierapparat) von 1,5 cbm Inhalt, welcher unserer Anstalt bei Gasuntersuchungen sehr willkommene Dienste leisten und die Arbeiten wesentlich erleichtern wird. Für die Herstellung von Prefsgas oder Prefsluft und die Untersuchung von Hochdruck-Intensivlampen wurde unserer Anstalt von der Deutschen Gasglühlicht-Akt.-Ges. in Berlin ein Pharosgebläse mit elektrischem Antrieb geschenkweise überlassen. Herr Prof. Dr. Strache in Wien beschenkte die Anstalt mit einem Exemplar des kürzlich von ihm konstruierten Gaskalorimeters neuer Konstruktion. Von der Apparate-Vertriebsgesellschaft in Berlin-Wilmersdorf wurden uns zwei unseren besonderen Zwecken angepafste Druckregler überlassen, und die Rotawerke in Aachen schenkten zwei der in unserem Laboratorium untersuchten Rotamesser für Gasverbrauchsmessungen.

Zu dem Umbau unserer Betriebseinrichtungen wurden durch gütige Vermittlung des Herrn Geh. Kommerzienrates Böcking in Halbergerhütte durch das Gufsrohrsyndikat die erforderlichen Rohrleitungen und Formstücke kostenlos und frachtfrei geliefert. Ferner stifteten drei Firmen für die Beheizung kleinerer Räume unserer Anstalt Gasheizapparate: Houben Sohn Karl, Aachen, Warsteiner Gruben- und

Hüttenwerke, Warstein, und Homannsche Werke in Vohwinkel. Für unseren neu beschafften Naphthalinwäscher wurde von den Röpertwerken in Dessau Röpertöl kostenlos überlassen. Für diese freigebigen Zuwendungen und andere Vergünstigungen, welche unserer Anstalt zuteil wurden, sprechen wir wiederholt unseren Dank aus und hoffen, dafs die Freunde unserer Anstalt auch in Zukunft in gleicher Weise ihr Interesse betätigen und unser der wissenschaftlichen Durchbildung des Gasfaches dienendes Unternehmen unterstützen.

Auch in diesem Jahre wurden von den Beamten unserer Anstalt eine gröfsere Anzahl von Leistungsversuchen und Kontrollen in auswärtigen Gasanstalten vorgenommen, und es stehen auch für die Folge ähnliche Arbeiten in Aussicht. Wir nennen die Untersuchung des neuen 18er Vertikalofens auf dem Gaswerk der Imperial Continental Gas Association in Mariendorf-Berlin und einen gröfseren Leitungsversuch an den nach eigenem System erbauten Öfen mit Schrägretorten auf dem Gaswerk St. Gallen. In mehreren Gaswerken wurden Betriebskontrollen und Begutachtungen sowie Abnahmeversuche vorgenommen, die z. T. sehr lehrreiche Aufgaben darstellten. Im Bereich des Mittelrheinischen Vereins wurden entsprechend einer Anregung desselben 14 Gaswerke besucht und beraten und mehr oder weniger eingehende Prüfungen der Betriebseinrichtungen in chemischer und gastechnischer Richtung vorgenommen. Wenn auch solche Untersuchungen mit mancherlei Schwierigkeiten verbunden sind und bei erstmaliger Ausführung nicht immer den erwarteten grofsen Nutzen haben können, so ist doch nicht zu unterschätzen, dafs durch den persönlichen Kontakt der ausführenden Beamten unserer Anstalt mit der Praxis und der Beamten der untersuchten Werke mit den wissenschaftlichen Untersuchungsmethoden und Kontrollen auf beiden Seiten ein erheblicher Gewinn zu verzeichnen ist. Die gesammelten Erfahrungen werden unsere Anstalt mehr und mehr in die Lage versetzen, mit einfachen Mitteln helfend einzutreten und die Bedürfnisse der Praxis auch bei den eigenen Arbeiten zu berücksichtigen und zu verwerten.

Was die Lehrtätigkeit anlangt, so haben im Laufe des Jahres 10 Gasingenieure, nachdem sie durch den zweisemestrigen Kursus an der Technischen Hochschule sich mit den wissenschaftlichen Grundlagen der Gastechnik und den Laboratoriumsarbeiten vertraut gemacht hatten, an den Arbeiten unserer Anstalt teilgenommen. Auch bei dem im Frühjahr wie alljährlich stattfindenden 14 tägigen Gaskursus hatten die Teilnehmer, deren Zahl 38 betrug, Gelegenheit, die Einrichtungen unserer Versuchsgasanstalt kennen zu lernen und in Gruppen geteilt, an dem Retortenofen, den Betriebsapparaten und im Photometerraum die üblichen Kontrolluntersuchungen vorzunehmen.

Über die Einrichtung unserer Versuchsgasanstalt ist folgendes zu bemerken:

Nach 2 $^1/_2$ jährigem ununterbrochenem Betrieb mufsten die beiden Retorten, welche Querrisse zeigten, und der innere Ausbau des Ofens erneuert werden; obgleich der Zustand der Retorten für einen normalen Gasanstaltsbetrieb noch vollkommen brauchbar gewesen wäre und auch die übrigen Teile des Ofens trotz häufiger absichtlich für Versuchszwecke herbeigeführter beträchtlicher Temperaturschwankungen tadellos erhalten waren, so war im Interesse der Sicherung einer einwandfreien Bestimmung der Ausbeute und Beschaffenheit des Gases, die Auswechslung erforderlich. Dieselbe wurde im Herbst 1909 vorgenommen und machte eine Stillsetzung des Betriebes erforderlich.

Von anderen im Vorjahr in Aussicht genommenen gröfseren Änderungen und Erweiterungen wurden nur die Aufstellung eines rotierenden Ammoniakwaschers und der Umbau der Verbindungsleitungen der Apparate vorgenommen, um die Reihenfolge der Kühler- und sonstigen Einrichtungen beliebig ändern zu können; auch wurde der schädliche Raum in der Vorlage durch Ausgiefsen des unteren Teiles mit Zement verkleinert, wodurch ein rascherer Abflufs des Teers bewirkt und eine schnellere Erreichung des Beharrungszustandes beim Übergang von einer Kohlensorte zu einer anderen herbeigeführt wird.

Von der Errichtung eines besonderen Gasbehälters, der im Vorjahr in Aussicht genommen war, und wofür die Mittel von Vorstand und Ausschufs zur Verfügung gestellt waren, wurde mit Rücksicht auf die grofsen Anschaffungskosten vorläufig abgesehen, so dafs wir uns bis auf weiteres in anderer Weise behelfen müssen.

Der schriftliche Verkehr unserer Anstalt zeigt im verflossenen Jahr eine Zahl von 1122 Ausgängen, die der Sache nach im einzelnen sehr ungleichwertig sind; neben einfachen Erledigungen von Anfragen stehen ausführliche Berichte über Untersuchungen, welche Tage und Wochen zu ihrer Erledigung bedürfen, so dafs ein Mafsstab für die Tätigkeit in dieser Richtung damit nicht gegeben ist; immerhin zeigt sich, dafs auch die Arbeitskräfte nach dieser Richtung hin in steigendem Mafse in Anspruch genommen werden.

Nach der im Vorjahr gegebenen Aufstellung steht der Wert unserer Anstalt mit M. 108383,64 zu Buch; die damals noch ungetilgte Restschuld von M. 3718,50 ist inzwischen getilgt worden; eine Anzahl von Auslagen im Betrag von M. 2166,90, welche die Vereinskasse vor dem Jahre 1907 für die Versuchsgasanstalt hatte, wurden bei der Feststellung der aus dem Vereinsvermögen entnommenen Summe nachträglich noch genannt, und dadurch erhöht sich der Bauwert der Anstalt auf M. 110550,54.

Die ganze Anlage stellt nunmehr ein schuldenfreies Vermögensobjekt des Vereins dar.

Die Rechnungen der Anstalt wurden wie bisher von einem Beamten der Karlsruher Gas-, Wasser- und Elektrizitätswerke geführt und der Rechnungsabschlufs für $^5/_4$ Jahre, der in der Beilage abgedruckt ist,[1]) wurde von einem vereidigten Rechnungsrevisor wie im Vorjahre geprüft und richtig befunden. Die Rechnungen werden überdies noch mit den Vereinsrechnungen geprüft. Nach eingehender Beratung des Vorstands des Vereins wurde beschlossen, eine Eröffnungsbilanz auf 1. April 1909 aufzustellen und von da ab das Rechnungsjahr der Versuchsgasanstalt, wie das des

---

[1]) Derselbe ist den Vereinsmitgliedern zugegangen. D. Red.

Vereins vom 1. April zu beginnen. Eine Bilanz für 1. April 1910 und Gewinn- und Verlustkonto für das Rechnungsjahr 1. April 1909 bis 31. März 1910 liegen gleichfalls vor[1]).

Unsere gesamte Anstalt wurde mit einem Aufwand von M. 110550,54 hergestellt; von diesem Betrag wurde nach Beschlufs des Vorstandes die durch freiwillige Beiträge eingekommene Summe, welche nicht zur Deckung der Betriebsausgaben diente, mit M. 65294,61 vom Immobilienkonto abgeschrieben, so dafs dieses am 1. April 1910 nur noch mit einer Summe von M. 29361,21 zu Buch steht. Ferner sind die auf Utensilienkonto gebuchten Werte durch mehrfache Abschreibung auf M. 14205 gestellt. Unter den Passiven erscheint auf Kapitalkonto die Summe von M. 45255,93, welche von dem anfänglich bewilligten Betrag von M. 70000 aus den Aktiven des Vereins entnommen wurde. Das Gewinn- und Verlustkonto weist eine Summe von M. 10336,40 zugunsten der Anstalt auf, die zum grofsen Teil durch aufsergewöhnliche gröfsere auswärtige Untersuchungen erwirtschaftet worden ist.

Wir dürfen somit das abgelaufene Vereinsjahr als ein für unsere Anstalt günstiges bezeichnen und können auch in Zukunft unter treuer Mitwirkung unserer Beamten und der tatkräftigen Unterstützung unserer Gönner und Freunde einer weiteren gedeihlichen Entwicklung unserer Anstalt entgegensehen.

Noch möchten wir darauf hinweisen, dafs nach dem Vorgange der Lehr- und Versuchsgasanstalt unseres Deutschen Vereins ähnliche Einrichtungen auch im Ausland begründet wurden, nämlich in England, aus dem Livesey Memorial Fund die Livesey-Professur an der Universität in Leeds, und in Österreich die Versuchsanstalt für Gasbeleuchtung und Feuerungsanlagen an der Technischen Hochschule in Wien.

Eine rege Tätigkeit in gleicher Richtung hat schon seit Jahren der Schweizerische Verein von Gas- und Wasserfachmännern in seiner Versuchsanstalt in Zürich entfaltet.

---

[1]) Den Vereinsmitgliedern zugegangen. D. Red.

Die zurzeit an unserer Anstalt tätigen Beamten sind neben dem Betriebsleiter, dem Generalsekretär des Vereins, Herrn Dipl.-Ing. Dr. Karl Bunte die Herren Dr. Schumacher, Dipl.-Ing. Schilling, Dipl.-Ing. Sentke und Dr. Weyrich. Im Laufe des Jahres waren ferner auf der Anstalt als Assistenten und Volontäre tätig die Herren Dr. Altmayer, Stehle, Meifsner, Gehrcke, Hasse und Droop. Wir können unseren Bericht nicht schliefsen ohne unseren Beamten für ihre Tätigkeit und den Gönnern und Freunden für ihre eifrige Förderung der Arbeiten unserer Anstalt herzlich zu danken.

Karlsruhe, im Mai 1910.

F. Reichard. H. Bunte.

Abrechnung der Lehr- und Versuchsgasanstalt für die Zeit vom 1. Januar 1909 bis 31. März 1910.

Rechnungsjahr 1909/10.

Voranschlag für 1910/11		Voranschlag für $^5/_4$ Jahre	Rechnungsergebnis
	I. Einnahmen:	M.	M.
19 500	1. Beiträge	24 375,00	28 011,47
5 000	2. Aus Erzeugnissen	6 250,00	7 768,50
2 300	3. » Untersuchungen . . .	2 875,00	10 987,19
200	4. Verschiedenes	250,00	377,57
27 000		33 750,00	47 144,73
	II. Ausgaben:		
	1. Gehälter und Löhne.		
8 000	a) wissenschaftliche Hilfskräfte	10 000,00	9 990,00
300	b) Kassenführung	375,00	375,00
6 000	c) Betriebslöhne und Laborant	7 500,00	9 029,91
	2. Unterhaltung der Anstalt:		
1 200	a) Gebäude	1 250,00	1 903,72
500	b) Retortenofen	1 250,00	712,99
1 000	c) Apparate, Maschinen und Geräte	1 250,00	1 622,26
1 800	d) Laboratorium	1 875,00	2 652,36
	3. Neuanschaffungen:		
500	a) Apparate, Maschinen und Geräte	—	—
2 000	b) Laboratorium, Bibliothek etc.	3 125,00	2 983,23
	4. Untersuchungsaufwand:		
1 000	a) Ankauf von Materialien . .	1 875,00	1 192,53
500	b) Aufwand bei auswärtigen Untersuchungen	625,00	—
	5. Betriebsmittel:		
	Gas, Wasser, Strom, Dampf .	2 500,00	3 935,31
	6. Unkosten:		
300	a) Steuer, Versicherung . . .	375,00	319,74
700	b) Kanzleierfordernisse . . .	875,00	1 111,79
700	c) Verschiedenes u. Handkasse	875,00	977,39
27 000		33 750,00	36 806,23

Bemerkungen zur Abrechnung und zum Voranschlag.

Einnahmen.

1. Beiträge: Durch die Verschiebung des Rechnungsjahres vom 1. Januar auf 1. April und der Feststellung der Geldverhältnisse zwischen Verein und Versuchs-Gasanstalt ergab sich einmalig eine höhere Summe an Beiträgen. Für das nächste Jahr sind die laufenden Beiträge eingesetzt.
2. Aus Erzeugnissen: Mehreinnahmen ergaben sich durch die längere Betriebszeit der Gasanstalt. Diesen Mehreinnahmen stehen Mehrausgaben an Löhnen gegenüber.
3. Untersuchungen: Mehreinnahmen rühren von größeren auswärtigen Untersuchungen aus dem Vorjahr und dem laufenden Jahr 1908/09 her.
4. Verschiedenes. Mehr Einnahmen aus dem Verkauf von Kohlenresten.

Ausgaben.

1. Gehälter und Löhne.

   c) Betriebslöhne. Siehe unter 2. der Einnahmen.

   Erzeugnisse { 1529,91 Mehrausgaben.
1518,50 Mehreinnahmen.

2. Unterhaltung der Anstalt:

   a) Gebäude: Überschreitung durch Dachneueindeckung, elektrische Beleuchtung im Apparatenraum, Anstreicherarbeiten Installationen für Gasöfen etc.

   b) Ofen: Der Ofen war gut erhalten und daher bei der Erneuerung wenig Ausbau nötig, Retorten waren vorhanden.

   c) Apparate und Maschinen: Neubeschaffung eines Elektromotors.

   d) Laboratorium und Bureau. Der intensivere Betrieb der Anstalt (mit zeitweise 6 Assistenten und Volontären) sowie auswärtige Untersuchungen erforderte erhebliche Mehrausgaben für Anschaffung von Instrumenten und Glaswaren.

5. Betriebsmittel. Die Überschreitung trifft besonders auf Ausgaben für Gas wegen des intensiveren Betriebs des Laboratoriums.
6. Unkosten. b) u c). Kanzleierfordernisse und Ausfertigung der Berichte mit Kurventafeln, Steigerung des Schriftwechsels.

Aktiva. **Eröffnungs-Bilanz**

	M.	Pf.
Immobilienkonto:		
Gebäude, Öfen, Apparate und Maschinen .	94 655	82
Mobilienkonto: Inventar . . . M. 15 894,72		
Abschreibungen . » 1 689,72	14 205	—
Kassakonto	12	79
Bankkonto	1 385	83
Vorschufs-Debitorenkonto	1 668	80
	111 928	24

Aktiva. **Bilanz**

	M.	Pf.
Immobilienkonto . . . . M. 94 655,82		
Abschreibung (Zahlungen aus		
Beiträgen) . . . . » 65 294,61	29 361	21
Utensilienkonto . . . . M. 16 226,62		
Abschreibung . . . . » 2 021,62	14 205	—
Kassakonto	344	45
Bankkonto	9 696	10
Umbaukonto	661	54
Vorschufs-Debitorenkonto	1 324	03
	55 592	33

Debet. **Gewinn und Verlust**

	M.	Pf.
Gehalte und Löhne	15 705	10
Unterhaltung und Erneuerung	5 620	07
Untersuchungsmaterialien	1 132	73
Betriebsmittel	3 205	27
Allgemeine Unkosten	2 067	77
Abschreibung an Utensilien	2 021	62
Vortrag auf 1910/11	10 336	40
	40 088	96

auf 1. April 1909. **Passiva.**

		M.	Pf.
Kapitalkonto		104 832	04
Kreditorenkonto: Bamag . . .	M. 5 718,50		
Gaswerk . .	» 1 377,70	7 096	20
		111 928	24

auf 1. April 1910. **Passiva.**

		M.	Pf.
Kapitalkonto	M. 110 550,54		
ab: Zahlungen an Bau und Einrichtung aus Beiträgen	» 65 294,61	45 255	93
Gewinn- und Verlustkonto		10 336	40
		55 592	33

auf 1. April 1910. **Kredit.**

	M.	Pf.
Erlös aus Erzeugnisse	5 884	89
Erlös aus Untersuchungen	8 189	60
Konto-Korrent, Zinsen und Verschiedenes . .	327	57
Eingegangene Beiträge	25 686	90
	40 088	96

Sitzungsprotokolle.

Tagesordnung der 51. Jahresversammlung
vom 21. bis 23. Juni 1910 in Königsberg i. Pr.

1. Tag. Dienstag, den 21. Juni:

1. Eröffnung der Versammlung durch den Vorsitzenden des Vereins, Herrn Direktor H. Prenger, Köln.
2. Retorte und Gasmesser; Herr Direktor Kobbert, Königsberg.
3. Betrachtungen über Abschreibungen, Kapitaltilgung, Erneuerungs- und Erweiterungsfonds bei städtischen Gasanstalten; Herr Direktor F. Kordt, Düsseldorf.
4. Die Aufgaben der Zentrale für Gasverwertung; Herr Direktor Lempelius, Berlin.
5. Die Verwendung des Gases für industrielle Zwecke; Herr Dr. E. Schilling, München.

2. Tag. Mittwoch, den 22. Juni:

6. Für und Wider die Wünschelrute; Herr Stadtrat Bieske, Königsberg.
7. Über den Untergrund Ostpreußens; Herr Prof. Dr. Tornquist, Direktor des Geologischen Instituts der Universität Königsberg.
8. Versuche zur Klärung des Königsberger Trinkwassers; Herr Stadtbaumeister Denk, Königsberg.
9. Bericht der Kommission für den Betrieb von Wasserwerken; Herr Direktor Reese, Dortmund.
10. Bericht der Erdstromkommission; Herr Baurat W. H. Lindley, Frankfurt a. M.
11. Bericht der Unterrichtskommission; Herr Generaldirektor Dr.-Ing. W. v. Oechelhaeuser, Dessau.
12. Bericht der Gasmesserkommission; Herr Direktor C. Kohn, Frankfurt a. M.

3. Tag. Donnerstag, den 23. Juni:

13. Über ein neues Verfahren zur gemeinsamen Auswaschung von Ammoniak und Schwefelwasserstoff aus dem Leuchtgase; Herr Dr. Hurdelbrink, Königsberg.
14. Die Entwicklung der Gasreinigung; Herr Dr. H. Wolffram, Hamburg.
15. Über die Beurteilung der Leuchtgase nach ihrem Heizwert; Herr Dr. Max Mayer, Berlin.
16. Bericht der Kommission für die Lehr- und Versuchsgasanstalt: Zur Kenntnis der Gaskohlen; Herr Dr. K. Bunte, Karlsruhe.
17. Bericht der Lichtmefskommission; Herr Direktor Dr. Leybold, Hamburg.
18. Bericht der Heizkommission; Herr Dr. E. Schilling, München.
19. Antrag auf Errichtung einer Kommission für den Betrieb von Gaswerken.

Vereinsangelegenheiten.

a) Jahresbericht des Vorstandes.
b) Schielestiftung.
c) Unterstützungsausschufs.
d) Feststellung des Voranschlages über Einnahmen und Ausgaben für 1910/11.
e) Wahl eines Vorstandsmitgliedes und des Vorsitzenden.
f) Wahl von Ausschufsmitgliedern und Kommissionen.

Erste Sitzung: Dienstag, 21. Juni.

Der Vorsitzende, Herr Direktor Prenger, Köln a. Rh. eröffnete die Sitzung um $9^1/_4$ Uhr, hiefs die Anwesenden namens des Vorstands herzlich willkommen und begrüfste insbesondere die erschienenen Vertreter der Staatsbehörden und der Stadt Königsberg.

Herr Regierungs- und Baurat Twiehaus begrüfste den Verein in Vertretung des Herrn Regierungspräsidenten. Er betonte das lebhafte Interesse, das die Regierung an den Arbeiten des Vereins nehme; in neuerer Zeit sei dies vor allem das Gebiet der Wasserversorgung, da Königsberg und auch die kleineren Orte zum Teil unter recht schwierigen Verhältnissen im Begriff stehen, ihre Wasserversorgungsanlagen zu verbessern oder solche neu zu bauen.

Herr Bürgermeister Kunckel, in Vertretung des Herrn Oberbürgermeisters, hiefs den Verein namens der Stadt Königsberg herzlich willkommen. Er berührte die grofse Bedeutung der Gas- und Wasserwerke für das städtische Leben und betonte insbesondere die Wichtigkeit der ersteren in wirtschaftlicher Beziehung für den städtischen Haushalt. Er hoffe, dafs die Vereinsmitglieder nach ernster Arbeit auch noch Gelegenheit nehmen werden, die Stadt Königsberg und die Schönheiten seiner Umgebung näher kennen zu lernen und wünsche, dafs sie die kommenden Tage in so guter Erinnerung behalten mögen, dafs es nicht allzu lange Jahre anstehe, bis der Verein abermals den Entschlufs fasse, in Königsberg zu tagen.

Herr Professor Dr. Strache, Wien, übermittelt dem Verein die besten Grüfse des Vereins der Gas- und Wasserfachmänner in Österreich-Ungarn; er bedaure nur, daſs trotz der herzlichen Beziehungen der beiden Vereine der groſsen Entfernung wegen so wenige österreichisch-ungarische Fachgenossen erschienen seien; er wünsche den Verhandlungen den besten Erfolg.

Der Vorsitzende dankt den Rednern für die freundlichen Begrüſsungsworte. Insbesondere die anerkennenden Worte des Herrn Vertreters der Regierung fänden bei der Versammlung freudigen Widerhall, denn der Verein könne zur Erreichung seiner fachlichen Ziele des Wohlwollens und der Mitwirkung der Staatsbehörden nicht entbehren. Er dankt dem Vertreter der Stadt Königsberg für den freundlichen Empfang und vor allem auch für die Überreichung der reich ausgestatteten Festschriften, die ein interessantes Bild der Gas- und Wasserversorgung der Stadt bieten. Er dankt Herrn Professor Strache für die Überbringung der freundlichen Grüſse und Wünsche des österreich-ungarischen Brudervereins, und heiſst sodann auch die sonstigen erschienenen Gäste willkommen.

Hierauf gedenkt der Vorsitzende der im Laufe des Jahres verstorbenen Mitglieder Kunath, Weichelt und Manoschek; ihr Andenken ehren die Anwesenden durch Erheben von den Sitzen.

Aber auch manche lebende Mitglieder vermiſst der Verein schmerzlich auf seiner Versammlung, die Krankheit oder die weite Reise vom Erscheinen abgehalten hat; vor allem ist es das Ehrenmitglied des Vorstandes, Herr Geh. Hofrat Professor Dr. H. Bunte, Karlsruhe, der in Jahrzehntelanger Wirksamkeit als Generalsekretär den Vereinsversammlungen den Stempel aufgedrückt hat. Wie schwer es ihm selbst gefallen, der Versammlung fernbleiben zu müssen, geht aus einem Schreiben an den Vorsitzenden hervor, das derselbe teilweise zur Verlesung bringt. Der Vorsitzende spricht den Wunsch aus, daſs es Herrn Geh. Hofrat Bunte künftig wieder möglich sein werde, die Versammlungen regelmäſsig zu besuchen; die Versammlung beschlieſst auf Antrag des Vorsitzenden ihm folgendes Telegramm zu senden:

»Die 51. Jahresversammlung bedauert aufs tiefste Ihr Fernbleiben und hofft zuversichtlich auf recht baldige Wiederherstellung Ihrer Gesundheit.« gez. Prenger.

Auch Herr Generaldirektor Dr.-Ing. W. v. Oechelhaeuser ist durch Unwohlsein am Erscheinen verhindert und Herr Zivilingenieur W. H. Lindley weilt zurzeit in Baku.

Der Vorsitzende führt sodann in seiner Eröffnungsrede etwa folgendes aus: Gewaltig sind die technischen Fortschritte der Gasindustrie in den letzten Jahren, wesentlich angeregt durch die Konkurrenz der Elektrotechnik und die Anforderung der Städte, die Überschüsse der Gaswerke durch Hebung ihrer Wirtschaftlichkeit zu steigern. Wir stehen im Zeichen der Wirtschaftlichkeit, sie gilt jetzt als erstes und höchstes. Dem hat der Vorstand auch in der Tagesordnung der Versammlung Rechnung getragen. Mit den technischen Fortschritten allein ist es aber nicht getan, das Gas mufs auch in der Öffentlichkeit die Stelle sich erhalten und erkämpfen, die ihm gebührt. Diese Überzeugung hat die »Zentrale für Gasverwertung« ins Leben gerufen, deren Gründung auch der Verein nicht fern gestanden hat. Die glückliche Vereinigung von Wissenschaft und Wirtschaft werde gute Früchte tragen, und es ist wünschenswert, dafs es gelingen möge, alle in Betracht kommenden Kreise, insbesondere auch die Städte zur Mitwirkung heranzuziehen. In glücklicher Lage befindet sich demgegenüber der Wasserfachmann; er hat im wesentlichen nur technische Aufgaben zu lösen; er braucht keine Reklame und hat keine Sorge wegen weiterer Zunahme des Verbrauches.

Hierauf wird in die Tagesordnung eingetreten.

Herr Direktor Kobbert, Königsberg, hält seinen Vortrag über »Retorte und Gasmesser«. Sein Gegenstand sind die Zusammenhänge zwischen Technik und Wirtschaft; ohne die Absicht, das Thema zu erschöpfen, berichtet er über örtliche Erfahrungen und hofft dadurch eine Anregung zu reger Diskussion zu geben. Die Bestimmung des Wirkungsgrades der verschiedenen Betriebsanlagen ist für die Beurteilung der Wirtschaftlichkeit aufserordentlich wichtig, wenn er auch oft sehr schwer feststellbar ist, z. B. bei der Ofenanlage. Nicht weniger wichtig als die unmittelbaren Betriebskosten sind aber zur Beurteilung von Anlagen die mittelbaren Betriebskosten, d. h. die Verzinsung des Anlagekapitals und die Abschreibungen; diese indirekten Kosten können den Erfolg einer Anlage in technischer Hinsicht vollständig in sein Gegenteil umkehren. Das technische Urteil mufs wesentlich beeinflufst werden durch das wirtschaftliche. Diese Ausführungen erläutert der Vortragende durch Besprechung einzelner Betriebszweige, insbesondere des Ofenhausbetriebes. Zum Schlufs behandelt Vortragender die Rolle des Gasmessers in Technik und Wirtschaft des Gaswerkes.

Der Vorsitzende dankt Herrn Kobbert für seine interessanten Ausführungen und schlägt vor, die Besprechung gemeinsam mit der des folgenden Vortrages eintreten zu lassen.

Herr Direktor Kordt, Düsseldorf, hält hierauf seinen Vortrag: »Betrachtungen über Abschreibungen-Kapitaltilgung, Erneuerungs- und Erweiterungs, fonds bei städtischen Gasanstalten«, der der Versammlung gedruckt vorliegt. Es ergibt sich aus den Ausführungen, dafs man bei kleineren Werken besser nach dem Anschaffungswert abschreibt, da man gleichmäfsige, zu Anfang nicht zu hohe Abschreibungssätze anzuwenden hat; bei gröfseren Werken wählt man besser die Abschreibung nach dem Buchwert, wie das bei fast allen gröfseren industriellen Werken geschieht. Die Höhe der Abschreibungen mufs von Fall zu Fall von sachverständiger Seite bestimmt und darf nie nach dem Geldbedarf der Stadt bemessen werden.

An die beiden Vorträge schliefst sich eine umfangreiche, zum Teil sehr eingehende Diskussion, an der sich die Herren Müller-Dessau, Göhrum-Stuttgart, Körting-Berlin, Trimborn-Grevenbroich, Bunte-Karlsruhe, Cuno-Hagen, Kobbert-Königsberg, Kordt-Düsseldorf und der Vorsitzende beteiligen.

Herr Direktor Lempelius, Berlin, spricht sodann über »Die Aufgaben der Zentrale für Gasverwertung«. Er ging zunächst auf die Frage ein: »Wie steht es jetzt eigentlich mit dem Gasfach?« Die Elektrotechniker beantworten sie damit, dafs sie ihm Niedergang prophezeien, eine Meinung, der sich auch einige Persönlichkeiten allerersten Ranges angeschlossen hätten, die dem Gase darum Beschränkung auf seine Verwendung als Wärmequelle für industrielle Zwecke, zum Heizen und zur Speisebereitung empfehlen. Um sich über den jetzigen Stand und die Aussichten der Gasverwertung am besten Klarheit zu schaffen, untersuchte der Referent, ob erfolgreich in der technischen Vervollkommnung der Vorrichtungen gearbeitet werde, die der Verwendung des Gases für die verschiedenen Zwecke dienen, und ob darin technische Fortschritte erzielt wurden; denn das sei die Vorbedingung für das Vorwärtsgehen der Verwendung des Gases überhaupt. Es müfste geprüft werden, ob durch die technischen Fortschritte in der Verwendung des Gases weiten Kreisen neue Vorteile geboten würden, die dem Gase bisher nicht zur Seite gestanden hätten. Wenn man solche Erwägungen anstelle, falle ein Artikel der »Elektrotechnischen Zeitschrift« auf, der die Ersetzung der elektrischen Strafsenbeleuchtung im zentralen London, dem Stadtteil Westminster, durch Prefsgas behandelt. Diese Verwendung des Gases sei nach England gekommen, wie so vieles aus Deutschland. Seit Jahren sei sie in Berlin auf Grund ihrer vorzüglichen Bewährung immer mehr eingeführt worden und liefere eine vorzügliche Beleuchtung, werde aber noch vom Publikum aus Unkenntnis meistens leider für elektrisches Licht gehalten. Dieser Fortschritt habe sich trotzdem nur zögernd und sehr vorsichtig verbreitet. Jetzt führe sich die Prefsgasbeleuchtung auch in anderen Städten ein, und man könne getrost behaupten, das Prefsgas ist eine glänzende Errungenschaft. Der Fortschritt in der Ökonomie der Verwandlung des Gases in Licht sei aber damit noch nicht zu Ende. Wohl niemals früher sei eine Periode so intensiver, fortschreitender Vervollkommnung der Gaslampen zu verzeichnen gewesen. Aber auch die Mahnung, die konkurrenzlosen Vorzüge des Gases als Wärmespender intensiv auszunutzen, sei für die Konstrukteure unnötig; wir seien in Deutschland in der Beziehung gut daran. Der minder bemittelten Bevölkerung müsse, weit mehr noch als es früher geschehen, durch den Gasautomat und durch kostenlose Herstellung der Leitungen und Hergabe der Kochapparate der Kulturfortschritt zuteil werden, der in der ausgiebigen Verwendung des Gases liegt. Zum ersten Male habe sich das gesamte Gasfach zusammengeschlossen, um lediglich das Ganze zu fördern, nämlich die Verbreitung des Gases überhaupt. Immer mehr Werke und Firmen kämen hinzu, um der neu begründeten Zentrale für Gasverwertung den nötigen moralischen und finanziellen Rückhalt zu geben. Die Aufgabe der Zentrale werde es sein, die Errungenschaften dem grofsen Keis der Verbraucher in jeder Weise nahezubringen durch Aufklärung des Publikums, der Presse und der Behörden und durch Beteiligung an Ausstellungen.

Der Vorsitzende dankt dem Redner für seine von lebhaftem Beifall gefolgten Ausführungen.

Zum Schlufs sprach Herr Dr. Schilling, München, über »Die Verwendung des Gases für industrielle Zwecke«. Der Vortrag lag der Versammlung gedruckt vor. Was uns heute veranlasse, unser Augenmerk wieder auf die Industrie zu lenken, sei der Umstand, dafs der gewaltige Aufschwung, den sie genommen habe, eine Anzahl neuer Verwendungsmöglichkeiten für das Steinkohlengas biete, die zu studieren eine wichtige Aufgabe des Gasfachmannes sei. Notwendig sei es, dafs die Industrie von Vertretern des Gasfaches besucht und über die Vorteile der Gasverwertung aufgeklärt werde. Das Gas ist als Heizmittel der Elektrizität weit überlegen, denn in 1 cbm Heizgas für 10 bis 16 Pf. stehen 5000 WE, in 1 KW/St. für 10 bis 20 Pf. nur 864 WE zur Verfügung, abgesehen von anderen Bequemlichkeiten und Vorzügen. Ernstlichere Rivalen für das Gas seien die billigeren Heizmittel, vor allem der Dampf. Der Gasabsatz wird um so mehr in diese Gebiete eindringen, je besser es gelingt, die Heizkraft des Gases rationell auszunutzen. Ein reiches Feld für die Anwendung des Gases bietet die Härtetechnik, bei der namentlich Muffelöfen mit Gebläsefeuer zur Anwendung kommen. Daneben finden auch Tiegelöfen zum Schmelzen von Metall aller Art Verwendung. Eine überaus vielseitige Anwendung findet das Gas zum Löten von Apparaten, neuerdings ist es auch für die autogene Schweifsung dienstbar gemacht. Wenn so das Gas besonders da am Platze ist, wo es auf hohe Temperaturen ankommt, so ist die Zahl derjenigen Betriebe, in denen es zum Erhitzen auf mäfsige Temperatur verwendet wird, unabsehbar. Zum Schlufs gedachte der Referent noch eines Absatzgebietes, des Heifswasserapparates, der sich heute zu einem unentbehrlichen Hilfsmittel der Warmwasserversorgung ganzer Gebäude und Anstalten entwickelt hat, und schlofs mit der Aufforderung, die vorhin angedeuteten und andere Absatzgebiete kaufmännisch zu bearbeiten, denn die Zeiten sind vorüber, in denen die Gaswerke die Entwicklung ihres Absatzes sich selbst überlassen konnten.

Auch an diesen Vortrag knüpfte sich eine kurze Debatte, an der sich die Herren Stadtrat Dr. Körner-Dresden, Direktor Loest-Mittweida, Direktor Kordt-Düsseldorf und der Vortragende beteiligten.

Der Vorsitzende dankt Herrn Dr. Schilling für seinen Vortrag und für seine Tätigkeit im Interesse unseres Faches auf dem von ihm behandelten Gebiet.

Schlufs der Sitzung 1½ Uhr.

Der Vorsitzende:	Der Schriftführer:
H. Prenger.	**K. Pfudel.**

Zweite Sitzung: Mittwoch, 22. Juni.

Der Vorsitzende eröffnete die Sitzung um 9½ Uhr und erteilte das Wort Herrn Stadtrat Bieske, Königsberg, zu seinem Vortrag »Für und wider die Wünschelrute«. Redner macht zunächst eingehende Mitteilungen über die Praxis und das persönliche Auftreten der Rutengänger, ihre Anschauungen über ihre Fähigkeiten und Erfolge. Um sich über die ganze Frage eine stichhaltige Ansicht bilden zu können, sei eine systematische Statistik und Prüfung der einzelnen Fälle erforderlich. Eine Fortsetzung der allgemeinen Statistik sämtlicher Fälle würde nach Ansicht des Vortragenden wenig Wert haben. Zu einer Urteilsbildung dürften nur solche Fälle registriert werden, in denen alle in Betracht kommenden Verhältnisse genau bekannt sind, wobei insbesondere bei Auffindung von Wasser an einer Stelle nachzuweisen ist, dafs sich in der Umgebung der Stelle sonst kein Wasser befindet. Vortragender regt an, event. die Staatsbehörden anzugehen, entsprechende Mittel (für Preufsen etwa M. 30000) für die Nachprüfung zu bewilligen und diese Mittel einer geeigneten Behörde, etwa der geologischen Landesanstalt zur Verfügung zu stellen.

An der umfangreichen und eingehenden Besprechung beteiligten sich die Herren Stadtbaurat Götte, Plauen, Baurat Henle, München, Direktor Zink, Halberstadt, Baurat Scheelhaase, Frankfurt a. M., Direktor Kurczak, Dresden, der Vortragende und der Vorsitzende; es werden aus eigenen Erfahrungen Fälle geschildert, die unbestreitbaren Erfolg hatten, aber auch solche, die keine Wirksamkeit der Rute bzw. ihres Trägers ergaben. Im ganzen ist man der Ansicht, dafs gewifs ein Problem vorliegt, dessen Lösung wünschenswert erscheint. Ein Herantreten an die Behörden erscheint jedoch einstweilen noch nicht wünschenswert; jeder einzelne solle suchen ihm bekannt werdende Fälle aufzuklären und die Kommission für den Betrieb von Wasserwerken solle ihre begonnene Statistik fortführen.

Hierauf sprach Herr Professor Dr. Tornquist, Königsberg »über den Untergrund Ostpreufsens in seiner Bedeutung für die Wasserversorgung.« Die geologische Beschaffenheit Preufsens östlich der Weichsel ist eine wesentlich andere als die des westlichen Landesteils. In dem Aufbau des Untergrundes mufs unterschieden werden zwischen den oberflächlich liegenden Ablagerungen der diluvialen Eiszeit und dem älteren Untergrund, welcher aus den Gesteinen der älteren Erdzeiten aufgebaut ist. Erstere bedecken den westlichen und östlichen Teil Norddeutschlands in gleicher

Weise. Die aufserordentliche Einförmigkeit des vordiluvialen Untergrundes des östlich der Weichsel gelegenen Teiles von West- und Ostpreufsen wird dadurch deutlich charakterisiert, dafs, abgesehen von einigen Resten tertiärer Schichten, überall, mit Ausnahme des nordöstlichen Zipfels von Ostpreufsen, die Kreideformation ansteht. Diese offenbar nahezu horizontal gelagerte grofse Kreideplatte steht in aufserordentlich starkem Gegensatz zu der grofsen Mannigfaltigkeit der Zusammensetzung des westlich der Weichsel gelegenen vordiluvialen Untergrundes der norddeutschen Tiefebene. Die Mächtigkeit der östlichen Kreideplatte ist eine ziemlich grofse; sie wurde in dem fiskalischen Bohrloch von Heilsberg ausnahmsweise einmal durchsunken und beträgt dort nach Feststellungen 338 Meter. Der einfache Aufbau des vordiluvialen Untergrundes hat ganz eigenartige Schwierigkeiten für die Versorgung mit Tiefenwasser hervorgebracht. Die diluviale Bedeckung kann nur dann zur Versorgung von Städten genügende Wassermengen liefern, wenn in ihr zwischen Geschiebemergellagern gröfsere weitausgedehnte Sandschichten vorhanden sind. Das ist leider nur im südlichen Teil der Provinz der Fall. Im nördlichen Teil, so im Pregelgebiet, im Samland, können die Sandeinlagerungen im Geschiebemergel nur verhältnismäfsig wenig Wasser enthalten, so dafs einzelne Brunnen selbst für industrielle Zwecke kaum genug Wasser liefern. Daher kommt es, dafs der Süden der Provinz wohl gutes und reichliches Wasser im Diluvium besitzt, dafs im Pregel- und Samlandgebiet solches aber fehlt. Die Wasserbohrungen in der nördlichen Provinz dringen daher sehr bald in die Kreidedecke ein, die zwar Wasser in gröfserer Menge liefert, das aber stets salzig und auch gipshaltig ist. Die einzige Erklärung für den Salzgehalt dieser Kreidewässer ist die dafs es sich um Wasser handelt, das sich seit der Kreidezeit in diesen Schichten gehalten hat. Bohrungen, welche die Kreideschichten durchdrungen haben und in die Juraschichten eindrangen, erwiesen sich ebenfalls als salzig und für die Wasserversorgung als ungeeignet. Das in Memel gewonnene Tiefenwasser aus dem Zechstein ist reichlich und gut, hat jedoch ziemlich viel Schwefelwasserstoff, der aber leicht entfernt werden kann. Die grofsen Schwierigkeiten der Beschaffung gröfserer Mengen von gutem Trinkwasser sind auf die horizontale Lagerung der am Aufbau des tieferen Untergrundes beteiligten Schichten östlich der Weichsel zurückzuführen, eine Lagerung, die bis weit nach Rufsland hinein anhält. Abbauwürdige Minerale sind nirgend gefunden, Kohle fehlt vollkommen; berühmt ist dagegen der ostpreufsische Bernstein.

Der Vorsitzende dankt dem Redner für seinen interssanten Vortrag.

Kommission für den Betrieb von Wasserwerken. Herr Direktor Reese, Dortmund, erläutert kurz den gedruckt vorliegenden Bericht (s. S. 93); Referent ist ebenfalls der Ansicht dafs man von einer Inanspruchnahme des Staates in Sachen der Wünschelrutenfrage vorläufig absehen solle. Er gedenkt sodann noch in ehrenden Worten des der Kommission durch den Tod entrissenen Mitgliedes Kunath; derselbe hat noch drei Tage vor seinem Tode einer Sitzung der Kommission in Berlin beigewohnt. Weiter richtet Herr Reese an die Fachgenossen wie alljährlich die Bitte, die Fragebogen der Kommission doch ja recht schnell zu beantworten. Der Vorsitzende dankt dem Redner für seine Mitteilungen.

Hierauf hält Herr Stadtbaurat Denk, Königsberg, seinen Vortrag über »Versuche zur Klärung des Königsberger Trinkwassers, der der Versammlung gedruckt vorliegt. Der Vorsitzende dankt dem Redner für seine Mitteilungen.

Bericht der Erdstromkommission. Herr Ingenieur Besig, Frankfurt, berichtet im Anschlufs an den gedruckt vorliegenden Kommissionsbericht (S. 100) kurz über die Tätigkeit der Erdstromkommission und ihre Wirksamkeit in der »Vereinigten Erdstromkommission«. Das Ergebnis der Beratungen sind die als Anlage zum Bericht gedruckt vorliegenden »Vorschriften« (s. S. 106). Sie entsprechen dem Sinne nach den früheren »Leitsätzen«, im wesentlichen ist nur die Form verändert; als »Vorschriften « sind sie naturgemäfs gegenüber den »Leitsätzen« etwas abgeschwächt; es wird betont, dafs dieselben nur für Erweiterungen und Neuanlagen zur Anwendung kommen, ohne rückwirkende Kraft auf bestehende Anlagen. Im einzelnen gibt Referent noch einige Erläuterungen dazu, insbesondere zu der Erhöhung der sich rechnerisch ergebenden zulässigen Spannung zwischen zwei Schienenpunkten von 1 auf $2^1/_2$ Volt (§ 3; s. S. 108).

Herr Baurat Scheelhaase, Frankfurt a. M., spricht für die Ausarbeitung der Vorschriften lebhafte Anerkennung aus und dankt der Kommission für ihre mühevolle Arbeit. Herr Direktor Kordt, Düsseldorf, empfiehlt der Versammlung die Annahme der Vorschriften, wogegen sich kein Widerspruch erhebt.

Unterrichtskommission. Der Generalsekretär, Herr Dr. K. Bunte, Karlsruhe, macht in Vertretung des Herrn Generaldirektor v. Oechelhaeuser, Dessau, im Anschlufs an den gedruckt vorliegenden Bericht (s. S. 112) einige ergänzende Bemerkungen über die verschiedenen Gasmeisterkurse, Installateur- und Fortbildungsschulen. Es ist wünschenswert, dafs auch die Zweigvereine die Tätigkeit der Kommission weiterhin unterstützen. Der Vorsitzende dankt dem Referenten für seine Mitteilungen.

Gasmesserkommission. Herr Stadtbaurat Reichard, Karlsruhe, gibt unter Hinweis auf den gedruckt vorliegenden Bericht (s. S. 89) einige Erläuterungen. Er dankt der Kaiserlichen Normal-Eichungskommission und insbesondere Herrn Regierungsrat Meyer für die wertvolle Förderung der Kommissionsarbeiten. Der Vorsitzende dankt dem Redner für seine Mitteilungen.

Schlufs der Sitzung $12^3/_4$ Uhr.

Der Vorsitzende:	Der Schriftführer:
H. Prenger.	**A. Bock.**

Dritte Sitzung: Donnerstag, 23. Juni.

Der Vorsitzende eröffnet die Sitzung um 9^{25} Uhr. Er gedenkt zunächst der vor 25 Jahren, am 20. Juni 1885, auf Anregung unseres Vereins erfolgten Gründung der Berufsgenossenschaft der Gas- und Wasserwerke; von noch lebenden

Fachgenossen waren dabei hervorragend beteiligt die Herren Kohn, Reese, Reichardt und Ruoff; Dr. H. Bunte amtete als Schriftführer. Er wünscht, dafs die Berufsgenossenschaft in bisheriger Weise auch fürderhin zum Segen unseres Faches und der Arbeiter weiterwirken möge.

Zunächst hielt Herr Dr. Hurdelbrink, Königsberg, seinen Vortrag über ein »Verfahren zur gemeinsamen Auswaschung von Ammoniak und Schwefelwasserstoff aus dem Leuchtgas«. Nach dem von Walter Feld angegebenen Verfahren wird das Leuchtgas mit einer Lösung von Ferrosulfat gewaschen, jedoch nur so lange, dafs die Flüssigkeit nicht ammoniakalisch wird. Aus Ferrosulfat, Ammoniak und Schwefelwasserstoff entsteht Ferrosulfid und Ammoniumsulfat. Wird nun schweflige Säure eingeleitet (erzeugt aus Schwefel, der im Laufe des Verfahrens selbst gewonnen wird), so bildet diese mit dem Schwefeleisen Ferrotetrathionat. Wird die Lösung erhitzt, so zerfällt das Tetrathionat in Ferrosulfat, Schwefel und schweflige Säure. Letztere kann auch wieder, wie angegeben, mit neuem Schwefeleisen in Reaktion treten, und das Ferrosulfat dient wieder zum Waschen von Leuchtgas. Die Lösung reichert sich allmählich mit Ammonsulfat an; enthält sie etwa 30 bis 35 %, so wird sie vom festen Schwefeleisen und Schwefel getrennt und eingedampft. Versuche mit dem Verfahren im kleinen wurden auf dem Gaswerk Königsberg i. Pr., in gröfserem Mafsstab auf einer Kokerei der Belgischen Solvay-Werke in Monceau angestellt; endgültige Ergebnisse liegen noch nicht vor. Vortragender hat das Verfahren eingehend studiert und berichtet über die Reaktionen des Ammoniumtetrathionats und des Thiosulfats; endlich macht er noch Bemerkungen über die Analysenmethoden für Untersuchung der regenerierten Tetrathionatlauge.

An der sich anschliefsenden Diskussion beteiligen sich die Herren Professor Drehschmidt, Dr. Bunte, Dr. Burkheiser, Dr. Schilling und der Vortragende. Der Vorsitzende dankt dem Redner und hofft, dafs ein weiterer Ausbau des Verfahrens seine praktische Brauchbarkeit erweisen möge.

Hierauf sprach Herr Dr. H. Wolffram, Hamburg, über »Die Entwicklung der Gasreinigung«. Die gewaltigen

Fortschritte, welche das letzte Jahrzehnt der Gasbereitung durch die Konstruktion der Vertikal- und Kammeröfen, der Gasverwertung durch die Einführung des Invertglühlichts, der Prefsgas-Starklichtquellen, der Fernversorgung, Kleinmotoren usw. gebracht hat, liefsen die Untersuchung interessant erscheinen, inwieweit die Gasreinigung eine fortschrittliche Entwicklung von ihren ersten Anfängen bis in die neueste Zeit hinein zu verzeichnen hat. Die ursprüngliche primitive »nasse« Behandlung mit Kalkmilch, bei der von Kondensation und Kühlung noch keine Rede war, mufste sehr bald der »trocknen« Reinigung mit gelöschtem Kalk, mit natürlichen und künstlichen Eisenoxyden bzw. Oxyden anderer Metalle und einem Gemisch beider Stoffe weichen, die noch heute, wenn auch nach den verschiedensten Seiten verbessert und vervollkommnet, ihren Platz allen Anfechtungen gegenüber behauptet. Fast ebenso alt nämlich wie die »trockne« Reinigung selbst ist das Bestreben, sie durch ein »nasses« Verfahren zu ersetzen, das bei vielfach geringerem Raumbedarf energischere Wirkung und besser verwertbare Nebenprodukte erzielt. Nur während einer kurzen Spanne Zeit machte sich eine direkt entgegengesetzte Strömung bemerkbar, die besonders in München durchgeführte Ammoniakgewinnung mit Superphosphat, die es aber niemals zu grofser Verbreitung gebracht hat. Vor allem haben die letzten zwei Jahrzehnte eine grofse Anzahl neuer Gaswaschverfahren gebracht, von denen allerdings nur wenige bisher festen Fufs fassen konnten.

Knublauchs nasser Cyangewinnung folgte das Verfahren von Dr. Bueb; Feld nahm den Knublauchschen Gedanken für Kalk und Eisenvitriol unter wesentlicher Modifikation wieder auf und führte auf dem Hamburger Gaswerk umfangreiche Versuche aus, die allerdings zunächst noch kein befriedigendes Ergebnis hatten. Dr. Leybold und Dr. Schmidt bildeten dann später das Verfahren weiter aus. Vor allem werden Kalk und Eisenvitriol vorher sorgfältig miteinander gemischt. Heute ist das Verfahren als betriebssicher anzusehen und bereits seit bald einem Jahre mit bestem Erfolge im Betrieb. Die ebenfalls von Dr. Bueb geschaffene Naphthalinwäsche mit hochsiedendem Teeröl hat grofse Verbreitung gefunden und dürfte dauernd ihren Wert behalten. Das Verfahren von Pippig und Trachmann zur Entfernung des Schwefelkohlenstoffs konnte sich seiner hohen Kosten wegen keinen Eingang verschaffen, eher erscheint dies bei der für den gleichen Zweck bestimmten Methode von Dr. Mayer möglich, bei welchem die Waschflüssigkeit regenerierbar ist; es wird zurzeit auf dem Gaswerk II in Charlottenburg in einem kleinen Versuchswäscher ausprobiert. Weiter werden erwähnt die von Feld bekanntgegebenen Waschverfahren für Teer, Ammoniak, Cyan und Schwefelwasserstoff, für deren Anwendung er auch ein besonderes schnellaufendes Wäschersystem geschaffen hat. Die in Hamburg vor 2½ Jahren mit kleinen Versuchsapparaten angestellten Proben führten damals zu keinem positiven Ergebnis, dagegen sind Versuche in Königsberg durchgeführt worden; ihr Beginn liegt bereits über 6 Jahre zurück, es wäre der unendlichen Mühe und Arbeit, die dort aufgewendet worden ist, ein nachhaltiger Erfolg dringend zu wünschen. Die »direkten« Verfahren zur Gewinnung von Sulfat durch Behandeln des Gases mit Schwefelsäure kommen wohl nur für Kokereien in Frage. Zum Schlufs gedenkt Vortragender noch der von Dipl.-Ing. Burkheiser erfundenen Reinigungsmethode, mit der seit fast einem Jahre auf dem Gaswerk Grasbrook in Hamburg Versuche angestellt werden; Direktor Krause hat darüber bereits auf der letzten Versammlung des Niedersächsischen Zweigvereins einige vorläufige Mitteilungen gemacht. Diese Versuche, die demnächst zum Abschlufs gelangen und seitens der Berliner Städtischen Gaswerke in gröfserem Mafsstabe wiederholt werden sollen, haben ein positives Ergebnis gehabt; vor allem ist auch die zur Durchführung des Verfahrens am besten geeignete Apparatur ausprobiert und durchkonstruiert worden. — 1 cbm des Raseneisenerzes, das nach dem Burkheiser patentierten Verfahren präpariert ist, d. h. durch Erhitzen in ein wasserärmeres Hydrat übergeführt ist, vermag 20000 cbm Gas mit einem Gehalt von 21 bis 27 g H_2S zu reinigen; dabei wurde normal mit einer Geschwindigkeit von 150 bis 200 mm gearbeitet, versuchsweise dieselbe sogar vorübergehend bis 600 mm gesteigert. Die Entfernung von Schwefelwasserstoff war schon in einem Apparat vollständig, bei Hintereinanderschaltung von zwei Apparaten wurden auch bis 95% des Cyans aus dem Gase entfernt. Das aus Ammoniak und Schwefelwasserstoff durch Oxydation des letzteren erhaltene Salz enthielt 25,5% NH_3 und bestand in der Regel zu zwei Dritteln aus schwefelsaurem, zu einem Drittel aus schwefligsaurem Ammoniak. Falls erforderlich, läfst sich auch dieses Drittel noch oxydieren, doch haben Düngeversuche, die z. Z. in gröfserem Mafsstabe wiederholt werden, gezeigt, dafs das Sulfit mindestens ebenso gut wirkt wie das Sulfat.

Im Anschlufs bemerkt Herr Professor Drehschmidt, dafs er die direkte Sulfatgewinnung auch für Gasanstalten für geeignet halte. Der Vorsitzende dankt dem Vortragenden für seine Mitteilungen.

Herr Dr. M. Mayer, Berlin, hält sodann seinen Vortrag »über die Beurteilung der Leuchtgase nach ihrem Heizwert«. Seit der Einführung des Gasglühlichts sucht man nach einem Bewertungsverfahren, welches die Beziehung zwischen der Beschaffenheit des Gases und seiner Leuchtkraft im Glühlichtbrenner zum Ausdruck bringt.

St. Claire Deville hat auf Grund seiner Versuche behauptet, dafs die Leuchtkraft eines Glühkörpers proportional dem Wärmeaufwand im Brenner ist. Die Schlufsfolgerung von Deville wurde von anderen teils bestätigt teils verneint. Von Mayer und Schmidt ist der Nachweis der Gültigkeit des Devilleschen Satzes für praktische Gasgemische bei Gasen von Heizwerten zwischen 3900 und 5200 Kalorien unter Verwendung von Prefsgas bzw. Prefsluft erbracht worden. Da die Verbrennungsverhältnisse in Niederdruckbrennern andere sind wie bei Prefsgas- bzw. Prefsluftbrennern, welche unter theoretischer Luftzufuhr betrieben werden können, so wurden nach dieser Richtung hin neue Versuche angestellt. Dieselben ergaben, dafs bei Gasen von Heizwerten zwischen 4000 und 5500 Kalorien die Devillesche Regel mit einer Fehlergrenze von höchstens 10 bis 12% zutrifft. Es wurde dann die Ausnutzung reicher Gase mit viel schweren Kohlenwasserstoffen mit derjenigen armer Gase mit grofsen Mengen an Wasserstoff verglichen. Hierbei zeigte sich, dafs die reichen Gase sich schlechter ausnutzen. Die Gaszusammensetzung spielt dabei eine gröfsere Rolle als ein Mehr oder Weniger von angesaugter Primärluft. Hervorgerufen sind die Unterschiede durch die verschiedenen Verbrennungsgeschwindigkeiten der die Gasgemische zusammensetzenden Einzelgase. Die Einwände, die von anderer Seite gegen die Gültigkeit der Devilleschen Regel für in der Praxis gebräuchlichen Leuchtgase vorgebracht worden sind, sind nicht stichhaltig. Weiterhin wird darauf aufmerksam gemacht, dafs die Bewertung von Brennern und Glühkörpern zweckmäfsig nur nach Kalorien pro HK-Stunde vorgenommen werden sollte, da es nur auf die im Brenner aufgewandte Wärmemenge ankommt. Bei der jetzigen Beurteilung der Ökonomie eines Brenners, — Liter pro Kerzenstärke — erhält man je nach der Gröfse des Heizwertes der verwandten Gase ganz verschiedene Werte, während der Kalorienaufwand für dieselbe Kerzenzahl praktisch der gleiche ist.

Herr Professor Dr. Strache, Wien, macht hierzu eine einschränkende Bemerkung, der der Vortragende zustimmt. Der Vorsitzende dankt dem Vortragenden für seine interessanten Ausführungen.

Von der Lehr- und Versuchsgasanstalt wurde aufser dem gedruckten Bericht der Kommission der Versammlung eine Broschüre über »Chemische Zusammensetzung und Heizwert von englischen Gaskohlen, welche in deutschen Gasanstalten verwendet werden« vorgelegt. Unter Bezugnahme auf diese beiden Berichte hielt Herr Dr. K. Bunte, Karlsruhe, einen Vortrag »Zur Kenntnis der Gaskohlen«. Die Untersuchungen, über welche im einzelnen berichtet wird, ergeben für die Beurteilung der Gaskohlen folgendes: Eine Steinkohle ist unter sonst gleichen Umständen für die Gaserzeugung um so wertvoller, je gröfser der Anteil ihres Heizwertes ist, der in Gasform ausgebracht werden kann. Während die Ausbeute an gasförmigem Heizwert im allgemeinen bei jüngeren Kohlen zunimmt, nimmt die Festigkeit des Kokses und damit der Wert desselben ab. Neben der

Heizwertzahl ist also die Beschaffenheit des Kokses und dessen Festigkeit von wesentlichem Einflufs. Ein gröfserer Aschegehalt einer Kohle vermindert nicht nur die Gasausbeute und den Wert des Kokses, sondern kommt auch bei der Unterfeuerung der Öfen als wertmindernd in Betracht. Der Aschegehalt ist aber in der Hauptsache nicht für die Kohlensorte, sondern für die Lieferung charakteristisch und mufs deshalb von Fall zu Fall festgestellt werden. Für die Ermittlung des wirtschaftlichen Wertes einer Gaskohle sind ihre besonderen Eigenschaften unter Berücksichtigung der Betriebsverhältnisse der einzelnen Gasanstalten, der Einkaufs- und Verkaufsbedingungen und vieler anderer Umstände gegeneinander abzuwägen. Die Einschätzung des wirtschaftlichen Wertes oder seine Berechnung wird für jede Gaskohle auf Grund der durch die Lehr- und Versuchsgasanstalt ermittelten vergleichbaren Werte in jedem Einzelfalle durchgeführt werden können.

Herr Direktor Möllers, Köln, hält die vom Vortragenden erwähnte Menge englischer Kohlen, die in Deutschland vergast werden, nämlich 25% der gesamten in Deutschland vergasten Kohlen, für etwas zu niedrig. Bei einer Gasproduktion von rd. 2 Milliarden cbm werden in Deutschland etwa 6½ Mill. t Kohlen in Gasanstalten vergast; die Menge der darunter befindlichen englischen Gaskohlen sei auf etwa 2 Mill. t im Werte von 26 Mill. Mark zu schätzen. Das sei eine ernste Mahnung an die deutschen Kohlenproduzenten. Die deutschen Gaswerke erzeugen schätzungsweise 4½ Mill. t Koks im Werte von 80 Mill. M., 300000 t Teer im Werte von 6 Mill. M., 35 bis 40000 t Ammoniak im Werte von 9 Mill. M., Cyan im Werte von M. 350000 und Graphit im Werte von ebenfalls M. 350000; zusammen für rd. 96 Mill. M. Nebenprodukte. Dafs derartige Zahlen bisher nur schätzungsweise anzugeben sind, ist sehr bedauerlich; es sei dringend erforderlich, unsere Statistik so umfassend zu machen, dafs wir ein klares Bild unserer Industrie besitzen. Redner macht sodann noch weitere ins einzelne gehende Bemerkungen über die Erzeugung und wirtschaftliche Bewertung der Nebenprodukte. Nicht nur ½, sondern $^3/_5$ der Produktionskosten müfsten durch die Verwertung der Nebenprodukte gedeckt werden. Was uns nottue, sei Statistik, Organisation und Propaganda.

Der stellvertretende Vorsitzende, Herr Direktor Kordt, dankt den Rednern für ihre interessanten Ausführungen.

Wahl eines Vorstandsmitgliedes und des Vorsitzenden. Aus dem Vorstand scheidet mit Schlufs der Versammlung satzungsgemäfs aus Herr Zivilingenieur Baurat Lindley, Frankfurt a. M. An seine Stelle wird von der Versammlung einstimmig durch Zuruf gewählt Herr Hans Ries, Direktor der städtischen Gaswerke in München. Zum 1. Vorsitzenden wird Herr Direktor H. Prenger, Köln a. Rh., einstimmig durch Zuruf wiedergewählt. Die Gewählten nehmen die Wahl an.

An den Vortrag des Herrn Dr. K. Bunte knüpft sich noch eine weitere Besprechung, an der sich die Herren Terhaerst, Nürnberg, Kordt, Düsseldorf, Dr. K. Bunte, Karlsruhe, und König, Breslau, beteiligen.

Über die Tätigkeit der Lichtmefskommission berichtet Herr Direktor Dr. Leybold, Homburg. Der Bericht konnte der Versammlung nicht gedruckt vorgelegt werden, da eine Sitzung der Kommission erst spät stattfinden konnte. Die Kommission hat auf Veranlassung der Berufsgenossenschaft der Gas- und Wasserwerke eine grofse Anzahl der in Gaswerken gebräuchlichen Sicherheitslampen auf ihre Sicherheit geprüft und für Gasanstalten wichtige Ergebnisse gefunden. Die Versuche sollen fortgesetzt werden, dieselben können aber nur vorläufige sein; die Kommission bittet daher den Vorstand, die Lehr- und Versuchsgasanstalt zu veranlassen, weitere Untersuchungen zu übernehmen. Die Kommission beantragt, ihr für das kommende Jahr einen Kredit von M. 500 zu gewähren.

Der Vorsitzende sagt zu, das nötige zu veranlassen.

Über die Tätigkeit der Heizkommission berichtet kurz Herr Dr. Schilling, München. Der ausführliche Bericht liegt gedruckt vor (s. S. 43). Er ist den Vereinsteilnehmern vor der Versammlung samt dem endgültigen Entwurf »Installationsvorschriften« (s. S. 49) zugegangen, und es wird beantragt, denselben in der vorliegenden Fassung anzunehmen. Der Verband selbständiger deutscher Installateure, Klempner und Kupferschmiede, e. V., Sitz in Düsseldorf, wird demnächst in Kassel tagen und es ist nach den gepflogenen Verhandlungen anzunehmen, daſs auch er dem Entwurf zustimmen wird.

Redner teilt weiter mit, daſs er zum Kommissar für die Hygiene-Ausstellung 1911 in Dresden gewählt sei, um die gemeinsam von der Zentrale für Gasverwertung und dem hierfür gewählten Vereinsausschuſs beschlossenen Maſsnahmen für eine würdige Vertretung unserer Fächer auf der Ausstellung in die Wege zu leiten.

Der Vorsitzende, Herr Direktor Prenger, stellt fest, daſs sich Widerspruch gegen den Entwurf der »Installationsvorschriften« nicht erhebt; dieselben sind daher angenommen. Eine Komplettierung der Kommission an Stelle der ausgeschiedenen Herren Körting und Galley erscheint nicht erforderlich. Herr Kordt hat den Vorstand angeregt, die Aufstellung von Vorschriften für Wasserinstallationen zu veranlassen. Herr W. H. Lindley hat die Abfassung eines Entwurfes übernommen; derselbe soll zunächst den Zweigvereinen zur Vorberatung übergeben und dann im Hauptverein beraten werden. Die Versammlung erklärt sich damit einverstanden.

Herr Direktor Lempelius spricht namens der Fachgenossen der Heizkommission besonderen Dank aus für die mühevolle und verdienstliche Ausarbeitung der Installationsvorschriften. Der Vorsitzende schlieſst sich dem an und erweitert den Dank an sämtliche Kommissionen, auf deren Schultern ja die gesamte Last unserer fachlichen Vereinsarbeiten ruht.

Der Vorsitzende teilt mit, daſs Vorstand und Ausschuſs beschlossen haben, der Versammlung die Einsetzung einer Kommission für den Betrieb von Gaswerken zu empfehlen; dieselbe soll sich u. a. hauptsächlich auch mit wirtschaftlichen und statistischen Fragen beschäftigen. Die

Versammlung ist damit einverstanden. Als Mitglieder werden vorgeschlagen die Herren Direktor Kordt, Düsseldorf, Direktor Kobbert, Königsberg, Direktor Lempelius, Berlin, Dr. Schilling, München, und der jeweilige Vereinsvorsitzende. Der Wahlvorschlag wird angenommen.

Der Vorsitzende erläutert hierauf kurz den Jahresbericht des Vorstandes, welcher den Mitgliedern gedruckt zugegangen ist; derselbe wird genehmigt; ebenso der gedruckt vorliegende Abschlufs der Vereinsrechnung.

Herr Direktor Heidenreich, Berlin, erläutert kurz die ebenfalls vorliegenden Abschlüsse des Simon-Schiele-Fonds und des Unterstützungsfonds; die Ansprüche an letzteren sind grofs und er bittet die Mitglieder, denselben reichlich zu bedenken.

Der Vorsitzende bespricht den gedruckt vorliegenden Voranschlag für das Jahr 1910/11. Zu Punkt 5 der Einnahmen bemerkt Herr Direktor Kordt, dafs die letzten Städte, in welchen Erdstromuntersuchungen vorgenommen wurden, Beiträge für die Kosten derselben bezahlt hätten, so die Stadt Düsseldorf M. 3000; die Ergebnisse seien für die Städte sehr wertvoll. Die Anträge der Städte, betr. Untersuchung der Rohrnetze, sollen an den Verein gerichtet und die Kosten von den Städten getragen werden. Der Vorsitzende macht darauf aufmerksam, dafs sich im Voranschlage zum ersten Male ein Beitrag von M. 5000 für die Zentrale für Gasverwertung befindet, die unter den günstigsten Auspizien ins Leben getreten sei, und deren Wirksamkeit unserem Fach gewifs zum Segen gereichen werde. Der gesamte Voranschlag wurde von der Versammlung genehmigt.

Hierauf folgen die Wahlen in den Ausschufs; es scheiden aus die Herren Reese und Schertel; es werden als Ersatz vorgeschlagen die Herren Lindley und Lempelius, deren Wahl durch Akklamation erfolgt. Aus dem Unterstützungsausschufs scheiden aus die Herren Müller und Pintsch, die durch Akklamation wiedergewählt werden.

Voranschlag für das Vereinsjahr 1910/11.

Nach der Rechnung 1909/10		Voranschlag 1910/11	Voranschlag 1909/10	Für 1910/1911 gegen 1909/1910 mehr	Für 1910/1911 gegen 1909/1910 weniger
M.		M.	M.	M.	M.
	A. Einnahmen.				
1 878,52	1. Zinsen	2 000	2 000	—	—
16 915,—	2. Vereinsbeiträge und Aufnahmegebühren	17 500	17 500	—	—
11 660,—	3. Aufserordentliche Beiträge für wissenschaftliche Zwecke	12 500	12 500	—	—
10 000,—	4. Beitrag des Verlags der Vereinszeitschrift	10 000	10 000	—	—
—	5. Beiträge der Städte für Erdstrom-Untersuchungen	4 500	—	4 500	—
104,95	6. Durch Verkauf von Drucksachen	500	500	—	—
40 558,47	Zusammen	47 000	42 500	4 500	—
	B. Ausgaben.				
1 746,95	1. Vorstand und Ausschufs	2 000	2 000	—	—
4 875,—	2. Generalsekretär u. Geschäftsführer	6 500	6 500	—	—
4 463,52	3. Allgemeine Unkosten	5 000	5 000	—	—
3 556,40	4. Jahresversammlung.	3 000	2 500	500	—
2 258,74	5. Verhandlungsberichte	2 000	2 000	—	—
400,—	6. Wissenschaftliche Arbeiten . . .	3 000	3 000	—	—
300,—	7. Beitrag z. Museum für Meisterwerke der Naturwissenschaft u. Technik	300	300	—	—
400,—	8. Beitrag an d. Verein für Wasserversorgung und Abwässerbeseitigung	400	400	—	—
—	9. Beitrag an die Zentrale für Gasverwertung	5 000	—	5 000	—
762,65	10. Gasstatistik	6 000	4 000	2 000	—
4 736,02	11. Wasserstatistik	3 800	(*3 800	—	—
	Kommissionen.				
13,40	12. Lichtmefskommission	500	500	—	—
302,35	13. Gasmesserkommission.	600	300	300	—
1 672,81	14. Heizkommission	1 000	1 000	—	—
371,95	15. Kommission für Normalien . . .	500	500	—	—
5 533,10	16. Erdstromkommission	5 000	7 000	—	2 000
722,85	17. Unterrichtskommission	750	750	—	—
622,40	18. Kommission für Wasserstatistik und den Betrieb von Wasserwerken	1 000	1 000	—	—
2 666,30	19. Dispositionsfonds u. zum Ausgleich	650	1 950	—	1 300
35 404,44	Zusammen	47 000	42 500	7 800	3 300
	*) Zur Verfügung der Kommission für den Betrieb von Wasserwerken.			4 500	—

Damit ist das Ende der Tagesordnung erreicht und der Vorsitzende spricht nochmals den Vortragenden für ihre Berichte den Dank des Vereins aus, und wünscht den Fachgenossen ein frohes Wiedersehen in Dresden. Herr Direktor Kordt dankt dann dem Vorsitzenden für seine umsichtige und anstrengende Tätigkeit als Leiter der Verhandlungen, worauf der Vorsitzende kurz erwidert und nochmals für seine Wiederwahl zum Vorsitzenden dankt.

Schlufs der Sitzung 1½ Uhr.

Der Vorsitzende:	Der Schriftführer:
H. Prenger.	**W. Leybold.**

Verhandlungen

der

51. Jahresversammlung in Königsberg i. Pr.

Eröffnung der Jahresversammlung.

Vorsitzender, Herr Direktor Prenger, Köln: Ich eröffne die 51. Jahresversammlung des Deutschen Vereins von Gas- und Wasserfachmännern und heifse Sie namens des Vorstandes in Königsberg herzlich willkommen.

Meine Herren! Wir haben in diesem Jahre, einer Einladung der gastlichen Stadt Königsberg folgend, unsere Schritte nach dem Osten der Monarchie gelenkt, um besonders den Kollegen, die in hiesiger Gegend sich um die Erleuchtung der Städte und Ortschaften verdient machen und sich bemühen, hier hygienisch einwandfreies Trinkwasser zu schaffen, die Hand zu schütteln, unsere Erfahrungen mit Ihnen auszutauschen und zu sehen, was hier geleistet worden ist und geleistet werden kann. Aber auch Land und Leute kennen zu lernen ist ein schöner Zweck unserer Wanderversammlungen.

Das Gas- und Wasserfach gehört unstreitig zu den am meisten verbreiteten Zweigen der Technik. Wohl keine Stadt, die irgendwie auf Zivilisation Anspruch macht, entbehrt jetzt des Gases und Wassers. Beide Fächer haben mit der Zeit eine derartige Bedeutung erlangt, dafs nicht nur die speziellen Fachgenossen, dafs nicht nur die besonderen Interessenten, sondern in hohem Mafse die Allgemeinheit das allergröfste Interesse für dieselben bekunden. Namentlich Staat und Städte sind es, welche unseren Bestrebungen eine besondere Förderung angedeihen lassen. Die Gasanstalten spielen in dem Haushalt der Städte eine grofse Rolle bei der Frage der Herabminderung der Steuerlast. Das Wasser ist der hygienische Faktor, welcher für das Wohl des ganzen Volkes wohl die gröfste Bedeutung hat. Dieses Interesse bei Staat und Stadt finden wir auch heute hier bestätigt. Wir haben das grofse Vergnügen und die Ehre, Vertreter genannter Körperschaften hier unter uns begrüfsen zu können. Sie sind hierher gekommen, um sich an unseren Verhandlungen zu beteiligen und uns Ihre Wünsche zu einem guten Verlauf derselben zum Ausdruck zu bringen. Ich erlaube mir, Herrn Regierungs- und Baurat Twiehaus als Vertreter der Kgl. Staatsregierung das Wort zu erteilen.

Herr Regierungs- und Baurat Twiehaus, Königsberg: Meine Herren! Der Herr Regierungspräsident Graf von Keyerling hat mich beauftragt, Ihnen für Ihre liebenswürdige Einladung zu Ihrer heutigen Versammlung seinen verbindlichsten Dank zu sagen. Er ist leider durch seine Beurlaubung verhindert, der Einladung zu folgen und hat mich beauftragt, ihn hier zu vertreten. Er bringt Ihren Verhandlungen das lebhafteste Interesse entgegen.

Wenn auch die Versorgung der Städte mit Gasbeleuchtung ja weniger von der Staatsregierung beeinflufst werden kann, so hat sie dafür ein um so lebhafteres Interesse an der Wasserversorgung der Orte, und diese Frage spielt gerade hier im Osten eine ganz bedeutende Rolle, wie wir selbst hier bei unserer Provinzialhauptstadt sehen. Sie hat eben erst eine grofse Talsperre erbaut mit einem Kostenaufwande von einer halben Million, sie hat aber in nächster Zeit noch weitere Aufgaben zu erfüllen, sie wird noch bedeutend mehr Schritte tun müssen, das Dammteichwasser, womit die Stadt teilweise versorgt wird, von Huminsäure zu befreien, die Gewässer, die dem Staubecken das Wasser zuführen, vor Verunreinigungen zu schützen, durch Bewaldung, durch Fernhaltung verunreinigter Zuflüsse u. dergl. Sie wird aber auch noch weitere Talsperren errichten müssen, um für Fälle der Trockenheit eine Reserve zu haben. Es ist eine ganze Reihe von kleinen Städten hier, die noch nicht mit einer zentralen Wasserleitung versehen sind, wenn auch in den letzten Jahren in dieser Beziehung ganz bedeutende Fortschritte hier gemacht worden sind. Es ist wohl kein Jahr vergangen, in dem nicht 2 bis 3 Städte eine zentrale

Wasserversorgung erhalten haben. Auch die kleineren Ortschaften, die einzelnen Gebäude müssen in dieser Hinsicht der Fürsorge der Staatsregierung sicher sein, namentlich diejenigen, die an den grofsen Wasserstrafsen liegen, die uns mit Rufsland verbinden und durch die die Cholera nur eine allzu günstige Einfallspforte hat. Wir müssen daher verhindern, dafs an diesen Wasserstrafsen die Leute fernerhin das Wasser aus diesen Flufsläufen entnehmen. Damit treten aber schwierige Fragen an uns heran. Wir finden dort selbst in grofsen Tiefen kein Wasser. Wir haben erst kürzlich an einer solchen Flufsstrecke bis zu 80 m Tiefe gebohrt, um ein einzelnes Gehöft mit Wasser zu versorgen, haben es aber aufgeben müssen, weil wir keine Aussicht hatten, aus dem Ton herauszukommen. Deshalb sind uns Ihre Besprechungen über die Wünschelrutenfrage, die Sie morgen erörtern wollen, sehr willkommen. Einer unserer Herren hat einen Herrn mit der Wünschelrute zu der Untersuchung, ob Wasser vorhanden sei, aus Kiel kommen lassen. In 40 m Entfernung von der Stelle, wo bei der Bohrung noch 80 m Tiefe Ton gefunden war, verkündete er bereits in 20 m Tiefe Wasser. Wir stehen der Sache etwas zweifelhaft gegenüber und werden uns freuen, zu hören, was Sie morgen zu dieser Sache zu sagen haben. Ich heifse Sie im Namen der Königlichen Regierung hier herzlich willkommen und wünsche Ihren Beratungen guten Fortgang. (Lebhafter Beifall.)

Herr Bürgermeister K u n c k e l, Königsberg: Meine sehr geehrten Herren! Namens der Stadt Königsberg, deren Oberbürgermeister durch das Übermafs seiner dringenden Geschäfte heute zu seinem lebhaften Bedauern verhindert ist, hier zu erscheinen, heifse ich Sie herzlichst willkommen.

Wir freuen uns aufrichtig darüber, dafs Sie in dem 52. Jahre ihres Bestehens den Weg nach Königsberg gefunden haben. Denn, meine Herrn, wir sind davon überzeugt, dafs Ihre Tätigkeit durchaus den Interessen der Städte in ganz hervorragendem Mafse dient. Gaswerke und Wasserwerke gehören zu den wichtigsten wirtschaftlichen Betrieben, welche die Kommunen überhaupt besitzen. Die Gaswerke sind wohl die ältesten aller Gewerbebetriebe, die den Städten obliegen, aber wie unendlich haben sich jetzt seit 60 und mehr Jahren — für Königsberg sind es erst einige 50 Jahre her — die Anforderungen an die Gaswerke geändert. Die Gaswerke hatten früher im wesentlichen nur die Aufgabe, das Gas zu produzieren und in mäſsig gereinigtem Zustande in die Häuser zu führen. Wie ganz anders jetzt! Welche komplizierten Apparate sind jetzt erforderlich, um das Gas herzustellen, um das Gas zu reinigen, um das Gas möglichst unschädlich in die Häuser zu führen, und welche unendlich vielen Erfahrungen sind seitdem gemacht worden, um die alten Gasflammen der Schnittbrenner in die glänzende Beleuchtung umzuwandeln, die Sie, wie ich hoffe, namentlich gestern in unserem Tiergarten bewundert haben. Meine Herren! Auch in anderer Hinsicht haben die Gasdirektoren schwere und wichtige Aufgaben. Es ist insbesondere in dieser Zeit, wo die Städte mehr und mehr mit Steuern und allen möglichen Abgaben und Aufgaben belastet werden, ein überaus wichtiges Moment, daſs die Gasanstalt so geführt wird, daſs sie auch einen erklecklichen Gewinn an die Betriebsgemeinde abführt. Der Gasdirektor muſs nicht bloſs Chemiker und Gastechniker, sondern er muſs auch Kaufmann sein. Und gerade auf diesem Gebiete, meine Herren, haben wir hier bei uns in Königsberg hochinteressante Fortschritte gemacht. Der Gaskonsum ist bei uns für das laufende Jahr auf 21 Millionen cbm angesetzt worden. Als ich vor über 25 Jahren in den städtischen Dienst eintrat, kamen wir mit wenig über 3 Millionen cbm aus. Der Konsum hat sich in dieser Zeit mehr als versechsfacht, während sich die Einwohnerschaft noch nicht einmal verdoppelt hat.

Meine Herren! Auch im übrigen bedürfen Sie auf dem Gebiete der Chemie und in allen möglichen anderen Fächern eingehender Kenntnisse, um den Betrieb so zu führen, wie es die Neuzeit verlangt. Ähnlich liegt es aber auch auf dem Gebiete der Wasserwerke. Meine Herren! Früher bestand die Kunst im wesentlichen darin, daſs man Quellen suchte, oder oberirdische Wasserflächen benutzte und das Wasser in die Häuser hineinleitete. Was für umständliche Wege und was für umständliche Arbeiten sind heute erforderlich, um das

Wasser für das Publikum trinkbar zu machen. Nachdem die neueren Forschungen der Hygiene erwiesen haben, dafs gerade durch das Wasser viele ansteckende Krankheiten verbreitet werden, ist es für notwendig erachtet worden, dafs man nicht nur das Wasser von der Quelle an eingehend beobachtet und alle möglichen Mafsregeln trifft, um die Zuflüsse, die schädlich sein könnten, von den Wasserquellen fernzuhalten, nein, man hat auch weiterhin mit Klärung und chemischer Untersuchung, Bakteriologie, und ich weifs nicht mit was allem zu tun, um das Wasser endlich in denjenigen Zustand zu versetzen, den es haben mufs, um für das Publikum ohne gesundheitlichen Schaden geniefsbar zu sein.

Meine Herren! Alle derartigen Aufgaben gehören in das Gebiet Ihrer Tätigkeit, gehören in das Gebiet der Arbeiten, die Sie auf Ihren Verbandstagen vornehmen. Sie halten diese Verbandstage ab, um sich auf diesen Gebieten gegenseitig zu belehren und die Einrichtungen in Gas- und Wasserwerken zu verbessern und den Ansprüchen der neuen Zeit anzupassen. Daher entwickeln Sie in Ihren Verhandlungen eine für die Städte überaus nützliche Tätigkeit.

Meine Herren! Sie haben nach Ihrer Tagesordnung recht viele Gegenstände zu bearbeiten. Ich hoffe aber, dafs Sie auch Gelegenheit finden werden, in Ihren Mufsestunden die Stadt Königsberg mit allen ihren Einrichtungen kennen zu lernen und ein Urteil über die Zustände der Stadt zu gewinnen. Ich hoffe auch weiter, dafs Sie noch über Königsberg hinaus die Umgegend werden besuchen können. Meine Herren! Ich bin ein Ostpreufse und liebe daher Ostpreufsen ganz besonders, aber ich bin auch nicht blind für die Schönheiten in anderen Gegenden. Dennoch kann ich sagen, dafs Sie sich davon überzeugen werden, dafs es sich bei uns in Königsberg und in Ostpreufsen nicht nur leben läfst, sondern gut leben läfst. Ich hoffe daher zuversichtlich, dafs nicht wiederum 52 Jahre vergehen werden (Heiterkeit), ehe Sie einmal Königsberg und Ostpreufsen wieder besuchen werden. Meine Herren! In diesem Sinne wünsche ich Ihnen den allerbesten Erfolg für Ihren hiesigen Aufenthalt und wünsche, dafs, wenn Sie wieder in Ihrer Heimat sein werden, Sie Königsberg und Ostpreufsen noch recht lange in guter Erinnerung behalten mögen! (Lebhafter anhaltender Beifall.)

Herr Prof. Dr. Strache: Meine Herren! Ich bin vom Verein der Gas- und Wasserfachmänner in Österreich-Ungarn beauftragt, Ihnen für diesjährige Versammlung die herzlichsten Glückwünsche zu überbringen. Sie alle wissen, wie innig die Beziehungen sind, die zwischen beiden Vereinen bestehen. Es ist wohl nicht notwendig, darüber noch viele Worte zu verlieren. Wir freuen uns jedesmal herzlich, wenn es uns vergönnt ist, Ihre Versammlungen besuchen zu können, einesteils, weil wir ja hier so aufserordentlich viele und liebe Freunde gewonnen haben, die wir gern wieder sehen und gern wieder begrüfsen, zum andern aber auch, weil wir hier wirklich lernen können. Es ist nur schade, dafs die grofse Entfernung in diesem Jahre verhältnismäfsig wenig Österreicher hierher geführt hat.

Wir wollen hoffen, dafs Sie auch bei unseren Versammlungen, die Sie ja auch recht reichlich beschicken, einiges Interessante hören können, wenn auch natürlich unsere Tagesordnung sich mit der Ihrigen lange nicht vergleichen läfst.

Meine Herren! Ich wünsche Ihnen vollen Erfolg für Ihre diesjährige Tagung! (Lebhafter Beifall.)

Vorsitzender. Meine hochverehrten Herren! Nehmen Sie den herzlichsten Dank für die anerkennenden Worte, die Sie unseren Vereinsbestrebungen gewidmet haben, und seien Sie versichert, dafs diese Worte in unser aller Herzen den freudigsten Widerhall gefunden haben.

Wir wissen, verehrter Herr Regierungsrat, dafs wir in Deutschland sehr gut regiert werden und sind daher auch dankbare Kinder. Wir können auch des Schutzes des Staates keineswegs entbehren, und dafs gerade in jetziger Zeit nicht, wo die Gasanstalten aufgehört haben, Sinekuren zu sein, wo sie auch an den wirtschaftlichen Kämpfen in vollem Mafse sich zu beteiligen gezwungen sind, genau wie jeder andere Zweig der Technik. Es ist daher wohl nötig, dafs wir den Schutz des Staates geniefsen, sei es gegenüber Übergriffen anderer, sei es, um eine paritätische gleichmäfsige Behandlung aller Industriezweige zu erzielen. Und wenn unsere jüngere Schwester, die Elektrizität, eine gesetzgeberische Aktion einleitet, um besondere Vorteile für sich zu erlangen, so kann das nur geschehen, wenn Gas- und Wasser in derselben Weise paritätisch behandelt werden. (Beifall.)

In diesem Sinne möchte ich auch hier an die hohe Staatsregierung die Bitte richten, unsere dahin zielenden Bestrebungen zu unterstützen.

Hochverehrter Herr Bürgermeister! Wir sind nun endlich auch nach Königsberg gekommen. Seien Sie aber versichert, daſs es schon lange unser innigster Wunsch war, hierher zu eilen und den Osten kennen zu lernen, und daſs wir Ihrer schon vor einigen Jahren ergangenen liebenswürdigen Einladung am liebsten sofort gefolgt wären. Aber leider war die Macht der Umstände gröſser als unser Wollen. Frankfurt a. Main als Geburtsstätte des Vereins und die Reichshauptstadt verlangten, und wohl mit einem gewissen Recht, daſs wir unsere Jubiläumsversammlungen, das 50jährige Bestehen des Vereins zu Berlin und die 50. Jahresversammlung in Frankfurt a. M. an der Gründungsstätte abhielten. Sie sehen aber auch heute eine um so stattlichere Zahl versammelt, um die Königsberger Anlagen kennen zu lernen. Die Königsberger Anstalt hat im Gasfach einen ganz besonderen Namen. Überall, wo es galt, etwas Neues zu erringen, war Königsberg in erster Linie dabei, um es auszuprobieren. Sie besitzen in Ihrem Anstaltsleiter einen Mann, der impulsiv und initiativ nach jeder Richtung hin tätig ist.

Herzlichen Dank sage ich Ihnen aber vor allen Dingen, hochverehrter Herr Bürgermeister, für die Festschriften, welche Sie uns aus Anlaſs unserer hiesigen Tagung namens der Stadt haben überreichen lassen. Wir sehen darin, wie auſserordentlich rege der Geist ist, der hier alles auf das Beste einzurichten und die Errungenschaften der neueren Zeit sich dienstbar zu machen sucht zum Wohl der Stadt und noch darüber hinaus, zum Wohle der Gesamtheit.

Hochverehrter Herr Professor Dr. Strache! Nehmen auch Sie den herzlichsten Dank für Ihre liebenswürdigen Begrüfsungsworte. Sagen Sie unseren österreichisch-ungarischen Fachgenossen, wie sehr wir uns mit ihnen einig fühlen, wie sehr wir zusammen streben, um unser Fach zur weiteren Blüte zu bringen.

Ich heifse auch herzlich willkommen alle diejenigen Herren, die hier als Gäste unter uns weilen und an unseren Beratungen teilnehmen wollen.

Und nunmehr, meine lieben Herren Kollegen zu Ihnen! Ich freue mich, dafs die Zeit des Wiedersehens gekommen ist, und dafs wir wieder in gemeinsamer Arbeit einige Tage vollbringen können. Zwar kommen und gehen manche; aber auf den Jahresversammlungen knüpft sich ein Band der Zusammengehörigkeit, ein Band der Freundschaft um eine Reihe Kollegen, das für die Bedeutung unserer Jahresversammlungen von ganz aufserordentlichem Werte ist, und das immer wieder die Kollegen und Freunde zusammenführt, mögen wir uns im Osten, mögen wir uns im Westen, Süden oder Norden treffen. Aber leider müssen wir mitunter liebe Freunde vermissen, die wir bis dahin noch rüstig unter uns gesehen haben. Im letzten Jahre ist leider ein sehr reges Mitglied des Vereins von uns geschieden, Kunath von Danzig. Sie haben ihn alle gekannt den Kollegen, der auf keiner Versammlung gefehlt hat, der an allen Kommissionsberatungen in der intensivsten und eifrigsten Weise teilgenommen hat, und der noch, ich glaube drei oder vier Tage vor seinem Tode an den wichtigen Beschlüssen unserer Kommission für den Betrieb von Wasserwerken in Berlin mitgewirkt hat.

Wir haben ferner durch den Tod verloren, den Ingenieur der Gasmesserfabrik in Mainz, Herrn Weichelt, und Herrn Manoschek aus Wien.

Meine Herren! Wir erheben uns von unseren Sitzen zu Ehren unserer Verstorbenen (es geschieht).

Leider aber müssen wir heute unter uns einige Mitglieder vermissen, die sonst immer unter uns gewesen sind, dieses Jahr aber leider durch Gesundheits- oder Geschäftsrücksichten gezwungen sind, der Versammlung fernzubleiben. Ich nenne hier unsere verehrten Ehrenmitglieder, Herrn L. Körting und Herrn Dr.-Ing. v. Oechelhaeuser, ferner das Mitglied des Vorstandes, Herrn Baurat Lindley.

Vor allen Dingen ist es aber der Mann, der unseren Versammlungen bisher stets, ich möchte sagen, seinen Stempel aufgedrückt hat, der als Generalsekretär viele Jahre sein bestes Wissen und Können für die Vereinsbestrebungen eingesetzt hat und auch heute noch einsetzt, unser allverehrter Geheimrat Dr. Bunte. Wie sehr es ihm nahegeht, dafs er hier fehlen mufs, mögen Sie aus den Worten ermessen, womit er in seinem letzten Schreiben seinen Entschlufs nicht herzukommen mitgeteilt hat. Er schreibt: »Wenn man eine ununterbrochene Reihe von 35 Jahren die Versammlungen unseres Vereins besucht hat, so werden Sie es mir nachfühlen, dafs man nicht ohne Not auf die sechsunddreifsigste verzichtet. Allein nach der Rücksprache, die ich erst vorgestern mit meinem Arzt genommen habe, würde es leichtfertig sein, wenn ich meinen immer noch nicht ganz zurückgedrängten Wunsch, nach Königsberg zu fahren und die alten lieben Freunde, auf die ich mich lange gefreut habe, bei diesem Anlasse wieder zu begrüfsen, ausführen würde.« Meine Herren! Es ist ja oft ein grofser Gewinn, wenn man zur richtigen Zeit zu entbehren versteht; so wollen wir uns denn über die Lücke, die unsere heutige Versammlung durch das Fehlen des allverehrten Ehrenmitgliedes des Vorstandes aufweist, mit der Hoffnung hinwegtrösten, dafs die Schonung, die Herr Dr. Bunte sich jetzt auferlegt, derartig wirken wird, dafs wir ihn auf der nächsten Versammlung wieder bei uns sehen und uns noch recht viele Jahre seines Rates und seiner Tatkraft erfreuen können.

Meine Herren! Ich glaube, es ist ein Akt der Dankbarkeit, wenn wir Herrn Bunte durch ein Telegramm begrüfsen (Beifall), wozu ich Ihnen folgende Fassung vorzuschlagen mir erlaube: »Die 51. Jahresversammlung bedauert auf das tiefste Ihr Fernbleiben und hofft zuversichtlich auf recht baldige gänzliche Wiederherstellung Ihrer Gesundheit.«

Verehrte Kollegen! Es ist eine schöne Gepflogenheit, dafs der Vorsitzende zur Eröffnung der Jahresversammlung

Ihnen etwas erzählt über das, was das Gas- und Wasserfach zurzeit am meisten berührt.

Die grofsen Errungenschaften unseres Gasfaches in den letzten Jahren reden eine gewaltige Sprache. Die neuen Ofenkonstruktionen, das hängende Glühlicht, Prefsgasbeleuchtung, Fernzünder, Koksgasverwendung, Fernleitung des Gases sind nur die hauptsächlichsten Erscheinungen in der modernen Gaserzeugung und modernen Gasverwertung. Sie würden aber jedenfalls nicht in demselben Mafse und nicht mit der Schnelligkeit, wie es geschehen, eingetreten sein, wenn nicht von aufsen her durch die Konkurrenz hierzu der Anstofs gegeben worden wäre. Die Zeiten, sagte ich vorhin, sind vorüber, wo noch die Gasanstalten Sinekuren waren, wo die Monopolstellung derselben ihnen gestattete, Geld aufzuhäufen und der vornehmen selbstsicheren Ruhe zu pflegen in den schönen Gedanken, uns kann keiner etwas tun. Die modernen Aufgaben der Städte erfordern ferner heute möglichst hohe Überschüsse aus den Betrieben der industriellen Werke. Der Staat hat sich verschiedener Einnahmequellen bemächtigt, die bisher den Städten überlassen waren. Soll nun die Steuerschraube mit der Zeit nicht einen unerträglichen Druck annehmen, so mufsten andere gröfsere Einnahmequellen geschaffen werden. Dazu werden in ganz besonderem Mafse die städtischen industriellen Werke herangezogen. Es gilt daher, um dies zu ermöglichen, die Wirtschaftlichkeit der Werke auf das Äufserste zu heben. Wir müssen allen Fortschritten der Technik nachspüren, sie uns zunutze machen und mit vermehrtem Eifer die Gestehungskosten herabzusetzen suchen. Auch unsere rührige Schwester, die Elektrizität, liefs uns sich auf uns besinnen, und so entstand der schöne Wettstreit zwischen beiden Zweigen der Technik, der unsere Jetztzeit erfüllt, und der nicht zuletzt zum Wohle der Gesamtheit nur befruchtend wirken kann.

So steht, sagte ich, unser Fach jetzt im Zeichen der Wirtschaftlichkeit. Der Vorstand glaubte deshalb in der Tagesordnung der heutigen Jahresversammlung, der Frage der Wirtschaftlichkeit der Gaswerke einen möglichst breiten Raum geben zu sollen.

Die grofsen, vorhin genannten technischen Errungenschaften bewirkten eine Herabsetzung der Gestehungskosten des Gases auf einen bis dahin unbekannten Grad. Aber mit den technischen Errungenschaften, meine Herren, ist es nicht getan. Das Gas ist ein Massenartikel, der in nie genügend grofsen Mengen abgesetzt werden kann, einmal als Wohltäter der Menschen und dann als Mittel zur Hebung der finanziellen Verhältnisse der Gaswerke betreibenden Städte. Aber so viel Licht das Gas auch verbreitet, so mufste es doch, um die nötige Verbreitung zu erlangen, selbst erst in das richtige Licht gesetzt werden. Es fehlt bis jetzt eine Verbindung der Gasindustrie mit der Öffentlichkeit und ein enger Zusammenschlufs der vorhandenen Kräfte, eine Zentralstelle, die den unendlich vielseitigen Anwendungsmöglichkeiten des Gases in der grofsen und kleinen Industrie, in Küche und Haus nachspürt, neue Verwendungsarten sucht und so dem Gase eine weitere Verbreitung auf möglichst breiter Grundlage schafft. Auch die gegenseitige Information der Fachkollegen selbst läfst noch manche Lücke offen, deren Ausfüllung der Hebung des Gaskonsums nur dienlich sein kann. Nicht minder ist eine weitere Aufklärung der Behörden über das Gas eine unbedingte Notwendigkeit, um einseitige Beschlüsse zugunsten anderer Industriezweige zu verhindern. So war der Verein im letzten Jahre gezwungen, eine Eingabe an die Ministerien des Innern und für Handel und Gewerbe zu richten, in der er sich beschwerdeführend gegen die durchaus unberechtigte und einseitige Bevorzugung der elektrischen Beleuchtung in Warenhäusern, Konzert- und Theatersälen wandte, die durch eine Verordnung des Polizeipräsidenten von Berlin veranlafst war, welche die Verwendung des Gases in derartigen Gebäuden direkt verbot und die Genehmigung von baulichen Änderungen davon abhängig machte, dafs das vorhandene Gaslicht entfernt nnd durch elektrisches ersetzt würde. In diesen Bestrebungen, das Gas auszuschalten, liegt unstreitig eine grofse Gefahr für unser Fach.

Alle diese Momente lassen unbedingt einen engeren Zusammenschlufs der Gasinteressenten notwendig erscheinen. In richtiger Erkenntnis dieses Umstandes hat im letzten Jahre unter Führung unseres hochgeschätzten Ehrenmitgliedes Herrn v. Oechelhaeuser die Gründung der Zentrale für Gasverwertung stattgefunden, über deren Ziele Herr Direktor Lempelius Ihnen heute noch Aufschlufs geben wird. Unser Verein hat bei der Gründung nicht von ferne gestanden, vielmehr tatkräftig geholfen, das Kind aus der Taufe zu beben. Wenn der Verein auch in erster Linie rein wissenschaftliche Bestrebungen hat, so kann er doch nicht den wirtschaftlichen Fragen teilnahmlos gegenüberstehen. Gerade die schöne Verbindung der Wissenschaft, die der Verein pflegt, und der Ziele der Zentrale für Gasverwertung wird dazu angetan sein, etwas recht Erspriefsliches zu schaffen. Die Zentrale kann der wissenschaftlichen Forschung neue Aufgaben zuführen und nach Lösung derselben diese ihrerseits in bare Münze umsetzen. So kann eine Wechselwirkung geschaffen werden, welche für das gesamte Gasfach von höchster Bedeutung werden kann. Wünschen wir daher der Zentrale gutes Blühen und Gedeihen.

M. H.! Im Haushalt der Gasanstalten nehmen einen sehr breiten Raum die Nebenprodukte ein. Auch hier hat sich das Bedürfnis nach einem Zusammenschlufs in wirtschaftlichen Vereinigungen zwecks Erzielung eines möglichst geregelten und vorteilhaften Verkaufs der Produkte herausgestellt. Die Erfolge derselben sind in jeder Beziehung als gute zu bezeichnen. Auch Einkaufsvereinigungen haben sich besonders in Süddeutschland gebildet, die einen gemeinsamen Kohleneinkauf bezwecken. So sehen Sie überall jetzt die gleichen Bestrebungen, und ich glaube, dafs uns deshalb die Städte, unsere Brotherren, keineswegs böse sein werden, im Gegenteil, dafs sie dieselben fördern und schützen werden, vor allem, dafs sie gerne unser jüngstes Kind, die Zentrale für Gasverwertung, finanziell unterstützen, damit sie ihrer Aufgabe voll gerecht werden und etwas Erspriefsliches leisten kann.

M. H.! Wenn so im Gasfach alle Kräfte angespannt werden müssen, um in dem wirtschaftlichen Kampf bestehen zu können, so hat es der Wasserfachmann in dieser Beziehung leicht. Er pumpt ruhig weiter (Heiterkeit) und bedarf keiner Reklame nach dem Rezepte »Koche mit Gas«. Wenigstens ist mir eine Broschüre »Kein Haus ohne Wasser« noch nicht zu Gesicht gekommen. Er erfreut sich sogar der Unterstützung der hohen Behörden, die durch Ortsstatute und andere Erlasse mit darum besorgt sind, dafs er sein Wasser los wird, selbst wenn man es nicht gerne trinkt. Aber auch er hat sein Kreuz zu tragen. Chemiker und Bakteriologen nehmen sein Produkt sehr scharf unter die Lupe. Wehe ihm, wenn die Zahl der Bakterien eine immer mehr aufsteigende ist, wenn ihm die Natur die für den Bedarf der Bewohnung erforderliche Menge Wasser versagt, oder wenn ihm gar unterirdische Mächte über Nacht etwas wie Mangan od. dgl. ins Wasser mischen. Dann beginnt für ihn eine Arbeit, gegen die das Gasmachen und Gasverkaufen Kinderspiel ist.

So, meine verehrten Herren Kollegen, sieht es augenblicklich in unseren Fächern aus. Nunmehr lassen Sie uns an die gemeinsame Arbeit gehen mit dem Wunsche, dafs dieselbe reiche Früchte zeitigen möge zur weiteren Förderung unserer Fächer, zur Hebung der Wirtschaftlichkeit der Werke und nicht zuletzt zum allgemeinen Wohle der Mitmenschen.

Retorte und Gasmesser.

Von Direktor E. Kobbert, Königsberg i. Pr.

Mein Vortrag soll dem Bedürfnis nach Erörterung wirtschaftlicher Fragen entgegenkommen. Namentlich in den letzten zwei Jahren sind letztere bei den Gasanstaltsverwaltungen augenscheinlich mehr als bisher in den Vordergrund gestellt worden. Mein Thema hätte also auch »Technik und Wirtschaft der Gaswerke« lauten können.

Hinter uns liegt eine 20jährige technisch überaus interessante, wirtschaftlich sehr erfolgreiche Entwicklungszeit des Gasfachs. Es ist schon auf der vorjährigen Jubiläumsversammlung in humoristischer trefflicher Weise erörtert worden, wie das Gasmachen in dieser Zeit ein so ganz anderes Aussehen bekommen hat!

Die ersten fünfzehn Jahre Betriebstechnik stehen wesentlich im Zeichen des Maschinenbaues; seitdem tritt die Ofentechnik in den Vordergrund, zweifellos wird die dritte Periode im Zeichen der Nebenprokuktenchemie stehen.

Mit der Einführung des Gasglühlichts und der damit zusammenhängenden Vergröfserung der Gasproduktion fiel zeitlich die Einführung des Cozeofens fast zusammen. Der Schrägretortenofen war vom mechanischen Kohlentransport — wenigstens im Ofenhause — unzertrennlich.

Die mechanische Massengüterbewegung kam damals allgemein in Deutschland mehr in Aufnahme und fand in den Gaswerken ein wohlvorbereitetes Betätigungsfeld.

So konnte es nicht fehlen, dafs bei Gasfachmännern und Maschineningenieuren der gleiche Enthusiasmus für dies

Spezialgebiet hervorbrach und reiche Betätigung fand. Die grofsen Arbeiterziffern der Gasfabriken konnten bei Umbauten und Neubauten wesentlich verringert werden. Damit war gleichzeitig ein Ausgleich geschaffen für die wachsenden Lasten, welche durch die steigenden sozialen Forderungen bedingt waren.

In diesem Kreise darf ich es mir ersparen, das zu wiederholen, was im einzelnen auf dem Gebiete der mechanischen Kohlenförderung und Retortenhausarbeit geleistet worden ist. Unser Journal und die Zeitschrift des Vereins Deutscher Ingenieure haben fortlaufend darüber berichtet.

In diesen Arbeiten ist naturgemäfs auch stark hervorgehoben, wieviel Lohnersparnisse solche Anlagen erzielen. Dagegen treten doch sehr zurück Feststellungen über die Grenzen der Anwendbarkeit der mechanischen Transport- und Ofenhausarbeitsmethoden. Im vorigen Jahre hat z. B. Prof. Aumund, Danzig[1]), in seiner Antrittsvorlesung diese Fragen behandelt.

Kraftverbrauch und Lohnaufwand sind ja ziemlich leicht vorher zu kalkulieren; beide sind bei unseren modernen Transportanlagen meist so viel geringer als vorher der Aufwand für Handarbeit, dafs danach der Wert solcher Anlagen leicht überschätzt werden kann.

In der Ihnen überreichten Festschrift ist z. B. der primitive Kohlentransport unseres alten Gaswerks beschrieben. Ebenso finden Sie dort den mechanischen Transport beschrieben, wie Sie ihn heute nachmittag auf dem hiesigen Gaswerk sehen werden. Dort kostete zuletzt die Stapelung der Kohlen allein etwa **M. 1,10** pro Tonne, einschliefslich Bewegung zum Ofenhaus **M. 1,35.** Heute kostet die Lagerung an Strom und Lohn mit allen Nebenkosten bei **30 Pf.** Stromkosten pro KW/Std. ca. **35 Pf.**, obwohl seitdem die Löhne im allgemeinen gestiegen sind und beträchtliche soziale Leistungen neben den gesteigerten Löhnen die Unkosten ererhöhen. Mit diesem Vergleich ist natürlich der wirkliche Wert des mechanischen Transports in keiner Weise dar-

---

[1]) Zeitschr. des Vereins Deutscher Ingenieure 1909.

gestellt! Bei etwa **60000** t jährlicher Kohleneinnahme kosten die Zinsen des Anlagekapitals rd. **50 Pf.** pro Tonne. Dazu müssen notwendigerweise Abschreibungen gerechnet werden. Herr Kollege Kordt wird in seinem Referat darauf näher eingehen. Hier sei kurz folgendes darüber eingefügt:

Auch in die rein technische Kalkulation gehören Abschreibungen, gleichgültig, wie die einzelne Verwaltung sonst Buchführung, Jahresrechnungslegung und Vermögensübersicht oder Jahresabschlufs gestalten mag. Eine neue Betriebsanlage bedeutet eine Betriebsverschlechterung, wenn sie nur die direkten Unkosten deckt und nicht neben der Verzinsung der Anlagekosten auch eine Rücklage für die allmähliche Entwertung verdient. Diese Rücklage darf natürlich nicht auf die Tilgungsrate des etwaigen Anlagedarlehens beschränkt werden. Denn diese Tilgung erstreckt sich meist auf 35 bis 50 und mehr Jahre. Selbst wenn man nun auch besondere Instandhaltungskosten kalkuliert, welche eine Anlage bis zu solchem Alter erhalten könnten, so mufs nach dem Wechsel der technischen Anschauungen und Einrichtungen damit gerechnet werden, dafs die Neuanlage vorzeitig selbst unmodern wird oder durch die wirtschaftlich dringende Umgestaltung anderer Betriebseinrichtungen verdrängt wird. Gerade die letzten drei Jahrzehnte haben hierzu eine lehrreiche Geschichte geliefert, welche in die Mahnung ausklingt: Abschreibungen können kaum zu hoch sein!

Rechnet man nun die Abschreibungen gleichmäfsig vom Ursprungswert, nicht vom Buchwert, für die vielfacher Verwendung fähigen Pfahlrostfundamente 2%, Maschinen 10%, Eisenkonstruktion 5%, so würde unser erstes Beispiel etwa durchschnittlich rd. **50 Pf.** pro Tonne Abschreibungen verdienen müssen. Damit wären die Gesamtunkosten zunächst scheinbar schon ebenso teuer als bei Handbetrieb. Wenn sonst alle Vorbedingungen dieselben geblieben wären, wäre also der Übergang zum mechanischen Betrieb nicht gerechtfertigt gewesen. Der mechanische Betrieb verkürzte aber die Löschzeit der Dampfer derart, dafs die Abladung der letzteren in Leichter aufhören konnte. Damit waren ca. **M. 1,20** pro Tonne Leichterkosten erspart. Die bequeme Schiffsentladung gibt dem erfahrenen Ablader aber weitere Möglichkeiten, die nicht ohne weiteres berechenbar sind, sich aber im billigen Angebotspreise der Kohle bemerkbar machen. So erreichte der Kohlenpreis unter den alten Verhältnissen zur Zeit der Teuerung 1900 die Höhe von M. 23,01, in der Hausse 1908 nur **M. 18,00** pro Tonne. Dazu ist zu überlegen, dafs **M. 1,35** Lohnkosten ein höheres Geschäftsrisiko bedeuten, als ein Satz von **M. 1,35**, der sich aus **M. 0,35** für Lohn und Strom und **M. 1,00** für Zinsen und Abschreibungen zusammensetzt. Hier sind $\frac{100}{135}$ unveränderlich, dort sind $\frac{135}{135}$ der stark steigenden Lohntendenz mit ihren sozialen Nebenlasten unterworfen.

Wir sehen also an unserem Beispiel:

> Bedeutende betriebstechnische Vorteile können völlig ausgeglichen werden durch die indirekten Unkosten, welche zu grofses Anlagekapital oder zu geringe Beanspruchung der Anlage nach sich ziehen.

Sind bei dieser ersten Station der Gasproduktion, bei dem Kohlentransport, die Beziehungen zwischen Technik und Wirtschaftlichkeit verhältnismäfsig einfach zu übersehen, so bieten sie ein verwickeltes Bild bei der eigentlichen Vergasung, bei Technik und Wirtschaft der Retorte, des Vergasungsprozesses.

Die Aufgabe einer maschinentechnischen Anlage ist ohne weiteres klar gegeben, ihre Arbeit ist mefsbar.

Die Arbeit der Vergasung, das ist das Mafs der für die Entgasung von einer Tonne Kohle allgemein theoretisch oder unter gegebenen Bedingungen praktisch erforderlichen Wärme, ist zurzeit noch immer nicht eindeutig bestimmbar.

Zweitens ist aber auch der erreichbare Erfolg der Vergasung, die mögliche Ausbeute einer Kohle, noch nicht für jeden Fall voraus gegeben. Der Chemiker gibt uns wohl die Menge der flüchtigen Bestandteile unserer Kohle an, kann aber nicht vorher klar bestimmen, wieviel davon als Gas, wieviel als flüssige Nebenprodukte gewonnen werden.

Demgemäfs fehlt uns der sicherste Mafsstab einer technischen Leistung, die Bestimmung des Wirkungsgrades, wie sie im Maschinenbau, besonders in der Elektrotechnik und in der chemischen Industrie, die Grundlage der Kritik für Technik und Wirtschaftlichkeit bildet.

Solange diese Lücke unserer wissenschaftlichen Betriebsarbeit nicht ausgefüllt ist, solange ist die Beurteilung unserer Öfen und ihrer Leistung ein rein empirisches Tasten. Wir müssen das uns immer wieder vorhalten, um bei der Beurteilung unserer praktischen Resultate und geschäftlichen Mafsnahmen nicht zu Trugschlüssen zu kommen.

Natürlich erschwert dieser Mangel ganz besonders den Vergleich verschiedener Ofenformen. Ob z. B. ein gewisses Mafs Unterfeuerung eine gute Ofenleistung darstellt, ist nicht damit entschieden, dafs ein anderer Ofen ein gröfseres Quantum Kokswärme verbraucht hat. Vergleichbar wären beide Zahlen erst, wenn festgestellt ist, welchen Betrag die Unterfeuerungswärme von der für die jeweilig entgaste Kohle erforderlichen Entgasungswärme bedeutet. Wir wissen z. B., dafs dieses Verhältnis bei derselben Kohlenmarke ganz wesentlich vom Kubikmetergewicht der Kohlenladung und anderen Umständen abhängt[1]), auf welche der Ofen zunächst keinen Einflufs hat. Zum mindesten stellt die Vergasung der dem Namen nach gleichen Kohle in zwei Fällen oft ganz verschiedene Ofenleistungen dar. Ohne die erörterte theoretische Aufklärung zwischen Entgasungsarbeit und Ofenarbeit sind wir augenblicklich darauf angewiesen, die Zeit zum Ausgleich der Betriebsverschiedenheiten heranzuziehen, d. h. erst nach Betriebsresultaten langer Beobachtungszeiten werden wir einigermafsen gerechte Kritik an zwei Ofentypen üben, welche unter vermeintlich gleichen Verhältnissen dieselbe Wärmemenge aus gleichen Kohlenmengen produziert haben sollen. So kontrollieren wir hier in Königsberg z. B. augenblicklich die Leistung an Wärmeaufwand und Wärmeausbeute unserer Kammeröfen in einem vierwöchigen Probebetrieb, an Re-

---

[1]) Dr. K. Bunte, vgl. ds. Journ. Nr. 34, v. 20. Aug. 1910.

tortenöfen haben wir früher mindestens acht Tage für erforderlich erachtet.

Sind doch unsere Öfen ganz beträchtliche Wärmespeicher, mit denen man nach entsprechender Vorbereitung mit wenig Brennmaterial in 24 bis 50 Stunden aufserordentlich viel leisten kann.

Bei diesen Erörterungen erwarten Sie nun — wie ich weifs — einige Mitteilungen über den hiesigen Kammerofenbetrieb. Leider läuft der vierwöchige Probebetrieb erst heute zu Ende. Ich konnte daher die Kammerofenangelegenheit auch nicht zum Gegenstand eines besonderen Vortrages machen — wie ich wollte und Sie erwarteten.

Nach Erledigung der Verhandlungen über die Vertragsabwicklung werde ich seinerzeit zu ausführlichen Schilderungen Gelegenheit haben. Heute folgende kurze Bemerkungen:

Die Garantiebedingungen unserer Kammerofenanlage sind u. a.: 171000 WE ob. Heizwert 15° C, 760 mm[1]), Ausbeute aus 100 kg Kohle von etwa: 1,55% Feuchtigkeit — 9% Asche — 26,9% flüchtige Bestandteile. Die Kohle durfte im Dampfer nicht mehr als 15% Grus haben, der durch ein Sieb von 4 mm Maschenweite fällt.

Für diese Leistung dürfen nicht mehr als 165 kg Koks (trocken) derselben Kohle, wie er beim Kammerofenbetrieb gewonnen wird, verwendet werden. In 24 Stunden dürfen nicht mehr als sechs Mann verwendet werden für Kohlentransport, Koksentfernung, Bedienung der Generatoren usw.

Der Ofenbetrieb hat bisher ergeben, dafs die Kammeröfen hinsichtlich Koks, Teer, Naphthalin die Erwartungen erfüllen, welche man an Vergaser knüpfte, die keine Überhitzungsflächen (mit völliger Kohlenfüllung) dem Rohgasstrom darbieten. Ausführlich ist darüber seinerzeit auf der Jahresversammlung in Mannheim verhandelt worden. Die

---

[1]) Inzwischen wurden bei einem weiteren Versuch 184498 WE aus einer Kohle erzielt, welche in der Versuchsgasanstalt Karlsruhe 186080 WE ergeben hatte, d. s. also über 99% des letzteren Ergebnisses.

Öfen sind sehr leicht regulierbar, schmiegen sich völlig den Betriebsanforderungen an. Die Kammertemperatur liegt bei ca. 1000° C.

Eine Schicht von sechs Mann arbeitete von 6 Uhr früh bis 5 Uhr nachmittags mit 3 Stunden Pausen. Dazu ein Maurer und ein Schmied für andere regelmäfsige Betriebsarbeiter mit wechselnden Hilfskräften. Nachts überwachten ein Vorarbeiter und ein Handarbeiter den Betrieb. In den verflossenen vier Wochen wurde zuerst mit 5 — dann mit 4 Öfen gearbeitet, welche die ganze Steinkohlengas-Produktion lieferten. Die Chargen wurden zur Hälfte auf den Anfang, zur Hälfte an das Ende der Schicht gelegt. Destillationsdauer war in der Regel 24 Stunden und wurde bei Betriebseinschränkungen auf 36 bis 48 Stunden verlängert. Die Heizwertkurve stellt sich demgemäfs — wie Sie heute nachmittag am registrierenden Kalorimeter sehen können — zwischen 3500 bis 6000 WE ein mit zwei Anhöhen. Die Heizwertkurve der Gasabgabe verläuft nahezu geradlinig. Der Normalheizwert wird ohne Schwierigkeiten eingehalten.

Der Koks von Kohle mit gleichmäfsiger Stückenschichtung — besonders von Kohle mit höchstens 4 bis 6% Grusgehalt — rutschte gut nach leichtem Anstofs.

Der Koks grusreicher Ladung macht zuweilen Schwierigkeiten und erfordert eine auf die ganze Kammerlänge reichende Stofsmaschine. —

Kraftverbrauch und Arbeitslohn sind natürlich bei Ofenleistungen ebenso klar feststellbar wie an Transportanlagen. Verschieden zu bewerten ist natürlich die für 24 Stunden benötigte gleiche Anzahl Arbeiterschichten, je nachdem, ob sie sich auf dreimaligen, zweimaligen oder einmaligen Schichtwechsel beziehen. Die betriebtechnischen Vorteile leuchten ein! Ist es doch aber auch nicht zu leugnen, dafs Schlaf am Tage in engen kindergesegneten Arbeiterwohnungen und die Ernährung in der Nacht nur minderwertig sind, daher die Abnutzung der Arbeitskräfte im Schichtwechsel recht intensiv ist.

Der dritte Faktor für die Beurteilung unserer Ofensysteme ist wiederum der Aufwand an Zinsen und Abschreibungen.

Die Zinsen sind sehr einfach nach dem Anlagekapital feststellbar. Schwieriger gestaltet sich die Festsetzung der Abschreibungen.

Unter Gelände wird man wiederum für alle Ofenarten gleichmäfsig einen Satz von etwa 2 % zubilligen können, weil die Fundamente fast ohne Schwierigkeiten stets verwendbar sind. Andernfalls wären die Verluste dem neuen Bauwerk, abzüglich der Abschreibung zur Last zu legen.

Für Armaturen, transportable Eisenkonstruktionen u. dgl. werden wiederum 5 % vom Ursprungswert genügen.

Für den eigentlichen Ofenbau wird der Durchschnittssatz nach der verschiedenen Lebensdauer der Ofenteile ermittelt werden müssen.

Für unsere Schrägretorten-Öfen wurden in K. seinerzeit 15 % vom Ursprungswert festgesetzt. Jedenfalls hat ein hoher Satz die Annehmlichkeit, das Werk für die fortschreitende Modernisierung zugänglicher zu machen. Bei der Auswahl von Ofensystemen wird man aufserdem neben den laufenden Unterhaltungsarbeiten die periodisch wiederkehrenden Erneuerungsarbeiten zu kalkulieren haben. Für die Buchhaltung ist eine andere Frage, ob man diese periodischen Erneuerungen dem Bauwert zuschreibt — was bei entsprechend hohen Abschreibungen angängig erscheint — oder sie als Reparaturen[1]) bucht und die Abschreibungen mäßiger gestaltet. Wir haben bei 15 % Abschreibungen die Retorteneinbauten als Reparaturen gebucht. Das letztere Verfahren ist jedenfalls das solideste. Wir sind dabei infolge der hohen Lebensdauer[2]) unserer Ofeneinbauten gut gefahren.

---

[1]) Zeitschr. des Vereins Deutscher Ingenieure, Jul. H. West in Technik und Wirtschaft. 1910.

[2]) Es wurden über 1600 Feuertage erzielt.

Untersuchen wir nun die Gesamtkosten der Ofenleistung:

Ein Ofenbauer A verspricht 310 cbm Gasausbeute, B 340 pro t
» » A » 16 % Unterfeuerung, B 12 %
» » A » 7500 cbm Tagesleistung pro Arbeitsschicht, B 10000 cbm.

und fordert

A pro 1000 cbm Tagesleistung Anlagekapital M. 13000, B M. 15000;

schätzt er nun die Lebensdauer des Ofens auf 1000 Tage, B 1000 Tage

und die Reparaturkosten auf pro 1000 cbm Ofentagesleistung A M. 270, B M. 1500.

Dann kostet — selbstverständlich gleiche Heizwertleistung vorausgesetzt — 1 Mill. cbm Jahresproduktion:

bei A

1.	3226 t Kohle à M. 15	M. 48390
2.	16 % Koks à M. 23 . . . . (516,16 t)	» 11872
3.	Lohn bei M. 4 pro Schicht 133,4	» 532
4.	4 % Zinsen von: $13000 \cdot \frac{1000000}{365 \cdot 1000} \cdot \frac{4}{100} =$	» 1425
5.	Abschreibungen durchschnittlich, z. B. 8 % .	» 2850
6.	Reparaturen: $\frac{1000000}{365 \cdot 1000} \cdot 270$ rd.	» 810
	Summa:	M. 65879

Davon geht ab der Kokserlös von

$$0{,}7 \cdot 3226 \cdot 23 = \text{M. } 51939.$$

Bleiben Unkosten: M. 13940.

bei B

1.	3000 t à M. 15	M. 45000
2.	12 % à M. 23 (360 t)	» 8280
3.	$100 \cdot 4$	» 400
4.	$\frac{15000 \cdot 10^6 \cdot 4}{365 \cdot 1000 \cdot 100}$	» 1644
5.	Abschreibungen wie oben 8 %	» 3288
6.	$\frac{10^6 \cdot 1500}{365 \cdot 10^3}$ rd.	» 4500
	Summa:	M. 63112

Davon geht ab der Kokserlös von

$$0{,}7 \cdot 3000 \cdot 23 = \text{M. } 48300.$$

Bleiben Unkosten: M. 14812.

Das Angebot B bietet in Pos. 1 und 2 M. 6982 Ersparnis,
» » A » » » 4 bis 6 » 4347 »

Entsprechend einem Anlagekapital, das bei A billiger ist um M. 6982.
Insgesamt ist Angebot A günstiger um » 872.

Es soll nun gar nicht die Möglichkeit von Pos. 2 bei Angebot B erörtert werden. Wir wollen im Auge behalten, dafs die grofse Ersparnis bei Pos. 1 und 2 sich ins Gegenteil verkehrt am Ende unserer Rechnung. Wir sehen wieder den überragenden Einflufs des Anlagekapitals durch Zinsen und Abschreibungen!

Weiter erinnern wir uns, dafs die Unterfeuerung bei Pos. 2 nach einer von drei Methoden festgestellt werden kann:

a) nach Zahl der für die Unterfeuerung verwendeten Chargen, nachdem die Koksausbeute mit der sog. Tiegelprobe im Laboratorium oder in der Versuchsgasanstalt bestimmt ist;

b) indem der verkäufliche, vom Ofenbetrieb erhaltene Koks, festgestellt wird;

c) der Unterfeuerungskoks wird gewogen, sein Wassergehalt nach Probenahme im Laboratorium bestimmt.

Differenzen von z. B. 5% des Kohlengewichtes zwischen den Ergebnissen dieser drei Methoden sind ohne weiteres möglich! Die Zahlen Pos. 2 unserer Rechnung sind also wertlos, wenn sie nicht auf gleicher Basis ausgerechnet sind.

Angesichts dieser Feststellungen verliert die Differenz am Ende unserer Rechnung erheblich an Wert. Das Anlagekapital, die Submission also, legt uns in der Wahl des Ofentypus fest, wenn gewisse grundlegende Leistungen bei den verschiedenen Angeboten sichergestellt sind. Gegenüber dieser hohen Bedeutung der Angebotspreise hat vor der Abgabe bzw. Kenntnis dieser Preise die Erörterung der Resultate von 24 bis 72stündigen Probeversuchen rein akademischen Wert.

Diese Erörterungen haben mehr Zeit beansprucht als erwartet — ich mufs schliefsen. Nur noch ein Hinweis.

Wenn in einem Schamotteofen 1000 cbm Tagesleistung M. 13000 bis 15000 kosten, in einer Wassergasanstalt nur M. 6000, wie unsere Königsberger Festschrift angibt, dann ist es nach unseren Betrachtungen mehr als unwahrscheinlich, Wassergas im Steinkohlengasofen billiger herstellen zu können als im Generator.

Wir müssen uns auch versagen, das Verhältnis von Anlagekapital und Betriebskosten bei der Reinigung des Gases näher zu betrachten. Annähernd von ähnlicher Bedeutung wie Kohlentransport und Retortenbetrieb sind für das Geschäftsergebnis der Gasanstalten die Verkaufsbedingungen.

Hier interessiert vornehmlich die Gasmessung. Die Gasproduktion der Gaswerke wird allgemein durch eichfähige nasse Gasmesser bestimmt. Das hat seine Berechtigung für Rohrnetzuntersuchung und für die Wirtschaftlichkeit der Gasabgabe — Verteilung auf Gebrauchsarten etc. — im allgemeinen. Im übrigen sollte mehr und mehr ebenso die Tonne Kohle die Grundlage der Wirtschaftsberechnung sein, wie bei den Kokswerken. Wir haben hier in Königsberg seit Jahren teilweise einen trockenen Flügelradgasmesser (Rotarymesser von Schirmer, Richter & Co., Leipzig) in Anwendung. Diese Messer beanspruchen wenig Raum, lassen sich in einfacher Weise einbauen. Richtet man es so ein, dafs der Messer innerhalb ± 10 % seiner nominellen Leistung beansprucht wird, so ist seine Mefsgenauigkeit vollkommen hinreichend, um die Produktion von Tag zu Tag kontrollieren zu können. Zur Feststellung der Wirtschaftlichkeit des Rohrnetzbetriebes stehen der bezahlten Gasabgabe die beiden Zahlen gegenüber

a) des Gasverbrauches der öffentlichen Beleuchtung,
b) der sog. Verlust.

Vielfach stehen beide in einem mehr oder minder beabsichtigten Verhältnis.

So wurde jüngst die Frage gestellt, ob auch anderweitig der Gasverlust seit Einführung der Fernzündung stark gewachsen wäre? Die Antwort hängt natürlich weder von der Fernzündung noch von dem Rohrnetz ab, sofern beide nach wie vor ordentlich überwacht wurden, sondern davon, wie man in der alten Berechnung des Gasverbrauches der Strafsenbeleuchtung, die Fernzündung berücksichtigt oder nicht beachtet hat. Denn vorher war der Begriff »Zeitdauer« der öffentlichen Beleuchtung ein von gewissen Annahmen abhängiger Mittelwert, seit der Fernzündung ist es ein genau bestimmter Zeitraum. Damit gewinnt die Bedeutung der sog. Verlustziffer als Kontrolleur des Rohrnetzes ganz bedeutend.

Es bleibt noch die Variable der Temperatur (Kondensation) und der Gaszählerfehler in der Berechnung.

Dieser Frage mufs mehr Beachtung geschenkt werden als bisher. Zweifellos hatte es seine volle Berechtigung, als man vielfach — namentlich im Norden — dem nassen Gasmesser seine Gunst entzog und zum trockenen System überging. Wir, hier in Königsberg, benutzen seit ca. 30 Jahren ausschliefslich trockene Gasmesser der verschiedensten Bauarten. Dennoch mufs die Überlegenheit des nassen Gasmessers in der Mefsgenauigkeit anerkannt bleiben. Die Gasmesserfabriken haben ja durchweg Mühe und Kosten nicht gescheut, den Übelständen des trockenen Gasmessers zu steuern. Für Schieberdichtigkeit und Balgenqualität — besonders die Ölung — ist alles mögliche geschehen; die Preise sind bereits in einer Weise zurückgegangen, dafs bei den Gaswerken naheliegende Besorgnisse aufsteigen müssen — dennoch ist zurzeit mit dem trockenen Gasmesser auf die Dauer nicht die erforderliche Mefsgenauigkeit gewährleistet. Wir haben in Königsberg die Gepflogenheit, jeden Gasmesser, der aus irgendwelchem Grunde abgenommen wird, unter dem Kubizierapparat zu prüfen, bevor er einen neuen Standort bekommt. Dabei sind wir zu der Ansicht gelangt, dafs ein trockener Gasmesser, der seinen Standort nicht gewechselt hat, ex officio längstens nach 10 Jahren, besser nach 5 bis 10 Jahren einer Nachprüfung unterzogen werden mufs.

Von 285 Prüfungen über 10 Jahre lang betriebener Zähler ergaben nur 58 % (166 Stück) Richtigkeit in den Verkehrsgrenzen.

Eine andere Prüfung von je 100 Stück trockener Gasmesser im Alter von 5 bis 15 Jahren hatte zwar ein etwas besseres, aber ein nicht minder bedenkliches Resultat. Im einzelnen geben nachstehende Tabellen das Ergebnis.

Die Gasanstalten werden daher die Bemühungen mit grofsem Interesse verfolgen, welche eine Gasmesserfabrik in Charlottenburg aufwendete, um durch eine beständige Ölfüllung dem nassen Gasmesser zu der verdienten gröfseren Anerkennung als Messer des zu bezahlenden Gasverbrauches zu verhelfen.

Inzwischen müssen wir uns damit helfen, durch Vergleich der aufgestellten Gasrechnungen mit dem Verbrauch der einzelnen Vorjahre Verlusten vorzubeugen und rechtzeitig verdächtige Gasmesser zu ermitteln. — Der Einflufs des Tarifs auf die Wirtschaftlichkeit der Gasabgabe ist ein eigenes Gebiet, das vielfach in letzter Zeit erörtert ist. In Königsberg ging der Durchschnittsverkaufspreis der bezahlten Gasabgabe (ohne öffentliche Beleuchtung) in 10 Jahren von M. 150 auf ca. M. 136 pro 1000 cbm zurück. Wie dabei trotzdem steigende Erträgnisse erreicht wurden, darüber ist in der Festschrift berichtet worden.

Beim Studium dieser Dinge tauchen mannigfache interessante Fragen auf. Versucht man aber, sie aus den Verwaltungsberichten ohne »Fragebogen« zu studieren, so versagen diese Berichte vielfach wegen der grofsen Buntscheckigkeit des Aufbaues und der Grundsätze der verschiedenen Bilanzen, Selbstkostenberechnungen etc. Ein Versuch, den Bruttogewinn von 11 Gasanstalten zu vergleichen, ist in nachstehender Tabelle gegeben:

Diese Feststellungen zeigen wiederum die grofse Bedeutung der Abschreibungen für die Bewertung unserer wirtschaftlichen Erfolge. Ich mufs schliefsen und darf wohl meine Ausführungen, die durchaus nicht erschöpfend gewesen sein wollen, in folgende Sätze zusammenfassen:

1. Die Zinsen, die technisch erforderlichen Abschreibungen und die Reparaturkosten können den Vorteil an anderweitigen Ersparnissen leicht verschlingen. Den letzten, wichtigsten Ausschlag für die Auswahl unter brauchbaren Ofen- oder Apparatenanlagen geben daher die Anlagekosten, die bei gleicher Leistung vielfach mit der Technik der Anlage nichts zu tun haben.
2. Eine richtige Bewertung und Vergleichung von Anlagekosten verschiedener Apparate oder Ofentypen ist nur möglich, wenn eine objektive, klare Wirkungsgradbestimmung möglich ist.
3. Die nasse Gasmessung mufs trotz der Vervollkommnung und der äufseren Annehmlichkeit trockener Gasmesser als die einwandfreie bezeichnet werden, wenn eine Metall nicht angreifende Flüssigkeit von konstantem Volumen angewendet wird.
4. Die Vergleichung des Wirtschaftsergebnisses verschiedener Gaswerke kann nur nach dem Bruttogewinn erfolgen mit der Angabe des Durchschnittsgasverkaufspreises und der Feststellung der Verrechnung der öffentlichen Beleuchtung, am besten auf Grund einer Bilanz, die sich sowohl auf kameralistische wie auf kaufmännische Buchführung stützen kann.
5. Es mufs angestrebt werden, dafs die Gaswerke sich auf ein einheitliches Schema der Selbstkostenberechnung einigen, für das sie die Unterlagen unbehindert

	Flammenzahl	3	5	10	20	30	50	60	80	100	150	200	Sa.
a	Ausgewechselte Gasmesser über 10 Jahre .	114	61	53	21	8	8	2	3	9	5	1	**285**
b	In den Verkehrsgrenzen richtig waren . .	51	33	42	13	6	7	2	2	5	4	1	**166**
c	Aufser Verkehrsgrenzen bis — 10 % zählten	5	2	1	1	1	1	—	—	2	—	—	**13**
d	— 10 % bis 20 % zählten	6	4	—	3	1	—	—	—	—	1	—	**15**
e	Über — 20 % zählten	—	3	1	—	—	—	—	—	—	—	—	**4**
f	Gar nicht zählten	5	4	—	—	—	—	—	—	—	—	—	**9**
g	Bis + 10 % zählten	47	15	9	3	—	—	—	1	2	—	—	**77**
h	Mehr als + 10 % zählten	—	—	—	—	—	—	—	—	—	—	—	—
i	Mehr als + 15 % zählten	—	—	—	1	—	—	—	—	—	—	—	**1**
	Summa:	114	61	53	21	8	8	2	3	9	5	1	**285**

Statistische Übersicht der Prüfungsresultate von je 100 Stück derjenigen trockenen Gasmesser, welche bei der Prüfung 5 bis 15 Jahre alt waren.

Jahrgänge der Gasmesser	Flammenzahl								Summa Stück	Eichgrenze bis ± 2%			noch Verkehrsgrenze von ± 2% bis 4%		über ± 4%		Also unzulässig
	3	5	10	20	30	50	60	80		bis − 2% inkl.	0	bis + 2% inkl.			bis ± 10% inkl.	über ± 10%	%
1889—1893 inkl. 11—15 Jahre	42	25	22	2	4	5	—	—	100	15	1	37	20	2	23	2	25
1894 10 Jahre	62	15	12	5	5	1	—	—	100	8	—	27	34	3	24	4	28
1895 9 Jahre	49	21	16	10	4	—	—	—	100	10	—	49	24	2	13	2	15
1896 8 Jahre	58	26	12	1	—	3	—	—	100	11	1	37	38	—	12	1	13
																	81 = 20 %
1897 7 Jahre	49	22	20	6	1	2	—	—	100	7	2	36	51	1	3	—	3
1898 6 Jahre	66	18	14	1	—	1	—	—	100	7	1	40	46	2	3	1	4
1899 5 Jahre	49	29	11	6	1	2	1	1	100	12	2	53	30	10	2	1	3
Summa:	3·5	156	107	31	15	14	1	1	700	70	7	279	243	10	80	11	91
										356 = 51 %			253 = 36 %		91 = 13 %		= 13 %

Finanzielle Resultate von 12 Gasanstalten im Jahr 1908.

Lfd. Nr.	Ohne Strafsenbel. Wert Bruttogewinn pro 1000 cbm Gas M.	Abschreibungen pro 1000 cbm Gas M.	Gewinn nach Abzug der Abschreibungen M.	Die Abschreibungen betr. % des Bruttogewinnes %	Verbleibende Einnahmen in % des Bruttogewinnes %	Gewinn nach Abzug von M. 31,15 ‰ cbm vom Bruttogewinn M.
1.	53,11	31,15	21,96	58,65	41,35	21,96
2.	45,96	3,79	42,17	8,25	91,75	14,81
3.	47,70	11,34	36,36	23,77	76,23	16,55
4.	34,41	nicht angegeben	nicht angegeben	nicht angegeben	nicht angegeben	3,26
5.	50,51	14,60	35,91	28,91	71,09	19,36
6.	47,46	7,74	39,72	16,31	83,69	16,31
7.	42,20	3,55	38,65	8,62	91,38	11,05
8.	46,67	18,81	27,86	40,30	59,70	15,52
9.	44,63	2,29	42,35	5,13	94,87	13,48
10.	39,44	11,02	28,42	27,94	72,06	8,29
11.	48,64	12,71	35,93	26,13	73,87	17,49

von der eigenen Rechnungslegung feststellen, damit eine gemeinschaftliche Grundlage für den so wichtigen Meinungsaustausch über den wirtschaftlichen Erfolg der Werke geschaffen wird.

Vorsitzender: Meine Herren, wir sind Herrn Direktor Kobbert sehr dankbar für seine außerordentlich zeitgemäßen und interessanten Ausführungen. Die Diskussion wird das jedenfalls noch ganz besonders zeigen.

Ich möchte aber vorschlagen, daß wir jetzt zunächst den Vortrag des Herrn Direktor Kordt anhören und dann die Diskussion über die beiden Vorträge, die ja doch eng zusammengehören, gemeinsam vornehmen.

Betrachtungen über Abschreibung, Kapitaltilgung, Erneuerungs- und Erweiterungsfonds bei städtischen Gasanstalten.

Herr Direktor F. Kordt, Düsseldorf.

Meine Herren, bevor ich zu meinem eigentlichen Vortrage übergehe, der Ihnen gedruckt vorliegt, gestatte ich mir einige kurze Bemerkungen.

Schon vor mehreren Jahren wurde ich von unserem früheren Vorsitzenden, Herrn Generaldirektor Körting und von Herrn Geheimrat Bunte aufgefordert, einen Vortrag über die wirtschaftlichen Ergebnisse der Gaswerke zu übernehmen. Als ich an das Studium herantrat, fand ich, dafs die Aufgabe aufserordentlich schwer war, weil es nicht möglich war, festzustellen, welche Kapitalien bei den einzelnen städtischen Gaswerken nötig gewesen wären, wenn sie Aktiengesellschaften gewesen wären. Eine ganze Reihe von Städten hat die Erneuerungen oder Erweiterungen immer zu dem ursprünglichen Anlagekapital hinzugerechnet, und zwar so, dafs, wenn man ein Anlagekapital von M. 100 hatte, M. 10 herunterschrieb und 7 % zur Erweiterung verwandte, die Städte dann sagten, wir haben einen Anlagewert von M. 107, während sie in Wirklichkeit nur einen Anlagewert von M. 97 hatten und den Rest von M. 3 in bar haben mufsten. Wenn man auf diese Weise summiert, so würde man bei einer ganzen Reihe von Aktiengesellschaften zu ganz enormen Anlagewerten kommen, namentlich bei solchen, die sehr lange bestehen und gut geführt sind. Zum Beispiel würde die Firma Krupp bei einem Aktienkapital von M. 180 Mill. auf diese Weise vielleicht zu Anlagewerken von M. 700 Mill. bis M. 800 Mill. kommen, vielleicht auch noch viel höher, wenn sie in den 100 Jahren alle abgeschriebenen und wieder verbauten Gelder den Ursprungswerten als Anlage hinzugerechnet hätte, trotzdem die Bauwerte längst verschwunden sind. Also das erforderliche Kapital, welches bei städtischen Anlagen zugrunde zu legen wäre, war nicht festzustellen.

Nun helfen sich einige Städte dadurch, dafs sie statistisch so rechnen, dafs, wenn sie ursprünglich eine Anlage von M. 100 haben, M. 15 abschreiben und M. 15 anlegen, sie den Anlagewert auf der einen Buchseite mit M. 115 annehmen, auf der anderen Seite ein Abschreibungskonto von M. 15 einführen und so die gesamten Abschreibungen addieren und anderseits auch die gesamten Anlagekosten. Diese Sache hat nun den Nachteil namentlich bei Stadtverwaltungen, dafs man nachher glauben wird, man hat einen grofsen Beutel voll Geld in den Abschreibungen, und man könnte daraus, wenn die Werke noch vorhanden sind, vielleicht neue Schulbauten usw. herstellen. Aber in Wirklichkeit ist es nur ein statistisches Material, bares Geld ist nicht vorhanden.

Diese Bemerkungen wollte ich mir zur Erklärung dafür erlauben, weshalb es nicht möglich war, eine vergleichende Rentabilitätsberechnung bei städtischen Gasanstalten aufzustellen.

Ich komme jetzt zu meinem, Ihnen schon im Druck vorliegenden Vortrage:

Einen sehr wesentlichen Faktor bei der Selbstkostenberechnung des Gases bzw. bei der Bestimmung des bilanzmäfsigen Überschusses bilden die Abschreibungen und die Rückstellungen für verschiedene Zwecke. Während in der Privatindustrie diese Summen von dem leitenden Direktor und dem Aufsichtsrate dem Bedürfnis entsprechend in Vorschlag gebracht werden, spricht bei städtischen Betrieben häufig die Finanzlage der Stadt mit, so dafs die Werke dabei zu kurz kommen.

Und doch sollten die städtischen Betriebe in dieser Beziehung nicht anders behandelt werden als Privatbetriebe.

Häufig hört man bei städtischen Verwaltungen die Ansicht aussprechen: »Wir brauchen nicht so reichlich abzuschreiben, weil wir unsere Werke sehr gut in Ordnung halten«. Nun wissen wir aber alle, dafs bei den Abschreibungen nicht der Verschleifs allein mafsgebend ist. Wer von uns hat nicht schon Öfen, Retortenhäuser, Apparate, Gasbehälter vor ihrem endgültigen Zusammenbruch abreifsen müssen, um gröfsere Anlagen an deren Stelle zu errichten!

Häufig reifst man auch ältere Anlagen vorzeitig nieder, um den Fortschritten der Technik entsprechend neuere, vorteilhaftere Konstruktionen einzuführen, und ich brauche hier nur auf die Vertikal- und Kammeröfen sowie auf die neuesten Transporteinrichtungen zu verweisen.

Reichliche Abschreibungen sind mithin auch bei städtischen Betrieben nötig, ja hier noch mehr wie bei der Privatindustrie. Schreibt diese zu wenig ab und das Werk ist zu alt und nicht mehr konkurrenzfähig, so legt man nötigenfalls die Aktien zusammen und gibt neue Aktien aus, um das erforderliche Geld zur Verjüngung des Werkes zu erlangen. Diesen Weg kann man natürlich bei städtischen Betrieben nicht einschlagen. Hier hat ein neues Werk neben seiner eigenen Verzinsung und Abschreibung gegebenenfalls auch noch den Rest der Verzinsung und Abschreibung für ein veraltetes Werk zu tragen.

Bei städtischen Betrieben wird in verschiedener Weise für die Tilgung der Anlagewerte gesorgt:

1. durch Abführung einer Amortisationsquote für das angelegte Kapital und Ansammeln von Erneuerungs- und Erweiterungsfonds,
2. durch Abschreibung vom Anlage- oder Buchwerte.

Beide Methoden führen zum Ziele, wenn die Sätze in genügender Höhe festgelegt werden. Bei der Tilgung des Anlagekapitals wird gewöhnlich ein fester Prozentsatz für Verzinsung und Tilgung angewandt, wobei die ersparten Zinsen zur verstärkten Tilgung benutzt werden.

Die Tilgung eines Anlagekapitals bei einem Zinsfufs von 4 % erfolgt:

in	41	Jahren	bei	einem	Satz	von	5 %	für	Verzinsung	u.	Tilgung
»	28	»	»	»	»	»	6 %	»	»	»	»
»	21,6	»	»	»	»	»	7 %	»	»	»	»

Der Satz von 5 % kommt daher einer Abschreibung von ungefähr 2½ %, derjenige von 6 % einer solchen von 3,5 und derjenige von 7 % einer solchen von fast 5 % des Anlagekapitals gleich. Werden nun aufser dieser Art der Tilgung noch Erneuerungs- oder Erweiterungsfonds angesammelt, so ist klar, dafs man auf diese Weise eine genügende Abschreibung des Werkes erzielen kann. Gewöhnlich fliefsen aber die Gelder spärlich in die Erneuerungs- und Erweiterungsfonds, namentlich in Zeiten des Geldmangels in den Stadtkassen. Es werden dann die Erneuerungsfonds für die notwendigen Erweiterungen verwandt und umgekehrt.

Es ist daher richtiger, auf die einzelnen Werte abzuschreiben und die Tilgung des Anlagekapitals sowie die gewöhnlichen Erweiterungen aus den Abschreibungen zu decken. Dies Verfahren entspricht auch der kaufmännischen Praxis. Bei dem Abschreibungsverfahren ist es ganz gleichgültig, was man mit den abgeschriebenen Beträgen macht, wenn man sie nur im Interesse des Werkes verwendet. Beträgt z. B. das Anlagekapital eines Werkes M. 1000000 und müssen infolge Wertverminderung M. 100000 abgeschrieben werden, so kann ich diese Summe sowohl zur Tilgung, zur Erneuerung, als zu Erweiterungen benutzen. Der Vermögensstand des Werkes bleibt immer derselbe. Es kommt nicht vor, dafs man einen Erneuerungsfonds in den Büchern stehen hat, welcher gar nicht vorhanden ist, weil er für Erweiterungen in Anspruch genommen werden mufste.

Bei dem Abschreibungsverfahren kann man sowohl den Anlagewert, als auch den Buchwert zugrunde legen. Auf den ersten Blick erscheint das Abschreibungsverfahren nach dem Anlagewert einfacher. Betrachtet man die Sache aber näher, so ergeben sich doch einige Umständlichkeiten. Alljährlich treten bei den einzelnen Konten Zugänge hinzu.

Schreibt man z. B. von Gasmessern 10 % ab, so müssen die Beträge für diejenigen Messer, welche im Jahre 1 beschafft sind, im Jahre 11 gelöscht werden, damit nicht auf vollständig abgeschriebene Werte weiter abgeschrieben wird. Sofern auf Rohrleitungen 3 % abgeschrieben werden, so müssen die Leitungen aus dem Jahre 1 im Jahre 34 und diejenigen aus dem Jahre 2 im Jahre 35 aus der Bilanz verschwinden usw. Man mufs also genau darauf achten, dafs man bei den einzelnen Konten auch die jährlichen Zugänge im Auge behält. Noch etwas umständlicher gestaltet sich die Angelegenheit bei einer vorzeitigen teilweisen Entfernung eines Wertobjektes. Wird z. B. ein Gebäude mit 3 % vom Anschaffungswert abgeschrieben und wird die Hälfte nach 10 Jahren niedergelegt so mufs die Hälfte mit $\frac{70}{2} = 35\,\%$ vom Gesamtwerte aufserordentlich abgeschrieben werden, da das Gebäude noch mit 70 % zu Buche steht. Wird die niedergelegte Hälfte in veränderter Form wieder ersetzt, so hat man für dasselbe Gebäude zwei verschiedene Jahreszahlen zu verfolgen. Die stehen gebliebene Hälfte mufs nach $\frac{70}{3}$, also nach $23\,^1/_3$ Jahren, die neue Hälfte aber nach $\frac{100}{3} = 33\,^1/_3$ Jahren aus den Büchern verschwinden. Werden nun nach Ablauf mehrerer Jahre wiederum Änderungen vorgenommen, so wird die Verfolgung der Amortisationsjahre noch umständlicher.

Wählt man dagegen die Abschreibungsform nach dem Buchwert, so ist die Verfolgung der Amortisationsjahre einfacher. Die Werte verschwinden allmählich bis auf minimale Reste aus den Büchern. Allerdings mufs auch hier verfolgt werden, ob ein Wert vorzeitig abgebrochen wird, damit der Rest aufserordentlich abgeschrieben wird. Mit Hilfe der nachstehenden Tabelle ist dieses aber leicht möglich.

Wählen wir wieder das oben angeführte Beispiel über den teilweisen Abbruch eines Gebäudes und wird die Hälfte nach 10 Jahren abgerissen, so ergibt sich bei 3 % Abschreibung vom Buchwert nach der Tabelle ein Buchwert von 73,7 %. Man braucht in den Büchern nur nachzu-

Tabelle über die Buchwerte von Anlagen bei Abschreibungen nach dem Buchwert.

Prozentsatz der Abschreibungen:	2%	3%	4%	5%	6%	7½%	10%	12½%	15%	20%
Anlagewert:	M. 100	M. 100	M. 100	M. 100	M. 100	M. 100	M. 100	M. 100	M 100	M. 100
Buchwert nach:										
1 Jahr	98	97	96	95	94	92,5	90	87,5	85	80
2 Jahren	96	94,1	92,2	90,2	88,4	85.6	81	76,6	72,2	64
3 »	94,1	91,3	88,5	85,7	83,1	79,2	72,9	67	61,4	51,2
4 »	92,2	88,6	85	81,4	78,1	73,3	65,6	58.6	52,2	41
5 »	90,4	85,9	81,6	77,3	73,4	67,8	59	51,3	44,4	32,8
6 »	88,6	83,3	78,3	73,4	69	62,7	53,1	44,9	37,7	26,2
7 »	86,8	80,8	75,2	69,7	64,9	58	47,8	39,3	32	21
8 »	85,1	78,4	72,2	66,2	61	53,6	43	34,4	27,2	16,8
9 »	83,4	76	69,3	62,9	57,5	49,6	38,7	30,1	23.1	13,4
10 »	81,7	73,7	66 5	59,8	53,9	45,9	34,8	26,3	19,6	10,7
11 »	80,1	71,5	63,8	56,8	50,7	42,5	31,3	23	16,7	8,6
12 »	78,5	69,4	61,2	54	47,7	39,3	28,2	20,1	14,2	6,9
13 »	76,9	67,3	58,8	51,3	44,8	36,4	25.4	17,6	12,1	5,5
14 »	75,4	65.3	56,4	48,7	42,1	33,7	22,9	15,4	10,3	4,4
15 »	73,9	63,3	54,1	46.3	39,6	31,2	20,6	13,5	8,8	3,5
16 »	72,4	61,4	51,9	44	37,2	28,9	18,5	11,8	7,5	2,8
17 »	71	59,6	49,8	41,8	35	26,7	16,6	10,3	6,4	2,2
18 »	69,6	57,8	47,8	39,7	32,9	24,7	14,9	9	5.4	1,8
19 »	68,2	56,1	45,9	37,7	30,9	22,8	13,4	7,9	4,6	1,4
20 »	66,8	54,4	44,1	35,8	29	21,1	12,1	6,9	3,9	1,1
21 »	65,5	52,8	42,3	34	27,3	19,5	10,9	6	3,3	0,9
22 »	64,2	51,2	40,6	32,3	25,7	18	9,8	5,2	2,8	0,7
23 »	62,9	49,7	39	30,7	24,2	16,6	8,8	4,5	2,4	0,6
24 »	61,7	48,2	37,4	29,2	22,7	15,4	7,9	3,9	2,0	0,5
25 »	60,5	46,8	35,9	27,7	21,3	14,2	7,1	3,4	1,7	0,4
26 »	59,3	45,4	34,5	26,3	20	13,1	6,4	3	1,4	—
27 »	58,1	44	33,1	25	18,8	12,1	5,8	2,6	1,2	—
28 »	56,9	42,7	31,8	23,7	17,7	11,2	5,2	2,3	1,0	—
29 »	55,8	41,4	30,5	22,5	16,6	10,4	4,7	2	0,8	—
30 »	54,7	40,2	29,3	21,4	15,6	9,6	4,2	1,7	0,7	—
31 »	53,6	39	28,1	20,3	14,7	8,9	3,8	1,5	0,6	—
32 »	52,5	37,8	27	19,3	13,8	8,2	3,4	1,3	0,5	—
33 »	51,4	36,7	25,9	18,3	13	7,6	3,1	1,1	0,4	—
34 »	50,4	35,6	24,9	17,4	12,3	7	2,8	1	0,3	—

Prozentsatz der Abschreibungen:	2%	3%	4%	5%	6%	7½%	10%	12½%	15%	20%
Anlagewert:	M. 100	M. 100	M. 100	M. 100	M. 100	M. 100	M. 100	M. 100	M. 100	M. 100
Buchwert nach:										
35 Jahren	49,4	34,5	23,9	16,5	11,6	6,5	2,5	0,9	—	—
36 »	48,4	33,5	22,9	15,7	10,9	6	2,2	0,8	—	—
37 »	47,4	32,5	22	14,9	10,2	5,5	2	0,7	—	—
38 »	46,5	31,5	21,1	14,2	9,6	5,1	1,8	0,6	—	—
39 »	45,6	30,6	20,3	13,5	9	4,7	1,6	0,5	—	—
40 »	44,7	29,7	19,5	12,7	8,4	4,3	1,4	0,4	—	—
41 »	43,8	28,8	18,7	12,1	7,9	4	1,3	0,3	—	—
42 »	42,9	27,9	18	11,5	7,4	3,7	1,2	—	—	—
43 »	42	27,1	17,3	10,9	7	3,4	1,1	—	—	—
44 »	41,2	26,3	16,6	10,4	6,6	3,1	1,0	—	—	—
45 »	40,4	25,5	15,9	9,9	6,2	2,9	0,9	—	—	—
46 »	39,6	24,7	15,3	9,4	5,8	2,7	0,8	—	—	—
47 »	38,8	24	14,7	8,9	5,5	2,5	0,7	—	—	—
48 »	38	23,3	14,1	8,5	5,2	2,3	0,6	—	—	—
49 »	37,2	22,6	13,5	8,1	4,9	2,1	0,5	—	—	—
50 »	36,5	21,9	13	7,7	4,6	1,9	0,4	—	—	—
51 »	35,8	20,2	12,5	7,3	4,3	1,8	—	—	—	—
52 »	35,1	19,6	12	6,9	4	1,7	—	—	—	—
53 »	34,4	19	11,5	6,6	3,8	1,6	—	—	—	—
54 »	33,7	18,4	11	6,3	3,6	1,5	—	—	—	—
55 »	33	17,8	10,6	6	3,4	1,4	—	—	—	—
56 »	32,3	17,3	10,2	5,7	3,2	1,3	—	—	—	—
57 »	31,7	16,8	9,8	5,4	3,0	1,2	—	—	—	—
58 »	31,1	16,3	9,4	5,1	2,8	1,1	—	—	—	—
59 »	30,5	15,8	9,0	4,8	2,6	1	—	—	—	—
60 »	29,9	15,3	8,6	4,6	2,5	0,9	—	—	—	—

schlagen, welche Kosten die Errichtung des Gebäudes verursachte und, schreibt dann hiervon $\frac{73{,}7\,\%}{2}$ aufserordentlich ab.

Mufs eine Maschine, welche mit 10% vom Buchwert abgeschrieben wird, nach 9 Jahren abgerissen werden, so besagt meine Tabelle, dafs die Maschine noch mit 34,8%

des Anschaffungswertes zu Buche steht. Dieser Betrag mufs also aufserordentlich abgeschrieben werden. Man braucht somit nicht die Amortisationsjahre zu verfolgen, sondern nur das Gestehungsjahr und die Anlagekosten nachzuschlagen, und zwar nur dann, wenn ein Wertobjekt niedergerissen wird. Aus der Tabelle geht aber ferner hervor, dafs ich natürlich bei Abschreibungen nach dem Buchwert höhere Prozentsätze wählen mufs als bei Abschreibungen nach dem Anlagewert. Sollen z. B. Gasmesser nach 20 Jahren abgeschrieben sein, so besagt die Tabelle, dafs ich $12^1/_2$ % vom Buchwert abschreiben mufs, um die Anschaffungskosten bis auf den Schrottwert von etwa 7 % zu tilgen.

Nun komme ich zu der wichtigen Frage: Welche Prozentsätze sind bei Gaswerken im allgemeinen bei Abschreibungen nach dem Buchwert anzuwenden, um in der Bilanz keine falschen Werte beizubehalten, namentlich mit Rücksicht auf die Umwälzungen, welche die stets fortschreitende Technik hervorruft?

Nach unserer letzten Bilanz haben wir beim Düsseldorfer Gaswerk etatmäfsig wie folgt abgeschrieben:

Gebäude	M.	909 199,97	3 %	vom	Buchwert	=	M.	27 276,00
Gasbehälter	»	487 287,41	6 %	»	»	=	»	29 237,24
Retortenöfen	»	511 300,00	10 %	»	»	=	»	51 130,00
Apparate	»	730 029,99	10 %	»	»	=	»	73 003,00
Eisenbahn-Hof-u. Wegeanlagen	»	179 963,59	6 %	»	»	=	»	10 797,82
Rohrleitungen	»	831 601,54	4 %	»	»	=	»	33 264,06
Gasmesser	»	272 267,66	$12^1/_2$ %	»	»	=	»	34 033,46
	M.	3921 650,16					M.	258 741,58

Die etatmäfsigen Abschreibungen betragen somit im Mittel 6,6 % vom Buchwert. Nimmt man an, dafs man beim Abbruch eines Gaswerks für den Schrott etwa 10 % des Anschaffungswertes erhält, so fragt es sich, in welcher Zeit ist das jetzt vorhandene Werk vollständig abgeschrieben. Nach unserer Tabelle beträgt der wirkliche Wert bei 6 % Buchwertabschreibung nach 33 Jahren noch 13 % und bei $7^1/_2$ %

Abschreibung noch 7,6 %. Man kann also annehmen, dafs bei 6,6 % Buchwertabschreibung der Wert nach 33 Jahren noch 10 % des Anschaffungswertes beträgt. Rechnet man es genau aus, so ergeben sich 10,6 %.

Die Lebensdauer eines Gaswerks ist m. E. mit 33 Jahren zu hoch genommen, und wir schreiben daher alljährlich noch erhebliche Summen aufserordentlich ab. Im letzten Jahre betrugen dieselben noch M. 180000 oder 4,6 % vom Buchwert. Die Gesamtabschreibung betrug somit in Düsseldorf 11,2 % vom Buchwert. Nach unserer Tabelle beträgt nach 20 Jahren bei 10 % Abschreibung der Wert noch 12,1 % und bei 12½ % Abschreibung noch 6,9 %. Man kann daher schätzungsweise annehmen, dafs bei 11,2 % Buchwertabschreibung nach 20 Jahren noch 10 % des Anschaffungswertes vorhanden ist, welcher Betrag aus dem Schrott gelöst werden müfste. Herr Körting hat in seinem Vortrag auf der Hauptversammlung in Mannheim die Ansicht ausgesprochen, dafs ihm bei Gaswerken eine mittlere Abschreibung von 4 % des Anschaffungswertes als angemessen erscheine. Nimmt man hierbei den Schrottwert mit 10 % des Anlagewertes an, so würde das Anlagekapital in 22½ Jahren abgeschrieben sein. Ich halte einen Abschreibungssatz von 4 % des Anschaffungswertes für einen sehr guten. Bei Abschreibungen nach dem Buchwert müfste man schon nach der obigen Tabelle einen mittleren Satz von beinahe 10 % wählen, um nach 22½ Jahren mit der Abschreibung bis auf den Schrottwert fertig zu sein. In Düsseldorf haben die etatmäfsigen und aufserordentlichen Abschreibungen im letzten Jahre allerdings den Satz von 11,2 % des Buchwertes erreicht.

Die oben angeführten Düsseldorfer etatmäfsigen Abschreibungsarten bestehen schon seit einer Reihe von Jahren. Heute würde man sie wohl anders festsetzen. Mir würden folgende Sätze zweckmäfsiger erscheinen:

Gebäude	5 %	des Buchwertes
Gasbehälter	6 %	» »
Öfen	10 %	» »
Apparate	7 ½ %	» »
Eisenbahn-Hof- und Wegeanlagen	6 %	» »
Rohrleitungen	4 %	» »
Gasmesser	12 ½ %	» »

Hiernach würden die Gebäude in 44 Jahren, die Gasbehälter in 37 Jahren, die Öfen in 22 Jahren, die Apparate in 29 Jahren, die Eisenbahn-Hof- und Wegeanlagen in 37 Jahren, die Rohrleitungen in 56 Jahren und die Gasmesser in 17 Jahren bis auf 10 % Restwert abgeschrieben sein.

Diese etatmäfsigen Abschreibungen würden aber m. E. knapp bemessen sein, und sie werden daher durch aufserordentliche Abschreibungen in Düsseldorf erheblich verstärkt. Jedenfalls kann man sie als allerunterste Grenzwerte ansehen.

In vielen Städten ist bei den industriellen Werken die kameralistische Buchführung üblich. Man ist nun vielfach der Meinung, dafs in diese kassenmäfsige Buchführung die Abschreibungsmethode nicht hineinpasse, weil die Abschreibungen keine direkten Ausgabeposten seien. Man kann sich aber auch hier leicht dadurch helfen, dafs man die Abschreibungsgelder in eine Erweiterungs- und Tilgungskasse abführt, daraus zunächst die Tilgungsquoten für die Anleihe deckt und den Rest für die gewöhnlichen Erweiterungen verwendet. Freilich darf man nicht so verfahren, wie einige Städte, welche die Gaswerke zwar ordentlich abschreiben lassen, diese Abschreibungsgelder aber für die Stadtkasse verlangen, um damit allgemeine städtische Bedürfnisse zu befriedigen oder anderweitige Schulden zu decken. Die Abschreibungsgelder müssen selbstverständlich im Interesse des Gaswerks verwandt werden, sonst täuscht man sich selbst. Die Städte haben dann zwar ein veraltetes Werk abgeschrieben, die Schulden dafür aber zum grofsen Teil behalten.

Auf Grund dieser Darlegungen komme ich zu folgenden Schlufsfolgerungen:

Bei kleineren Werken mit verhältnismäfsig wenig Zu- und Abgängen schreibt man besser nach dem Anschaffungswert ab, da man gleichmäfsige, zu Anfang nicht zu hohe Abschreibungssätze anzuwenden hat. Bei gröfseren Werken, bei denen alljährlich viele Zu- und Abgänge vorkommen und welche vielfachen Neubauten und Umbauten unterliegen, wählt man besser die Abschreibung nach dem Buchwert, wie bei fast allen gröfseren industriellen Werken.

Natürlich können die von mir angegebenen Zahlen keine allgemeine Gültigkeit beanspruchen. Die Abschreibungen müssen für jeden einzelnen Fall besonders bestimmt werden. Es kann sogar der Fall eintreten, dafs ein Werk oder ein Teil desselben nach Jahren einen über den Anschaffungswert hinaus gehenden Wert besitzt. Bei dem Gelände ist dieses fast stets der Fall, aber auch bei Gasbehältern, Rohrleitungen usw. kann dieser Fall eintreten. Nehmen wir z. B. einen Rohrstrang oder auch ein ganzes Rohrnetz an, welches vor 10 Jahren zur Zeit einer Tiefkonjunktur in gutem Sandboden verlegt und reichlich dimensioniert wurde, so kann man bei der Schätzung über den Anschaffungswert hinaus kommen, wenn die Preise inzwischen gestiegen sind. Denn Rohrleitungen halten sich in sandigem Boden meistens sehr gut. So haben wir in Düsseldorf jetzt Wasserleitungsrohre wegen Vergröfserung des Werkes herausgenommen und für die Gasversorgung wieder verwendet, welche in den 70er Jahren des vorigen Jahrhunderts verlegt waren. Bei diesen Rohren war der Teeranstrich fast noch gänzlich erhalten. Ist dagegen das Rohrnetz sehr knapp dimensioniert, so dafs man die Strafsenrohrleitungen durch gröfsere vorzeitig ersetzen mufs, so sind die Abschreibungen auch entsprechend zu erhöhen, da in den Grofsstädten häufig nicht genügend Platz in den Strafsen und namentlich nicht in den Bürgersteigen vorhanden ist, um zwei und mehr Gasrohrleitungen darin zu verlegen. Wie bereits bemerkt, müssen die Abschreibungen von Fall zu Fall von sachverständiger Seite bestimmt werden und meine Darlegungen haben auch nur den Zweck, die Diskussion dieser wichtigen Frage in Flufs zu bringen. Eines aber wird wohl von niemand bestritten werden: »Die Abschreibungen sollen auf Grund sachverständigen Urteils und nicht nach den finanziellen Bedürfnissen des Stadtsäckels bemessen werden.«

Herr Oberingenieur Müller, Dessau: Meine Herren, Zunächst danke ich Herrn Direktor Kordt persönlich und auch namens unserer Gesellschaft, dafs er die für alle beteiligten Kreise so wichtige Abschreibungsfrage an dieser Stelle zur Erörterung gebracht und in seinem Vortrage so sachgemäfs behandelt hat. Es ist wirklich wünschenswert, dafs die Diskussion dieser wichtigen Frage endlich in Flufs kommt.

Zur Sache selbst möchte ich noch folgendes bemerken:

1. Wenn auch die Abschreibungen nach dem Buchwert in gewissem Sinne bequemer sind, so ist es doch mindestens für alle Aktiengesellschaften aufserordentlich wichtig, dafs die Aktionäre und ebenso die Städte, welche mit Aktiengesellschaften in Vertragsverhältnissen stehen, wissen, welche Ursprungssummen für die betreffenden Werke überhaupt aufgewendet worden sind. Dies ist z. B. bei Ablösung von Verträgen mit den Städten von grofser Wichtigkeit, denn Abschreibungen sind und bleiben immer mehr oder weniger etwas Willkürliches und von den Ansichten und Erfahrungen der Sachverständigen abhängig, wodurch auch der Buchwert willkürlich wird.

2. Es können an Stelle der Abschreibungen nach dem Gesetze Dotierungen des Erneuerungsfonds treten, und ist der Erneuerungsfonds nach dem Gesetz zu definieren, also als Gegenwert der Abschreibungen oder dergl. Der § 261 des Handelsgesetzbuches sagt nämlich, dafs Anlagen und sonstige Gegenstände, die nicht zur Weiterveräufserung, vielmehr dauernd zum Geschäftsbetriebe der Gesellschaft bestimmt sind, ohne Rücksicht auf einen geringeren Wert zu dem Anschaffungs- oder Herstellungspreise angesetzt werden dürfen, sofern ein der Abnutzung gleichkommender Betrag

in Abzug gebracht oder ein ihr entsprechender Erneuerungsfonds in Ansatz gebracht wird.

3. Bei Aktiengesellschaften dürfen Abschreibungen auch nicht übertrieben werden, da sich die Aktionäre sonst benachteiligt fühlen und in den Generalversammlungen Gegenvorstellungen erheben. 4% des Anschaffungswertes für Abschreibungen, wie sie Herr Körting in seinem Vortrage zu Mannheim vor einigen Jahren angegeben hat, müssen deshalb schon als sehr reichlich angesehen werden, die gleichzeitig den Zweck von reichlicher Reservestellung verfolgen. Nach den Erfahrungen unserer Gesellschaft und nach den Abschreibungen einer grofsen Anzahl solide verwalteter städtischer Gasanstalten ist ein Abschreibungssatz von 3% des Anschaffungswertes vollkommen genügend.

4. Vor allem aber kommt neben diesen generellen Abschreibungen noch in Frage, in welchem Zustand das Werk unterhalten wird, und hier sind selbstverständlich alle Reparaturen aus den Betriebsausgaben zu decken. Die Summen, welche hierdurch auflaufen, sind bei einer wirklich guten Instandhaltung so erheblich, dafs sie es rechtfertigen, wenn in den Abschreibungen nicht über ein solides Mafs hinausgegangen wird.

Zu letzterem Punkte kommt noch in Betracht, dafs gerade die Gaswerke im Gegensatz z. B. zu den elektrischen Zentralen, wo die Hauptanlagewerte durch schnellere Bewegung einer viel gröfseren Abnutzung ausgesetzt sind, sich sehr lange in durchaus gebrauchsfähigem Zustand erhalten. So war es z. B. möglich, dafs bei unserer Gesellschaft 3 Gasbehälter, die in Hagen bereits fast 40 Jahre benutzt worden sind, bei der Aufserbetriebsetzung noch so gut wie neu waren, so dafs wir sie auseinandernieten und an anderen Stellen wieder aufstellen konnten. Ferner sind in den meisten Fällen die Gufsröhren von Gasleitungen unserer Gesellschaft, nachdem sie über 50 Jahre lang im Boden gelegen haben, nach der Herausnahme ohne weiteres wie neu zu verwenden, wenn sie frisch geteert sind. Selbstverständlich dürfen die Röhren nicht in ton- oder schlackenhaltigem Boden gelegen haben, weshalb man heute bekanntlich die Röhren in solchen Fällen immer besonders in Lehm oder Sand bettet.

Der Erneuerungsfonds mufs selbstverständlich so bemessen sein, dafs er neben dem der Abschreibungsquote entsprechenden Betrag noch alle diejenigen besonderen Aufwendungen decken kann, die bei einer frühzeitigen Einführung von Apparaten neuer Konstruktion zu schnellerer Abschreibung der auszuwechselnden Apparate notwendig sind. Dies kann auch mit einer Abschreibung vom Ursprungswerte mit 3% sicher erreicht werden, so dafs bestimmt solide Bilanzwerte dabei herauskommen. So hat sich bei mehreren Abschätzungen von Gasanstalten unserer Gesellschaft im letzten Jahrzehnt, die von verschiedenen unabhängigen Sachverständigen der mit uns im Vertragsverhältnis stehenden Städte gemacht wurden, ergeben, dafs die Schätzungen sich fast genau mit den Differenzbeträgen deckten, die sich aus den Ursprungswerten der Gasanstalten und der auf die betreffenden Werke entfallenden Quote des Erneuerungsfonds, also des Abschreibungskontos, ergaben. Selbstverständlich wird man in guten Jahren den Erneuerungsfonds gern reichlicher bedenken, aber auch sonst wird man immer mit einem Satz von 3% des Ursprungswertes dann gut auskommen, wenn alle Gebäude und Apparate in einem vorzüglichen Zustande erhalten werden. Hier trifft die Erfahrung und Praxis unserer Gesellschaft durchaus zusammen mit der einer grofsen Reihe von Städten, wie wir aus Angaben derselben entnommen haben, welche wir bei Steuerreklamationen benutzten.

5. Selbstverständlich machen die hohen Ziffern, welche die entsprechenden Abschreibungsquoten vom Buchwerte ergeben, viel mehr Eindruck als die vom Anlagewerte vorgenommenen. Es ist gerade in den letzten Jahren wiederholt in der Presse und namentlich im Handelsteil der Zeitungen bemängelt worden, wenn bei öffentlichen Bilanzen der Ursprungswert der Objekte nicht jederzeit erkannt werden konnte. Im übrigen aber spielen die Abschreibungen bei den Gesellschaften insofern noch eine andere Rolle als bei den Städten, als es wesentlich von den lokalen und namentlich auch von den Vertragsbedingungen abhängt, ob man mit gröfseren oder

geringeren Abschreibungen auskommt. Jedenfalls aber dürfte es unerläfslich sein, dafs die städtischen Gasanstalten mehr nach bestimmten Prinzipien ihre Abschreibungen festsetzten, da es für die Gasindustrie von höchst nachteiligem Einflufs ist, wenn die Selbstkosten des Gases gerade durch unterlassene Abschreibungen oft zu niedrig erscheinen, dafs sie nichts weiter wie eine Täuschung des Publikums und der Steuerzahler sind und den Abschlufs rationeller neuer Verträge unsachgemäfs erschweren.

Ich habe noch ermittelt, wie hoch sich die Abschreibungen, die Herr Direktor Kordt in seinem Beispiel angegeben hat, auf das ursprüngliche Baukapital stellen, wenn die Grundstücke mit 10 % eingesetzt werden. Es hat sich dabei ein Satz von 2,2 % ergeben, also fast genau dasselbe, was Herr Dr. Schilling im Gaskalender für Abschreibungen angibt: 2 bis 3 %. (Beifall.)

Direktor Göhrum, Stuttgart: Meine Herren, von den sehr dankenswerten Ausführungen der beiden Herren Vortragenden möchte ich speziell einige Punkte noch unterstreichen.

Hinsichtlich der Ausführungen des Herrn Kollegen Kobbert möchte ich sagen, dafs der Umstand bei einer richtigen technischen Ausbildung der Gaswerke von ganz besonderer Bedeutung ist, dafs man unabhängig ist von äufseren Verhältnissen. Ich glaube, der generelle Gesichtspunkt, der bei dem Entwurf eines neuen Gaswerkes in erster Linie in Frage kommt, ist der, dafs man die Betriebsverwaltung von äufseren Einflüssen durchaus unabhängig macht. Diese äufseren Einflüsse bestehen einmal in der Tendenz der Arbeitnehmer, auf die Entschliefsungen und verschiedenen Mafsnahmen der Verwaltungen einen mafsgebenden Einflufs auszuüben, anderseits aber auch sind die Gaswerke abhängig, und zwar in erster Linie abhängig, von den Kohlenproduzenten, und da liegt in einer gut ausgebildeten Kohlenförderung und Transporteinrichtung ein ganz hervorragender Wert.

Ich kann Ihnen mitteilen, dafs wir in Stuttgart, bevor wir den Neubau durchgeführt hatten, auf das natürliche Produktionsgebiet der Saar durchaus angewiesen waren, und dafs wir mit Rücksicht auf unsere geographische Lage gezwungen waren, den Forderungen, die jeweils an uns gestellt worden sind, einfach nachzugeben und uns das bieten zu lassen, was eben jeweils verlangt worden ist. Nachdem wir unsere neuen Einrichtungen fertig haben, sind wir jedoch von der geographischen Lage Stuttgarts zu den Kohlenproduktionsgebieten durchaus unabhängig geworden, und wir können heute Kohlen überall herbeziehen, wo wir es nur wollen, soweit natürlich die Frachtlage es zuläfst. Durch unsere Transporteinrichtungen sind wir in der Lage, täglich aufserordentlich grofse Mengen bewältigen zu können, so dafs wir also Kohlen in beliebiger Menge beziehen können. Wir konnten dadurch eine Reihe von Produktionsgebieten — die Ruhr und England kommen da weiterhin in Frage — in den Bereich unserer Kalkulationen einbeziehen, und dadurch ist es uns tatsächlich gelungen, aufserordentlich günstige Bedingungen für unseren Kohlenbezug zu bekommen.

Das ist der eine Punkt: die möglichst vollständige Unabhängigmachung der Verwaltung von äufseren Einflüssen.

Dann möchte ich noch kurz auf einen weiteren Punkt kommen: auf den Einflufs der Konsumentengasmesser auf das Gesamtergebnis. Ich habe mich in den letzten Jahren etwas intensiver mit der Beobachtung der Gasmesser beschäftigt und habe namentlich in jüngster Zeit festgestellt, dafs häufig Gasmesser, die innerhalb gewöhnlicher Grenzen für unseren kleinen Stundenverbrauch von Flammen usw. noch richtig anzeigen, bei Brennern mit 20 l Stundenverbrauch, wie wir sie jetzt haben, durchaus nicht mehr genügen. Ich habe festgestellt, dafs die Ausführungsbestimmungen, wie sie für die Eichung unserer Gasmesser getroffen sind, heute nicht mehr genügen, und ich werde mir erlauben, beim Bericht über die Arbeiten der Gasmesserkommission auf diesen Punkt zurückzukommen. Er ist aufserordentlich wichtig, denn wenn man bei 10000 Gasmessern nur je M. 1 Mindereinnahme infolge Fehlzeigens der trockenen Gasmesser annimmt, so sind das schon M. 10000. Das ist immerhin ein erheblicher Posten.

Was nun die Höhe der Abschreibung der Gaswerke oder der einzelnen Gaswerksteile anbelangt, so glaube ich, dafs man da nicht zu weit gehen sollte. Wenn es auch mit Rücksicht vielleicht auf spätere Zeiten, wo man das ganze Werk abgeschrieben hat und dann grofse Überschüsse an die Kasse abliefern kann — und die Bedürfnisse der Städte steigen ja stets —, an und für sich im allgemeinen empfehlenswert wäre, gröfsere Abschreibungen zu machen, so darf man das mit Rücksicht auf die Gepflogenheiten in der elektrischen Industrie nicht zu weit führen. Gerade die elektrische Industrie hat es verstanden, an Boden zu gewinnen infolge ihrer oft recht niedrigen Abschreibungen, und ich bin überzeugt, wenn von mancher Seite immer mit der nötigen Vorsicht in der vorangehenden Kalkulation vorgegangen wäre, so würde vielleicht manches Elektrizitätswerk nicht gebaut worden sein. Also ich meine, aus taktischen Gründen sollten wir mit der Abschreibung nicht allzu hoch gehen, und ich glaube auch, dafs ein Durchschnittssatz von 4% wohl genügen dürfte, wenn man z. B. in Betracht zieht, dafs der Grundstückswert ja bei der allgemeinen Tilgung auch mit getilgt wird, obgleich das Grundstück ja an Wert nicht verliert. Auch die Strafsenrohrleitungen werden mit den 4% getilgt, obgleich sie nach den vorhergehenden Ausführungen ja auch viel länger brauchbar sind.

Man darf mit den Abschreibungen auch nicht zu niedrig gehen, denn das könnte dazu führen, speziell in Stadtverwaltungen, dafs das Publikum verlangt, dafs, nachdem gewisse Überschüsse erreicht sind, nun der Gaspreis erniedrigt werden soll. Man mufs also die Abschreibungen immer so hoch halten, dafs mit Rücksicht auf die Überschüsse der Gaspreis in normalen Grenzen gehalten werden kann.

Generaldirektor Körting, Berlin: Meine geehrten Herren! Ich glaube, wir alle können dem Vorstand und dem Herrn Vorsitzenden sehr dankbar dafür sein, dafs sie uns heute Gelegenheit geben, Neues über wirtschaftliche Fragen zu hören und darüber nachzudenken, und ich möchte mir die Anregung erlauben, dafs auch in künftigen Jahren wir von diesem Thema niemals mehr abkommen mögen, denn, meine

Herren, es ist heute bitter not, dafs wir uns damit beschäftigen.

Was die Ausführungen der einzelnen Herren anbetrifft, so ist mir aufgefallen, dafs auf die Unterhaltungskosten, die doch heutzutage einen wesentlichen Teil unserer Gesammkosten ausmachen, relativ wenig Wert gelegt worden ist. Ich beschäftige mich mit dieser Frage schon seit vielen Jahren, und wir sind jetzt dazu gekommen, eine sehr genaue Buchführung darüber einzuführen. Wir haben Bücher mit nicht weniger als 40 Konten, um jeden einzelnen Teil einer Gasfabrik in bezug auf Unterhaltungskosten genau zu kontrollieren. Ich habe die verschiedensten Zusammenstellungen gemacht und bin dabei zu dem interessanten Resultat gekommen, dafs der moderne Betrieb nicht mehr Unterhaltungskosten pro cbm Gas erfordert als der alte Rostofenbetrieb. Ein guter Vergleich war mir auch dadurch möglich, dafs ich noch ein ganz altes Werk, so, wie es vor 20, 30 Jahren Mode war, bis vor kurzem in Betrieb hatte, aber ich glaube, dafs die neueren Öfen, Vertikalöfen etc. noch Ersparnisse ermöglichen werden, weil ja ihre Haltbarkeit relativ grofs und ihr Bedarf an Schamottematerial für Reparaturen relativ gering ist.

Ich habe dann noch im Hinblick auf die heutigen Vorträge einige Ziffern aufgestellt, die die Wirkungen des modernen maschinellen Betriebes in bezug auf die Arbeiterzahl erkennen lassen. Es liegen mir die Resultate vor von einem kleinen Werk, das mir untersteht, mit 5 Mill. cbm Jahreskonsum; wir haben da im Innenbetriebe jetzt 26 Mann und im Aufsenbetrieb 52 Mann im Jahresdurchschnitte; bei einem anderen Werk mit 8 Mill. cbm Konsum haben wir 56 Mann im Innendienst, alle Handwerker, Hofarbeiter etc. mitgerechnet, und 92 Mann im Aufsendienst. Meine Herren, wir sehen also, dafs der Innenbetrieb immer mehr an Bedeutung zurückgeht, und dafs der Aufsenbetrieb aufserordentlich an Interesse und an Bedeutung gewinnt, und das ist auch ganz natürlich, denn wir bekommen eine Unzahl kleiner Konsumenten, es werden immer mehr Gasmesser aufgestellt, das Instandhalten der verschiedenen Rohrleitungen zu den Konsumenten erfordert immer mehr Arbeiter. Ich habe nachgerechnet, dafs wir zum Beispiel in unserem Berliner Versorgungsgebiete jetzt pro Tag ungefähr 300 Zuleitungen nachzusehen haben.

Dazu kommt eine andere Aufgabe, die uns bevorsteht: die Instandhaltung der Privatbeleuchtung. Meine Herren, durch den Wettbewerb der Metallfadenlampen sehen wir uns gezwungen, mehr zu tun, um unsere Konsumenten zufriedenzustellen, und wir müssen das entweder selber machen oder die Arbeit an grofse Privatgesellschaften vergeben. Jedenfalls mufs der Konsument, der bei der Metallfadenlampe gar keine Unterhaltungsschwierigkeiten hat, auch von uns so bedient werden, dafs er zufrieden ist. Das sind wieder grofse Aufgaben, die uns bevorstehen, und die den Aufsenbetrieb immer wichtiger erscheinen lassen.

Meine Herren, ich stimme vollkommen mit dem überein, was Herr Direktor Kobbert gesagt hat, dafs eine Anlage niemals gemacht werden darf, wenn sie nicht in jeder Beziehung eine gute Verzinsung verspricht. Ich kann nicht unterschreiben, dafs wir mit Rücksicht auf unsere Arbeitnehmer maschinelle Anlagen schaffen sollen, die sich nicht verzinsen. Ich finde: da haben wir doch die Pflicht einmal gegen unsere Steuerzahler und das andere Mal gegen unsere Aktionäre, einen gerechten Streit durchzufechten und nur solche Anlagen zu bauen, die sich wirklich rentieren.

Sehr interessant war mir auch, was Herr Direktor Kobbert sagte über die strengen Garantieversuche, von denen die Abnahme seiner Öfen abhängt. Damit kann ich mich nun in keiner Weise einverstanden erklären. Meine Herren, ich glaube, die Garantien, die jetzt verlangt und versprochen werden, wachsen sich schon zu einem wahren Krebsschaden aus, und zwar ohne jeden Nutzen. Wenn irgendeine kleine Firma ins Geschäft kommen will, verspricht sie das Blaue vom Himmel herunter und trägt nachher die Kosten eines etwaigen Mifserfolges, und der Auftraggeber sitzt da mit einer schlechten Einrichtung und hat das Nachsehen. Meine Herren, wir Ingenieure sollen die Verantwortung übernehmen für das, was gebaut wird. Bei meiner Gesellschaft ist das nicht anders Mode. Bei meinem Vater in Hannover wurden Generatoröfen konstruiert, bei Herrn E. Drory in Wien und

Berlin Cozeöfen und kürzlich in Berlin zusammen mit Dessau Vertikalofen. Ich betrachte es als eine Verpflichtung, die wir als Ingenieure haben, Neues zu schaffen und dafür mit unserer Person und unserer Verantwortung einzutreten. Wer nicht selber in der Lage ist, Versuche zu machen, wie dies ja auch viele Städte in dankenswerter Weise ermöglichen — ich erinnere nur an München, Hamburg, Stuttgart —, dem stehen ja viele Gasanstalten zu Studienzwecken offen. Mein Verwaltungsrat hat z. B. schon vielen Dutzenden von Ingenieuren wochen- und monatelang Beobachtungen und Versuche auf unseren Anstalten gestattet. Hat man sich so an Ort und Stelle eine Meinung gebildet, so kann man seiner Stadtverwaltung sagen: »Das ist gut, dafür kann ich eintreten.« Wenn man sich aber auf die Lieferanten verläfst und den verschiedenen Firmen erlaubt, sich mit ihren Garantien immer mehr in die Höhe zu steigern, so kommt man zu ganz unhaltbaren Zuständen.

Sehr interessant war mir auch, was Kollege Kobbert über das verschiedene Verhalten der feinstückigen und der grobstückigen Kohlen in den Kammern gesagt hat. Ich glaube aber, der Grund ist nicht ganz richtig angegeben, denn sonst müfsten wir ja dieselbe Beobachtung bei den Vertikalöfen auch gemacht haben. Bei den Vertikalöfen aber machen feinstückige und grobstückige Kohlen nicht den geringsten Unterschied. Die Retorten werden immer genau so glatt entleert in dem einen wie in dem anderen Falle. Ich glaube, es liegt vielmehr daran, dafs es sehr schwierig ist, eine 24stündige Vergasungsdauer innezuhalten. Wenn man genau 24 Stunden arbeiten will, mufs man auch eine gleichartige Kohle haben, sonst ist das ja gar nicht möglich.

Über die Einzelheiten im Vortrage des Herrn Kollegen Kordt, der mir sehr interessant war, und dem ich im grofsen ganzen vollständig zustimme, habe ich keine Bemerkungen zu machen. Ich möchte es nur im allgemeinen als sehr wichtig begrüfsen, dafs wir immer wieder auf die wirtschaftlichen Verhältnisse bei den Gasanstalten hinweisen, und dafs wir solche Berichte veröffentlichen, aus denen man sich ein klares Bild von der wirtschaftlichen Lage der Gasanstalt machen kann, und zwar vor allen Dingen im Hinblick auf unsere Konkurrenz: die Elektrizität. Gerade Herr Kordt hat gestern mitgeteilt, dafs er für eine Reihe von städtischen Gas- und Elektrizitätswerken berechnet hat, wie hoch sich der Reingewinn beläuft, und da hat sich herausgestellt, dafs für das gleiche Anlagekapital die Gaswerke das 2,5-, 4- und 5 fache abgeliefert haben. Meine Herren, das sind ja ganz ungesunde Zustände. Der kleine Mann brennt Gas. Um das zu beweisen, brauche ich nur zu erwähnen, dafs am 1. Januar d. J. in Grofs-Berlin 650000 Gasmesser aufgestellt waren gegen 45000 Elektrizitätszähler. Jetzt mufs der kleine Mann das Geld aufbringen, damit die reichen Leute elektrisches Licht brennen können. Das geht doch nicht. Wir sollten doch dann mit den Gaspreisen so heruntergehen, dafs wir die gleichen Reingewinne erzielen wie die Elektrizität; dann ist die Parität wiederhergestellt und wir sind in viel höherem Mafse konkurrenzfähig; oder was noch viel richtiger wäre, die Strompreise entsprechend erhöhen. (Beifall.)

Herr Gaswerksbesitzer Trimborn, Grevenbroich: Ich halte es für allein richtig, vom Anschaffungswert abzuschreiben und nicht vom Saldo, auch selbst dann nicht, wenn man später höhere Sätze nimmt. Dann kann später immer gemogelt werden, es kann nicht kontrolliert werden. Mit dem Erneuerungsfonds kommt man ebenso weit, wenn man den entsprechenden Teil der Abzugsquote nimmt. Das ist gehüpft wie gesprungen. Aber der Erneuerungsfonds hat eine Schattenseite, das ist die Kategorie der Steuersekretäre. (Heiterkeit.) Es gibt Steuersekretäre, die in ihrem Übereifer jedesmal daran anhaken und den Zensiten Schwierigkeiten machen. Ich könnte Ihnen ein ganzes Liedchen davon erzählen; aber ich will Sie nicht damit aufhalten. Also schreiben Sie tüchtig ab. Mit 5% kommt man übrigens weit genug. Das habe ich in meiner Praxis erfahren, und meine Praxis besteht schon seit 55 Jahren. Ich habe mich gut konserviert. (Heiterkeit.)

Herr Direktor F. Kordt, Düsseldorf: Meine Herren, Herr Göhrum sagte, dafs ihm eine Abschreibung von 5% des Anlagewertes als genügend erscheint. Ich habe 4% sogar als ziemlich reichlich und gut bezeichnet. Eine Abschreibung von $2\frac{1}{2}$ % einschliefslich der Ausgaben für das Grundstück, wie sie von Dessau vorgeschlagen wurde, mag ja hinreichend sein. Im allgemeinen schreibt man aber von den Grundstücken nichts ab (sehr richtig!), weil tatsächlich dabei später eine Werterhöhung eintritt. Nur darf man es nicht machen wie solche Werke, die in Aktienform umgewandelt werden, und erst die Grundstücke als Baugrundstücke rechnen und dann noch die Fabrik. Man mufs bedenken, dafs es erst ein Baugrundwert sein kann, wenn die Fabrik abgebrochen ist.

Gegen eins möchte ich mich wenden, was sowohl in den Äufserungen des Herrn Müller wie des Herrn Trimborn zum Ausdruck kam, nämlich, dafs die Abschreibungen nach dem Buchwert leicht zu Täuschungen Veranlassung geben könnten. Ich glaube, nachgewiesen zu haben, dafs eine Abschreibung nach dem Buchwert genau so klar ist und genau dieselben Einblicke erlaubt wie die Abschreibung nach dem Anlagewert. Ich möchte sogar soweit gehen, dafs die Abschreibung nach dem Anlagewert noch eher zu Täuschungen Veranlassung geben kann.

Was hat es zum Beispiel für einen Zweck, wenn in einer Stadt eine alte Gasanstalt vollständig kassiert ist und eine neue gebaut wurde, die alte Gasanstalt als Anlagewert statistisch mit weiterzuführen? Sie ist in Wirklichkeit nicht mehr da. Wenn man alle Anlagen summiert, auch diejenigen, die abgebrochen sind, so ist eine Täuschung bei einem Mann, der nicht tief in das Wesen der Abschreibungen eingedrungen ist, leichter möglich als bei einer Abschreibung nach dem Buchwert. Übrigens ist das bei der Grofsindustrie sehr schwierig, wie ich Ihnen glaube nachgewiesen zu haben. Mir ist zum Beispiel der Fall vorgekommen, dafs ein Geheimer Kommerzienrat, ein sehr bedeutender Mann, mit dem ich über diese Sache diskutierte, mir sagte, bei seinem Werk — es ist eins der bestgeleiteten Werke in Deutschland — würde nach dem Anlagewert abgeschrieben. Ich habe mir nachher die Bilanz geben lassen, und da konnte ich ihm nachweisen, dafs sein Werk nach dem Buchwert abschreibt und nicht nach den Anschaffungskosten.

Herr Trimborn, Grevenbroich: Herrn Kordt möchte ich erwidern, dafs bei einer Gasanstalt sowohl wie auch bei jedem anderen industriellen Werk ein besonderes Kontobuch geführt werden kann, worin die Anlage eines jeden Jahres steht und wonach die Abschreibungsquote ermittelt wird; in der Bilanz erscheint sie dann en bloc. Also mit einem Hilfsbuch läfst sich das ganz korrekt machen, so korrekt, dafs selbst die Preufsische Oberrechnungskammer nichts daran auszusetzen haben würde. (Heiterkeit.)

Herr Dr. K. Bunte, Karlsruhe: Meine Herren, nur eine ganz kurze Bemerkung zu den Ausführungen des Herrn Direktor Kobbert. Er hat bezweifelt oder wenigstens in Frage gestellt, ob aus einer Kohle verschiedene Gasausbeuten in dem Mafse möglich seien, wie er sie an der Tafel skizziert hat. Ich möchte da aus dem vorjährigen Bericht der Versuchsgasanstalt die Zahlen anführen, die mir gerade augenblicklich zugänglich sind, die sich aber mit vielen parallelen Beispielen noch belegen lassen.

Zum Beispiel bei einer Kohle — ich glaube, es ist Hedwigswunsch — ist gefunden worden: 26,85 bei 1100° und weiter dann 28,8, 30,1 32,2 33,26 für die Temperaturen zwischen 1100 und 1140, 1140 und 1180, 1180 und 1220, 1220 und 1250. Also je nach der Entgasungstemperatur kann man tatsächlich wesentlich verschiedene Gasausbeuten aus der Kohle bekommen, und insofern ist es nicht ohne weiteres abzulehnen, wenn selbst unter der Voraussetzung der gleichen Kohle für verschiedene Ofensysteme verschiedene Ausbeuten garantiert werden, ganz abgesehen davon, dafs bei dieser Garantie doch auch die Wassergasproduktion mit hineingerechnet wird. (Zuruf: Heizwert!) Es wird mir eben das Wort »Heizwert« zugerufen; das ist natürlich wieder etwas anderes, es standen aber Kubikmeterzahlen da. Die Ausbeute an Heizwert steigt auch etwas, aber nicht in so hohem Mafse. Die Zahlen, die da standen, waren ja aber nicht Heizwertzahlen; die müssen natürlich im Zusammenhang mit dem Heizwert beurteilt werden.

Herr Oberbürgermeister Cuno, Hagen: Meine Herren, gestatten Sie auch einmal einem, der die Sache vom Standpunkte der kommunalen Finanzen aus betrachtet, einige Worte.

Ich habe es mit Freuden begrüfst, dafs wirtschaftliche Fragen vom Deutschen Verein von Gas- und Wasserfachmännern einmal in den Vordergrund gezogen werden. Ich bin ja von Jugend auf mit den technischen Fragen der Gaswerke verwachsen gewesen, habe noch als praktischer Verwaltungsbeamter mich in die Sache hineinvertiefen müssen und habe gefunden, dafs doch sehr wenig Material für den städtischen Finanzmann zur Beurteilung dieser Frage der Abschreibungen vorhanden war. Deswegen ist die gegenwärtige Behandlung der Sache im Deutschen Verein von den kommunalen Politikern und Finanzpolitikern aufserordentlich zu begrüfsen.

Ich habe mir ein Bild über diese wirtschaftlichen Fragen zu machen gesucht und möchte zu der hier angeregten Streitfrage »Abschreibung vom Buchwert oder vom Anschaffungswert« doch eine Bemerkung machen, die vielleicht von Interesse sein wird. Es ist vollständig richtig, dafs bei ganz grofsen Werken und Aktienunternehmungen die Abschreibung vom Anschaffungswert zu gewissen Schwierigkeiten und Umständlichkeiten führen kann, weil man dabei die einzelnen Anlagewerte durch die ganze Reihe der Jahre hindurch verfolgen mufs, um dann, wenn die Gesamtabschreibungen erfolgt sind, nunmehr diesen Posten ganz von den Anlagewerten wegzustreichen. Das mufs selbstverständlich geschehen. Aber, meine Herren, eine Schwierigkeit ergibt sich meines Erachtens nur bei ganz grofsen Werken, und solche ganz grofsen Werke pflegen sehr schnell zu erneuern, immer wieder neue Bauten auszuführen, und da ergibt sich dann ein gewisser Durchschnittssatz, eine Abschreibung vom Buchwert als ganz natürlich. Ich bin aber der festen Überzeugung, dafs für den, der sich intensiv mit den Wirtschaftsfragen seines Werkes beschäftigt, die Abschreibung von dem jeweiligen Anschaffungswert das klarste Bild ergibt.

Herr Direktor Kordt hat in ganz vorzüglicher Weise diese Art der Abschreibung vom Anschaffungswert hier geschildert. Ich möchte das, was er auf Seite 198 für kleine

Werke empfiehlt, auch schon für mittlere Werke noch für wünschenswert halten. Es sind nicht nur Erfahrungen, die ich in kleinen städtischen Werken gemacht habe; ich habe auch als Aufsichtsratsmitglied gröſserer kommunaler Aktiengesellschaften, wie wir sie in Westfalen ja vielfach haben, recht umfangreicher Werke, die Erfahrung gemacht, daſs man durch die Abschreibung vom Anschaffungswert sich am besten ein klares Bild über die ganze Sachlage verschaffen kann. Beim Erwerb einer Straſsenbahn z. B., die vom jedesmaligen Buchwert abgeschrieben hatte, bin ich erst auf den Anschaffungswert zurückgegangen, unter Abzug der nach Erfahrungssätzen nötigen Abschreibungen, um ein Bild zu bekommen, was ich wirklich an Werten erwarb.

Aber gestatten Sie mir noch eine Bemerkung, angeregt durch die Ausführungen von Herrn Direktor Körting. Gegenüber der Überschätzung des kommunalen Betriebes auf den hier behandelten Gebieten, der ich bis zu einer gewissen Grenze zustimme, möchte ich doch aus den Ausführungen des Herrn Direktor Körting nur das eine herausheben, wie auſserordentlich wertvoll es für das ganze Fach nach der technischen Seite ist, daſs daneben die groſsen Aktiengesellschaften bestehen, welche auf Grund der Erfahrungen in ihren verschiedenen Werken uns mit Belehrungen kommen können, und welche insbesondere die technischen Verbesserungen am ersten durch eigene Versuche erproben und selbst fördern können. Wenn wir nur kommunale Betriebe in Deutschland hätten, würden vielleicht einige groſse Städte Erfahrungen sammeln, aber doch nicht die groſsen Erfahrungen, wie sie durch die groſsen Aktiengesellschaften zusammengebracht werden. Ich glaube, das sollte in unserem Verein auch einmal hervorgehoben werden. (Beifall.) Darum dürfen wir uns auch in dieser Frage der Abschreibungen dem Urteil der Vertreter der groſsen Privatwerke anschlieſsen, daſs eine Abschreibung von 3 % vom Anschaffungswert ohne Grundstück ausreicht.

Herr Direktor Kobbert, Königsberg: Ich möchte nur einige Miſsverständnisse aufklären, die nicht von hier mitgenommen werden dürfen.

Auf die Ofenfrage, die Herr Direktor Körting anschnitt, möchte ich absichtlich nicht eingehen, weil sie nicht zum Thema gehört und zu weit führen würde. Ich werde Gelegenheit nehmen, vielleicht etwa schriftlich, wenn die geschäftliche Debatte für uns in Königsberg erledigt ist, darauf seinerzeit zurückzukommen. Ich möchte blofs dem vorbeugen, dafs gewisse Angriffe, die ich erfahren habe, mifsverstanden werden.

Das, was Herr Dr. Bunte erwähnte, hat er ja selbst korrigiert. Wenn ich hier schreibe 310 und 320 cbm, und das sind Submissionsgarantieangebote, dann setzt das immer »dieselben« Heizwertmultiplikationen voraus, so dafs das Produkt, auf das wir uns beziehen, immer das Produkt von Heizwert und Menge ist; denn es ist ja selbstverständlich, dafs die Garantien nicht nach Kubikmetern, sondern nach Produkt aus Heizwert und Menge gegeben werden; dieses Produkt ist eine Eigenschaft der Kohle, an der sich wenig oder gar nichts ändert.

Was dann die Anzweiflung dessen anbetrifft, was ich über den Einflufs des Kubikmetergewichts auf den Vergasungshergang ausgeführt habe, so möchte ich da doch auch einem Mifsverständnisse vorbeugen. Ich meine natürlich nicht, dafs die Vorgänge erfafst werden sollen für verschiedene Vorkommnisse, sondern für denselben Vergasungsraum und für denselben Vergasungsvorgang; und da ist es doch selbstverständlich, dafs, wenn man aus bestimmten technischen und wirtschaftlichen Gründen auf gleichmäfsige Erwärmung des Vergasungsraumes hält, dafs dann eine ungleichmäfsige Auffüllung von Wärmeerzeugern natürlich ungünstig wirken mufs, und gewisse Anforderungen an eine gleichmäfsige Herstellung der Schichtung gestellt werden müssen. Dafs die Schichtung ungleichmäfsig wird, ist bei grofsen Unterschieden der Stückgröfse selbstverständlich. Wenn ich geringe Mengen Gries in einer Kohle habe, kommen solche Unterschiede nicht vor; habe ich etwa 15% Gries, so ist, wenn ich das einfülle, in dem Vergasungsraum eine Schichtung ohne weiteres da. Es ist dafür im übrigen gleichgültig, ob ich 24 oder 6 oder 12 Stunden arbeite, es tritt immer ungleichmäfsige Erwärmung grofser Füllräume ein! Die Erfahrung machen wir ja in unseren alten Retorten ganz genau so.

Was die Bekämpfung gewisser Betriebsgarantieverpflichtungen anbetrifft, so möchte ich doch sagen (ich glaubte das klar genug ausgeführt zu haben, habe mich aber doch wohl mangelhaft ausgedrückt), dafs es gerade mein Bestreben ist, dafs alle die Unregelmäfsigkeiten und alle die Unklarheiten, die wir noch haben mangels genügender theoretischer Aufklärung der Vorgänge, sich mit der Betriebsdauer ausgleichen. Nicht um den Unternehmer zu pressen, habe ich meinen Vorschlag gemacht, sondern um ein klares Vertragsverhältnis auf beiden Seiten zu schaffen, denn es ist in Deutschland vielleicht nur in einem oder zwei Fällen jemand in der Lage, gleichzeitig Konstrukteur, Unternehmer und Gasproduzent zu sein. Wir städtischen Gasanstalten sind das nicht, und es hat ja Herr Direktor Körting darauf hingewiesen, dafs diese Schwierigkeit besteht; es ist eben Zweck einer gewissen weitgegriffenen Garantieverpflichtung, dem vorzubeugen, dafs leichtsinnige Angebote gemacht werden, die nachher nicht erfüllt werden können. Das ist gerade der Zweck strenger Garantiebedingungen und langer Versuchsperioden, dieses Unangemessene zu eliminieren. Nun, das steht ja auch nur in losem Zusammenhange mit dem Thema.

Dann möchte ich als Extrakt aller Erörterungen, die hier über die Frage stattgefunden haben, ob Anschaffungs- oder Buchwert das richtige ist, sagen: das ist ja selbstverständlich schliefslich im Effekt dasselbe bei der intensiven Betrachtung der Ziffern. Wir selbst, obgleich wir doch auch kein kleines Werk mehr sind, haben die Abschreibung vom Anschaffungswert beibehalten; auch jetzt, wo wir an die Grenze von 20 Millionen Kubikmeter Produktion gekommen sind, also etwa M. 11 Mill. Anschaffungskosten haben, sind wir beim Anschaffungswert geblieben, und ich sehe darin auch eine gewisse Klarheit. Aber das ist ja vielleicht etwas Subjektives. Dagegen möchte ich als Extrakt dieser ganzen Ausführungen empfehlen (es wird uns später im Laufe des Tages nochmals beschäftigen), dafs vielleicht alle diese Verschiedenheiten der Auffassungen und der tatsächlich vorliegenden Methoden für Abschreibung, für Buchführung, für Rechnungslegung dadurch eliminiert werden und uns dadurch ein Mittel gegeben wird, uns gegenseitig auf der gleichen Basis zu verständigen, dafs eine entsprechende Stelle des Vereins, sei es in Gestalt einer Kommission oder in sonst geeigneter Weise, geschaffen wird zur Aufstellung eines Schemas, sei es für die Berechnung von Selbstkostenpreisen, sei es für die Bilanz, in die man seine Werte einsetzt, unabhängig davon, wie man es für die Behörde macht, aber zur eigenen Kontrolle und zum Vergleich verschiedener Werke. Wenn wir uns darüber einigen können, vielleicht durch eine langfristige Kommissionsarbeit, dann schalten wir damit die Streitigkeiten in den Anschauungen, die in unseren eigenen Verwaltungen bestehen, aus und einigen uns, wie wir uns zum Beispiel über die technische Beurteilung geeinigt haben, so auch vielleicht auf ein Selbstkosten- oder Bilanzschema, das uns gestattet, unsere Arbeiten gegenseitig auf gleicher Basis zu vergleichen. (Beifall.)

Vorsitzender: Meine Herren, die sehr rege Diskussion zeigt deutlich, wie aufserordentlich wichtig es ist, dafs wirtschaftliche Fragen uns hier beschäftigen, und dafs wir den abstrakt-wissenschaftlichen Standpunkt, den der Verein bisher immer innegehalten hat, etwas verlassen und uns in unseren Beratungen auf eine breitere Basis stellen.

Es wird Ihnen noch übermorgen bei den geschäftlichen Vereinsangelegenheiten ein Antrag vorgelegt werden, den Kollege Kobbert vorhin schon erwähnte, eine besondere Betriebskommission zu bilden, welche sich mit den Fragen beschäftigt, die hier gestreift wurden, und welche nach Möglichkeit dahin strebt, auch in der Buchungsfrage Klarheit zu schaffen. — Ich sage: nach Möglichkeit, denn ich halte es für ganz ausgeschlossen, dafs ein Buchungsschema gefunden werden kann, welches allen Verhältnissen gerecht wird. Aber es gibt doch eine Reihe von Punkten, die gleichartige Behandlung vertragen und die allein schon genügen, die Kommissionsarbeit zu einer sehr fruchtbaren und für das ganze Gasfach sehr nützlichen zu gestalten.

Ich danke den Herren Vortragenden, Herrn Kollegen Kobbert und Herrn Kollegen Kordt für ihre aufserordentlich interessanten Ausführungen. Ich glaube, den besten Dank haben sie durch die Diskussion erhalten.

Die Aufgaben der Zentrale für Gasverwertung im Rahmen der Fortschritte des Gasfaches und seiner Errungenschaften überhaupt.

Herr K. Lempelius,
Direktor der Zentrale für Gasverwertung E. V., Berlin.

Meine Herren! Wohl an jeden von uns ist schon die Frage herangetreten: Wie steht es eigentlich mit dem Gasfach? Ist das Gasfach im Niedergange, befindet es sich in einer Periode des Stillstandes oder ist es nach wie vor in dem steigenden Aufschwunge, den es von Anbeginn seines Auftretens an bisher ständig gezeigt hat?

Aus weiten Kreisen der Elektrotechniker lautet die Antwort bejahend auf die erste Form der Frage: Das Gasfach ist im Niedergange. Das Gasfach tut gut, das auch selbst einzusehen und sich zu beschränken, nämlich auf seine Verwendung als Wärmequelle für die industriellen Zwecke, zum Heizen und zur Speisebereitung. Manche Elektriker gehen noch weiter und machen dem Gas die Berechtigung seiner Verwendung zur Speisebereitung streitig.

Aber sehen wir auch von diesen ab, so sind es Persönlichkeiten allerersten Ranges und von den gröfsten Verdiensten um die industrielle Entwicklung Deutschlands überhaupt, die solche Beschränkung uns anempfehlen, Männer, auf deren Äufserungen jedermann, wie wir, das allergröfste Gewicht legt. Ein glänzend geschriebener Artikel des Herrn Geh. Baurats Rathenau, Leiters der Allgemeinen Elektrizitätsgesellschaft, in der Tagespresse spricht sich so aus. Aber diese Meinung ist mir gegenüber auch vertreten worden von einem allerersten Industriellen des Ruhrkohlenreviers, dessen

Interessen ihn allerdings bisher ebenfalls mehr auf das Gebiet der Elektrizität wiesen, neuerdings aber in ähnlichem Umfange auf dem Gebiete der Gasfernversorgung liegen. Auch er sprach unumwunden aus, dafs seiner Ansicht nach die Aufgabe des Gases es sei, den Kohlentransport von der Strafse fortzubringen, also die Wärme in die Häuser durch Rohrleitungen zu schaffen, während die Beleuchtung eine Domäne der Elektrizität künftig sein werde. Also hervorragendste urteilsfähige Kreise, deren Interessen zum Teil auch nicht von dem Gasfach abliegen, sprechen sich dahin aus, dafs das Verwendungsgebiet des Gases eine Einschränkung erfahren müsse, wenn sie dem Gase auch die Perspektive eröffnen auf die umfassendste Betätigung als Wärmetransportmittel und ihm so eine Aufgabe von unschätzbarem hygienischen Verdienst durch die gänzliche Beseitigung der Kohlefeuerung, also der Rufs-, Staub- und Rauchplage zuweisen. Ein glänzendes Ziel, dessen Erreichung wir uns gern alle widmen wollen.

Fragen wir Gasfachleute über den Stand der Gassache, so werden wir sie an manchen Orten geneigt finden, die zweite Form der Fragestellung, ob das Gas zurzeit in einer Periode des Stillstandes sich befindet, wenn nicht zu bejahen, so doch mit einem Achselzucken zu beantworten. An ihren Orten geht der Gasverbrauch neuerdings nicht recht vorwärts. Doch scheint es, dafs dieser Werke nur eine kleine Minderheit ist und dafs solche, deren Gasverbrauch ohne Gründe besonderer Art zurückgeht, eine verschwindende Ausnahme bilden. Leider mufs eine Statistik, die fortlaufend den Puls des deutschen Gasabsatzes fühlt, erst noch geschaffen werden.

Welche Antwort sollen wir zu unserer eigenen machen? Können wir nicht, wie wir es gern möchten, stolz und frei aussprechen, dafs das Gasfach nach wie vor in dem gewohnten, ständigen Aufschwung begriffen ist? Dazu müssen wir zunächst eine Unterfrage beantworten. Wir werden uns über den jetzigen Stand und die Aussichten der Gasverwertung am besten klar werden, wenn wir nachforschen, ob erfolgreich in der technischen Vervollkommnung der Vorrichtungen gearbeitet wird, die der Verwendung des Gases für die verschiedenen Zwecke dienen, und ob darin technische Fortschritte erzielt werden; denn solche vor allem können die Vorbedingung für das Vorwärtsgehen der Verwendung des Gases überhaupt abgeben. Wir müssen prüfen, ob durch die technischen Fortschritte in der Verwendung des Gases weiten Kreisen neue Vorteile geboten werden, die dem Gase bisher nicht zur Seite standen.

Wenn wir jetzt solche Überlegungen anstellen, fällt uns zu guter Stunde ein Artikel ins Auge in dem letzten Heft der »Elektrotechnischen Zeitschrift«, erschienen am 16. Juni dieses Jahres, der die Ersetzung der elektrischen Strafsenbeleuchtung im zentralen London, dem Stadtteil Westminster, durch Prefsgas behandelt. Er berichtet:

»Vor kurzem vergab der Westminster City Council die Strafsenbeleuchtung des gröfsten Teiles der City of Westminster (in deren Bereich die belebtesten und schönsten Strafsen Londons, wie Kingsway, Leicester Square, Pall Mall, Picadilly, Regent Street usw. fallen) für die nächsten fünf Jahre an die Gas-Light & Coke Co. Diese Entscheidung hat nicht nur allerseits das gröfste Aufsehen erregt, sondern auch den Konkurrenzkampf zwischen Gas- und Elektrizitätswerken wieder mächtig aufleben lassen. Die Folge davon wird zweifellos die sein, dafs die Elektrizitätswerke wieder einmal tüchtig aufgerüttelt werden; und das kann ihnen keineswegs schaden. Zunächst sei bemerkt, dafs die Erregung in elektrischen Kreisen deshalb besonders grofs ist, weil infolge dieser Entscheidung die bisher äufserst erfolgreiche Beleuchtung der erwähnten wichtigen Strafsenzüge nunmehr durch Gaslampen (Hochdrucklampen) ersetzt wird usw.«

Weiter heifst es: »Während die gegenwärtigen Kosten der Beleuchtung (Gas und Elektrizität) etwa M. 310000 pro Jahr betragen, sollte die verbesserte Beleuchtung nach eingereichten Offerten kosten:

	Jahrespreis für die ersten 5 Jahre	Jahrespreis für die zweiten 5 Jahre
Gas	M. 289000	M. 263000
Elektrisch	» 489000	» 374000

Der Artikel ist in seinen weiteren Ausführungen augenscheinlich ein Alarmsignal für die Elektrizität; er spricht aus den englischen Verhältnissen heraus, dafs die Elektrizität mehr als es bisher der Fall war, ihre Kräfte zusammenfassen mufs, um gegen das Vordringen des Gases, das aufserordentlich geschickt propagiert werde, gewappnet zu sein. Meine Herren: das wird viele von uns anmuten wie aus einer anderen Welt. Wie? die Elektrizität kann sich der Gaspropaganda und des Vordringens des Gases nicht erwehren?

Dabei kommt diese Nachricht doch nicht gerade aus einer anderen Welt, sondern aus einem Nachbarlande, mit dem wir in den engsten, besonders wirtschaftlich engsten Beziehungen stehen. Im gewissen Umfange ist sie aber auch für unsere Verhältnisse richtig: die Elektrizität wird vor dem Prefsgaslicht auf der Hut sein müssen. Diese Verwendung des Gases kommt nach England wie so vieles aus Deutschland. Seit Jahren ist sie besonders in Berlin seitens der dortigen weitblickenden städtischen Gaswerksleitung erst allmählich, dann auf Grund der vorzüglichen Bewährung immer mehr eingeführt worden. Jetzt ist die Anzahl der Prefsgas-Strafsenlampen daselbst ein Vielfaches der Zahl der elektrischen Bogenlampen. Wenn ich hierzu einen Wunsch geltend machen darf, so ist es der, dafs diese grofse Errungenschaft des Gasfaches in der breitesten Öffentlichkeit mehr in Erscheinung treten und ihr mehr bekannt sein möchte als bisher. Ich finde, dafs bei Persönlichkeiten, die im höchsten Mafse allgemein sonst unterrichtet sind, vollständige Unkenntnis darüber besteht, dafs die brillante Beleuchtung, beispielsweise der Potsdamerstrafse, der Königgrätzerstrafse und vieler anderer Strafsen mehr in Berlin, an der sich die Augen des Publikums erfreuen, dafs diese Beleuchtung k e i n e e l e k t r i s c h e ist. Nach meinen Wahrnehmungen wird nicht 1 pro Mille der Berliner Einwohnerschaft das wissen, und in der Provinz sinkt der Prozentsatz derer, die darüber unterrichtet sind, aufserhalb der Kreise der Gasfachmänner auf nahezu Null herab. Aber auch selbst diese Gasfachmänner sind keineswegs sämtlich von den aufserordentlichen Erfolgen der Berliner Prefsgas-Strafsenbeleuchtung völlig unterrichtet.

So geht es auch dem Verfasser jenes Artikels der Elektrotechnischen Zeitschrift. Er meint:

»In elektrotechnischen Kreisen wird nun dem Westminster Council Rückschrittlichkeit vorgeworfen, weil er die elektrische Beleuchtung, die sich vorzüglich bewährt hat, durch Gas ersetzen will, trotzdem von vielen Seiten wiederholt darauf hingewiesen wurde, daſs eine 3000-kerzige Hochdruck-Gaslampe bisher noch nicht zur praktischen Verwendung gekommen sei. Eine einzige, angeblich 3000-kerzige in London installierte Lampe hat nach genauen wiederholten Messungen sich bisher noch nicht dazu entschlieſsen können, mehr als 2500 HK zu leisten, während die 3000-kerzigen Flammenbogenlampen wirklich etwa 3500 HK ergeben haben.«

Darauf hat die Zentrale für Gasverwertung eine Richtigstellung an die Elektrotechnische Zeitschrift gerichtet, die auch hier bekannt zu geben nötig erscheint, weil Irrtümer, die dem Gasfach zu schaden vermögen, nicht schnell und gründlich genug behoben werden können. Sie lautet:

»In dem gestern erschienenen Heft 24 der »Elektrotechnischen Zeitschrift« findet sich in dem sehr interessanten Artikel »Elektrizität oder Gas in England und die Propagandafrage« auf Seite 613 der Ausspruch, »daſs eine 3000-kerzige Hochdruck-Gaslampe bisher noch nicht zur praktischen Verwendung gekommen sei«. Aus dem weiter Folgenden ergibt sich, daſs die Meinung ist, solche Hochdruck-Gaslampen seien in ihrer praktischen Verwendung bisher durchweg unter 3000 Kerzen geblieben.

Demgegenüber gestatten wir uns darauf hinzuweisen, daſs in Berlin allein sich 345 Stück 4000-kerzige Hochdruck-Gaslampen der öffentlichen Straſsenbeleuchtung in vorzüglich bewährtem, teilweise schon mehrere Jahre dauerndem Betriebe befinden. Die Lichtstärke dieser Lampen wird durch Herrn Professor Drehschmidt, Vorstand des Laboratoriums der Berliner Gaswerke, unter ständiger Kontrolle gehalten. U. a. sind so die Potsdamerstraſse, die Chausseestraſse und die Königgrätzerstraſse beleuchtet.

Die ständig fortschreitende Einführung dieser Hochdruck-Gaslampen bei der Berliner Strafsenbeleuchtung beweist die völlige Zufriedenheit der städtischen Verwaltung sowohl wie des hiesigen Publikums mit der Einrichtung, über deren besonders glanzvolle Wirkung unseres Wissens überhaupt nur eine Stimme herrscht.«

Meine Herren! Dieser Fortschritt hat sich fast zögernd, hat sich denkbarst vorsichtig verbreitet, wie es der guten, soliden, deutschen Art entspricht, im Gegensatz zu etwa der Art, wie die amerikanische Technik zuweilen sich in die Erscheinung zu setzen weifs. Der Vorgang mit der Prefsgasbeleuchtung ist für diese Art des deutschen Nationalcharakters garadezu typisch. Aber jetzt sind wir darüber hinaus. Jetzt führt sich die Prefsgasbeleuchtung in Deutschland und wie wir sehen auch im Auslande umfassend ein.

Wir dürfen, wenn wir uns fragen: Verfügt das Gas über neuere technische Errungenschaften, die einen Fortschritt seiner bisherigen Verwendung darstellen? getrost antworten: Ein solcher ist das Prefsgas, und zwar bricht seine Zeit erst an, weil bisher seine Vorteile sozusagen erst im stillen sich bewährt haben, wie ein wertvoller Besitz, der gehütet ist, nicht aus eigennützigen Gründen, sondern im bedächtigen Vorgehen, bis sein Wert ganz erkannt, ganz ausgereift war.

Meine Herren! Die Errungenschaft des Prefsgaslichtes ist eine glänzende im buchstäblichen Sinne des Wortes. Man kann sagen, ein Stück des Sonnenlichtes ist genommen und in jede einzelne Prefsgaslampe hineingepflanzt, ebenso wie man von der elektrischen Beleuchtung sagen kann: ein Stück des Mondscheines ist genommen und erscheint in Gestalt jeder elektrischen Bogenlampe. Der Eindruck ist, dafs das glänzende Sonnenlicht der Prefsgasbeleuchtung dort, wo es sich in Berlin mit dem elektrischen Bogenlicht berührt, eine Veränderung der elektrischen Beleuchtung, eine Verstärkung in irgendeiner geeigneten Form erforderlich machen oder aber vielleicht auch ihren Ersatz durch Gas so wie er in London-Westminster stattfindet zur Folge haben kann. Eine fernere Ausdehnung der elektrischen Bogenlichtbeleuchtung auf mehr Strafsen in Berlin wird man dort nicht wünschen und auch nicht beabsichtigen. Mir ist vielmehr kürzlich die Meinungsäufserung eines Hochschullehrers der Elektrotechnik bekannt geworden, dafs die Elektrizität dem Prefsgaslicht für die Strafsenbeleuchtung nichts Gleichwertiges an die Seite stellen kann. Zum erstenmal seit dem Auftreten der Elektrizität hat das Gas jetzt dem Licht der elektrischen Bogenlampe ein solches von praktisch beliebiger Stärke, aber mit dem Vorteil des wärmeren Tones, gegenüberzustellen.

Die Urteile der hervorragenden Persönlichkeiten, die ich vorher anführte, wonach die Beleuchtung ausschliefslich die Domäne des elektrischen Stromes künftig sein werde, können also nach dem jetzigen neuesten Stande der Technik, nach den Erfahrungen, von denen ich aus Berlin und London berichtete, für die Starklicht-Strafsenbeleuchtung keine Gültigkeit haben.

An diesen Erfolgen darf es sich die Gastechnik aber nicht genügen lassen und tut es auch nicht. Sie alle kennen das Prinzip des Prefsgases, das durch einen Druck von etwa $1^1/_2$ m Wassersäule befähigt wird, in den Bunsenbrennern so viel Luft anzusaugen, dafs Sekundärluft nicht mehr nötig ist und daher eine Abkühlung des Leuchtkörpers durch diese Sekundärluft nicht stattfindet. Der hohen Ökonomie der Prefsgasbrenner von etwa $^1/_2$ Liter pro Kerze und weniger nahezukommen, ist die Technik der Gasniederdrucklampe jetzt an der Arbeit, die schädliche Abkühlung des Niederdruckglühkörpers zu beseitigen, die bisher eine Folge des Hinzutrittes der kalten, sekundären Luft ist. Sorgfältig wird in den neueren Konstruktionen die Wärme der Abgase zur Vorwärmung der brennbaren Gas- und Luftgemische auch in den Niederdrucklampen ausgenutzt, und diese Fortschritte sind es, die unser Urteil dahin bilden, dafs die Gastechnik jetzt zu technischen Erfolgen schreitet von ähnlichem Werte, wie es die Einführung des Auerstrumpfes war. Die technische Durchbildung der Niederdrucklampe bringt jetzt schon 1000-kerzige Lampen mit einer Ökonomie von 0,6 Litern für die Kerze in dauerndem Verbrauche auf den Markt, und auch bei Lampen von 600 Kerzen stellt sich der Verbrauch nicht höher als 0,7 Liter. Alles erwogen, sind diese Lampen den gleich grofsen Prefsgaslampen wirtschaftlich etwa gleichwertig. Dafs aber die Entwicklung, der Fortschritt in der Sparsamkeit der Verwandlung des Gases in Licht damit am Ende sei, kann nicht behauptet werden. In der letzten Zeit haben diese Fortschritte in der Ökonomie geradezu einer den anderen gejagt. Wohl niemals früher ist eine Periode so intensiver, fortschreitender Vervollkommnung der Gaslampen zu verzeichnen gewesen. Dementsprechend steigt auch der Absatz an Gasbrennern, wenn ich die Wahrnehmung, die ich kürzlich in einer der führenden Fabriken machte, verallgemeinern darf.

Also, meine Herren, wenden wir uns wieder zu der früher gestellten Frage: »Ist die Verwendung des Gases in fortschreitender Entwicklung begriffen«, so mufs die Antwort ein immer froheres »Ja« sein. Wenn Sie Gelegenheit haben, meine Herren, einen Blick zu werfen in die Werkstätten, in denen an diesen Vervollkommnungen gearbeitet wird, so werden Ihre Gasherzen lauter pochen und Sie werden ausrufen: »Es ist eine Lust, inmitten dieser technischen Arbeiten, dieser Erfolge der Gasbeleuchtungsingenieure zu leben, um mit ihnen das Gas zu neuen wirtschaftlichen Erfolgen zu führen!«

Aber auch die Mahnung, die konkurrenzlosen Vorzüge des Gases als Wärmespender intensiv auszunutzen, ist für die Konstrukteure unnötig. Wir sind in Deutschland gut daran. Ich zitiere wieder den Artikel der jüngsten Nummer der »Elektrotechnischen Zeitschrift«. Er schreibt:

> »Die Erfolge, die auf diesem Gebiete (gemeint ist das Gas) in Deutschland erzielt worden sind, wo die verlegerische Tätigkeit der Propaganda für die Gasindustrie in den Händen einiger weniger Verlagsfirmen konzentriert ist, welche die gesamte Gasindustrie mit Propagandaschriften versorgen, spricht entschieden für dieses System.«

Welche Propagandisten sind da gemeint? Wir alle denken zuerst an den einen, den von uns hochgeschätzten, von der Elektrotechnik wohl manchmal als grofser Störenfried verschrienen, aber in Wirklichkeit, wie der Artikel der »Elektrotechnischen Zeitschrift« beweist, ebenfalls hochgeachteten

Herrn Oberingenieur Schäfer in Dessau. Eben er hat erst kürzlich wieder in einem verdienstvollen Vortrage, den die Zentrale für Gasverwertung vielen von Ihnen zusandte, die neuere Verwendung des Gases in Technik und Handwerk uns näher gebracht.

Ebenso Vorzügliches finden wir gerade jetzt in dem uns soeben gedruckt behändigten Vortrage des Herrn Dr. Schilling, dessen weitere Ausführung wir sogleich noch aus seinem Munde vernehmen werden.[1]) Also hier wird intensiv gearbeitet, und es ist lediglich die Aufgabe der Männer, die den Gasabsatz in Händen haben, diese Leistungen der Gaskonstrukteure jetzt einzuführen überall dort, wo der Boden dafür ist, und aufnahmefähiger Boden für die Gaswärme und für das Gaslicht ist überall in allen Gegenden des deutschen Vaterlandes und in allen Bevölkerungsschichten. Eine darf ich dabei noch besonders herausheben, das ist die minder bemittelte Bevölkerungsschicht; ihr mufs weit mehr noch, als es bisher geschehen ist, durch den Gasautomaten und durch die kostenlose Herstellung der Leitungen und Hergabe der Kochapparate der Kulturfortschritt zuteil werden, der in der ausgiebigen Verwendung des Gases ebenso liegt, wie man das mit Recht für die Seife behauptet. Diese Bevölkerungsschichten können kein Kapital aufwenden, weil sie keins haben, und sie in ihren Mietswohnungen, auch wenn sie Kapital hätten, doch nicht Einrichtungen treffen werden, die beim Räumen der Wohnung für sie wertlos sind. Diesen Bevölkerungsschichten mufs das Gas als Wärmequelle besonders für das Kochen allgemein gebracht werden, denn es spart der arbeitsamen Hausfrau viel Zeit, Mühe und Anstrengung, die sie weit besser auf die Pflege ihrer Kinder und andere häusliche Arbeiten, und auch für den Erwerb verwenden kann. Das Kohlenfuhrwerk mufs, um die Worte des früher angeführten grofsen rheinisch-westfälischen Industriellen, den Sie wohl alle dem Namen nach kennen, anzuwenden, das Kohlenfuhrwerk mufs von der Strafse verschwinden und der Schmutz der Kohle von den Fluren,

---

[1]) Journ. f. Gasbel. Nr. 27, S. 624 bis 630.

Treppen und Küchen. Aber auch das Petroleum mufs, wie es aus den Wohnungen der Wohlhabenden hat weichen müssen, auch aus denen der Minderbemittelten verschwinden mit seinem Schmutz, seiner Gefährlichkeit und seinem Geldexport ins Ausland, denn billigeres Licht, als es die neuen Konstruktionen des hängenden Gasglühlichtes bieten, die mit 50 Kerzen und weniger bei einer Ökonomie von etwa 1 l für die Kerze erscheinen, also pro Stunde etwa $^1/_2$ Pf. kosten, soll man uns erst zeigen.

Welches sind aber eigentlich die tieferen Gründe, die dem Gase seine ausgezeichnete Wettbewerbsfähigkeit jeder Konkurrenz gegenüber verleihen?

Jetzt zitiere ich Herrn Geheimrat Rathenau, der den grundlegenden Vorzug des Gases unumwunden zugibt:

»Da die Gewinnung der Kohle es den Zechen unmöglich macht, ihre Förderung unter gewissen Preisen abzugeben, mufs man andere Wege einschlagen, um billige Elektrizität herzustellen. Diese Aufgabe ist nicht neu. Die Gasanstalten würden das Leuchtgas den Verbrauchern zu den Preisen nicht liefern, zu denen sie es in zahlreichen Städten abgeben, wenn sie nicht der Kohle vor der Verbrennung kostbare Produkte entzögen, die zu hohen Preisen verwertet werden. Leider hat man dieser Verwertung bei der Verbrennung der Kohle unter dem Dampfkessel (der Elektrizitätswerke! L.) oder in anderen Feuerungsanlagen bisher nicht die nötige Beachtung geschenkt. Die Vergeudung gewaltiger Mengen von wertvollen Stoffen würde uns andernfalls als Vandalismus im Haushalt der Technik anmuten.« ....

»Gelingt es nun, in derartigen Anlagen die Kosten des Heizmaterials durch Verwertung der aus ihm gewonnenen Nebenprodukte ganz oder zum gröfseren Teil zu decken, so wäre hiermit ein Problem gelöst, das unser Erwerbs- und Wirtschaftsleben umgestalten und das Volksvermögen auf eine ungeahnte Höhe heben, zugleich auch der Elektrizität die Rolle zuweisen würde, die sie als Förderer moderner Kultur in Anspruch zu nehmen berufen scheint.«

Das ist es, meine Herren, — das Gas aber hat jenes Problem gelöst, es holt aus der Kohle bei der Umwandlung in die bei dem Verbrauch verlangte Form so viel Nutzbares heraus, wie keine andere Verwendung des Brennstoffs für Heizzwecke und keineswegs die zur Heizung der Dampfkessel der Elektrizitätswerke es vermag. Deshalb, meine Herren, können wir frühere Betrachtungen des Herrn Geheimrats Rathenau ungefähr zu den unsrigen machen, wenn wir nur anstatt »Elektrizität« viel mehr »Gas« setzen:

> »So werden Erzeugungsstellen in beträchtlicher Zahl entstehen, die Gas den Verbrauchern zu ungewöhnlich niedrigen Sätzen zuführen, wenn Verbrauch und Erzeugung in zweckentsprechender Weise geregelt werden. Theoretisch begegnet dieses Problem keinen unüberwindlichen Schwierigkeiten. Ohne auf das Wesen dieser Gasversorgung hier näher einzugehen, will ich nur andeuten, dafs ein über das Land verteiltes Leitungsnetz als Reservoir dienen müfste, in das das Gas je nach den Anforderungen des Verbrauches an den beliebig verteilten Erzeugungsstellen hineingepumpt wird«.

So etwa verfährt die Stadt Lübeck bei der Gaslieferung bis Travemünde, die Stadt Berlin für die Versorgung von Vororten auf weite, ständig sich steigernde Entfernungen und viele andere mehr, ohne dafs hierfür Grenzen technischer Art oder gaswirtschaftlicher Art bisher sich zeigen. So wird Barmen sein Gas aus dem Ruhrkohlenrevier 50 Kilometer weit demnächst erhalten.

Lediglich die wirtschaftlichen Mafsnahmen müssen jetzt, wo die Konstruktionen erstklassig und konkurrenzlos für das Gas sind, für die Verbreitung des Gases richtig gewählt werden. Dann wird die Frage: bewegen wir uns in einer Periode des Aufschwunges im Gasfach? nicht allein für das technisch Konstruktive, sondern überhaupt mit einem schrankenlosen »Ja« sich beantworten. Und, meine Herren, diesem geschäftlichen Teil der Gasverwertung haben die führenden Leute unter uns jetzt Bahnen gewiesen, die bisher uns fremd waren und die hoffentlich den Keim des Erfolges, sicher aber den festen Willen, den Erfolg mit allen Kräften herbeizuführen, in sich tragen.

Zum ersten Male hat sich das ganze Gasfach zusammengeschlossen, hat die konkurrierenden und widerstrebenden Interessen zurücktreten lassen, um lediglich das Ganze zu fördern, nämlich die Verbreitung des Gases überhaupt. Die Kommunen wie die Gasgesellschaften haben sich diesem Bestreben in weitestem Umfang angeschlossen, und immer mehr treten hinzu, um der Zentrale für Gasverwertung den nötigen moralischen und finanziellen Rückhalt zu geben. Die Aufgabe der Zentrale wird es sein, die Errungenschaften des Gasfaches, nicht allein die neueren, sondern auch die früheren, die Ihnen allen bekannt sind, dem grofsen Kreis der Verbraucher in jeder Weise nahezubringen,' durch Aufklärung des Publikums, der Presse und der Behörden und durch Fachausstellungen. Sie hat die Aufgabe, alle diejenigen, die dafür bereits einzeln wirkten, zusammenzufassen, ich möchte geradezu sagen, sie kunstgerecht auszuschlachten, um ihre Leistungen der Allgemeinheit weiterzugeben.

Denken wir dabei einmal an die ausgezeichnete Vortragsdame, die viele von Ihnen kennen werden, Fräulein Wirth. Die Erfolge, die sie hat, sind aufserordentlich. Ich erinnere an Bochum, wo der grofse Versammlungssaal stets vor Beginn ihrer Vorträge geschlossen werden mufste, um den gefährlichen Andrang des Publikums abzuhalten. Aber eine einzelne Dame kann immer nur kurz an dem einen oder dem anderen Ort wirken, und es mufs Sorge getragen werden, dafs sie Schülerinnen heranbildet, die dann intensiv längere Zeit an den verschiedenen Orten tätig sein können. Der ungemein grofse Schatz an Erfahrungen, über den diese Dame verfügt, mufs ferner nicht allein in Wort, sondern auch in der Schrift verbreitet und allen Gasfachkollegen zugänglich gemacht werden, um ihn an die Bevölkerung weiterzugeben.

So wird es überhaupt die Aufgabe der Zentrale sein, ihren Mitgliedern Rüstzeug zu liefern, überall wo sie dessen bedürfen. Vorhanden ist es gröfstenteils, aber zerstreut bei den Werken. Den Austausch der Erfahrungen zu vermitteln, das mufs die Zentrale auf ihre Fahne schreiben. Dazu bedarf sie aber der tatkräftigen Unterstützung aller Kollegen vom Gasfach, denn aus Eigenem wird die Zentrale nur Bescheidenes dazu tun können. Diese Unterstützung ist ihr schrankenlos zugesagt worden bisher noch von allen denen, an die ich mich einzeln wandte. Jetzt richte ich meine Bitte an die Allgemeinheit der hier Versammelten. Darum wird aber doch die Tätigkeit des einzelnen, wo und wie er damit hervortritt, und besonders im »Gasjournal« ungeschmälerten Wert behalten.

Von mir erwarten Sie möglichst wenig. Die Hauptsache, die Gewinnung der öffentlichen Meinung für das Gas, die Erweckung des allgemeinen Interesses für seine Errungenschaften, kann sich nur allmählich vollziehen durch unpersönliches und unauffälliges Vorgehen. Ein anderes wird nach wie vor das Metier unseres hochverdienten Freundes Schäfer, Dessau, bleiben. Wir werden ebenso wie bisher darauf rechnen dürfen, zu unserer Freude im »Gasjournal« und in kleinen wirksamen Schriften seine verdienstlichen Arbeiten zu finden. Heute komme ich mir vor wie der andere Knabe in dem Dichterwort:

Zwei Knaben gingen durch das Korn,
Der eine hinten, der andere vorn,
Der andere blies das Klappenhorn.

Der eine Knabe, Herr Schäfer, der es bisher immer kräftigst mit uns erfreuender Melodie blies, ist heute leider von uns ferngehalten. Von dem andern, der das Gasklappenhorn jetzt vor Ihnen bläst, werden Sie höchstens sagen können:

Zwar konnt er's noch nicht ordentlich blasen,
Doch blies er's wenigstens einigermafsen.

Damit die Töne richtig herauskommen, müssen Sie, meine Herren, vielmehr alle mit in dieses Horn kräftigst hineinstofsen! dann wird der Widerhall, den wir erhoffen, in der deutschen Volksseele ertönen in dem lauten Rufe: Ihr lieben Gasfachleute, die ihr das ausgezeichnete Gas macht, bringt es uns allen, wir alle wollen es haben, damit, wie Deutschland sonst unter den Kulturstaaten an einem ersten Platze steht, endlich die Deutschen auch die Prüfung mit jenem Kulturmafsstab, den die Gröfse des Gasverbrauches gibt, mit Ehren bestehen können!

Die Verwendung des Gases für industrielle Zwecke.

Herr Dr. Schilling, München.

Es ist eine verbreitete, aber irrige Annahme, dafs die Verwendung des Gases zu Heizzwecken erst ein Produkt unserer Zeit sei. Schon in dem ersten Jahrgang ds. Journ. vom Jahre 1858 findet sich eine Notiz darüber, dafs der Dom zu Berlin seit etwa 2 Jahren mit Gasheizung versehen sei und dafs 1857 auch die St. Katharinenkirche zu Hamburg mit 8 Gasheizkaminen zu je 32 Brennern eingerichtet wurde. Das Prinzip dieser von Elsner konstruierten Heizbrenner bestand darin, das Gas über einem Drahtsieb zu verbrennen, unter dem es sich mit Luft vermischte. Diese Elsnerschen Brenner ,wurden zu den verschiedensten Heizzwecken verwendet, und ich selbst erinnere mich noch sehr wohl aus meiner Kindheit des grofsen Elsnerschen Kochapparats in unserer Wohnstube, auf dem täglich der Teekessel summte und dampfte. Noch im gleichen Jahrgang ds. Journ. finden wir ein Patent vom 20. Januar 1857 »Bügeleisen durch Leuchtgas zu heizen«; ein »Lötapparat, mit welchem vermittelst Gas kontinuierlich fortgelötet werden kann« ist im Jahrgang 1859 beschrieben. Wir finden dort schon die Anwendung eines Gebläses, das in einem vom Fufse des Arbeiters bewegten Blasbalg bestand. In dem Anzeigenteil ds. Journ. von 1859 kündigte schon damals die Firma Julius Stoll in Görlitz ihre Gaskoch- und Heizapparate, die Fabrik von Schäffer & Walcker in Berlin Gaskamine zur Kirchenheizung, Gasöfen, Gaskochherde und Bratöfen, Kochapparate für Küchen und chemische Laboratorien mit Bunsenschen Brennern an, und in einer Anzeige des »Instituts zur allgemeinsten Anwendung brennbarer Gase für den Haushalt, für die Technik wie für die Fabrikation« von Elsner, Berlin, vom Juli 1859 ist überhaupt kaum ein Zweig des Haushalts, der Industrie und des Gewerbes zu finden, für den nicht Gaskoch- und Heizapparate empfohlen wären. Die Verwendung des Gases zu industriellen Zwecken ist also schon wesentlich älter, als vielfach angenommen wird und nicht etwa der durch die Verbreitung der elektrischen Beleuchtung verursachte Ausfall an Beleuchtungsgas, sondern die Erkenntnis der Vorteile des gasförmigen Heizstoffes ist es, die dem Gase schon von Anfang an den Weg zur Industrie gewiesen hat. Die Pariser Weltausstellung vom Jahre 1867, die uns die erste Gaskraftmaschine von Otto & Langen brachte, zeigte die Anwendung des Gases in der Industrie bereits in den mannigfaltigsten Formen. Neben einer grofsen Reihe von Kochapparaten waren dort Sengmaschinen für Wollfabriken, Baumwollfärbereien und Bleichereien ausgestellt. Juweliere arbeiteten mit Gas und mit dem Gasblaserohr fertigten Kinder emaillierte Blumen vor den Augen des Publikums an. Aufserdem waren Apparate für chemische und metallurgische Zwecke, Öfen von Hofmann für die Elementaranalyse und Schmelzöfen von Perrot zu sehen. Auf die Bedeutung des Steinkohlengases für die Stahlerzeugung wurde schon 1861 von Fremy hingewiesen.

Was uns heute veranlafst, unser Augenmerk wiederum auf die Industrie zu lenken, ist der Umstand, dafs der enorme Aufschwung, den sie genommen hat, eine Unzahl neuer Verwendungsmöglichkeiten für unser Produkt, das Steinkohlengas, bietet, die zu studieren eine wichtige Aufgabe des Gasfachmannes ist, denn unermüdlich ist unsere Konkurrenz bemüht, das Bedürfnis nach Wärme in der Industrie zu befriedigen und die Elektrotechnik ist emsig tätig, um die elektrische Energie in den verschiedensten Industrie- und Gewerbezweigen auch als Heizmittel einzuführen und als das Ideal aller Heizungsarten hinzustellen. Vor kurzem erst ist mir, als ich auf einer Fabrik die Anwendung des Gases zum Härten und Anlassen von Uhrfedern besichtigte, die Mitteilung gemacht worden, dafs gerade tags zuvor ein Vertreter einer grofsen Elektrizitätsfirma in »überzeugender« Weise die Vorteile der elektrischen Härteeinrichtungen für Stahl auseinandergesetzt habe, und es ist mir hierbei von neuem klar geworden, wie notwendig es ist, dafs die Industrie auch von Vertretern des Gasfaches über die Vorteile der Gasheizung aufgeklärt werde. Wie viel erreicht werden kann, wenn sich das Gasfach um die Verwendung seines Hauptproduktes annimmt, das zeigen heute schon diejenigen Fälle, wo das Gaswerk seine industriellen Abnehmer besuchen läfst, wo dieses die Rolle eines vertrauenswürdigen Beraters übernimmt und dem Konsumenten nicht nur bei Beschaffung geeigneter Apparate und Brenner behilflich ist, sondern vor allem sich den Konsumenten dadurch zum Freunde macht, dafs es ihm Gassparen hilft. Denn nur wo rationell und sparsam damit verfahren wird, erfüllt es seine Aufgabe zur Zufriedenheit des Konsumenten.

Die Konkurrenten, mit denen das Gas als Heizmittel zu rechnen hat, sind der Dampf, das Wassergas und Generatorgas, die festen Brennstoffe, unter diesen unser eigenes Nebenprodukt, der Koks, und schliefslich die Elektrizität. Während diese Konkurrenten, mit Ausnahme der Elektrizität, durch die geringeren absoluten Kosten des Heizmittels Vorteile bieten, ist die elektrische Energie das teuerste aller Heizmittel, und es mufs dem Publikum immer und immer wieder vor Augen geführt werden, dafs in 1 cbm Heizgas für 10 bis 16 Pf. 5000 Wärmeeinheiten, mit einer Kilowattstunde für 10 bis 20 Pf. aber nur 864 Wärmeeinheiten günstigsten Falles zur Verfügung stehen. Demnach kann der elektrische Strom nur in besonderen Ausnahmefällen in Frage kommen und wenn uns von elektrotechnischer Seite zugerufen wurde, wir möchten die Beleuchtung der Elektrizität überlassen, so können wir mit weit gröfserer Berechtigung der Elektrotechnik zurufen, sie möge von der Heizung mit elektrischer Energie abstehen und diese dem Gas überlassen. Alle die von den Elektrikern in Anspruch genommenen Vorzüge, wie Bequemlichkeit, leichte Regulierung der Temperaturen, Anpassungsfähigkeit usw., sind in mindestens gleichem, teilweise sogar höherem Mafse auf seiten des Gases zu finden und die Beschaffung der

Einrichtungen ist meist einfacher und billiger. Es ist deshalb von der Konkurrenz der Elektrizität dann kein Nachteil für das Gas zu befürchten, wenn wir den Konsumenten der Industrie, die doch ihre Betriebskosten meist genau kalkulieren, die Hand dazu bieten, das Gas rationell und sparsam anzuwenden, und wenn wir sie über die Vorteile des Gases ebenso aufklären, wie es von den elektrotechnischen Firmen geschieht.

Ernstlichere Rivalen für das Gas sind die billigeren Heizmittel, vor allem der Dampf. Der Gasabsatz wird um so mehr in diese Gebiete eindringen, je mehr es gelingen wird, die Heizkraft des Gases rationell auszunutzen und je mehr die in der Natur der Flamme, in ihrer veränderlichen Temperatur und Form gelegenen Eigenschaften zur Geltung gebracht werden.

Von welcher Bedeutung die rationelle Ausnutzung des Gases oft für einen grofsen Betrieb sein kann, zeigt folgendes Beispiel: In einem technischen Betrieb wurden bisher zum Löten ca. 40 Stück gewöhnliche Gaslötöfen verwendet. Die Gasflammen brannten mit hohem Druck bei der vorderen Öffnung der Öfen hoch heraus und nur ein kleiner Teil der Wärme wurde zur Erhitzung der beiden Kolben ausgenutzt, von denen immer nur einer im Ofen, der andere aber in Benutzung war. Mit einem Kostenaufwand von etwa M. 700 wurde ein elektrisch betriebener kleiner Ventilator aufgestellt und nun Lötkolben eingeführt, die mit Schlauchanschlufs verbunden und durch die Prefsgasflamme ständig geheizt sind. Abgesehen von dem Vorteil der stets gleichmäfsigen Erhitzung und des ununterbrochenen Fortarbeitens hofft die Fabrik — wie mir gesagt wurde — eine Ersparnis im Gasverbrauch von etwa M. 5000 pro Jahr zu erzielen. Nicht in allen Fällen werden aber die Leiter solcher Betriebe selbst den richtigen Weg finden und sie werden zum wenigsten erst durch Versuchen und Probieren teures Lehrgeld zahlen müssen. Dies zeigt aber, wie wichtig es ist, dafs Gasfachleute sich der Sache annehmen und dem Konsumenten behilflich sind, von vornherein die technischen Gasbetriebe rationell einrichten zu helfen.

Um einen Überblick zu geben, wieweit es heute dem Gase schon gelungen ist, in der Industrie und im Gewerbe Fufs zu fassen, sind in dem beigegebenen Verzeichnis (S. 628) die in Frage kommenden, mit Gas geheizten Apparate und deren Anwendungsgebiete sowie einige der wichtigsten Fabrikanten solcher Apparate zusammengestellt.

Irgendwelchen Anspruch auf Vollständigkeit soll dieses Verzeichnis nicht erheben, es ist nur das Ergebnis der mir bekannt gewordenen Verwendungsarten, und ich hoffe, dafs es Anlafs dazu geben möge, von Ihnen ergänzt zu werden und allmählich zu einer unabsehbaren Länge anzuwachsen. Aber schon diese unvollkommene Liste gibt einen Fingerzeig, wo das Gas vorzugsweise Anwendung findet und wo eine Steigerung der Gasverwendung möglich ist.

1. Glühen und Schmelzen.

Ein reiches Feld für die Anwendung des Gases bietet die Härtetechnik, bei der namentlich Muffelöfen mit Gebläsefeuer zur Anwendung kommen. Das Gas konkurriert hier allerdings mit anderen billigeren Gasarten, wie Wassergas, Generatorgas, sowie auch mit den mittels Koks geheizten Öfen. Der Hauptvorteil der Gasfeuerung besteht in der aufserordentlichen, einfachen Regulierung des Hitzegrades und der bequemen Überwachung, neben dem sauberen, jede Belästigung durch Rufs und Rauch ausschliefsenden Betrieb. Die Verwendung des Wassergases und Generatorgases ist nur da möglich, wo die Gröfse des Betriebes eine besondere Gasanlage zuläfst. Die rapide Entwicklung unserer Werkzeugmaschinen macht fast in allen Betrieben gut gehärtete, scharfe Stahlwerkzeuge notwendig, und in allen diesen Fällen sind Härteöfen mit Gasfeuerung in Verwendung. Die Werkzeuge werden zunächst in Platten-Glühöfen und Einsatzöfen oder in geschlossenen Muffelöfen zum Glühen gebracht und auf eine ganz bestimmte Temperatur, die je nach Stahlqualität zwischen 550 bis 1200° C schwankt, erhitzt. Die zweite wichtige Operation ist das Abkühlen, Anlassen, Nachlassen oder Temperieren des Stahles, das unter Luftabschlufs in Bädern von Salzlösungen, Öl oder von geschmolzenem Weichmetall erfolgt. Je nach dem betreffenden Vorgang unterscheidet man zwischen Härteöfen, Plattenöfen, Einsatzöfen, Schmelzbädern, Anlaſsöfen usw. Daneben finden auch Tiegelöfen zum Schmelzen von Metall aller Art, wie Gold, Silber, Kupfer, Messing usw., in Graphittiegeln, für Laboratorien, Gold- und Silberschmiede, für Herstellung von Legierungen etc. ausgedehnte Anwendung.

Einen interessanten Überblick über die verschiedene Anwendbarkeit solcher Öfen gibt die Broschüre »Moderne Gasfeuerstätten« von De Fries & Co. in Düsseldorf.

Ähnliche Öfen werden auch in der Porzellan-, Email- und Glasindustrie zum kontinuierlichen schnellen Einbrennen von Malerei auf Flachglas, von Thermometer-Skalen, Verschluſsknöpfen für Flaschen und anderen Porzellanwaren, Emailschildern, Likörgläsern, Bechern und ähnlichen Waren angewendet. Die Heizgase umspülen zuerst die untere oder Hochglutmuffel, darauf die obere oder Anwärmemuffel und zuletzt die Anwärmekammer, wodurch sie voll ausgenutzt werden. Interessante Einzelheiten bietet der Katalog von Paul A. F. Schulze in Dresden. Auch die Firma Hahn & Kolb in Stuttgart baut Glüh- und Härteöfen für die moderne Werkzeugfabrikation und weist besonders auf die Vorteile der Salzbadtiegelöfen für Gasheizung hin, die namentlich dort unentbehrlich sind, wo Schnellschnitt-Stahlwerkzeuge aus Wolframstahl Verwendung finden, für deren Härtung je nach der Stahlsorte eine Temperatur von 1100 bis 1300° C erforderlich ist.

Eine überaus vielseitige Anwendung findet das Gas zum Löten mit Apparaten, vom einfachen durch die Bunsenflamme erhitzten Lötkolben beginnend, bis zu den mit Gebläse eingerichteten Löttischen, die namentlich in der Fahrradindustrie zur Anwendung kommen. Gegenüber den einfachen Lötkolbenerhitzern, in denen die Wärme meist schlecht ausgenutzt wird, bieten die Apparate, bei denen das Gasventil durch das Auflegen des Lötkolbens sich selbsttätig öffnet und beim Abheben des Lötkolbens wieder schlieſst, den Vorteil groſser Gasersparnis. Für gröſsere Betriebe scheint sich die Anwendung von Gebläsen zu empfehlen. Die kleine heiſse

Gebläseflamme gestattet, die Wärme genau auf die zu heizenden Punkte zu konzentrieren und ist deshalb für alle Fälle, wo Metallteile direkt auf der Flamme geheizt und auf hohe Temperatur gebracht werden müssen, von Vorteil. Der in den meisten Betrieben vorherrschende elektrische Antrieb kann in einfachster Weise für solche Gebläse nutzbar gemacht werden.

Die Anwendung des Gases zum Schmelzen und Glühen ist mit den vorstehend geschilderten Anwendungsformen noch keineswegs erschöpft; in dem beigegebenen Verzeichnis sind noch weitere einschlägige Industrien zu finden. Von Interesse ist es dabei zu sehen, dafs die elektrotechnischen Fabriken als Gasabnehmer für diese Zwecke eine besondere Rolle spielen.

Schon die Kohlenfäden der alten Glühlampen wurden häufig in grofsen Öfen mit Gas verkohlt und geglüht. In den neueren Metallfadenlampenfabriken dient das Gas in grofsem Mafsstab zum Schmelzen der Glasbirnen und der Fassungen für die Fäden. Diese Fabriken gehören in einigen Städten zu den gröfsten Gaskonsumenten. Nebenher gebrauchen aber viele Fabriken der Elektrizitätsbranche, wie Sie aus dem Verzeichnis sehen, das Gas zum Härten, Schmelzen, Trocknen, zum Löten, in Akkumulatorenwerken zum Ausschmelzen der Bleiplatten und man sieht daraus, wie selbst die elektrotechnischen Artikel das Gas nicht entbehren können.

Eine sehr interessante Anwendung findet das Gas zum Schmelzen von Metall in der Stereotypie und im Buchdruck. Das Kempewerk-Nürnberg liefert eingemauerte Schmelzkessel mit Gasheizung, in denen grofse Mengen des Lettern- und Linienmetalles stets in flüssigem Zustande gehalten werden. Ist die Masse einmal geschmolzen, so reicht ein geringer Gasverbrauch aus, sie flüssig zu erhalten. Die Reinlichkeit und Bequemlichkeit der Gasfeuerung ermöglicht es, die Schmelzeinrichtungen ohne jede Belästigung in den Räumen unterzubringen in denen die betreffenden Lettern und Linien gegossen und gebraucht werden. — Ungemein sinnreich erdacht sind die Setz- und Giefsmaschinen, die von Henry

Garda in Leipzig nach dem amerikanischen System Monotype in den Handel gebracht werden. Schmelzen des Metalles, Giefsen der Lettern und Linien, Setzen dieser Lettern in Zeilen nach einem vorliegenden Manuskript — das alles ist das Werk eines Augenblicks.

In neuerer Zeit hat sich die sog. autogene Schweifsung, die im Grunde genommen nichts als ein Schmelzverfahren ist, in der Industrie in ausgedehntem Mafse eingeführt. Neben dem für diese Zwecke bevorzugten Wasserstoff und Azetylen hat die Firma Keller & Knappich in Augsburg-Oberhausen auch das Steinkohlengas für die autogene Schweifsung dienstbar gemacht, indem sie das Gas durch Karburieren mit Benzindämpfen heizkräftiger macht. Die Temperatur des Schweifskegels der karburierten Leuchtgassauerstoffflamme beträgt ca. 2000° C und gestattet, ähnlich wie die Wasserstoffflamme, Schweifsungen bis zu 6 bis 8 cm Materialstärke. Dabei stellen sich die Kosten billiger, abgesehen davon, dafs das Gas überall zur Verfügung steht und eine Lagerung vorrätigen komprimierten Gases in Stahlflaschen wegfällt. Wenn auch heute noch Wasserstoff und Azetylen mit Vorliebe zur autogenen Schweifsung verwendet wird, so scheint die Leuchtgasschweifsung doch berufen, an Stelle des Hartlötens mit der Gebläseflamme in vielen Werkstätten, so namentlich zum Hartlöten für Gürtler und Juweliere etc. sich einzubürgern.

Über das Verfahren selbst gibt eine Broschüre »Die autogene Schweifsung mit Leuchtgassauerstoff« von Jakob Knappich in Augsburg Aufschlufs.

2. Erhitzen.

Wir haben im vorausgehenden gesehen, dafs das Gas besonders da am Platze ist, wo es auf hohe Temperaturen ankommt. Unabsehbar ist die Zahl derjenigen Betriebe, in denen es zum Erhitzen auf mäfsige Temperatur verwendet wird. Eines der ältesten Anwendungsgebiete ist das in Sengmaschinen für die Textilindustrie. Für grofse Betriebe scheint zwar das Generatorgas den Vorzug gröfserer Billigkeit zu besitzen, und auch die Flamme, die das Sauggas liefert, soll sich für den Zweck des Sengens besser eignen als die Steinkohlengasflamme. Untersuchungen über diese Frage sind in dem »Bulettin Société de Mulhouse« sowie in der neuesten Auflage des Lehrbuches von Löwenthal veröffentlicht. Im Interesse des Gasfaches scheint es gelegen, das Augenmerk auf diese Vorgänge in fremden Industrien zu richten, um dafür zu sorgen, dafs das Gas nicht aus Gebieten verdrängt werde, die es schon seit vielen Jahren mit Erfolg beherrscht hat. Ungemein vielseitig ist die Anwendung des Gases in Spezialmaschinen, die die Wärme nur an einzelnen Stellen zu ganz bestimmten Vorrichtungen benötigen. Sehr lehrreiche Beispiele zeigen uns die Kartonagenfabriken, bei denen das Pressen der einzelnen Teile, das Glätten der Oberflächen, das Zusammenkleben usw. stets unter Erwärmung der betreffenden Maschinenteile mit Gas erfolgt. Ähnlich ist es auch bei der Herstellung der Hutformen sowie bei allen Betrieben, bei denen ein Gegenstand in angefeuchtetem Zustande geprefst und gleichzeitig durch die Hitze getrocknet wird.

Ein überaus wichtiges und ausgedehntes Gebiet der gewerblichen Gasverwendung ist das Plätten. Wenn auch vereinzelt Koks oder Elektrizität als Heizmittel anzutreffen ist und für grofse Betriebe und grofse Wäschestücke Dampf zur Anwendung kommt, so ist doch das Gas vorzugsweise berufen, zum Plätten kleinerer Gegenstände der verschiedensten Art zu dienen, und wir finden es vom einfachen Plätteisen an bis zur Plättmaschine in den verschiedensten Betrieben, die aus dem Verzeichnis zu entnehmen sind.

Neben den bekannten Plätteinrichtungen, die im Haushalt überall anzutreffen sind, hat die Gasbügelofengesellschaft m. b. H. in Hamburg ein System der Bügelöfen »System Henniger« ausgebildet, das für das weitverzweigte Konfektionsgewerbe dient und sowohl für kleine wie für grofse Betriebe geeignet ist. Diese Bügelöfen, deren gröfste Nummern gleichzeitig bis zu 20 Eisen zu erwärmen gestatten, zeichnen sich durch sparsamen Gasverbrauch und zweckmäfsige Ausnutzung des Brennstoffes aus. In den vorliegenden Zeugnissen wird besonders die Verbesserung der hygienischen Zustände in den Arbeitsräumen hervorgehoben.

Ich habe in München eine grofse Herrenkleiderfabrik besichtigt, in der sieben solche Bügelöfen in Verwendung sind. An einem Ofen mit 9 Brennern arbeiten im ganzen 18 bis 20 Leute. Das Gesamtpersonal, das in diesen Werkstätten beschäftigt ist, beläuft sich auf 160 bis 170 Mann. Der jährliche Gasverbrauch eines Ofens betrug 9035 cbm bei täglich 10stündiger Arbeitszeit. Bei 300 Arbeitstagen erfordert also das Bügeln mit 20 Mann pro Stunde 3 cbm oder 42 Pf., pro Mann also 2,1 Pf. Dieser billige Betrieb ist dadurch möglich, dafs der Heizraum allseitig gut isoliert und mit isolierten Deckeln abschliefsbar ist. Die Eisen stehen nicht nur auf den Brennern selbst, sondern eine zweite auf einem Rost darüber stehende Reihe von Eisen nützt auch noch den beträchtlichen Wärmeinhalt der abziehenden Verbrennungsgase aus. Die einzelnen Brenner sind durch Hähne zu regeln, die auf einer senkrecht angebrachten Schalttafel ähnlich einer elektrischen Schalttafel übersichtlich angeordnet sind. Jeder Brenner ist nochmals für sich je nach dem Gasdruck einstellbar, so dafs eine Gasverschwendung durch die Arbeiter ausgeschlossen ist. Die Firma äufserte sich sehr zufrieden, betonte aber, dafs der Betrieb nur dann rationell ist, wenn jeder Gasverschwendung durch genaues Einstellen der Flammengröfse vorgebeugt wird. Sie hat auch den Gasverbrauch ihrer Öfen durch Einschalten besonderer Gasmesser kontrolliert und liefert uns einen neuen Beweis dafür, dafs das Gas als technisches Heizmittel nur da seinen Zweck richtig erfüllt, wo es sparsam verwendet wird.

Für Wäschereien, Krankenhäuser u. dgl. ist neben den mit Dampf geheizten Plättmaschinen vielfach eine Gasbügelmaschine anzutreffen, deren hohle Stahlwalze von innen mit Gas geheizt wird, dem geprefste Luft durch ein Gebläse zugeführt wird. Die leistungsfähige kleine Maschine, die im Tag bei elfstündiger Arbeitszeit ungefähr 3 cbm Gas verbraucht, dient hauptsächlich zum Plätten kleinerer Stärkwäsche.

Es gibt kaum einen Zweig der modernen Industrie, auf dem nicht Vorrichtungen zum Trocknen zu finden wären. Wenn hierfür in erster Linie der Dampf das Feld beherrscht, so erfreut sich doch auch das Gas einer vielseitigen und steigenden Anwendung. Die Möglichkeit, je nach Bedarf bei geringeren oder höheren Temperaturen trocknen und diese Temperatur leicht regeln zu können, sichert ihm neben seinen sonstigen Vorteilen gerade auf diesem Gebiet eine grofse Zukunft. Eine gröfsere Firma bemerkt hierzu folgendes:

»Eine am meisten bevorzugte Heizungsart ist die mittels Gas, welche bezüglich der aufserordentlichen Reinlichkeit des Betriebes, der leichten Regulierbarkeit, ferner der äufserst schnellen Erzielung jeder Hitze sowie in bezug auf Bequemlichkeit vor allen anderen Heizarten den Vorzug verdient. Wo es darauf ankommt, sehr hohe Temperaturen zu erzielen, wird nur Gasheizung in Anwendung gebracht.«

Die gröfsten Anforderungen an solche Trockenschränke werden in technischen Laboratorien und in solchen Anstalten gestellt, in denen sog. Brutkästen zur Züchtung von Bakterienkulturen verwendet werden. Diese Schränke sind mit Thermoregulatoren ausgerüstet, die die einmal eingestellte Temperatur selbsttätig konstant halten. Diese auf der Ausdehnung des Quecksilbers oder auf der verschiedenen Ausdehnung zweier Metallegierungen beruhenden Regulatoren ermöglichen es, die Temperatur in den Brutkästen bis auf $^1/_{10}{}^0$ C einzustellen und konstant zu erhalten. Eine reiche Auswahl solcher Apparate ist in dem Katalog der Vereinigten Fabriken für Laboratoriumsbedarf, G. m. b. H. in Berlin, Abteilung für Biochemie, zu finden.

Eine sehr aussichtsvolle Verwendung hat das Gas neuerdings zum Räuchern des Fleisches in den sog. Gasräucheröfen gefunden. Die auf diesem Spezialgebiet hervorragende Firma Richard Heike, Berlin C., schreibt hierüber:

»Kommt für gröfsere Betriebe im allgemeinen nur die kalte Räucherei in Betracht, so tritt neben dieser bei mittleren Betrieben durchweg noch die Schnell- oder Heifsräucherei in Frage. Eine fast unbekannte Ausdehnung hat diese Methode in den letzten Jahren gefunden, was zum grofsen Teil auf die geänderte, gegenüber früher anders geartete Geschmacksrichtung des breiten Publikums zurückzuführen ist. Die vielfach momentane Beanspruchung in quantitativer Beziehung in Fleisch- und Rauchwaren setzt eine schlagfertige Produktionsfähigkeit voraus, und hierfür tritt die Schnellräucherei mit Erfolg in Frage. Die speziellen Vorteile der Gasräucherei bestehen darin, dafs die Rauchbelästigung fast gänzlich in Fortfall kommt, was besonders für Berlin mit seinen kritischen Verhältnissen wertvoll ist, weiterhin in der überhobenen Sorge um trockenes Räuchermaterial und der Platzverhältnisse hierfür, endlich aber in der Erzielung einer gleichmäfsigen, schönen, lichtbraunen Ware.«

Auch in den alten grofsen Räuchertürmen findet man Gasbrenner zur Beschleunigung des Räucherverfahrens eingebaut.

Im Anschlufs an das Räuchern sei noch der Anwendung des Gases zum Rösten von Kaffee gedacht. An den Auslagefenstern einer grofsen Kolonialwarenfirma in München kann man das Publikum stehen sehen, wie es aufmerksam den Betrieb einer grofsen mit Gas betriebenen Kaffeeröstmaschine verfolgt, in der bei jeder Beschickung 20 kg Kaffeebohnen in ca. 15 Min. vor den Augen des Publikums geröstet werden. Der Vorgang des Röstens und Abkühlens vollzieht sich ohne jegliche Entwicklung von Dämpfen in elegantester Weise. Nur schade, dafs nicht ein Plakat besagt: »Dieser Kaffee wird mit Gas geröstet«. Denn der elektrische Antrieb der Maschine ruft jedenfalls auch hier, wie so oft, den Gedanken wach, dafs alles »elektrisch« gemacht wird. Nur zu oft findet man gewerbliche Aufschriften wie »elektrische Waschanstalt«, »elektrische Plätterei« usw., ich kann mich aber keines Falles entsinnen, wo ich die Reklameaufschrift gefunden hätte »Gas-Plättanstalt«, »Gas-Kaffeerösterei« od. dgl. Trotzdem hat die Firma Kirsch & Maufser in Heilbronn, die diese Röstmaschinen baut, seit kurzem schon über 300 Stück solcher Schnellröstmaschinen abgesetzt. Diese Apparate eignen sich auch zum Rösten von Gerste, Kakao und anderen Produkten.

An die Verwendung des Gases zum Einkochen von Konserven, zum Dünsten von Obst und Gemüse sei hier nur flüchtig erinnert.

3. Kochen.

Auch die Verwendung des Gases zum Kochen, Braten und Backen in Hotels- und Restaurationsbetrieben, Kaffees und Konditoreien kann hier nur vorübergehend gestreift werden. Hervorzuheben ist, dafs die hygienischen Vorzüge der Gasfeuerung besonders in Krankenhäusern und Sanatorien ausschlaggebend sind und dafs in modernen Anstalten neben der Dampfküche immer mehr die Gasheizung Platz greift. Musterbeispiele solcher Anlagen finden wir z. B. in Davos, wo die Vermeidung jeglichen Rufses und Rauches ausschlaggebend für die ausschliefsliche Verwendung des Gases gewesen ist. Aus dem beigegebenen Verzeichnis ist die weite Anwendbarkeit des Gases für diese Art von Betrieben zu ersehen.

Ganz besonders ist auf die vielseitige Anwendbarkeit der grofsen sog. Etagenbrat- und Backöfen hinzuweisen, die sowohl für Anstaltsküchen, Restaurationen und Hotels als auch für Konditoreien und Feinbäckereien in Betracht kommen. Das rasche und bequeme Arbeiten, die gleichmäfsig schöne Farbe der Backwerke wurde mir bei Besuch eines Hotelbetriebes durch den Küchenchef besonders gerühmt. Merkwürdig ist, dafs das Braten am Spiefs und auf dem Rost — wenigstens bei uns in Süddeutschland — noch immer vorzugsweise mit Holzkohle geschieht, weil man der Ansicht ist, dafs die vom Holzkohlenfeuer ausgestrahlte Wärme sich besser für diese Zwecke eigne. Meines Erachtens ist das Braten auf dem Rost und am Spiefs mit Gas bei uns in Deutschland noch viel zu wenig verbreitet. Man hat in weiten Kreisen noch gar keine Ahnung davon, um wie viel schmackhafter und saftiger die auf solche Weise hergestellten Braten sind gegenüber dem üblichen Braten im Rohr mit der Bratpfanne Ich betrachte es als eine Kulturaufgabe, durch Unterricht dahin zu wirken, dafs durch möglichste Verbreitung des Bratens auf dem Rost und am Spiefs mittels der heute schon existierenden schönen Spezialgasapparate auch unsere deutsche Küche auf das höhere Niveau der französischen Küche gehoben werde. Wird doch dadurch unseren deutschen Hausfrauen ein neuer Ansporn gegeben, ihr Interesse wieder mehr der Küche zuzuwenden und selbst zur Veredelung dieser wichtigen Tätigkeit beizutragen.

Für Grofsbetriebe sind noch die grofsen Kochkessel von Wichtigkeit, die zwar meistens mit Dampfheizung geliefert werden, die aber auch mit Gasfeuerung zu den verschiedenen Zwecken anwendbar sind. Wir finden da sog. Bouillonkessel, Schinkenkessel, feste und kippbare Kochkessel und Waschkessel für Waschzwecke. Besonders möchte ich auf die Selbstkoch-Kippkessel der Schweizerischen Gasapparatefabrik Solothurn aufmerksam machen. Sie verbinden das Prinzip des Kochkessels mit dem der Selbstkocher, indem sie den Kessel allseitig isolieren und nach dem Ankochen nicht nur den Gashahn, sondern auch den Zutritt der Luft abschliefsen, so dafs die Wärmeaufspeicherung genügt, um den Inhalt mehrere Stunden fortkochen zu lassen. Auch hier ist wieder die Sparsamkeit im Gasverbrauch die Quelle des Fortschrittes.

Zum Schlufs erübrigt es noch, eines Absatzgebietes zu gedenken, das sich in ganz ungeahnter Weise entwickelt hat und vielleicht eines der aussichtsreichsten genannt werden kann.

Der Heifswasserapparat, der ursprünglich nur als Badeofen in den Badezimmern zu finden war, hat sich heute zu einem unentbehrlichen Hilfsmittel der Warmwasserversorgung ganzer Gebäude und Anstalten entwickelt, und nicht nur das, er hat sich auch auf dem Gebiet der Zentralheizung mittels Dampf oder Heifswasser als überaus wichtiges und nützliches Glied in die moderne Heiztechnik eingeführt. Das Gas hat damit seine Vorzüge gegenüber den festen Brennstoffen auch in der Zentralheiztechnik geltend gemacht, und ebenso, wie es in der Küche den Kohlenherd immer mehr in den Hintergrund drängt, so ist zu erwarten, dafs es auch hier der schwerfälligen Heizung mit festen Brennstoffen mit immer gröfserem Erfolg an die Seite treten wird.

Überblicken wir nochmals das reiche Feld der Gasverwendung in Industrie und Gewerbe, so sehen wir, daſs es fast unmöglich ist, alle Anwendungsformen des Gases aufzuzählen, geschweige denn eingehend zu beschreiben. Dies ist auch nicht der Zweck der vorliegenden kleinen Studie; dieser ist vielmehr dann erfüllt, wenn die Aufmerksamkeit unseres Faches auf die reichen Absatzmöglichkeiten des Heizgases hingelenkt und ein kleiner Anhaltspunkt dafür gegeben ist, diese Verwendungsmöglichkeiten weiter zu verfolgen und zu unterstützen. Die Zeiten sind vorüber, in denen die Gaswerke die Entwicklung ihres Absatzes sich selbst überlassen konnten. Sie sind gezwungen, wie jeder Kaufmann, das Absatzgebiet zu bearbeiten und es würde mich freuen, zu diesem Zweck Ihnen Anregung und einen kleinen Wegweiser an die Hand gegeben zu haben.

Verzeichnis von Gasapparaten für industrielle und gewerbliche Zwecke, ihres Verwendungsgebietes und einiger Bezugsquellen.

Apparate	Verwendungsgebiet	Bezugsquellen
Anlaßöfen	Schiffswerften . .	siehe Muffelöfen
	Uhrfederfabriken .	» »
Anwärmeöfen . . .	Geschirrfabriken .	» »
Anzünden d. Cupolöfen	Eisengießereien .	» Brenner
Appreturmaschinen .	Samt- und Seidenwebereien . . .	siehe Sengmaschinen
Ausschmelzöfen für Bleiplatten	Akkumulatorenwerke	» Muffelöfen
Autogene Schweißung	Blechbearbeitung . Gürtler . . . . . Juweliere . . . . Klempnereien . . Mech. Werkstätten Metallwarenindustrie . . . Reparaturwerkstätt. Schlossereien . . Schmieden . . .	Keller & Knappich, Augsburg-Oberhausen
Autoklaven	Laboratorien . . .	siehe Laboratoriumsapparate
Badeöfen	Heilanstalten . .	» Heißwasserapparate
Bandschneidemaschin.	Appreturanstalten .	siehe Sengmaschinen
Bains-Maries . . . . Baumkuchenbackapparate . . . . . Baumtortenbackapparate	Kaffeebetriebe . . Restaurationsbetr. . Feinbäckereien . . »	siehe Kochapparate
Beizkessel . . . . . Bleihärteöfen . . . . Bleischmelzöfen . . .	Emaillierereien . . Appreturfabriken . Elektrotechn. Fabr. Stahlkugelwerke . Stahlwerke . . . Elektrotechn. Fabr.	» Muffelöfen
Brat- und Backöfen .	Feinbäckereien . .	siehe Kochapparate

Apparate	Verwendungsgebiet	Bezugsquellen
Brat- und Backöfen .	Heilanstalten . . Hotelbetriebe . . Restaurationsbetr. .	siehe Kochapparate
Brausebäder	Heilanstalten . .	» Heifswasserapp.
Brenner f. industrielle Zwecke	Appreturanstalten .	Akt.-Ges. für Selasbeleuchtg., Berlin N., Gerichtstr. 23 Butzke, F., Berlin, S. 42 Siemens, F., Dresden Zentralwerkstatt, Dessau
Brenner f. Dampfbadestühle	Badeverwaltungen .	
Brenner.	Gipsöfen . . . . Kalanderwalzen . Papierfabrikations-Maschinen . . . Plätteinrichtgn. . .	
Brenner zum Trocknen des Klebstoffes . .	Briefmarkenfabrikation	
Brenner für Weizendarren	Brauereien . . .	
Brennscherenerhitzer .	Friseure	Zentralwerkstatt, Dessau
Brutöfen	Geflügelzucht . .	Sartorius & Söhne, Göttingen 102
Brutschränke f. Bakteriologie	Laboratorien . . .	Fr. Siemens, Dresden, Vereinigte Fabriken für Laboratoriumsbedarf, Berlin N.
Bunsenbrenner . . .	»	siehe Brenner
Cartonnagenmaschinen m. Gasheiz.	Cartonnagefabriken . . .	Karl Gofsweiler, Schwarzenberg i. Sa. Jagenberg, Ferd. Emil, Düsseldorf
Cyankalihärteöfen . .	Gufsstahlfabriken . Nähmaschinenfabr.	siehe Muffelöfen
Dampfapparat . .	Bäckereien . . .	Gebr. Oberle, Villingen (Baden)
Dampfbäder	Laboratorien . . .	siehe Laboratoriumsapparate
Dampftöpfe	»	
Desinfektionsapparate	» Desinfektionsanstalten . . . Heilanstalten . .	
Destillierapparate . .	Laboratorien . . .	

Apparate	Verwendungsgebiet	Bezugsquellen
Diamanten-Schleifapp.	Diamanten- schleifereien . .	Fr. Siemens, Dresden
Dunstschränke . . .	Konservenfabriken	siehe Wärmeschränke
Einsatzhärteöfen	Armaturenfabriken Elektrotechnische Fabriken . . . Gasmotorenfabrik.	› Muffelöfen
Eismaschinen . . .	Feinbäckereien Hotelbetriebe . .	Krebs & Hirsche, Leipzig
	Laboratorien . . .	Vereinigte Fabriken für Laboratoriumsbedarf, Berlin
Emaillieröfen . . .	Emaillierfabriken . Bijouterieindustrie	De Fries & Co., Düsseldorf
Entfettungsapparat zur Entfettung von Knochen	Laboratorien . . .	Vereinigte Fabriken für Laboratorien, Berlin
Etagenbacköfen . . .	Feinbäckereien . . Heilanstalten . . Hotelbetrieb . . . Restaurationsbetr. .	siehe Kochapparat
Extraktionsapparat. .	Laboratorien . . .	› Laboratoriumsapparate
Fernheizung. . .	Fabriken . . . . Bureaus . . . . Warenlager . . . Heilanstalten . . Badeanstalten . . Gasbehälterheizg. . Wohnungen Hotels	› Heifswasserapp.
Fettschmelzapparate (Fritüre)	Hotels	Senking, Hildesheim
Glasschmelzöfen .	Glasindustrie . .	De Fries & Co., Düsseldorf
Gasiermaschinen . .	Webereien . . .	siehe Sengmaschinen
Gasöfen f. Glasstangen › z. Ausglühen von Kupferröhren .	Glaswarenfabriken Schiffswerften . .	› Muffelöfen
Gauffriermaschinen .	Appreturanstalten .	› Sengmaschinen
Gebläse	Elektr. Lampenfabr.	› Laboratoriumsapparate
›	Glasbläsereien . .	› Laboratoriumsapparate

Apparate	Verwendungsgebiet	Bezugsquellen
Gießmaschinen	Buchdruckereien	Henry Garda, Leipzig
Gießöfen f. Spritzguß	Feinmechanik	Küstermann & Co., Berlin
Glühöfen	Glashütten Schiffswerften	siehe Muffelöfen
Grillapparate	Anstaltsküchen Hotelbetriebe Restaurationsbetr.	» Kochapparate
Haartrocken-apparate	Friseure	» Shampoonierapp.
Härten d. Panzerplatten	Stahlwerke	» Muffelöfen
Härteöfen	Bohrmaschinen-fabriken Panzerkassen-fabriken Techn. Hochschulen	
Heißwasserapparate	Ärzte Badeanstalten Brauereien (Flaschenspülen) Friseure Heilanstalten Laboratorien Likörfabriken (Flaschenspülen) Photographen Weinhandlungen (Flaschenspülen)	Butzke, F., Berlin, S. 42 Eisenwerk Gaggenau Flügge, C., Hamburg Houben Sohn Carl Junkers & Co., Dessau Kutscher, R., Leipzig Meurer, G., Eisenwerk, Cossebaude-Dresden Ruud, Heißwasserap-paratebau, Hamburg Schulz & Sackur, Berlin SW. Wilhelmstr. 121 Siemens, Fr., Dresden Vaillant J., G. m. b. H., Remscheid Zentralwerkstatt, Dessau
Heizbrenner	Laboratorien	siehe Brenner
Heizöfen	Kirchen Läden Magazine Schulen Säle Theater Weinkeller Werkstätten Wohnungen	Houben Sohn Carl A.-G., Aachen Junkers & Co., Dessau Kutscher, R., Leipzig Meurer, G., Cossebaude-Dresden Schöne & Pape, Harz-gerode Siemens, Fr., Dresden Zentralwerkst., Dessau

Apparate	Verwendungsgebiet	Bezugsquellen
Heizung von Brunnentischen	Badeverwaltungen	Siemens, Fr., Dresden
Herde	Heilanstalten Hotelbetriebe Restaurationsbetr.	siehe Kochapparate
Hutpressen	Hutformenfabriken	Grahl & Hoehl, Dresden, Zwickauerstr. 45
Kaffeeherde	Heilanstalten Hotelbetriebe Restaurationsbetr.	siehe Kochapparate
Kaffeemaschinen	»	A. Vofs, sen., Hannover
Kaffeeröster	Kaffeebrennereien	siehe Kochapparate
Kaffeeröstmaschinen	Kolonialwarengeschäfte	Kirsch & Mauser, Heilbronn
Kalandermaschinen	Appreturanstalten	siehe Sengmaschinen
Kerntrockenöfen	Formereien	» Wärmeschränke
Kippkessel	Anstaltsküchen	Schweizerische Gasapparatebau-Fabrik Solothurn
Kochapparate	Anstaltsküchen Hotelbetrieb Restaurationsbetr.	Butzke, F., Berlin S. 42 Eisenwerk Gaggenau, Gaggenau Kikow, H. & Co., Berlin C., Spittelmarkt Kutscher, R., Leipzig Meurer, G., Eisenwerk, Cossebaude-Dresden Schöne & Pape, Harzgerode Schulz & Sackur, Berlin SW. Wilhelmstr. 121 Schweizerische Gasapparatebau-Fabrik, Solothurn Senking, Hildesheim Siemens, Fr., Dresden Vofs, A. sen., Hannover-Sarstedt Wamsler, Fr., München Zentralwerkstatt, Dessau
Kochherde	Anstaltsküchen Hotelbetriebe Restaurationsbetr.	siehe Kochapparate
Kochkessel	Chem. Fabriken Fleischergewerbe Heilanstalten Konservenfabriken	siehe Kochapparate

Apparate	Verwendungsgebiet	Bezugsquellen
Laboratoriums-apparate	Apotheken . . . Laboratorien . . .	Vereinigte Fabriken für Laboratoriumsbedarf, Berlin
Lackieröfen	Blechemballage-fabriken . . . Elektrizitätszähler-fabriken . . .	siehe Wärmeschränke
Lagermetall-Schmelz-öfen	Armaturenfabriken Maschinenfabriken Motorfahrzeug-werke	» Muffelöfen
Leichenverbrennungs-öfen	Krematorien . . .	—
Leimkocher	Buchbindereien . . Schreinereien . .	Hommel, G. m. b. H., Mainz Schöne & Pape, Harz-gerode Siemens, Fr., Dresden Zentralwerkstatt, Dessau
Liniengiefsmaschinen .	Stereotypie . . .	Küstermann & Co., Berlin
Lötkolbenerhitzer, Löt-öfen, Lötrohre . .	Elektr. Fabriken . Elektr.Glühlampen-fabriken Emaillierwerke . Gasmesserfabriken Gaswerke . . . . Konservenfabriken Kugellagerwerke . Maschinenfabriken Petroleum-Raffinerie . . . Schiffswerften Wasserwerke . . . Webstuhlfabriken .	Butzke, F. & Co., Berlin S. 42 De Fries & Co., Düsseldorf Hommel, G. m. b. H., Mainz Klotz, Dresden Zentralwerkstatt, Dessau
Lötlampen	Goldarbeiter . . . Zahntechniker . .	
Löttische	Automobilfabriken . Fahrradwerke . . Fittingsfabriken . Gufsstahlfabriken . Pumpenfabriken . Nähmaschinenfabr. Stahlwarenfabriken	De Fries & Co., Düsseldorf

Apparate	Verwendungsgebiet	Bezugsquellen
Marzipanback-apparate	Feinbäckereien . .	siehe Kochapparate
Milchkochkessel . .	Anstaltsküchen . .	Schweizerische Gas-apparatebau-Fabrik, Solothurn
Muffelöfen	Akkumulatoren-fabriken . . .	
	Bijouteriefabriken .	Zentralwerkstatt, Dessau
	Elektrotechnische Fabriken . . .	Baumann, Alb., Aue im Erzg.
	Emaillierwerke . .	
	Fahrradwerke . .	
	Feilenfabriken . .	Bornkessel, P., Berlin W. 30, Mozartstr. 7
	Gasmesserfabriken	
	Glasmalereien . .	De Fries & Co., Düsseldorf
	Gufsstahlwerke . .	
	Kugellagerwerke .	Hahn & Kolb, Stuttgart
	Kupferwalzwerke .	Hommel, G. m. b. H., Mainz
	Laboratorien . . .	
	Metallwarenfabrik.	Issem, C., Berlin-Pankow, Mühlenst. 18
	Nähmaschinenfabr.	
	Porzellanindu-strien	Pötter, G. m. b. H., Düsseldorf
	Röhrenwerke . .	Schöne & Pape, Harz-gerode
	Schiffswerften . .	
	Schnellpressen-fabriken . . .	Schuchert & Schütte, Berlin C.
	Schraubenfabriken .	Schulze, Paul A. F., Dresden-A. 28
	Stahlfedernfabriken	
	Stahlkugelwerke .	Vereinigte Fabriken für Laboratoriums-bedarf, Berlin N.
	Stockfabriken . .	
	Uhrenfabriken . .	
	Uhrfedernfabriken .	Zentralwerkstatt, Dessau
	Uhrkettenfabriken .	
	Wagenfabriken . .	
	Werkzeugfabriken .	
Nietglühöfen . .	Artilleriewerkstätt. .	siehe Muffelöfen
	Dampfkesselfabrik.	
	Feinmechanik . .	
	Gasmotorenfabrik. .	
	Gufsstahlfabriken .	
	Wassermesserfabr. .	
Ölanlafsöfen	Munitionsfabriken .	siehe Muffelöfen

Apparate	Verwendungsgebiet	Bezugsquellen
Plättapparate	Chem. Reinigungsanstalten . . . Färbereien . . . Gardinenfabriken . Heilanstalten . . Hotelbetrieb . . . Hutfabriken . . . Kleiderfabriken . . Konfektionsgeschäfte . . . Korsettfabriken . . Krawattenfabriken. Mützenfabriken . . Schirmfabriken . . Schürzenfabriken . Theatergarderoben. Tuchhandlungen . Wäschefabriken . Waschanstalten . .	Butzke, F., Berlin S. 42 Dimpfel, Maschinenfabrik, Geyerstraſse 8, München (Bügelmaschinen) Gasbügelofengesellsch. m. b. H., Hamburg Meurer, G., Eisenwerk, Cossebaude-Dresden Michaelis, A., München (Bügelmaschinen) Siemens, Fr., Dresden Zentralwerkstatt, Dessau
Platten-Glühöfen . .	Bijouteriefabriken . Chemisch. Fabriken Drahtindustrie . . Elektrotechnische Fabriken . . . Gasmotorenfabrik. Gaswerke . . . . Gewehrfabriken . Guſsstahlfabriken . Holzbearbeitungsfabriken . . . Kunststeinfabriken Munitionsfabriken . Nadelfabriken . . Schiffswerften . . Schraubenfabriken.	siehe Muffelöfen
Pressen-Heizbrenner .	Stuhlfabriken . .	Siemens, Fr., Dresden
Radreifenfeuer .	Eisenbahnwerkstätten . . Lokomotivfabriken Straſsenbahnen . .	De Fries & Co., Düsseldorf Aktiengesellschaft für Selasbeleuchtung, Berlin N. Maschinenfabrik »Deutschland«, Dortmund

Apparate	Verwendungsgebiet	Bezugsquellen
Räucheröfen	Fleischergewerbe .	Heike, Rich., Berlin C G. Hoffmann, Berlin, Alte Jakobstr. 8
Rohrlötöfen	Akkumulatorenfabriken . . .	siehe Lötöfen
Rohrschweifsfeuer . .	Röhrenwerke . . .	De Fries & Co., Düsseldorf
Röstapparate	Hotelbetriebe . .	siehe Kochapparate
Rostbratapparate . .	Restaurationsbetrieb	
Schiefsöfen . . .	Laboratorien . . .	» Laboratoriumsapparate
Schinkendämpfer . .	Delekatefshdlgn. . Hotelbetrieb . . . Schlächtereien . .	» Kochapparate
Schinkenkochkessel .	Delekatefshdlgn. . Hotelbetrieb . . . Schlächtereien . .	
Schmelzkessel . . .	Stereotypie . . .	Kempewerk, Nürnberg
Schmelzöfen	Chemisch. Fabriken Kesselschmieden . Laboratorien . . . Lackfabriken . . Spielwarenfabriken Techn.Hochschulen	siehe Muffelöfen
Schmiedefeuer . . .	Chemisch. Fabriken Gaswerke . . . . Gufsstahlfabriken . Maschinenfabriken Schiffswerften . . Stahlwarenfabriken	
Schriftgiefsereimasch. .	Buchdruckereien . Schriftgiefsereien .	Garda, Henry, Leipzig Küstermann & Co., Berlin, Prinzenallee 75
Schweifsöfen	Dampfkesselfabrik. Röhrenwerke	De Fries & Co., Düsseldorf James Farmer, Salford Gefsner, E., Maschinenfabrik Aue im Erzgeb. Weifsbach, C. H., Chemnitz
Sengmaschinen . . .	Appreturanstalten . Bleichereien . . . Tuchfabriken . . Samt- und Seidenwebereien . . .	Zittauer Maschinenfabrik, Zittau N. Rud. Ja, Gera-R. C. A. Hauboldt, Chemnitz Briem & Koch, Krefeld Volkmann & Co., Krefeld J. Kleinewefers Söhne, Krefeld

Apparate	Verwendungsgebiet	Bezugsquellen
Setzmaschinen . . .	Buchdruckereien .	Henry Garda, Leipzig, Buchgewerbehaus
Shampoonierapparate	Friseure	Bieler, Herm., Karlsruhe, Kaiserstr. 223 Junkers & Co., Dessau Siemens, Fr., Dresden Zentralwerkstatt, Dessau
Spiefsbratapparate . .	Hotelbetriebe . . Restaurationsbetr. .	siehe Kochapparate
Spülmaschinen . . .	Heilanstalten . . Hotelbetriebe . . Restaurationsbetr. .	Vofs, A. sen., Hannover-Sarstedt (Vortex) Wamsler, Fr., München
Stempelerhitzer . . .	Brauereien . . . Eichämter . . . . Kistenfabriken . . Zigarrenfabriken .	Zentralwerkstatt, Dessau Vereinigte Fabriken für Laboratoriumsbedarf, Berlin
Sterisilierapparate . .	Ärzte . . . . . Heilanstalten . .	Junkers & Co., Dessau Vereinigte Fabriken für Laboratoriumsbedarf, Berlin
Strecköfen	Glasindustrie . Porzellanindustrie .	Schulze, P. A. F., Dresden-A.
Tellerwärmer . .	Anstaltsküchen . .	siehe Wärmschränke und Kochapparate
Thermoregulatoren .	Laboratorien . . .	Junkers & Co., Dessau Vereinigte Fabriken für Laboratoriumsbedarf, Berlin
Thermostaten . . .	Laboratorien . . .	s. Thermoregulatoren
Tiegelöfen . . . . . Tiegelschmelzöfen . .	Gewehrfabriken . Laboratorien . . Diamantziehsteinfabriken . . . Elektrotechnische Fabriken . . . Phosphorbronzewerke	De Fries & Co., Düsseldorf Hahn & Kolb, Stuttgart Vereinigte Fabriken für Laboratoriumsbedarf, Berlin
Toaster . . . . . . Transchiertische. . .	Hotelbetriebe . . Restaurationsbetr. . Anstaltsküchen . .	siehe Kochapparate
Trockenkästen . . .	Laboratorien . . .	Vereinigte Fabriken für Laboratoriumsbedarf, Berlin

Apparate	Verwendungsgebiet	Bezugsquellen
Trockenöfen . . . . Trockenschränke . .	Apotheken . . . Blumenfabriken . ChemischeFabriken Elektrotechnische Fabriken . . . Fahrradfabriken . Farbenfabriken . . Gipsmodelleure . . Gummifabriken . Holzwarenfabriken Kabelfabriken . . Kartonnagefabrik. Malergeschäfte . . Optisch.Instrument. Rohrmöbelfabriken Spielzeugfabriken . Tabakfabrikation . Zelluloidfabriken . Laboratorien . . .	siehe Wärmeschränke
Typengiefsmaschinen .	Stereotypie . . .	Küstermann & Co., Berlin N. 20
Verbrennungsöfen	Laboratorien . . .	Vereinigte Fabriken für Laboratoriumsbedarf, Berlin
Vulkanisierapparate .	Gummifabriken . .	Siemens, Fr., Dresden
Wärmeschränke .	Hotelbetriebe . . Restaurationsbetr. .	Butzke & Co., Berlin N. 42 Hahn & Kolb, Stuttgart Hoffmann, G., Berlin, Alte Jakobstr. 8 Schöne & Pape, Harzgerode Siemens, Fr., Dresden Vereinigte Fabriken für Laboratoriumsbedarf, Berlin
Wärmetische . . . . Waffelbackapparate .	Heilanstalten . . Feinbäckereien . .	siehe Kochapparate
Walzenmasse-Schmelzapparate	Buchdruckereien .	Zentralwerkstatt, Dessau

Apparate	Verwendungsgebiet	Bezugsquellen
Warmwasserbehälter .	Laboratorien	Vereinigte Fabriken für Laboratoriumsbedarf, Berlin
Warmwassererzeuger .	Laboratorien . . .	Vereinigte Fabriken für Laboratoriumsbedarf, Berlin.
Waschkessel	Heilanstalten . . Wäschereien . . .	siehe Kochapparate
Wasserabkocher . . .	Heilanstalten . .	» Sterilisierappar.
Wasserbäder	Laboratorien . . .	» Laboratoriumsapparate
Wasserdestillierapparate	Laboratorien . . .	» Laboratoriumsapparate
Weichmetall-Schmelzöfen	Elektrotechnische Fabriken . . . Motorfahrzeugwerk. Strafsenbahn . .	» Schmelzöfen
Wurstkessel	Fleischergewerbe .	» Kochapparate
Zentralwarmwasserversorgung	Bahnhöfe . . . . Heilanstalten . . Hochschulen . . . Schlachthöfe . . .	» Heifswasserapp.

Herr Stadtrat Dr. Körner, Dresden: M. H., der Herr Vortragende hat uns in sehr interessanter Weise die vielseitige Verwendung des Gases in Industrie und Handwerk geschildert; es wäre sehr vorteilhaft, wenn das reiche Material in weitere Kreise dränge, besonders auch in die Kreise der Inhaber der kleinen Gewerbebetriebe und des Handwerks die in der Lage sind, Gas zu verwenden. Der Vortragende hat auch den Weg dazu angegeben; er hat gemeint, die Gaswerke möchten das Handwerk in geeigneter Weise über die vielseitige Verwendbarkeit des Gases unterrichten. Ich glaube, hier ist ein Feld, das noch mehr beackert und ausgebaut werden könnte. Soviel ich weifs, hat man sich in grofsen Gaswerken wohl damit beschäftigt, für die Verwendung des Gases zu hauswirtschaftlichen Zwecken Propaganda zu machen, Vorträge nach dieser Richtung zu halten, geeignete Apparate, auch im Betriebe, zu zeigen. Für die anderen Zwecke aber ist bisher wenig getan worden, und das ist in grofsen Gaswerken sehr erklärlich. Die Techniker, die angestellt sind, haben mit dem Betrieb und der Erweiterung der Werke, mit der Erweiterung des Rohrnetzes und mit dem Aufsenbetriebe, der jetzt viel mehr Arbeit in Anspruch nimmt als früher, hinreichend zu tun, so dafs sie, wenn sie auch hier und da einmal um Rat gefragt werden, doch nicht in der Lage sind, Rat zu erteilen, weil sie nicht die Zeit haben, den Fragen so nachzugehen, wie es der Vortragende jetzt zur Vorbereitung des Vortrages getan hat.

Deswegen ist es eine Aufgabe der Gaswerke, einen eigenen Beamten für diese Frage anzustellen, der nichts zu tun hat, als sich in der Frage der Gasverwendung zu informieren, die Technik der einzelnen Verwendungsstellen kennen zu lernen und seine Erfahrungen in die Kreise zu bringen, die geeignet sind, sie zu verwenden. Es wäre also eine Art Akquisiteur, der angestellt werden müfste, und der zugleich als Auskunfts. und Beratungsperson dienen könnte. Es braucht deswegen nicht irgendwie in die Tätigkeit des einzelnen Gewerbetreibenden eingegriffen zu werden. Es würde sich nur darum handeln, Rat zu erteilen; die Ausführung ist den einzelnen Gewerbetreibenden zu überlassen, die die erforderlichen

Apparate liefern, beziehungsweise den Vertretern der Industrie selber. Ich habe immer das Gefühl gehabt, dafs solche Beamte fehlen, und ich wollte mir daher erlauben, diese Anregung zu geben. Sollten solche Beamte bereits anderwärts bestehen, würde ich sehr dankbar sein, wenn ich davon Nachricht erhielte, heute vielleicht oder später brieflich.

Die Werke würden durch eine solche Betätigung nicht nur neue Abnehmer für das Gas finden, sondern auch dazu beitragen, dafs die Rauch- und Rufsplage wesentlich eingeschränkt wird. (Beifall.)

Vorsitzender: M. H., die Anregung des Herrn Vorredners ist mit ein Hauptgrund für die Begründung der Zentrale für Gasverwertung gewesen. Diese hat als eine ihrer Hauptaufgaben auf ihre Fahne geschrieben, weiteren Verwendungszwecken des Gases nachzuspüren und dafür geeignete Ingenieure, geeignete Damen heranzuziehen.

Herr Stadtrat Dr. Körner, Dresden: Mir ist bekannt, dafs die Zentrale für Gasverwertung nach dieser Richtung arbeitet. Sie kann aber nicht überall wirken; jedenfalls würde ein Beamter der Gasanstalt selbst, der in der Richtung arbeitet und entsprechend von der Zentrale unterstützt wird, Ergebnisse an den einzelnen Orten schneller und leichter erzielen.

Herr Direktor Loest, Mittweida: Ich möchte bitten, Erfahrungen über die Verwendung des Gases zum Brennen von Porzellan mitzuteilen; es ist mir wiederholt von Kollegen davon gesprochen worden. Ich habe mich dafür interessiert, und ich glaube, es dürfte wichtig sein, der Frage weiter nachzugehen, ob es nicht möglich ist, die Porzellanfabrikation künstlerisch in ganz kleinem Mafsstabe zu treiben, indem man das Material unter Umständen in ganz kleinen Apparaten im Hause brennen kann.

Herr Dr. E. Schilling, München: Ich möchte mir im Hinblick auf die ersten Ausführungen zu bemerken erlauben, dafs von seiten der Gasanstalten ja sehr wohl vorgegangen werden kann, und dafs man sich dabei mit der Zentrale für Gasverwertung gegenseitig in die Hand arbeiten mufs. Mir ist bekannt, dafs z. B. in Nürnberg das Gaswerk seine

Konsumenten besuchen läfst, und, wie mir gesagt wird, sehr schöne Erfolge damit erzielt hat. Wenn sich ein solcher Beamter auch nicht auf die eigentliche Propaganda werfen kann, so ist schon damit ein grofser Dienst getan, wenn er überhaupt nur die Konsumenten besucht, die Gas brennen, und denen, die vielleicht nicht zufrieden sind oder über zu hohen Gaskonsum klagen, den Weg zeigt, wie sie Gas sparen können; denn, wie ich schon erwähnte, wird ein solcher Konsument dann die Vorzüge des Gases doppelt anerkennen, und wird selbst wieder für die weitere Verbreitung der Gasheizung Propaganda machen.

Wegen der Porzellanöfen habe ich in meinem Vortrage schon erwähnt, dafs das Brennen von Porzellan, aber speziell von Malereien auf Porzellan, in Gasöfen ja schon in vielen Orten geschieht. Ich habe auch eine Firma aufgeführt, die diese Öfen baut.[1]) Es sind das zwar keine speziellen Porzellanbrennöfen, sondern Öfen, die zum Einbrennen von Malereien auf Porzellan und von Malereien auf Glas dienen. Jedenfalls werde ich noch Veranlassung haben, weitere Erfahrungen zu sammeln und sie später in dem Gasjournal zu publizieren. Ich bin aber für jede Anregung sehr dankbar und werde diese Frage noch weiter im Auge behalten.

Herr Direktor F. Kordt, Düsseldorf: Ich wollte noch dem Herrn Stadtrat Körner kurz mitteilen, dafs wir an Fräulein Wirt geschrieben haben, die mit der Gaszentrale in enger Verbindung steht, ob sie bereit ist, Kochschullehrerinnen in der Verwendung von Gas auszubilden; wir haben noch keine Antwort erhalten. Auch die Gaszentrale wird wohl später genügend Kräfte haben, die als Propagandareisende, wenn ich sie so bezeichnen darf, ausgebildet und hinausgeschickt werden können. Bis jetzt mangelt es allerdings noch an solchen Persönlichkeiten. Aber ihre Heranbildung ist unbedingt notwendig. Wir wollen es in Düsseldorf zunächst mit einer Kochschullehrerin versuchen, die von Zeit zu Zeit in der Kochschule selbst Vorträge hält und

[1]) Paul A. F. Schulze, Dresden-A. 28.

die anderen Kochschullehrerinnen anlernt; sie soll auch öffentliche Vorträge über das Kochen mit Gas überhaupt halten, um die Köchinnen in der Stadt und die Frauen, die selbst kochen, zu unterrichten.

Vorsitzender: Wünscht noch jemand das Wort? — Das geschieht nicht.

Dann danke ich Herrn Dr. Schilling für seine aufserordentlich gediegene und fleifsige Arbeit; sein Vortrag eröffnet uns Perspektiven für das Gasfach, an die wohl viele von uns gar nicht gedacht haben; diesen weiter nachzugehen ist jedenfalls eine aufserordentlich wichtige Aufgabe, der wir uns alle in vollem Mafse hingeben müssen, wenn wir unsere Tätigkeit als Gasfachleute voll und ganz ausfüllen wollen. Nochmals herzlichen Dank.

Verfahren zur gemeinsamen Auswaschung von Ammoniak und Schwefelwasserstoff aus dem Leuchtgas.

Herr Dr. Hurdelbrink, Königsberg i. Pr.

Der Zweck meiner Ausführungen soll sein, Sie auf ein Verfahren hinzuweisen, das es uns ermöglicht, Ammoniak und Schwefelwasserstoff gemeinsam aus dem Gase auszuwaschen, ein Verfahren, bei dem aufserdem noch der gewonnene Schwefel zu Schwefelsäure oxydiert wird und mit dem Ammoniak zusammen als schwefelsaures Ammoniak gewonnen wird. Vorausschicken möchte ich noch, dafs der Schwefelwasserstoff zunächst nur so weit ausgewaschen wird, als dem Ammoniakgehalt des Gases entspricht.

Das Verfahren selbst ist geistiges Eigentum des Herrn Walter Feld, Zehlendorf, und Herrn Feld durch Patent geschützt. Die erste Durcharbeitung der reinen Idee und Zustutzung für die Verhältnisse des technischen Betriebes ist auf dem hiesigen Gaswerk erfolgt durch Herrn Dr. van Haaren. Es ist dieses Verfahren hervorgegangen aus einer zurzeit noch nicht abgeschlossenen Arbeit, den Schwefelwasserstoff allein aus ammoniakfreiem Gas auszuwaschen. Es wurde bei diesem Verfahren das Gas hinter unserem Ammoniakwäscher benutzt, und ganz allmählich reicherten sich die immer wieder regenerierten Laugen mit Ammonsalz an, einem Salz freilich, das, eingedampft und kristallinisch gewonnen, mit Säuren schweflige Säure entwickelte. Es konnte aber reines Ammonsulfat gewonnen werden, wenn zuvor längere Zeit durch die erhitzten Laugen Luft geleitet wurde.

Doch nun nach dieser vorgeschichtlichen Abschweifung zum Verfahren selbst.

Man bedient sich einer Lösung von Eisenvitriol als Waschmittel, zunächst ganz ähnlich wie bei dem Cyanwaschverfahren nach Bueb, jedoch mit dem Unterschied, dafs hier das Eisensalz nur die Rolle eines Reaktionsüberträgers spielt, also im Laufe des Verfahrens immer wieder regeneriert wird.

Der Gang des Prozesses ist kurz skizziert folgender:

Mit einer etwa 25 proz. Eisenvitriollösung wäscht man das Gas hinter dem Pelouze, und zwar nur so lange, dafs eben alles oder fast alles Eisensulfat in Schwefeleisen und Ammonsulfat umgesetzt ist, also im wesentlichen derselbe Prozefs, der in der ersten Kammer des Buebwäschers vor sich geht, nur nicht ganz so weit getrieben.

Man genügt sich schon damit, die Reaktion

$$FeSO_4 + 2NH_3 + H_2S = (NH_4)_2SO_4 + FeS$$

eben oder nicht ganz zu Ende zu führen, so dafs also eine irgendwie wesentliche Aufnahme von Cyan nicht stattfindet. Wir bedienten uns dazu zweier schnell laufender Wäscher Feldscher Bauart. Ich sehe aber keinen Grund, weshalb man nicht ebensogut einen gewöhnlichen Standardwäscher nehmen könnte. Der Ketten und Blechscheiben in der ersten Kammer würde man nicht bedürfen, der Transport der Lauge von Kammer zu Kammer entgegen dem Gasstrom müfste wohl durch Überlaufenlassen der Lauge erfolgen, man würde sonst dauernd umpumpen müssen. Vielleicht müfste man Flüssigkeitseinlauf und Auslauf vergröfsern.

Die so gewonnene Lauge, in der alles Eisen oder doch fast alles Eisen als FeS enthalten ist, wird mit schwefliger Säure behandelt — regeneriert. Die schweflige Säure wird durch Verbrennen von Schwefel erzeugt. Der hierzu nötige Schwefel soll im Laufe des Verfahrens selbst gewonnen werden.

Als Reaktionsprodukt entsteht zunächst höchstwahrscheinlich ein Eisentetrathionat

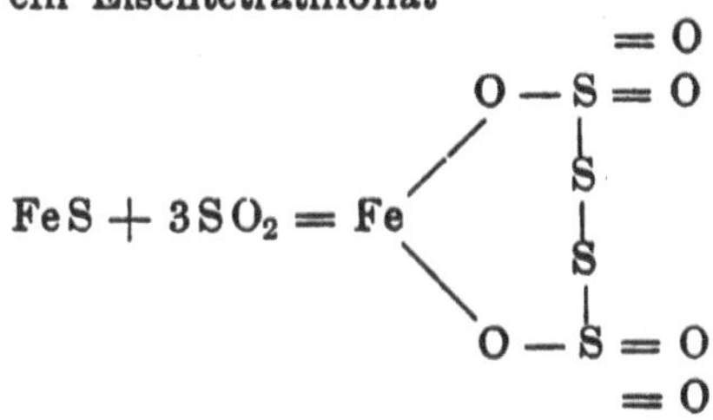

Dieses Salz zerfällt nun schnell, zumal in der Wärme, in Ferrosulfat, schweflige Säure und freien Schwefel. In der Hauptsache im Sinne dieser Zeichen:

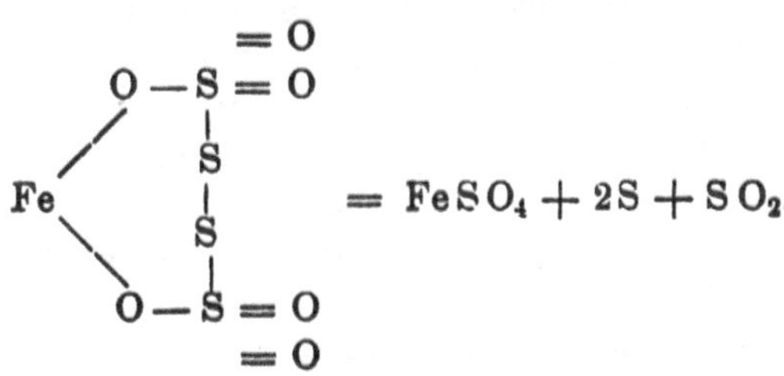

Die SO_2 kann sofort wieder mit neuem FeS in Reaktion treten. Damit ist der Kreislauf der Reaktionen auch schon geschlossen, wir sind wieder beim Ausgangsmaterial Eisensulfat angelangt und haben auch den zur Erzeugung der schwefligen Säure nötigen Schwefel zurückgewonnen.

Ehe ich weiter auf den praktischen Betrieb, wie er sich gestalten soll, eingehe, möchte ich einiges Theoretisches vorausschicken.

Um den Gang der Reaktionen klarzustellen, habe ich versucht, die Reaktionen im Laboratorium mit reinen Reagenzien näher zu erforschen.

Ich versuchte, mir ein möglichst reines, d. h. ammoniakfreies FeS herzustellen, indem ich in eine Lösung von Eisenvitriol, die sich in einer geschlossenen Flasche nach Art der Drehschmidtschen Flasche befand, Schwefelwasserstoff einleitete und dann, nachdem die Luft verdrängt war, durch ein

Trichterrohr die zur Fällung nötige Menge Ammoniak einlaufen liefs. Das nunmehr vom Schwefelwasserstoff reichlich ausgefällte Eisensulfid läfst sich aber im reinen, wenn auch noch feuchten Zustande nicht gewinnen.

Die Ammoniaksalze lassen sich auch mit Schwefelwasserstoffwasser nicht restlos auswaschen, das Schwefeleisen geht mit durchs Filter bzw. setzt sich nicht mehr ab, sobald das Wasser ziemlich frei von Salzen ist. Der osmotische Druck des Schwefelwasserstoffes allein genügt offenbar nicht, das FeS abzuscheiden. Man mufs sich also begnügen und erhält im besten Falle einen möglichst steifen Brei von Schwefeleisen mit Schwefelwasserstoff und ammonsulfathaltigem Wasser.

Läfst man auf diesen Brei in einer Drehschmidtschen Flasche schweflige Säure einwirken, so tritt starke Erwärmung ein, das schwarze Eisensulfid verschwindet, und an seine Stelle tritt ausgeschiedener rein gelber Schwefel, die abfiltrierte Lösung entwickelt beim Eindampfen SO_2 und scheidet Schwefel ab; filtriert man von ausgeschiedenem Schwefel und dampft weiter ein, so erhält man schliefslich eine Mischung von Ammonsulfat und Ferrosulfat. Nicht wesentlich Anderes erhält man, wenn die Lösung im evakuierten Exsikkator über Schwefelsäure eingeengt wird. Es ist bei dieser Einwirkung von SO_2 auf FeS ja von vornherein nach Analogie der bekannten Wackenroderschen Lösung zu erwarten, dafs Polythionate entstehen, die aber offenbar wenig beständig sind.

Um den Gang der Reaktion genauer zu erforschen, wurde bei Wiederholung des Versuches der Schwefeleisenbrei gut gekühlt und die schweflige Säure derart langsam eingeleitet, dafs die Temperatur in der Drehschmidtschen Flasche nie über 10° stieg. Es war denkbar, dafs die Kühlung die Reaktion verlangsamte und bei Bildung der Polythionate stehenbleiben liefs. Die Absorption der SO_2 ist eine derart vollständige, dafs bei dem erforderlichen langsamen Einleiten meistens hinter der Drehschmidtschen Flasche mit FS-Brei der Gasdurchgang stillsteht.

Das schwarze Schwefeleisen löst sich langsam auf und verschwindet, an seine Stelle tritt aber jetzt nur wenig

Schwefel. Die Einleitung wird unterbrochen, sobald das schwarze FeS verschwunden ist. Die abfiltrierte Flüssigkeit wurde im Vakuum über Schwefelsäure eingeengt. Unter starker Abscheidung von Schwefel, so dafs öftere Filtration nötig war, wurden nunmehr Kristalle gewonnen, die beim Kochen mit Säure keinen Schwefel mehr ausschieden und sich bei näherer Untersuchung als ein Gemisch von Ferrosulfat mit Mohrschem Salz erwiesen, wenigstens enthielten sie

$$\text{in } 1 \text{ g} = \begin{array}{l} 0{,}2908 \; Fe_2O_3 \\ 0{,}00216 \; NH_3 \\ 0{,}3111 \; SO_3 \end{array}$$

Es erfordern nun:

	für M_2SO_4	für $M_2S_4O_6$
0,2908 Fe_2O_3	0,2916	1,1664
0,00216 NH_3	0,0051	0,0203
Summa	0,2967	1,1867 SO_3,

d. h. Eisen, Ammoniak und Schwefelsäure entsprechen den molekularen Verhältnissen für $FeSO_4$ bzw. $(NH_4)_2SO_4$. Es lag mir daran, die Bildung des Zwischenproduktes des Ferropolythionats möglichst sicher nachzuweisen, am liebsten dieses Ferropolythionat nach Möglichkeit zu isolieren. Das erwies sich unmöglich; das Eisensulfid quillt mit Wasser, zumal reinem Wasser, stark auf, so dafs selbst, wenn man die SO_2 in einen möglichst steifen Eisensulfidbrei einleitet, die resultierende Lösung eine so dünne war, dafs sie sich durch Alkohol nicht fällen liefs. Anderseits ist das Ferropolythionat so leicht zersetzlich, dafs es beim Einengen dieser dünnen Lösungen selbst im Vakuum unter dauernder Abscheidung von Schwefel glatt in Sulfat übergeht.

Ich versuchte daher, die Bildung des Tetrathionats für Ammoniak nachzuweisen.

50 ccm Ammoniakflüssigkeit von 20 % NH_3 wurden unter guter Kühlung mit H_2S gesättigt und mit nochmals 50 ccm Ammoniakflüssigkeit versetzt, so dafs nunmehr eine Lösung $(NH_4)_2S$ entstanden war. In diese Lösung wurde in gleicher Weise wie vorhin beim Eisen SO_2 eingeleitet, gleichfalls

unter guter Kühlung. Es erfolgte auch hier eine ganz minimale Abscheidung von Schwefel, auf 20 g in Arbeit genommenen NH_3 ca. 0,6 g Schwefel. Der Verlust an NH_3 durch Einleiten von H_2S hatte etwa 1,56 g betragen; es wurden roh gemessen 140 ccm Salzlösung mit 13,17 g NH_3 in 100 ccm erhalten = 18,44 g, die Salzlösung wurde im Vakuum über Schwefelsäure bei Winterkälte zur Kristallisation eingeengt.

Es wurden verschiedene Kristallfraktionen erhalten:

Aus der Hälfte der Lösung (roh gemessen)

a)	16,5	mit	13,08 %	NH_3	= 2,16	g	NH_3
b)	12,4	»	13,13 »	»	= 1,62	»	»
c)	13,1	»	13,18 »	»	= 1,73	»	»
d)	11,2	»	17,14 »	» [1])	= 1,92	»	»
e)	9,7	»	16,31 »	» [1])	= 1,58	»	»
					9,01	g	NH_3

Wesentliche Mengen sind also nicht verloren.

Es wurden nun mit den verschiedenen Fraktionen folgende quantitative Reaktionen angestellt:

1. Bestimmung des Ammoniakgehaltes,
2. Bestimmung der Säure, die beim Kochen mit Quecksilberchlorid auftritt,
3. Bestimmung des Verbrauches an Brom,
4. Bestimmung der bei der Oxydation mit Brom auftretenden Säure.
5. Bestimmung des Schwefelgehaltes der Verbindung.

Folgende Tabelle gibt die Analyse der Produkte wieder, die aus $SO_2 + (NH_4)_2S$ in wässeriger Lösung in der Kälte durch Einengen im Vakuum über Schwefelsäure erhalten sind.

---

[1]) Diese Ammoniakbestimmungen sind nicht einwandfrei wegen Entmischung der Salze.

	Theoretisch für $(NH_4)_2S_4O_6$	Kristallisationsfraktion a	b	c	d	e	Theoretisch für $(NH_4)_2S_2O_3$
1. Säure für NH_3 (Destillation)	30,75	30,75	30,85	30,95	40,27	38,3	53,97
2. Bromlösung (als $KBrO_3$ zugesetzt) . . .	215,25	210,7	210,8	210,6	142,7	134,9	215,9
3. Lauge nach Oxydation mit $KBrO_3$ . . .	307,5	301,2	301,8	301,0	203,1	197,8	269,8
4. Lauge für Schwefel[1] . .	123,0	123,05	122,8	123,1	102,0	102,5	107,94
5. Lauge f. Säure nach Behandlung mit Brom u. Fortkochen der überschüssigen Br. . .	307,5	307,5	307,5	306,4	210,2	201,35	215,9
6. Lauge f. Säure nach d. Kochen mit $HgCl_2$ . .	61,5	61,5	61,45	61,3	56,1	55,1	53,97
7. Jodlösung .	0,0	0,0	0,0	0,2	0,35	0,9	26,98
(5. + 1. — 4.) =	215,25	215,20	215,55	214,25	—	—	—

Es müssen hierbei für Ammontetrathionat sich folgende Verhältnisse ergeben:

$$\begin{array}{l} (NH_4)O - S = O_2 \\ \qquad\quad\; | \\ \qquad\quad\; S \\ \qquad\quad\; | \\ \qquad\quad\; S \\ \qquad\quad\; | \\ (NH_4)O - S = O_2 \end{array} + HgCl_2 + 2\,H_2O = (NH_4)_2SO_4 + HgS + S + H_2SO_4 + 2\,HCl,$$

d. h. auf 2 Norm Molekel NH_3 treten 2 Norm und 2 Norm Molekel Säure = 4 Norm Säure auf, d. h. ich mufs zur Bindung der entstandenen Säure die doppelte Menge Normallauge brauchen, wie bei der Bestimmung des Ammoniaks Normalsäure.

---

[1]) Berechnet aus dem gewichtsanalytisch gefundenen Gesamtschwefel für äquivalente Mengen Schwefelsäure.

Vielleicht verläuft obige Reaktion auch im Sinne dieser Zeichen:

$$(NH_4)_2S_4O_6 + 2\,HgCl_2 + 2\,H_2O = (NH_4)_2SO_4 + Hg_2Cl_2 + 2\,S + H_2SO_4 + 2\,HCl.$$

Die Frage ist nicht ohne weiteres zu entscheiden, da der ausgefällte Schwefel nicht in Schwefelkohlenstoff löslich ist. Eine Schwärzung des gut ausgewaschenen Niederschlages mit NH_3 tritt nicht ein, mit Soda ist aber Cl extrahierbar.

Die Reaktion gegen Brom verläuft folgendermafsen:

$$\begin{array}{l} NH_4O-S=O_2 \\ \qquad\quad\;| \\ \qquad\quad\;S \\ \qquad\quad\;| \\ \qquad\quad\;S \\ \qquad\quad\;| \\ NH_4O-S=O_2 \end{array} + 7\,Br_2 + 7\,H_2O = (NH_4)_2SO_4 + 3\,SO_3 + 14\,HBr,$$

d. h. gleich in Kubikzentimeter Normallösung ausgedrückt, die zur Bestimmung des Ammoniaks verbrauchte Anzahl Kubikzentimeter Säure wird sich hinsichtlich des Bromverbrauches versiebenfachen. Die auftretende Säure wird die zehnfache Menge Normallauge verbrauchen.

Diese Bestimmung geschah mit N/4 $NaBrO_3$ und KBr (in geringer Menge) unter Zusatz gleicher Mengen N/4-Säure. Nach zweistündigem Stehenlassen wurde der Überschufs an Brom durch Jodkali in Jod umgesetzt und mit N/4-Thiosulfat zurücktitriert und in dieser Lösung die freie Säure mit Methylorange als Indikator titriert. Die vorher zugesetzte Säuremenge braucht nicht abgezogen zu werden, sie verschwindet einfach

$$KaBrO_3 + 6\,KBr + 6\,HCl = 6\,KCl + KBr + 3\,H_2O + 6\,Br.$$

Die Bestimmung des Schwefels geschah nach Oxydation der Salzlösung mit Bromwasser und Auskochen des überschüssigen Broms durch Fällung mit $BaCl_2$, das gefundene $BaSO_4$ wurde bestimmt und wie auch alle anderen Resultate in Äquivalente bzw. ccm N/4 für 1 g umgerechnet. Im Filtrat wurde mit N/4 Lauge die Säure titriert.

Die Zahlen der Tabelle geben an, wieviel ccm N/4-Lösung für 1 g Substanz verbraucht sind.

Aus diesen Reihen erhellt ohne weiteres, dafs die Salze a bis c reines Ammontetrathionat sind, d und e ein Gemenge von Tetrathionat mit niedriger geschwefelten Thionaten und Sulfat und einer sehr geringen Menge Thiosulfat oder Sulfit. Es ist also wohl anzunehmen, dafs die Reaktion Schwefel-. dioxyd auf Sulfit in der Hauptsache eine einfache Addition zu Ammontetrathionat ist.

Die Aufspaltung des Ammoniumtetrathionat-Molekels beim Kochen der wässerigen Lösung dieses Salzes in Ammonsulfat, Schwefel und schwefliger Säure konnte gleichfalls beobachtet werden, wenn quantitativ nicht absolut genau, so ist dies wohl als Fehler der Methode anzusehen; die Reaktion verläuft sehr langsam, am besten beim Kochen möglichst konzentrierter Lösungen. Es wurde deshalb etwa 1 g des Salzes mit wenig Wasser gelöst, aus einem weiten Reagenzglas im Kohlensäurestrom aus einem Chlorcalciumbad destilliert, und das Übergehende wurde durch einen mit Wasserstoffsuperoxyd beschickten Glasperlenturm geschickt.

Nach etwa zweitägigem Destillieren unter periodischem Nachfüllen des verdampften Wassers wurden gefunden:

	24,84 % SO_2
	24,49 % SO_2
die Theorie erfordert:	24,61 % SO_2.

An Schwefel wurde gefunden 22,68 % bzw. 21,58 %, während die Theorie 24,61 % erfordert. Es ist bei dem langen Kochen ein Verlust nicht zu vermeiden. Es zeigt sich dies deutlich daran, dafs Destilleraufsatz und Kühlerrohr mit feinem Schwefel überzogen sind.

Die nach dem Abfiltrieren des Schwefels verbleibende Lösung hinterliefs beim Eindampfen 47,82 bzw. 48,53 % Rückstand, die freilich nur 24,43 bzw. 24,50 % NH_3 enthielt, die Theorie verlangt aber 50,75 % Rückstand mit 25,81 % NH_3. Ich bin der Ansicht, dafs beide letzteren Fehler beim Schwefel und Ammonsulfat ihren Grund in der geringen Flüchtigkeit des Schwefels und Dissoziation des Ammonsulfats beim anhaltenden Kochen haben, so dafs an dem Verlauf der Reaktion in dem angegebenen Sinne wohl kaum zu zweifeln ist.

Diese Art der Bildung eines Sulfats aus SO_2 ist insofern interessant, als die SO_2 in ihrem einen Teil gewissermafsen sich selbst bis zum Sulfat oxydiert, zum anderen Teil sich selbst zu Schwefel reduziert. Für die Praxis des Verfahrens ist diese Tatsache insofern von Bedeutung, als sie zeigt, dafs eine direkte Oxydation der schwefligen Säure durch Luftsauerstoff etwa mit Eisen als Reaktionsüberträger höchst wahrscheinlich nicht stattfindet, dafs es also offenbar vorteilhaft ist, beim Verbrennen des Schwefels einen Luftüberschufs zu vermeiden, der zur Durchführung des Verfahrens doch zwecklos ist, also nur die Menge des durch Flüssigkeit zu drückenden Luft-Schwefeldioxydgemenges dadurch vermehren würde.

Ich kann Ihnen nun leider nicht berichten, wie sich das Verfahren in der Praxis bewährt hat. Schwierigkeiten nichttechnischer Natur haben es verhindert, dafs eine Versuchsanlage für Regeneration bereits eingerichtet ist, so dafs wir die Regeneration der Laugen noch nicht in den Verhältnissen des Grofsbetriebes haben erproben können.

Die Waschversuche dagegen sind durchaus im Grofsbetriebe mit zwei vorhandenen Feldschen Wäschern erfolgt, die Regeneration dagegen haben wir in einer einfachen Holztonne durch Einleiten von schwefliger Säure aus Bomben gemischt mit Luft, die durch eine Pumpe eingedrückt wurde, vorgenommen. Die angewandte Konzentration der SO_2 von 6 bis 8% kann in den gebräuchlichen Öfen der Zuckerfabriken bequem erzielt werden.

Die Menge der in der Zeiteinheit durch die Flüssigkeit zu drückenden SO_2 war eine beschränkte, durch die Ausströmung der SO_2 aus der Bombe gegebene. Es verbrauchte so eine Regeneration stets sehr lange Zeit. Durch geeignete Versuche haben wir uns auch bemüht, die Gröfse der Regenerationsgefäfse für den Ausbau der Anlage festzustellen, um die für den Waschbetrieb nötige Lauge in hinreichend kurzer Zeit zu beschaffen.

Wir haben dreimal mit den auf jene Weise langsam regenerierten Laugen in zwei Feldschen Wäschern unsere gesamte Gasproduktion gewaschen, die Lauge reichte freilich nur 8 bis 10 Stunden, stets war der Ammoniakgehalt des Gases in 100 cbm hinter den Wäschern unter 10 g.

Es waren im Gas vorhanden:

	Ammoniak vor dem Wäscher	Ammoniak hinter dem Wäscher	Mithin ausgewaschen	Schwefelwasserstoff vor dem Wäscher	Schwefelwasserstoff hinter dem Wäscher	Mithin ausgewaschen
Nach der 1. Betriebsstunde	397,0	4,1	392,9	1130,0	604,0	526,0
2. »	583,0	6,8	576,1	1193,0	583,0	610,0
4. »	467,0	6,9	460,1	1050,0	467,0	583,0
8. »	182,0	3,4	178,6	955,0	566,0	389,0

Die Flüssigkeit war nunmehr schwach alkalisch.

Ammoniak und Schwefelwasserstoff haben dasselbe Äquivalentgewicht. Es ist mithin gegenüber dem Ammoniak ein geringes Mehr an H_2S ausgewaschen.

Es wurde gewaschen ein stündlicher Gasdurchgang von ca. 1300 cbm Gas.

Ich bemerke noch, dafs durch geeignete Versuche festgestellt ist, dafs NH_3 im Gas bei der H_2S-Bestimmung die Jodlösung nicht verändert.

Den Verlauf der Regeneration mögen Sie aus folgenden Angaben ersehen. Der Betrachtung dieser Tabellen möchte ich folgende Bemerkungen vorausschicken:

Bemerkungen über die Analysenmethoden.

Durch den Verbrauch von Jodlösung für Flüssigkeit und Niederschlag wird bestimmt der Gehalt an $FeS + SO_2 +$ Thiosulfat. Die Frage zu entscheiden, ob Sulfite, Bisulfite oder Thiosulfate vorlagen, hatte damals keine Wichtigkeit für uns. Aus später mitzuteilenden Gründen erscheint dies heute nicht mehr unwichtig. Durch den Verbrauch von Jodlösung für

Filtrat wird dasselbe bestimmt mit Ausnahme des nunmehr abfiltrierten, unlöslichen FeS.

Durch den Verbrauch von Normalnatronlauge mit Dimethylamidoazolbenzol als Indikator wird alle freie Säure titriert, also in diesem Falle $SO_2 + SO_3$; (SO_2 neutral als Bisulfit).

Alsdann wird weiter titriert unter Verwendung von Phenolphthalein als Indikator (Abfiltrieren und Zurücktitrieren). Der so gefundene Verbrauch ist als (Eisen-) Salz-Verbrauch angegeben.

Beim Kochen mit Quecksilberchlorid bilden Thiosulfat und die Polythionate freie Säure (ein bzw. zwei Äquivalente).

Die Reaktion für Polythionate ist bereits angegeben (S. 7 u. 8). Thiosulfat reagiert wie folgt:

$$Na_2S_2O_3 + HgCl_2 + H_2O = Na_2SO_4 + HgS + 2\,HCl$$

demgegenüber verbraucht $Na_2S_2O_3$ nur 1 Jod.

Da zu jeder Titration 10 ccm Lauge verwendet sind, so kann man aus dem Verbrauch obiger Lösungen ohne weiteres auf den molekularen Prozentgehalt schliefsen.

Die zu regenerierende Lauge zeigte vor dem Durchpressen von SO_2 und Luft folgende Analysenzahlen:

Flüssigkeit + Niederschlag	=	21,0 N/1 Jod
Filtrat	=	1,0 N/1 Jod
		0,0 N/1 NaOH für freie Säure
		0,0 N/1 NaOH für Salz.

Es lag eine Flüssigkeit vor, die schon zu wiederholten Malen regeneriert war. Sie enthielt Sulfite oder Thiosulfate des Ammoniaks, denn das Filtrat verbrauchte Jodlösung und enthielt in 10 ccm eine 20,0 — 1,0 = 19,0 ccm N/1 Jod entsprechende Menge FeS (in $FeSO_4 + 7\,H_2O$ ausgedrückt = 2,8 g Ferrosulfat), dagegen kein gelöstes Eisensalz, keine freie SO_2. Unentschieden bleibt nur ob Thionat oder Thiosulfat.

Nach 8stündigem Durchleiten in der Kälte zeigte die Lauge folgendes Analysenbild:

Fl + N = 13,3 N/1 Jod
Filtrat = 11,4 N/1 Jod
7,6 N/1 Na OH für freie Säure
15,0 N/1 Na OH für Salz,

nach dem Erhitzen mit $HgCl_2$ 16,0 N/1 NaOH für Salz,

das heifst, es sind von 20 Äquivalenten FeS bereits 15 in Lösung und nur 13,3 bis 11,4 = 1,9 Äquivalente ungelöst.

Für 11,4 Äquivalente ist schweflige Säure bzw. deren Salze oder Thiosulfat vorhanden, schweflige Säure entspricht aber hinsichtlich der Azidität nur etwa $\frac{11,4}{2}$ = 5,7 N/1 NaOH. Es wäre also noch freie Schwefelsäure in der Lauge anzunehmen. Es sind aber von den Titrationen mit N/1 NaOH bei Gegenwart von Eisensalz für freie Säure und vollends für Eisensalz selbst überhaupt nur Annäherungswerte zu erwarten.

Ein ganz anderes Bild gewährt die Analyse der Lauge, nachdem sie 9 Stunden unter Durchleiten von Luft erhitzt ist.

Fl + N = 3,5 N/1 Jod
Filtrat = 1,6 N/1 Jod
0,1 N/1 Na OH für freie Säure
15,0 N/1 Na OH für Salz

nach dem Erhitzen mit $HgCl_2$ 3,5 N/1 Na OH,

das heifst, es sind immer noch 3,5 — 1,6 = 1,9 Äquivalente FeS vorhanden, $\frac{3,5}{1}$ Äquivalente Thiosulfat oder $\frac{3,5}{2}$ Polythionat. Für den 1,6 ccm Verbrauch an Jod für das Filtrat ist wieder zweifelhaft, ob sie für Sulfit oder Thiosulfat verbraucht sind.

Ein anderer Regenerationsversuch verlief wie folgt:

Es sollte gezeigt werden, dafs der Luftsauerstoff der beim Kochen hindurchgeleiteten Luft bei der Regeneration auf Sulfat keine Rolle spielt.

Die Lauge vor der Regeneration:

Fl + N = 12,3 N/1 Jod
Fl + N = 0,2 N/1 Jod.

Analyse nach 6stündigem Durchleiten von 6 Vol.-% SO_2 in der Kälte:

Fl + N = 1,9 N/1 Jod
Filtrat = 0,1 N/1 Jod
0,1 N/1 Na OH für freie Säure
11,3 N/1 Na OH für Salz

nach dem Erhitzen mit $HgCl_2$ 13,0 N/1 Na OH für Salz.

Nunmehr 2 Stunden auf ca. 70° erhitzt.

Analyse:

Filtrat nach dem Kochen mit Quecksilberchlorid
12,5 N/1 Na OH.

Nochmals 2 Stunden auf ca. 85° erhitzt.

Analyse:

Filtrat nach dem Erhitzen mit Quecksilberchlorid
3,1 ccm Na OH.

Nach weiterem 2stündigen Erhitzen auf ca. 85°.

Analyse:

Filtrat nach dem Kochen mit Quecksilberchlorid
0,9 ccm Na OH.

In ähnlicher Weise haben wir an einer ganzen Reihe von Regenerationsversuchen festgestellt, dafs beim Kochen die Polythionate verschwinden und in Sulfate übergehen. Um jeden Irrtum auszuschliefsen, sind des öfteren auch einige Liter der regenerierten Lauge, nachdem sie nochmals den Wäscher zur Ausfällung des Eisens passiert hatten und filtriert waren, eingedampft. Es wurde stets ein Salz erhalten mit 25 % und darüber NH_3, indem durch Kochen mit Säure SO_2 nicht entwickelt wurde. Die Hauptmenge der gewonnenen Laugen ging nach der Filtration zu unseren Salzlaugen vom Buebschlamm.

Den Schwefel haben wir nur im kleinen gewonnen; es fehlte uns an einem geeigneten Druckgefäfs. Die im Laboratorium durch Abnutschen gewonnenen Proben enthielten bis 3 % Asche, 2 % Blau und etwa 0,5 % NH_3, in einem Falle 6,7 % Asche und 2,6 % Blau.

Weiteres Tatsächliches kann ich Ihnen aus eigener Anschauung aus schon genannten Gründen nicht berichten. Die Apparatur für die Durchführung des Verfahrens, wie wir sie zunächst probeweise einzurichten gedenken, ist verhältnismäfsig einfach. Mit zwei schon vorhandenen Wäschern Feldscher Bauart hintereinandergeschaltet hoffen wir bis 100000 cbm Gas täglich waschen zu können. Ich bemerke aber ausdrücklich, dafs ein etwas veränderter Standardwäscher dieselben Dienste tun würde. Dazu kommen nun noch für die Regeneration 2 bis 3 hölzerne Druckfässer mit mehreren Siebböden zur Verteilung der SO_2, nebst zwei Filterpressen und einigen Zwischengefäfsen. Die reine Ammonsulfatlösung soll, sobald sie siedewürdig ist, also ca. 30 bis 35 % durch Sedimentieren vom Schwefel und Schwefeleisen getrennt werden und nur noch zur Entfernung kleiner mitgerissener Mengen durch die Filterpresse gehen und dann im Vakuumapparat eingedampft werden; die Mutterlauge wird abzentrifugiert. Der Schwefel wird nach der Regeneration abgeprefst. Wir sehen dann noch nach einem Schwefelofen aus, der es uns gestattet, ein Gasgemisch mit möglichst 20 % SO_2 zu erhalten, und der nicht wie die in der Zuckerindustrie gebräuchlichen unter Druck steht, sondern durch den die Verbrennungsluft angesogen wird.

Ferner möchte ich Ihnen noch mitteilen, dafs auf Grund der Vorarbeiten, die von Herrn Dr. van Haaren und mir hier in Königsberg ausgeführt sind, bereits eine Anlage in Betrieb gesetzt ist auf einer Kokerei der Belgischen Solvaywerke in Monceau.

Irgendwelche Schwierigkeiten bei dem Waschverfahren und der Gewinnung reinen schwefelsauren Salzes haben sich, wie mir Herr Feld mitgeteilt, dort nicht ergeben.

Anders dagegen ist es mit Regenerationen. Die Holzfässer haben wahrscheinlich infolge schlechten Materials nicht gehalten. Der Schaden ist aber nicht grofs, selbst wenn Holz überhaupt den Dienst versagen sollte, da man sich durch Bleiapparate helfen könnte. Ein anderes aber, meine Kollegen werden mir beipflichten, eine ganz unerwartete

Reaktion hat in Monceau den Betrieb gestört; es hat sich hier in nicht unerheblicher Menge FeS_2 (Eisenbisulfid) gebildet, das sich auch in unseren Kohlen als sehr unangenehmer Begleiter als Schwefelkies ab und zu bemerkbar macht. Und zwar Eisenbisulfid in einer chemisch sehr inaktiven Form, das Eisenbisulfid geht, weil in Säure unlöslich, in den Schwefel und bildet beim Verbrennen des Schwefels die Asche. Herr Feld glaubt die Bildung des Eisenbisulfids verhindern zu können, wenn bei der Regeneration die Bildung von Thiosulfat verhindert wird. Die Herren, die sich näher dafür interessieren, verweise ich auf einen Vortrag des Herrn Feld, gehalten auf der Hauptversammlung des Vereins Deutscher Chemiker in München (Zeitschrift für angewandte Chemie 1910, Heft 21, S. 969). Ich bin nun der Ansicht, dafs diese Eisenbisulfidbildung nicht eintreten kann, wenn man bei der Regeneration, die beiden Phasen: Bildung des Tetrathionats durch Einleiten von SO_2 in der Kälte und Zersetzen des Tetrathionats durch Kochen, möglichst auseinanderhält. Das ist in Monceau, soweit ich unterrichtet bin, nicht geschehen. Sollte sich aber die Bildung des Eisenbisulfids nicht verhindern lassen, so wäre auch das noch nicht der Tod des Verfahrens. Es läfst sich nämlich an Stelle von Eisenvitriol auch Zinkvitriol verwenden. Die ersten Wasch- und Regenerationsversuche hier bei uns sind mit Zinksalzen gemacht, auch Waschversuche im grofsen. Hierbei gestattet freilich die Schwerlöslichkeit des Zinkammonsulfat-Doppelsalzes, nur Lösungen von etwa 12 % Zinksulfat zu verwenden. Wir haben bei allen unseren Versuchen die Bildung von Eisenbisulfid nicht beobachtet.

Es sind freilich auch keine Versuche in der Richtung gemacht; nach dem Aschegehalt unseres Schwefels zu urteilen, kann die Bildung des unlöslichen Eisenbisulfids nicht grofs gewesen sein, zumal sich ein geringer Aschegehalt schon durch den Blaugehalt erklärt.

Ist besagter Umstand nur eine Kinderkrankheit des Verfahrens, so ist von diesem Verfahren für die Gastechnik eine kleine Verbesserung der Rentabilität für die Fabrikation des schwefelsauren Ammoniaks zu erwarten.

Die Schwefelsäure fabriziert man sich selbst aus dem Schwefel, den die Kohle mitbringt, wenn nicht ganz, so doch wohl zum gröfsten Teil. Die trockene Schwefelreinigung wird entlastet, bei deutschen Kohlen vielleicht, wo der Ammoniakgehalt des Gases gröfser ist als der Schwefelwasserstoffgehalt, nur noch als Sicherheit gebraucht.

Für uns in Königsberg ist vor allem die Entlastung der trockenen Reinigung von grofser Bedeutung, da infolge der teuren Fundamentierung bei dem grofsen Raumbedarf die Erweiterung der Anlage sehr teuer ist. Ich glaube aber, dafs auch wo anders die Beschaffung einer solchen Regenerationsanlage, die Wäscher sind ja vorhanden und sind mit Eisensalzlösung leistungsfähiger als mit Wasser, wohlfeiler ist als eine Erweiterung der Reinigeranlage.

Ferner werden wir hinsichtlich der Ammoniakwäsche von der Temperatur des Waschwassers — gleichmäfsig kühles Grundwasser steht uns nicht zur Verfügung — unabhängiger, d. h. wir bekommen dann ein tatsächlich ammoniakfreies Gas und können unser Cyan, wie es z. B. schon in Hamburg geschieht, in löslicher Form als Calciumferrocyanid gewinnen. Daraus erwächst uns wirtschaftlich ein doppelter Vorteil, lösliches Calciumferrocyanid erzielt pro Kilogramm Blau gerechnet etwa den doppelten Preis wie Blau im Cyanschlamm, ferner wird das Kilogramm NH_3 im Schlamm mit rd. 10 Pf. weniger bezahlt als in konz. Wasser oder im Salz (die Schwefelsäure nicht gerechnet), die Schwefelsäure mitgerechnet wächst die Differenz auf 25 Pf.

Ich hoffe Ihnen hierüber Endgültiges berichten zu können, wenn erst die Anlage hier im Betrieb ist und längere Zeit gearbeitet hat.

Herr Professor Drehschmidt, Berlin: Meine Herren! Die Versuche, die uns eben hier mitgeteilt worden sind, sind sehr dankenswert. Sie weisen uns vielleicht einen Weg, der für die Praxis gangbar ist. Aber ein endgültiger Beweis, dafs dieses Verfahren brauchbar ist, ist meiner Meinung nach nicht erbracht worden. Es ist von dem Herrn Vortragenden schon auf so viele Schwierigkeiten hingewiesen worden, die sich dabei einstellen, dafs es fraglich erscheint, ob diese Schwierigkeiten, die man natürlich als Erfinder sehr leicht beurteilt, sich wirklich überwinden lassen. Etwas sehr Wesentliches fehlt an diesem Versuch: es ist kein Dauerversuch gewesen. Erst wenn das Verfahren wirklich so durchgeführrt worden ist, wie es in der Praxis üblich ist, werden sich die Schwierigkeiten klar herausstellen, und es wird sich zeigen, ob sie überwindbar sind oder nicht.

Meiner Meinung nach ist auch das Verfahren gar nicht so sehr einfach, sondern sogar ziemlich kompliziert. Man braucht Filterpressen, man braucht Druckfilter, man braucht besondere Abdampfapparate für Laugen. Ob diese Abdampfung der Laugen nicht sehr teuer ist, das weifs man vorher nicht. Also eine sehr grofse Vereinfachung der bisher gebräuchlichen Verfahren ist nicht vorhanden, und es ist möglich, dafs Sie das, was Sie auf der einen Seite an den Reinigungsapparaten sparen, auf der anderen Seite wieder an Ausgaben dazu bekommen für besondere Apparate, die für dieses Verfahren erforderlich sind. Es wäre wünschenswert und erstrebenswert, ein Verfahren zu haben, das den sämtlichen Schwefelwasserstoff aus dem Gase entfernt. Das ist hierbei nicht der Fall. Sie müssen die bisher gebräuchliche Reinigung trotzdem noch haben, und diese Reinigung nimmt einen sehr grofsen Raum im Gaswerk ein.

Also meiner Meinung nach ist es sehr zweifelhaft, ob dabei eine so grofse Ersparnis erzielt wird; es ist möglich, dafs sie eintreten kann, aber der Beweis ist noch nicht erbracht worden. Die Ausführungen des Herrn Vortragenden können uns nur dazu anregen, das Verfahren zu prüfen, um zu sehen, was daran ist. Aber dafs man sich direkt mit grofsen Hoffnungen tragen kann, dafs ein wirklich für die Praxis brauchbarer Weg vorhanden ist, das glaube ich noch nicht. Zum Beispiel ist auf die Schwierigkeiten der Regeneration hingewiesen worden, auf das Eintreten von Nebenreaktionen. Ob diese aber überwindbar sind, ob sie nicht eine Erschwerung des Verfahrens bedeuten, das läfst sich vorher nicht sagen. Das Regenerierverfahren — das ist hier ausdrücklich betont worden — hat grofse Schwierigkeiten. Der Beweis dafür, dafs man ein reines Salz bekommt, wie es hier bei den Laboratoriumsversuchen erhalten wird, ist auch nicht vorhanden; man wird jedenfalls ein Salz erhalten, das eisenhaltig ist und Cyanprodukte enthält, und ein solches Salz ist schwer verkäuflich. Die Ansprüche, die jetzt an das schwefelsaure Ammoniak, welches in den Handel gebracht wird, gestellt werden, sind sehr gestiegen. Von den Kokereien z. B. wird ein fast rein weifses und über 25 % Ammoniak enthaltendes Salz in den Handel gebracht.

Meiner Meinung nach können diese Versuche uns nur anregen, zu prüfen; aber das Verfahren direkt einzuführen, wie es vielleicht hier geplant ist, dazu können uns diese Versuche bis jetzt nicht führen. (Beifall.)

Herr Dr. Karl Bunte, Karlsruhe: Meine Herren, ich möchte zunächst aussprechen, dafs die chemische Durcharbeitung des Verfahrens durch Herrn Dr. Hurdelbrink eine sehr wertvolle und schöne Arbeit darstellt. Es kommt aber immer das in Frage, was Herr Professor Drehschmidt bereits besprochen hat: im grofsen Apparat macht sich die Sache meistens anders als im Laboratorium.

Ich möchte in dieser Hinsicht auch noch auf eins hinweisen. Herr Dr. Hurdelbrink ist sehr zuversichtlich in Beziehung auf die Benutzung des Buebschen Wäschers für dieses Verfahren. Ich kann da aus meiner eigenen Erfahrung sprechen. Es geht das nicht ohne weiteres. Mir ist es nämlich einmal vorgekommen, dafs ein Wäscher mit lauter frischer Eisenvitriollösung gefüllt wurde und dann das ganze Eisensulfid in den Paketen ausfiel. Es gibt das so vollkommen festsitzenden Schlamm, dafs man überhaupt kein Gas mehr hindurch bekommt. Also mit den Buebschen Wäschern, wie sie jetzt sind, läfst es sich nicht erreichen. Man müfste wenigstens den ganzen Wäscher aus Kettenkammern zusammensetzen. Ich wollte darauf hinweisen, dafs der Wäscher nicht ohne weiteres auf das Verfahren übertragbar ist.

Im übrigen werden die Versuche, die hier in der Anstalt gemacht werden, sicher zeigen, wie weit sich das Verfahren praktisch und wirtschaftlich durchführen läfst, und es wird jedenfalls interessant sein, im nächsten Jahre auch über die Energieverbrauche und die Materialverbrauche Näheres zu hören.

Herr Dr. Hurdelbrink, Königsberg: Ich möchte Herrn Professor Drehschmidt in einigen Punkten erwidern. Was zunächst die Unsicherheit betreffs der Einführung in den Grofsbetrieb betrifft, so stehe ich vollständig auf dem Standpunkt des Herrn Professor Drehschmidt und habe das ja auch hier zum Ausdruck gebracht, dafs dieses Verfahren noch nicht im Grofsbetriebe erprobt ist, dafs ich aber hoffe, dafs sich die Schwierigkeiten vermeiden lassen.

Was nun die Gewinnung von Salz betrifft, so habe ich gesagt, dafs wir dreimal Proben von 1300 cbm Gas 8 Stunden lang gereinigt haben. Wir haben dann diese Lauge in derselben Apparatur, die wir nun zur Ammoniaksulfatlauge von der Buebschen Wäsche her eingedampft haben, weiter verarbeitet, und wir haben genau so gut wie aus den Buebschen Zylindern ein Salz erhalten, das absolut cyan- und eisenfrei war. Wir sind das schon gewöhnt, derartige Salzlaugen die ursprünglich eisenhaltig sind, zu verarbeiten, und es ist hier bedeutend glatter und einfacher gegangen, als die Verarbeitung des von Buebschem Schlamm abgeprefsten Ammoniumsulfats. Es kommt nämlich hier dazu, dafs wir es ja vollständig in der Hand haben, das Eisen durch das Gas selbst auszufällen. Wir lassen die Eisenlösung so lange durch die Wäscher hindurchlaufen, bis sie gerade eben etwas freies Ammoniak enthält, und diese schwach alkalische Salzlauge, die etwa auf 100 ccm zur Neutralisierung 3 bis 5 ccm normale Säure erfordert, nimmt, wenigstens hier bei unseren flufseisernen Gefäfsen, kein Eisen auf, so dafs sie dauernd eisenfrei bleibt. Wir lassen dann die Lauge in einen Holzbottich ab und sättigen hier diesen geringen Ammoniakgehalt. Es werden für das Kubikmeter 5 bis 10 kg Schwefelsäure gebraucht. Wir dampfen dann ein, und der Gewinnung reinen Salzes haben sich nicht die geringsten Schwierigkeiten entgegengestellt. Also das kann ich jetzt schon sagen.

Dann sagt Herr Dr. Bunte, dafs die Sache mit einem Buebwäscher ihre Schwierigkeiten haben würde. Wir haben im Buebwäscher aber freilich nicht mit Eisenlösung gewaschen, sondern mit Zinklösung; da man fortwährend nachpumpen mufs, und die Reaktion, die sonst in der ersten Kammer vor sich geht, sich hier durch alle 4 oder 5 Kammern des Buebwäschers hindurchzieht, so treten tatsächlich nie die geringsten Schwierigkeiten ein; es lief vorn dünn hinein und hinten dünn wieder heraus. (Zuruf: Aber wenn Sie dünne Zinklösung haben, bekommen Sie auch dünne Ammoniumlösung!) Nein. Man kann die Lauge häufiger hindurchgehen lassen. Es ist nur gelöstes Ammoniumsulfat vorhanden, und das verstopft doch keinen Wäscher. (Zuruf: Sie müssen aber stärker eindampfen!) Nein. Die Ammoniumlösung filtriert man ab und macht denselben Prozefs noch einmal; man kann das Ammoniumsulfat so weit anreichern, wie man will. Wir sind hier auch tatsächlich bis auf 30% Ammoniumsulfat gekommen; das macht gar keine Schwierigkeiten.

Herr Dr. K. Bunte, Karlsruhe: Zinksulfid und Eisensulfid zeigen in ihren physikalischen Eigenschaften beim Ausfällen doch einen grofsen Unterschied; Eisensulfid zeigt sich auf dem Filter sehr viel voluminöser als Zinksulfid. (Herr Dr. Hurdelbrink; Königsberg: Das gebe ich vollständig zu!) Der voluminöse Niederschlag wird erst nach und nach körnig, wie ja die meisten Niederschläge, die erst voluminös ausfallen. Dafs das Eisensulfid zum Schlufs dann besser ist, das ist ja ganz gewifs richtig; aber zu Anfang fällt es recht unangenehm aus.

Herr Dipl.-Ing. Burkheiser: Herr Dr. Hurdelbrink hat erwähnt, dafs bei dem Feldschen Verfahren eine Ammoniumsulfatlösung entsteht. Nun enthält die Ammoniumsulfatlösung zweifellos Ammoniumsulfite und andere Ammonium-Thiosalze. Bei dem Eindampfen dissoziieren aber jedenfalls doch diese Ammonium-Thiosalze und bringen Ammoniakverluste. Kann der Herr Referent mir vielleicht sagen, ob und welche Erfahrungen hierüber vorliegen?

Herr Dr. Hurdelbrink, Königsberg: Unsere Salzlösungen haben nicht nur keine wesentlichen Mengen von Thiosalzen sondern überhaupt keine nachweisbaren Mengen von Thiosalzen mehr enthalten. Wenn wir zur Eindampfung schritten, so lag schon reines Ammonsulfat vor. Ich muſs freilich sagen, daſs dann in den Mutterlaugen noch wieder Polythionate nachweisbar waren. Aber auch die Polythionate geben beim Eindampfen wesentliche Mengen von Ammoniak nicht ab. Auch Sulfite liegen kaum vor. Es tritt, wenn man die Mutterlauge mit Säure versetzt und auskocht, eine Bildung von schwefliger Säure ein, aber auch gleichzeitig eine Abscheidung von freiem Schwefel, woraus schon zu ersehen ist, daſs Polythionate vorliegen.

Jeden Posten der Salzfabrikation habe ich geprüft auf schweflige Säure, nachdem er abzentrifugiert war, und wir haben nie Schwierigkeiten gehabt, die Rhodansalze fast vollständig und die Polythionate ganz zu entfernen. Ich habe ja sogar einen Teil von den Salzen hier zur Ansicht hingestellt. Wenn Sie davon abnehmen wollen, können Sie es ja prüfen.

Herr Dr. E. Schilling, München: Meine Herren, es ist gewiſs richtig, daſs unsere bisherigen Reinigungsverfahren in bezug auf Platzbeanspruchung und Anlagekosten vielleicht etwas verbessert werden können. Es sind nach mechanischer Richtung hin ja auch schon Schritte getan, um auf geringerem Platz die gleiche Leistung zu erzielen. Aber einen Vorzug hat jedenfalls das bisherige Verfahren. Es ist überaus einfach, und die Kontrolle des Betriebes ist sehr leicht. Wenn ich mir die Kompliziertheit dieser Schwefelverbindungen vorstelle, die hier in Frage kommen, so glaube ich, daſs in der Praxis die Kontrolle dieses Verfahrens wesentlich komplizierter werden wird.

Ich möchte ja die Bestrebungen der Chemiker auf dieser Seite gewiſs nach allen Richtungen fortgesetzt wissen. Ich möchte aber vor allem etwas hier betonen, was gerade auf dem Felde, das ich neulich besprochen habe, von Wichtigkeit ist, nämlich das Ziel, das Gas möglichst auch von der aus Schwefelkohlenstoff herrührenden, bei der Verbrennung entstehenden schwefligen Säure zu befreien. So viel ich ersehen habe, spielt das hier nicht hinein. Es handelt sich hier nur um die Reinigung von Schwefelwasserstoff. Würden wir aber durch die Bemühungen der Chemiker in die Lage versetzt werden, unser Gas auch von Schwefelkohlenstoff allmählich frei zu bekommen, so würde uns das auf dem Gebiet der industriellen Gasverwertung sicher wieder einen Schritt vorwärts bringen, denn es gibt eine Reihe von Betrieben, in denen ganz besonderer Wert darauf gelegt werden mufs, dafs die Verbrennungsgase vollständig frei von schwefliger Säure sind.

Vorsitzender: Wünscht noch jemand das Wort? Das ist nicht der Fall. Meine Herren, die aufserordentlich rege Diskussion zeigt jedenfalls das grofse Interesse, das die Frage für uns alle hat. Ich glaube, wir sind wohl alle mit Herrn Professor Drehschmidt und Herrn Dr. Schilling darin einig, dafs dieses Verfahren unbedingt verdient, weiter ausgeprobt zu werden. Hoffen wir, dafs es möglich ist, etwas Gutes und vor allen Dingen etwas Brauchbares zu erzielen. Es kommt ja hauptsächlich darauf an, dafs wir die Nebenprodukte aus dem Gase herausbekommen und sie wirtschaftlich verwerten. Ich danke dem Herrn Redner für seine Ausführungen.

Die Entwickelung der Gasreinigung.[1])

Herr Dr. H. Wolffram, Chemiker der Gaswerke, Hamburg.

M. H.! »Rast' ich, so rost' ich«, dieser alte Wahlspruch hat von jeher gerade für die Gasindustrie besondere Wichtigkeit gehabt, die in unablässigem, hartem Kampfe ihre Stellung gegenüber der konkurrierenden Schwester Elektrizität zu behaupten und immer aufs neue zu erringen hat. Daſs das Gasfach dieser Aufgabe voll und ganz gewachsen ist, hat gerade das letzte Jahrzehnt aufs schlagendste bewiesen. Auf dem Gebiete der Gasbereitung brachte es uns gewissermaſsen als Antwort auf die gefährliche Streikbewegung der Arbeiter die Konstruktion der Vertikal- und der Kammeröfen, bei denen rein maschinelle Tätigkeit fast völlig die auf das geringste Mindestmaſs beschränkte Handarbeit ersetzt. Die Verbreitung und Verwendung des Gases wurde durch die Einführung des schattenlosen Hängeglühlichtes und des Preſsgaslichtes mit ihrer bisher unerreichten Ökonomie, der Fernversorgung durch Hochdruckleitungen, einer rationellen Heiſswasserbereitung, Heizung usw., vor allem auch der Automatengasmesser, aufs weitgehendste gefördert.

Ich glaubte daher auf Ihr Interesse rechnen zu dürfen, wenn ich festzustellen versuchte, ob auch die Reinigung des Gases, also seine Behandlung nach dem Verlassen der Retorte bzw. Kammer bis zum Eintritt in den Messer und Behälter, sich ebenso fortschrittlich entwickelt hat wie seine Bereitung

---

[1]) Der Vortrag ist in etwas erweiterter Form wiedergegeben, namentlich im letzten Teil, und durch Literaturangaben nachträglich ergänzt.

und Verwendung. Zu diesem Zweck müssen Sie mir einen kurzen Rückblick gestatten, um im Anschlufs daran die neueren und neuesten Verfahren einer Besprechung unterziehen zu können.

Das Mutterland der Gasindustrie überhaupt ist zweifelsohne Grofsbritannien, auch alle Verbesserungen und Vervollkommnungen von gröfserer und einschneidender Bedeutung finden fast durchweg hier ihren Ursprung, erst in den letzten 20 Jahren hat Deutschland wie in der chemischen Industrie überhaupt so auch auf unserem Spezialgebiete eine führende Stellung zu erobern verstanden; dabei rechne ich Auer von Welsbach, dem das Gasfach mit in erster Linie seine heutige Blütezeit verdankt, in weiterem Sinne auch als Deutschen.

Im ersten Vierteljahrhundert der Gasindustrie, die nunmehr ihre Zentenarfeier längst hinter sich hat, gab es noch keine Kühler oder Kondensatoren, die Rohrleitungen und einige gufseiserne Sammelgefäfse vertraten deren Stelle. Wir danken die Kenntnis dieser Periode dem 1819 erschienenen Buche des Engländers Accum, betitelt: »Accums practical treatise on Gas-Light«, während 40 Jahre später Clegg sein Werk »Practical Treatise on the Manufacture and Distribution of Coal Gas« veröffentlichte.[1]) Letzterer brachte schon 1806 Kalk in die Gasometergrube und versetzte die dadurch gebildete Kalkmilch mittelst eines Rührwerkes in Bewegung; schon im folgenden Jahre stellte er bei Errichtung der Anstalt für das Stonyhurst College in Lancashire den ersten Kalkmilchwäscher auf.[2]) Diese sog. Kalkmaschinen bildeten damals das A und Ω der ganzen Gasreinigung, man rechnete auf 1000 cbm Gas 1 cbm Kalktrog; allerdings wurde schon im Jahre 1806 dem sonst ganz unbekannten Heard ein Patent daraufhin erteilt, dafs »Kalk entweder mit den Kohlen in die Retorten eingetragen oder das entwickelte Gas in einem besonderen Apparat über erhitzten Kalk geleitet wird; auch könne man

---

[1]) Zeitschrift des Vereins Deutscher Ingenieure 1895, Nr. 35: Schimming, »Die Entwickelung der Leuchtgasindustrie«. Journ. f. Gasbel. 1895, S. 788 ff.

[2]) Journ. f. Gasbel. 1863, S. 52.

sowohl Alkalien oder alkalische Erden, wenn sie von Kohlensäure befreit sind, als Metalle und deren Oxyde, wie Eisen, Mangan, Zink, Kupfer, Blei usw., zur Reinigung verwenden«.[1]) Hier findet man also schon die ganze Theorie der Gasreinigung samt Anwendung des Eisenoxyds vertreten und auch die Erhitzung von Kalk zur Entfernung des Schwefelkohlenstoffs, auf die Bowditch sich 1862 ein Patent[2]) erteilen liefs.

1817 führte Phillips[3]) die Reinigung mit trockenem Kalk ein. Er empfahl, gebrannten Kalk nur so weit abzulöschen, dafs die einzelnen Partikel wohl aneinander hängen, aber der Luft freien Durchzug gestatten, und ihn so vorbereitet etwa 6 Zoll hoch auf durchlöcherten Platten in einem Gefäfs auszubreiten, dessen Deckel mit Wasserverschlufs versehen ist. Schon im folgenden Jahre schlug Palmer die Eisenreinigung, allerdings bei erhöhter Temperatur, vor und erwähnte die Möglichkeit der Regeneration durch atmosphärische Luft. »Abfälle von Eisenblech oder verzinnten Eisenplatten, irgend ein Eisenoxyd auf der niedrigsten Stufe der Oxydation, Toneisenstein, Frischschlacken oder schwarzes Eisenoxyd sollen auf Rotglut erhitzt und das Gas hierdurch und dann noch durch eine Zysterne mit kaltem Wasser geleitet werden. Nach Erschöpfung wird das Material durch Öffnen von Platten der plötzlichen Einwirkung der Luft ausgesetzt und, da es rotglühend gehalten wird, wieder regeneriert, bevor ein zweiter Apparat völlig ausgenutzt ist.« [4])

Es kann natürlich nicht meine Aufgabe sein, Ihnen hier Jahr für Jahr die zahllosen erfolgreichen und vergeblichen Versuche zur Verbesserung der Gasreinigung zu schildern, das würde weit aus dem Rahmen meines Vortrags herausfallen, nur in ganz weiten Umrissen möchte ich Ihnen das Wichtigste in entsprechender Beleuchtung vorführen.

---

[1]) Journ. f. Gasbel. 1863, S. 52.

[2]) Journ. f. Gasbel. 1861, S. 263, 291 und 423. (Engl. Pat. Nr. 2882 vom 24. Nov. 1861); 1862, S. 200; 1863, S. 52 und 1872, S. 551.

[3]) Journ. f. Gasbel. 1863, S. 52.

[4]) Journ. f. Gasbel. 1863, S. 52 u. 53.

Zweck und Ziele der Gasreinigung werden heute von wesentlich anderen Gesichtspunkten aus bestimmt und beurteilt als früher. Zunächst war einzig und allein der Gedanke mafsgebend, dafs man diejenigen Bestandteile entfernen müsse, die an und für sich oder bei der Verbrennung schädliche Wirkung auszuüben vermochten. Diese Aufgabe war, wie Kommissionsrat Blochmann 1873 auf der 13. Hauptversammlung unseres Vereins zu Teplitz[1]) in seiner Rede über den Einflufs der Chemie auf die Gastechnik ausführte, »bereits in den 50er Jahren als so vollkommen gelöst anzusehen, dafs man kaum noch wesentliche Verbesserungen von der Zukunft erwarten dürfe«, andererseits erkannte man aber auch schon frühzeitig, dafs die Entfernung der Verunreinigungen des Gases nicht allein ein notwendiges Übel sei, sondern dafs man dabei auch recht wertvolle, einbringliche Nebenprodukte erzielen könne. Heutzutage darf ein Reinigungsverfahren, und wäre es bei vollkommener Wirkung noch so einfach, kaum auf Einführung in die Praxis und Erfolg rechnen, wenn es nicht gleichzeitig gangbare, gewinnreiche Nebenprodukte erzeugt.

Noch im Jahre 1869 konnte Buhe, Dessau, die Entfernung des Cyanwasserstoffes aus dem Gase für nicht erforderlich erklären[2]), die Beseitigung der Kohlensäure dagegen im Interesse der Leuchtkraft als unbedingt notwendig erachten, heute haben sich die Ansichten hierüber wesentlich geändert.

Die Anregung zu neuen Reinigungsverfahren ging früher meist von England aus, weil dort ganz besonders hohe Ansprüche an die Reinheit des Gases gestellt wurden. Namentlich der möglichst vollständigen Entfernung des Schwefelkohlenstoffs und der organischen Schwefelverbindungen wurde übertriebener Wert beigemessen, da man der bei der Verbrennung daraus gebildeten schwefligen Säure besonders gefährliche Schädigungen zuschrieb; andererseits machte die erhebliche Beeinträchtigung der Leuchtkraft eine möglichst

[1]) Journ. f. Gasbel. 1873, S. 459 ff.

[2]) Journ. f. Gasbel. 1869, S. 421.

weitgehende Entfernung der Kohlensäure erforderlich. Der allgemeinen Verbreitung des Wassergases stand sein hoher Gehalt an Kohlenoxyd lange Zeit hindernd im Wege, während ein Menschenalter früher der grofse Hygieniker Pettenkofer bei der Einführung des Holzgases, das ebenfalls sehr reich an Kohlenoxyd war, diesen Bestandteil durchaus nicht als übertrieben gefährlich hervorhob.[1])

Heute, im Zeitalter des Gasglühlichtes, kommt die Leuchtkraft des Gases aufser zur Beurteilung der Kohlenqualität in der Versuchsgasanstalt nur noch in einzelnen Fällen in Frage, wo ganz besondere, nicht normale Verhältnisse vorliegen, auf den allein mafsgeblichen Heizwert wirkt aber Kohlensäure (und auch Stickstoff) lediglich als verdünnender Bestandteil, und zwar in so geringem Mafse ein, dafs ihre vollständige Entfernung nicht im geringsten lohnend sein würde, ev. läfst sich ihr Einflufs mit minimalen Kosten durch Zusatz geringer Mengen irgend eines Karburationsmittels völlig aufheben.

Die gänzliche Beseitigung von Teer und Schwefelwasserstoff ist heute selbstverständlich und bietet keine Schwierigkeiten, ebensowenig die Gewinnung des Ammoniaks, die schon um ihrer Rentabilität willen nahezu verlustlos erfolgt; das Naphthalin wird wenigstens zum gröfsten Teile ebenfalls entfernt, aber man ist auch bemüht, die Cyanverbindungen möglichst vollständig aus dem Gase herauszunehmen, da man sich über ihre schädigende Wirkung auf Gasbehälter und Gasmesser klar ist, ev. wirft ihre Gewinnung auch trotz der zurzeit äufserst schlechten Marktlage noch einen kleinen Überschufs ab. Auf die Beseitigung des Schwefelkohlenstoffs dagegen legt man wesentlich geringeren Wert, ein Gehalt von 1 g Schwefel in 1 cbm Gas gilt in Deutschland noch als unbedenklich, wir wissen, dafs die bei der Verbrennung gebildete trockene schweflige Säure als solche bei genügender Ventilation nahezu unschädlich ist. Hierzu kommt aber weiter noch die Feststellung, dafs das Gas aus Vertikal- und Kammeröfen nach seiner Reinigung verhältnismäfsig viel weniger organische Schwefelverbindungen enthält als dasjenige aus

[1]) Journ. f. Gasbel. 1895, S. 94 ff. und 1909, S. 820.

Horizontal- und Schrägretorten, selbst bei schwefelreichen Kohlen dürfte die Grenze von 1 g Schwefel kaum erreicht werden.

Gehen wir nun näher auf die einzelnen Methoden zur Entfernung bzw. Gewinnung der im Rohgase enthaltenen verunreinigenden Stoffe ein, so beruhen dieselben teils auf physikalischen, teils auf chemischen Vorgängen. Zu den ersteren gehört die Ausscheidung der verdichtbaren Bestandteile durch Kühlung und Kondensation, die mechanische Beseitigung der letzten Teerreste und wohl auch die Auswaschung der Ammoniaksalze mit Wasser, des Naphthalins mit Schweröl, zu den letzteren die Entfernung von Schwefelwasserstoff, Schwefelkohlenstoff und Cyan.

Wie ich bereits vorher erwähnte, war von Kühlung und Kondensation noch keine Rede, als die Gasindustrie an die Öffentlichkeit trat; auch hier war es Clegg, der ebenso wie die Kalkmilchwäsche als erster eine Kühlung einführte. Bei einer von ihm im Jahre 1812 in London bei dem Buchhändler Ackermann aufgestellten Anlage[1]) führte er das Ableitungsrohr von der Vorlage in die viereckige Zysterne des Gasbehälters und in dieser zickzackförmig abwärts bis an den Boden, liefs es dann an der Seitenwand wieder austreten und im Teerbehälter endigen. Eine gröfsere Anlage, von der sich eine Abbildung in dem Buche von Accum findet, zeigt die Kühlröhren fünfmal spiralförmig an dem Umfange des Gasbehälterbassins herumgeführt. Diese recht primitive Anordnung, die häufige oder ständige Erneuerung des Wassers in der Zysterne erforderte und bei Verstopfungen äufserst schwer zugänglich war, wurde bald zugunsten der Luftkühlung verlassen, man suchte einfach die Rohrverbindungen zwischen Vorlage und Reinigungsapparat so lang zu bauen, als es der verfügbare Raum gestattete, führte die Rohre entweder mit genügendem Gefälle an den Wänden der Gebäude entlang oder auf- und abwärts, durch Sammelgefäfse in geeigneter Weise unterbrochen, kam aber später

[1]) Schilling, Handbuch für Steinkohlengas-Beleuchtung. 2. Aufl., S. 185. (3. Aufl., S. 330.)

doch wieder wenigstens teilweise auf die Benutzung der Wasserkühlung zurück. Perks, Malam und Kirkham[1]) konstruierten dann Apparate, die schon das Prinzip der späteren Röhrenkondensatoren und Luftkühler aufweisen, teilweise brachte man das Gas auch durch Tauchung mit den teerigen Kondensaten in Berührung, da man glaubte, das Naphthalin auf diesem Wege besser als durch Waschen mit reinem Wasser zurückzuhalten. Im allgemeinen galt es als Regel, das Gas möglichst bis auf die mittlere Bodentemperatur von 10 bis 12° C abzukühlen, da man fürchtete, sonst bei der späteren Verteilung im Rohrnetz und der damit verbundenen Kühlung noch weitere Kondensate zu erhalten, die naturgemäfs zu Verstopfungen und sonstigen Unzuträglichkeiten führen mufsten. Kirkham wandte bei seinem Luftkühler bereits das Gegenstromprinzip an, eine weitere Verbesserung schufen Blochmann und Kornhardt[2]), indem sie durch eingesetzte elliptische Schaufeln das Gas zwangen, an den Wänden entlang zu streichen, seine Richtung und Geschwindigkeit zu ändern; die wirksame Kühlfläche wurde dadurch erheblich vergröfsert. Heute wissen wir genau, dafs einer langsamen, allmählichen Kühlung des Gases bei weitem der Vorzug gebührt gegenüber einer solchen von schneller und plötzlicher Wirkung; nur der ersteren gelingt es, die nebelförmigen Teerdämpfe in flüssiger Form niederzuschlagen und durch ihre absorbierende Wirkung; auch möglichst viel Naphthalin noch oberhalb seines eigentlichen Taupunktes zu entfernen, so dafs sich auch bei späterer stärkerer Abkühlung keine weiteren Kondensate ergeben. Unsere jetzigen Luft- und Wasserkühler verschiedenen Systems, deren Konstruktion ja allgemein bekannt ist, leisten an Gröfse der gekühlten Flächen bei denkbar geringstem Platzbedarf und an energischer Wirkung das Vollkommenste; erwähnen möchte ich nur noch das Berieseln der Kühlrohre mit schwachem

---

[1]) Schilling, Handbuch für Steinkohlengas-Beleuchtung, 2. Aufl., S. 185 ff. (3. Aufl., S. 330 u. 331.)

[2]) Schilling, Handbuch für Steinkohlengas-Beleuchtung, 2. Aufl., S. 188.

Ammoniakwasser bei den Reutterkühlern, das das Ansetzen von Kondensationsprodukten verhindern und diese hinwegspülen soll, so dafs die Kühlflächen stets rein und wirksam gehalten werden. Auf unserem ältesten Werke in Hamburg hat sich die von Direktor Krause eingeführte periodische Berieselung der letzten Kondensatoren mit schwachem Gaswasser seit einer Reihe von Jahren als besonders wirksam erwiesen; die früher häufig und äufserst heftig auftretenden Naphthalinverstopfungen der Betriebsrohre, die alljährliche gründliche Reinigung unter Stillegung des Betriebes erforderlich machten, sind seitdem so gut wie völlig verschwunden. In der Vorlage und den Kühlern wird zwar der gröfste Teil des Teers durch Verdichtung abgeschieden, doch bleiben je nach der Vollkommenheit der Kühlanlagen mehr oder weniger geringe Reste im Gase zurück, veranlassen die Verschmutzung der Reinigungsmasse und gelangen ev. selbst bis in das Rohrnetz. Während man früher dagegen ziemlich machtlos war, denn auch in den noch zu besprechenden Skrubbern war die nachträgliche Ausscheidung des Teers durchaus keine vollkommene, ist die Aufgabe der Entfernung der letzten Teerreste bis auf unwesentliche Spuren durch die zuerst von Pelouze und Audouin konstruierten Apparate[1]) als völlig gelöst zu betrachten. Diese Teerwäscher, die, ebenso wie derjenige von Drory[2]), durch mechanische Stofswirkung die im Gase suspendierten äufserst feinen Teerteilchen zu gröfseren Tropfen verdichten, die sich dann bei weiterem Anprall infolge ihres höheren Gewichtes nicht mehr schwebend erhalten können, sondern als Flüssigkeit ausscheiden müssen, fehlen heute wohl auf keinem Gaswerk. Zwar versuchte bereits 1878 Schwarz[3]) mit Hilfe der Zentrifugalkraft die Teernebel in einer Ventilatortrommel mit rasch rotierenden Flügeln vom Siebgeflecht zu entfernen, und in neuerer Zeit hat man

---

[1]) Journ. f. Gasbel. 1873, S. 363 u. 545 und 1893, S. 585 ff.

[2]) Journ. f. Gasbel. 1890, S. 150 (D. R. P. Kl. 26, Nr. 48876 vom 8. Febr. 1888) und 1893, S. 589 u. 590.

[3]) Journ. f. Gasbel. 1878, S. 24 (Dingl. polyt. Journ. 1877, Bd. 226, S. 305).

diese Versuche wieder aufgenommen, doch sind nachhaltige Erfolge meines Wissens bisher nicht erzielt worden. Hierher gehört auch das von Feld[1]) vorgeschlagene Verfahren, das durch stufenweise Abkühlung den Teer gleich bei der Kondensation in Pech, Schweröl und Leichtöl trennen und die Abscheidung der einzelnen Fraktionen in schnell rotierenden Trichterapparaten neben dem Einhalten der erforderlichen Temperatur durch Waschen mit dem gleichen Öl befördern will; bisher ist die Sache, die an und für sich äufserst sinnreich erdacht ist, aber wohl praktisch noch nicht genügend erprobt und durchgearbeitet. Hand in Hand mit der Abscheidung des Teers geht diejenige des Naphthalins, das sich zum gröfsten Teil in letzterem gelöst vorfindet und lange Zeit ein rechtes Schmerzenskind der Gasindustrie war; heute ist auch diese Frage als völlig gelöst anzusehen. Während Malam[2]) Besprengen der Reiniger bei der Beschickung mit Kohlennaphtha, d. i. Benzol, zu diesem Zwecke empfahl, während in Amerika Petroleumbenzin entsprechende Verwendung fand[3]), trocknete Bremond[4]), Versailles, das völlig gereinigte Gas mit gebranntem Kalk oder Chlorcalcium und behauptete, dafs sich das Naphthalin zusammen mit den Wasserdämpfen niederschlage und später durch einfaches Erhitzen aus dem dann noch für die trockene Reinigung brauchbaren Kalk ausgetrieben werden könne; gleichzeitig sollte durch dies Verfahren die Leuchtkraft des Gases um 6 bis 8 % gesteigert werden. Salzenberg[5]), Bremen, erklärte 1884 warme Abscheidung des Teers mit folgender allmählicher Abkühlung des Gases für das beste Mittel, und dieses Verfahren ist in Bremen noch heute mit bestem Erfolge im Gebrauch; auf demselben Prinzip beruhen die Klönne'schen

---

[1]) Deutsche Gesellschaft für Kohlenverwertung m. b. H., Berlin: Walther Felds »Neue Verfahren zur Gewinnung einheitlicher und konzentrierter Nebenprodukte aus Koksofengasen«. (Oktober 1906.)

[2]) Journ. f. Gasbel. 1874, S. 635.

[3]) Journ. f. Gasbel. 1884, S. 819.

[4]) Journ. f. Gasbel. 1877, S. 431.

[5]) Journ. f. Gasbel. 1884, S. 814 ff.

Grofsraumkühler, in denen auf Grund des Gegenstromverfahrens der sich allmählich ausscheidende, noch warme Teer mit dem Gase in innigste Berührung kommt und das Naphthalin aus ihm herauslöst. Von weiteren modernen Verfahren kommt noch die von Bunte und Eitner vorgeschlagene Verdampfung von Rohxylol in Betracht[1]), das sich gleichzeitig mit dem Naphthalin im Rohrnetz kondensiert und durch sein vorzügliches Lösungsvermögen feste Ausscheidungen völlig verhindert. Seiner weiteren Verbreitung steht nur die von Witzeck festgestellte Wirkung der Xyloldämpfe auf die Stoffmembranen und Lederbälge der trockenen Gasmesser[2]) entgegen, aus denen die Imprägnierungsstoffe herausgelöst und damit Undichtigkeiten und Falschzählen verursacht werden sollen. Die zahlreichste Anwendung hat die auf Anregung von Bunte und Young von Bueb[3]) in die Praxis eingeführte Waschung mit schweren Teerölen, speziell Anthrazenöl, gefunden, das vorher von seinem Naphthalingehalt befreit wird. Da das Öl sich zunächst noch mit Benzol aus dem Gase sättigt, so setzte man ihm früher von vornherein 4 % Benzol zu, um diesen Sättigungszustand herbeizuführen und die Qualität des Gases nicht zu beeinflussen; neuerdings hat man aber diesen Zusatz bereits wieder als nicht erforderlich aufgegeben, z. B. auch in Hamburg, wo nur vorsichtshalber bei Neubeschickung des Wäschers ev. der Zusatz von Luft vor der trockenen Reinigung für kurze Zeit eingestellt wird.

Die Entfernung von Kohlensäure, Ammoniak, Schwefelwasserstoff und Schwefelkohlenstoff sowie der Cyanverbindungen läfst sich eigentlich nicht getrennt voneinander behandeln, denn teils erfolgte sie früher gemeinsam, teils haben die Versuche in dieser Richtung bis zum heutigen Tage nie aufgehört.

Etwa um die Mitte des vorigen Jahrhunderts begann man damit, zur Vervollständigung der Kondensation das Gas durch mit Koks gefüllte Apparate, die sog. Skrubber, zu schicken;

---

[1]) Journ. f. Gasbel. 1899, S. 73 ff. und 89 ff.

[2]) Journ. f. Gasbel. 1904, S. 654 ff.

[3]) Journ. f. Gasbel. 1899, S. 470.

wurde der Koks dabei von oben feucht gehalten, so erzielte man nicht nur eine möglichst vollständige Absonderung des Teers, sondern es wurde auch zugleich ein Teil des Ammoniaks vom Wasser absorbiert. Vielfach begnügte man sich hiermit, weil man annahm, dafs bei stärkerem Waschen auch leuchtkräftige Bestandteile mit entfernt würden, man nahm aber auch die Auswaschung des Ammoniaks in besonderen Apparaten mit Wasser oder Dampf vor und erkannte bald, dafs die Absorption um so vollständiger war, je inniger die Berührung mit dem Wasser gestaltet und je niedriger dessen Temperatur gehalten wurde. 1861 berichtete Oechelhäuser[1]) über die in England übliche kontinuierliche mechanische Berieselung der Skrubber unter feinster Verteilung des Wassers und über Ersatz der Koksfüllung durch Zwischenböden von Eisenblech mit zahlreichen sich allmählich verjüngenden Öffnungen. Livsey[2]) wandte hochkant gestellte, gekreuzte Latten, die Vorläufer der späteren Holzhorden, an, neuerdings wird auch Holzwolle vielfach mit bestem Erfolge benutzt. Ein grofser Fortschritt war die Erkenntnis, dafs schwaches Gaswasser besonders geeignet sei, weitere Ammoniakverbindungen aus dem Gase herauszunehmen und sich dabei anzureichern; eine Unzahl von Patenten beschäftigt sich hiermit. Aus dem Gedanken heraus, mit einer möglichst geringen Menge von Flüssigkeit dem Gase eine möglichst grofse benetzte Oberfläche darzubieten, entstanden die beweglichen Skrubberfüllungen, die durch mechanischen Antrieb periodisch in die Waschflüssigkeit eintauchen, dabei die absorbierten Bestandteile abspülen und sich immer aufs neue benetzen. Aus ihnen entwickelten sich dann unsere heutigen Intensivwascher, die bei geringstem Kraftbedarf das denkbar Vollkommenste leisten. Sie bestehen aus einer Anzahl von Kammern, die jede für sich einen Skrubber repräsentieren; unter strenger Durchführung des Gegenstromprinzips gelangt das am weitesten angereicherte Wasser mit dem ammoniakreichsten Gase zur Reaktion, während schliefslich Frischwasser die letzten Reste

---

[1]) Journ. f. Gasbel. 1861, S. 44 ff.

[2]) Journ. f. Gasbel. 1871, S. 31 f.

aus dem Gase entfernt. Zu diesen Apparaten gehören der Ledigwäscher[1]), der Standardskrubber[2]), mag er nun mit Holzpaketen oder Bürsten ausgerüstet sein, der Zschokke'sche Kugelwäscher[3]) und andere. Das Ammoniak wird nun nicht als solches aus dem Gase entfernt, sondern in Gestalt der wasserlöslichen Salze, die es mit den übrigen Verunreinigungen, wie Kohlensäure, Schwefelwasserstoff und Cyan, bildet. Wäre nun Ammoniak in einer solchen Menge zugegen, dafs es gerade zur Sättigung dieser anderen Stoffe unter Bildung wasserlöslicher Salze ausreichte, so wäre damit die Frage der Gasreinigung auf das eleganteste und vollkommenste erledigt. Dieser ideale Zustand ist aber leider nicht vorhanden, nach den Untersuchungen Buntes[4]) übertrifft das Volumen von Kohlensäure und Schwefelwasserstoff zusammen dasjenige des Ammoniaks um das 4- bis 6fache. Da nun die Kohlensäure als stärkere Säure den Schwefelwasserstoff aus seiner Verbindung mit Ammoniak austreibt, so wird mit dem Ammoniak die Kohlensäure fast vollständig, der Schwefelwasserstoff aber nur zum Teil aus dem Gase herausgewaschen. Seine völlige Entfernung bildete von jeher und bildet noch eine der wichtigsten Aufgaben der Gasreinigung, mindestens 90% aller früheren und jetzigen Patente auf diesem Gebiete beschäftigen sich damit. Die nasse Wäsche mit Kalkmilch vermochte diese Ansprüche zwar zu erfüllen, doch waren infolge der starken Verdünnung kolossale Mengen des Waschmittels und dementsprechend umfangreiche Apparate dazu erforderlich; die Verwendung von Reinigern mit trockenem Kalk bedeutete daher einen sehr grofsen Fortschritt, wenn auch die Ausnutzung des Materials naturgemäfs viel weniger vollständig war. Erst nach völliger Herausnahme der Kohlensäure gelangte der Schwefelwasserstoff zur Absorption, Ammoniak wurde nur in geringen Mengen mechanisch festge-

[1]) Journ. f. Gasbel. 1885, S. 758 (D. R. P. Kl. 26, Nr. 31196 vom 23. Okt. 1884) und S. 866 ff.

[2]) Journ. f. Gasbel. 1878, S. 332 ff.

[3]) Journ. f. Gasbel. 1901, S. 413 f.

[4]) Journ. f. Gasbel. 1877, S. 25 ff.

halten, das gebildete Schwefelcalcium war und ist noch das beste Mittel zur Bindung des Schwefelkohlenstoffs; hierin liegt der Grund, dafs sich die Kalkreinigung trotz aller Mifsstände bis etwa 1865 in Deutschland gehalten hat und sich in England noch heute vielfach vorfindet.

Es gibt wohl kein anorganisches Element, dessen Preis sich in einigermafsen zulässigen Grenzen bewegt, das man nicht zur Gasreinigung vorgeschlagen hätte; selbst die Platinmetalle zog Quaglio[1]) 1878 mit heran und wollte vermöge ihrer katalytischen Wirkung beim Überleiten des Gases in der Hitze die Schwefelkohlenstoffdämpfe in Schwefelwasserstoff überführen, durch Ausglühen im Luftstrom sollten die Metalle dann regeneriert werden. Aufser Kalk wären noch Natron, Kali, Baryt, Magnesia, die Oxyde von Eisen, Mangan, Blei usw. sowie die Verbindungen dieser Stoffe mit Schwefel- oder Salzsäure als wesentlich zu erwähnen, wirklichen Eingang in die Praxis haben aufser Kalk als solchem und in Form von Gips nur noch Eisenoxyd und schwefelsaures Eisen und in geringerem Mafse Manganoxyd und Natron gefunden.[2])

Die Eisenreinigung wurde, wie schon erwähnt, allerdings unter Erhitzen auf Rotglut, bereits 1817 von Palmer[3]) vorgeschlagen, fand aber zunächst keinen Anklang. Sie wurde zuerst in Frankreich, dann 1835 in England von Phillips[4]), der auch die Reinigung mit trocknem Kalk eingeführt hatte, angewandt, aber auf nassem Wege, erst 1840 liefs sich Kroll[5]) die Benutzung in trockner Form patentieren und schlug auch vor, das ausgebrauchte Material in einem Ofen 2 bis 3 Stunden lang zu rösten und auf diese Weise durch Austreiben des aufgenommenen Schwefels zu regenerieren.

---

[1]) Journ. f. Gasbel. 1879, S. 789 (Engl. Pat. Nr. 3980 vom 27. 10. 77).

[2]) Schilling, Handbuch für Steinkohlengas-Beleuchtung, 2. Aufl., S. 82.

[3]) Journ. f. Gasbel. 1863, S. 53.

[4]) Schilling, Handbuch für Steinkohlengas-Beleuchtung, 2. Aufl., S. 85.

[5]) Schilling, Handbuch für Steinkohlengas-Beleuchtung, 2. Aufl., S. 85.

doch waren die hierfür aufzuwendenden Kosten viel zu hohe. In Frankreich und Belgien wurde in dieser Zeit auch vielfach Gips oder Chlorcalcium zur Reinigung verwendet, es bildete sich dabei aufser kohlensaurem Kalk schwefelsaures Ammoniak bzw. Salmiak. Lebensfähig wurde die Eisenreinigung erst durch Laming[1]), der sich 1849 die Regeneration mit Hilfe des Luftsauerstoffs patentieren liefs, das Recht der Erfindung wurde allerdings, vermutlich infolge der ungeschickten Abfassung des Patents, 1858 dem Fabrikanten Hills zugesprochen. Die bekannte Lamingsche Masse, die sich äufserst schnell einbürgerte, wurde durch Zusammenbringen von Eisenvitriol und Kalk unter dem Einflufs der Luft und Feuchtigkeit gebildet und bestand aus Eisenoxydhydrat, Gips und überschüssigem Ätzkalk; einige von Ihnen, meine Herren, werden sicherlich noch damit gearbeitet haben. Die Masse wirkte folgendermafsen: Das Eisenoxydhydrat bildete mit dem Schwefelwasserstoff Schwefeleisen, der Gips setzte sich mit dem kohlensauren Ammoniak zu schwefelsaurem Ammoniak und kohlensaurem Kalk um, endlich verband sich der vorhandene Ätzkalk mit der überschüssigen Kohlensäure. War die Masse mit Schwefelwasserstoff gesättigt, so wurde sie aus den Reinigern herausgenommen und an der Luft regeneriert. Nach der damals allgemein verbreiteten Ansicht bildete sich hierbei aus dem Schwefeleisen vorübergehend Eisenvitriol, dieser setzte sich mit dem kohlensauren Kalk zu Gips und Eisenoxydulhydrat um, und letzteres oxydierte sich dann wieder zu Eisenoxydhydrat; aus diesem Grunde setzte man von vornherein überschüssigen Kalk zu. Cyan wurde von der Masse ebenfalls aufgenommen, aber jedenfalls fast ausschliefslich in das minderwertige Rhodan umgewandelt.

1868 trat Schilling[2]) dieser allgemein gültigen Anschauung auf Grund seiner Untersuchungen, bei denen er dreimal so viel freien Schwefel fand, als der Theorie entsprach, entgegen und bestritt die vorübergehende Bildung von Eisenvitriol. Buhe-

[1]) Schilling, Handbuch für Steinkohlengas-Beleuchtung, 2. Aufl., S. 85.

[2]) Journ. f. Gasbel. 1867, S. 330 ff. und 1868, S. 412.

Dessau[1]), Deicke-Mülheim[2]), Brencius-Frankfurt a. M.[3]), Cox[4]) in München und vor allem Wagner[5]) stellten dann weitere Untersuchungen an, die in neuerer Zeit noch von Bunte[6]) und Gedel[7]) vervollständigt wurden, und bestätigten die Behauptung Schillings, dafs sich das Schwefeleisen direkt unter Abscheidung von Schwefel in Eisenoxydul umsetzt und dieses dann zu Eisenoxyd regeneriert wird. Allerdings bildet sich bei diesem Prozefs auch etwas schwefelsaures Eisen, aber nur in Spuren und um so weniger, je langsamer sich die Wiederbelebung vollzieht und je geringer infolgedessen die dabei auftretende Temperatursteigerung ist. Man kam infolge dieser Feststellungen von dem Zusatz von Kalk, welcher der Masse durch die Zersetzung des Schwefelcalciums an der Luft den bekannten, äufserst lästigen Geruch verlieh, ab und wandte in irgend einer Weise künstlich hergestelltes Eisenoxydhydrat, wie z. B. die Deickesche Masse[8]), für sich allein an, andere, wie z. B. die aus Rückständen der Bauxitverarbeitung mit Zusatz von Soda bereitete Luxmasse[9]), kamen hinzu, auch wurde damals bereits die natürliche Oberurseler Masse[10]), ein manganhaltiger Brauneisenstein, empfohlen. Seit 1860 gebrauchte Howitz-Kopenhagen[11]) als erster natürliches Eisenerz in gröfserem Umfange für die Gasreinigung, das namentlich in Deutschland schnell ausgedehnteste Verbreitung fand und auch gegenwärtig in erster Linie benutzt wird, während man in England noch vielfach mit Lamingscher Masse und

---

1) Journ. f. Gasbel. 1868, S. 337 ff.

2) Journ. f. Gasbel. 1868, S. 160 ff. und 248. — 1869, S. 300.

3) Journ. f. Gasbel. 1869, S. 62 ff., 144 und 300. — 1871, S. 919 ff.

4) Journ. f. Gasbel. 1869, S. 301 ff. und 584 ff.

5) Journ. f. Gascel. 1869, S. 116 ff. und 443 ff.

6) Journ. f. Gasbel. 1903, S. 709 ff. und 733 ff.

7) Diss. 1905 und Journ. f. Gasbel. 1905, S. 400 ff. und 428 ff.

8) Journ. f. Gasbel. 1865, S. 249; 1869, S. 353 und 1882, S. 589 ff.

9) Journ. f. Gasbel. 1882, S. 412 (Pat. Nr. 16456 vom 24. Mai 1881), S. 589 ff. und S. 824 (Zusatzpat. Nr. 18174 vom 25. Nov. 1881).

10) Journ. f. Gasbel. 1868, S. 375; 1869, S. 353 und 1871, S. 681.

11) Journ. f. Gasbel. 1862, S. 536 f. und 1863, S. 270 ff. u. 385.

Kalk arbeitet. Für Ammoniak ist allerdings die Eisenmasse nur so weit aufnahmefähig, als es durch die Feuchtigkeit mechanisch zurückgehalten und vor allem durch die bei der Regeneration gebildeten geringen Mengen von Schwefelsäure gebunden bzw. das gebildete Eisensulfat in das Hydroxyd umgesetzt wird. Gerade aus dem letzteren Grunde wirkt ein geringer Ammoniakgehalt auf die Masse günstig ein, da saure Massen schlechter Schwefelwasserstoff absorbieren. Andererseits setzt ein erheblicherer Ammoniakgehalt die von der Masse aufgenommenen Cyanverbindungen, auf die ich noch zurückkomme, in die weit weniger wertvollen Rhodansalze um, die man in englischen, kalkhaltigen Massen fast ausschliefslich findet.

Die Möglichkeit, die Eisenreinigungsmassen zu wiederholten Malen benutzen zu können, — Kunath-Danzig[1]) regenerierte mit 3 Teilen Sägespänen vermischte Luxmasse in einem Versuchsapparat 37 mal, ohne dafs sie erschöpft war, — bedeutete einen grofsen Fortschritt, immerhin erforderte das Ein- und Ausbringen einen recht beträchtlichen Arbeitsaufwand. Eine wesentliche Verbesserung bedeutete daher der zuerst von Valon[2]) in England eingeführte Zusatz von Sauerstoff oder Luft zum Rohgas, der wenigstens teilweise eine Regeneration im Reiniger selbst bewirkte. Die Anwendung von reinem Sauerstoff hat sich, auch wenn derselbe nach dem Verfahren von Brin[3]) auf dem Werke selbst hergestellt wurde, als zu teuer erwiesen, allenfalls kommt dieselbe für eine ausschliefsliche Kalkreinigung und als Aushilfe im Notfalle in Frage, dagegen bewährt sich ein Zusatz von $1^1/_2$ bis 2 % Luft dauernd aufs vorzüglichste, die Anzahl der Beschickungen eines Reinigers läfst sich dadurch leicht auf die Hälfte und selbst ein Drittel erniedrigen. Nimmt man den Luftzusatz höher, so kann man zwar die Reiniger

---

[1]) Journ. f. Gasbel. 1886, S. 769 f., 774 und 979 ff.

[2]) Journ. f. Gasbel. 1888, S. 349 ff., 820 ff. und 841 f.

[3]) Journ. f. Gasbel. 1881, S. 339; 1882, S. 89 f. (D. R. P. Kl. 12, Nr. 15298 vom 2. Febr. 1881) und 1886, S. 533 (D. R. P. Kl. 12, Nr. 34405 vom 14. Febr. 1885).

noch länger in Betrieb halten, man läuft aber dabei Gefahr, dafs einmal nicht aller Sauerstoff zurückgehalten wird, was bei Kalk nicht der Fall ist, und ferner die Masse so stark austrocknet und zusammenbackt, dafs sie mit Hacken herausgeschlagen werden mufs und leicht Betriebsstörungen herbeiführen kann. Als Gegenmittel hat sich auf dem Gaswerk Grasbrook in Hamburg das zeitweise Durchfeuchten der Masse im Reiniger mit Hilfe Lechler'scher Streudüsen unter möglichst hohem Druck bewährt. Von sonstigen Verbesserungen, die uns die letzten Jahre gebracht haben, möchte ich aufser den Hochreinigern nur die Teilung des Gasstroms, die wohl zuerst 1893 von Zobel[1]) in Lodcz vorgeschlagen wurde, und die verschiedenen Neukonstruktionen der Horden von Jäger[2]) und anderen erwähnen, wodurch die wirksame Angriffsfläche im Reiniger möglichst vergröfsert, die Ausnutzung und Leistung der Masse verstärkt wird, ohne aber gleichzeitig die als die günstigste erkannte Durchgangsgeschwindigkeit des Gases zu erhöhen.

Auf Schwefelkohlenstoff wirken Eisenoxydmassen nicht ein, doch hat dies, wie ich bereits wiederholt erwähnte, bei uns in Deutschland, namentlich bei Verwendung der neuesten Ofentypen, wenig Bedeutung, an Versuchen, ein geeignetes Verfahren zu seiner Entfernung zu finden, hat es allerdings von jeher nicht gefehlt; wirklich bewährt hat sich bisher einzig und allein die noch heute in England übliche Reinigung mittels Schwefelcalcium. Eine der ältesten Methoden, die aber bis in die neueste Zeit hinein immer wieder aufgenommen wurde, beruht darauf, der Kohle bereits bei der Vergasung im Ofen einen geringen Prozentsatz Kalk zur Bindung des Schwefels zuzusetzen. Ich erinnere an das bereits erwähnte Patent Heard[3]) aus dem Jahre 1806, 1859 fügte Kellner[4]), Mühlheim, der Kohle in der Retorte bis 16 % Kalk bei, Cooper[5]) teilt 1885 mit, dafs durch Bei-

[1]) Journ. f. Gasbel. 1893, S. 29 ff.
[2]) Journ. f. Gasbel. 1902, S. 261 ff.
[3]) Journ. f. Gasbel. 1863, S. 52.
[4]) Journ. f. Gasbel. 1859, S. 57.
[5]) Journ. f. Gasbel. 1884, S. 105 und 1885, S. 26 ff.

mischung von $2^1/_2$ % zwei Drittel des Schwefelkohlenstoffs, die Hälfte des Schwefelwasserstoffs beseitigt würden, die Ausbeute an Ammoniak dagegen um 30 % erhöht werde, sowie dafs durch Zugabe von 1 % Luft vor den Reinigern ein Kasten 11 Monate lang ununterbrochen im Betriebe gewesen sei. Noch 1886 gibt Kunath[1]) an, er habe schon mit einem Zusatz von 0,6 % Kalk sehr gute Erfolge erzielt. Bowditch[2]) wollte das Gas über erhitzten Ton oder Kalk leiten, Redwood[3]) gleichzeitig noch Wasserdampf zuführen, während Thompson[4]) letzteren zusammen mit dem Gase durch rotglühende Röhren schickt; Quaglio[5]) schlug, wie bereits erwähnt, die katalytische Wirkung der Platinmetalle oder mit deren Lösungen getränkter Tonkugeln, von Eisen- oder Nickelpulver vor. Diesen Verfahren, die alle die Anwendung erhöhter Temperatur als gemeinsame Basis haben, schliefsen sich dasjenige von Valon[6]) mittels Kalk und Sauerstoff sowie die Methoden von Hills[7]) und Claus[8]) an, bei denen das Schwefelammonium jedenfalls eine dem Schwefelcalcium analoge Wirkung ausübt, ferner ist die Verwendung von Weldonschlamm nach Hood und Salamon[9]) und das Waschen mit leichten Teerölen nach Young[10]) zu erwähnen. Greville[11]) benutzt ebenfalls Schwefelcalcium, nur stellt er dasselbe mit Hilfe der Abgase bei der Fabrikation von schwefelsaurem Ammoniak dar, endlich kommt in neuerer Zeit das bekannte Verfahren von Pippig

---

[1]) Journ. f. Gasbel. 1886, S. 774 f.

[2]) Journ. f. Gasbel. 1859, S. 1264.

[3]) Journ. f. Gasbel. 1879, S. 174. (Ber. d. Deutsch. chem. Ges. 1878, S. 1386.)

[4]) Journ. f. Gasbel. 1865, S. 116.

[5]) Journ. f. Gasbel. 1879, S. 789.

[6]) S. S. 299, Anm. 2.

[7]) Journ. f. Gasbel. 1876, S. 853 (Pat. Nr. 1895 vom 24. Mai 1875).

[8]) Journ. f. Gasbel. 1884, S. 172 (Pat. Nr. 23 763 vom 30. Jan. 1883) und 1887, S. 1140 f. (Pat. Nr. 39 277 vom 9. Juni 1886).

[9]) Journ. f. Gasbel. 1894, S. 282 ff.

[10]) Journ. f. Gasbel. 1889, S. 370.

[11]) Journ. f. Gasbel. 1889, S. 369 f. (Journ. of Gaslighting 1889, S. 335.)

und Trachmann[1]) hinzu, das seiner hohen Kosten wegen keine Verbreitung gefunden hat. Auf dem Gaswerk II in Charlottenburg wird zurzeit ein Verfahren von Dr. Mayer und Fehlmann[2]) erprobt, das mit einer Aufschlämmung von fein gemahlenem Raseneisenerz in Anilin arbeitet, die Waschflüssigkeit ist regenerierbar, nur das Eisenerz mufs zeitweise ersetzt werden.

Als letzte Verunreinigung des Gases bleiben nun noch die Cyanverbindungen übrig, auf deren Absorption und Gewinnung man früher keinen Wert legte, wenn auch bereits Hills 1849 in seinem englischen Patent erwähnt, dafs die Eisenreinigung aus dem Gase auch Cyan entferne[3]). Bei der trockenen Reinigung mittels Kalk wird verhältnismäfsig wenig Cyan aufgenommen und fast ausschliefslich in Rhodan übergeführt, so dafs seine Gewinnung kaum lohnt, wenn auch zahlreiche Versuche in dieser Richtung gemacht wurden. 1862 stellte die französische Firma Gautier & Bouchard auf der Londoner Weltausstellung Berlinerblau aus, das in einem gleichzeitigen Bericht als »aus dem schmutzigen Gaskalk gewonnen« bezeichnet wird[4]), aus dem Jahre 1878 datiert ein recht kompliziertes Verfahren von Douglas[5]), 1883 liefs sich Schüfsler[6]) in Amerika ein Patent zur Gewinnung von Cyanverbindungen aus Gaskalk erteilen. In neuerer Zeit beschäftigt sich das deutsche Patent von Tscherniac[7]) damit, der augenblicklich auch an der Ausarbeitung eines neuen

[1]) D. R. P. Kl. 26, Nr. 119884 vom 7. Nov. 1899, Nr. 120155 vom 23. Jan. 1900 und Nr. 121064 vom 22. Juli 1900. (Journ. f. Gasbel. 1902, S. 16, 32 und 136.) Vgl. auch Witzeck, Über die Schwefelverbindungen im Leuchtgas. (Journ. f. Gasbel. 1903, S. 22 f.)

[2]) Journ. f. Gasbel. 1910, S. 523 ff., 553 ff., 577 ff. und 869 ff.

[3]) Bertelsmann, Die Technologie der Cyanverbindungen, S. 186.

[4]) Katalog-Nr. 132, Journ. f. Gasbel. 1863, S. 67. — Bertelsmann, Die Technologie der Cyanverbindungen, S. 183.

[5]) Bertelsmann, S. 183.

[6]) Bertelsmann, S. 183. (Amerikan. Pat. Nr. 277851.)

[7]) D. R. P. Kl. 12, Nr. 145747 vom 4. Juli 1902. (Journ. f. Gasbel. 1904, S. 328.

Verfahrens arbeitet, das auf nassem Wege sämtliche Cyanverbindungen in Form von Rhodansalzen aus dem Gas entfernen will, vor ihm ist dieser Weg schon verschiedentlich, unter andern auch von Lewes, Carpenter[1]) usw., vorgeschlagen worden. Die vorgenannten Verfahren kommen nur für die besonderen örtlichen Verhältnisse in England in Betracht, bei Verwendung von Eisenoxyd zur Reinigung ist die Sachlage eine wesentlich andere. 1867 berichtet Pelouze, daſs die Pariser Gaswerke ihre ausgebrauchten Massen an eine Berlinerblau-Fabrik verkauften[2]), ungefähr zur gleichen Zeit nahm Kunheim[3]), Berlin, diese Fabrikation auf, während sich 1884 nach Dupré[4]) bereits zehn Fabriken damit beschäftigten. Binnen kurzem steigerte sich aber die Gewinnung von Cyanverbindungen aus der ausgebrauchten Eisenmasse derart, daſs sie fast das ausschlieſsliche Material hierfür bildeten, und die Darstellung auf synthetischem Wege nicht mehr lohnte, auch heute wird der gröſste Teil noch auf diese Weise hergestellt, der Verkaufspreis der ausgebrauchten Masse wird allein durch ihren Gehalt an Berlinerblau bestimmt.

Nun ist allerdings die Absorption der Cyanverbindungen in der trockenen Reinigung durchaus keine vollkommene, ein beträchtlicher Anteil verbleibt im Gase, auch wird ein Teil des aufgenommenen Ferrocyans unvermeidlich in Rhodan übergeführt; vor allem aber hat sich seit Einführung des Luftzusatzes der prozentische Gehalt der Massen an Berlinerblau ständig verringert, während er früher häufig 12% und darüber betrug. Es hat naturgemäſs, sobald man den Wert der Cyanverbindungen erkannte, an Versuchen zu ihrer vollkommenen Gewinnung nicht gefehlt, man sah bald ein, daſs

---

1) Bertelsmann, Die Technologie der Cyanverbindungen, S. 249 f. (Journ. of Gaslight. 1963, Vol. 84, S. 218.)

2) Journ. f. Gasbel. 1867, S. 362.

3) D. R. P. Kl. 12, Nr. 26884 vom 6. Juli 1883 von H. Kunheim und H. Zimmermann, »Verfahren zur Gewinnung von Cyanverbindungen«. (Journ. f. Gasbel. 1884, S. 825.) Nach dieser Methode wird noch heute hauptsächlich gearbeitet.

4) Journ. f. Gasbel. 1884, S. 885 f.

dies nur auf nassem Wege zu erreichen sei, und heute darf auch diese Aufgabe als gelöst angesehen werden.

Schon 1875 bemühte sich Vernon Harcourt[1]), zu diesem Zweck das ammoniakhaltige Leuchtgas mit einer wässerigen Suspension von Eisenoxydhydrat zu behandeln, hatte aber keinen Erfolg, weil die dazu erforderliche Reduktion nur sehr langsam und unvollständig vor sich geht, dagegen führten ganz entsprechende Versuche der Société anonyme de Croix[2]) unter Verwendung von Eisenoxydulhydrat, die allerdings nicht mit Leuchtgas, sondern mit den bei der Zersetzung der Trimethylamindämpfe entstehenden Gasen ausgeführt wurden, zu einer fabrikmäſsigen Ausbeutung dieses Verfahrens. Erst 1886 schlug Knublauch[3]) in seinem bekannten Patente diese Methode in entsprechender Abänderung für die Gewinnung des Cyanwasserstoffes aus Leuchtgas vor, doch gelangte sein Verfahren nie zu praktischer Verwendung, weil man das Absorptionsmittel nicht genügend gegen vorherige Oxydation schützte und daher neben löslichen stets auch unlösliche Cyansalze erhielt, was die Verarbeitung wesentlich erschwerte. Obgleich nun Knublauch in seinem Patente selber erwähnt, daſs man durch erhöhten Eisenzusatz alles Cyan in fester Form gewinnen könne, versteifte er sich auf die Darstellung löslicher Salze. Mehrere Jahre später führte Foulis[4]) dies Verfahren in etwas modifizierter Form in die Praxis ein, es ist u. a. auch auf dem Gaswerk im Haag in Betrieb, worüber Rutten 1902[5]) berichtete, allerdings entstehen auch dort neben löslichen Verbindungen feste Produkte, die die Verarbeitung etwas um-

---

[1]) Journ. f. Gasbel. 1875, S. 678. (Bertelsmann, S. 223.)

[2]) Bertelsmann, S. 150 und 223. (Chem. Zentralblatt 1884, S. 748 und Bull. soc. chim. 41, S. 449.)

[3]) D. R. P. Nr. 41 930 vom 18. Aug. 1886. (Journ. f. Gasbel. 1888, S. 374 und Bertelsmann, S. 223 f.

[4]) Engl. Pat. Nr. 9474 vom 18. Mai 1892. (Journ. f. Gasbel. 1893, S. 680 und Bertelsmann, S. 224 ff.

[5]) Journ. f. Gasbel. 1903, S. 716 ff.; Bertelsmann, S. 225 f. (Het Gas 1902, S. 182 und Journ. of Gaslight vom 30. Sept. 1902, Vol. 80, S. 879.)

ständlich, aber immerhin noch nicht unrentabel gestalten, es wird reines, gelbes Blutlaugensalz gewonnen. Weitere unwesentliche Modifikationen übergehe ich, um mich dem Verfahren Buebs[1]) zuzuwenden, das er um die Jahrhundertwende mit grofsem Erfolge einführte. Ganz im Gegensatz zu Knublauch ging Bueb darauf aus, alles Cyan in unlöslicher Form zu gewinnen, als Alkali bediente er sich des im Gase enthaltenen Ammoniaks. Seine Methode ist so allgemein bekannt, dafs ich sie hier wirklich nicht weiter zu schildern brauche, ihr einziger Fehler beruht darin, dafs sie, namentlich bei den heutigen niedrigen Cyanpreisen, keinen direkten Gewinn abwirft. Etwa ein Drittel des im Gase enthaltenen Ammoniaks geht in den Cyanschlamm über und erleidet dadurch eine Wertverminderung um 20 bis 25%, die Weiterverarbeitung des Schlammes ist ziemlich umständlich und nur für grofse Werke rentabel, immerhin enthält das erzielte Prefsgut noch 10 bis 12% Ammoniak bei ca. 30% Blau, wie Bertelsmann angibt[2]); letztere Zahl halte ich für sehr gering, ich erinnere mich, dafs in Königsberg der Blaugehalt der Kuchen anfangs ca. 80 und später immerhin noch 50 bis 60% betrug.

Feld[3]) versuchte die Verfahren von Foulis und Bueb zu kombinieren und analog dem Ammoniaksodaprozefs Cyan und Ammoniak gemeinsam zu gewinnen, doch liegen bisher noch keine endgültigen praktischen Ergebnisse vor. Auf dem neu in Betrieb gesetzten III. Hamburger Gaswerk machte er seinerzeit ebenfalls umfangreiche Versuche, die aber kein Resultat ergaben. Dr. Leybold und Dr. Schmidt führten dann diese Versuche mit Eisenvitriol und Kalk im ammoniakfreien Gas weiter und bildeten das Verfahren aus, die Konstruktion der Wäscherhorden wurde geändert, unter Direktor Heynold, dem Leiter des Gaswerkes, kamen wesentliche tech-

---

[1]) D. R. P. Nr. 112459. Journ. f. Gasbel. 1900, S. 747. (Bertelsmann, S. 232 ff.

[2]) Bertelsmann, S. 234.

[3]) D. R. P. Kl. 26, Nr. 151820 vom 1. Nov. 1902. Journ. f. Gasbel. 1905, S. 20 und Bertelsmann, S. 247 ff.

nische Verbesserungen hinzu. Vor allem werden Kalk und Eisenvitriol entgegen der Ansicht Felds vor Einführung in den Wäscher sorgfältig miteinander gemischt, dadurch sind die anfangs häufig auftretenden Verstopfungen, die Aufserbetriebsetzung des Wäschers erforderten, völlig beseitigt worden. Bei der Höchstproduktion von über 100000 cbm wird die letzte Kammer des Wäschers zweistündlich ganz oder teilweise neu beschickt, der Inhalt der vorhergehenden Kammern rückt entsprechend vorwärts. Das Verfahren ist jetzt als unbedingt betriebssicher anzusehen, es ist seit fast einem Jahre auch auf dem II. Hamburger Gaswerk mit bestem Erfolge aufgenommen worden. Das erzielte Produkt ist eine Ferrocyancalciumlauge mit einem Gehalt, der 9 bis 12 Gewichts-% Berlinerblau entspricht, ev. läfst sich dieselbe, wie Versuche ergeben haben, leicht durch Eindampfen auf 28 bis 30% anreichern. Den Wäscher passierten 1908 rd. 27, 1909 rd. 29 Mill. cbm Gas, er war im ersten Jahre 32, im zweiten nur 4 Tage zwecks Auswechslung der Horden und Reinigung aufser Betrieb. Auf 1000 cbm Gas wurden 1908 23,8 kg Lauge, 1909 34,0 kg gewonnen, der Überschufs betrug nach Abzug aller Unkosten ausschliefslich Amortisation der Apparate 83,4 bzw. 127,2 Pf., in diesem Jahre dürfte er sich noch günstiger stellen. Zurzeit werden bei einem Gehalt von 400 bis 450 g in 100 cbm über 95% entfernt, im Mittel enthält das Gas nach dem Wäscher noch 20 bis 25 g. Die Lauge ist von einer Hamburger Firma für drei Jahre zu festem Preise gekauft und wird in einer eigens zu diesem Zweck geschaffenen Anlage auf Gelbkali verarbeitet.

Durch die vorherige Herausnahme des Cyans wird die Reinigungsmasse wesentlich entlastet und läfst sich auf einen Gehalt von mindestens 50% Schwefel anreichern, so dafs sie ein sehr geeignetes Material zur Fabrikation von Schwefelsäure darstellt.

So vollkommen aber auch die trockne Reinigung heutzutage ausgestaltet ist, so kann sie doch keineswegs als ideal bezeichnet werden. Ihr enormer Platzbedarf, der immerhin trotz aller Verbesserungen noch reichlich hohe Aufwand an Arbeitslohn, den sie erfordert, haben sie von jeher als den geeignetsten Angriffspunkt für Verbesserungen erscheinen lassen. Wie ein roter Faden zieht sich durch die Geschichte der Gasreinigung der letzten 50 Jahre das Bestreben, die Absorption des Schwefelwasserstoffs auf nassem Wege zu bewirken, denn naturgemäfs wirkt eine nasse Reinigung bei geringstem Raumbedürfnis ungleich intensiver als ein trockenes Verfahren und gestattet eine viel vollkommenere Ausnutzung des Waschmittels. Zwar bildete die trockene Reinigung mit Kalk einen grofsen Fortschritt gegenüber der Kalkmilchwäsche, die wässerige Suspension von Eisenoxyd, die man in Frankreich und England zuerst benutzte, war der Vorläufer des noch jetzt üblichen Verfahrens, aber unablässig blieb der erfinderische Geist der Fachmänner bemüht, ein geeignetes flüssiges Waschmittel für Schwefelwasserstoff aufzufinden. Die Zahl der darauf erteilten Patente ist Legion, aber gröfsere Bedeutung haben eigentlich nur zwei von ihnen erlangt, die ich deshalb hier erwähnen will, die Verwendung von Ammoniakwasser nach Livesey und Hills und das Verfahren mittels Ammoniakgases nach Claus. Beide stammen aus England und haben auch nur dort einige Verbreitung gefunden. Livesey[1]) machte erst im kleinen, dann im grofsen Mafsstabe Versuche, mittels der Kohlensäure der Rauchgase den Schwefelwasserstoff aus dem Gaswasser auszutreiben und dieses dann wieder zur Reinigung zu verwenden, dabei wurde auch der Schwefelkohlenstoff gröfstenteils entfernt. Es stellten sich aber unvermeidliche Ammoniakverluste ein, deshalb wurde das Verfahren verlassen, erst 1871 nahm Hills[2]) es wieder auf und verbesserte es bis 1875 wesentlich. Er erwärmte das Ammoniakwasser bis 85°, leitete die entweichenden Gase durch Säure, um kein Ammoniak zu verlieren, und dann ev. noch über Eisenoxyd zur Gewinnung des Schwefels aus dem Schwefelwasserstoff, das warme, gereinigte Wasser wärmte das zulaufende Rohwasser vor. Im Anschlufs hieran schlug Bunte[3]) 1877 vor, das in bekannter Weise gewonnene

[1]) Journ. f. Gasbel. 1866, S. 277 ff. und 1869, S. 640 f.

[2]) Journ. f. Gasbel. 1871, S. 31; 1874, S. 573; 1875, S. 256, 639 f. und 1876, S. 653.

[3]) Journ. f. Gasbel. 1877, S. 25 ff.

konzentrierte Ammoniakwasser zum Auswaschen von Kohlensäure und Schwefelwasserstoff zu verwenden. Zur Reinigung von letzterem wollte er das damit gesättigte Wasser über Eisenoxyd, z. B. abgeröstete Pyrite, rieseln lassen, dann sollte das Wasser zur Entfernung der Kohlensäure wie üblich destilliert werden. Es stellten sich aber Schwierigkeiten durch die Bildung von Rhodanammonium ein, das sich nicht regenerieren läfst.

Nachdem Göbel[1]) bereits 1879 den Zusatz von reinem Ammoniakgas in die Vorlage angegeben, führte anfangs der 80er Jahre Claus[2]) sein Verfahren in die Praxis ein, das äufserst sinnreich erdacht war und einen vollkommenen Kreislauf bildete. Das von den Skrubbern ablaufende Ammoniakwasser wurde in von der Gasanlage getrennten Kokstürmen mit Kohlensäure behandelt und dabei ausschliefslich kohlensaures Ammoniak gebildet; der dabei frei werdende Schwefelwasserstoff wurde mit Luft gemischt in Eisenoxydkästen geleitet und der gebildete sublimierte Schwefel in Verdichtungskammern zurückgehalten. Das von den Kokstürmen ablaufende Wasser, das nur noch kohlensaures Ammoniak enthielt, wurde in einer zweiten Reihe von Türmen auf 77 bis 94° erhitzt, wobei 50 bis 75% der Kohlensäure entwichen und zur Sättigung des Ammoniaks in die ersten Türme geleitet wurden. Das zum gröfseren Teile von Kohlensäure befreite Ammoniakwasser wurde in einer dritten Reihe von Kokstürmen oder in Destillationsapparaten abgetrieben, wobei ein Gemisch von Ammoniak und kohlensaurem Ammoniak entwich, dem in trockenen Verdichtungskammern das letztere entzogen wurde, dagegen führte man das reine Ammoniakgas in gewöhnlichen Skrubbern durch Mischkammern dem Rohgas zu. Das bei der Destillation ablaufende ammoniakfreie Wasser wurde immer wieder zur Berieselung der Skrubber verwandt. 1887 berichtet Joly[3]) über die Einrichtung

---

[1]) Journ. f. Gasbel. 1879, S. 541.

[2]) D. R. P. Kl. 26, Nr. 23763 vom 30. Jan. 1883. Journ. f. Gasbel. 1883, S. 172 und Nr. 39277 vom 9. Juni 1886. Journ. f. Gasbel. 1887, S. 1140.

[3]) Journ. f. Gasbel. 1887, S. 1033 ff.

dieses Verfahrens auf dem Gaswerk Belfast, zur Reinigung von 1000 cbm Gas sind 50 kg trockenes Ammoniak erforderlich, der Überschufs wird als ziemlich reines Ammoniakwasser von 20 % gewonnen oder durch Einleiten in Säure auf Sulfat verarbeitet; 90 bis 95 % des Schwefelwasserstoffs werden als reiner Schwefel mit geringen kohligen Beimengungen erhalten.

Bei uns hat keines der geschilderten Verfahren Eingang gefunden, teils, weil dabei doch erhebliche Ammoniakverluste und Störungen durch Nebenreaktionen eintreten, teils auch wohl, weil ihre Anwendung eine ziemlich umfangreiche und komplizierte Apparatur erfordert.

Kurze Zeit hindurch machte sich eine der Einführung der nassen Wäsche gerade entgegengesetzte Strömung geltend, man wollte das Ammoniak ebenfalls auf trockenem Wege ausscheiden, und zwar durch Absorption mit Superphosphat. Letzteres besteht bekanntlich aus saurem phosphorsaurem Kalk und Gips, Bolton und Wanklyn[1]) wandten es unter Livesey zuerst in England an, doch gelangte das Verfahren auch zu uns und war vor allem in München längere Zeit in Betrieb.[2]) Die Absorption war aber nur im Anfang einigermafsen befriedigend, mit zunehmender Sättigung des Phosphats liefs sie immer mehr nach, die Eisenreinigung wurde durch Schwefelwasserstoff nicht unerheblich mehr als sonst belastet. Hierher gehören auch die Versuche, die Sillimann[3]) in Amerika mit saurem schwefelsaurem Natrium oder Kalium anstellte, wie es in Form trockener Salzkuchen bei der Sulfatdarstellung in den Sodafabriken oder bei der Gewinnung von Salpetersäure erhalten wird.

In neuester Zeit hat besonders Walter Feld das gröfste Interesse für sich in Anspruch genommen, der mit seinen Verfahren die ganze Gasreinigung auf eine völlig neue Basis stellen will und allen etwa vorliegenden speziellen Verhältnissen gerecht zu werden sucht. Auch ein gänzlich neues Wäschesystem schlägt er vor, das mit Hilfe der Zentrifugal-

---

[1]) Journ. f. Gasbel. 1882, S. 282 ff. und 566.

[2]) Journ. f. Gasbel. 1887, S. 1061 f.

[3]) Journ. f. Gasbel. 1875, S. 300.

kraft eines schnell rotierenden Siebtrichtersystems, welches auf einer in Kugellagern ruhenden stehenden Welle befestigt ist, eine äufserst feine Verteilung des Waschmittels und seine ganz besonders energische Mischung mit dem Gase bewirken, auch mit geringen Abänderungen für Teer, Ammoniak, Cyan und Schwefelwasserstoff wie für die Entstaubung von Gichtgasen in gleicher Weise verwendbar sein soll. Die Entfernung des Teers und seine Trennung in Schwer-, Mittel- und Leichtöl durch fraktionierte Abkühlung erwähnte ich bereits, Cyan soll entweder für sich oder gemeinsam mit Ammoniak mittels Eisensalzen ausgewaschen werden. Zur Ammoniakabsorption werden im D. R. P. 176746 v. 1. 2. 02[1]) Salzlösungen solcher Basen vorgeschlagen, welche als Oxyde, Hydroxyde, Karbonate, Cyanide oder Sulfide beim Erwärmen Ammoniak aus seinen Salzen austreiben. Im D. R. P. 185419 v. 13. 12. 05 wird empfohlen, einer Magnesiumsalzlösung solche Salze, wie Ammoniak- oder Alkalisalze, zuzusetzen, welche geeignet sind, das Erstarren der Lauge bei der Absorption und der Abtreibung des Ammoniaks zu verhindern. Das D. R. P. 214662 v. 28. 5. 07 schlägt Lösungen oder Suspensionen solcher Salze vor, welche, wie Ferrocyanide, mit Ammoniumsalzen schwerlösliche Doppelsalze bilden, um so Ammoniak und Cyan gemeinsam in unlöslicher, also konzentrierter, versandfähiger Form zu gewinnen. Zur direkten Gewinnung von Ammoniumnitrat, welches in ziemlichem Umfange zur Herstellung von Sicherheitssprengstoffen dient, werden von Feld (D. R. P. 177172 v. 2. 2. 05) Lösungen von Alkali- oder Erdalkalinitraten empfohlen, wobei die Basen als Bikarbonate abgeschieden werden. Endlich benutzt Feld auch den Gips in Form einer Suspension bei 30 bis 40°; das Ammoniak wird dabei als Sulfat gelöst, der Kalk als Karbonat ausgefällt. Alle diese Verfahren, bei denen unlösliche Niederschläge im Wäscher entstehen, haben mit der Verstopfung der Apparate zu kämpfen.

---

[1]) »Stahl und Eisen« 1910, Nr. 29 und 30. (Bericht von O. Rau, Aachen zum Internationalen Kongrefs für Bergbau, Hüttenwesen usw., Düsseldorf 1910.)

Für eine nasse Schwefelwasserstoffreinigung endlich brachte Feld zunächst Manganchlorür in Vorschlag, ein späteres Patent basiert auf der bekannten Reaktion $2 H_2S + SO_2 = 3 S + 2 H_2O$; ein besonders präpariertes Teeröl sollte gewissermafsen als Kontaktsubstanz diese Umsetzung zu einer vollständigen machen, indem es einmal durch einen hohen Gehalt an Teerbasen reichlich schweflige Säure zu binden und — namentlich in der Wärme — leicht wieder abzugeben und anderseits den gebildeten Schwefel vorzüglich zu lösen vermochte, so dafs er sich nach genügender Sättigung beim Abkühlen in kristallinischer Form ausschied. Die in Hamburg vor etwa 2½ Jahren mit kleinen Versuchsapparaten angestellten Proben führten damals zu keinem positiven Resultat, dagegen sind die Versuehe hier in Königsberg im kleinen und im grofsen aufs eingehendste durchgeführt worden. Ihr Beginn liegt bereits um etw 6 Jahre zurück, es wäre der unendlichen Mühe und Arbeit, die hier allerseits, ganz abgesehen von den Kosten, aufgewendet worden ist, im wissenschaftlichen wie im praktischen Interesse ein nachhaltiger Erfolg dringend zu wünschen. Zurzeit wird nun hier in Königsberg und in Monceaux nach den Angaben Felds eine gemeinsame Gewinnung von Ammoniak und Schwefelwasserstoff unter Verwendung von Eisenvitriol und schwefliger Säure versucht, über die uns Herr Kollege Hurdelbrink soeben so interessante und eingehende Mitteilungen gemacht hat[1]); das Verfahren erfordert aber wohl, selbst wenn sich unter Vermeidung der Bildung von Eisenbisulfid die Regeneration des Waschmittels glatt durchführen läfst, noch gründliche Durcharbeitung, ehe es als betriebssicher angesehen werden kann; vor allem darf man nicht aufser acht lassen, dafs hierbei die trockene Reinigung nicht völlig entbehrlich wird, sondern nur eine durch die Menge des im Gase enthaltenen Ammoniaks begrenzte Entlastung derselben eintritt.

Nicht unerwähnt lassen möchte ich das Verfahren von Burschell[2]), das Eisen- oder Kupfersalze in alkalischer

---

[1]) Journ. f. Gasbel. 1910, S. 956 ff.

[2]) D. R. P. 144 004 und 170 134.

Lösung verwenden will, und dasjenige der Gewerkschaft Messel[1]), das mit Lösungen von milchsaurem Eisen arbeitet, sowie endlich die Methode von Dr. Hellsing[2]), der auch die Gewinnung von Radium aus der Asche des in Schweden gefundenen Kohleschiefers (Kolm) einführte, mittels schwefliger Säure und Salzlösungen bei Gegenwart von freier Schwefelsäure, wobei er sehr reinen Schwefel erhalten will. Allen diesen Verfahren fehlen aber bisher praktische Erfolge im Grofsbetriebe. Die Methoden zur Gewinnung von Ammoniumsulfat durch direkte Behandlung des Gases mit Schwefelsäure nach Brunck, Koppers usw. kommen bisher wohl hauptsächlich für Kokereien in Frage, dagegen dürfte das von Dipl.-Ing. Burkheiser erfundene Verfahren für die Kokerei- wie für die Gasindustrie von gleich grofsem Interesse sein. Dasselbe ist fast ein Jahr lang in Gestalt einer kleinen Versuchsanlage auf dem Gaswerk Grasbrook in Betrieb gewesen, Herr Direktor Krause hat darüber bereits auf der Versammlung des Niedersächsischen Zweigvereins in Hamburg einige vorläufige Mitteilungen gemacht[3]). Gestatten Sie mir, Ihnen nun noch über das Verfahren und diese Versuche, die inzwischen zum Abschlufs gelangt sind und seitens der Berliner Städtischen Gaswerke in Tegel in wesentlich gröfserem Mafsstabe zur Wiederholung gelangen, einiges zu berichten. Das erzielte Ergebnis ist im ganzen als entschieden positiv zu bezeichnen, wenn auch noch vieles aufzuklären und zu verbessern sein wird; vor allem ist die zur Durchführung des Verfahrens am besten geeignete Apparatur ausprobiert und gründlich durchkonstruiert worden, in dieser Form ist sie in Berlin für ca. 8000 cbm zur Aufstellung gelangt.

Die Grundlage des neuen Verfahrens von Burkheiser ist folgende:

Unser gewöhnliches mulmiges Raseneisenerz kommt an seinen Fundorten auch in einer körnigen Modifikation vor, die vorübergehend seinerzeit ebenfalls für Zwecke der Gas-

---

[1]) D. R. P. 181063.

[2]) Engl. Pat. H. 8164/1907.

[3]) Journ. f. Gasbel. 1910, S. 265.

reinigung angewendet worden ist[1]). Während wir nun aber bisher bemüht sind, das Erz durch Beimischung pflanzlicher Bestandteile möglichst aufgelockert und in einer Form zur Verwendung zu bringen, dafs das darin enthaltene Eisenoxyd der Formel $Fe_2(OH)_6$ entspricht, stellte Burkheiser fest, dafs beim Erhitzen des körnigen Erzes bis auf eine bestimmte unterhalb 600° liegende Temperatur das darin enthaltene Eisenoxydhydrat in ein wasserärmeres Hydrat übergeht (wahrscheinlich Fe_2O_3, H_2O), welches eine geradezu erstaunlich grofse Aufnahmefähigkeit für Schwefelwasserstoff besitzt. Gleichzeitig wird hierbei die organische Substanz herausgeröstet und dadurch die Porosität und wirksame Oberfläche ganz bedeutend erhöht, äufserlich ist der Vorgang durch den Übergang der gewöhnlichen gelbbraunen in eine tiefdunkelrote Farbe gekennzeichnet. Die so vorbereitete Masse vermochte das 20000fache ihres Volumens an Gas von einem Gehalt bis zu 1 1/2 Vol.-% Schwefelwasserstoff zu befreien, ohne dafs dazwischen eine Regeneration stattfand. Das rohe körnige Erz wird heute schon direkt von den Fundstätten aus in jeder gewünschten Siebung geliefert, nötigenfalls vermag Burkheiser es aber auch aus der mulmigen Modifikation mit Hilfe bestimmter Bindemittel herzustellen, wobei zur Erzielung gröfserer Porosität ev. irgendwelche indifferenten wasserlöslichen Salze hinzugesetzt werden, die sich nach dem Erhärten der Masse leicht auslaugen lassen.

Die aufserordentlich grofse Durchlässigkeit und Aufnahmefähigkeit der fertig präparierten Masse ermöglicht es, sie in Schichten bis zu 2 und 3 m Höhe zu verwenden und das Gas mit 150 bis 200 mm Geschwindigkeit hindurch zu schicken, ohne dafs der Druckverlust die normalen Grenzen übersteigt, während man sonst bekanntlich mit 5 bis höchstens 10 mm arbeitet; vorübergehend und versuchsweise wurde die Geschwindigkeit sogar bis auf 600 mm gesteigert und auch dann noch völlige Absorption des Schwefelwasserstoffes erzielt.

---

[1]) Journ. f. Gasbel. 1862, S. 337. (Lieferanten: A. B. C. Dittmar & Comp. in Flensburg.)

Bedingt nun diese grofse Aufnahmefähigkeit der Masse, die jedenfalls auch dadurch gefördert wird, dafs Burkheiser das nur von Teer befreite ammoniakhaltige Gas direkt nach dem Pelouze dem Reiniger zuführt, sehr bedeutende Vorteile, so sind diese als nur gering gegenüber der Tatsache zu bezeichnen, dafs nach der Sättigung mit Schwefelwasserstoff das Reinigungsmaterial im Apparat selbst völlig regeneriert wird, nachdem vorher der Gasstrom auf einen zweiten Reiniger geschaltet worden ist. Die Wiederbelebung der Masse geschieht durch Zuführung einer genau bemessenen und geregelten Luftmenge, dabei geht aber Burkheiser nicht nur, wie es bisher allgemein geschieht, bis zur Bildung von Schwefel, sondern steigert die Oxydation so stark, dafs sofort schweflige Säure entsteht. Die Regelung des Vorgangs wird durch äufsere Wasserkühlung unterstützt, das angewärmte Kühlwasser dient dazu, das Gas für die Absorption des Schwefelwasserstoffes vorzuwärmen, diese dadurch zu fördern und eine Abscheidung des Reaktionswassers wie des vom Gase mitgeführten Wasserdampfes im Reiniger zu verhindern, da das Wasser die Poren der Masse ausfüllen und ihre wirksame Oberfläche wesentlich verringern würde.

Das nach Absorption des Schwefelwasserstoffs noch allein im Gase verbleibende Ammoniak bindet Burkheiser mittels der bei der Regeneration gebildeten schwefligen Säure, die es äufserst lebhaft aufnimmt. Der Vorgang ist folgender:

Bei der erstmaligen Inbetriebsetzung der Apparatur wird das den Reiniger verlassende ammoniakhaltige Gas in einem Skrubber einfacher Konstruktion mit Wasser gewaschen. Das so erhaltene schwache Ammoniakwassar dient dazu, um in einem zweiten gleichartigen Wäscher aus dem Luft-Stickstoffgemisch, welches von dem in der Regeneration begriffenen Reiniger kommt, das Schwefeldioxyd herauszunehmen, dabei entsteht allmählich eine Lösung von saurem schwefligsaurem Ammoniak, Ammoniumbisulfit, NH_4HSO_3. Diese Salzlösung von saurem Charakter, die aber Eisen absolut nicht angreift, wird zur Berieselung des ersten Skrubbers verwendet, dabei bildet sich unter vollständiger Absorption des Ammoniaks das neutrale schwefligsaure Salz, Ammoniumsulfit, $(NH_4)_2SO_3$.

Die so erhaltene neutrale Flüssigkeit wird wieder auf den zweiten Wäscher überführt, bindet dort die schweflige Säure und nimmt aufs neue sauren Charakter an. Die Salzlösung befindet sich also dauernd in einem Kreislaufe und wechselt fortwährend zwischen dem neutralen und saurem Zustande ab. In beiden Fällen ist die Absorption eine sehr lebhafte und vollständige, wie sich dies ja auch schon aus der Natur der Vorgänge von selber ergibt. Mit der Zeit reichert sich die Lauge so stark an, dafs Salz abgeschieden wird, und zwar geschieht dies ausschliefslich bei der Ammoniakwäsche und fällt nur das neutrale Salz aus, da dieses schwerer löslich ist als das Bisulfit. Das herausgeschöpfte Salz kann durch Zentrifugieren von der anhaftenden Mutterlauge befreit werden, es ist im lufttrockenen Zustande rein weifs und enthält im Mittel $25\frac{1}{2}\%$ Ammoniak, ist aber nicht mehr reines Ammoniumsulfit, sondern besteht zu etwa $\frac{2}{3}$ aus schwefelsaurem zu $\frac{1}{3}$ aus schwefligsaurem Salz. Nötigenfalls läfst sich auch dieses Drittel in Sulfat überführen, doch haben Düngeversuche, die von Professor Wieler in Aachen vergleichsweise mit reinem Sulfat und dem Burkheiserschen Salz angestellt und in diesem Jahre in grofsem Mafsstabe wiederholt wurden, durchweg bisher zu dem Ergebnis geführt, dafs das neue Salz mindestens den gleichen, wahrscheinlich aber auf Grund seiner leichteren Zersetzbarkeit im Boden einen höheren Düngewert besitzt als das Sulfat.

Die Durchführung des Burkheiserschen Verfahrens in der Praxis läfst sich am besten an Hand des in Fig. 1 wiedergegebenen Betriebsschemas erläutern:

Das von dem Ofen *1* kommende Gas geht durch Vorlage *2* zu dem Kühler *4*, wird hier auf die zur rationellen Teerscheidung erforderliche Temperatur abgekühlt und geht, durch Gassauger *6* angesaugt, in Pelouze *8*, um hier vollständig von Teer befreit zu werden. Die Kondensate aus Kühler *4* gehen nach Grube *60*, von der sich Ammoniakwasser und Teer nach ihrem spezifischen Gewicht in die Gruben *61* resp. *62* abscheiden. In dieselben Gruben *60*, *61*, *62* werden auch die vom Pelouze *8* kommenden Kondensate geführt. Das so in Grube *61* gesammelte sogenannte Gaswasser, welches aufser Ammoniak beträchtliche Mengen Schwefelwasserstoff und Cyan enthält, wird zu dem Hochbehälter 66 gepumpt und von hier in den Ammoniakabtreibeapparat *68* geleitet, der durch die Kalkpumpe *70* mit der zur Abtreibung des fixen Ammoniaks notwendigen Kalkmilch und durch *69* mit Dampf beschickt wird. Die Abdämpfe werden direkt in den Kühler *4* eingeführt; dies hat den Vorteil, dafs die noch heifsen Dämpfe der Destillierkolonne mit dem schon teilweise abgekühlten Gase zusammentreffen, und dafs hierdurch der Übergang des eingeführten Wassers vom dampfförmigen zum tropfbar-flüssigen Zustande mit einer solchen Geschwindigkeit durchlaufen wird, dafs sich infolge der plötzlichen Abkühlung (Abschreckung) direkt grofse Tropfen bilden, welche natürlicherweise nicht so intensiv aus dem Gase Bestandteile auswaschen können, als dies Wasser tut, welches sich langsam und allmählich vom dampfförmigen zum nebelförmigen und endlich zum tropfbar-flüssigen Zustande verdichtet. Des weiteren werden diese direkten Tropfen sofort durch eine einfache Vorrichtung aufgefangen und aus dem Kühler abgeführt.

Durch diese Anordnung, die ja eigentlich nichts weiter ist als eine Destillierkolonne mit Rückflufskühlung, wird erreicht, dafs sämtlicher Schwefelwasserstoff sowie alles Cyan und Ammoniak dem eigentlichen, direkt an den Pelouze sich anschliefsenden Reinigungs- und Salzgewinnungsprozefs zugeführt werden.

Auf den ersten Blick erscheint es, als würden die Kondensate einen ewigen Kreislauf durch die Kühler und Destillierkolonne beschreiben, und als müfste hierdurch ein unendlich gesteigertes Sichvermehren dieser Kondensate eintreten. Dies ist aber keineswegs der Fall, sondern es stellt sich überraschend bald ein Gleichgewichtszustand her, so dafs der Abtreibeapparat auf die Dauer nur $1/4$ der Wassermenge mehr zu bewältigen hat, als Kondenswasser aus dem Gase ausfällt.

Das von Pelouze *8* kommende, sämtliches Cyan, Ammoniak und allen Schwefelwasserstoff enthaltende Gas geht bei geschlossenem Ventil *10b* und geöffnetem Ventil *10a* in den Burkheiserschen Reiniger *11a*, der mit der Reinigungs-

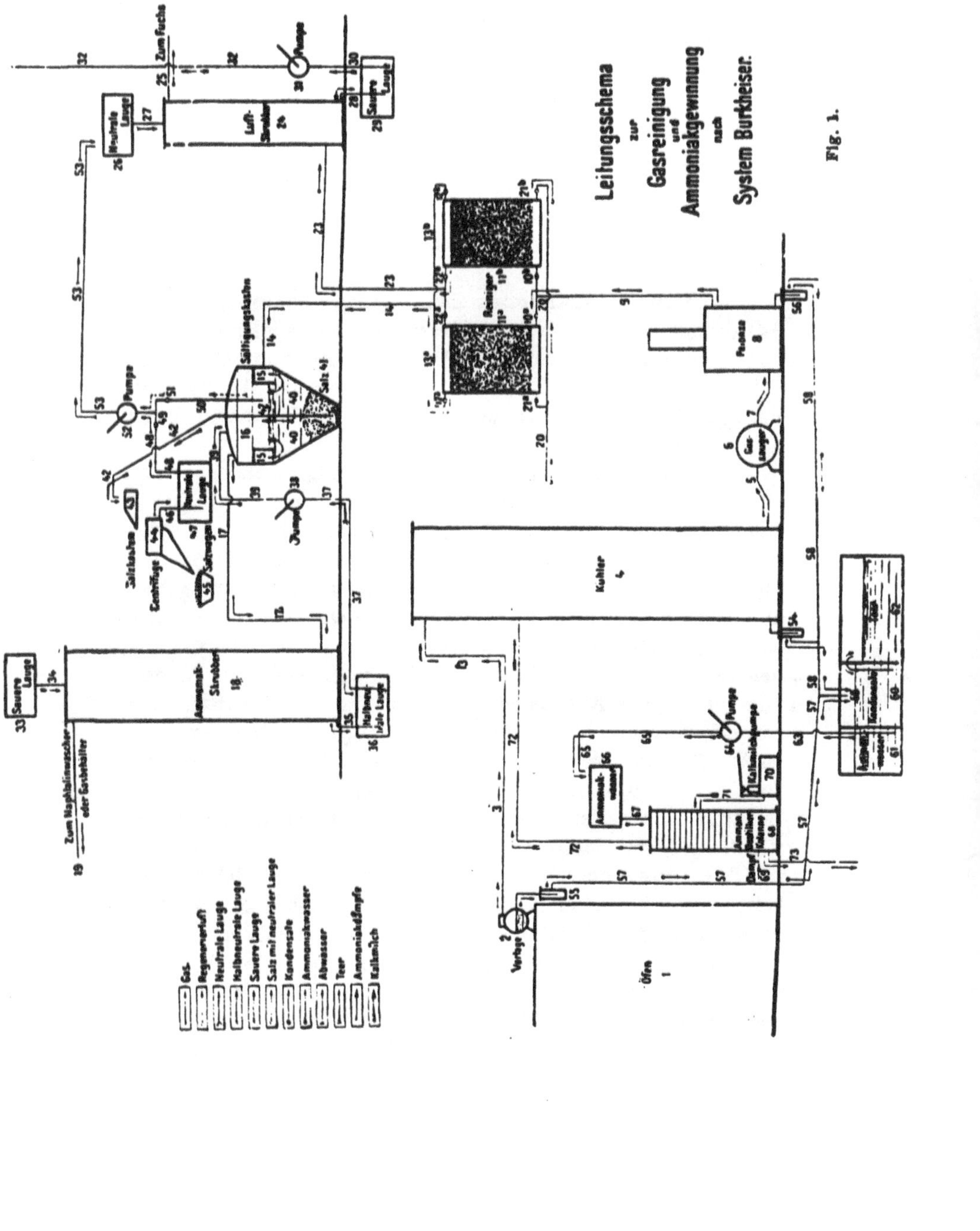
Leitungsschema
zur
Gasreinigung
und
Ammoniakgewinnung
nach
System Burkheiser.

Fig. 1.

masse beschickt ist. Das Gas gibt hier all seinen Schwefelwasserstoff und je nach der Arbeitsweise auch den gröfsten Teil seines Cyans an diese Masse ab, verläfst den Reiniger *11a* bei geöffnetem Ventil *12a* und geht in Kammer *15* des Sättigungskastens, läfst hier den gröfsten Teil seines Ammoniaks zurück und entweicht durch Kammer *16* in die Leitung *17*, die es in den Ammoniakskrubber *18* führt. Das Gas verläfst diesen Skrubber vollständig rein und gebrauchsfertig, Leitung *19* führt es eventuell noch zum Naphthalinwäscher usw.

Nach einer bestimmten Zeit, einmal, zweimal, dreimal 24 Stunden, ist der bisher in Tätigkeit gewesene Reiniger mit Schwefelwasserstoff gesättigt. Das Gas wird nunmehr durch Schliefsen des Ventils *10a* und Öffnen des Ventils *10b* nach Reiniger *11b* umgeschaltet und durch das geöffnete Ventil *12b* nach *15* geleitet usw.

In den mit Schwefelwasserstoff gesättigten Reiniger *11a* wird durch das geöffnete Ventit *21a* ein genau geregelter Luftstrom eingeführt; die dadurch erzeugte schweflige Säure geht bei geschlossenem Ventil *12a* und geöffnetem Ventil *22a* nach dem Luftskrubber *24*, in dem der gesamte Säuregehalt an die vom Behälter *26* kommende Lauge abgegeben wird. Die in *29* sich sammelnde saure Lauge wird nach dem Hochbehälter *33* gepumpt, fliefst zum Ammoniakskrubber *18* und von hier nach Aufnahme des noch im Gase enthaltenen Ammoniakrestes als halbneutrale Lauge in den Sammelkasten *36*, um sich dann in *15* vollständig mit Ammoniak zu sättigen. Die hierdurch neutralisierte Lauge wird nach Behälter *26* gepumpt und geht von diesem nach dem Säurewäscher *24*, um daselbst wieder Schwefeldioxyd aufzunehmen und als saure Lauge nach *29* zu fliefsen. Als solche absorbiert sie in Skrubber *18* wieder begierig alles noch im Gase vorhandene Ammoniak, so dafs eine immerwährende Sättigung stattfindet. Sobald die Sättigungsgrenze erreicht ist, fällt der Überschufs in *15* als Salz aus; dieses wird dann nach dem Salzkasten *43* abgehebert und geht von dort zur Zentrifuge *44*, um endlich vollständig trocken in den Salzwagen *45* zu gelangen. Die in *44* abfliefsende Mutterlauge geht nach dem Laugenbehälter *47* und wird aus diesem nach *26* gehoben, um dann den Kreislauf aufs neue zu beginnen.

Die Absorption des Ammoniaks geschieht also nur zum kleineren Teile durch den Ammoniakskrubber *18*, zum gröfsten Teile durch den Sättigungskasten. Durch diese Anordnung wird einerseits verhindert, dafs etwa im Sättigungskasten nicht vollständig absorbiertes Ammoniak im Gase bleibt, anderseits wird eine Salzbildung in *18* mit Sicherheit vermieden und dieselbe zwangsweise nach *15* verlegt.

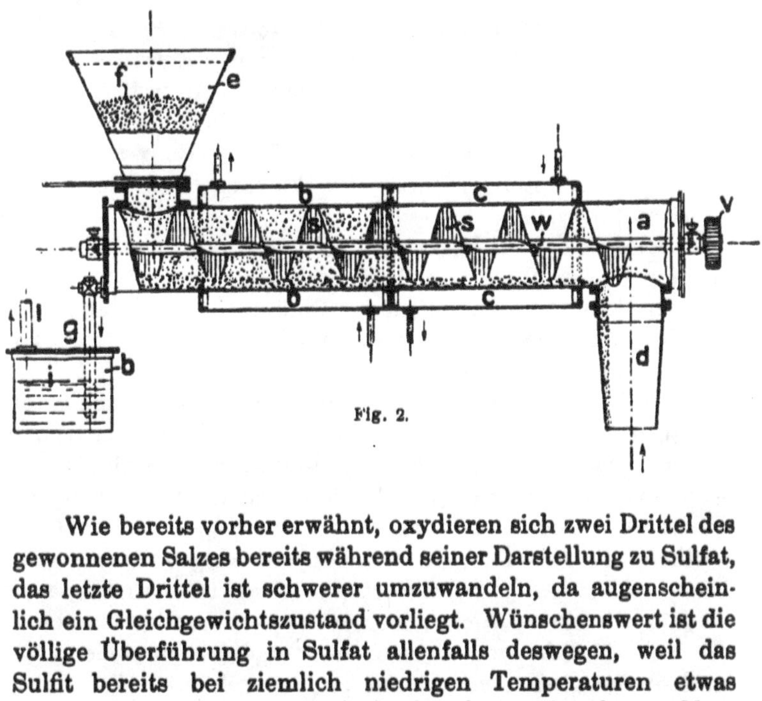

Fig. 2.

Wie bereits vorher erwähnt, oxydieren sich zwei Drittel des gewonnenen Salzes bereits während seiner Darstellung zu Sulfat, das letzte Drittel ist schwerer umzuwandeln, da augenscheinlich ein Gleichgewichtszustand vorliegt. Wünschenswert ist die völlige Überführung in Sulfat allenfalls deswegen, weil das Sulfit bereits bei ziemlich niedrigen Temperaturen etwas flüchtig ist, so dafs je nach Gröfse der vorhandenen Oberfläche Verdunstungsverluste eintreten können. Mit Hilfe des in Fig. 2 wiedergegebenen Apparates, der auf einer Störung des Sulfat-Sulfitgleichgewichts beruht, vermag Burkheiser die völlige Oxydation in verhältnismäfsig einfacher Weise herbeizuführen.

Das lange Rohr *a* ist an seinem vorderen Teile mit einem Kühlmantel *b* und am hinteren mit einem Heizmantel *c* umgeben. Durch *b* wird ein geeignetes Kühlmittel, z. B. kaltes Wasser, durch *c* heifse Luft oder Dampf geschickt. Der innerhalb *c* befindliche Teil von *a* mufs so hoch erhitzt werden, dafs das Sulfit mit Sicherheit sublimiert, anderseits müssen die Sulfitdämpfe innerhalb *b* zuverlässig an den Wänden von *a* kondensieren. In *a* ist eine Transportschnecke *s* drehbar gelagert, deren Welle *w* durch ein Vorgelege *v* in eine solche Drehung versetzt wird, dafs *s* das Füllmaterial *f* von links nach rechts (der Zeichnung) fördert. Am gekühlten Ende von *a* befindet sich der trichterförmige Einfüllschacht *e*, am geheizten Ende der Ausfallschacht *d*. Unterhalb von *e* führt aus *a* ein Rohr *g* entsprechend tief in die Flüssigkeit *i* eines Laugebehälters *h*, von dessen Decke Rohr *l* zu einer beliebigen Luftpumpe führt. Die Wirkungsweise des Apparates ist folgende:

Das Salz *f* wird in *e* eingebracht und mittels *s* im Rohr *a* in dünnen Schichten von links nach rechts gefördert, wobei die einzelnen Salzteilchen infolge Drehung von *s* fortwährend durcheinander geworfen und so aufs intensivste der entgegenströmenden Luft ausgesetzt werden. Letztere wird mit Hilfe einer beliebigen Vorrichtung durch *l* angesaugt, strömt von rechts in *a* ein, bespült in ausgiebigster Weise die in den Windungen der Schnecke *s* befindlichen Salzschichten *f*, wobei sich das eingebrachte Sulfit soweit als möglich in das Sulfat umwandelt, und geht dann durch *g* in die in *h* befindliche Flüssigkeit *i*, in welcher sie ausgewaschen wird, bevor sie durch *l* herausgelangt. Das in *a* unumgesetzt bleibende Sulfit sublimiert an den heifsen Wandungen von *c*; die Sulfitdämpfe werden von der entgegenströmenden Luft nach links mitgenommen und an den gekühlten Wänden *b* wieder als Sulfit bzw. als ein Gemisch von Sulfit und Sulfat kondensiert. Durch die scharfen Kanten der Schneckenwindungen wird das sublimierte Salz abgekratzt und zusammen mit neu eingefülltem Material wieder nach rechts zu erneuter Oxydation und Trennung gefördert. Etwa durch das Fallrohr *g* von der Luft mitgerissene Sulfitdämpfe werden von *i* zurückgehalten. Das schliefslich durch *d* herausfallende Fördergut besteht nur noch aus reinem Ammoniumsulfat.

Bei der Regeneration der Masse im Reiniger werden, vermutlich infolge örtlicher Überhitzungen, kleine Mengen von Schwefelsäure, bzw. schwefelsaurem Eisenoxyd gebildet und dabei auch feine Staubteilchen von der Masse abgesprengt. Vor Wiederverwendung ist es daher erforderlich, das Reinigungsmaterial mit Wasser zu waschen, um das Eisenoxydsulfat zu lösen und die feinen Teilchen hinwegzuschwemmen; die ablaufende Eisenoxydsulfatlauge läfst sich zur Klärung von Abwässern verwenden, die Masse wird nach beendigtem Waschen durch einen Luftstrom getrocknet. Es zeigte sich nun, dafs bei diesem Vorgang nicht unbeträchtliche Mengen Reinigungsmasse verloren gingen, die ergänzt werden mufsten, daher ist es als sehr erfreulicher und grofser Fortschritt zu bezeichnen, dafs es Burkheiser jetzt gelungen ist, hauptsächlich durch genaueste Regelung und eventuell künstliche Erniedrigung der Temperatur während der Regeneration, das Waschen der Masse völlig zu vermeiden; dadurch dürfte das bisher schon bis zu 12mal regenerierte Erz noch erheblich öfter brauchbar sein.

Im D. R. P. 225461 verbindet Burkheiser die Gewinnung des Cyans aus dem Gase mit seinem Verfahren derart, dafs er den in bekannter Weise, etwa nach dem Buebschen Verfahren, gewonnenen Cyanschlamm in den Ammoniakabtreibeapparat zusammen mit dem Gaswasser einführt, hierdurch wird folgendes erreicht:

Die im Ammoniakwasser stets enthaltenen Cyanmengen zunächst werden durch überschüssiges Eisen ebenfalls als Ammoniumferrocyanid gewonnen, anderseits wird aber durch genügenden Überschufs von Kalkmilch Calciumferrocyanid gebildet und mit Hilfe des Dampfes alles Ammoniak ausgetrieben, so dafs es mit den Wasserdämpfen zusammen den Apparat verläfst und dem Gase wieder zugeführt werden kann, während sämtliches Cyan in einheitlicher Form in der ablaufenden Lauge enthalten ist.

Bei den Hamburger Versuchen zeigte es sich nun aber, dafs in zwei hintereinander geschalteten Burkheiserschen

Reinigern dauernd 95% des Cyans aus dem Gase herausgenommen wurden, bei dem für die Praxis beabsichtigten Arbeiten mit drei Reinigern nacheinander ist also mit einer völligen Absorption des Cyans zu rechnen. Dasselbe wird voraussichtlich — dies ist noch nicht näher festgestellt — als Rhodan zurückgehalten und bei der Regeneration gröfstenteils zerstört; teilweise wird es allerdings anscheinend auch in Ammoniak umgesetzt, wie durch Laboratoriumsversuche einwandfrei nachgewiesen werden konnte; doch bedürfen diese Vorgänge, wie gesagt, noch genauerer Aufklärung und eingehenden Studiums.

In neuester Zeit ist Burkheiser das D. R. P. 223713 erteilt worden, welches das Verfahren des Hauptpatents 212209 und der Zusatzpatente 215907 und 217315 dahin abändert, dafs das vom Reiniger kommende, mit Schwefeldioxyd beladene Luft-Stickstoffgemisch durch einen praktisch auf einer Temperatur von 600° gehaltenen Kontaktraum geführt wird, in welchem mit Hilfe einer der bekannten Kontaktmassen (Platinmetalle usw. oder auch Eisenoxyd) die Oxydation zu Schwefeltrioxyd, dem Anhydrid der Schwefelsäure, vor sich geht. Da die schweflige Säure von aufserordentlich reiner Beschaffenheit ist, und die sogenannten Kontaktgifte, wie Arsen usw., völlig fehlen, so dürfte der Vorgang durchaus glatt verlaufen; selbstverständlich bedarf er aber noch eingehender Bestätigung durch die Praxis. An Stelle des sauren und neutralen Ammoniumsulfits enthalten die Laugen dann Ammoniumbisulfat und Ammoniumsulfat, deren Absorptionsfähigkeit für Ammoniak bzw. Schwefelsäureanhydrid aber genau die gleiche ist. Das auf diese Weise erhaltene Ammoniumsulfat dürfte sich als besonders rein und hochprozentig, vor allem aber als völlig säurefrei, erweisen. Die zur Durchführung des Verfahrens entsprechend abgeänderte Apparatur ist in Fig. 3 wiedergegeben. Die Beschreibung derselben erübrigt sich, da nur der Kontaktraum *48* hinzugefügt ist, den der Heizmantel *49* umgibt. Die aus dem regenerierenden Reiniger austretende, mit Schwefeldioxyd beladene Luft wird durch *48* geführt, dabei oxydiert sich mit Hilfe der Kontaktmasse die schweflige Säure zu Schwefelsäureanhydrid.

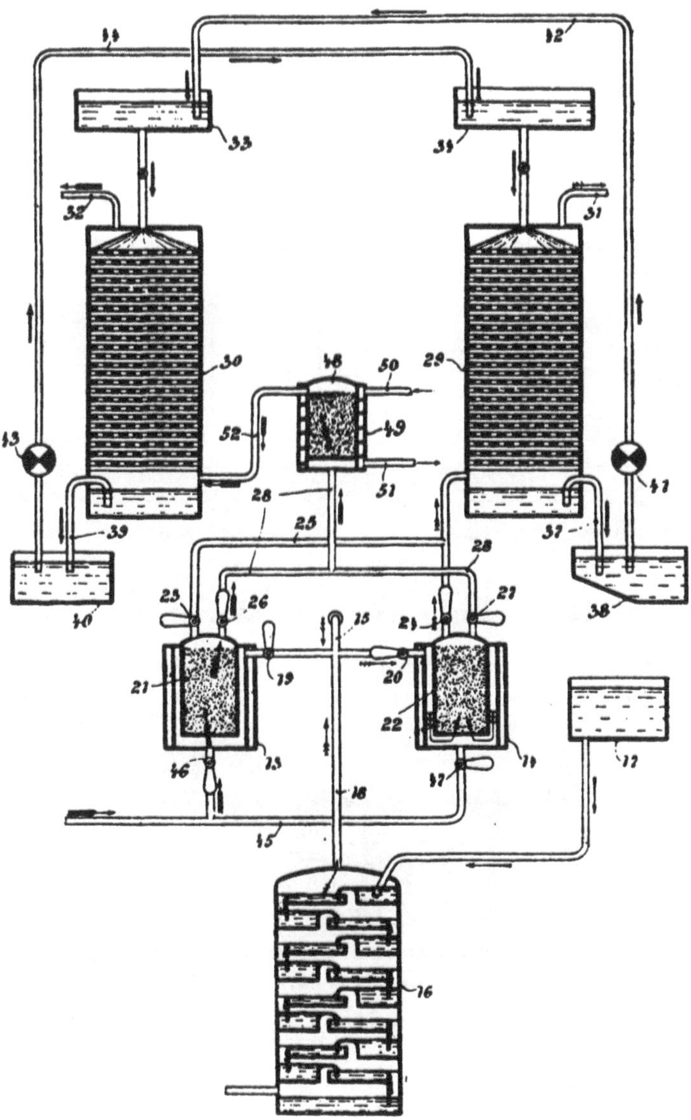

Fig. 3.

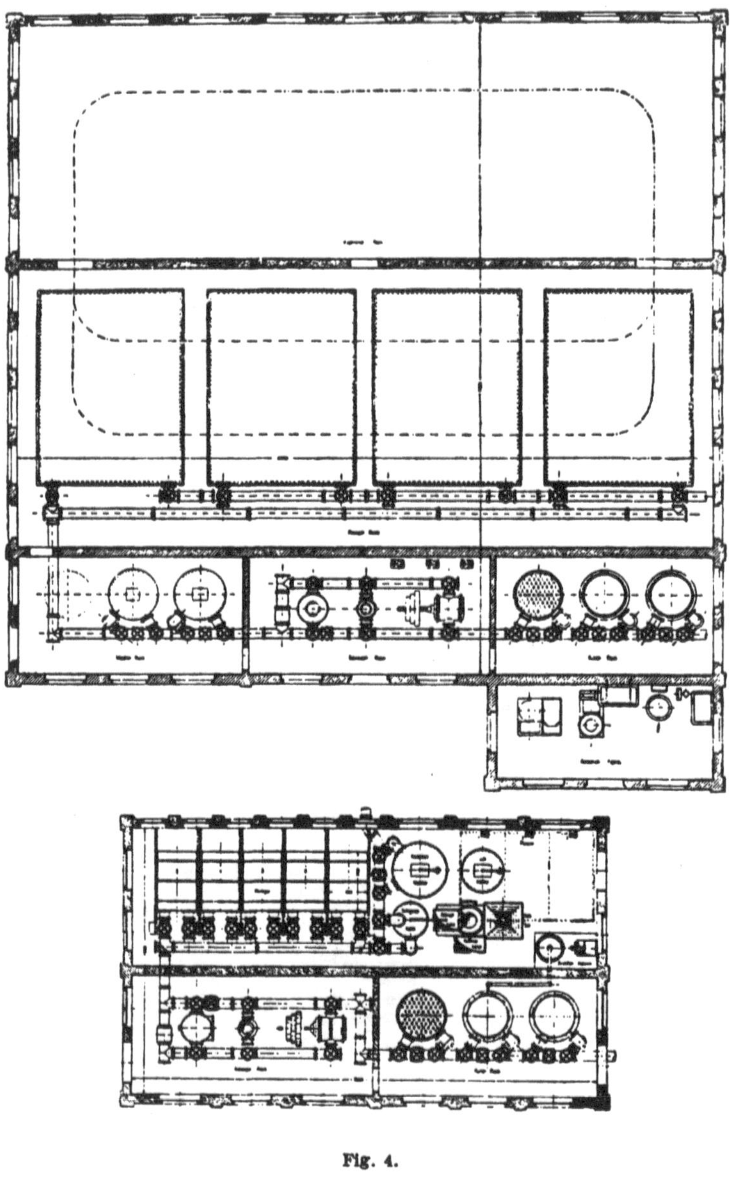

Fig. 4.

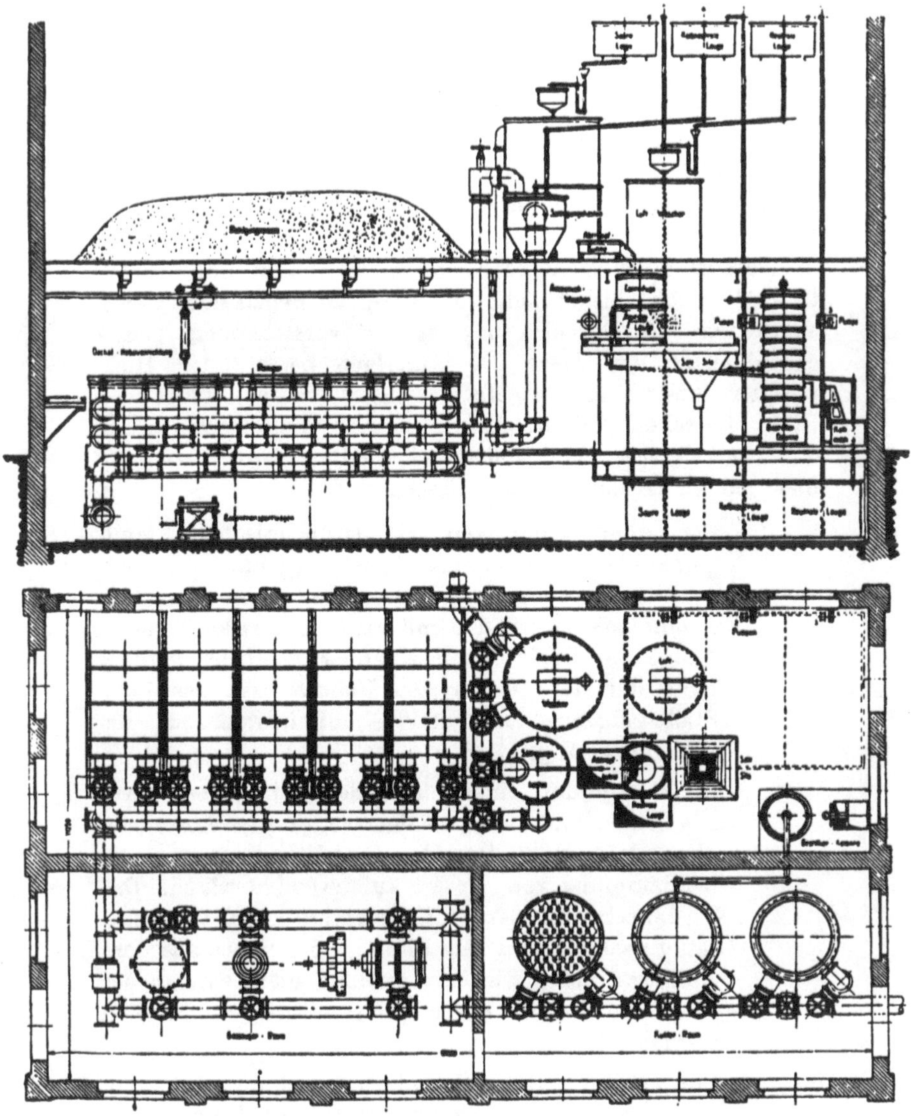

Reinigungs- und Ammoniakgewinnungsanlage (System Burkheiser)
50000 m³ Tagesleistung.

Fig. 5.

Zu erwähnen wäre schliefslich noch das D. R. P. 220632, in welchem Burkheiser den Vorschlag macht, nur ein Drittel des Schwefelwasserstoffs nach seinem Verfahren in Schwefeldioxyd überzuführen und dieses dann mit dem Rest nach der Gleichung $2 H_2S + SO_2 = 2 H_2O + 3 S$ umzusetzen, die auch Feld seiner Schwefelwasserstoffreinigung mit Teeröl zugrunde legte. Eine Oxydation des Schwefels zu schwefliger Säure in Verbindung mit der Gewinnung von Ammoniaksalz ist dabei nicht beabsichtigt, überhaupt liegen praktische Versuche bisher nicht vor, dieselben haben auch wenig Wert, falls die Durchführung des in vorstehendem genau geschilderten Verfahrens die bisherigen berechtigten Hoffnungen dauernd erfüllt. Als besonders grofse Vorzüge der Burkheiserschen Gasreinigung, — mag nun zunächst das Sulfit oder gleich das Sulfat dabei erhalten werden, — mufs man jedenfalls folgende bezeichnen:

1. die, vom chemischen wie gastechnischen Standpunkte aus betrachtet, höchst elegante und doch wirkungsvolle und einwandfreie Weise, in der Ammoniak und Säure mit Hilfe der zirkulierenden Lauge zur Reaktion miteinander gebracht werden, ohne dafs ihre Träger, das Rohgas bzw. das Luft-Stickstoffgemisch, irgendwie miteinander zur Berührung gelangen.

2. Die Gewinnung eines festen Salzes in reiner Form aus seinen mehr oder weniger verdünnten Lösungen, ohne dafs dabei irgendwelche Wärmemengen zur Verdampfung von Wasser aufzuwenden wären. Das bei der Schwefelwasserstoffabsorption gebildete Regenerationswasser wird zur Bildung der Säure aus dem Anhydrid völlig wiederverbraucht, meist wird in der Praxis noch ein Zusatz von Wasser erforderlich werden.

3. Die äufserst geringe Raumbeanspruchung, die höchstens ein Drittel des heutigen Systems beträgt und in Fig. 4 selbst gegenüber einer Anlage, die mit geteiltem Gasstrom in den Reinigern arbeitet, deutlich hervor-

tritt. Eng hiermit verbunden ist die Ersparnis an Arbeitslöhnen, Masse und Schwefelsäure, wie überhaupt die Vereinfachung und Verbilligung der ganzen Anlage (vgl. Fig. 5).

Ich bin am Schlusse meiner Ausführungen, meine Herren; ich erbitte Ihre gütige Nachsicht, wenn ich manches Unwesentliche vorgebracht, manches Wichtige vergessen. Ich glaube aber doch bewiesen zu haben, dafs auch die Gasreinigung nicht rückständig geblieben ist, sondern sich in einer dauernden fortschrittlichen Entwicklung befindet und so auch ihrerseits beiträgt zum Wachsen, Blühen und Gedeihen unserer Industrie.

Über die Beurteilung der Leuchtgase nach ihrem Heizwert.

Herr Dr. Max Mayer, (Auergesellschaft) Berlin.

Die Erörterung der Frage, wie die verschiedenen zur Beleuchtung und Heizung dienenden Gasgemische bewertet werden sollen, ist seit der Einführung des Gasglühlichtes nicht zur Ruhe gekommen. Bei der früheren Art der Beleuchtung mit Schnitt- und Argandbrennern kam es für den Lichteffekt lediglich auf die Menge und Temperatur der in der Flamme glühenden Kohlenstoffteilchen an. Es waren also nur ganz bestimmte Gasarten möglich und die Bewertung einfach auf Grund von Lichtmessungen vorzunehmen. Mit der Durchführung der Gasglühlichtbeleuchtung, die sich vollkommen entleuchteter Flammen bedient, konnten Gase angewandt werden, die früher für die Beleuchtung gänzlich wertlos waren.

Bei der Gasglühlichtbeleuchtung ist der Effekt bedingt

1. durch die Temperatur der Verbrennungsgase,
2. durch die Art, wie die Verbrennung vorgenommen wird, also durch den Brenner und den Glühkörper.

St. Claire Deville hat nun zuerst im Jahre 1903 auf Grund seiner Versuche vorgeschlagen, die Leuchtgase nach ihrem Heizwert zu beurteilen. Der Gedanke erscheint deshalb sehr zweckmäfsig, weil der Heizwert einen exakten Ausdruck für den Energieinhalt der Gase darstellt. Es sind dann von Deville selbst, wie auch von anderen, weitere Versuche angestellt worden, um den Satz, dafs die Leuchtkraft eines

Glühkörpers proportional dem Wärmeaufwand sei, auf seinen Giltigkeitsbereich zu prüfen. Dafs aber die wünschenswerte Klarheit bezüglich dieser Frage noch immer nicht herrscht, geht schon daraus hervor, dafs im letzten Jahr einerseits Geheimrat Bunte[1]) in seinem Vortrag »Über die Anforderungen an die Beschaffenheit des Gases« im Heizwert den allgemein gültigen Mafsstab zur Beurteilung des Gases erblickt, während anderseits A. Forshaw[2]) auf Grund seiner, auf Veranlassung von Prof. Bone mit Kohlenoxyd und Wasserstoff unternommenen Versuche diese Beziehung zwischen Heizwert und Leuchtkraft verneint.

Wir müssen nun kurz die Ergebnisse früherer Arbeiten ins Auge fassen, um von ihnen ausgehend etwaige Lücken in den Untersuchungen aufzudecken bzw. um die Unterlagen für eine Kritik der Forshawschen Arbeit zu gewinnen.

Es ist selbstverständlich, dafs die Verbrennungsbedingungen mafsgebend sind für die Ausnutzung der Gase. In erster Linie hängt daher der Effekt vom Brenner ab. Bei dem gewöhnlichen Bunsenbrenner führen wir die zur vollkommenen Verbrennung des Gases erforderliche Luft auf zweierlei Weise zu; einen Teil mischen wir dem Gase vor seiner Verbrennung als sogen. Primärluft bei, während der Rest als Sekundärluft der Flamme von aufsen zuströmt. Wir haben also einmal eine Verbrennung der Primärluft im Gas, wobei im sogen. Innenkegel der Bunsenflamme ein Gemisch von mit Stickstoff verdünntem Wassergas entsteht. Dieses Wassergas verbrennt im Aufsenkegel mit der Sekundärluft. Der Einflufs der Luftverteilung (also der Menge von Primär- und Sekundärluft) auf die Leuchtkraft der Glühkörper ist erst genau durch die Untersuchung von Bunte, Mayer und Teichel[3]) ermittelt worden. Die Ergebnisse dieser Arbeit lassen sich kurz wie folgt zusammenfassen.

---

[1]) H. Bunte: Journ. f. Gasbel. 1909, S. 817.

[2]) A. Forshaw: Der Leuchtwert von Kohlenoxyd und Wasserstoff im Glühlichtbrenner. Journ. f. Gasbel. 1909, S. 941.

[3]) H. Bunte, M. Mayer u. Teichel, Journ. f. Gasbel. 1908, S. 265.

Wird bei gleichbleibendem Gasverbrauch, d. h. bei konstanter Wärmemenge wenig Primärluft dem Gas beigemischt, so erhält man ein grofses Flammenvolumen. Steigert man die Primärluft, so nimmt die Menge der Sekundärluft entsprechend ab, und das Flammenvolumen wird kleiner. Das kleinste Flammenvolumen erreicht man dann, wenn die zur vollkommenen Verbrennung erforderliche Luft als Primärluft zugeführt wird. Dies hat im Gefolge, dafs das Wärmegefälle von Flamme zum Glühkörper kleiner wird als in jedem anderen Falle, dafs also der Glühstrumpf unter den gegebenen Verhältnissen seine höchste Temperatur und damit seine gröfste Leuchtkraft erreicht.

Man kann daher bei einem und demselben Wärmeaufwand, d. h. bei gleichem Gasverbrauch in demselben Brenner ganz verschiedene Lichteffekte erreichen, wenn man die Menge der Primärluft und damit das Flammenvolumen ändert. Aus diesem Grunde wurden s. Zt. bei meinen Versuchen, welche die Beziehungen zwischen Heizwert des Gases und Lichtstärke des Gasglühlichtes behandeln und deren Ergebnisse im »Journal für Gasbeleuchtung«[1]) niedergelegt sind, Gase der verschiedensten Zusammensetzung in demselben Brenner photometrisch verglichen, und zwar unter Zufuhr von Prefsluft, so dafs die Verbrennungsgase kleinstes Flammenvolumen und damit die Glühkörper maximale Temperatur hatten. Die unter solchen Verhältnissen vorgenommenen Versuche ergaben innerhalb von 10 bis 12 % ein Zutreffen des Devilleschen Satzes also Proportionalität zwischen Leuchtkraft und Heizwert.

Die Flammenform ist deshalb aufserordentlich wichtig, weil sie die Geschwindigkeit des Gasstromes, der den Glühkörper trifft, mit bedingt. Je gröfser diese Geschwindigkeit ist, um so mehr Wärme fliefst pro Zeiteinheit dem Glühkörper zu; damit wächst aber seine Temperatur und Leuchtkraft. Die von Mayer u. Schmidt an Leuchtgas-Wasserstoff- und Leuchtgas-Kohlenoxydgemischen unternommenen Versuche gaben im Intervall 3980 bis 5230 Kalorien (unterer Heizwert)

[1]) M. Mayer und H. Schmidt, Journ. f. Gasbel. 1908, S. 1137.

für gleichen Wärmeaufwand praktisch denselben Lichteffekt. Daraus wurde der Schlufs gezogen, dafs es sich bei dem Devilleschen Satz um eine immerhin brauchbare Regel handelt. Die oben erwähnten Versuche, ebenso wie die Devilleschen selbst, sind mit Prefsluft bzw. Prefsgas angestellt. Sie gelten also zunächst streng genommen nur für Prefsgas- und Prefsluftlampen, welche unter theoretischer, d. h. mit der zur vollkommenen Verbrennung ausreichenden Primärluft betrieben werden.

Wie steht es aber mit der Frage, wie sich Gase von grofsem und kleinem Heizwert in Niederdruckbrennern, also in gewöhnlichen stehenden Brennern und Invertbrennern ausnutzen?

Es ist wiederholt die Ansicht ausgesprochen worden, dafs arme Gase (Gase von niedrigem Heizwert) sich in Niederdruckbrennern besser ausnutzen wie reiche Gase. Es ist dabei auch betont worden, dafs Gase von kleinem Heizwert geringeren Luftbedarf haben und mithin unter sonst gleichen äufseren Bedingungen (Brenner und Gasdruck) leichter die zur vollkommenen Verbrennung nötigen Luftmengen ansaugen können, was ein kleineres Flammenvolumen und damit höhere Glühkörpertemperatur bedingen würde. Man hat darin die Erklärung zu finden vermeint, weshalb ärmere Gase im gewöhnlichen Bunsenbrenner einen besseren Lichteffekt geben, als reiche Gase, die grofsen Luftbedarf haben. — Tatsächlich liegen aber die Verhältnisse, wie nachher bewiesen werden soll, ganz anders. Der Devillesche Satz würde für Niederdruckbrenner, bei denen sich die Verbrennung in zwei Stadien im Innen- und Aufsenkegel der Flamme vollzieht, dann genau zutreffen, wenn für gleiche aufgewandte Wärmemengen bei Verwendung verschiedener Gase Flammenvolumen, Flammenform und Temperaturverteilung im Innern der Flamme gleich wäre. Ich sage deshalb Temperaturverteilung, weil im Gegensatz zu Prefsluft- bzw. Prefsgaslampen, welche mit theoretischer Primärluftzufuhr arbeiten und bei denen daher sofort im Innenkegel maximale Temperatur der Verbrennungsgase erreicht wird, bei Niederdrucklampen die Verbrennung sich in zwei Stadien abspielt unter Zufuhr von

Primär- und Sekundärluft, was einen Temperaturanstieg vom Innenkegel zum Aufsenkegel bedingt. Werden daher von Gasen mit niedrigem oder höherem Heizwert in einem und demselben Brenner in Prozenten des Luftbedarfes des Gases verschiedene Mengen an Primärluft angesaugt, so sind von

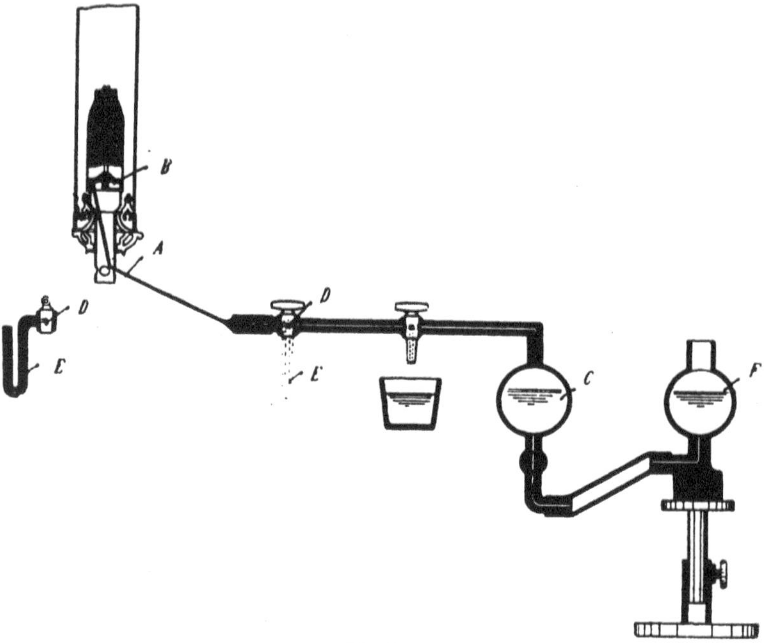

Fig. 6.

vornherein Lichtunterschiede zu erwarten. Um diese Verhältnisse aufzuklären, wurden an drei stehenden Brennern, einem Auerbrenner und zwei Sparbrennern, die ich mit A und B bezeichnet habe, Versuche vorgenommen.

Zunächst wurde der betreffende Brenner mit einem gut passenden Glühkörper, der vorher 50 Stunden gebrannt hatte, mit Leuchtgas, dessen Zusammensetzung aus Tab. I zu ersehen ist, bei maximaler Leuchtkraft gemessen, der Gasverbrauch festgestellt und aus dem Heizwert, der vorher er-

Tabelle I.

Zusammenstellung der Versuchsgase.

	Leuchtgas	Ölgas	Versuch VI Ölgas und Leuchtgas 1 : 8	Versuch VII Ölgas und Leuchtgas 1 : 17	Vers. VIII Ölgas und Wasserstoff 1 : 9
Kohlensäure . . .	2,4	0,1	2,1	2,3	—
Schwere Kohlenwasserstoffe . . .	2,5	21,5	4,6	3,6	2,1
Sauerstoff	0,5	0,8	0,5	0,5	0,1
Kohlenoxyd . . .	12,6	0,9	11,3	12,0	0,1
Wasserstoff . . .	52,2	24,0	49,0	51,0	92,4
Methan	26,8	46,0	29,0	28,0	4,6
Äthan	—	3,2	0,4	0,2	0,3
Stickstoff	3,0	3,5	3,1	2,4	0,4
	100,0	100,0	100,0	100,0	100,0

mittelt wurde, der Wärmeverbrauch errechnet. Es wurde sodann eine Leuchtgasprobe genommen, um den Luftbedarf des Gases festzustellen. Ferner wurde eine weitere Gasprobe aus dem Mischrohr direkt unterhalb der Flamme gezogen[1]). Durch Analyse kann man nun die Menge der angesaugten

[1]) Die Entnahme der Gasproben aus dem Gasluftmischrohr geschah wie folgt (Fig. 6). Eine sehr fein ausgezogene Glaskapillare *A*, deren Querschnitt verglichen mit dem des Gasluftmischrohres verschwindend klein ist, wird durch das Drahtnetz *B* hindurch in den Innenkegel der Flamme gebracht. Die Kapillare *A* ist mit einer Quecksilberpipette *C* verbunden. Zwischen Kapillare und Pipette befindet sich ein Dreiweghahn *D*, welcher mit dem Manometer *E* zusammenhängt. Das Niveaugefäſs der Pipette *F* läſst sich mittels eines Statives sehr leicht und fein regulierbar auf und ab bewegen. — Das Manometer *E* wird mit Wasser gefüllt und die Proben nach Ausspülen des Apparates genommen. Die Füllung der Pipette (150 ccm) dauert ungefähr 1 Stunde.

Primärluft und aus dem Luftbedarf des Gases die angesaugte Luftmenge in Prozenten angeben[1]).

Waren die Verhältnisse für Leuchtgas ermittelt, so wurden Gase verschiedener Zusammensetzung und verschiedenen Heizwertes bei gleichem Wärmeaufwand wie bei Leuchtgas gemessen. Die Gase von verschiedenem Heizwert wurden einerseits durch Karburation des Leuchtgases mit Benzol[2]), anderseits durch Karburation mit Ölgas (Zusammensetzung Tab. I) gewonnen. Es wurden benzolkarburierte und ölgaskarburierte Gase deshalb gewählt, um zu sehen, welchen Einflufs verschiedene Gasbestandteile ausüben. — Die Herstellung von Gasen niederen Heizwertes geschah durch Verdünnung des Leuchtgases bzw. von mit Ölgas oder Benzol karburiertem Leuchtgas mit Wasserstoff. Bestimmt wurde ferner das spezifische Gewicht, und aufserdem wurden die Flammen gleichen Wärmeaufwandes photographiert, um die Unterschiede übersehen zu können, die sich in der Flammenform bei verschiedenen Gasen ergeben. Nach jeder Messung mit einem anderen Gase wurde eine Kontrollbestimmung mit Leuchtgas durchgeführt, um sicher zu sein, dafs der Lichteffekt des Glühkörpers derselbe geblieben war.

Bei den Vergleichsversuchen mit verschiedenen Gassorten kommt es natürlich nur darauf an, inwieweit die Leuchtkraft bei gleichem Wärmeaufwand dieselbe bleibt.

---

[1]) Die Analyse der Gasgemische erfolgte genau, wie es von Bunte, Mayer und Teichel ds. Journ. 1908, S. 290 beschrieben worden ist.

[2]) Zur Karburation des Leuchtgases bedienten wir uns folgenden Apparates (Fig. 7.)

A ist ein Gefäfs mit Benzol, *B* ist ein kreisförmiges Rohr, welches nach unten perforiert ist, *C* sind Messingsiebe, auf denen Glaswolle geschichtet ist. Das Gas tritt durch *D* nach unten ein und verläfst das Zuleitungsrohr durch seitliche Löcher. Es steigt dann durch die Siebe bzw. die mit Benzol getränkte Glaswolle hoch und verläfst den Karburator durch *E*. *F* ist ein mit dem Hauptbehälter *G* kommunizierendes Rohr, der darin befindliche Schwimmer *H* zeigt den Flüssigkeitsstand.

Die Versuche sind sämtlich bei einem Gasdruck von 40 mm Wassersäule durchgeführt.

Versuche am Auerbrenner.

Versuch I (Tab. II) mit Leuchtgas bildet die Ausgangsmessung. Es wurde auf maximale Helligkeit eingestellt, der Glühkörper ergab bei einem Wärmeaufwand von 550 Kalorien 86 HK. Der Luftbedarf pro Volumen Gas betrug 4,8 Volumen und die als Primärluft angesaugte Luft war 54 % der Gesamtluft. Der untere Heizwert betrug 4592 Kalorien (0°, 760 mm).

Versuch II und III sind mit benzolkarburiertem Leuchtgas vorgenommen, also mit Gasen, welche beträchtlich höheren Heizwert haben (5593 bzw. 5166 Kalorien).

Bei II und III werden nur 98,3 bzw. 106 gegen 119,5 (I) Liter verbraucht. Der Luftbedarf der Gase II und III beträgt 5,6 bzw. 5,3, die angesaugte Luftmenge 58 bzw. 62 %[1]).

Die Kerzenzahl beträgt 80 bzw. 84 HK.

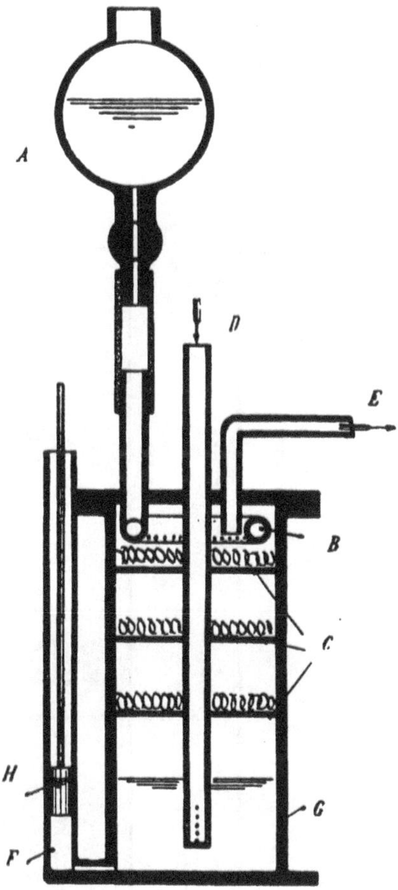

Fig. 7.

[1]) Die Fehlergrenze bei den Bestimmungen der angesaugten Luftmengen kann bis zu 6 % betragen infolge der Kompliziertheit der gasanalytischen Meſsmethoden.

Tabelle II.

Auerbrenner.

Versuch	Gasgemisch	Unterer Heizwert 0° 760 mm	Wärmeaufwand pro Stunde in		HK	Kal. pro Stunde u. HK	Luftbedarf des Gases pro Volumen	Angesaugte Luft in Prozenten	Spez. Gewicht	Wasserstoffgehalt in Prozenten
			Kalorien	Litern 0° 760 mm						
I	Leuchtgas	4592	550	119,5	86	6,4	4,8	54	0,413	52
II	Leuchtgas mit Benzol karburiert	5593	550	98,3	80	6,9	5,6	58	0,490	—
III	Leuchtgas » » »	5166	550	106	84	6,5	5,3	62	0,473	—
IV	Leuchtgas mit Wasserstoff verdünnt 2 : 3	3516	550	156	88	6,3	3,4	50	0,237	80
V	Leuchtgas mit Wasserstoff 1 : 4	3117	550	176	91	6,0	3,0	41	0,185	90
	Neuer Glühkörper:									
VI	Ölgas mit Leuchtgas 1 : 8 . .	5380	570	106	76	7,5	5,6	50	0,446	49
VII	Ölgas mit Leuchtgas 1 : 17 . .	4943	570	115	78	7,3	5,2	44	0,442	51
VIII	Ölgas, Wasserstoff 1 : 9 . . .	3280	570	174	98	5,8	3,8	37	0,198	92
VIII a	Leuchtgas	4590	570	124	85	6,7	—	—	—	52

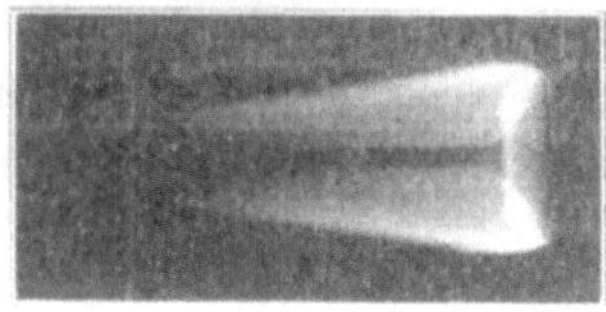

Versuch I.

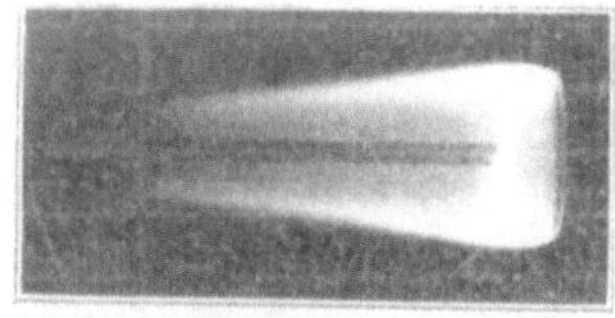

Versuch II.

Versuch IV.

Versuch V.

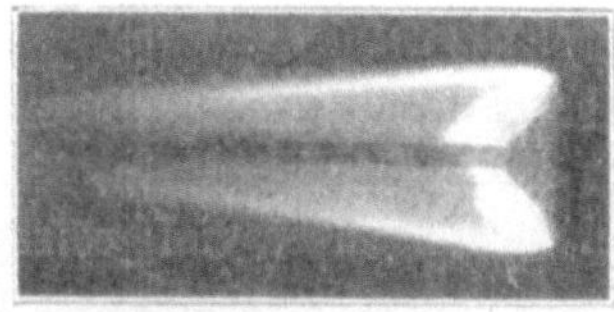

Versuch VI.

Versuch VII.

Versuch IV und V (3516 bzw. 3117 Kalorien) sind mit Gasen niederen Heizwertes angestellt. Der Gasverbrauch bei 550 Kalorien Wärmeaufwand ist 156 und 176 l, ermittelt wurden 88 und 91 HK. Der Luftbedarf ist mit 3,4 und 3,0 ganz erheblich geringer wie derjenige der reichen Gase. Die angesaugten Luftmengen sind 50 bzw. 41% der Gesamtluft; man hat also unter den Versuchsbedingungen geringere Luftansaugung wie bei Gasen hohen Heizwerts. Man sieht, dafs die spezifischen Gewichte der einzelnen Gasmischungen keinen wesentlichen Einflufs auf die Ansaugung der Luft ausüben.

Dafs die angesaugten Luftmengen geringer sind als bei reichen Gasen hat einen Grund darin, dafs bei demselben Wärmeaufwand bei armen Gasen viel gröfsere Gasmengen den Brenner passieren.

Betrachten wir die Ergebnisse näher, so zeigt sich, dafs je ärmer ein Gas ist, um so besser seine Ausnutzung wird. Der bessere Effekt der armen Gase (IV und V) beruht aber nicht darauf, dafs prozentual mehr Primärluft angesaugt wird. Dies hatte man bisher bei armen Gasen angenommen, da dieselben geringeren Luftbedarf haben. Die bessere Ausnutzung der armen Gase mufs daher auf andere Verhältnisse zurückzuführen sein. Einen Anhalt finden wir in der Zusammensetzung der Gase. Mit steigendem Wasserstoffgehalt der Gasmischung nimmt der Effekt zu.

Leuchtgas	mit	52%	Wasserstoff	gibt	86 HK
Versuch IV	»	80%	»	»	88 »
Versuch V	»	90%	»	»	91 »

Die chemische Zusammensetzung der Gasgemische hat also einen besonderen Einflufs auf die Verbrennungsverhältnisse. — Wir haben schon gesehen, dafs die armen Gase bei gleichem Wärmeaufwand auf demselben Brenner sich weniger Luft ansaugen als die reichen. — Man hätte daher keine bessere, sondern eine schlechtere Ausnutzung erwarten müssen. Wir wissen aber, dafs neben der angesaugten Luftmenge ein Hauptmoment für die Ausnutzung der Gase im Flammenvolumen, welches ja ein Ausdruck für die Wärmekonzentration der Flamme ist, liegt; je gröfser die Wärmekonzentration, um so mehr Wärme fliefst dem Glühkörper pro Zeiteinheit zu, d. h. seine Temperatur wird höher und damit wächst seine Lichtemission.

Bei der Betrachtung der Flammenformen (Photographien, Versuch I, II, IV und V) sehen wir charakteristische Unterschiede vor allem an den Innenkegeln der Flamme. Wir haben bei Versuch II einen sehr grofsen Innenkegel und damit ein relativ gröfseres Flammenvolumen, während bei I der Innenkegel kleiner ist. Bei Versuch IV und V sitzen die Innenkegel mit blauer Flamme ganz am Drahtnetz auf[1]).

Wir haben aber, um es nochmals zu wiederholen, bei IV und V kleinere Luftmengen als bei I und II, trotzdem sind die Flammenvolumen kleiner und damit der Lichteffekt gröfser. Letzteres kann nicht herrühren von höheren Flammentemperaturen der Gasgemische IV und V, denn es ist längst bewiesen, dafs die Flammentemperatur verschieden zusammengesetzter Gase praktisch dieselben sind. — Ungleich dagegen sind die Verbrennungsintensitäten der die Gasgemische zusammensetzenden Einzelgase.

Man kann die Bunsenflamme als eine stehende Explosion betrachten, d. h. die Lage des Innenkegels ist dadurch bedingt, dafs die Ausströmungsgeschwindigkeit des Gasluftgemisches und die nach rückwärts gerichtete Fortpflanzungsgeschwindigkeit der Entzündung gleich sind. Es haben also unter sonst gleichen Bedingungen diejenigen Gasgemische die gröfsere Wärmekonzentration, bei denen der Innenkegel der Flamme näher am Brennerkopf liegt.

---

[1]) Nimmt man ein und dasselbe Gas und gibt zuerst bei konstantem Druck, z. B. 40 mm, wenig Primärluft, so erhält man einen gröfseren Innenkegel, der ziemlich weit vom Drahtnetz absteht, und grofses Flammenvolumen. Vergröfsert man die Luftzufuhr, so wird der Kegel blau und sitzt nachher am Drahtnetz auf und man erhält ein kleines Flammenvolumen. — Bei weiterer Vergröfserung der Luftzufuhr kommt ein Moment, in dem die Explosionsgeschwindigkeit der Flamme gröfser wird als die Ausströmungsgeschwindigkeit, und die Flamme schlägt auf die Düse zurück.

Die gröfste Fortpflanzungsgeschwindigkeit der Entzündung in Luft ist für Einzelgase bis jetzt nicht sehr genau bestimmt worden. Die Entzündung bei Wasserstoff-Luftmischungen beträgt 4,2 m pro Sekunde, bei Methan 0,6 m und bei Leuchtgas 1,3 m[1]). Ein Zahlenmaterial, das sich zum Beweis der viel höheren Verbrennungsintensität des Wasserstoffs heranziehen läfst, stammt von H. Bunte[2]).

Steigert man die Austrittsgeschwindigkeit eines Gasstrahles durch Erhöhung des Druckes, so kann man bei entsprechender Strömungsgeschwindigkeit die Flamme von der Brennermündung abheben und fortblasen, d. h. die Flamme erlischt. Den dabei auftretenden Druck nennt Bunte den Löschdruck. Tab. III gibt die für uns wichtigen Daten.

Tabelle III.

Einlochbrenner von 0,75 mm Durchmesser 0,449 mm Querschnitt	Kohlenoxyd CO	Methan CH_4	Äthylen C_2H_4	Wasserstoff H_2	Leuchtgas	Wassergas 53,7% CO 36,1% H_2
Löschdruck in cm Wassersäule . .	0,44	0,56	11,5	265	82,3	81,6
Geschwindigkeit des Gasstrahles in m pro Sekunde . .	6,8	10,5	35	488	137	113

Selbstverständlich geben diese Zahlen lediglich einen relativen Anhalt, da die Verbrennungsbedingungen im Auerbrenner ganz andere sind. Immerhin kann man sehen, dafs der Löschdruck des Wasserstoffes weit höher ist, als der der anderen Gase, und dafs ebenso die Geschwindigkeit des Gasstrahles bei Wasserstoff sehr viel gröfser ist.

Nachdem nun bewiesen war, dafs die Gaszusammensetzung einen erheblichen Einflufs auf die Ökonomie eines

---

[1]) Die gröfsten Geschwindigkeiten werden erreicht nicht bei theoretischer Gasluftmischung, sondern bei einem kleinen Überschufs an brennbarem Gas.

[2]) H. Bunte: »Über Verbrennungsvorgänge bei Gasen«. Journ. f. Gasbel. 1900, S. 529.

Brenners hat, wurden Gase mit anderer Zusammensetzung und höherem Heizwert nicht wie vorher durch Benzolkarburation des Leuchtgases, sondern durch Zusatz von Ölgas hergestellt. Die Zusammensetzung des Ölgases und der zu den Versuchen verwandten Gasgemische VI, VII, VIII ist aus der Tab. I ersichtlich.

Die Versuche VI, VII, VIII, VIIIa (s. Tab. II) sind mit einem neuen Glühkörper angestellt.

Der Leuchtgasversuch VIIIa gibt beim Wärmeaufwand von 570 Kalorien (unterer Heizwert des Gases 0° 760 mm, 4590 Kalorien) 85 HK.

Versuch VI (Ölgas und Leuchtgas 1 : 8, Heizwert 5380) beim gleichen Wärmeaufwand nur 76 HK.

Versuch VII (Ölgas und Leuchtgas 1 : 17, Heizwert 4943) 78 HK.

Versuch VIII (Ölgas-Wasserstoff 1 : 9) gibt 98 HK.

Der Wasserstoffgehalt von VI und VII ist praktisch derselbe wie bei Leuchtgas; bei VIII beträgt er 92 %.

Die angesaugten Luftmengen nehmen wieder von den reichen zu den armen Gasen ab, trotzdem wird der Effekt besser. Bei der Vergleichung der Zusammensetzung der Gasgemische VI, VII, VIII zeigt sich nun ein erheblicher Unterschied bei den schweren Kohlenwasserstoffen und dem Methan. Das Leuchtgas hat 2,5 % schwere Kohlenwasserstoffe, das Gemisch VI 4,6 % und das Gemisch VII 3,5 %[1]). Die Methanmenge beträgt bei Gemisch VI 29 %, Gemisch VII 28 % und VIII (Leuchtgas) 26,8 %. Betrachten wir die Flammen (Photographien), so sehen wir den größten Innenkegel am Auerbrenner bei Gemisch VI, welches am meisten Kohlenwasserstoffe enthält.

Es folgt dann Gemisch VII, während Gemisch VIII, Ölgas-Wasserstoff, nur 2,1 % schwere Kohlenwasserstoffe und 4,6 % Methan neben 92,4 % Wasserstoff enthält. VIII hat den kleinsten Innenkegel und weitaus die beste Gasausnutzung (98 HK), was nochmals betont werden soll, obwohl die ange-

[1]) Der Sauerstoffbedarf beträgt pro 1 Volumen schwere Kohlenwasserstoffe etwa 4 Volumen Sauerstoff.

saugte Luftmenge mit 37 % die kleinste ist. Es bedarf also keines weiteren Beweises, dafs die Art der Gaszusammensetzung und die Verbrennungsintensität der einzelnen Gase den Effekt, der in demselben Brenner mit verschiedenen Gasen bei gleichem Wärmeaufwand erzielt wird, erheblich beeinflufst, und zwar spielt die Zusammensetzung der Gase und ihre Strömungsgeschwindigkeit beinahe eine gröfsere Rolle wie die angesaugte Luftmenge. Man kann also allgemein folgern, dafs mit sinkenden Heizwerten, also mit Verringerung des Gehaltes an schweren Kohlenwasserstoffen die Ausnützung des Heizwertes im Auerbrenner besser wird.

Ganz erheblich steigt der Effekt, wenn der Wasserstoffgehalt in den Gasmischungen gesteigert wird. Zurückzuführen ist die Zunahme der Ausnutzung des Gases auf die viel gröfsere Verbrennungsintensität des Wasserstoffes[1]); inwieweit die etwas höhere Flammentemperatur des Wasserstoffes Einflufs hat, läfst sich zunächst nicht übersehen.

Fragen wir uns nun, welche des hier behandelten Gasgemische den Gasen in der Praxis entsprechen, so wird man wohl die Gemische I, II, III, VI, VII als solche bezeichnen können. Die Heizwerte variieren bei diesen Gasen zwischen 4590 und 5593 Kalorien (unterer Heizwert 0° 760 mm).

Bei Versuch I, II, III erhalten wir bei gleichem Wärmeaufwand 80, 84 und 86 HK, bei Versuch VI, VII, VIIIa 76, 78 und 85 HK. Innerhalb der praktischen Gasgemische haben wir demnach keine gröfseren Differenzen, als wie sie von Deville und von Mayer und Schmidt bei den Versuchen mit Prefsluft bzw. Prefsgas gefunden worden sind. Man kann also fraglos bei den Gasen, die heute für die Leuchtgasindustrie in Betracht kommen, den Heizwert als Mafsstab für die Ausnutzung betrachten. Die gröfsten Abweichungen betragen etwa 10 bis 12 %.

---

[1]) Aufserdem ist zu berücksichtigen, dafs der Gasverbrauch an armen Gasen bei gleichem Wärmeaufwand viel gröfser ist, d. h. die Strömungsgeschwindigkeit des Gasluftgemisches im Mischrohr ist ebenfalls gegenüber den reichen Gasen gesteigert.

Aus der Tab. II geht aufserdem noch hervor, wie unübersichtlich es ist, Glühkörper bzw. Brenner nach ihrem Verbrauch an Litern pro HK-Stunden zu beurteilen. Die richtige Bewertungsform ist fraglos, da die Anzahl der Liter für dieselbe Lichtmenge ganz aufserordentlich mit dem Heizwert schwankt, die verbrauchten Kalorien pro HK-Stunde.

So lange wir Gase von verschiedenem Heizwert und verschiedener Zusammensetzung benutzen, werden also Schwankungen bei der Beurteilung derselben Brenner und Glühkörper innerhalb von 10 bis 15% unvermeidlich sein.

Die Ergebnisse an Auerbrennern gelten, wie die Tab. IV und V zeigen, in gleicher Weise am Sparbrenner A und B. Ein Vergleich der Versuche IX, XIII (Leuchtgas), X, XIV (Leuchtgas mit Benzol karburiert), XI, XV (Leuchtgas-Wasserstoff) und XII, XVI (Ölgas-Leuchtgas) zeigt dies deutlich.

Versuche XII und XVI geben wieder infolge des höheren Gehaltes an schweren Kohlenwasserstoffen das schlechteste Ergebnis. — Ein Vergleich der Flammenbilder zeigt dasselbe Verhalten der Versuchsgase wie beim Auerbrenner. Die angesaugten Luftmengen sind, verglichen mit den Resultaten am Auerbrenner nur wenig gröfser. Die Ergebnisse des Sparbrenners A (Tab. IV) finden wir voll bestätigt auch bei Brenner B (Tab. V). Es erübrigt sich daher, auf die einzelnen Werte einzugehen. Die Tabellen und Flammenbilder zeigen zur Genüge die Übereinstimmung.

Einleitend ist erwähnt worden, dafs A. Forshaw auf Grund seiner Versuche an Wasserstoff und Kohlenoxyd eine Abhängigkeit der Leuchtkraft vom Wärmeaufwand im Gasglühlichtbrenner nicht hat finden können. Betrachtet man die Auswahl seiner Versuchsgase und die Versuchsanordnung, so bedarf es geringer Überlegung, um seine Ergebnisse verständlich zu finden. Zunächst zeigen Wasserstoff und Kohlenoxyd in den Verbrennungsverhältnissen ganz verschiedene Eigenschaften. Zwar ist der Luftbedarf der beiden Gase derselbe, damit erschöpft sich aber auch ihre ganze Ähnlichkeit. Die Flammentemperaturen berechnen sich für Wasserstoff zu

Tabelle IV.

Brenner A.

Versuch	Gasgemisch	Unterer Heizwert 0° 760 mm	Wärmeaufwand pro Stunde in Kalorien	Wärmeaufwand pro Stunde in Litern 0° 760 mm	HK	Luftbedarf des Gases pro Volumen	Angesaugte Luft in Prozenten	Spez. Gewicht	Wasserstoffgehalt in Prozenten
IX	Leuchtgas	4594	370	80	74	4,8	56	0,407	52
X	Leuchtgas mit Benzol karburiert	5385	370	69	70	5,4	60	0,454	—
XI	Leuchtgas » » » und Wasserstoff 3 : 7 . . .	3933	370	94	75	3,7	56	0,253	ca. 80
XII	Ölgas, Leuchtgas 1 : 8 . . .	5254	370	71	66	5,8	54	0,447	49

Tabelle V.

Brenner B.

Versuch	Gasgemisch	Unterer Heizwert 0° 760 mm	Wärmeaufwand pro Stunde in Kalorien	Wärmeaufwand pro Stunde in Litern 0° 760 mm	HK	Luftbedarf des Gases pro Volumen	Angesaugte Luft in Prozenten	Spez. Gewicht	Wasserstoffgehalt in Prozenten
XIII	Leuchtgas	4694	380	81	72	4,8	56	0,412	52
XIV	Leuchtgas mit Benzol karburiert	5448	380	70	69	4,9	67	0,476	—
XV	Leuchtgas » » » und Wasserstoff 3 : 7 . . .	3735	380	102	74	2,9	62	0,246	ca. 80
XVI	Ölgas, Leuchtgas 1 : 8 . . .	5338	380	71	66	5,4	59	0,452	—

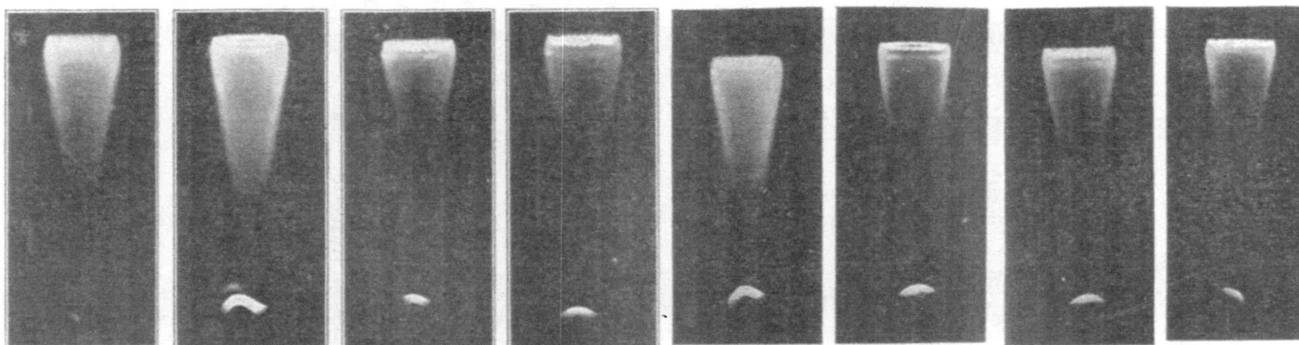

Versuch IX. Versuch X. Versuch XI. Versuch XII. Versuch XIII. Versuch XIV. Versuch XV. Versuch XVI.

rd. 2000° und für Kohlenoxyd zu 2140°. Dazu kommt die Fortpflanzungsgeschwindigkeit der Entzündung der beiden Gase, die so unterschiedlich ist, dafs man sie nicht einmal auf demselben Brenner mit demselben Glühstrumpf bei gleichem Wärmeaufwand prüfen kann. Man kann daher mit beiden Gasen keinen richtigen Vergleich anstellen. Im übrigen haben die Resultate, welche mit reinen Gasen gewonnen sind, keine praktische Bedeutung.

Der Devillesche Satz stellt eine Gesetzmäfsigkeit im strengen Sinn des Wortes nicht dar, sondern ist nur für Gasgemische innerhalb gewisser Heizwerte eine brauchbare Regel, die nunmehr auch für Niederdruckbrenner (stehendes Licht) durch die vorliegenden Versuche für die jetzt üblichen Leuchtgase bestätigt worden ist.

Herr Professor Dr. Strache, Wien: Meine Herren, die aufserordentlich interessanten Versuche des Herrn Vortragenden decken sich vollständig mit den Erfahrungen, die ich auch gemacht habe in betreff des Zusatzes von Kohlenoxyd und Wasserstoff. Ich möchte mich aber der Schlufsfolgerung des Herrn Vortragenden nicht anschliefsen, dafs man aus diesen Zahlen schliefsen soll, dafs der Saint Claire Devillesche Satz, dafs die Gase ausschliefslich nach dem Heizwert zu bemessen seien, richtig sei.

Es ist ja richtig, dafs uns heute ein anderes Mittel fehlt aufser der Bewertung des Gases nach dem Heizwert; aber ich möchte nur dem widersprechen, dafs man die Leuchtkraft, die im Glühkörper erreichbar ist, als durch den Heizwert des Gases gegeben betrachten soll. Man sieht ja doch aus den Zahlen, nämlich dem Verbrauch an Kalorien pro Hefnerkerzenstunde, dafs dieselben zwischen 7,5 und 5,8 schwanken.

Ein richtiger Vergleich ist überhaupt sehr schwer durchzuführen. Der Herr Vortragende hat die Versuche immer unter Anwendung der gleichen Kalorienzahl ausgeführt. Das mufste er vermutlich deshalb tun, weil ja der Glühkörper nicht gewechselt werden konnte, weil er immer den gleichen Glühkörper verwenden mufste.

Es ist nun das überraschende Resultat zutage getreten, dafs ärmere Gase ihr theoretisch erforderliches Luftquantum nicht leichter anzusaugen vermögen. Das rührt aber doch nur daher, weil für diese Brenner der Konsum ein zu hoher war. Man könnte auch in anderer Weise vorgehen; man könnte statt der Kalorienzahl die Gasmengen gleichsetzen und den Glühkörper entsprechend kürzer machen. Nur sind die Resultate dann sehr schwer zu vergleichen, weil man verschiedene Glühkörpergröfsen hat.

Es ist von vornherein klar, dafs ein Gas, das weniger Luft braucht, die erforderliche Luftmenge leichter ansaugen kann, und dafs deshalb auch mit einem Gas von geringem Heizwert verhältnismäfsig günstigere Resultate erzielt werden können, und das lehrt uns ja die Praxis. Natürlich mufs aber dann der Brenner dem Gas insofern angepafst sein; er darf nicht zu klein konstruiert sein für eine verhältnismäfsig zu grofse Gasmenge.

Ich möchte dann noch fragen, ob nicht ähnliche Versuche mit Kohlenoxyd ausgeführt worden sind.

Herr Dr. Max Mayer, Berlin: Ich hatte leider keine Zeit mehr, Versuche mit Kohlenoxyd durchzuführen.

Herr Prof. Strache glaubt sich meiner Schlufsfolgerung nicht anschliefsen zu können; er sagt, aus den Zahlen der Tabelle II geht hervor, dafs der Verbrauch an Kalorien pro HK-Stunde zwischen 7,5 und 5,8 beträgt.

Betrachten wir aber diese Zahlen genauer, so sehen wir, dafs die Zahl 5,8 sich ergibt für ein Gas von 3280 Kalorien unterem Heizwert und einem Wasserstoffgehalt von 92 %. Ich habe aber in meinem Vortrag betont, dafs der Devillesche Satz bei Niederdruckbrennern nur für die in der Praxis üblichen Gase zwischen ungefähr 4500 und 5600 Kalorien (unterem Heizwert 0° 760 mm) zu gebrauchen ist. Bei Gasen, welche unter 4500 Kalorien liegen, ist die Ausnutzung in Kalorien pro HK-Stunde erheblich günstiger. Diese günstigeren Effekte sind in dem gleichen Brenner erzielt worden, in dem gewöhnliche Leuchtgase geprüft wurden. Nun haben diese ärmeren Gase trotz ihres ökonomischeren Effekts in Prozenten ihres Luftbedarfs ein kleineres Quantum Luft angesaugt wie die reichen Gase. Das liegt selbstverständlich nur daran, dafs der Brenner für die zu bewältigende Gasmenge unzureichende Dimensionen hatte. Aber es kommt, wie aus von mir angestellten noch unveröffentlichten Versuchen hervorgeht, bei Niederdruckbrennern gar nicht so sehr auf ein bifschen mehr oder weniger angesaugte Luft an. Ein viel wichtigerer Faktor ist die Geschwindigkeit, welche die Verbrennungsgase haben. Ich gehe also mit Herrn Prof. Strache darin ganz einig, dafs heizarme Gase in besonders dafür konstruierten Brennern sich sehr viel besser ausnutzen lassen als unsere üblichen Leuchtgase.

Zunächst aber hat es sich in vorliegender Arbeit darum gehandelt, festzustellen, inwieweit der Devillesche Satz unter Anwendung verschiedener, für Leuchtgas normaler Zusammensetzung konstruierter Brennertypen gültig ist, und da hat sich eben gezeigt, dafs zwischen 4500 und 5600 Kalorien (unterem Heizwert 0° 760 mm) Proportionalität zwischen Leuchtkraft und Heizwert besteht.

Sinkt aber der Heizwert erheblich unter 4500 Kalorien, d. h. wird das Gas wasserstoffreicher (über 70 %), so erhalten wir eine viel bessere Ausnutzung.

Herr Professor Dr. Strache, Wien: Ich möchte nur sagen, dafs man vorläufig nicht über 50 % hinausgeht. Aber es könnte doch sein, dafs das einmal geschieht, und dafs dann der Devillesche Satz nicht gültig ist.

Stellvertretender Vorsitzender: Wünscht sonst noch jemand das Wort? Das ist nicht der Fall. Dann danke ich Herrn Dr. Mayer für seine ausführlichen Mitteilungen, die jedenfalls umfassende Vorarbeiten erfordert haben.

Zur Kenntnis der Gaskohlen.

Herr Dipl.-Ing. Dr. Karl Bunte, Karlsruhe.

Aus dem Berichte, welcher von der Kommission für die Lehr- und Versuchsgasanstalt erstattet ist, haben Sie wohl entnommen, dafs die Anstalt nunmehr Ausbeuteversuche mit deutschen Gaskohlen aus 52 Zechen ausgeführt hat, also mit der gröfsten Zahl der im ausgedehnteren Mafse verwendeten Kohlen. Aus dem vorliegenden Material läfst sich ein ziemlich abgerundetes Bild über die Entgasungsvorgänge im allgemeinen sowohl als auch über das Verhalten der einzelnen deutschen Gaskohlen gewinnen.

Neben den einheimischen Kohlen werden in Deutschland noch etwa 25% englische Kohlen zur Gasbereitung verwendet; wir haben deshalb unsere systematischen Untersuchungen auch auf diese Kohlen ausgedehnt, und unsere Versuchsgasanstalt ist zurzeit damit beschäftigt. Eine Sammlung von Analysen, die Ihnen heute vorgelegt wurde, soll Ihnen die Ergebnisse der Vorprüfung zeigen. Diese hat das erfreuliche Ergebnis geliefert, dafs wir im allgemeinen in Deutschland unter bestimmten Zechenangaben wohl charakterisierte englische Kohlen erhalten, und so hoffen wir, durch die Vorlage dieser vorbereitenden chemischen Untersuchungen Ihr Interesse und Ihre Hilfe für die Ausführung dieser Versuche in erweitertem Mafse zu gewinnen.

Sobald auch das Studium der englischen Kohlen beendet sein wird, soll ein zusammenfassender Bericht über die bisherigen Ergebnisse der Arbeiten der Lehr- und Versuchsgasanstalt vorgelegt werden. Heute möchte ich mit einigen Worten darlegen, welche Grundgedanken uns bei unseren Studien über Gaskohlen geleitet haben und auf welchem Wege wir hoffen, Ihnen die Unterlagen für die Bewertung der Kohlen zu beschaffen.

Die erste Frage ist naturgemäfs: Was sind Gaskohlen, wodurch unterscheiden sie sich von anderen Steinkohlen?

Gaskohlen sind bekanntlich die zwischen den gasarmen Kokskohlen und den schlecht backenden aber gasreichen Flammkohlen stehenden fetten Kohlen. Die Reinkohlensubstanz hat etwa einen Kohlenstoffgehalt von 81 bis 87 % und einen Heizwert zwischen 7750 bis 8200 WE pro kg. In dieser Abgrenzung zwischen Flammkohlen und Kokskohlen, also gasreicher und koksreicher Kohle sind schon zwei der wichtigsten Faktoren für die Wertbestimmung einer Gaskohle enthalten.

Der Entgasungsprozefs ist der Veredlungsprozefs eines Brennmaterials, und zwar ein reiner Veredlungsprozefs nach dessen Ablauf nicht nur das volle Gewicht des Rohstoffes, sondern auch der gesamte Energieinhalt, d. h. der Heizwert in den Produkten wieder gefunden wird. Die Verteilung der Substanz der Kohle auf die Produkte der trockenen Destillation finden Sie für eine größere Anzahl Ruhrkohlen auf der schon früher publizierten Fig. 8 dargestellt. Was dort als Verlust aufgeführt ist, trifft auf Gasverlust beim Laden und Ziehen, Graphit, Steigrohransätze, Schwefelwasserstoff, Ammoniak, Cyan und Wasserdampfgehalt des Gases, die sich zum Teil der Wiegung entziehen, zum Teil unwesentliche Gewichtsmengen darstellen. Die Verteilung des Heizwertes ist für eine Anzahl Saarkohlen in Fig. 9 zur Darstellung gebracht. Die Verluste, welche ebenfalls etwa 1—5 % betrugen sind hier ausgeglichen, in dem die ausgebrachten Heizwerte in den Produkten angegeben sind in Prozenten des Gesamtausbringens an Heizwert.

Hat man also eine Kohle nach ihrer Eignung als Gaskohle zu beurteilen, so wird man den Wert zunächst danach bemessen, welcher Teil in der wertvollsten Form abgegeben wird. Da nun 10000 WE im Gas in rund 2 cbm enthalten sind, und darin mit etwa 25 Pf. bezahlt werden, während 10000 WE im Koks in etwa $1^1/_4$ kg enthalten und nur 2,5 Pf. wert sind, so wird eine Kohle unter sonst gleichen Bedingungen als Gaskohle um so wertvoller sein, je gröfser der Anteil des Heizwertes ist, den man in der Form von Gas gewinnen kann. Bei den in unserer Versuchsgasanstalt untersuchten Gaskohlen schwankt dieser Anteil des Heizwertes in Gasform etwa zwischen 20 und 30%. Im Koks sind etwa

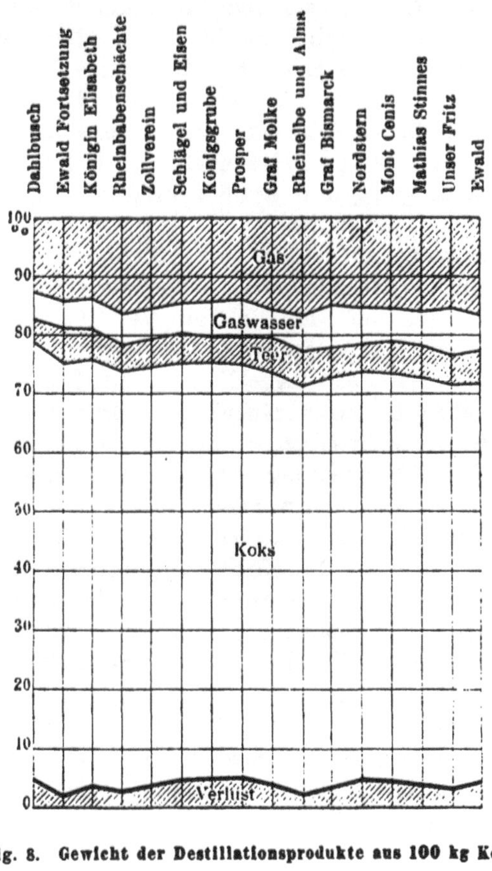

Fig. 8. Gewicht der Destillationsprodukte aus 100 kg Kohle.

60 bis 70 % des Heizwerts der Kohle enthalten und etwa 5 bis 8 % treffen auf den Teer.

Im allgemeinen geben die Kohlen um so mehr von ihrem Heizwert in Gasform ab, je jünger sie sind, d. h. je näher sie den Flammkohlen stehen. In derselben Richtung nimmt aber auch die Menge des Kokscs ab. Wenn nun auch in erster Linie die Menge und der Heizwert des Gases berücksichtigt werden mufs, so spielt doch die Menge und Beschaffenheit der anderen Produkte, namentlich des Kokses, in dem etwa $^2/_3$ des Heizwertes zurückbleibt, eine wichtige Rolle. Die Beurteilung nach dem Prozentanteil an flüchtigem Heizwert mufs also ergänzt werden durch die Prüfung der Beschaffenheit des Kokses. Es kommt dabei nicht so sehr auf dessen Heizwert als vielmehr auf die mechanische Beschaffenheit, die Zerreiblichkeit an, welche für seine Verwendung als Brennstoff für Haushalt und Industrie und für die Lagerbeständigkeit, d. h. seine Verkäuflichkeit überhaupt, von gröfster Wichtigkeit ist.

Die Rücksicht auf einen verkäuflichen Koks begrenzt also die Reihe der Gaskohlen nach dieser Seite.

Ein absolutes Mafs für die Festigkeit des Kokses läfst sich nicht geben, und es ist wiederholt wegen der Ungleichmäfsigkeit des Materials vergeblich versucht worden, etwa durch Zerdrücken in den gebräuchlichen Festigkeitsmaschinen vergleichbare Werte zu erhalten; es kann sich daher nur um die zahlenmäfsige Feststellung von Vergleichswerten handeln.

Die Versuchsgasanstalt wendet für die Feststellung dieser wichtigen Eigenschaft ein sehr einfaches Mittel an, das sich aber gut bewährt hat. Der Koks wird, wenn er erkaltet ist, vom Ladeboden $3^1/_2$ m hoch auf den Betonflur des Generatorkellers geworfen und dann in vier Gröfsen durch Wurf- und Handsiebe getrennt. Die Reproduzierbarkeit der Resultate, d. h. die Gleichförmigkeit der Werte bei dem gleichen Material, wurde mehrfach geprüft. Auf Fig. 10 sind die Resultate von vier Proben mit Heinitz-Förderkohlen dargestellt.

Auf einer aufgehängten Wandtafel sind die Resultate der Wurfproben von einer Anzahl deutscher und von einigen englischen Kohlenproben zusammengestellt. Die Ausbeute an

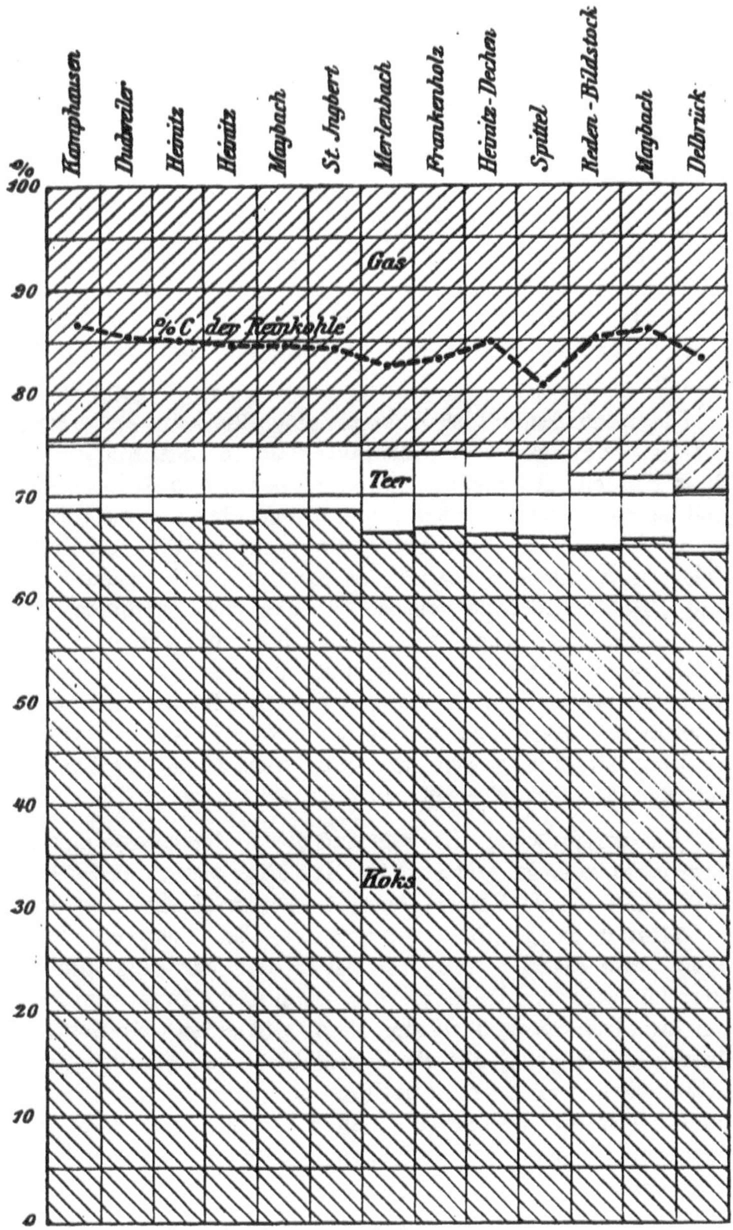

Fig. 9. **Verteilung des Heizwertes von Saarkohlen.**

Grofskoks, d. h. an Stücken, die über ein Sieb von $5^1/_2$ cm Maschenweite gelaufen sind, gibt wohl im allgemeinen den Ausschlag. Bei den von uns untersuchten Kohlen schwankte die Ausbeute an Grofskoks zwischen 70 und 30%. Die Koksprüfungen wurden vorerst systematisch nur mit Saarkohlen ausgeführt und bedürfen bei den übrigen Kohlenrevieren noch wesentlicher Erweiterungen, da uns aus anderen Kohlenbecken seit Einführung dieser Prüfung nur vereinzelte nicht besonders charakteristische Kohlen zur Verfügung standen.[1])

Die Beschaffenheit des Kokses, namentlich seine Festigkeit, ist zwar unzweifelhaft eine charakteristische Eigenschaft einzelner Kohlen, die Vergasungsbedingungen sind jedoch von erheblichem Einflufs. Bekannt ist, dafs durch rasche Entgasung bei hoher Temperatur die Koksqualität verbessert wird. Noch augenfälliger ist der Einflufs der Entgasung in völlig gefüllten Räumen wie bei Vertikal- und Kammeröfen. Diese Verhältnisse sollen in nächster Zeit auf der Versuchs-Gasanstalt noch weiter studiert werden, und es ist uns hierzu ein Versuchsofen von der Dessauer Vertikalofen-Gesellschaft in Berlin in Aussicht gestellt worden. Es läfst sich erwarten, dafs dadurch eine Erweiterung der Grenzen der Gaskohlen nach den Flammkohlen zu erreichen sein wird.

Von wesentlichem Einflufs auf die Widerstandsfähigkeit des erhaltenen Kokses ist auch die Stückgröfse, mit welcher die Kohle in die Retorte kommt. Dieser Einflufs ist auf Fig. 11 und 12 graphisch dargestellt. Bei mehreren Versuchen kam deutlich zum Ausdruck, dafs der Koks um so fester ist, je feiner die Kohle war. Kohle, die in faustgrofsen oder eigrofsen Stücken geladen wird, gibt einen weit weniger widerstandsfähigen Koks als Kleinkohle derselben Art. Man hätte danach, um aus einer bestimmten Kohle einen möglichst widerstandsfähigen Koks zu erhalten, die Kohle in stark gebrochenem Zustand zu verarbeiten.

---

[1]) Aus diesem Grunde bedürfen die Tafeln vor ihrer Veröffentlichung durch den Druck noch einer weiteren Vervollkommnung.

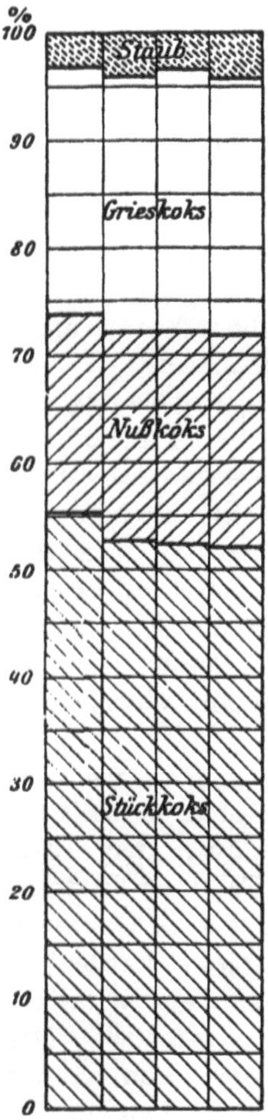

Kontrollversuche zur Prüfung der Methode.

Fig. 10.

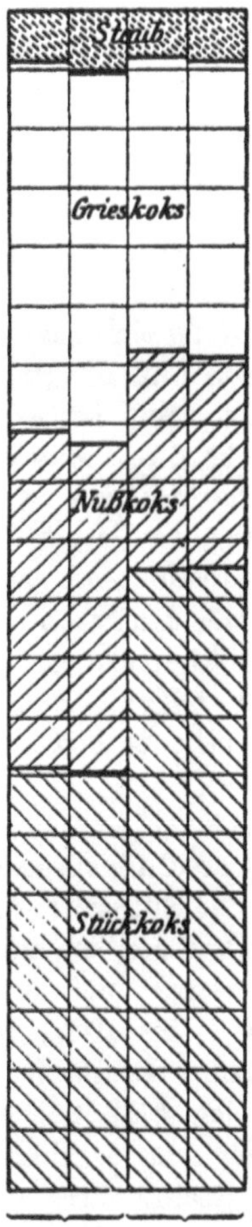

Kohle in faust- und eigroßen Stücken. | Zu Grieß und Staub gestoßene Kohle.

Fig. 11.

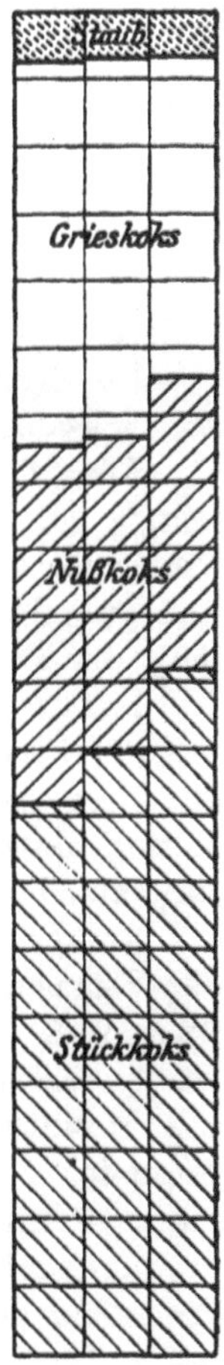

Stückkohle Würfelkohle Grießkohle

Fig. 12.

Dem steht der Einflufs auf die Dauer der Entgasung gegenüber, und wir kommen damit zu einer dritten wesentlichen Eigenschaft der Kohle, die ihren Wert bestimmt. Je langsamer eine Kohle entgast, desto gröfsere Aufwendungen erfordert sie für Vergasungsraum und Unterfeuerung. In Fig. 13 sind die Entgasungskurven einer Anzahl sonst in vieler Beziehung etwa gleichwertiger Ruhrkohlen aufgetragen; der Unterschied ist sehr augenfällig. Während die einen Kohlen etwa nach $4^1/_2$ Stunden ausgestanden sind, brauchen andere $5^1/_2$ bis 6 Stunden.

Im allgemeinen läfst sich sagen, dafs die ältesten Kohlen am langsamsten gasen und die jüngeren schneller.

Auch diese Ausstehzeit ist, wie bereits angedeutet, abhängig von der Stückgröfse. Aus einer gröfseren Anzahl von Versuchen sind die Resultate von zwei Kohlensorten ausgewählt und graphisch in Fig. 14 dargestellt. Bei Stückkohlen verläuft die Entgasung bedeutend rascher als bei Kleinkohlen.

Dazu kommt, dafs das rasch entbundene Gas infolge geringerer Zersetzungen besser ist, und dafs die Gasausbeute aus stark zerkleinerter Kohle auch bei vollkommener Entgasung hinter der Ausbeute aus Stückkohle im allgemeinen zurückbleibt.

Kehren wir nun noch einmal zurück zu der Betrachtung der Vergasung als Veredlungsprozefs der Kohle, so fällt ins Auge, dafs sowohl der Substanz nach als auch dem Heizwert nach der Teer einen wesentlichen Teil der Produkte des Destillationsprozesses bildet, etwa 4 bis 5 Gewichtsprozente, und etwa 8 bis 10 % des Heizwertes werden in dieser Form erhalten. Gewifs ist der Teer ein wichtiges Produkt, auf dem sich blühende Industrien aufbauen. Der Preisstand des Teeres läfst es aber heute wie schon oftmals seit Anbeginn der Gasindustrie erwünscht erscheinen, die Möglichkeiten anderweitiger Verwendung zu erörtern.

Der Teer stellt den flüssigen Anteil des Heizwertes der Kohle dar, er hat einen Heizwert, der etwa um 10% höher ist als der Heizwert der aschenfreien Kokssubstanz. Zu allen Zeiten hat es bei schlechten Teerpreisen nicht an Versuchen gefehlt, diesen Heizwert zur Feuerung der Retortenöfen oder

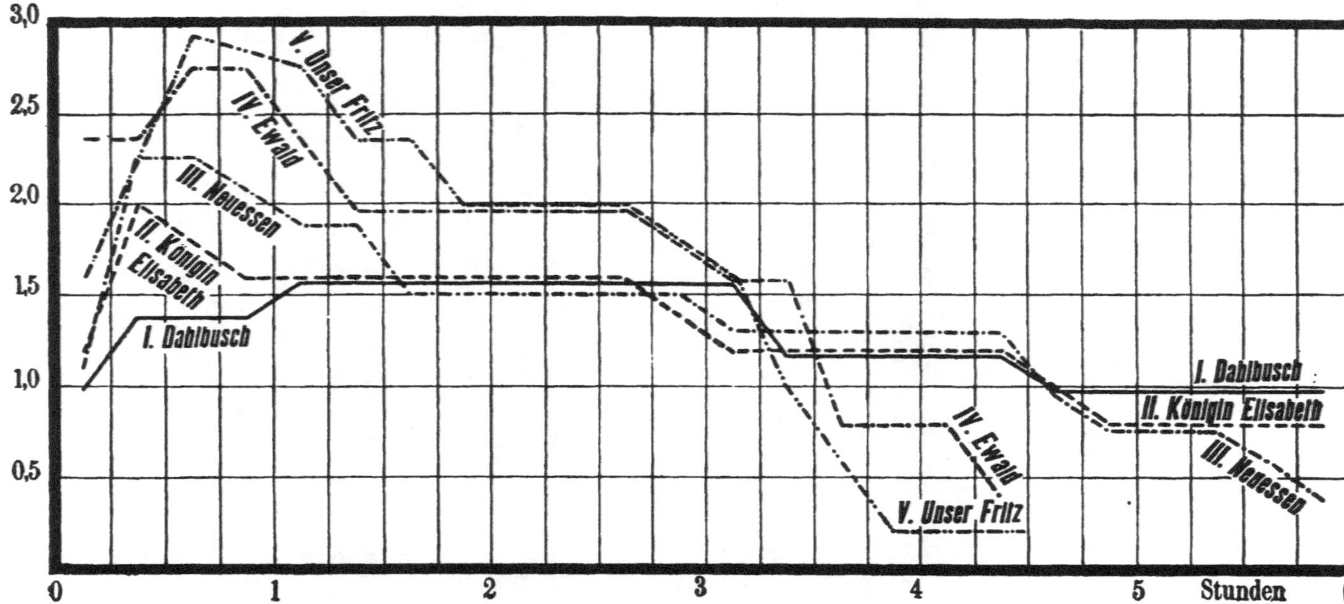
3,0
2,5
2,0
1,5
1,0
0,5
0
1
2
3
4
5
6
Stunden
V. Unser Fritz
IV. Ewald
III. Neuessen
II. Königin Elisabeth
I. Dahlbusch
Fig. 13.

Kessel auszunutzen und dafür den Koks zu sparen. Man hat auch neuerdings an mehreren Orten erfolgreich diese Teerfeuerung, vor allem bei Dampfkesseln, wieder aufgegriffen und so, wirtschaftlich gesprochen, den Teer in Koks verwandelt.

Weit weniger aussichtsreich sind die immer wiederkehrenden Versuche, den Teer zur Gaserzeugung zu verwenden, d. h. durch Vergasung den Teer in Gas zu verwandeln. Der Teer besteht nur zum kleinen Teil aus Bestandteilen der Kohle, welche der Zersetzung entgangen sind, zum gröfsten Teil aber aus pyrogenen Produkten, die sich in der Hitze gebildet haben. Die ersteren können zum Teil noch Gas liefern, die anderen aber können nur bei noch höherer Temperatur, als bei der sie sich gebildet haben, zersetzt werden. Der praktische Versuch bestätigt den daraus gezogenen Schlufs, dafs vom Teer nur ein geringer Teil in Gas verwandelt werden kann.

Wir verteilten den entwässerten Teer in völlig ausgegasten Koksgrus und entgasten mehrere Tage lang Gemische von 1 Teil Teer zu 2 Teilen Grus bei verhältnismäfsig niederer Temperatur (etwa 1050°). Wir erhielten dabei folgende Resultate: 100 kg Teer, deren Wert etwa M. 1,80 ist, gaben 30 cbm Gas, also etwa dieselbe Menge wie 100 kg Kohlen von annähernd dem gleichen Wert. Der Teer gibt aber keine nutzbaren Nebenprodukte, so dafs das Gas weitaus billiger aus Kohlen hergestellt werden kann. Der Heizwert des Gases war nur rd. 4500 WE. Aus 100 kg Teer mit einem Heizwert von rd. 880000 WE werden also 135000 WE oder 15 % des Heizwertes im Gas gewonnen. Das entspricht kaum 1 % des Heizwertes der Kohle, aus der der Teer entstanden ist. Das Koksgewicht nahm bei 100 kg Teer um 62,7 kg zu. Im Koks waren also etwa 500000 WE oder 57 % des Heizwerts des Teers. Der Koksgrus war nur ganz locker verkittet und stellte keineswegs einen besser verkäuflichen oder besser verarbeitbaren Koks dar als der Grus selbst. Besonders bemerkenswert ist aber, dafs etwa 24 % des Teers in die Vorlage und die Betriebsleitungen gingen und diese mit einer Substanz verstopften, die etwa das Aussehen von Wagen-

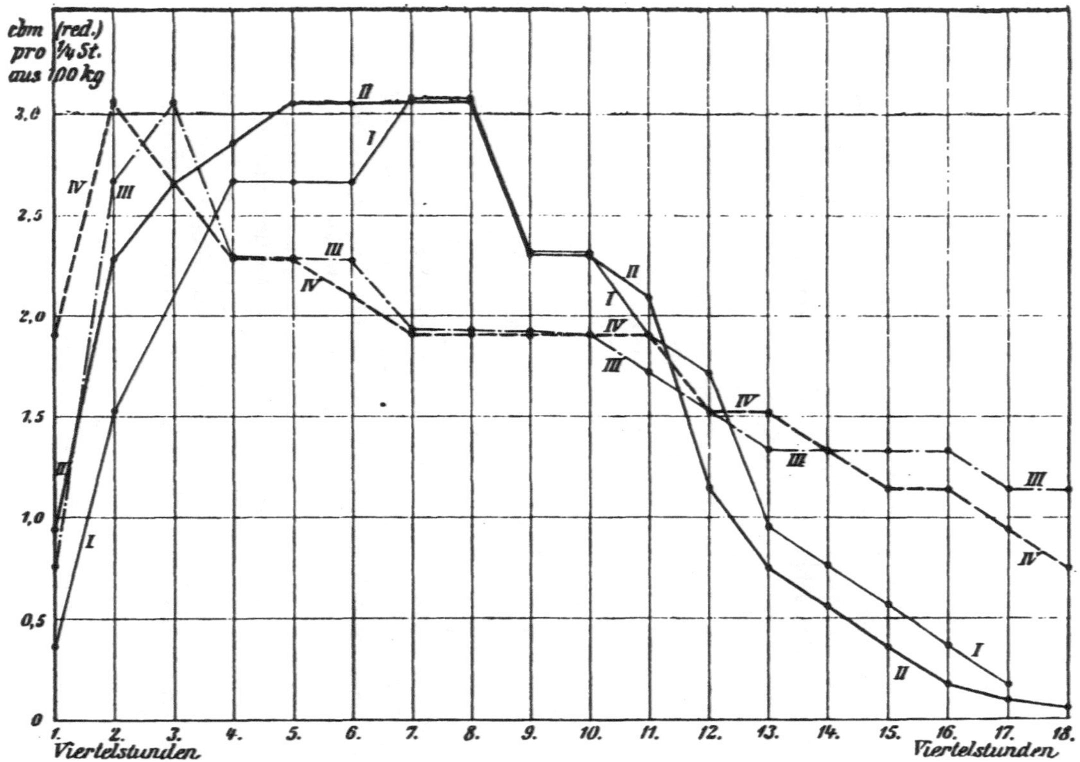

I. Faust- und eigroſse Stücke. Vergasungstemperatur 1175°.
II. » » » » » 1200°.
III. Kleingestampfte Kohle (< 1 cm) » 1175°.
IV. » » (< 1 » » 1200°.

Fig. 14. Stückgröſse und Entgasungsdauer.

schmiere hatte. Auf diesem Wege ist also eine technisch brauchbare und wirtschaftliche Vergasung des Teers nicht erreichbar.

Vielleicht läfst sich bei der Verwendung des Teers im Wassergasgenerator oder bei Überhitzung mit Wasserdampf auf die Temperatur des Wassergasprozesses ein besseres Ergebnis erzielen.

Die Eigenschaften und damit der Wert des aus den Kohlen produzierten Teers sind mehr als alles andere von der Art der Vergasung abhängig und nur in geringerem Mafse von der Art der Kohle selbst. Bei der Wertbestimmung der Kohle kann also der Teer zunächst nur seiner Menge nach in Frage kommen. Auf die Beschwerden, welche der Teer gelegentlich im Betrieb der Gasanstalten macht, kann dabei vorerst nicht näher eingegangen werden.

Endlich stellt das Ammoniak einen Wertteil der Nebenprodukte der Destillation dar. Es entsteht aus dem Stickstoff der Kohle, und man mufs annehmen, dafs es bei der Destillation aus den stickstoffhaltigen Verbindungen, welche als Reste des Pflanzeneiweifs in der Kohle enthalten sind, abgespalten wird. Der Stickstoffgehalt der Reinkohlensubstanz schwankt bei den von uns untersuchten Kohlen zwischen 1,2 und 1,9 %. In Ausnahmefällen werden auch Werte unter 1 % und über 2 % gefunden. Wie sich dieser Stickstoff auf die einzelnen Produkte der Destillation, Koks, Gas, Ammoniak, Cyan und Teer verteilt, ist meines Wissens eingehend bisher nur in kleinen Versuchen im Laboratorium geprüft worden. Der Versuch im Grofsen schien lohnend, denn der Stickstoff ist nur wertvoll, wenn er als Ammoniak gewonnen wird, und es war nachzuprüfen, ob ein irgend beträchtlicher Teil in einer Form auftritt, die eine leichte Umwandlung in Ammoniak ermöglicht.

Bei 17 Kohlen wurde der Nachweis des Verbleibs des in der Kohle enthaltenen Stickstoffs durchgeführt, und im Mittel aus allen Versuchen wurde gefunden, dafs etwa 60 % des Stickstoffs im Koks bleiben, 20 % als Stickstoffgas im Gas gefunden werden, etwa 15 % als Ammoniak ausgebracht werden und etwa 3 bzw. 2 % als Cyan und im Teer auftreten. Die Schwierigkeiten dieser Bestimmung waren erhebliche, vor allem da der Stickstoff im Gas überhaupt nur 0,75 Vol.-% ausmacht. Das ist vielleicht überraschend, denn in technischen Leuchtgasanalysen findet man meist 3 bis 5 % angegeben. Die Bilanzen stimmen so gut, als es bei der Natur der Versuche erwartet werden kann. Die Versuche haben aber ergeben, dafs eine Abhängigkeit der Ammoniakausbeute von dem Stickstoff der Kohle oder von deren Alter sich nicht feststellen liefsen. Nicht einmal die Kohlenreviere haben charakteristische Ammoniakausbeuten gezeigt und die Verteilung des Stickstoffs ist von Fall zu Fall ziemlich stark verschieden. Da ein stets beträchtlicher Teil im Koks zurückbleibt, der jedoch z. B. durch Wasserdampf, wie bekannt, teilweise in Ammoniak übergeführt werden kann.

Wenn ich zum Schlufs die vorstehenden Bemerkungen zusammenfassen darf, so läfst sich für die Beurteilung einer Gaskohle folgendes sagen:

Eine Steinkohle ist unter sonst gleichen Umständen für die Gaserzeugung um so wertvoller, je gröfser der Anteil ihres Heizwertes ist, der in Gasform ausgebracht werden kann. Während die Ausbeute an gasförmigem Heizwert im allgemeinen bei jüngeren Kohlen zunimmt, nimmt die Festigkeit des Kokses und damit der Wert desselben ab. Neben der Heizwertzahl ist also die Beschaffenheit des Kokses und dessen Festigkeit von wesentlichem Einflufs. Ein gröfserer Aschegehalt einer Kohle vermindert nicht nur die Gasausbeute und den Wert des Kokses, sondern kommt auch bei der Unterfeuerung der Öfen als wertmindernd in Betracht. Der Aschegehalt ist aber in der Hauptsache nicht für die Kohlensorte, sondern für die Lieferung charakteristisch und mufs deshalb von Fall zu Fall festgestellt werden.

Für die Ermittlung des wirtschaftlichen Wertes einer Gaskohle sind ihre besonderen Eigenschaften unter Berücksichtigung der Betriebsverhältnisse der einzelnen Gasanstalten, der Einkaufs- und Verkaufsbedingungen und vieler anderer Umstände gegeneinander abzuwägen.

Die Einschätzung des wirtschaftlichen Wertes oder seine Berechnung wird für jede Gaskohle auf Grund der durch die Lehr- und Versuchsgasanstalt ermittelten vergleichbaren Werte in jedem Einzelfalle durchgeführt werden können.

Herr Direktor Möllers, Köln: Meine Herren, die diesjährige Tagung steht ja, wie der Herr Vorsitzende und andere Herren betont haben, unter dem Gesichtspunkte der Beurteilung der wirtschaftlichen Ergebnisse und Erordernisse. Der Vortrag von Herrn Dr. Bunte bewegt sich auch auf dieser Grundlage. Es sind in ihm gewifs manche Winke vorhanden, die von Ihnen praktisch verwertet werden müssen. Ich möchte mir zur Ergänzung einige Bemerkungen erlauben.

Herr Dr. Bunte gibt in seinem Vortrage an, dafs der Verbrauch an englischer Gaskohle in Deutschland noch 25% beträgt. Es ist leider sehr schwer, eine zuverlässige Angabe zu machen, da bedauerlicherweise die Statistik hierüber versagt, und ich möchte da gleich anführen, meine Herren, dafs es doch von aufserordentlichem Werte ist, diese Statistik in wirtschaftlicher Beziehung weit mehr auszubauen, als es bisher geschehen ist.

Ich kann mir gewifs denken, dafs der eine oder andere von Ihnen nicht ohne weiteres Angaben oder Zahlen aus der Hand geben darf, ohne sich an seine Behörde zu wenden. Wenn Herren von Behörden hier sind, dann möchte ich ihnen dringend ans Herz legen, doch den Gaswerksverwaltungen möglichst darin freie Hand zu lassen, dafs sie der betreffenden Stelle, beispielsweise dem Deutschen Verein, solche Angaben machen, da doch niemand daran zweifeln darf, dafs der Vorstand des Deutschen Vereins diese ihm zu machenden Angaben in keiner Weise mifsbraucht, sondern dafs er wohl nur den redlichen Willen hat, sie in wirtschaftlicher Beziehung zu verwerten.

Die Einfuhr englischer Kohle ist in den letzten Jahren wesentlich gestiegen; im vergangenen Jahre auf 10 bis 11 Mill. t. Ich nenne Ihnen diese und folgende Zahlen aus dem Gedächtnis, und sollte es einmal hier und da vielleicht nicht genau stimmen, so mufs ich um Entschuldigung bitten.

Geht man davon aus, dafs die Erzeugung an Gas in Deutschland 2000 Mill. cbm beträgt, und rechnet mit rund 300 cbm Ausbeute, dann würde ein Verbrauch von $6^1/_2$ Mill. t herauskommen. Davon 25 % gerechnet, ergäbe also eine Einfuhr von reichlich 2 Mill. t. Ich glaube, dafs diese Angaben sogar noch zu niedrig sind. (Sehr richtig!) Ich glaube, dafs wir da noch etwas mehr sagen dürfen. Wenn wir dann einmal rechnen, dafs franko Seehafen ungefähr M. 13 pro t für die englische Kohle gezahlt werden, so würde bei einer Einfuhr von über 2 Mill. t schon ein Wert von reichlich 26 Mill. M. an England gezahlt werden müssen. Es liegt daher natürlich sehr nahe, Ihnen zu sagen, meine Herren, lassen Sie ab von der englischen Kohle. Anderseits aber liegt es mindestens so nahe, nun auch den deutschen Verkaufsstellen, sei es an der Saar, an der Ruhr, in Schlesien oder sonst wo, die Mahnung ans Herz zu legen, ihrerseits alles zu tun, um, wenn die deutschen Gaswerke den Willen haben, deutsche Gaskohle zu verarbeiten, ihnen diese auch zu dem gleichen Preise und zu gleich günstigen Bedingungen zu verkaufen wie England.

Man mufs freilich von vornherein gewisse Städte und Gaswerke ausschliefsen, die von Natur aus so günstig gelegen sind, dafs von England aus die Ware wesentlich billiger herbeigeschafft werden kann, als es auf den Bahnen in Deutschland möglich ist.

Setzen wir nun einmal die Werte an, die auf die Nebenerzeugnisse entfallen; es würden bei einem Verbrauch von $6^1/_2$ Mill. t Kohle, umgerechnet auf ein Ausbringen von rund 65 %, über $4^1/_4$ Mill. t Koks entfallen, für die man wohl durchschnittlich einen Preis von M. 20 pro t einsetzen kann, und zwar den Verkaufspreis sowohl aus dem Eisenbahnversand, den die Städte nach auswärts haben, als auch aus dem Ortsverkauf. Es würde das eine Summe von über 80 Mill. M. ausmachen. An Teer erzeugen die deutschen Gasanstalten rd. 300 000 t; pro t M. 20, wären 6 Mill. An Ammoniak rd. 35 000 bis 40 000 t, entsprechend einem Werte von etwa M. 225 pro t, ergibt rd. 9 Mill. An ausgebrauchter Gasreinigungsmasse werden vielleicht für M. 350000 verkauft und ebenso für Graphit. Dies ergibt einen Geldbetrag von zusammen rd. 95 bis 96 Mill. M.

Unlängst las ich in einem Aufsatz der »Wirtschaftlichen Rundschau«, dafs der Erlös aus den Nebenerzeugnissen die Hälfte der Bruttofabrikationskosten für das Gas ausmache, und dafs im Jahre 1906 dieser Anteil auf $^3/_5$ gestiegen sei.

Wenn Sie nun aus den Nebenerzeugnissen 95 bis 96 oder rund gesagt 100 Mill. M. erzielen, dann, meine Herren, möchte ich meinen, dafs bei einer Steigerung von $^1/_2$ auf $^3/_5$ es sich wohl verlohnt, der Sicherstellung dieses Erlöses und weiterhin der Erhöhung dieses Erlöses nachzugehen. Dieses Nachgehen wird vor allen Dingen erleichtert werden durch die Statistik, die, wie ich schon sagte, in wirtschaftlicher Beziehung weit ausführlicher und umfassender gestaltet werden müfste.

Ich mufs allerdings daran zweifeln, dafs die Rundfrage, die auch vom Deutschen Verein vor einiger Zeit wieder veranstaltet worden ist, überall zutreffend und zuverlässig beantwortet werden wird. Vielleicht ist das ein Mangel an Interesse, vielleicht aber auch das Streben, diese Zahlen geheim zu halten, und, meine Herren, wie gesagt, diese Geheimniskrämerei nützt Ihnen nichts, sie schadet Ihnen nur.

Wende ich mich nun zu den Ausführungen von Herrn Dr. Bunte im einzelnen, so ist in dem Vortrage ja auch vor allen Dingen die Verkäuflichkeit des Gaskokses hervorgehoben. Da kann ich nicht anders, als Sie hinweisen auf die Zechenkokereien. Die Zechenkokereien drücken den Kokskuchen aus, auf einer geneigten Ebene; er ist keinem Sturze unterworfen. Sie löschen ihn von Hand. Das Wasser fliefst ab, der Koks bleibt grobstückig und trocken. Auf den Gasanstalten dagegen wird der Koks namentlich aus den Vertikal- und Kammeröfen in der Weise entfernt, dafs trotz des Strebens, ihn zu befestigen, doch eine ungeheure Beschädigung eintritt; es sollten diejenigen Herren, die sich mit der Konstruktion dieser Ofen- und Transportanlagen befassen, doch den Gedanken nicht vergessen, dafs der Endzweck aller dieser Anlagen sein mufs, dem Verkäufer des Kokses eine gut verkäufliche, grobstückige und trockene Ware zu erhalten. Die Festigkeit des Kokses aus den Kohlen des einzelnen Reviers spielt vielleicht beim Verkauf nicht die erste Rolle. Allerdings wird sie beachtet. Indessen, glaube ich, wird die Beurteilung der Festigkeit des Kokses dann am meisten sich zeigen, wenn man die Kohlen aus den verschiedenen Gebieten gegenüberstellt. Es wird der Koks aus englischer Kohle, in demselben Ofen erzeugt, ungefähr die Festigkeit haben wie der aus Ruhrkohle, dagegen wird die Saarkohle einen mehr porösen Koks ergeben. Stelle ich also einen Koks aus Saar- oder Ruhr- oder englischer Kohle gegenüber, dann wird allerdings der Koks aus Saarkohle wegen seiner geringeren Festigkeit nicht so hoch bewertet und für industrielle Zwecke weniger beliebt sein.

Für den Verkauf, meine Herren, spielt dann ein zweiter Gesichtspunkt wohl die allergröfste Rolle, das ist die Frage der Organisation. Wenn zwei Städte, die 50 oder 100 km voneinander entfernt sind, sich gegenseitig Konkurrenz machen, wenn die Stadt A nach der Stadt B liefert und die Stadt B nach der Stadt A, dann ist das mangelhafte Organisation. Diese Konkurrenz müfste vermieden werden. Wenn der Händler hinkommt und bietet einer Stadt, die im Norden liegt, einen sehr geringen Preis, um mit einer hohen Fracht nach dem Süden hin den Koks zu verfrachten, dann ist das ein Mangel an Organisation. Wenn eine Stadt ohne Rücksicht auf die in ihrer Nähe befindlichen den Preis im Orte oder für den Verkauf nach auswärts herabsetzt, und zwar übermäfsig herabsetzt, dann, meine Herren, meine ich, liegt auch da ein Fehler in der Organisation. Es müfsten in den verschiedenen Interessensphären Gruppen gebildet werden, unter denen eine zuverlässige Unterrichtung über die Absatzrichtung gegenseitig stattfindet, um dadurch ein angemessenes Preisniveau unter allen Umständen zu erhalten.

Das zweite Nebenprodukt, der Teer, steht doch seit einiger Zeit in besserer Beurteilung, und ich glaube, dafs die Verwendung für den Strafsenbau, für die Verfeuerung unter den Kesseln sehr gute Dienste leisten und den Markt entlasten wird.

Eins allerdings, meine Herren, möchte ich Ihnen auch da ans Herz legen: Überspannen Sie den Bogen nicht. Erhöhen Sie nun nicht in unangemessener Weise den Preis, weil hier und da sich vielleicht einmal eine lebhaftere Nachfrage zeigt, als Sie es seit einigen Jahren gewohnt sind. Würden Sie dazu übergehen, nun den Preis für den Teer wesentlich zu steigern, dann würden meiner Meinung nach diese Versuche, die dazu befähigen, den Markt zu entlasten, aufgegeben und diese Verwendungszwecke vereitelt werden.

Meine Herren, die Teervergasung wird sich ja in technischer Beziehung sicher bewähren können; in wirtschaftlicher, meine ich jedoch, dafs eine Gefahr darin liegt, dafs, wenn die Gasanstalten genötigt sein würden, zur Vergasung Teeröle zuzusetzen, sie dann wiederum in die unangenehme Lage kommen, von den Grofsdestillationen Teeröle zu beziehen und diese Teeröle reichlich teuer zu bezahlen. Ob dann die Teervergasung wirtschaftlich rentabel sein wird, das möchte ich bezweifeln, denn die Grofsdestillationen werden begreiflicherweise die erste Gelegenheit ergreifen, um die Preise für die Teeröle zu erhöhen.

Für Ammoniak stimme ich auch den Ausführungen von Herrn Professor Drehschmidt zu, dafs es sehr praktisch ist für das Ammoniaksalz, den Mindestgehalt auf 25 % NH_3 festzusetzen und so zu verkaufen. Es sind jedoch noch viele Werke da, die das rohe und verdichtete Gaswasser brauchen, es liegt daher meines Erachtens kein Anlafs vor, für den Absatz des Gaswassers zu fürchten, denn manche chemische Fabriken ziehen das rohe oder verdichtete Gaswasser vor, weil sie besondere Ammoniakpräparate machen und das Salz nicht verarbeiten. Richtig ist natürlich: je hochwertiger die Ware ist, desto eher kann sie einen höheren Preis erzielen. Ich meine also, wenn Ammoniaksalz erzeugt werden kann, hat man den Vorzug, es weiter verschicken zu können, auch den weiteren Vorzug darin, dafs das Salz eine angemessene und längere Lagerung verträgt.

Für Graphit und Gasreinigungsmasse hat sich seit Jahr und Tag die Lage wesentlich verschlechtert. Der Wert ist jedoch nicht so aufserordentlich hoch, dafs es etwa besonderer Mafsnahmen bedürfte, um diesen Erlös sicherzustellen.

Ich meine, meine Herren, wenn ich in wirtschaftlicher Beziehung den Wert der Nebenerzeugnisse betrachte, dann kommen diese drei Faktoren in Betracht, die Ihnen den Erlös sicherstellen und erhöhen: die Statistik, die Organisation und nicht an letzter Stelle die Propaganda. Diese wird aller Wahrscheinlichkeit nach die Zentrale für Gasverwertung in absehbarer Zeit aufnehmen, und zwar für sämtliche Nebenerzeugnisse, anfangend mit denjenigen, die am meisten Sorgen machen, die die gröfste Menge und den gröfsten Wert haben: Koks, Teer und Ammoniak. Wenn dies geschieht, meine Herren, dann, glaube ich, wird das, was die »Wirtschaftliche Rundschau« schrieb, wahr bleiben: dafs Sie nicht nur die Hälfte, sondern ständig $^3/_5$ der Bruttofabrikationskosten durch den Verkauf der Erzeugnisse sich sicherstellen können. (Beifall.)

Herr Terhaerst, Nürnberg: Meine Herren, ich möchte nur darauf hinweisen, dafs es nichts Auffallendes ist, dafs man aus feiner Kohle einen guten Koks erzeugen kann. Die Hüttenindustrie verwendet nur feine Kohle zur Erzeugung von Hüttenkoks. Es kommt dabei aber noch weiter in Betracht, dafs der Wassergehalt zur Erzeugung von Koks im Hüttenbetriebe eine grofse Rolle spielt, und da mischt man der feinen Kohle 12 bis 15 % Wasser zu. Das ist also absolut nichts Auffälliges. Aber die Gasindustrie braucht nach meinem Dafürhalten diesen festen Koks gar nicht zu erzeugen, da dieser Koks, der in der Gasindustrie erzeugt wird, vollständig genügt, um in Stubenöfen und auch bei Zentralheizungsanlagen Verwendung zu finden. Ich stehe sogar auf dem Standpunkt, dafs man den Gaskoks nicht so sehr fest nehmen soll, weil dieser Koks, der von der Gasindustrie auch ohne Wollen erzeugt wird, in Stubenöfen besser Verwendung finden kann und auch sogar bei Zentralheizungsanlagen, als der feste Hüttenkoks, der einen grofsen Druck zu ertragen hat und deshalb in dieser festen Form hergestellt werden mufs.

Herr Direktor Kordt, Düsseldorf: Ich möchte Herrn Terhaerst darauf erwidern, dafs doch jetzt eine Menge

Koks nicht mehr in Stubenöfen, sondern in Zentralheizungen und auch in der Industrie verwendet wird, und dafs es sehr wünschenswert ist, für diesen Zweck einen sehr harten Koks zu bekommen (sehr richtig!), namentlich auch für die Zentralheizung. Nun weifs ich wohl, dafs auch in Süddeutschland unser Gaskoks sehr viel in Stubenöfen verbrannt wird, aber immerhin ist es wünschenswert, dafs wir neben dem porösen, für Stubenöfen bestimmten Koks auch festen Koks herstellen.

Herr Dr. K. Bunte, Karlsruhe: Ich möchte auf die Ausführungen des Herrn Direktor Terhaerst einiges erwidern. Ich darf dabei auf meine eigene Tafel[1]) über die Festigkeit des Koks aus bestimmten Kohlensorten verweisen, mit der ich mich scheinbar selbst widerlege. Sie sehen darauf eine englische Kohle, einmal als stückige Förderkohle, ein anderes Mal als Nufskohle, und die Nufskohle hat schlechteren Koks ergeben als die Förderkohle. Das scheint auf den ersten Blick dem, was ich in meinem Vortrag angegeben habe, und dem, was eben als selbstverständlich behauptet worden ist, zu widersprechen.

Dasselbe Bild haben wir bei einer schlesischen Kohle. Man findet bei Stückkohle einen besseren Koks als bei Kleinkohle. Nachdem ich vorhin die Behauptung aufgestellt habe, dafs das umgekehrt sein mufs, darf ich das wohl jetzt gegenüber diesen Zahlen rechtfertigen. Es liegt wohl höchst wahrscheinlich — und deswegen, weil es nur wahrscheinlich ist, habe ich es nicht in den Vortrag aufgenommen — daran, dafs wir da ganz andere Verhältnisse vor uns haben. Wir haben Stückkohle und Feinkohle, die aber von Anfang an als Feinkohle geliefert worden ist, und selbst wenn ich annehme, dafs der Aschengehalt gleich ist, habe ich doch ganz verschiedene Lagerverluste. Die Lagerverluste sind, so weit wir aus bisherigen Untersuchungen feststellen konnten, bei

---

[1]) Die Tafeln waren beim Vortrag ausgehängt, eignen sich aber für die Wiedergabe im Druck nicht, weil das Material vorerst noch lückenhaft ist. Die Untersuchungsreihen werden vervollständigt und dann mit Tafeln veröffentlicht werden.

Dr. K. Bunte.

den Feinkohlen ganz bedeutend gröfser als bei den Stückkohlen. Der Satz, dafs die Feinkohlen einen besseren Koks geben als die Stückkohlen, ist eben nur dann richtig, wenn man darauf Bezug nimmt, wie man die Kohle verarbeitet, nicht wie man sie geliefert erhalten hat. Wenn ich die Kohle kurz vor dem Versuch breche, dann habe ich tatsächlich die gleiche Kohle und dann bekomme ich tatsächlich bei der feinen Kohle auch den besseren Koks. Auch das ist nicht überraschend, aus dem einfachen Grunde, weil die Zwischenräume, die bei der Verkokung durch die schmelzende Kohle auszufüllen sind, natürlich bei der kleinstückigen Kohle bedeutend kleiner sind. Es war mir lieb, noch darauf hinweisen zu können, denn Sie sehen, in der Praxis sieht es unter Umständen anders aus. Nur der exakt durchgeführte Versuch lehrt, dafs tatsächlich die frisch gebrochene Griefskohle im Vorteil ist.

Herr Betriebsinspektor König, Breslau: Es würde mich ganz besonders interessieren, von dem Herrn Vortragenden zu hören, wie der Aschengehalt des Teers ist. Es ist schon darauf hingewiesen worden, wir sollen darauf Bedacht nehmen, Teer auch zu verbrennen, um nicht die Preise für Teer zu drücken. Ich möchte mir erlauben, die Herren Kollegen darauf hinzuweisen, darauf bedacht zu sein, die Verwendung des Teers für solche Industrien anzuregen, wo es auf einen sehr niedrigen Aschengehalt ankommt. Wir in Breslau haben Aussicht, unsere ganze Teerproduktion von ca. 7000 t an eine Fabrik für Heizzwecke abzusetzen. Wird der Preis des Teeres nur nach dem Heizwert bestimmt, dann würde er allerdings sehr niedrig ausfallen, um mit dem anderen Brennmaterial erfolgreich konkurrieren zu können. Dagegen in solchen Fällen, wo es auf den Aschengehalt ankommt, glaube ich doch, dafs wir in der Lage wären, einen viel günstigeren Preis zu erzielen, und es wird sich ja noch Gelegenheit bieten, für die verschiedenen Industrien die Teerverbrennung einzuführen, die sich ja bereits bewährt hat und nebenbei rauch- und rufsfrei ist.

Herr Terhaerst, Nürnberg: Ich möchte darauf hinweisen, dafs eine ganz vorzügliche Verwendung des Teers im Dieselmotor wirtschaftlich stattfindet. Es sind Versuche angestellt von der Maschinenbau-Aktiengesellschaft Nürnberg, den Teer direkt, wie er entfällt, in diesen Motoren zu verwenden. Die Resultate waren sehr gut; aber man hat gefunden, dafs nach einem längeren Betrieb doch der Kohlenstoffgehalt des Teers störend wirkt, und da ist man dazu gekommen, den Teer durch eine einmalige Destillation, also durch keine fraktionierte Behandlung, von diesem Kohlenstoff zu befreien.

Das Gaswerk Nürnberg steht vor der Frage, den Teer in diesen Motoren zu verwenden und grofse Dieselmotoren aufzustellen, die dazu dienen sollen, nicht allein den Strom, den das Gaswerk erfordert, zu liefern, sondern auch die anderen städtischen Betriebe, z. B. auch die Strafsenbahn und die Elektrizitätswerke, mit Kraft zu versehen. Ich glaube, dafs das eine ganz vorzügliche Verwendung des Teers ist.

Herr Dr. K. Bunte, Karlsruhe: Wenn ich Herrn König recht verstanden habe, wurde die Frage nach dem Aschengehalt des Teers in der Weise gestellt, dafs der aschenfreie Teer, dessen Heizwert etwa 8800 WE ist, verglichen werden soll mit dem Koks oder der Kohle, wie sie fällt —, oder ist die Frage gestellt gewesen, wie viel Asche der Teer enthält? (Zuruf: Ja!) Der Aschengehalt des Teers ist von uns verschiedentlich bestimmt worden. Es waren zum Teil Mengen, die sich kaum mehr erkennen lassen. Es kann nur derjenige Teil der Asche in den Teer gelangen, der mit der Flugkohle hineinkommt, und das ist eine sehr geringe Menge, vor allen Dingen, wenn man keine pulverigen Kohlen verwendet. Wenn natürlich eine Kohle sehr staubig ist, so wird der Gasstrom einen Teil dieser feinen Kohle mit in den Teer hineinnehmen. Diejenigen Bestandteile der Kohle, welche als Asche angesprochen werden müsen, sind eben an sich nicht flüchtig, und das, was mit der Flugkohle in den Teer hineinkommt, ist jedenfalls so wenig, dafs es bei der Berechnung des Heizwertes des Teers nicht in Frage kommen kann. Es können im Höchstfalle vielleicht 0,5 % sein.

Stellvertretender Vorsitzender, Herr Direktor Kordt, Düsseldorf: Wünscht sonst noch jemand das Wort? — Das ist nicht der Fall. Dann schliefse ich die Diskussion.

Meine Herren! Sie wissen ja alle, dafs die Ausgabe für Kohlen die gröfste ist, die wir bei der Fabrikation zu bestreiten haben, und es ist daher auch selbstverständlich, dafs wir diesem Produkt erhöhte Aufmerksamkeit erweisen. Wir können der Versuchsanstalt nur dankbar sein, dafs sie diese Aufgabe in so umfassender Weise behandelt hat. Anderseits sind wir auch dem Herrn Möllers, dem ersten Diskussionsredner, dankbar, weil wir einen grofsen Teil der Ausgaben für Kohlen wieder aus den Nebenprodukten herausbekommen müssen, und er uns den Weg gezeigt hat, wie man dieses am besten macht. Seine Ausführungen klangen auch wohl dahin aus, dafs wir uns zusammenschliefsen möchten, um uns nicht gegenseitig Konkurrenz zu machen.

Aus dem Vortrage des Herrn Dr. Bunte habe ich aufserdem gehört, dafs wir von der Vertikalofengesellschaft einen Vertikalofen zu Versuchszwecken geschenkt bekommen. Vielleicht fühlen sich die Kammerofenerbauer auch einmal veranlafst, uns einen Kammerofen zugänglich zu machen (Heiterkeit), damit wir diese beiden Ofensysteme auch miteinander erproben können.

Ich danke Herrn Dr. Bunte und allen Diskussionsrednern für ihre interessanten Ausführungen.

Für und wider die Wünschelrute.

Herr Stadtrat Bieske, Königsberg i. Pr.

Meine sehr geehrten Herren! Wenn ich hier vor Ihnen auftrete, um über die Wünschelrute Ihnen zu berichten, so führe ich zu meiner Legitimation an, dafs ich selbst mich seit über 25 Jahren mit dem Bau von Brunnen und Erschliefsung von Wasser befafst habe und in den letzten 10 Jahren in über 40 Städten für zentrale Wasserleitungen, speziell in den östlichen Provinzen, das Wasser beschafft habe. In dankenswerter Weise ist mir von der Kommission für den Betrieb von Wasserwerken unseres Vereins das gesammelte Material über die Wünschelrute zur Verfügung gestellt. Auch von Behörden und Privatpersonen ist mir bereitwilligst Auskunft erteilt worden, und ich möchte an dieser Stelle allen für die Mitarbeitung meinen verbindlichsten Dank sagen. Bevor ich jedoch auf die vermeintlichen Erfolge der Wünschelrute eingehe, glaube ich, es nicht unterlassen zu dürfen, auf die Rute selbst und die Rutengänger oder Rutenschläger etwas einzugehen.

Viele von Ihnen, meine Herren, werden ein solches Instrument noch nicht in der Hand gehabt oder auch noch nicht gesehen haben, deswegen habe ich mir erlaubt, einige Exemplare in den verschiedenen Ausführungen hier auf den Tisch des Hauses zu legen und stelle anheim, nachher in der Pause im Garten Versuche zu machen. Die einfachste Art der Rute ist die aus Holz. Es ist ein gabelförmiger Zweig aus den verschiedensten Holzarten geschnitten, — Haselnufs, Esche, Weide etc. Sehr viele von den Rutengängern erklären, dafs sie nur mit einer Rute von bestimmter Holzart ihre Kunst ausüben könnten, dafs sie auf ein anderes Material nur wenig oder gar nicht reagierten. Es dient dann manchmal zur Entschuldigung, wenn der erwünschte Erfolg bei der Erschliefsung von Wasser ausbleibt, dafs sie nicht das best geeignete Material für eine Rute zur Hand gehabt hätten.

Ein anderes Material, aus dem eine solche Rute hergestellt wird, ist der Stahldraht. Die Privatindustrie hat sich die Fabrikation dieser Ruten aus Stahldraht zunutze gemacht, und es gibt jetzt verschiedene Firmen, bei denen man diese Ruten mit Beschreibung der Handhabung und sonstigen Erläuterungen über Erfolge beziehen kann. Ich selbst habe mir natürlich auch die Ruten kommen lassen, meistenteils kostet dieses Ende Stahldraht M. 1,50. Ich erhielt dabei auch noch von einem Fabrikanten die schriftliche aufmunternde Mitteilung: »Ungeheure Erfolge erzielt man damit.« Die Kraft dieser Stahldrahtruten wird noch dadurch vermehrt, dafs an den Enden des Stahldrahtes einfache Drähte, an deren Enden Bronzeplatten sich befinden, befestigt sind. Diese Drähte sind so lang, dafs die Bronzeplatten auf dem Erdboden nachschleifen. Diese Einrichtung kostet dafür aber M. 5.

Neuerdings verwendet ein sehr bekannter Rutengänger auch solche aus Bronzedraht, um damit nach Petroleum zu suchen.

Ich bitte nun, meine geehrten Herren, darauf zu achten, dafs bei allen diesen eben beschriebenen Instrumenten die Form eine derartige ist, dafs bei dem Halten der Ruten die Federkraft derselben zur Wirkung kommt. Würde sie nicht so gehalten werden, dann würde sie nicht ausschlagen und nicht anzeigen. Von den meisten Rutengängern wird die Rute mit aufwärts gekehrten Händen, wobei die Daumen nach aufwärts gerichtet sind, getragen; eine ziemlich unbequeme Haltung der Arme und Hände. Ein Rutengänger, den ich kennen gelernt habe, legt die auswärts gebogenen Hände mit der Rute gegen seine Knie und sucht nun so in gebückter Stellung das Wasser. Dafs dieser Mann grofse Flächen nicht untersuchen wird, dürfte aus der unbequemen Stellung des Körpers hervorgehen.

Ein Rutengänger erklärte mir auch, dafs er in dem einen Arm mehr Kraft verspüre und er deswegen die Rute nur mit einer Hand halten und das andere Ende der Rute gegen die Handfläche stützen brauche. — Auch hierbei ist die Federkraft der Rute durch den Druck der Hand vorhanden.

Die Rutengänger selbst möchte ich nach zwei Klassen einteilen, da sind in der einen Klasse alle die Herren, welche die Sache aus Sport betreiben und sich genug daran sein lassen, wenn sie von den Zuschauern und Interessenten bewundert werden. Zu der zweiten Klasse der Rutengänger gehören alle die Personen, welche für ihre Bemühungen sich bezahlen lassen und aus der Wasseranzeige ein Geschäft machen, was manchmal sehr einträglich sich gestaltet. Dieses Geschäftsmäfsige wird noch dahin erweitert, dafs derartige Rutengänger nicht blofs von denen sich bezahlen lassen, für die sie das Wasser suchen, sondern auch von den Firmen eine Provision verlangen, die nachher an den Stellen, wo sie angezeigt haben, das Wasser aufschliefsen sollen. An mich sind in dem verflossenen Vierteljahr zwei Herren mit einem derartigen Ansinnen herangetreten, die ich aber in ziemlich kühler Weise abgewiesen habe.

Mit nur geringen Ausnahmen rekrutieren sich diese Herren Rutengänger aus dem landwirtschaftlichen Grund besitz und aus der Forstwirtschaft, sehr gering vertreten sind die Techniker unter ihnen.

Nun, meine sehr geehrten Herren, komme ich zu der Anwendung der Rute. Ich will nicht das Ausschlagen oder die Bewegung der Rute bestreiten. Bei einigen Personen ist die Bewegung der Rute kräftiger wie bei anderen; das liegt in der Federkraft der Rute und in der unbequemen Haltung derselben. Was aber veranlafst die Rutengänger dazu, dieses Ausschlagen der Rute mit dem Vorhandensein von Wasser oder Gold in Verbindung zu bringen? Hier liegt der grofse Irrtum der betreffenden Leute und ihrer Anhänger. Was veranlafst den Herrn v. Uslar zu behaupten, wenn er eine bronzene Gabel in die Hand nimmt, er könne dann Petroleum anzeigen? Worauf begründet sich die Behauptung des Rutenmediums Oskar Künze, er könne mit seiner Kupfergabel unterirdische Kohlenfelder genau bezeichnen? Die Behauptungen der Rutengänger betr. Petroleum und Kohlen sind als vollständig haltlos nachgewiesen worden. Ebenso ist die Behauptung, daſs die sich drehende Rute Wasser anzeige, bei genauer Prüfung nicht aufrechtzuerhalten. Ich selbst bin auch mit der Rute herumgegangen, dieselbe hat sich auch in meinen Händen bewegt, ich bin aber nicht so kühn, aus dieser Bewegung auf das Vorhandensein von Wasser oder Gold zu schlieſsen. Daſs nun auch wirklich in vielen Fällen an der Stelle Wasser gefunden wurde, beweist doch noch gar nichts bei einem so weit verbreiteten Vorkommen des Grundwassers; oder daſs in einem Zimmer ein vorher unter einem Teppich verstecktes Goldstück gefunden wird, ist auch nicht wunderbar. Die früher so berühmten Gedankenleser haben doch auch viel winzigere Dinge z. B. Stecknadeln etc. gefunden. Übrigens möchte ich das Auffinden von Gold hier von vornherein ausschalten. Wie ich bei genaueren Erkundigungen festgestellt habe, ist der Erfolg des Goldsuchens in einem Zimmer seitens des Rutengängers ein ziemlich zweifelhafter.

Herr Professor Weber-Kiel machte in dieser Beziehung mit Herrn v. Bülow Versuche in seinem Laboratorium, wobei verschiedene Versuche unentschieden blieben und zuletzt bei 5 Beobachtungen nur 3 Treffer waren. Auch der Versuch, ein Stück gediegenen Goldes in der Sammlung der Bergakademie in dem darüber liegenden Stockwerk seiner Lage nach durch die Rute zu bestimmen, ist vollständig miſsglückt.

Eigentümlich bei diesen Versuchen mit dem Aufsuchen von Gold ist es, daſs noch kein Rutengänger mit Erfolg versucht hat, ein verloren gegangenes Goldstück wieder zu finden. Wenigstens haben die Zeitungen, die sonst alles in dieser Beziehung registrieren, noch nie eine Nachricht darüber gebracht.

Nun aber soll die Rute Wasser anzeigen! Gewiſs ist an vielen Stellen, wo die Rute sich bewegt hat, Wasser gefunden worden. Ist denn damit bewiesen, daſs das ein Verdienst des Quellensuchers ist? Ist denn nachgeprüft worden, ob wirklich nur an der angezeigten Stelle Wasser vorhanden war und rechts und links von der angezeigten Richtung das Wasser gefehlt hat? Meine Herren! Es ist das ganz natürlich, dafs eine sog. Nachprüfung, ob nun nicht an anderen Stellen neben der von der Rute angezeigten Stelle Wasser vorhanden ist, nur in den allerseltensten Fällen stattfindet, da jeder Bauherr zufrieden ist, wenn er das erhoffte Wasser gefunden hat. Abgesehen von diesen Hauptfehlern, dafs nämlich die Quellensucher das Ausschlagen oder die Bewegung ihrer Rute mit dem Vorhandensein von Wasser in Verbindung bringen, begehen sie im weiteren Verfolg ihrer Annahme noch verschiedene andere Fehler. So wird ebenso behauptet, die Rute zeige nur fliefsendes Wasser an.

Meine Herren! Sie alle, die Sie doch viel mit der Wassererschliefsung und Verwendung des Wassers zu tun haben, Sie werden doch gewifs schon erfahren haben, wie schwierig es ist, das Fliefsen eines Grundwasserstromes festzustellen, und wie gering das Gefälle des Grundwassers in den meisten Fällen ist, so dafs man wohl von einer Richtung eines Grundwasserstromes redet, nicht aber von dem Fliefsen eines solchen. Wie die Quellensucher so manche Hintertüren sich offen lassen, so dient auch dieses fliefsende Wasser dazu, manche Mifserfolge zu erklären. Ich hatte hier in Ostpreufsen an einer Stelle Wasser erschlossen, wo durch den Rutengänger festgestellt war, dafs Wasser nicht vorhanden wäre. Der betr. Herr teilte dieses Herrn v. Bülow mit, und derselbe antwortete, dafs es dann wahrscheinlich kein fliefsendes Wasser sei; für mich war dieser letztere Umstand gleichgültig. Ich hatte durch die in ca. 20 m streichende Schicht von 3 m Mächtigkeit mit einem Auftriebe bis 3,5 m unter Tag die Gewifsheit gewonnen, dafs ich ein reichliches Wasser erschlossen hatte.

Dann, meine Herren, begehen die Quellensucher einen weiteren Fehler damit, dafs sie gewöhnlich nur einen schmalen Streifen an der Erdoberfläche bezeichnen, in dessen Richtung das Wasser, und zwar reichliches Wasser, vorhanden sein soll. Es mag zugegeben werden, dafs in klüftigen Gebirgen Wasseradern und dünne Wasserläufe vorhanden sein können, in anderen Formationen, besonders aber im Flachlande, ist die Annahme von dünnen, schmalen Wasserläufen ganz hinfällig. Würden derartige Wasserläufe nur vorhanden sein, so wäre das Ergebnis der Wassermenge doch nur minimal. Nehmen wir an, der Wasserstreifen sei 2 m breit und 1 m tief, so ist doch dieser Querschnitt mit Sand und Kies ausgefüllt, und das in den Zwischenräumen dieses Füllmaterials befindliche Wasser wäre dann doch verhältnismäfsig so gering, dafs ein hier angesetzter Brunnen wegen des in dem schmalen Streifen vorhandenen nur geringen Zuflusses dauernd unter Wassermangel leiden würde. Es kommt nun noch hinzu, dafs die Rutengänger die einzelnen Wasserhorizonte, welche im Flachlande vorhanden sind, ganz ignorieren und das Wasser suchen, wenn sie auch wissen, dafs in geringerer Tiefe Grundwasser vorhanden ist, das aber aus irgendeinem Grunde nicht brauchbar ist. Da schalten sie selbständig die Kraft ihrer Rute für das Grundwasser aus und suchen den nächsten darunter liegenden Grundwasserstrom. Auch hier begehen die Rutengänger Fehler, die jeder klaren Überlegung widersprechen.

Nun haben sich noch die Herren Quellensucher eine Theorie zurechtgebaut mit den Anzeigestrahlen. Sobald nämlich ein Quellensucher sich dem vermeintlichen Grundwasser nähert, soll er ein Prickeln in der Hand verspüren, das sind die sog. Anzeigestrahlen; bei dem Weiterfortschreiten schlägt die Rute aus, bis sich dann nach einigen weiteren Schritten das Gefühl in der Hand verliert. Die beiden Verbindungslinien des Anfangs- und des Endpunktes der sog. Anzeigestrahlen mit der Wasserader sollen einen bestimmten, immer gleichen Winkel einschliefsen. Angenommen diese Theorie wäre richtig, dann würde daraus folgen, dafs eine Wasserader, je tiefer sie liegt, desto eher die Anzeigestrahlen aussendet, d. h. mit anderen Worten, dafs die vermeintliche Verbindung des Wassers mit der Wünschelrute viel stärker da auftritt, wo ein viel gröfseres Erdreich zu durchdringen ist, eine Erscheinung, die unseren sonstigen Ansichten über Leitungswiderstand vollständig widerspricht. Betrachten wir die hier aufgezeichnete Fig. 15, dann soll nach Annahme der

Quellensucher die Wasserader bei x die Anzeigestrahlen bis a und a_1 entsenden. Da nun der Winkel $a\ x\ a_1$ in jedem Falle nach der Behauptung der Quellensucher eine bestimmte Gröfse ist und $a\ x\ a_1$ ein gleichschenkliges Dreieck, so würde sich die Tiefe $c\ x$ demnach genau bestimmen lassen. Nach dieser Behauptung würde die flacher liegende Wasserader y nur die Anzeigestrahlen bis b und b_1 entsenden. Wie aber

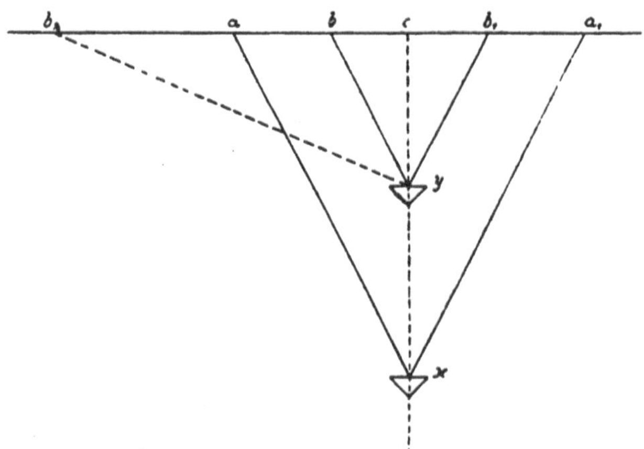

Fig. 15.

erklärt man sich, da die Durchdringungskraft der Schicht x mit den Anzeigestrahlen doch eine Länge $a\ x$ beträgt, weshalb die Durchdringungskraft der Schicht y nicht ebenso grofs ist und dann natürlich von y bis b_2 reichen würde? Meine Herren, die Erklärung hierfür finden Sie darin, dafs dann jede flache Schicht die darunter liegende zweite Schicht verdecken würde und es dann den Quellensuchern unmöglich wäre, tiefer liegende Wasserhorizonte anzuzeigen.

Fragt man sich nun, wie ist es möglich gewesen, dafs, nachdem in früheren Zeiten die Haltlosigkeit dieser vermeintlichen Begabung mancher Menschen bereits erwiesen war, jetzt in neuer Zeit diese Erscheinung wieder auftreten konnte, so steht man hier vor einem Rätsel. Gerade die Entdeckungen der neueren Zeit über Strahlungen, neue Metalle, elektrische

Wellen sollten doch jeden stutzig machen und zu denken geben, dafs ohne jahrelange Bemühungen, ernsthafte Studien und Versuche, neue Theorien und Erfindungen nicht entstehen. Hier aber geht jeder Laie zum nächsten Strauch, schneidet sich eine Rute und behauptet nun, wenn die Rute sich bewegt, hier ist Wasser. Leider wird dieser Erscheinung Vorschub geleistet dadurch, dafs hochgestellte Personen und Behörden die Hilfe der Rutengänger in Anspruch nehmen, ohne in den Fällen, wo ein vermeintlicher Erfolg erreicht wurde, die Sache nachzuprüfen, ob man nicht auch ohne Rutengänger denselben Erfolg erzielt hätte.

Meine Herren! Dafs Behörden noch bis in die neueste Zeit hinein trotz grofser Mifserfolge durch Inanspruchnahme der Rutengänger gewissermafsen die Berechtigung dieser Kunst anerkennen, ist leider eine Tatsache, für die ich mehrfache Beweise in der Hand habe, und das tun die Behörden, nachdem die Wasseranzeige des Hauptvertreters dieser Theorie auf dem Eichsfelde einen vollständigen Mifserfolg gehabt hat. Es handelte sich hier um die Wasserbeschaffung für 6 Dörfer, welche auf einem hohen Plateau von durchlässigem Muschelkalk gelegen sind. Hier hatte Herr v. Bülow Gelegenheit, seine Kunst zu zeigen, da ihm hinreichend Zeit zur Untersuchung gegeben war und er durch keine Rücksicht in der Auswahl des Geländes behindert war. Hier hatten anderseits die Behörden auch Gelegenheit, sich über den Wert der Wünschelrute ein Urteil zu bilden. Mit erheblichen Kosten wurde auf v. Bülows bestimmte Anzeige einer reichlichen Quellwassermenge nicht erst ein Versuchsloch abgeteuft, sondern das Vertrauen ging damals so weit, dafs gleich ein vollständiger Schacht in Angriff genommen wurde. Als man mit dieser Arbeit bis 30 m Teufe gekommen war, wurde dieselbe als resultatlos aufgegeben. Herr v. Bülow liefs alsdann auf eigene Kosten in diesem Schacht ein Bohrloch ansetzen, was aber bei 85 m unter Tag aufgegeben wurde, ohne einen Tropfen Wasser zu finden.

Dann möchte ich hier auf die Ergebnisse in Südwest-Afrika hinweisen. Wie Sie alle wissen, meine Herren, ist die

Wasserfrage für diesen Erdteil speziell für unsere dortigen Kolonien eine Lebensfrage. Es wurde nun der Herr Landrat v. Uslar dorthin geschickt und dadurch die vorher zur planmäfsigen Erforschung abgesandten Geologen vollständig in den Hintergrund gedrängt. Es gelangten auch an uns Nachrichten über die Tätigkeit des Herrn v. Uslar, es waren dies einmal sehr überschwengliche Nachrichten über die Erfolge, dann aber auch solche, die die Arbeiten dieses Herrn für Unsinn erklärten. Zu bedauern ist nun, dafs das Kolonialamt, obgleich reichliches Material gesammelt worden ist, keinerlei Veröffentlichungen über die Erfolge bzw. Mifserfolge hat erscheinen lassen. Selbst dem Reichstage sind nur sehr spärliche Mitteilungen gemacht worden. Deswegen sind wir auf eigene Beobachtungen und Erkundigungen angewiesen. Hierbei habe ich festgestellt, dafs Herr v. Uslar nach seinen eigenen Angaben bei 78 % seiner Anzeigen ein Resultat gehabt haben will. Jedoch ist ihm von anderer Seite nachgewiesen, dafs diese Berechnung der Kritik nicht standhält, und dafs er ca. 50 % Fehlbohrungen zu verzeichnen habe. Hierzu teilt mir ein Kaufmann aus Windhuk, der mehrere Farmen besitzt und schon längere Zeit im Lande ist, mit, dafs Herr v. Uslar nur mit 30 % seiner Anzeigen fündig geworden sei. Vergleicht man diese Angaben mit dem Schweigen des Kolonialamtes, so kommt man zu dem Schlufs, dafs die Erfolge der Wünschelrute, gerade dort, wo ein weites Terrain vorhanden ist, wo die Anzeige nicht an ein engbegrenztes Gelände gebunden ist, wahrscheinlich wenig erfreulich gewesen sind. Jedoch will ich es nicht unterlassen, hier auch einmal ein offenes Wort unseres verflossenen Staatssekretärs Dernburg weiter bekannt zu machen. Derselbe schreibt an einen Herrn Ingenieur Schober in Bautzen, welcher sich an ihn mit einer Eingabe gegen die Wünschelrute und für die planmäfsige Durchforschung des afrikanischen Gebietes gewandt hatte: »Die Kolonialverwaltung ist durchaus der Ansicht, dafs trotz der dankenswerten Bemühungen des Herrn v. Uslar bei der aufserordentlich grofsen Aufgabe seine Methode, über die ich mir im übrigen ein Urteil nicht gestatte, nicht zureicht«. Es würde mich zu weit führen, einzelne Beispiele über die nutzlosen Bemühungen des Herrn v. Uslar in Afrika anzuführen.

Sie sehen aber, meine Herren, aus den Beispielen in Südwest-Afrika und auf dem Eichsfelde, dafs die Herren Rutengänger, da, wo durch die Öffentlichkeit eine besondere Kontrolle ausgeübt wird, mit ihrer Begabung versagen. Aber manche andere Umstände sind es, die zu dem Glauben an die Wunderkraft der Rute beitragen und die ich hier zur Sprache bringen möchte, um hierdurch vielleicht zu einer Abhilfe beizutragen. Das ist die Tätigkeit unserer Tagesblätter.

Meine Herren! Unsere Zeitungen tragen, wenn auch meistens unbewufst, doch dazu bei, in der Öffentlichkeit den Glauben an die Wünschelrute zu erhöhen. Die Rutengänger nennen z. B. das schon einen Erfolg, wenn in der Hand eines Rutengängers bei Begehung eines Geländes die Rute sich bewegt und nach ihrer Ansicht Wasser angezeigt hat. Gewöhnlich denkt sich daher der unbefangene Zeitungsleser, wenn berichtet wird, der Quellensucher N. N. hat in der Feldmark so und so an einer Stelle Wasser mit Erfolg angezeigt, dafs hiermit bereits das Wasser wirklich erschlossen und untrüglich festgestellt ist, dafs Wasser in genügender Menge vorhanden, und dafs die Anzeige von Erfolg gewesen ist. Als Prinz Karolath vor Seiner Majestät in Kassel die Wünschelrute vorführte, da schrieben sogleich die Zeitungen »der Prinz hätte vor Seiner Majestät Wasser mit Erfolg angezeigt.« Ob später wirklich das Wasser erschlossen wurde, habe ich nicht erfahren können, jedenfalls war eine derartige Zeitungsnachricht geeignet, falsche Vorstellungen zu erwecken. Solche Notizen wandern von einem Ende unseres Vaterlandes zum andern. Wenn man dann diesen Notizen nachgeht und anfragt, ist denn wirklich auf Grund der Anzeige eines Quellensuchers Wasser erschlossen oder gefunden, so findet man, dafs die Berichterstatter zum mindesten die Sache sehr hübsch ausgeschmückt haben. So z. B. fand ich eine längere Zeitungsnotiz in einer süddeutschen Zeitung, in welcher beschrieben wurde, dafs Herr v. Uslar in dem Versinkungsgebiet der

Donau bei Tuttlingen an der württembergisch-badischen Grenze tätig gewesen ist. Der Artikel schlofs damit:

»Auf dem freien Platz vor dem Gasthause »Zur Blume« in Tuttlingen stellte Herr v. Uslar neue Versuche an. In ganz kurzer Zeit stellte er dort unterirdische Wasserläufe fest und fand auch einen längst zugeworfenen Kolossalbrunnen, an den sich noch ältere Einwohner erinnern können.«

Ich richtete hierauf eine Anfrage an das dortige Schultheifsenamt und erhielt folgende Antwort:

»Vor dem Gasthause »Zur Blume« hier befindet sich ein ca. 15 m tiefer Brunnenschacht, welcher mit eisernen T-Trägern zugedeckt ist; dafs es sich um einen längst zugeworfenen Kolossalbrunnen handelt, ist nicht richtig. Der Brunnen ist in seinen tieferen Lagen verschüttet. Herr v. Uslar hat nun während seines Hierseins die Lage des Brunnens, welche ihm vorher nicht bekannt gewesen sein soll, mittels der Wünschelrute aufgedeckt und die Ansicht ausgesprochen, dafs das im Brunnen befindliche Wasser von Westen her zufliefse und dafs das Wasser sich in ungefähr 15 m Tiefe unter Strafsenoberfläche befinde. Der in Rede stehende Brunnen ist in Tuttlingen jedermann bekannt, es ist also die Nachricht falsch, dafs ein längst zugeworfener Kolossalbrunnen wieder aufgefunden sei.«

Sie sehen also meine Herren, wie vorsichtig man derartige interessante Zeitungsnachrichten auffassen soll.

Hier möchte ich Ihnen auch berichten über die Umfrage, welche unser Verein durch seine Kommission für den Betrieb von Wasserwerken veranstaltet hat. Es wurden rd. 800 Anfragen an die Direktoren von Wasserwerken versandt. Hiervon kamen 200 Antworten zurück. Von diesen 200 Antworten entfallen zunächst 114, in welchen gemeldet wurde, dafs der Angefragte keine Gelegenheit hatte, die Wünschelrute näher kennen zu lernen. Die übrigbleibenden 86 Antworten behandeln dieses Thema in 126 Fällen; von diesen waren die Wasseranzeigen 43 mit Erfolg, 25 mit zweifelhaftem Erfolg und 58 direkt ohne Erfolg. Teilt man die zweifelhaften Fälle denen mit und ohne Erfolg in gleicher Weise zu, so wären 44,4 % mit Erfolg und 55,6 % ohne Erfolg. In diesen

126 Fällen waren die Anzeigen von 31 Rutengängern behandelt, von denen, neben einem Grafen, verschiedene Adlige tätig waren, dann ein Eisenbahndirektor, ein Abbé, ein Bürgermeister, ein Gasverwalter mit seiner kleinen Tochter, ein Ortsvorsteher, ein Taglöhner und eine junge Dame. Da, wo das Honorar angegeben wurde, schwankte es, abgesehen davon, dafs viele Herren die Sache als Sport betreiben, von M. 3—5 bis M. 500. Manche der Rutengänger differenzieren auch ihre Honoraransprüche z. B. M. 15 Tagegeld, falls Erfolg M. 200. Wird nach dem Erfolg das Wasser benutzt, noch M. 300. Unter anderem ist in dieser Umfrage eine besonders wertvolle Antwort aus Kiel enthalten. Hier passierte folgender Vorfall: Ein Bohrunternehmer durchteuft folgende Schichten:

0	bis	2	m	sandiger Lehm,
2,0	»	2,8	»	weifser Sand,
2,8	»	5	»	sandiger Ton,
5	»	13,5	»	grober Kies,
13,5	»	15,5	»	scharfer Sand,
15,5	»	17,0	»	Schlick.

Von diesen haben die Schichten bis 15,5 m unter Tag einen Wasserauftrieb bis 1,0 m unter Tag. Der »sehr verständige« Bohrunternehmer, dem es in dem Vertrag vorgeschrieben war, er solle den Filter in die Schicht von 15,0 bis 17,0 m einsetzen, hat auch tatsächlich dieses getan, so dafs dieses Bohrloch kein Wasser ergab, wodurch, da an dieser Stelle die Rute kein Wasser angezeigt hatte, ein neues Beweismittel für die Wirksamkeit der Rute gefunden wurde. Hätte der Bohrunternehmer den Filter in die Schicht von 13,5 bis 15,5 m eingesetzt, so wäre Wasser in hinreichender Menge sicherlich da gewesen.

Es fragt sich nun, welche Stellung sollen wir als Fachmänner dieser Erscheinung gegenüber einnehmen. Da komme ich nach reiflicher Überlegung zu dem Ergebnis, die Fortsetzung der Statistik, so wertvolles und interessantes Material dieselbe liefert, bringt uns nicht einen Schritt weiter, da eine Statistik, wenn sie nicht von der Staatsregierung aus, ähnlich wie die Warenstatistik oder Gesundheitsstatistik, erzwungen werden kann, wegen ihrer Lückenhaftigkeit doch nicht umfassend genug gestaltet werden und beweiskräftig sein kann. Mit den Zahlen allein ist es hierbei nicht getan, die Hauptsache dabei ist die Nachprüfung und Festlegung der Einzelfälle. In betreff der Nachprüfung möchte ich hier zunächst einen Versuch anführen, den ich im Verein mit einem Quellensucher angestellt habe.

Ich ging davon aus, dafs es keine Kunst ist, Wasser anzuzeigen; wenn das Wasser an der Stelle, wo die Rute sich bewegt hat, gefunden wurde, beweist noch nichts für die Richtigkeit der vermeintlichen Theorie. Vielmehr müfste der Quellensucher zu behaupten in der Lage sein, dafs nur in der von ihm angegebenen Richtung Wasser vorhanden sei, in jeder anderen Richtung dürfe aber Wasser nicht gefunden werden. Würde Wasser in der Nähe aufserhalb der Richtung gefunden werden, so hat die Rute dann nicht richtig angezeigt. Der betr. hochachtbare Herr, der von seiner Fähigkeit überzeugt war, übernahm es nun auf meine Anregung hin, zwei Stellen aufzusuchen, von denen an einer Stelle Wasser vorhanden sein sollte, an der anderen nicht. Wir übernahmen beide die Kosten, indem er die Hilfsarbeiter, ich den Bohrobmann und die Geräte stellte und die Frachtkosten trug. Die angezeigten Stellen lagen 20,6 m auseinander und ergaben in bezug auf Wassererschliefsung das gleiche Resultat.

Meine Herren, die Nachprüfung hat also daraufhin zu erfolgen, ob an den anderen Stellen, wo die Rute sich nicht bewegt hat, auch wirklich kein Wasser vorhanden ist. Ich habe über derartige Nachprüfungen Material gesammelt, will auch nicht verhehlen, dafs ich an einer Stelle eine Nachprüfung teilweise vorgenommen habe und wirklich kein Wasser gefunden habe. Dieser letztere Fall ist aber nicht so beweiskräftig, da ich nur an einer Seite der Richtung der angezeigten Wasserader nachgebohrt habe, an der anderen Seite der Richtungslinien jedoch die Nachprüfung unterlassen mufste. Es ist nun selbstverständlich, dafs bei manchen Stellen sich eine Nachprüfung der hohen Kosten wegen verbietet, immerhin aber könnte die Staatsregierung für derartige Prüfungen Mittel zur Verfügung stellen, die gar nicht so hoch sein brauchen, wenn man sich hierbei auf Nachprüfungen der Fälle bis zu 30 m Tiefe beschränkt. Es würden dann für jeden Fall M. 400 bis 600 erforderlich sein, und würde eine Summe von M. 30000 schon ein schönes Resultat für oder wider die Wünschelrute ergeben. Natürlich aber müfste die Prüfung in der Hand einer Behörde, vielleicht der geologischen Landesanstalt liegen, welche ihre sachverständigen Beamten in den verschiedensten Teilen Preufsens stationiert hat und auch Gelegenheit hat, die Resultate in ihrem Jahrbuche zu veröffentlichen. Ähnlich würde es in den anderen deutschen Bundesstaaten zu handhaben sein. Auch die Fälle könnten der Nachprüfung unterworfen werden, wo an einer Stelle ein Brunnenbau resultatlos aufgegeben und nur an in der Nähe liegenden Stellen Wasser angezeigt wurde.

Ferner möchte ich noch auf einen zweiten Punkt aufmerksam machen, dafs jede ernsthafte Erörterung eines Falles zur Aufsuchung von Wasser nur da stattfinden darf, wo über die Anzeige einer Wasserader die Gröfse, Richtung und Mächtigkeit der wasserführenden Schicht genaue Daten vorher zu Protokoll gegeben wurden. Würde dies Protokoll, bevor die Untersuchung der Wasserader und die Nachprüfung stattfindet, nicht alle Einzelheiten festlegen, so würde die Deutung der mündlichen Äufserungen des Wasserfinders später doch noch Änderungen unterliegen können, die die genaue Prüfung sehr erschweren und zweifelhaft erscheinen lassen könnten. Ich möchte daher meinen Antrag dahin formulieren:

»Es ist von einer allgemeinen Statistik sämtlicher Fälle über Aufsuchung von Wasser mit der Wünschelrute abzusehen, und sind nur solche Fälle zu registrieren, bei denen über die Wasseranzeige vorher ein genaues Protokoll aufgenommen ist und bei denen entweder kein Wasser erschlossen oder im anderen Falle durch ein bis zwei Nachbohrungen festgestellt wurde, ob nur an der angezeigten Stelle oder auch sonst noch Wasser vorhanden war. Zu diesem Zwecke ist die Staatsregierung anzugehen, entsprechende

Mittel für die Nachprüfung zur Verfügung zu stellen und diese Mittel einer geeigneten Behörde — der geologischen Landesanstalt zu überweisen.«

Meine Herren! Nur auf diese Weise hoffe ich, werden wir zu einem brauchbaren Resultat über diese vermeintliche Begabung mancher Menschen, über diese Kunst, Wasser zu suchen, kommen.

Für viele von uns ist die Frage bereits entschieden, es gehört aber auch dazu, dafs auch die hohe Staatsregierung endlich einmal aus ihrer Zurückhaltung und Unentschiedenheit hervortritt und zu der ganzen Angelegenheit Stellung nimmt.

Herr Stadtbaurat Goette, Plauen: Meine Herren, eigentlich bin ich gar nicht legitimiert, als Wasserfachmann hier zu sprechen, denn ich bin von Hause aus Architekt. Aber ich habe in meiner bisherigen Stellung als Stadtbaurat von Gotha einen Fall erlebt, wobei ich doch einiges von der Wünschelrute gesehen habe, was ich Ihnen ganz objektiv, ohne mir ein Urteil zu erlauben, mitteilen möchte.

Die Talsperre in Tambach für die Stadt Gotha ist in den Jahren von 1902 bis 1906 errichtet worden. Als ich mein Amt antrat, war bereits das Projekt aufgestellt und mit dem Bau begonnen. Die Bauleitung lag nicht in meiner Hand. Als aber das Bauwerk fertig war, hatte ich den Betrieb zu übernehmen. Die Bauwerke erwiesen sich als ausgezeichnet; kein Tröpfchen drang durch die Mauern usw., aber von einer gewissen Höhe an, drang das Wasser durch den Felsen hindurch, um die Mauerwiderlager herum. Das geschah in ziemlich erheblichem Mafse. 216 l/sec wurden damals gemessen, und das gemessene Wasser war noch nicht alles, was durchdrang.

Nun fragte es sich: Wie ist Abhilfe zu schaffen? Es wurden verschiedene Vorschläge gemacht, auf die ich hier nicht eingehen will, denn wir sprechen ja heute hauptsächlich von der Wünschelrute. Ich werde mir auch demnächst erlauben, die Sache im »Journal« zu veröffentlichen.

Bei dem weiteren Fortschreiten der Untersuchungen hierüber kam ich nun auch auf Beobachtungen über die Wünschelrute.

Ich machte seinerzeit den Vorschlag, die Dichtung dadurch zu erreichen, dafs man an den Stellen, die man für durchlässig hielt, tiefe Bohrungen hineintreibt und diese Bohrlöcher mit flüssigem Zement ausfüllt, womöglich unter Druck. Das war ja ein naheliegendes Verfahren, das auch im Bergbau öfter angewendet wird. Nach langen Erörterungen wurde schliefslich mein Vorschlag angenommen, und die nötigen Mittel wurden in weitem Rahmen bewilligt.

Die erste Schwierigkeit war, die Stelle aufzufinden. Hätte ich nur nach Vermutungen gehen wollen, so hätte ich der Stadt Gotha eine Masse Geld ohne Erfolg verpulvern können. Ich machte es deshalb mit dem bekannten Mittel durch Färbung des Wassers. Aber ein Becken, das immer nahezu eine Million Kubikmeter enthält, mit Färbemitteln anzufüllen, war doch nicht angezeigt, weil der untere Lauf dann sehr stark gefärbt worden wäre. Aufserdem hätte ich auch kein richtiges Resultat bekommen, denn, wenn ich das ganze Becken färbe, sehe ich zwar, wo das gefärbte Wasser heraustritt, aber nicht den Ursprungsort. Wir mufsten uns begnügen mit einer solchen Stelle, wo man mit Bestimmtheit sagen konnte: hier tritt Wasser in den Fels ein, und mufsten zunächst ein Bohrloch riskieren. Kurz, durch Färbeversuche wurde die Stelle ermittelt, Bohrungen vorgenommen und die Dichtung hergestellt. Dadurch wurde der Ablauf von 216 l/sek schon ganz erheblich herabgedrückt: auf 120 l/sek. Aber nun fehlte jeder weitere Anhalt, wo ich weiter zu bohren hätte. Ratlos stand ich da und konnte nicht vorwärts.

Nun hatte die Bohrarbeiten ein Pumpenmacher namens Döll übernommen. Der trat an mich heran und sagte: Ich will Ihnen einen Weg weisen. Ich reagiere auf die Wünschelrute. Achselzuckend antwortete ich ihm: Darauf lasse ich mich nicht ein. Er drang aber immer wieder in mich: Machen Sie doch den Versuch, ich tue es umsonst. Das hat er auch getan; er hat kein Geschäft daraus gemacht. Ich sagte ihm darauf: Vorzeigen können Sie es mir, ich will es mir einmal ansehen. Nach dem ersten Versuch wurde ich freilich gleich sehr stutzig. Ich will eine kleine Skizze von der Situation zeichnen. (Fig. 16.)

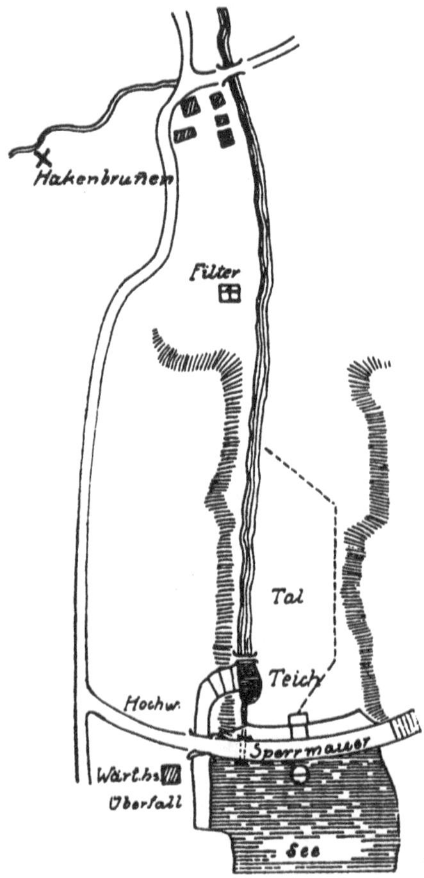

Fig. 16.

Hier war das Tal unterwärts selbstverständlich während des Baues für jeden Unbefugten völlig abgeschlossen. Es konnte niemand heran, der nicht legitimiert war. Nun sagte ich ihm: Zeigen Sie einmal an einer beliebigen Stelle irgendeinen Wasserlauf. Er sagte, er wolle mit mir hier über das Tal gehen. Das geschah, und seine Wünschelrute fing an einem Punkt an zu schlagen. Nun will ich Ihnen zeigen, wie das zuerst aussah. Er hielt die Rute — es war eine stählerne Rute — leicht in den Fingern, nicht in der Faust, sondern ganz locker, ging über das Tal, und an einer bestimmten Stelle schlug nicht etwa die Rute aus, nein, sie bog sich aus der Ebene heraus nach unten und zitterte hin und her. Das Zittern ist ja kein Wunder. Er war wahrscheinlich auch in Erregung. Aber das Herausbiegen aus der Ebene konnte er kaum selbst machen. Er kann das Ausschlagen machen nach unten und nach oben; aber das Herausbiegen aus der Ebene kann er nicht machen. Das war das erste, wobei ich doch stutzig wurde.

Dann ging er mit mir über dem Tal hin und her und zeigte mir den Wasserverlauf etwa in der in der Figur 2 angedeuteten Richtung. Es war eine vollständige Ebene mit Gras übersät, nichts zu sehen von irgendeinem Wasserlauf. Da fiel mir ein: was er zeigt, das ist ja genau der Gang, den wir zur Wasserhaltung für die Baugrube seinerzeit vorgenommen haben. Das war das zweite, was mich stutzig machte. Er zeigte mir also den Wassergraben, den nur ein mit dem Bau Vertrauter gesehen haben konnte.

Nun, das konnte ihm ja zugetragen sein. Das beweist ja nichts. Nun steckte ich aber die Punkte ab. Es stimmte das mit den Plänen überein, und zwar so vollständig, dafs er unmöglich durch Hörensagen sich das hätte einprägen können.

Nun, ohne ihm zuzugestehen, dafs ich überzeugt sei — das bin ich auch heute noch nicht völlig, das will ich ausdrücklich betonen —, habe ich gesagt: Wenn Sie mir oben bei der Mauer zeigen können, wo noch weitere Durchlässe sind, wollen wir den Versuch machen. Das geschah, und zwar in so grofsem Umfange, dafs wir schliefslich eine ganze Reihe von Löchern nur auf Grund der Angaben dieses Mannes gemacht haben, und ich kann Ihnen mit aller Bestimmtheit sagen: nicht eine dieser Anzeigen hat versagt. Die ersten Löcher wurden dahin gesetzt, wo man nach dem Augenschein schon vermuten konnte, dafs Spalten da sind. Dann habe ich eins in den Hochwasserüberfall hineingesetzt, in den Kanal. Das hatte nur geringen Wert. Die weiteren Löcher sind alle nach den Anzeigen der Wünschelrute gemacht worden und haben sich durchweg bewährt.

Der Beweis war ja sehr einfach. Wenn das Bohrloch gebohrt war, füllte man es mit Wasser vom Hydranten aus und fügte Farbe zu. Es fragte sich: ist das der Ursprung in der Kluft, und es hat jedesmal zugetroffen.

Nun will ich noch einen Fall erzählen, wo die Anzeige der Rute als richtig erwiesen worden ist. Bei X in der Fig. 2 fällt der Hang ab nach dem Ort Tambach zu. Einige Minuten von der Talsperre entfernt befindet sich da ein Brünnchen, der sog. Hakenbrunnen. Da lag die Vermutung nahe, dafs, da die Schichten dorthin fielen, dort ebenfalls Wasser austreten könnte, das der Talsperre verloren geht, und das unten im Bach uns ganz wertlos war. Um das zu beweisen, hatte ich von den Löchern aus Farbversuche gemacht, längst ehe der Mann von der Wünschelrute gesprochen hatte. Sie waren vollständig vergeblich gewesen. An einem Sonnabend hatte ich noch einmal den Versuch gemacht mit ganz kräftiger Farbe (Eosin): alles war vergeblich. Nach dem Färbeversuch habe ich noch einen weiteren Versuch vorgenommen mit Kochsalz und Höllenstein, indem oben Kochsalz hineingegeben wurde. Nun kam der Rutengänger und sagte: Ich weifs, dafs hier eine wasserführende Schicht geht, und zeigte mir sie mit der Rute an. Darauf liefs ich unten die Probe entnehmen, tropfte Höllenstein hinein, und da kam der Beweis für beide Versuche zutage. Nicht nur dafs die milchige Trübung des Chlorsilbers auftrat, sondern gleichzeitig auch, durch eine mir unbekannte Reaktion, die grüne Farbe, die bisher vollkommen ausgeblieben war. In dem Moment, wo Höllensteinlösung hineingetröpfelt wurde, wurde das Wasser vollständig grün. Nun war also bewiesen, dafs die Anzeige der Wünschelrute in diesem Falle richtig gewesen sein mufs.

So schritten wir weiter fort, um den ganzen Defekt von 216 l/sek auf heute vielleicht 8 bis 10 l/sek herunterzudrücken.

Ohne ein Urteil abgeben zu wollen — geholfen hat mir jedenfalls die Wünschelrute. Ich habe Erfolg gehabt. Wie die Wirkung zu erklären ist, weifs ich nicht. (Beifall.)

Herr Bauamtmann Henle, München: Meine Herren, ich will zuerst mit meiner Legitimation beginnen. Ich gehöre jedenfalls nicht zu denjenigen Herren, die irgendein pekuniäres Interesse an der Wünschelrute haben. Die Stadt München hat nun zu den Rutengängern insofern gewisse Beziehungen, als zwei Rutengänger sich aus den Leuten der Abteilung für Wasserversorgung des Stadtbauamtes rekrutieren. Ein Mechaniker und ein Rohrwart glauben diese Eigenschaft an sich zu haben. Das hat nun dazu geführt, dafs in einer Stadt, in der auch Dr. Aigner viel über die Wünschelrute gesprochen hat, diesen Versuchen näher getreten wurde.

Ich möchte mitteilen, um das Resultat zu antizipieren, dafs eine grofse Anzahl von Versuchen nur gemacht wurde, um zunächst einmal zu zeigen, dafs diese Leute die Eigenschaft der Rutengänger hätten. Es wurden viele Versuche an bekannten Objekten gemacht. Selbstverständlich konnten sie einen Skeptiker nicht überzeugen. Es wurden aber aufserdem auch Versuche gemacht mit Objekten, deren Lage den Rutengängern selbst nicht bekannt sein konnte. Diese Versuche haben gröfstenteils ein günstiges Resultat ergeben. Aber auch diese möchte ich nicht als Beispiel anführen, um die Herren irgendwie überzeugen zu können, denn schliefslich hätten gerade Organe der Wasserversorgung vielleicht Mittel und Wege finden können, sich über die Lage der Rohrleitungen zu vergewissern, obwohl sie tatsächlich offiziell in den Plänen nicht mehr eingezeichnet waren, weil sie alt waren und einer früheren Brunnenleitung angehörten.

Es hat sich nun in München zufällig eine Dame gefunden, die eine Veranlagung als Rutengängerin an sich wahrgenommen hat, und diese Dame macht ebenfalls kein Geschäft aus dieser Sache. Die Erscheinungen bei der Dame waren so auffallend, dafs ich der Sache nachgegangen bin. Zufällig kannte ich den Gatten der Dame persönlich. Ich mufs sagen, dafs es bei derartigen Versuchen wesentlich ist, wenn man die Person selbst kennt und dadurch die Überzeugung gewinnt, dafs jegliches persönliche oder geschäftliche Interesse, eine Täuschung vorzumachen, ausgeschlossen ist.

Mit dieser Dame habe ich nun in unserem städtischen Quellengebiet Versuche gemacht, weil später die Versuche mit den offiziellen Medien, wenn ich so sagen soll, stattfinden sollten, und ich mich überzeugen wollte, wie die Wünschelrute bei der Dame reagiert, zu deren Versuchen ich, offen gestanden, etwas mehr Vertrauen hatte als zu den offiziellen Medien, bei denen doch der Gedanke, später damit Erfolg zu erzielen, mit mafsgebend sein konnte für die Bestimmtheit, mit der sie ihre Anzeigen abgaben.

Es hat sich nun gezeigt, dafs über dem grofsen Grundwasserbecken des Mangfalltales die Ausschläge der Wünschelrute vollkommen unbestimmt waren und keinerlei Deutung ermöglichten. Die Dame erklärte mir immer wieder, sie spüre eine Art Prickeln in Armen und Händen, aber sie könne das nicht in irgendeiner Art deuten. Aber an einer Stelle hat die Dame ganz bestimmt behauptet, dafs hier die Wasserverhältnisse anders sein müfsten als an den anderen Stellen. Sie ist auch mehrere Male über die Stelle gegangen, und die Rute hat den entsprechenden Ausschlag gezeigt.

Sechs Wochen nachher wurde nun das ganze Gebiet mit den Rutengängern der Abteilung selbst, also mit dem Rohrwart und dem Mechaniker, begangen, und es zeigte sich nun die charakteristische Erscheinung, die hier in dem Vortrag vielleicht zum Ausdruck gekommen ist: die Rutengänger, die sich schon mehr oder weniger als Medien fühlten, hatten viel mehr Ausschläge. Das heifst: überall da, wo die Dame mir aufrichtig gesagt hatte, die Rute könnte da ausschlagen, ich spüre da so eine Art Prickeln und dergleichen, hatten nun diese Rutengänger bestimmte Ausschläge; und ich erkläre mir das so, dafs die Leute tatsächlich in dem entschiedenen Willen, etwas zu finden und etwas zeigen zu können, diese unerklärlichen und unbestimmten Andeutungen verstärkt haben und dadurch auch zu unglaubwürdigen Resultaten gekommen sind.

Aber ich führte sie auf Umwegen durch das ganze Tal und unter anderem auch in die Nähe der Stelle, bei der ich vorher mit der Dame entschiedene Ausschläge bekommen habe, und es zeigte sich nun, dafs beide Rutengänger genau an derselben Stelle, die ich mir vorher privatim eingemessen hatte, ohne dafs einer der Rutengänger davon Kenntnis hatte, entschiedene Ausschläge der Rute bekamen.

Ich möchte damit nur das eine konstatieren, dafs zweifellos, wie ich mich ausdrücken möchte, »etwas daran ist«, und darum kann ich dem Schlufsantrag des Referenten wohl vollen Beifall zollen, dafs er die Regierung ersucht, Mittel zur Klärung der Sache zu genehmigen. Dagegen mufs ich sagen, dafs die Darstellung, die von den Mifserfolgen der Rutengänger gegeben wurde, durch ihren weitgehenden Skeptizismus vielleicht abschreckend wirken könnte. Mich persönlich allerdings schreckt das nicht davon ab, dafs ich, selbst auf die Gefahr hin, verlacht zu werden, der zweifellos interessanten Sache nachgehe. (Beifall.) Ich möchte Ihnen sagen: wenn Sie all den Unsinn, der z. B. über Grundwasserbewegungen zusammengeschrieben wurde, zusammentragen wollten, so könnten Sie ebenfalls die Sache sehr stark ins Lächerliche ziehen. (Sehr richtig! und Beifall.)

Es sind das zweifellos vollkommen unerklärte Erscheinungen. Aber, meine Herren, von den unerklärten Erscheinungen bis zum Schwindel ist doch noch ein grofser Weg, und gerade an der Gegenüberstellung dieser offiziellen Rutengänger mit der Dame wollte ich Ihnen zeigen, woher es wohl kommen kann, dafs so viele Fehlversuche auftreten.

Es scheint mir — so möchte ich meine Überzeugung zusammenfassen —, dafs irgendwelche uns unbekannten Kräfte tatsächlich von dem bewegten Wasser sich auf eine derartige Rute übertragen. Sie äufsern sich sehr schwach, und derjenige, der nun einen recht bestimmten Willen damit verbindet, läfst sich vielfach verleiten, irgendein schwaches Anzeichen schon zu einem tatsächlichen Ausschlag zu stempeln.

Die Rute betrachte ich nur als das Zeigerwerk der Empfindung. Ein Vergleich: Es kommt z. B. häufig vor, dafs von zwei Leuten, die auf einem Berge stehen, der eine mit gutem Auge gegenüberliegend irgendein Kreuz zu sehen glaubt, den Nachbar darauf aufmerksam macht, und dieser nun nach angestrengtem Schauen ebenfalls behauptet, das Kreuz zu sehen. — Solche Selbsttäuschungen sind zweifellos mit im Spiele, wenn ein etwas empfindliches Medium eine Anzeige an der Rute spürt, einen sehr entschiedenen Willen hat und nun Erfolge erzielen will. Dieser übertriebene Wille, da Erfolge zu erzielen, wo zweifellos die Erfahrungen noch nicht ausreichen, haben allerdings der ganzen Untersuchung sehr viel geschadet. Aber ich glaube trotzdem, dafs der Antrag des Herrn Referenten, und zwar mit etwas weniger Skeptizismus begründet, das einzig Richtige darstellt.

Noch etwas aber ist mir aufgefallen: nämlich dafs ein so absprechendes Urteil gefällt worden ist auf Grund der Statistik, die doch eine ganze Anzahl Erfolge verzeichnet. Ich mufs sagen, ein Tuberkuloseheilmittel, das 30 % Heilerfolge erzielt, würde nicht als ein vollkommener Schwindel angesehen werden. (Sehr richtig!) Bei dem Suchen von Wasser sind Resultate mit 30 % Treffern zweifellos sehr wünschenswert, und ich glaube, dafs gerade in Gegenden, wo sehr schwer Wasser zu beschaffen ist, wie in Südwestafrika, das eben auch schon als Erfolg anzusehen ist. Die Art der Beurteilung wird eben eine verschiedene sein, je nach den Erwartungen, mit denen wir an diese Erscheinung herantreten. Wenn wir das kritisieren, was der theoretisch fast durchweg sehr wenig beschlagene Rutengänger von seinen Erscheinungen behauptet, wie er sie deutet, so kommen wir allerdings darauf, dafs wir das als unrichtig abweisen können. Aber die Erscheinungen als solche sind jedenfalls doch nicht zu leugnen, und ich möchte gerade bitten, dafs die Prozentzahl der Treffer, die aus der Statistik hervorgegangen ist, doch zweifellos als ein Ergebnis angesehen werden möge, das zu weiteren vollkommen objektiven Untersuchungen ermutigen, nicht aber die einzelnen Herren, die hier sind, von weiteren Versuchen eventuell abschrecken könnte. (Beifall.)

Herr Direktor Zink, Halberstadt: Meine Herren, nach dem Bericht des Vorstandes sind es von 350 Fachmännern, bei denen angefragt worden ist, nur 24, die angeben, dafs sie einen Rutengänger gesehen haben. Leider ist auch nicht gesagt, wie viele von den 24 durch das Sehen des Rutengängers gläubig geworden sind. 326 sind bis jetzt ohne Kenntnis der Wünschelrute gewesen. Ich selbst gehörte bis vor wenigen Jahren zu den 326 ungläubigen Unwissenden. Ich habe aber gerade in den letzten Jahren Gelegenheit gehabt, mein Wissen darin zu bereichern und meine Ansicht zu ändern.

Ich möchte einige bestimmte Fälle, die mich einigermafsen von der Wirkung der Wünschelrute überzeugt haben, Ihnen kurz mitteilen. Es handelt sich vor allem um ein Kaliwerk, das Kaliwerk »Günthershall« bei Göllingen. Das Kaliwerk liegt in gebirgiger Gegend im Tal der Wipper auf ein drittel Höhe des Berges. Der Wünschelrutenmann, der hinzugezogen wurde, hat nicht etwa im Tal das Wasser nachgewiesen, er hat auch nicht in der Mulde der beiden Bergrücken das Wasser angegeben, sondern ungefähr in halber Höhe des Berges in 30 Metern Tiefe unter Tag. Das Kaliwerk hatte den Mut, mit 60 cm lichter Weite zu bohren. Bei 28 m versank das Bohrzeug, so dafs man es nicht wieder hochheben konnte. Es mufste ein schlanker junger Mann heruntergelassen werden, und der fand im Loch einen Spalt, in den er bequem eintreten konnte, und aus dem er das Bohrzeug hoch dirigieren konnte. In diesem Spalt flofs ein ansehnlicher Wasserstrom, und von diesem Wasserstrom versorgt das Kaliwerk Göllingen sein eigenes Werk und versorgt die Gemeinde Göllingen andauernd mit Wasser.

Das war der erste Anlafs, der mich bewog, von meiner vorherigen Meinung, dafs alles Schwindel sei, abzugehen. Ich selbst kenne das Kaliwerk ganz genau und auch die Leute. Es sind tüchtige Kaufleute und Bergleute, die ganz ohne Vorurteil an die Sache herangegangen sind.

Als zweites kann ich Ihnen das Kaliwerk »Glückauf« beim Kyffhäuser nennen, eins der best rentierenden Kaliwerke, das die allerbesten bergmännischen Kräfte hat und das ganz in der Nähe der Stelle, von der ich reden will, ähnlich wie in Göllingen, seinen Schacht niedergetrieben hatte, also ganz sicher über die Beschaffenheit der Gegend orientiert war. Das Kaliwerk »Glückauf« hat andauernd an Wassermangel gelitten und hat denselben Rutengänger, einen Herrn Passehl aus Güstrow, der nebenbei Brunnenmacher ist, einen bescheidenen, einfachen Mann, zugezogen, und Passehl hat dem Kaliwerk »Glückauf« auf ca. 8 m von dem vorhandenen Brunnen, der nicht genügend Wasser gab, sofort einen Wasserlauf nachgewiesen. Es wurde ein Brunnen niedergetrieben, und seitdem hat auch das Kaliwerk »Glückauf« Wasser. Ich würde Herrn Stadtrat Bieske empfehlen, dafs er persönlich anfragt; er wird die Auskunft wahrscheinlich in derselben Weise bekommen, wie ich sie hier vortrug.

Bei der Vergröfserung der Wasserfassungsanlagen in Halberstadt haben wir ebenfalls Rutengänger zugezogen, nicht von Anfang an. Wir haben erst der Wissenschaft die Ehre gegeben und haben 160 Bohrlöcher ohne Wünschelrute niedergetrieben, nicht mit besonders grofsem Erfolg. Wir hatten uns in unserem Gebiet beschränkt auf das obere Grundwasser. Wir haben seit über 30 Jahren ein Grundwasserwerk, das aus dem oberen Kies sein Wasser nimmt und bis dahin ganz tadellos funktioniert hat. Unsere Bohrungen hatten uns darin überrascht, dafs wir das grofse Grundwasserbecken, das wir von früher her vermuteten, nicht fanden, sondern überaus verworfenes Gebiet vorfanden, das teilweise aus Mulden, teilweise aus Rinnen bestehen mag, deren Aufschlufs aber überaus schwierig ist, so dafs der Spezialkollege, der zugezogen war, mit mir darin einig war, dafs die Befunde bis dahin, bis zum Bohrloch 160, nicht so waren, dafs wir positiv ernsthafte Sachen darauf aufbauen konnten. Der Spezialkollege legte uns nahe und riet uns auch schriftlich an, weit weg nach dem Harz zu ziehen, um dort Wasser zu finden — mit welchem Erfolge konnte er natürlich so wenig sagen wie wir.

Wir haben nun in diesem Stadium unserer Vorarbeiten erst einen Wünschelrutenmann zugezogen. Es ist ein Herr Milatz aus Nauen. Ich habe ihn, als er ankam, gefragt: Was können Sie? Können Sie die Tiefe feststellen? Das verneinte er. Können Sie die Richtung eines Wasserstromes feststellen? Das bejahte er. Können Sie Wasser feststellen, das frei fliefst? — Nein. — Können Sie Wasser in meinen Rohrleitungen, also die Lage der Rohrleitungen feststellen? — Nein. Also dieser Milatz war so ehrlich, so freimütig, zu sagen, dafs er nur feststellen kann: hier ist ein Wasserlauf — er nannte es immer »Quell«. Er konnte nur »Quellen« feststellen, und zwar ohne Angabe der Tiefe.

Wir sind das ganze Gebiet, das schon mit den 160 Bohrlöchern abgebohrt war, abgegangen. — Ich vergafs noch zu sagen: auch er wie die späteren Herren gab an, dafs er auf oberes Grundwasser nicht reagiere, also auf offenes Wasser ebensowenig wie auf oberes Grundwasser. Er selbst hatte eine ziemlich unklare Vorstellung von Geologie und von Hydrologie; aber ich entnahm seinen Äufserungen, dafs er im wesentlichen auf gespanntes Wasser reagieren würde.

Bei der ersten Bohrung fanden wir im oberen Grund eine Stelle, die uns jetzt annähernd 2000 cbm täglich gibt. Es ist der tiefste Punkt des Tonrückens im ganzen Gebiet. Immerhin haben wir an dieser Stelle schon einen Erfolg des Wünschelrutengängers, wenn auch vielleicht einen von ihm nicht verdienten.

Der Kontrolle und der Wissenschaft wegen, und weil es auch nicht teuer ist — denn der Mann verlangte M. 30 pro Tag — entschlofs ich mich, weitere Rutengänger zuzuziehen, und der nächste, den wir zuzogen, ist ein Herr Meier aus Wellingdorf bei Kiel. Er ist die rechte Hand von Herrn Geheimrat Franzius, der ja als Rutenfreund und selbst als Rutengänger bekannt ist, und Geheimrat Franzius, der selbst vielfach gewünscht wird, empfiehlt diesen Herrn Meier. Ich selbst bin nicht empfänglich für die Wünschelrute, trotz aller Versuche. — Als der Herr Meier aus Kiel kam, stellte ich ihm wieder dieselben Fragen. Er konnte Wasser feststellen, er konnte die Richtung des Wasserlaufs feststellen, er konnte aber auch die Tiefe des Wasserlaufs feststellen. Die Richtung wurde in der Form festgestellt, dafs bei der Kreuzung die ähnlichen Erscheinungen kamen, wie Herr Stadtrat Bieske sagte: Ankündigungsstrahl von der einen Seite, Ankündigungsstrahl von der anderen Seite. Wenn er sich in die Stromrichtung stellte, so bekam er mit seiner Rute Ausschlag, wenn er gegen den

Strom ging, und keinen Ausschlag, wenn er mit dem Strom ging. Er stellte sich auf den Ablauf des Versuchsbrunnens, in dem reichlich Wasser flofs, und zeigte uns, dafs die Rute schlug oder nicht schlug, je nachdem er gegen das fliefsende Wasser ging oder mit dem Wasser.

Dieser Herr Meier aus Kiel hat uns auch eine ganze Anzahl Quellen angegeben, und ich habe von ihm einen etwas anderen Eindruck bei den Tiefenangaben erhalten, als Herr Stadtrat Bieske meinte.

Der Rutengänger geht über die Flur hin und bekommt einen Ankündigungsstrahl. Er geht dann weiter und bekommt über der Wasserstelle selbst irgendeinen besonders starken Schlag, aber er hat hier keine Empfindung, wo das Wasser senkrecht unter ihm liegt — das ist sehr bedauerlich —; er geht weiter und erhält weitere Ausschläge. Die Ausschläge hören dann auf, und nun ist die Sache so, dafs die Entfernung zwischen den beiden Ankündigungsstrahlen der Tiefe der Wasserader entspricht. Das ist die Theorie des Herrn Meier. Herr Passehl, den ich als Dritten dann zuzog, hat eine andere Theorie über die Tiefenberechnung. (Heiterkeit.)

Nun möchte ich Ihnen aber gleich hier eine kleine Erklärung geben, wie leicht es möglich ist, dafs Fehlschläge vorkommen. Wir wollen den ersten Fall nehmen, dafs ein Spalt im Sandstein ist, der eine Wassermenge führt wie in Göllingen. Wenn wir Bohrlöcher anlegen, werden wir nicht den Mut haben, immer gleich mit 60 cm Weite herunterzugehen, sondern wir werden mit 25 cm-Bohrlöchern uns begnügen; man kann nun wirklich nicht verlangen, dafs die Wünschelrutengänger auf 10 cm genau angeben. Wir wollen annehmen, die Rute funktioniert gut, aber sie funktioniert vielleicht auf $^1/_2$ m. Wenn wir aber nur 10 cm von dem Wasserstrom entfernt daneben in den Sandstein bohren, so werden wir natürlich eine Fehlbohrung haben. Das ist selbstverständlich. Wenn wir Glück haben, der Sandstein einigermafsen porös ist und der Spalt gespanntes Wasser führt, also ganz gefüllt ist, dann werden wir vielleicht nach einigen Tagen finden, dafs das Wasser im Bohrloch höher steht als das Grundwasser. Ähnliche Fälle haben wir ermittelt: geringe Wassermengen, also anscheinend vollständig wertlos zum praktischen Gebrauch, aber gespanntes Wasser, nach einiger Zeit ankommend, höher als das obere Grundwasser. Solche Fälle sind vorgekommen, und wir sind dabei und werden versuchen zu ermitteln, ob vielleicht gröfsere Grundwassermengen in nächster Nähe sind; das ist bis jetzt noch nicht geschehen.

Einen anderen möglichen zweiten Fehlschlag will ich erläutern. Wir wollen annehmen, es seien zwei Wasserläufe im Sandstein unten als Spalten vorhanden; wenn nun der Rutengänger geht, so bekommt er einen ersten Ausschlag vom ersten Spalt, und er geht weiter bis an das Ende des Ausschlaggebiets des zweiten Spalts. Als Lage der scheinbar gefundenen Wasserader kommt dann die Mitte zwischen diesen beiden Stellen in Betracht; ein Bohrloch an diesem Punkt gerät aber in die Mitte zwischen die beiden Wasseradern, und trotzdem hier zwei wunderbare schöne Wasserläufe in der Natur vorhanden sind, werden Sie einen absoluten Fehlschlag bekommen, weil zu viel, d. h. zu viel Wasserläufe, da sind. Das ist eine Erklärung, nach der ich gesucht habe, weil wir im ganzen drei Fehlschläge hatten. Aber wir hatten auch fündige und erfreuliche Sachen. Gerade von Herrn Meier hatten wir ein Gebiet in einem Ackerstück, das wir selbst nach oberem Grundwasser schon angebohrt hatten. Da hatte er uns angegeben, dafs in 13,1 m Wasser zu finden sei. Wir hatten gebohrt im Humus $1^1/_2$ m; 3 oder 4 m tief oberes Grundwasser; das war schon vorher erbohrt. Wir bohrten dann vollständig trocken in mergelartigem Ton oder tonartigem Mergel, ganz grünem, trockenem Zeug, absolut trocken, herunter bis auf die Tiefe von 13 m. Das obere Grundwasser stand etwa $2^1/_2$ m unter Tag, und bei 13 m kam plötzlich das Wasser bis 10 cm unter Tag. Das ist ein Erfolg, meine Herren, der zahlenmäfsig so genau stimmt, dafs man es nicht genauer wünschen kann. Es ist dabei absolut ausgeschlossen, dafs Herr Meier irgendetwas von der Tiefe gewufst hat. Ich wufste auch nichts. Ich hatte keine Ahnung, ob der Mergel 50 m tief anhält oder 13 m.

Das sind also für mich einzelne Erscheinungen, die mir zeigten, die Herren haben recht — und es sind sehr viele heute darunter, Männer der Wissenschaft, wie Professor Endres aus Stuttgart, ein Hochschulprofessor aus Dresden und andere Professoren —, die auf dem Standpunkt stehen, daſs die Frage der Wünschelrute mindestens wert ist, daſs man sie behandelt, und dazu sollten wir Wasserfachmänner uns mehr herbeilassen, als es bisher geschehen ist.

Ich möchte gerade an die Herren Hydrologen die Bitte richten, daſs sie der Wünschelrute näher treten, in ihrem eigenen Interesse und im Interesse des Wasserfachs. Besonders die Herren, die die groſsen Vorarbeiten machen, sind die berufenen dazu. Ich möchte diesen Herren empfehlen, daſs sie die Wünschelrutengänger — nicht nur den Herrn v. Bülow oder Herrn v. Uslar, sondern die einfachen Brunnengänger — nicht als Feinde, sondern als Handlanger ansehen. Ich glaube, es wird kaum etwas schaden, wenn der Hydrologe auch einmal einen Rutengänger beizieht; das kostet nicht viel, und ich glaube, er bekommt ein Kontrollmaterial, das mit der Zeit ein Urteil über die Rutengängerei ermöglicht, zum Besten des Fachs.

Zum Goldsuchen möchte ich eine kleine persönliche Erfahrung mitteilen, die vielleicht nicht uninteressant ist. Einer meiner Herren, der dabei war, wie die drei Wünschelrutengänger da waren, geht jetzt allein mit der Rute. Er behauptet, er könnte Gold finden, er habe häufig zu Hause in seiner Familie, wenn Gold unter dem Teppich versteckt wurde, unweigerlich ganz genau das Goldstück gefunden. Ich lieſs ihn mir kommen, um auch den Versuch mit ihm zu machen. Ich habe aber freilich schon aus anderen Anlässen psychologische Beobachtungen und Studien gemacht, die mich dazu führten, daſs ich nicht im Zimmer blieb, als er das Goldstück suchen wollte, denn ich glaube, daſs eine Telegraphie ohne Draht von Gehirn zu Gehirn, eine Beeinflussung, sei es durch den Geruch oder irgendwie, vielleicht ähnlich wie beim Hypnotismus, möglich oder denkbar ist. Ich habe also das Goldstück versteckt und bin hinausgegangen. Es durfte niemand im Zimmer sein. Wir waren im Nebenzimmer, weit weg, um ihn zu beobachten, also nicht so nahe, dafs irgendeine Beeinflussung stattfinden konnte, und er hat vollständig beim Goldsuchen versagt, während er bestimmt behauptete, er hätte das Goldstück zu Hause immer gefunden. Ich wollte damit darauf hinweisen, dafs man leicht unbewufst auf den Suchenden einen persönlichen Einflufs ausübt, weil bei kritischen Versuchen, wie Herr Stadtbaurat Bieske sagte, man genau immer weifs: hier ist die Stelle, man geht mit dem Rutengänger, geht sehr nahe, fafst ihn vielleicht auch an, und dann beeinflufste man ihn.

Es ist sehr schwer, derartige Versuche zu machen. Man mufs, wenn man der Sache dienen will, eine gewisse Nachsicht üben, mufs Fehlschläge zu erklären suchen und nicht bei zwei Fehlschlägen und einem Treffer sagen: es ist alles dummes Zeug.

Ich wollte, genau wie der Herr Vorredner sagte, darauf hinweisen, dafs es doch ein überaus günstiges und beweiskräftiges Ergebnis ist, wenn wir nur 30% fündige Stellen haben, namentlich wenn Sie berücksichtigen, welche Art von Fehlschlägen möglich ist, und wie unvollkommen die menschlichen Einrichtungen sind. Ich meine, dafs schon zwei und drei und zehn Fälle von hundert beweiskräftig sind gegen die negativen. Das Negative ist nie beweiskräftig. Man weifs, dafs es nicht nachzuweisen ist, ob es aber nicht doch da ist, weifs man nicht, während das Positive eben beweisend ist.

Ich möchte, dafs wir alle, die Betriebsfachleute wie die Berufsfachleute, uns ebenfalls dieser Frage widmen, und ich hoffe, dafs wir, sei es nach der positiven oder negativen Seite hin, der Erledigung der Frage näher kommen. Sie ist es durchaus wert. Fehlschläge sind ja sehr leicht möglich, aber allerdings ist der Fall, den Herr Stadtrat Bieske erwähnte, ungünstig, weil Herr v. Bülow behauptete, es ist Wasser da, aber es war doch kein Wasser da. Man weifs nicht, wie das zusammenhängt. Vielleicht waren zwei Wasserläufe da, und die Rutenangabe führte zwischen beide Läufe in trockenes Gebiet.

Ich möchte, dafs unsere Kommission bei der Regierung vorstellig wird, dafs den Gas- und Wasserfachmännern das Material von Südwestafrika zugänglich gemacht wird. Man hört so vielerlei Urteile, meine Herren. Eine Zeitung schreibt: In Südwestafrika ist alles dummes Zeug gewesen, es ist kein Tropfen Wasser gefunden worden, und andere Zeitungen schreiben: Es ist ein grofser Erfolg da gewesen. Ich habe in einem Vortrag eines Professor Brockmann, der den Eindruck machte, als hätte er authentisches Material bekommen, auch die Zahl von 78% Erfolgen gehört; dabei sind ausgeschieden alle Fälle, die nicht fündig waren, weil der Bohrer gebrochen ist oder sonst etwas in Unordnung war. Ich habe Photographien gesehen wo ein riesiger Wasserstrahl aus einem Loch herauskam. Die Photographien wirkten auf mich so überzeugend — wie das Photographien immer tun —, dafs ich nicht glauben konnte, dafs das alles Schwindel ist. Also ich glaube, wir sollten uns über die Wünschelrute mehr und genaueres Material verschaffen.

Herr Bauamtmann Henle, München: Darf ich noch einen Fall erwähnen? Es wurde von meinem Vorgänger mit einem der Medien der Versuch gemacht, die Rohrbruchstellen unter dem Asphaltpflaster festzulegen. Wenn ein Rohrbruch vorgekommen ist, so ist es selbstverständlich sehr wünschenswert, möglichst genau die Bruchstelle zu finden, und hier hat in zwei Fällen — es waren nicht mehr Fälle vorgekommen —, in denen der Versuch gemacht wurde, das betreffende Medium die Bruchstelle so genau feststellen können, dafs mit einem Minimum an Aushub der Bruch behoben werden konnte. Das ist jedenfalls ein Fall praktischer Anwendung, der einzelnen Stadtverwaltungen häufig Gelegenheit geben könnte, die Sache zu versuchen.

Herr Baurat Scheelhaase, Frankfurt a. M.: Meine Herren! Ich habe mich persönlich bemüht, den Ursachen nachzugehen, die zu dem Ausschlag der Wünschelrute führen. Es ist im Verlauf der heutigen Diskussion eine irgendwie annehmbare Erklärung dafür nicht beigebracht worden, woher denn die Erfolge kommen, die hier angeblich erzielt sein sollen. Man spricht von 30 und 40% Treffern. Man nimmt also tatsächlich an, dafs Erfolge erzielt worden sind. Um diesen Verhältnissen nachzugehen, habe ich mich seit Jahresfrist persönlich bemüht, eine Erklärung zu finden. Ich hatte im Vorsommer 1909 Versuche gemacht und hatte die Genugtuung, dafs die Wünschelrute auch in meinen Händen Ausschläge lieferte.

Ich war sodann im vorigen Sommer in einem quellenreichen Gebiet im Schwarzwald und hatte da besonders Gelegenheit, den Erscheinungen nachzugehen. Zunächst erfolgten die Ausschläge sehr unregelmäfsig. Ich kam dann zur Versammlung des Mittelrheinischen Vereins von Gas- und Wasser-

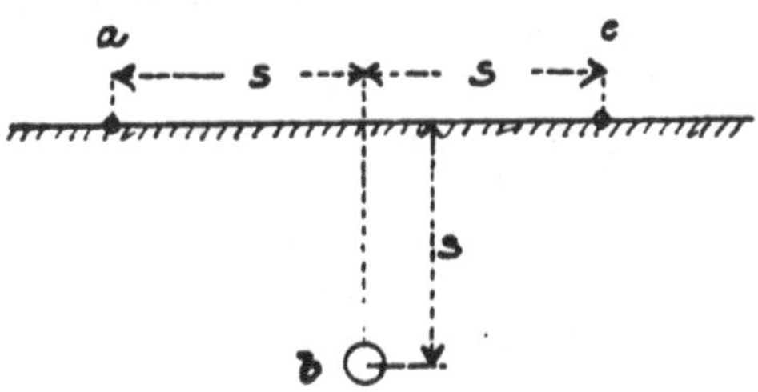

Fig. 17.

fachmännern nach Konstanz, hörte dort den Vortrag des Herrn Dr. Aigner-München[1]), und von dem Augenblick an konnte ich etwas mehr System in die Sache hineinbringen.

Der Vorgang beim Ausschlag der Wünschelrute ist genau so, wie der vorige Redner ihn dargestellt hat, und wenigstens bei mir nicht so, wie Herr Stadtrat Bieske es geschildert hat. (Heiterkeit.)

Wenn bei *b* (Fig. 17) ein Wasserlauf oder eine Rohrleitung sich befindet, dann schlägt die Rute bei *a* und *c* aus, und dann ist ungefähr in der Tiefe *s* das Wasser.

Ich konnte nun feststellen, dafs in allen Tälern, die ich durchwanderte, die von rieselnden Bächen durchflossen wurden, diese Erscheinung genau so eintrat, wie sie hier dargestellt ist, und ich glaubte nun schon, dafs ich in der

[1]) Vgl. Journ. f. Gasbel. 1909, S. 936.

Lage sei, tatsächlich Wasser finden zu können. Das war aber ein gewaltiger Irrtum. Ich bin nachher in unser städtisches Rohrnetzgebiet hineingegangen, habe auch dort zunächst scheinbare Erfolge gehabt — aber es waren nur scheinbare Erfolge.

Eine Tatsache dafür, dafs meine Anschauung, ich könnte in der Rohrleitung Wasser finden, irrig war, ist die folgende: Es ist eine Druckrohrleitung *A B C* von 600 mm Durchmesser vorhanden; sie war vor drei Jahren hergestellt, so dafs man ihren Verlauf an der Erdoberfläche noch ziemlich genau an vielen Stellen verfolgen konnte (Fig. 18). Die Ausschläge erfolgten bei 1, 2, 3 u. 4. Nun mufs ich bemerken, dafs die Abbiegung an der Stelle *B* mir nicht bekannt war, bzw. sie war mir nicht mehr erinnerlich. Ich ging weiter. Dann erfolgten die Ausschläge bei 5 u. 6. Es geht daraus hervor, dafs ich vollständig unfähig war. Ich hatte zunächst richtige Ausschläge da, wo die Stellen unschwer zu bemerken waren. Ich kam nachher weiter, und ich hatte die Abzweigung noch nicht bemerkt oder noch nicht vermutet. Infolgedessen bekam ich bei 5 und 6 die Ausschläge, ein Beweis dafür, dafs mein Gefühl mich vollständig im Stich gelassen, also meine Eigenschaft als Medium hier vollständig versagt hat.

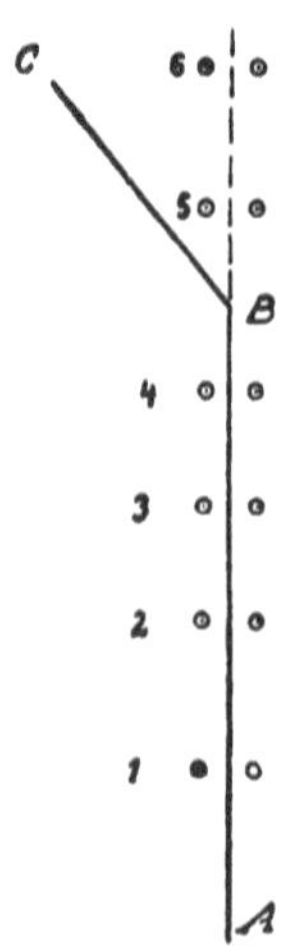

Fig. 18.

Ich habe derartige Versuche häufig wiederholt, nicht blofs bei mir, sondern auch bei einem anderen Herrn, der dieselbe Eigenschaft hat, und habe gefunden, dafs überall da, wo ich weifs, dafs ein Rohrlauf liegt, dafs ein Wasser den Weg kreuzt, ein Ausschlag d. h. ein Doppelausschlag erfolgt. Ich bin aber nie in der Lage, in einer unbekannten Gegend zu sagen, dafs da eine Rohrleitung, wenn sie auch noch so grofs ist, sich befindet, und dieser Umstand bringt mich auf die Erklärung der sog. Erfolge. Ich glaube, es handelt sich lediglich um eine rein subjektive Beeinflussung des Mediums. Wie wir schon gehört haben, sind die meisten Erfolge erzielt worden von Brunnenmachern, von Forstleuten, von aller Art Personen, die mehr oder weniger mit der Wasserversorgung, mit Wasser und Quellen zu tun haben, wie auch die Münchener Baubeamten, die ja hervorragend in dem Geschäft tätig sind; und wir haben von Herrn Baurat Henle vorhin gehört, dafs diese Beamten in viel stärkerem Mafse die Eigenschaft hatten als die Dame, dafs nämlich das Kribbeln in den Händen bei ihnen viel intensiver auftrat als bei der Dame, ein Beweis, dafs sie sich mehr beeinflufst fühlten, weil sie in jener Gegend Wasser vermuteten.

Ich glaube daher, meine Ansicht dahin aussprechen zu sollen, dafs die Erscheinung im wesentlichen auf subjektive Beeinflussungen zurückzuführen ist. Die Wunderdoktoren, wie der Schäfer Ast, und wie sie sonst heifsen, erzielen auch Erfolge. Sie verdanken ihre Erfolge der Befähigung, irgendein Gebiet besonders zu beherrschen, von Natur dafür begabt zu sein, und so mag es auch manche geben, die von Natur eine besondere Begabung für das Auffinden unterirdischer Wasserläufe haben. Wenn ich durch ein Tal hindurchgehe, so weifs ich, dafs sich in der Sohle fast stets ein Wasserlauf unterirdisch befindet. Dann geht unwillkürlich die Rute hinab (oder hinauf), und so mag es sich auch bei vielen der Fälle verhalten, die hier zur Erörterung gekommen sind.

Aber immerhin, es sind hier in der Debatte so wesentliche Erfolge zur Sprache gekommen, dafs es, glaube ich, verfrüht wäre, jetzt schon mit einer Eingabe an das Ministerium zu gehen. Erst mufs man sich im eigenen Hause klar sein, wenn man andere für eine Sache in Bewegung setzen will. Ich bin daher der Meinung, dafs wir angesichts der noch nicht vollständig erfolgten Klärung noch ein Jahr warten und uns, jeder für sich, an die Sache heranmachen und dann wiederum die Erfahrungen austauschen.

Es ist gewifs erfreulich, dafs wir hier im Kreise der Fachleute uns nicht gescheut haben, diese etwas heikle Frage anzuschneiden. Wir können Herrn Stadtrat Bieske nur dankbar sein, dafs er als Wasserbauingenieur es nicht abgelehnt hat, über diesen Gegenstand zu referieren. Ich glaube, dafs wir der Sache am besten dadurch näher kommen, dafs zunächst jeder für sich Versuche anstellt. Wenn man sich auf Medien verläfst, ist man stets mehr oder weniger betrogen. Nur das eigene Empfinden, die eigene Erfahrung kann uns einen sicheren Anhalt dafür geben, ob etwas an der Sache daran ist oder nicht.

Herr Direktor Kurzak, Dresden: Einer der Herren erwähnte vorhin, dafs ein Professor der Dresdener Technischen Hochschule auch nicht so ganz ablehnend der Wünschelrute gegenüberstehe. Ich habe selbst Gelegenheit gehabt, einem Experiment in Dresden beizuwohnen, und da ist etwas herausgekommen, was vielleicht nach dem Vielen, das Sie jetzt gehört haben, doch immer noch interessant ist. Es waren auf Einladung des Herrn Geheimrat Franzius Herr von Uslar, Herr v. Bülow und noch ein Herr aus Süddeutschland als Wünschelrutengänger anwesend, und dem Experiment wohnten bei Herr Professor Kübler, Herr Geheimrat Kalkowsky, Herr Geheimrat Frühling, jedenfalls Leute, die wohl keine Gespensterseher sind.

Es wurden zuerst im Wasserwerksgelände des dritten Wasserwerks Dresden Experimente gemacht, und die Herren behaupteten, in der Tiefe von 15 m Wasseradern zu finden. Ja, da mufste ich den Herren erklären, dafs sie sich in einem Alluviumgebiet befänden, wo überall Wasser sei; jedenfalls war dieser Versuch resultatlos.

Interessanter war aber ein Experiment, das innerhalb der Technischen Hochschule gemacht wurde. Da wurde Herr von Uslar über eine etwa hundert Meter lange Strecke geschickt und behauptete an zwei Stellen, wo die Rute sehr eklatante Ausschläge gab, hier wäre Wasser. Meine Herren, da befand sich kein Wasser, wohl aber gingen genau an den Stellen elektrische Kabel durch. An einer anderen Stelle war Herrn Geheimrat Kalkowsky ein Punkt bekannt, wo ein Kohlenflötz ausstrich. An diesen schickte er Herrn v. Uslar, und dieser markierte die Stelle, die für einen Nichtgeologen jedenfalls nicht zu erkennen war, durchaus mit absoluter Sicherheit.

Jedenfalls geht aus diesem ganzen Verlauf hervor, dafs hinter der Wünschelrutensache doch etwas ist, und es erklären sich die vielen Mifserfolge vielleicht auch damit, dafs die Herren einfach nur konstatieren können, dafs die Rute einen Ausschlag gibt. Aber was diesen Ausschlag verursacht, ob da nicht vielleicht auch Kabel oder andere Sachen sind, das kann nicht immer kontrolliert werden.

Immerhin halte ich es für sehr wertvoll, wenn der Sache weiterhin Aufmerksamkeit geschenkt wird. Es ist eine Frage, die noch zu lösen ist. Ich meine allerdings nicht, dafs wir jetzt dazu kommen sollten, bei den Arbeiten für Wasserwerke anstatt Geologen und Hydrologen Wünschelrutenleute zuzuziehen. Ich habe zu der Wissenschaft immer noch mehr Vertrauen. Aber es ist ein Problem, das zu studieren ist, und es wird jedenfalls von Vorteil sein, wenn sich möglichst die Sachverständigen damit beschäftigen. (Beifall.)

Herr Stadtrat Bieske, Königsberg: Meine Herren! Ich möchte zunächst konstatieren, dafs die meisten Herren, die hier zu meinem Vortrage noch das Wort ergriffen haben, doch der Ansicht gewesen sind, dafs die Wünschelrute direkt Wasser nicht anzeigt, sondern dafs irgendwelche Anzeichen vorhanden sind und dafs diese der Nachprüfung bedürfen. Meine Herren, das war ja der Grundsatz, zu dem ich zuletzt auch in meinem Vortrage gekommen bin: die Sache soll geprüft werden, und da bin ich nicht mit Herrn Scheelhaase derselben Ansicht, dafs wir noch ein Jahr warten müssen, denn, meine Herren, unsere eigentlich selbstverständlichen Nachprüfungen, unsere eigenen Versuche sind doch immer nur subjektiv. Wenn wir aber diese Versuche einem anderen mitteilen müssen, der unbefangen unsere Versuche betrachtet und registriert, dann kommen wir zu einem besseren Resultat, als wenn wir nach einem Jahr wiederum nur einzelne Tatsachen zusammentragen. Ich glaube deswegen, dafs wir schon jetzt anstreben müssen, irgendeine Nachprüfung für derartige Zwecke herbeizuführen, denn, meine Herren, wenn wir das unter uns machen, so hat es nachher nicht einen derartigen Wert, als wenn von einer Behörde nach Jahr und Tag in irgendeiner wissenschaftlichen Zeitschrift eine Veröffentlichung darüber stattfindet und gesagt wird: hier sind so viele Fälle.

Ich bezweifle gar nicht, dafs die Wünschelrute auch einmal Wasser finden wird, und dafs bei dem Vorschlag, den ich Ihnen gemacht habe, rechts und links zu bohren, wirklich dann einmal gezeigt wird, die Wünschelrute hat recht. Aber, meine Herren, ehe wir nicht eine bestimmte feste Nachprüfung haben und eine Veröffentlichung über diese Sachen nach einem vorhergegangenen Protokoll, werden wir uns niemals davon überzeugen können, was an der Sache ist.

Ich möchte noch auf einige kleine Punkte aus den Ausführungen der Herren Vorredner eingehen. Zunächst möchte ich bemerken, dafs die Dame, die ich in meinem Vortrag erwähnt habe, sich nicht in Süddeutschland befindet, sondern hier im äufsersten Osten.

Ich möchte dann, weil wir gerade bei Damen sind, wenn ich Sie nicht zu lange aufhalte, noch auf eine andere Sache aufmerksam machen, die hier in Ostpreufsen passiert ist, die auch wo anders vorkommen soll. Hier in Ostpreufsen ist eine Dame, die von der Wünschelrute gehört hat und die natürlich sich auch sehr bald — sie hat sonst nicht zuviel zu tun — eine Rute abschneidet und mit ihr spazieren geht. Sie findet nun, dafs unter ihrem Wohnhaus hindurch eine Wasserader sich erstreckt. Da schlägt die Rute immer aus. Nun sagt sie: Jetzt weifs ich doch, weswegen ich nicht gut schlafen kann (Heiterkeit); mein Bett steht gerade über der Wasserader. (Heiterkeit.) Meine Herren, das sind Fälle, die zeigen, wie laienhaft die ganze Sache breitgetreten wird. Diese Dame geht doch nicht mit der Wünschelrute zu Bett, sondern sie legt sich hin und leidet an Schlaflosigkeit und behauptet nun, ihr Bett steht auf der Wasserader. Der betreffende Gatte hat nun in seinem Wohnhaus nach der anderen Seite hin einen Anbau gemacht; da befindet sich jetzt die Schlafstube, und die Herrschaften schlafen jetzt sehr ruhig. (Heiterkeit.) Ich wollte das nebenbei anführen. Einen ähnlichen Fall habe ich aus Süddeutschland gehört, wo auch einmal eine Dame so etwas erfunden und gefunden hat.

Nun wollte ich auf die beiden Rutengänger in München zurückkommen, die ja Fachleute sind. Der Herr Vorredner aus München sagt, es wäre ihm wunderbar gewesen, dafs diese beiden Herren bei Begehung eines bestimmten Terrains beide auf dieselbe Stelle hingekommen wären. Meine Herren, für mich ist das nicht so wunderbar, denn wenn man als Techniker — und das sind ja auch speziell Wassertechniker — das Terrain ansieht und hier und da einmal seine Meinung äufsert und auch gefragt wird: wird wohl hier Wasser sein, dann beobachtet man das Terrain, und wenn zwei solche Techniker in dem Gelände an die gleiche Stelle hinkommen, so ist das das Resultat der gleichen Beobachtung. (Herr Baurat Henle, München: Aber die Dame hatte die Stelle vorher gefunden!) Sie führten gerade an, dafs die beiden Herren nachher dieselbe Stelle gefunden hätten, und für mich ist diese Sache nicht gerade so sehr beweiskräftig.

Dann möchte ich noch etwas richtig stellen. Es wird hier in der Debatte von vollkommenem Schwindel gesprochen. Ich habe das Wort nicht gebraucht und möchte es auch nicht gebrauchen, denn ich halte die Sache von meinem Standpunkt aus eher für eine Krankheit als wie für Schwindel (sehr richtig!) und möchte auch den Gedanken nicht erwecken, als ob ich die Sache etwas leicht behandelt hätte. Man kommt manchmal, wenn man eine solche Rute in die Hand nimmt, zu solchen Äufserungen; aber im grofsen und ganzen halte ich die Sache für eine Krankheit. (Heiterer Beifall.)

Dann möchte ich auf die Ausführungen des Herrn Zink eingehen, von dem der gröfste Widerspruch kam gegen die Ausführungen, dafs die Rutengänger Fehler machen. Er gestand uns ja ein, dafs ein grofser Grundwasserstrom, von dem sein Wasserwerk bisher das Wasser bekommen hat, da war, und dafs die Rutengänger in Halberstadt darunterliegendes Wasser suchen sollten. Meine Herren, wie ist das möglich? Ich kann mir das nicht vorstellen. Wenn ich einem

Rutengänger auch mit noch soviel Vertrauen entgegenkomme — ich kann mir das nicht vorstellen! Wenn ich oben Wasser habe und nun suchen soll, ob Wasser darunter liegt, so ist das, als ob ich ein Tuch hier aufspanne und sage: nun suche einmal, was darunter ist.

Interessant ist mir gewesen, dafs er auch die Beobachtung gemacht hat, dafs das Aufsuchen von Gold mit der Rute nicht stichhaltig ist.

Auf die 30% möchte ich noch kommen. Es ist gesagt worden, 30% Heilungen bei der Tuberkulose wären ein schöner Erfolg. Aber Sie wissen doch: 30% ist noch keine Wahrscheinlichkeit, die fängt doch erst bei 50% an. Wenn wir annehmen, 30% wären fündig, und nun wollte eine Behörde kommen und sagen, ich lasse meinen Techniker beiseite und nehme mir einen Förster aus der Gegend, weil er 30% Fündigkeit gehabt hat — meine Herren, das ist zu weit gegangen. Wir müssen da als Techniker sagen: wenn die Erfolge der Rutengänger unter 50% bleiben, dann sind sie für uns nicht brauchbar. Erst wenn eine genaue Feststellung und Nachprüfung einen Erfolg von, sagen wir einmal, 75% zeigt, können wir mit dieser Sache rechnen. Ich will nicht gerade sagen, dafs die Rutengänger immer Erfolg haben müssen; aber einen ganz erklecklich guten Prozentsatz müssen sie aufweisen können. 30% sind für mich nicht mafsgebend. (Beifall.)

Vorsitzender: Meine Herren, wir sind am Ende unserer Diskussion über diese jedenfalls sehr interessante und wichtige Frage. Das Thema heifst ja: Für und wider die Wünschelrute, und dieses Für und Wider ist wirklich hier in ausgiebiger Weise vorgebracht worden. Meine Herren, wir haben auf der einen Seite das stark subjektive Empfinden gewisser sensibler Personen, auf der anderen Seite die Forschungen der angewandten hydrologischen und der geologischen Wissenschaft. Ich glaube, weiter kommen wir auf diesem Wege durch strenge Nachprüfung seitens der Wissenschaft und dadurch, dafs uns das Material von anderer Seite gegeben wird, namentlich auch von seiten des Staates, um hier in eine strenge Prüfung seitens der berufenen Fachleute einzutreten. Wenn uns dieses gelingen wird, werden wir auch die Sache klären, und in diesem Sinne glaube ich, ist der heutige Vortrag des Herrn Stadtrat Bieske ganz aufserordentlich dankenswert. Nehmen Sie (zu Herrn Stadtrat Bieske) den herzlichsten Dank der Versammlung entgegen, und auch Sie, die Sie sich an der Diskussion beteiligt haben. Möge diese Diskussion mit zur Klärung der Frage beitragen.

Der Untergrund Ostpreufsens in seiner Bedeutung für die Wasserversorgung der Provinz.

Von Universitätsprofessor Dr. A. Tornquist in Königsberg.[1])

M. H.! Die meisten von Ihnen sind aus dem Westen wohl zum erstenmal zu uns nach Ostpreufsen gekommen. Es wird Sie deshalb vielleicht interessieren, eine kurze Darstellung der interessanten, vom Westen nicht unwesentlich abweichenden Schichtwasserverhältnisse unserer Provinz anzuhören. Die Verteilung und die Quantität des Tiefen- oder Schichtwassers ist vollständig von dem geologischen Bau des Untergrundes abhängig; für die Erklärung des Verhaltens der Tiefenwässer ist daher die Kenntnis des geologischen Baues die notwendige Vorbedingung.

Wenige von denen, welche aus dem Westen zu uns reisen, werden sich bewufst, dafs sie beim Passieren der Weichsel in ein geologisch ganz anders aufgebautes Gebiet gelangen. Das Landschaftsbild der norddeutschen Tiefebene wird östlich der Weichsel kein wesentlich anderes, als es sich auf der ganzen Reise von der Mark Brandenburg ab gezeigt hat. Flachwelliges bis hügeliges Land, durch welches sich einzelne breite Flufsniederungen hindurchziehen, ist im Westen, im Gebiet der Warthe und Netze, der Oder, der Havel und schliefslich der Elbe ebenso vorhanden wie im Osten im Weichsel-, Pregel- und auch im Memelgebiet.

---

[1]) Ein Teil dieses Vortrages ist in anderem Zusammenhang abgedruckt in der »Geologie von Ostpreufsen« von Prof. Dr. A. Tornquist (Berlin 1910). In diesem Werke sind die geologischen Verhältnisse erschöpfend dargestellt.

Aber schon das Kartenbild läſst Züge eines wesentlich anderen Aufbaues des Untergrundes des östlichen Weichsellandes, d. h. der Provinz Ostpreuſsen und des östlichen Westpreuſsens, vermuten. Vor allem treten in dem östlich der Weichsel gelegenen Gebiet die von Osten nach Westen gerichteten Hauptfluſsläufe — Memelstrom, Pregelstrom — hervor, während westlich der Weichsel in den Fluſsläufen der Weser, Elbe und Oder und auch noch der Weichsel die von Südost nach Nordwest gehende Fluſsrichtung vorherrscht, zwischen welche sich einzelne südnördlich gerichtete Fluſsteile einschieben. Durch diese Fluſsrichtungen wird der Aufbau des tieferen Untergrundes widergespiegelt, sehen wir doch dieselben Richtungen in der Begrenzung der Gebirge wieder auftreten. Der Harz, der Thüringer Wald, die Sudeten, sie alle laufen von Südost nach Nordwest. Ebenso ist aber östlich der Weichsel bei uns die Ostwestrichtung an dem Aufbau des Landes wiederzuerkennen, so vor allem in dem Verlauf des Nord- und Südrandes des Samlandes.

Die Zusammenstellung der Bohrprofile des tieferen Untergrundes Norddeutschlands hat ergeben, daſs die Lagerung der Gesteinsschichten, welche älter sind als das Diluvium, d. h. als die Ablagerungen der diluvialen Eiszeit, im W e s t e n zu von Südost nach Nordwest verlaufenden Sätteln und Mulden oder durch Brüche zerrissenen Streifen zusammengedrückt sind, so daſs hier sehr verschieden alte und sehr verschieden gelagerte Gesteine die Unterlage des Diluviums bilden. Dagegen zeigt sich ö s t l i c h der Weichsel eine ganz auſserordentlich ungestörte und gleichförmige Schichtenlagerung. Die Schichten sind bei uns seit der Zeit ihrer ursprünglichen Ablagerung nur wenig aus ihrer Lagerung herausgebracht worden. Diese auſserordentliche Einförmigkeit des vordiluvialen Untergrundes bei uns wird dadurch deutlich charakterisiert, daſs der Bohrer, abgesehen von verhältnismäſsig wenig ausgedehnten Resten von tertiären Schichten, überall, mit alleiniger Ausnahme des allernordöstlichsten Zipfels der ostpreuſsischen Provinz, unter dem Diluvium die oberen Kreideschichten des Senon angetroffen hat (vgl. Profil in nebenstehender Abbildung). (Fig. 19.) Es dehnt sich eine offenbar nahezu unzerbrochene und leicht nach Süden geneigte grofse Kreideplatte unter dem östlich der Weichsel gelegenen Gebiete aus.

Der Gegensatz dieser fast ungestörten Kreideplatte zu dem mannigfach zusammengesetzten Untergrunde des westlichen Norddeutschlands ist aufserordentlich grofs, und er ist für die Art und Quantität sowie auch die Qualität der vorhandenen Tiefenwässer von gröfster Bedeutung. Aufser vielen anderen Tatsachen spricht dieser Gegensatz dafür, dafs wir unser östliches Gebiet mit Fug und Recht zur russischen Platte oder zum baltischen Schild rechnen müssen, während das östliche Norddeutschland mit seinen von Südost nach Nordwest gehenden Auffaltungen als eine besondere geologische Randzone dieser Platte aufzufassen ist. Ich habe dieses Gebiet als »Saxonische Scholle« bezeichnet, da sie auch wegen dieser meist tertiären, zum Teil auch kretazeischen Auffaltungen im Gegensatz zu der *Zone*, auf der die meisten unserer deutschen Mittelgebirge liegen, steht. Allein die nördlich, westlich und östlich des Harzes befindlichen Falten zeigen noch die Elemente dieser Saxonischen Scholle.

Die Mächtigkeit der östlichen Kreideplatte ist eine ziemlich grofse; sie wurde in dem fiskalischen Bohrloch von Heilsberg ausnahmsweise einmal durchsunken und beträgt dort nach Feststellungen 338 m. Da in der Provinz meist nur wenig tiefe Wasserbohrungen ausgeführt werden und über der Kreide, abgesehen von dem meist ebenfalls vorhandenen Tertiär, noch ein mehr oder minder mächtiges Diluvium liegt, so ist es verständlich, dafs die Unterlage der Kreide und die präkretazeischen Schichten in Ostpreufsen nahezu unbekannt sind. Dieser sehr einfache Aufbau des vordiluvialen Untergrundes in unserer Provinz hat ganz eigenartige Schwierigkeiten für die Versorgung von Tiefenwasser hervorgebracht. Die diluviale Bedeckung kann nur dann zur Versorgung von Städten genügende Wassermengen liefern, wenn in ihr zwischen Geschiebemergellagern gröfsere, weit ausgedehnte Sandschichten vorhanden sind. Das ist bei uns leider nur im südlichen Teil unserer Provinz der Fall. Im nördlichen Teil, so im Pregelgebiet, im Samland, können die

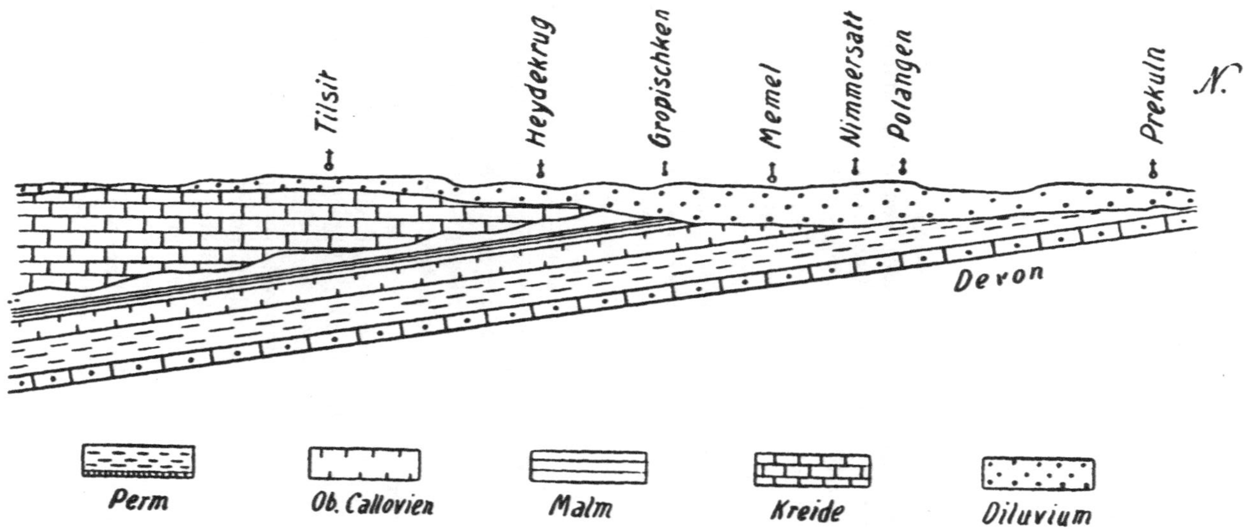

Fig. 19.

Profil durch den Untergrund des nordöstlichen Zipfels von Ostpreufsen und des angrenzenden Rufslands. Die im südlichen Teil des Profils unter dem Diluvium anstehenden Kreideschichten sind im übrigen Teil der Provinz überall unter dem Diluvium vorhanden.

in relativ geringer Entfernung wieder ausscheidenden Sandeinlagerungen im Geschiebemergel nur verhältnismäfsig wenig Wasser enthalten, so wenig, dafs einzelne Brunnen selbst für industrielle Zwecke kaum genug Wasser liefern. Daher kommt es, dafs der Süden der Provinz wohl gutes und reichliches Wasser im Diluvium besitzt, dafs im Pregel- und Samlandgebiet solches aber fehlt.

Es sind die Wasserbohrungen in der nördlichen Provinz daher auch sehr bald in die tiefer gelegene Kreidedecke eingedrungen, in welcher in bestimmter Tiefe unter der bei uns wenig mächtigen Schreibkreide Sandsteine und Quarzite anstehen, die Wasser in gröfserer Menge liefern. Hier stellte sich aber stets eine neue Schwierigkeit ein. Dieses aus der Kreide gewonnene Wasser ist fast stets salzig, auch gipshaltig. Diese Erscheinung ist nicht leicht zu erklären. Salz- oder Gipslager kommen in der Provinz weder in der Kreide noch in den Juraschichten der Unterlage vor. Die frühere Annahme, dafs die Salze sogar aus in der Tiefe lagernden Zechsteinsalzen stammen könnten, ist ebenfalls bestimmt zurückzuweisen, ebenso wie die Annahme, dafs die Solquellen von Ponnau, Insterburg, Tilsit, Wehlau aus dem Zechsteinsalz kommen. Die unter der Kreide anstehenden Juraschichten sind zum gröfsten Teil wasserundurchlässig, und die Erscheinung ist so allgemein in der Provinz, dafs unmöglich an aus der Unterlage aufsteigende Spalten zu denken ist. Die einzige Erklärung für den Salzgehalt dieser Kreidewässer ist die, dafs es sich um Wasser handelt, das aus dem Kreidemeer stammt und sich seit der Kreidezeit in den Schichten gehalten hat. Eine ähnliche Erklärung läfst auch beispielsweise nur das Auftreten von schwachen Solen in dem süddeutschen, horizontal gelagerten Buntsandstein — so in Lothringen — zu. Allerdings erfordert diese Erklärung die Annahme, dafs diese Schichten seit der Kreidezeit durch Tiefenwässer nicht stark durchzogen worden sind. Wegen der heute noch horizontalen, nicht gefalteten oder durch Verwerfungen zerstückelten Lagerung ist das auch durchaus nicht zu vermuten. Wir besitzen hier also in den Salzquellen der Kreide zugleich eine Erscheinung, welche unseren Osten wegen seines einfachen Schichtenaufbaues vor dem Westen auszeichnet. Allerdings hinsichtlich seiner Wasserversorgung in sehr unvorteilhafter Weise.

Bohrungen, welche die Kreideschichten der Provinz durchsunken haben und in die Juraschichten eindrangen, mufsten eine weitere fatale Erfahrung machen. Die Juraformation mit ihren gröfstenteils sehr fetten, mergelig-sandigen, jedenfalls sehr wasserundurchlässigen Schichten besitzt an ihrer Sohle eine Sandablagerung. In dieser Sandablagerung werden Wässer von ungeheurer Steigkraft angetroffen. Auch diese Wässer erweisen sich aber als so stark salzig, dafs sie für die Wasserversorgung ungeeignet sind. Das Interesse, das sich an diese Erscheinung knüpft, liegt aber auf anderem Gebiete. Wo kommt der Druck, welchen das aus der Tiefe ausbrechende Wasser zeigt, her? — Im Lehrbuch findet man meist unterschieden: Schichtquellen, Überfallquellen, Verwerfungsquellen und artesische Quellen. Da die drei erstgenannten Quellen von vornherein ausscheiden, fragt es sich, ob dieses Wasser artesisch ausfliefsen kann. Für diese Erklärung müfste man annehmen, dafs das Wasser unter dem Drucke hochgelegener Wasserzuflüsse stände. Für unsere Provinz müfste man den Wasserdruck aus den Karpathen, Sudeten, dem Ural ableiten. Daran ist natürlich nicht zu denken; ganz abgesehen von der aufserordentlichen Entfernung laufen auch keine wasserführenden Schichten von Ostpreufsen bis in jene Gebirge durch. Die Erklärung mufs eine wesentlich andere sein. Die Sande des unteren Jura lagern über sehr weite Gebiete der Provinz, von Russisch-Polen fast horizontal, und sind von mächtigem, für Wasser undurchlässigem Ton überlagert. Diese drücken mit ihrem enormen Gewicht und demjenigen der darüber lagernden Kreideschichten auf die wasserhaltenden Sandlager; sobald letztere durch ein Bohrloch angestochen werden, wird durch diesen Druck das Wasser aus dem Sande herausgequetscht und steigt unter dem enormen Druck der Schichten mit grofser Kraft in die Höhe. Man kann diese Erscheinung also nicht in die Serie der bekannten Quellen einreihen, dagegen als eine Besonderheit weiter flachgelagerter Sand- und Tongebiete als Schichtdruckquellen besonders definieren.

Dieses Wasser, das aus dem Jura stammt, ist gleichfalls salzig, trotzdem Salzstöcke auch hier nicht vorkommen. Auch hier ist dieselbe Erklärung wie bei den Solquellen der Kreide zu geben, nämlich dafs dieses Salzwasser ein Residuum des einstigen Jurameeres darstellt.

Andere Tiefenwässer sind nur noch im nordöstlichen Zipfel der Provinz Ostpreufsen, dessen besonderer geologischer Aufbau schon hervorgehoben wurde, bekannt. Die Memeler Wasseranstalt bezieht ihr Tiefenwasser aus dem Zechstein, der hier wenig tief ansteht. Dies kann die Memeler Wasseranstalt, da sich die sonst überall unter dem Diluvium anstehende, flächenförmig gelagerte Kreideformation südlich Memel so weit hebt, dafs die tieferen Schichten der Oberfläche nahe kommen (vgl. Profil, Fig. 19).

Das Wasser in diesen Schichten ist reichlich und gut, aber einen Schönheitsfehler besitzt es doch. Es enthält ziemlich viel Schwefelwasserstoff, welcher sich aber zum Glück durch eine sehr einfache Entlüftungsanlage in Memel leicht entfernen läfst.

Alle diese für die Gewinnung gröfserer Wassermengen in der Provinz meist recht ungünstigen Verhältnisse sind auf die weitausgebreitete ungestörte Lagerung des Schichtenuntergrundes zurückzuführen. Diese einförmige Lagerung hält die wasserführenden Horizonte seit undenklichen Zeiten in festem Abschlufs. Weder gröfsere Bruchsysteme sind vorhanden, an denen diese Tiefenwässer aufsteigen oder sich mit anderen Wasseradern aus der Tiefe oder von Tage aus mischen konnten, noch kann eine Zirkulalion wie in Gebieten mit Auffaltungen oder starken Schichtenneigungen eintreten.

Auf den durchaus eigenartigen Aufbau des Untergrundes unseres Ostlandes sind daher die wesentlich anderen Schichtwasserverhältnisse im Gegensatz zu denen des Westens zurückzuführen.

Versuche über Klärung des Königsberger Trinkwassers mit schwefelsaurer Tonerde.

Herr Stadtbaumeister Denk, Königsberg.

(Mit Tafel I.)

Wie in verschiedenen anderen Städten sind auch in Königsberg Versuche mit Klärung durch schwefelsaure Tonerde angestellt, über deren Resultate ich Ihnen hier kurze Mitteilungen geben will.

Die Wasserversorgung von Königsberg erfolgt durch Oberflächenwasser, das in westlich und nördlich der Stadt gelegenen Stauteichen gesammelt und in offenen Gräben dem Wasserhebewerk zufliefst. Die Hauptmasse des Wassers für die Wasserversorgung liefern die beiden westlich von Königsberg im Samland gelegenen Talsperren von Wiekau und Willgaiten, ferner der östlich davon gelegene Pilzenteich. Von diesen Staubecken fliefst das Wasser nach dem Warger Kirchenteich, von dem es durch den Landgraben, einem bereits von dem deutschen Ritterorden mit grofsem Geschick angelegten offenen Flufslaufe, dem Pumpwerk zuströmt. Auf seinem Laufe nimmt der Landgraben noch das Wasser dreier kleinerer Stauteiche, des Trankwitzer-, Abker- und Fürstenteiches auf.

Aufser diesen nordwestlich von Königsberg gelegenen Stauteichen wird zu gewissen Zeiten, insbesondere wenn Bauten am Landgraben ausgeführt werden oder die Wasservorräte des Wiekauer Niederschlaggebietes erschöpft sind, noch die nördlich von Königsberg gelegene Teichgruppe, bestehend aus Dammteich und Stobbenteich, zur Wasserversorgung herangezogen und deren Wasser durch den Wirrgraben dem Wasserhebewerk zugeführt.

Ferner steht uns noch ein aus der ersten zentralen Wasserversorgung stammendes Grundwasser zur Verfügung, das einem in einer Tiefe von 4 bis 5 m unter der Erde angelegten, am Rande des Dammteichs und Stobbenteiches gemauerten Kanal entnommen wird und in einer geschlossenen Rohrleitung dem Wasserwerk zufliefst. Der zeitweilig hohe, an Huminsubstanzen gebundene und daher durch einfache Lüftung nicht zu beseitigende Eisengehalt dieses Grundwassers zwang jedoch schon wenige Jahre nach ihrer Eröffnung die Aufschlufskanalleitung aufzugeben und zur Oberflächenwasserversorgung überzugehen.

Das oberflächlich zuströmende Wasser vom Landgraben und Wirrgraben zeigte entsprechend seinem Ursprung Übelstände, die es für den Genufs, wenn auch nicht ungeeignet, so doch unappetitlich machten. Infolge der Verwesung von Blättern, Wurzeln und anderen organischen Bestandteilen, die in die Teiche und deren Zuflufsgräben hineingelangten, nahm das Wasser eine stark gelbliche Färbung an; ferner war es nach starken Regengüssen durch feinen Tonschlamm sehr stark getrübt und nach der Schneeschmelze, wo bei dem noch gefrorenen Boden eine Bodenfiltration nicht stattfinden kann und aller Schmutz mit den daran haftenden Keimen mit dem Schneeschmelzwasser direkt in die Teiche und Gräben gelangte, derart mit Keimen durchsetzt, dafs die Filter einerseits sehr schnell verschlammten, anderseits die übergrofse Bakterienmenge nicht zurückzuhalten vermochten.

Nachdem durch die im Jahre 1904 nach dem Züricher Muster erbauten Vorfilter eine mechanische Vorreinigung des Rohwassers und eine bedeutende Entlastung der Feinfilter erreicht war, wurden verschiedentlich Versuche zur Klärung des Wassers angestellt, die alle insbesondere auf möglichste Entfernung der durch gelöste Huminsubstanzen hervorgerufene gelbliche Färbung des Wassers hinzielten. Die ersten Versuche dieser Art wurden im Herbst 1904 an einem kleinen Versuchsfilter mit Holzkohle vorgenommen,

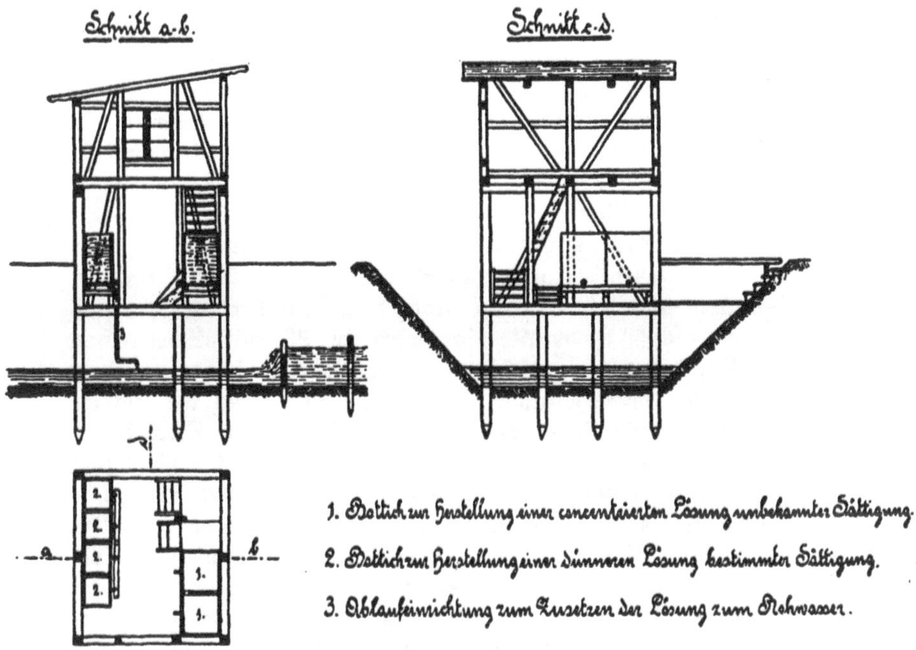

Fig. 20.

ein günstiges Resultat hierbei jedoch nicht erzielt. Gelegenheit zur Ausführung von Versuchen im gröſseren Maſsstabe bot sich sodann im Jahre 1905, als die Jewell Export Filter Company durch Herrn Oberingenieur E. A. Gieseler aus Berlin ein amerikanisches Schnellfilter auf unserem Wasserwerk aufstellte. Diese in Fig. 20 abgebildete Versuchsanlage von 109 cbm täglicher Leistung bestand im wesentlichen aus einem Mischbehälter für schwefelsaure Tonerde, aus zwei Klärbottichen und dem Filter. In dem über den Klärbottichen stehenden Mischbehälter wurde nach Gewicht eine 2 bis 3 proz. Alaunlösung bereitet und zunächst nach einem etwas tiefer gelegenen Holzbehälter geleitet, dessen Inhalt durch ein Schwimmerventil auf konstantem Niveau gehalten wurde, so dafs die aus diesem Holzbehälter nach den Klärbottichen abfliefsenden Alaunlösung nach einmaliger Einstellung stets gleich blieb. Die beiden Klärbottiche von je 2,28 m Durchmesser, 2,60 m Höhe und 8,8 cbm Fassungsraum sind mit drei vertikalen Scheidewänden versehen und zwingen hierdurch das durchfliefsende Wasser, einen möglichst langen Weg zurückzulegen; mittels eines in verschiedenen Höhen einstellbaren Schwimmers und einer Drosselklappe kann die zuströmende Wassermenge und die Klärzeit reguliert werden. Das oben offene Filter besteht aus einem eisernen Zylinder von 1,5 m Höhe und 1 m Durchmesser, in den Boden sind 50 Siebköpfe eingeschraubt, die mit einem feinen Metalldrahtnetze eingehüllt sind, um den Durchtritt von Sand in die Reinwasserkammer und die Leitungen zu verhindern. Über dem Boden lagert zunächst eine 25 cm hohe Kiesschicht, darüber gröberer und zuletzt feiner Sand von 0,2 bis 1 mm Korngröfse in einer Schicht von 88 cm. Über die obere Hälfte dieses Zylinders greift ein zweiter Zylinder von oben herab und bildet mit dem Filter einen ringförmigen, 10 cm breiten, unten geschlossenen Raum. Die Reinigung des Filters erfolgt durch Rückspülung, indem Reinwasser unter Druck durch die Reinwasserkammer und die Siebköpfe unter das Filterbett von unten nach oben gedrückt wird, über den inneren Rand des inneren Bottichs in den ringförmigen Raum und aus diesem durch ein Ventil in das Abflufsrohr strömt; gleichzeitig wird durch einen rotierenden Rechen der Filtersand aufgerührt, seine Körner werden aneinander gerieben, durch das emporsteigende Wasser gründlich abgespült, die Verunreinigungen mit in die Höhe gehoben und in das Abflufsrohr geführt.

Die Arbeitsmethode der Versuchsanlage ist folgende: Dem Rohwasser wird bei Eintritt in die Klärbottiche eine bestimmte Menge von schwelsaurer Tonerdelösung zugesetzt, die aus dem Alaunmischbehälter in konstanter Menge zufliefst und mittels eines Hahnes genau eingestellt werden kann. Unter Einwirkung der in dem Wasser stets enthaltenen Kalkverbindungen löst sich die schwefelsaure Tonerde auf und bildet gelatinöse Flocken von Tonerdehydrat, die die schwebenden Suspensionen, Bakterien und gelösten Huminsubstanzen umhüllen und bei der geringen Geschwindigkeit, mit der das Wasser durch die Klärbottiche fliefst, zu Boden ziehen. Das auf diese Weise geklärte Wasser wird auf das Filter geleitet, verbreitet sich über der Oberfläche des inneren Zylinders, setzt die etwa mitgerissenen Alaunflocken auf dem Filtersand oben ab und gelangt durch die Siebköpfe in die unter dem Filter liegende, etwa 0,4 m hohe Reinwasserkammer. Die Reinwasserabflufsmenge wird durch einen Regulierapparat selbsttätig beständig gleich gehalten und der Filterdruck entsprechend geregelt.

Mit diesem Jewellfilter wurden nun von August bis Oktober 1905 seitens der Wasserwerksverwaltung eingehende Versuche zur Beseitigung derjenigen Fehler des Rohwassers ausgeführt, welche die langsame Sandfiltration unbeeinflufst läfst; in erster Linie sollte ermittelt werden, mit welchen Mengen schwefelsaurer Tonerde die gelbliche Färbung des Rohwassers entfernt werden kann. Von geringerer Bedeutung war für uns der Einflufs des Alaunverfahrens auf die Bakterienreduktion, da wir grofse Filteranlagen besitzen, die die Keimzahl in ausreichendem Mafse zurückhalten. Die Farbenbestimmung des Wassers geschah durch ein Kolorimeter des geologischen Departements der Vereinigten Staaten Amerikas, durch Vergleichen von farbigen Glasscheiben mit einer 200 mm hohen Säule des zu untersuchenden Wassers. Dieser sehr einfache und handliche Apparat besteht aus zwei Aluminiumröhren mit wasserdicht abgeschlossenen Glasenden; in die eine der 20 cm langen Röhren wird das zu untersuchende Wasser eingefüllt, die andere gleich lange und weite Röhre ist mit einem federnden Verschlufs versehen, in den verschieden intensiv gelb gefärbte Glasscheiben, deren Farbenintensität verschieden starken Verdünnungen einer bestimmten Platinkobaltverbindung entspricht, eingeführt werden, bis dem Auge die Färbung des Wassers mit der der Scheiben übereinstimmment erscheint.

Bei den Versuchen, deren Resultate in der nachstehenden Tabelle I angegeben sind, wurden 35 bis 60 g schwefelsaure Tonerde pro cbm Rohwasser zugesetzt und in allen

Tabelle I.

Klärung des Landgrabenwassers mit schwefelsaurer Tonerde.

Datum 1905	Zusatzmenge von schwefelsaurer Tonerde in Gramm pro cbm Rohwasser	Farbengrad in Rohwasser	Farbengrad in Filtrat	Farben-reduktion
Aug. 31. . . .	37	51	9	42
Sept. 1. . . .	37	51	7	44
» 2. . . .	45	64	8	56
» 3. . . .	50	71	6	65
» 3.— 4.	50	71	6	65
» 4. . . .	50	71	6	65
» 4.— 5.	50	70	6	64
» 5. . . .	49	71	6	65
» 5.— 6.	50	90	8	82
» 6. . . .	50	90	12	78
» 6.— 7.	50	108	9	99
» 7.— 8.	50	104	9	95
» 8.— 9.	45	104	8	96
» 9. . . .	49	104	8	96
» 9.—10.	50	104	9	95
» 10. . . .	49	96	12	84
» 11. . . .	50	96	12	84
» 11.—12.	50	96	12	84
» 22. . . .	60	77	12	65
» 22.—23.	50	71	8	63
» 23. . . .	50	74	14	60
» 23.—24.	50	77	14	63
» 24. . . .	50	77	14	63
» 24.—25.	50	65	12	53
» 26. . . .	60	65	9	56
Okt. 3. . . .	60	68	12	56
» 3.— 4.	60	60	12	48
» 4. . . .	60	65	12	53
» 4.— 5.	60	65	12	53
» 5.— 6.	48	68	12	56
» 6. . . .	52	68	12	56
» 7. . . .	51	71	14	57

Datum 1905	Zusatzmenge von schwefelsaurer Tonerde in Gramm pro cbm Rohwasser	Farbengrad in		Farben-reduktion
		Rohwasser	Filtrat	
» 7.— 8.	50	71	14	57
» 8. . . .	50	71	14	57
» 8.— 9.	50	68	14	54
» 9. . . .	50	77	15	62
» 9.—10.	58	69	14	55
» 11. . . .	50	69	14	55
» 11.—12.	49	74	15	59
» 12. . . .	49	74	15	59
» 12.—13.	49	68	15	53
» 13. . . .	49	77	12	65
» 13.—14.	50	77	12	65
» 14. . . .	50	77	12	65
» 14.—15.	52	77	12	65
» 15. . . .	47	77	12	65
» 15.—16.	47	77	12	65
» 16.—17.	45	110	12	98
» 17. . . .	45	116	15	111
» 17.—18.	46	130	15	115
» 18. . . .	45	130	9	121
» 18.—19.	45	130	9	121
» 19. . . .	45	130	9	121
» 19.—20.	45	156	9	147
» 20. . . .	40	156	15	141
» 21. . . .	40	180	22	158
» 21.—22.	40	180	22	158
» 22. . . .	40	180	15	165
» 22.—23.	40	180	15	165
» 23. . . .	40	180	15	165
» 23.—24.	40	180	15	165
» 24. . . .	35	180	25	155
» 24.—25.	35	172	18	154
» 25. . . .	35	172	28	144

Fällen eine bedeutende Farbenreduktion erzielt. Der Farbengrad des Rohwassers war ein sehr wechselnder und schwankte zwischen grofsen Grenzen, im Minimum 51, im Maximum 180, im Mittel 76,7°. Die Farbenreduktion war um so gröfser, je intensiver das Wasser gefärbt war; im Durchschnitt wurde eine Farbe von 70 bis 80° im Rohwasser auf 12 bis 16° im Reinwasser reduziert. Als in der Zeit vom 16. bis 21. Oktober das Wasser die kolossale Färbung von 150 bis 180° zeigte, wurde es mit 40 g auf 15 bis 22° und mit 35 g auf 25 bis 28° entfärbt. Da ein Wasser, dessen Färbung 20° beträgt, praktisch schon als farblos bezeichnet werden kann, so wird man mit 30 bis 40 g schwefelsaurer Tonerde stets eine vollkommen genügende Entfärbung des Landgrabenwassers erhalten. Bei dem aus der ersten zentralen Wasserversorgung stammenden Grundwasser, mit dem ebenfalls Versuche angestellt waren, wurden ähnliche Resultate erzielt.

Aufser diesen von der Wasserwerksverwaltung in Verbindung mit dem Jewellfilter angestellten Klärversuchen wurden solche in weit umfangreichern Mafse vom November 1905 bis Juni 1906 noch seitens des hiesigen Hygienischen Instituts vorgenommen, dessen Untersuchungen sich auf die drei verschiedenen Wasser (Landgraben-, Wirrgraben- und Grundwasser) der Königsberger Leitung erstreckten und behandelten den Einflufs des Alaunverfahrens

1. auf die Schwebestoffe des Wassers,
2. auf die Farbe des Wassers,
3. auf die chemischen Eigenschaften, vor allem den Gehalt an Eisen,
4. auf die Bakterienreduktion.

Die Ergebnisse dieser Untersuchungen sind in der Druckschrift »Versuche über die Verwendbarkeit der amerikanischen Schnellfiltration für die Königsberger Wasserversorgung von Dr. E. Friedberger« niedergelegt. Der Verfasser kommt zu dem Schlufs, dafs die Alaunbehandlung des Königsberger Wassers besonders geeignet zu sein scheint. Die Alaunisierung beseitigt besser wie irgend ein anderes Verfahren eine Reihe wesentlicher Mängel des Rohwassers, die Trübung, die gelbe Farbe und den Eisengehalt. Dagegen garantiert die nachherige Schnellfiltration bei keimreichen Wässern wie dem Land- und Wirrgrabenwasser, sofern man nicht sehr grofse Mengen von Alaun benutzt, keine so genügende Keimreduktion, dafs man sich mit der ausschliefslichen Schnellfiltration begnügen dürfte. Doch erscheint das Verfahren der Schnellfiltration in Kombination mit der langsamen Sandfiltration als besonders für die hiesigen Verhältnisse geeignet.

Auf Grund aller dieser Versuche wurde nun ein generelles Projekt für eine Alaunanlage in Verbindung mit Jewellfilter für eine Tagesleistung von 24000 cbm aufgestellt, dessen Ausführung rd. 350000 M. erfordern sollte. Die Aufwendung dieser Kosten war zu bedeutend, und es wurde auf einem andern Wege eine Verbesserung des Rohwassers erstrebt und auch erreicht.

In mehreren Berichten an den Magistrat wurden von Herrn Wasseramtsdirektor Kuck die Ursachen des schlechten Rohwassers eingehend klargelegt und beantragt, auf dem Wege der natürlichen Reinigung durch Ausschaltung aller verschmutzenden Zuflüsse zu den Teichen und Zuleitungsgräben und durch Förderung der Meliorationen im Niederschlagsgebiete die Verbesserung des Rohwassers herbeizuführen. Die nach dieser Richtung hin aufgestellten Projekte gelangten in den Jahren 1906 bis 1908 zur Ausführung und brachten in jeder Beziehung den gewünschten Erfolg. Zunächst wurden längs des ganzen Landgrabens vom Warger Teich bis zum Fürstenteich ein Parallelgraben angelegt, durch den sämtliche das Wasser verunreinigenden Zuflüsse abgefangen und unterhalb nach dem Pregel abgeleitet wurden. Alsdann sind die vom Landgraben durchflossenen drei Teiche (Trankwitzer, Abker- und Fürstenteich) als Klärbecken in der Weise ausgebaut worden, dafs durch Anlage von Randgräben um die Teiche das von den umliegenden Äckern in dieselben fliefsende verunreinigte Niederschlagswasser fortgeleitet wurde und durch Verlegung des Landgrabeneinlaufes zum Teiche das Wasser den Teich in seiner Längsrichtung durchströmen mufste, wodurch bei der verlangsamten Wassergeschwindigkeit in den Teichen die suspendierten lehmigen Bestandteile des Wassers sich niedersetzen konnten. Ferner wurde um den Warger Teich ein Randgraben gezogen und eine Entwässerungsleitung verlegt, die sämtliche bisher in den Teich fließenden Abwässer des direkt am Teiche gelegenen Dorfes Wargen ableitet. Schließlich wurden die Uferränder der Wiekauer- und Willgaiter Talsperren aufgeforstet, was zur Folge hatte, daß Einschlemmungen und Verunreinigungen durch Düngstoffe von den umliegenden Äckern nicht mehr in die Staugebiete gelangen.

Durch diese Bauten und Anlagen sind sämtliche dem Rohwasser der westlich von Königsberg gelegenen Teichgebiete bisher anhaftenden Übelstände, insbesondere die gelbliche Färbung und die ungewöhnlich große Bakterienvermehrung sowie die Einschlemmungen bei Schneeschmelze und starken Regengüssen vollständig beseitigt worden. Das Rohwasser hat auf dem Wasserwerk im Jahresdurchschnitt nie mehr wie 6—700 Keime, die durch die Vorfilter und Feinfilter auf 5—10 Keime im Kubikzentimeter Reinwasser reduziert werden.

Zu Zeiten, in denen Bauten am Landgraben oder Reinigungen der dortigen Klärbecken ausgeführt werden müssen, sind wir gezwungen, durch den Wirrgraben das Wasser des nördlich von Königsberg gelegenen Dammteiches zu benutzen, dessen Untergrund sehr moor- und torfhaltig ist und infolgedessen ein ganz besonders stark gelblich gefärbtes Wasser liefert. Verbesserungen, die im Landgrabengebiet durch die Anlage von Klärbecken, Randgräben und sonstigen Meliorationsbauten erreicht waren, führen bei dem Wirrgrabengebiet zu keinem Erfolge, da die Ursachen der gelben Farbe dieses Wassers wie gesagt in dem moorigen Untergrund des Dammteiches liegen. In diesem Sommer haben wir nun wiederum Klärungsversuche mit schwefelsaurer Tonerde in größerem Maßstabe angestellt und in der Zeit, in der der Dammteich zur Wasserversorgung herangesogen werden mußte, das gesamte für die Stadt benötigte Wasser mit diesem chemischen Zusatzmittel behandelt. Ungefähr 2,3 km vom Wasserwerk entfernt wurde eine provisorische Alaunanlage errichtet, die nachstehend skizziert ist und in ihrer Gesamtanordnung der

Alaunanlage in Bremen entspricht. In einem über dem Flufsbett des Wirrgrabens erbauten Holzschuppen sind zwei gröfsere, innen mit Bleiplatten ausgeschlagene Holzgefäfse aufgestellt, in denen eine konzentrierte Alaunlösung von unbestimmter Sättigung hergestellt wird. Daneben stehen vier kleine Holzbottiche, in denen die konzentrierte Lösung mittels eines Aräometers auf einen Sättigungsgrad von 20 % verdünnt wird; von dieser 20proz. Alaunlösung wird dem Rohwasser, das an einem vor der Versuchsanlage angelegten Überfall genau gemessen werden kann, eine bestimmte Menge — bei unseren Versuchen 30 bis 40 g schwefelsaure Tonerde pro Kubikmeter Wasser — zugeführt.

Die in der Tabelle II (Tafel I) zusammengestellten Versuchsergebnisse zeigen deutlich, dafs mit 30 bis 40 g Alaunzusatz nicht nur eine bedeutende Farbenreduktion, sondern auch eine nicht unwesentliche Bakterienverminderung erreicht werden kann. Rohwasser von 110 bis 116 Farbengraden wurde mit 30 g schwefelsaurer Tonerde auf rd. 30° im Reinwasser entfärbt, ebenso Rohwasser von 120 bis 140° mit 40 g auf rd. 55°. Die Resultate wären entschieden noch viel günstiger ausgefallen, wenn uns genügend grofse Klärbecken zur Verfügung gestanden hätten.

Der Wirrgraben hat auf der 2,3 km langen Strecke von der Alaunzusatzstelle bis zum Wasserwerk im Gefälle von 1,4 m, die Wassergeschwindigkeit betrug, trotzdem sie durch den Einbau von drei Stauwerken nach Möglichkeit verringert worden war, noch immer 0,3 m pro Sekunde. Bei dieser grofsen Geschwindigkeit konnte die schwefelsaure Tonerde auf das Rohwasser nicht intensiv genug einwirken und die die Farbe beseitigenden Alaunflocken sich nicht zu Boden setzen. Die Flocken gelangten zum gröfsten Teil auf die Filter und verstopften sie bereits nach ganz kurzer Betriebszeit.

Es ist nun beabsichtigt, noch in diesem Jahre eine definitive Alaunanlage zur Klärung des Wirrgrabenwassers zu bauen, wobei dann ein hinreichend grofses Klärbecken geschaffen werden mufs, in welchem das mit schwefelsaurer Tonerde behandelte Wasser sich klären und die Alaunflocken sich niedersetzen können. Wir hoffen alsdann mit dieser

Anlage das Wirrgrabenwasser bis auf mindestens 18 bis 20 Farbgrade zu entfärben, was als vollkommen hinreichend erachtet werden kann. Weiterhin ist beabsichtigt, auch das von der ersten zentralen Wasserversorgungsanlage noch zur Verfügung stehende, jedoch wegen seines Eisen- und Huminstoffgehaltes bis jetzt nicht brauchbar gewesene Grundwasser mit schwefelsaurer Tonerde zu behandeln und für die Königsberger Wasserversorgung wieder nutzbar zu machen. Nach Fertigstellung dieser letzteren Bauten werden wir hier zu jeder Zeit Trinkwasser haben, das allen ästhetischen und hygienischen Anforderungen in jeder Beziehung entspricht und hinter dem so gerühmten Grundwasser in keiner Weise zurücksteht.

Bericht der Lichtmeſskommission.

Auf Ersuchen der Berufsgenossenschaft der Gas- und Wasserwerke hat die Lichtmeſskommission

Untersuchungen gebräuchlicher Sicherheitslampen

angestellt. In den Unfall-Verhütungsvorschriften für Kohlengaswerke heiſst es in Nr. 19: »Müssen solche Räume, d. h. Apparat- und Reinigungsräume, Gasbehältergebäude und Räume unter Gasbehältern, in dringenden Fällen mit Licht betreten werden, so darf dies nur mit elektrischen Sicherheitslampen oder mit Sicherheitslampen geschehen, die den nachstehenden Bedingungen entsprechen, in ordnungsmäſsigen Zustand zu halten und auf denselben von Zeit zu Zeit zu prüfen sind.«

In gröſseren Gaswerken sind neuerdings vielfach die elektrischen Lampen in Gebrauch, zum Teil mit feststehenden kleinen Glühlampen, zum Teil mit beweglichem Draht, durch welchen mittels Handgriffs eine Glühlampe sich bequem auf die zu beleuchtende Stelle richten läſst. In Gaswerken, welche elektrischen Strom selbst erzeugen oder doch Anschluſs besitzen, ist zumeist die Einrichtung zum Nachfüllen vorhanden, andere behelfen sich mit käuflichen gefüllten Ersatz-Akkumulatoren. Gegen die elektrischen Sicherheitslampen liegen keinerlei Bedenken vor, sie leisten gute Dienste, nur ist es zweckmäſsig, sie vor dem Betreten des betr. Raums im Freien schon einzuschalten.

Zumeist werden die sogenannten Davy schen Sicherheitslampen verwendet, wie sie im Jahr 1816, zunächst für den Bergwerksbetrieb bestimmt, erfunden wurden. Davy machte die Erfahrung, daſs die Flamme von Grubengas nicht zündet durch ein Gewebe, welches über 400 Maschen auf den Quadratzoll enthält, solange das Gewebe nicht rotglühend wird; seine Bergwerkslampe bestand einfach aus einer Öllampe, welche in einem zylindrischen, oben und unten geschlossenen Gehäuse aus Drahtgewebe brannte; in dieser Form war sie in englischen Kohlengruben lange Zeit ausschliefslich in Gebrauch und hat zweifellos Erfolg gehabt, indem die früher sehr häufigen Explosionen bedeutend vermindert, allerdings nicht ganz verhütet wurden. Da das dichte Drahtgewebe wenig Licht hindurchliefs, so ging man bald dazu über, den Teil der Lampe, in welchem sich die leuchtende Flamme befindet, aus Glas herzustellen. Die Luftzirkulation liefs man dabei durch Öffnungen stattfinden, welche gegen das Durchzünden durch das angegebene Prinzip des dichten Drahtnetzes geschützt waren.

Wann die Einführung der Sicherheitslampe in Gasanstalten geschah, läfst sich nicht angeben, wahrscheinlich ist sie aber schon sehr frühzeitig eingeführt worden, auch in Deutschland, indem die englischen Beamten der Imperial Continental Gas Association, welche 1826 in Berlin und Hannover zuerst beleuchteten, wohl die Kenntnis der Lampe von England mitbrachten. In den Hamburger Gaswerken fand sich eine sehr alte, aber doch ganz brauchbare Sicherheitslampe vor, die wahrscheinlich auch aus der Zeit der englischen Gaskompanie stammt, welche 1845 zuerst beleuchtete. Auch hier hat vermutlich der englische Direktor Thurston die Lampe von England mitgebracht.

Neuerdings gibt es eine ganze Reihe von Sicherheitslampen der verschiedensten Konstruktionen, aber alle auf dem gleichen Prinzip beruhend. Viele Tausende von Lampen werden in Kohlenbergwerken gebraucht, wofür auch grofsartige Einrichtungen zum Lagern, zum Reinigen, Instandsetzen, zum Füllen, zum Zünden und zur Abgabe der Lampen bestehen.

Die Bergwerksbehörden schreiben für die Beschaffenheit der Sicherheitslampen folgende Punkte vor:

1. Jede Sicherheitslampe mufs mit Einrichtungen versehen sein, die eine vollkommene dichte Verbindung der einzelnen Teile untereinander dauernd gewährleisten.

2. Der Glaszylinder mufs aus gut ausgeglühtem Glase bestehen, die Schnittflächen müssen rechtwinklig zur Achse genau abgeschliffen sein.

3. Das Netz des Drahtkorbes mufs mindestens 144 gleich grofse Öffnungen auf einen Quadratzentimeter besitzen. Die Drahtstärke des Netzes darf nicht weniger als 0,3 und nicht mehr als 0,4 mm betragen.

4. Haben die Lampen eine besondere Luftzuführung, so ist diese durch das gleiche Drahtnetz zu schützen.

Die gleichen Vorschriften sind in die Unfall-Verhütungsvorschriften für Gaswerke übergegangen und sind daher auch auf die hier gebräuchlichen Lampen anzuwenden.

In Gasanstalten ist der Bedarf an Lampen nicht grofs jedes Werk besitzt eine oder höchstens einige solche; sie sollen aber doch gut im Stande gehalten und so beschaffen sein, dafs sie jederzeit gebraucht werden können. Es wurden neuerdings bei der Revision von Gasanstalten Lampen vorgefunden, welche den angegebenen Vorschriften nicht entsprachen, trotzdem sie als Sicherheitslampen geliefert waren, es waren nämlich weder die Luftzutrittsöffnungen noch die Abzugsöffnungen der Verbrennungsgase vollständig durch Drahtnetz geschützt. Die Lampe zündete im Gasluftgemisch ohne weiteres.

Nun ist ja selbstverständlich ein grofser Unterschied zwischen der Verwendung in Bergwerken und in der Gasanstalt. Im ersteren Fall darf die Lampe in der Grube nicht geöffnet werden können, so dafs sie im Fall des Erlöschens von aufsen nicht mittels Zündholzes gezündet werden kann; vielmehr ist elektrische Zündung an einem eigens hierfür bestimmten Platz vorgesehen, zu welchem die Lampe gebracht werden mufs, oder es ist innerhalb der Lampe eine Schlagzündung oder Reibzündung mit Cereisen angebracht. Dadurch ist die Verwendung von Benzin als Brennstoff gegeben, da eine Öllampe sich auf diese Weise nicht zünden läfst. Die Lampe kann nur an der Ausgabestelle für Lampen geöffnet werden. Eine Benzinlampe hat den Nachteil, dafs das Benzin beim Stehen verdunstet, so dafs sie beim Gebrauch, der in der Gasanstalt meist plötzlich eintritt, erst gegefüllt werden mufs. Es ist allerdings leicht möglich, die Benzinlampe mit einem Schraubverschlufs über dem Dochtrohr zu versehen, so dafs das Benzin nicht verdunsten kann. In diesem Fall mufs die Lampe geöffnet und kann dabei entzündet werden. Dagegen steht eine Öllampe stets bereit zum Zünden, sie scheint mir in der Gasanstalt vorzuziehen. Da aber Öl doch im Lauf der Zeit verharzt, so ist es notwendig, Öllampen etwa monatlich einmal zu entzünden und auf Brauchbarkeit zu prüfen. Falls sie beim Gebrauch erlöschen sollte, so wird eben der betr. Raum verlassen und aufserhalb neu gezündet.

Ferner besteht ein Unterschied darin, dafs in Bergwerken der Gehalt der Luft an Grubengas zumeist gering ist, nur wenige Prozent; bei $9^1/_2$% Methangehalt ist das Maximum der Explosionskraft schon erreicht; hier findet auch eine ständige künstliche Verdünnung durch die Ventilationsanlagen statt, welche hochprozentige Gemische in der Regel nicht aufkommen lassen.

Anders dagegen in Gasanstalten; eine Gasentweichung z. B. im Reinigungshaus, im Rohrkeller ist häufig so stark, dafs Gasluftgemische bis zum reinen Leuchtgas auftreten; bestimmte geringe Mengen gashaltender Gemische sind nicht explosiv, dann folgt eine gröfsere Reihe von explosiven Mischungen, darüber hinaus sind die Mischungen nicht mehr explosiv. Solche Gemische mit hohem Gasgehalt und wenig Luft flammen aber doch bei der Zündung auf und sind deshalb fast ebenso gefährlich durch Brandgefahr als wirkliche Explosionen. Es sollten deshalb Sicherheitslampen, die in der Gasanstalt Verwendung finden, weder explosive Gemische noch brennbare Gemische oder reines Leuchtgas entzünden.

Es lag deshalb nahe, dafs man die Prüfung von Lampen einfach so vornimmt, dafs man auf die brennende Lampe aus einem Schlauche Gas aufbläst; es sollte in keinem Falle zünden, sondern die Lampe soll aus Mangel an Sauerstoff ruhig erlöschen. Für den praktischen Gebrauch, wenn eine Lampe hier und da geprüft werden soll, ist diese Probe auch genügend.

Für die Prüfung einer gröſseren Reihe von Lampen aber ist ein eigener Apparat zweckmäſsig; der groſse Apparat, wie er hier und da in Versuchslaboratorien der Bergwerke in Gebrauch ist, und in welchem aus einer gashaltigen Versuchsstrecke das Gemisch von Luft und Grubengas über die Lampen geführt wird, ist hier nicht anwendbar. Es dient deshalb ein kleinerer Prüfungsapparat, in welchem die Lampe in einem Mantel von Leuchtgas oder Luftgas brennt. Auf diesem Prinzip beruht z. B. der Wolfsche Apparat, wie ihn die Firma Friemann & Wolf in Zwickau baut (Fig. 21 links); er besteht aus einem zylindrischen Blechkasten, in welchem der ganzen Höhe nach eine durchlöcherte Rohrspirale eingebaut ist. Auf einem Teller innerhalb der Spirale wird die brennende Lampe aufgestellt und Gas oder Luftgas darauf geblasen, so daſs sie in einer vollständigen Hülle von Gas eingeschlossen ist. Eine sichere Lampe wird nach kurzer Zeit erlöschen, bei einer undichten Stelle, z. B. am Drahtnetz, oben oder unten am Glaszylinder, entzündet sich das Gas an der Spirale. Der Apparat konnte hier in manchen Fällen nicht ganz sichere Resultate geben, weil die zu prüfenden Lampen verschiedene Abmessungen hatten; bei den schmäleren Lampen war die Gashülle zu weit von der Lampe entfernt.

Es wurde daher ein eigener Prüfungsapparat (Fig. 21 rechts und Fig. 22) hergestellt, in den leicht Lampen von verschiedener Höhe und von verschiedenem Durchmesser geprüft werden können; er besteht aus einem Blechzylinder von 650 mm Höhe, oben mit Deckel und einer sich leicht öffnenden Klappe in der Mitte. Im unteren Teil ist ein Bunsenbrenner angeordnet; den Brenner bildet ein Rohrkreis von 215 mm Durchmesser mit 18 Löchern. Über dem Brennerring ist auf Konsolen eine Blechplatte von 170 mm Durchmesser vorgesetzt, auf welche die Lampe zu stehen kommt. Die Flamme der Lampe ist durch ein dickes Schauglas von der Seite her leicht zu beobachten.

Nach 4 bis 5 Minuten Ausströmung war schon der Beharrungszustand des Gasluftgemisches im Apparat hergestellt; durch geringen Gaszutritt ist es leicht möglich, einen geringen Gasgehalt zu erzielen. Eine Explosion trat nie ein. Die

Fig. 21.

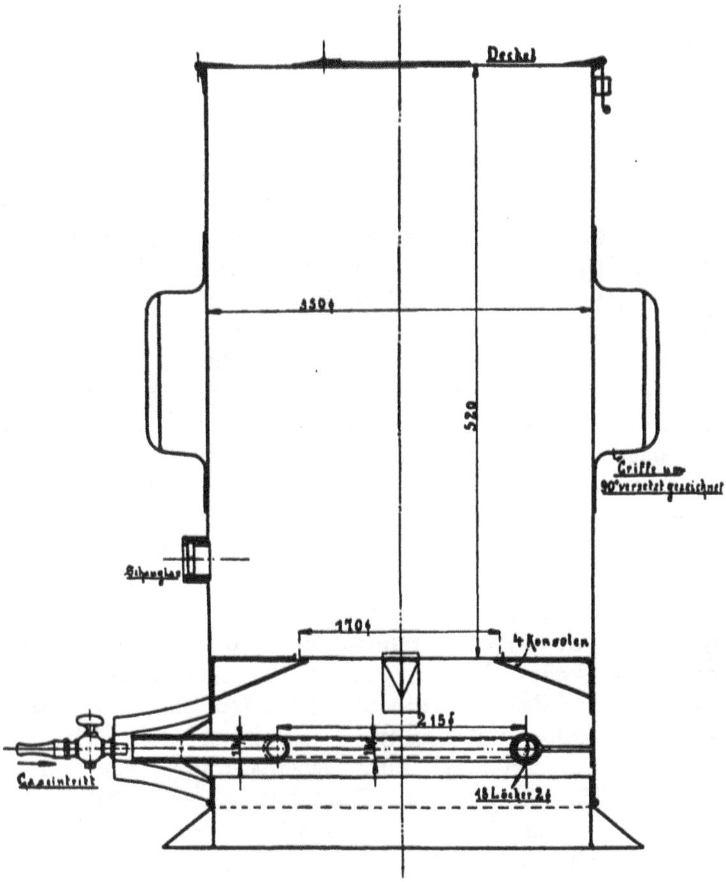

Fig. 22. Prüfapparat für Sicherheitslampen.

Lampen wurden bei 100 bis 120 l stündlichem Gaskonsum probiert, wobei, mit dem Stracheschen Gasoskop gemessen, ein Gasgehalt von $17^1/_2$ bis $22^1/_2$ % vorhanden war; bei 200 l stündlichem Verbrauch war der Gasgehalt 29 %. Auch mit 350 bis 500 l wurden Versuche angestellt, wobei sich aber kein wesentlich höherer Gasgehalt ergab.

Mehrere Firmen haben in entgegenkommender Weise Sicherheitslampen zum Versuch zur Verfügung gestellt; es wurden 16 Stück in Prüfung genommen (siehe Fig. 23 von links unten an).

1. Gewöhnliche Grubenlampe mit rundem Docht für Benzinfüllung. Zündung mit Zündstreifen, mit einem Glasmantel, Luftzuführung nur von oben durch den Drahtkorb, Regulierung durch Drehung der Dochtschraube am Boden der Lampe, Vorrichtung zum Dochtputzen nicht vorhanden, Verschlufs durch Stellschraube. Im Friemann & Wolfschen Apparat erlischt die Lampe; im eigenen Prüfungsapparat bei 100 l stündlichem Gaskonsum erlischt die Lampe nach 2 Minuten. Drahtsieb gut. Lichtstärke 0,7 HK.

2. Gröfsere Sicherheitslampe mit flachem Docht für Ölfüllung. Gröfserer Durchmesser der Lampe, Zündung bei geöffneter Lampe von aufsen; 1 Glaszylinder, Luftzuführung seitlich unter der Flamme durch geschützte kleine Löcher, und von unten mittels eines durch den Ölbehälter hindurchgeführten Rohres, dessen Mündung unten mit Drahtsieb geschützt ist. Einfacher Drahtkorb, Regulierung durch Dochtschraube von aufsen seitlich. Vorrichtung zum Dochtputzen, ein Abstreicher, vom Boden der Lampen zu bewegen. Verschlufs durch einen Überfall mit Schlofs. Im Friemann & Wolfschen Apparat erlischt die Flamme; im eigenen Apparat bei 100 l stündlichem Verbrauch erlischt die Flamme nach 4 Minuten, bei 120 l brennt das Gas dauernd an dem in der Lampe befindlichen Rohre neben der Flamme, so dafs der Glaszylinder zersprang. Nachdem die Flamme verlöscht war, brennt innen die Gasflamme weiter. Drahtsieb gut. Lichtstärke 0,9 HK.

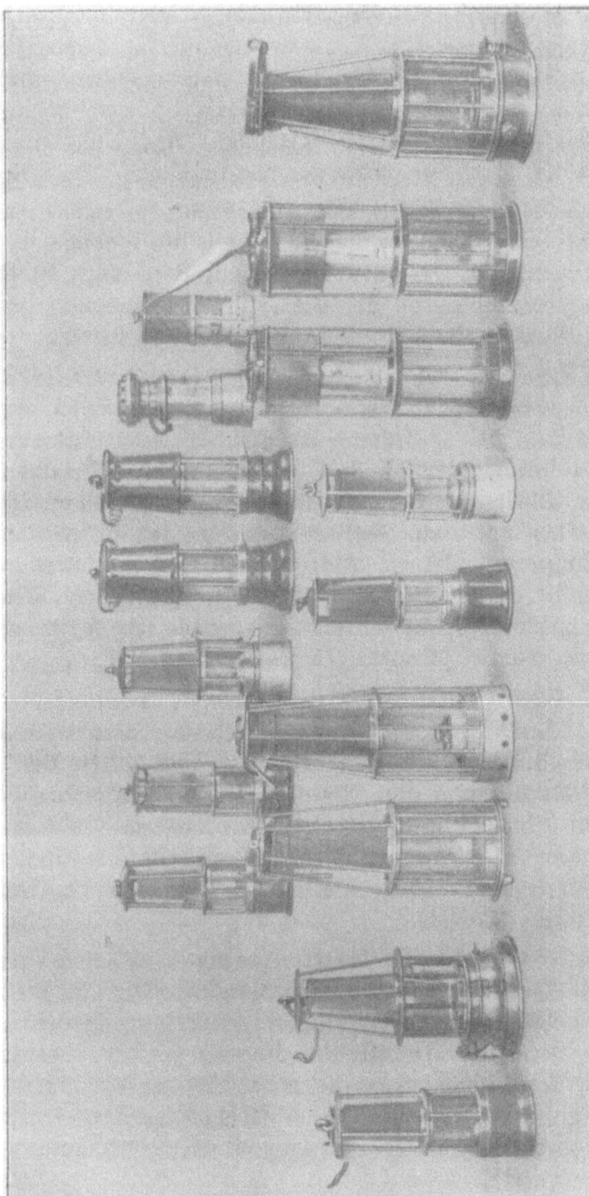

Fig. 23.

3. Sicherheits-Handlaterne für Kerzenlicht. Zündung bei geöffneter Lampe von aufsen. 2 Glaszylinder. Luftzutritt vom Boden der Lampe und von oben durch den Zwischenraum zwischen beiden Glaszylindern, beide Luftzutrittsarten mit Drahtsieb geschützt. Doppelter Drahtkorb, Verschlufs durch Stellschraube mit Schlüssel. Im Friemann & Wolfschen Apparat erlischt die Lampe. Im eigenen Apparat bei 100 l stündlichem Konsum erlosch die Flamme, bei 120 l aber brannte das Gas vorübergehend in der Lampe, so dafs die Kerze abschmolz und der Glaszylinder zersprang. Drahtsieb am Korb zu weit, 8 Maschen auf 1 cm. Lichtstärke 1,2 HK.

4. Grofse Sicherheits-Handlaterne für Mischöl, Rüböl und Petroleum, mit flachem Docht. Zündung von aufsen bei geöffneter Lampe. 1 Glasmantel geschützt. Luftzuführung vom Boden der Lampe; in derselben steht kleiner Ölbehälter frei. Drahtkorb von zu weitem Geflecht, 8 Maschen auf 1 cm. Stellschraube für den Docht vom Fufs der Lampe zu bedienen. Abstreicher zum Dochtputzen ebenso. Verschlufs durch Stellschraube mit Schlüssel. Im Friemann & Wolfschen Apparat erlischt die Lampe, ebenso im eigenen Apparat nach 5 Minuten. Lichtstärke 1,2 HK.

5. Gewöhnliche Grubenlampe. Benzin mit rundem Docht. Zündung durch Zündstreifen, von unten zu bedienen. 1 Glaszylinder. Luftzutritt nur von oben durch den Drahtkorb, Regulierung der Flamme durch Dochtschraube vom Boden. Verschlufs durch Stellschraube mit Schlüssel. Im Friemann & Wolfschen Apparat erlischt die Lampe, im eigenen Apparat nach 2 Minuten. Drahtsieb in Ordnung. Lichtstärke 0,7 HK.

6. Gewöhnliche Grubenlampe, mit Benzin, runder Docht. Zündung innen durch Metallstreifen, Cereisen, von unten zu bedienen. 1 Glaszylinder. Luftzuführung nur von oben durch doppelten Drahtkorb. Regulierung des Dochtes von unten. Verschlufs ist magnetischer Klinkenverschlufs. Drahtsiebe gut. Im Friemann & Wolfschen Apparat erlischt die Lampe, ebenso im eigenen Apparat nach 3 Minuten. Lichtstärke 0,7 HK.

7. Grofse Sicherheitslampe für Kerzenlicht. Zündung von aufsen bei geöffneter Lampe. 2 Glaszylinder, Luftzuführung von oben durch die zwei Zylinder, doppelt mit Sieb geschützt. Blechschornstein mit Deckel zum Auslöschen, Kopf des Schornsteins mit Drahtsieb rundherum geschützt. Verschlufs durch Stellschraube mit Schlüssel. Im Friemann & Wolfschen Apparat erlischt die Lampe, im eigenen Apparat nach 4 Minuten. Lichtstärke 1,2 HK.

8. Grofse Sicherheitslampe für Ölfüllung mit flachem Docht, darin kleiner Ölbehälter stehend, Zündung von aufsen bei geöffneter Lampe, zwei Glaszylinder wie vor, Luftzutritt zwischen beiden durch Drahtsieb doppelt geschützt. Blechschornstein mit Schliefsklappe zum Auslöschen, oben rund herum mit Drahtsieb geschützt. Verschlufs mit Stellschraube mit Schlüssel, in Friemann & Wolf-Apparat erlischt die Lampe, ebenso im eigenen Apparat nach 4 Minuten. Lichtstärke 1,2 HK.

9. Grofse Sicherheitslampe der Hamburger Gaswerke mit flachem, sehr breitem Docht, für Ölfüllung. Grofser Ölbehälter, Zündung von aufsen bei geöffneter Lampe, zwei Glaszylinder mit ziemlich weitem Zwischenraum, Luftzutritt von oben durch die zwei Zylinder, doppelt mit Sieb geschützt. Innen Blechschornstein, aufsen einfacher Drahtkorb. Dochtregulierung von aufsen seitlich durch den Ölbehälter hindurch. Abstreicher von unten zu bedienen. Verschlufs durch Stellschraube. Im Friemann & Wolf-Apparat erlischt die Lampe, ebenso im eigenen Apparat nach 4 Minuten. Lichtstärke 1,8 HK.

10. Gewöhnliche Grubenlampe, Benzinfüllung mit rundem Docht. Zündung innen durch Zündstreifen; ein Glaszylinder, Luftzutritt nur oben durch den einfachen Drahtkorb. Regulierung der Flamme von unten durch Drehung der Dochtschraube. Verschlufs durch Stellschraube mit Schlüssel. Lampe erlischt im Friemann & Wolf-Apparat, ebenso im eigenen Apparat nach 2 Minuten. Lichtstärke 0,8 HK.

11. Gewöhnliche Grubenlampe, Öllampe mit flachem Docht. Glaszylinder, Luftzutritt nur von oben durch den

Drahtkorb, Regulierung nur durch Zurechtstreichen des Dochtes mit dem Abstreifer. Verschlufs durch Stellschraube mit Schlüssel. Flamme erlischt im Apparat von Friemann & Wolf, ebenso im eigenen Apparat nach 3 Minuten. Lichtstärke 0,8 HK.

12. Dieselbe Lampe, mit doppeltem Drahtkorb für Benzinfüllung. Im Apparat von Friemann & Wolf erlischt die Lampe, ebenso in eigenen Apparat nach 5 Minuten. Lichtstärke 0,9 HK.

13. Gröfsere Grubenlampe, mit Benzinfüllung, vier runde Dochte nebeneinander, ein besonders hoher Glaszylinder. Oben einfacher Drahtkorb, geschützt durch einen Blechmantel mit Löchern. Zündung durch Zündstreifen. Luftzutritt von unten seitlich durch Löcher mit Drahtsieb geschützt. Regulierung durch Dochtschraube unten an der Lampe. Verschlufs durch Stellschraube mit Stellschlüssel. Die Flamme erlischt im Friemann & Wolf-Apparat, ebenso im eigenen Apparat nach 4 Minuten. Lichtstärke 1,5 HK.

14. Dieselbe Lampe mit Ölfüllung, flacher Docht. Die Flamme erlischt im Friemann & Wolf-Apparat, im eigenen Apparat nach 4 Minuten. Lichtstärke 0,9 HK.

15. Sicherheitslampe mit Zündstreifen-Zündung für Benzinfüllung; ein Glaszylinder, Luftzutritt seitlich durch ungeschützte Löcher, $1^1/_2$ mm weit, oben kurzer Drahtkorb mit Messinghülle, ferner Abzugslöcher aufserhalb des Drahtskorbs. Regulierung von unten mit Dochtschraube. Die Lampe zündet im Friemann & Wolf-Apparat und ebenso im eigenen Apparat sogleich. Lichtstärke 0,6 HK.

16. Alte Sicherheitslampe aus dem Hamburger Gaswerke, etwa von 1845, Blechgefäfs mit einem Glaszylinder, darüber grofser Drahtkorb aus ziemlich engem Drahtsieb, im Blechbehälter steht kleine Öllampe. Zündung von aufsen bei geöffneter Lampe, ebenso Regulierung durch die innen befindliche Dochtschraube. Flacher Docht. Luftzutritt unten seitlich durch Löcher, mit Drahtsieb geschützt. Im Friemann & Wolf-Apparat erlischt die Flamme, ebenso im eigenen Apparat nach 3 Minuten. Lichtstärke 0,7 HK. Fig. 24.

Aus diesen Versuchen ist zu ersehen, dafs doch bei einzelnen Lampen bei höherem Gasgemisch die Gefahr eintreten kann, dafs das Gasgemisch in der Lampe brennt, wodurch der Glaszylinder springt. In diesem Fall ist natürlich Zündung nach aufsen möglich; wozu in dem Fall 2 das durch den Ölbehälter führende Rohr dienen soll, ist zweifelhaft, wahrscheinlich zur Kühlung des Öls. Fig. 25. Obwohl es unten geschützt ist, wirkt es doch in Verbindung mit der ganzen Lampe stark anziehend, so dafs auf der Decke des Ölbehälters neben der Leuchtflamme über dem Rohr eine Gasflamme brennt. Diese Lampe ist nicht zu empfehlen. Bei Nr. 3 sind offenbar die am Boden befindlichen Luftlöcher mit Drahtsieb zu grofs, auch hier wird das Gasluftgemisch in der

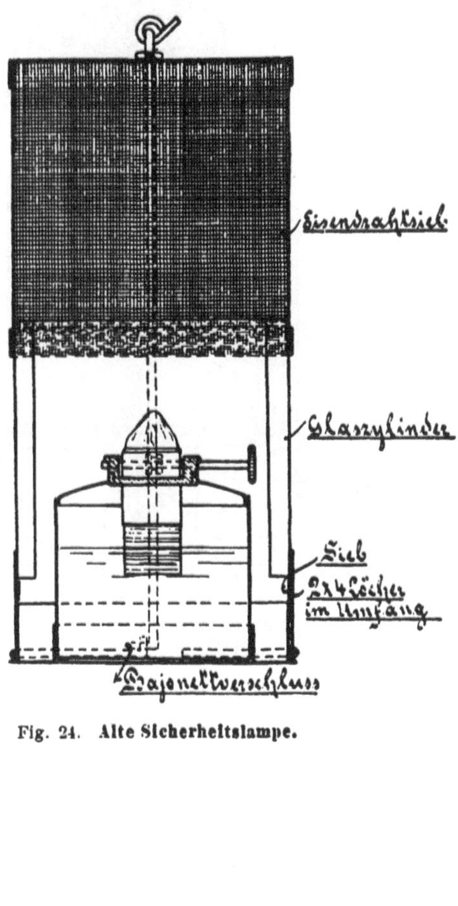

Fig. 24. Alte Sicherheitslampe.

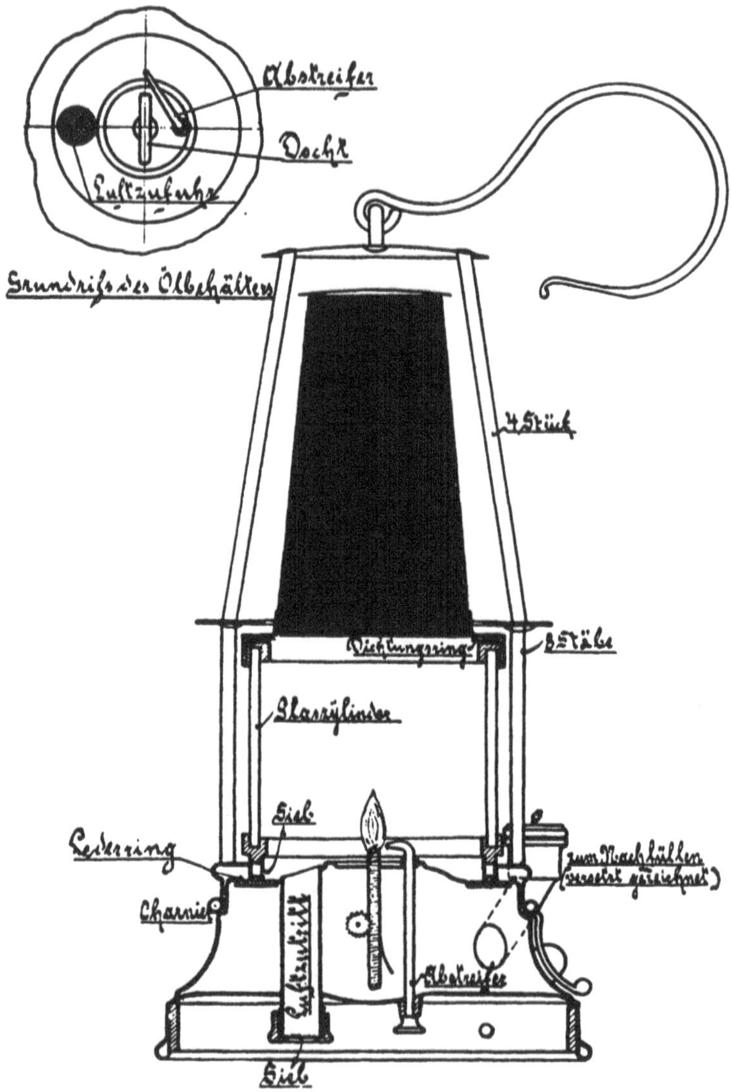
Abstreifer
Docht
Luftzufuhr
Grundriß des Ölbehälters
4 Stück
Dichtungsring
3 Stäbe
Glaszylinder
Sieb
Lederring
zum Nachfüllen
(versetzt gezeichnet)
Charnier
Abstreifer
Sieb

Fig. 25.

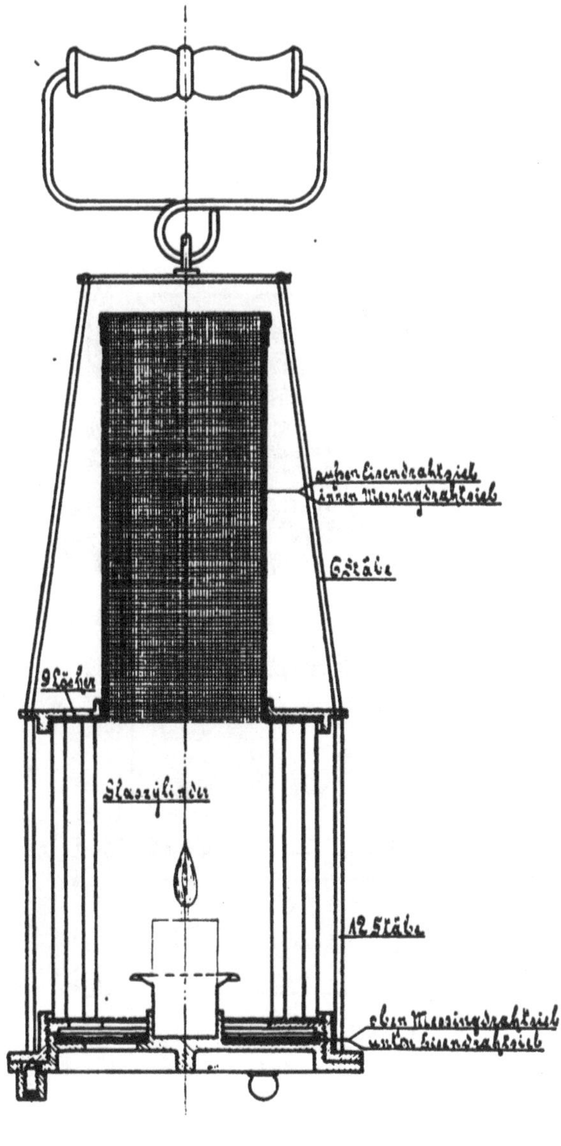
außen Eisendrahtsieb
innen Messingdrahtsieb
6 Stäbe
9 Löcher
Glaszylinder
12 Stäbe
oben Messingdrahtsieb
unten Eisendrahtsieb

Fig. 26.

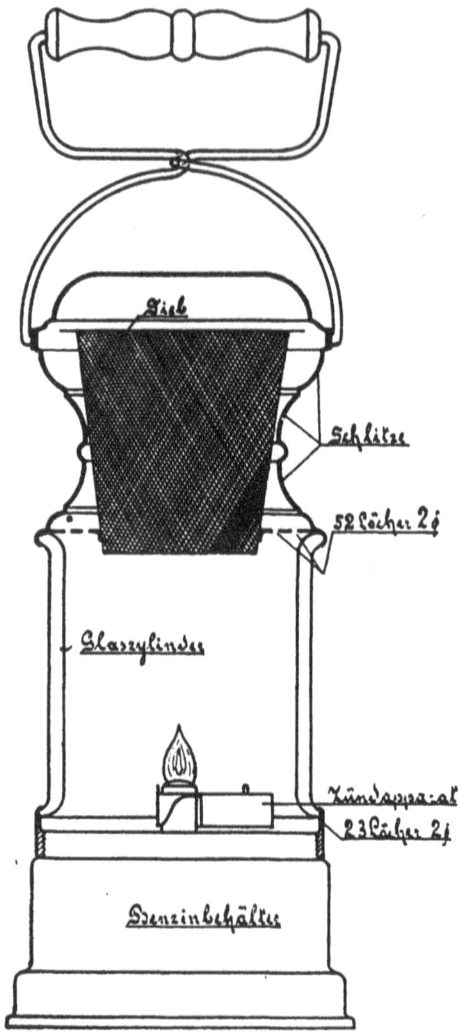
Sieb
Schlitze
52 Löcher 2ø
Glaszylinder
Zündapparat
23 Löcher 2ø
Benzinbehälter

Fig. 27.

Lampe entzündet und brennt, so dafs der Zylinder springt. Fig. 26. Aufserdem schmilzt die Kerze ab und verstopft die Drahtsiebe. Auch diese Lampe ist nicht zu empfehlen.

Nr. 15, in einer kleineren Gasanstalt gefunden, ist geradezu gefährlich. Fig. 27.

Die übrigen Lampen, von besonderen Spezialfirmen entnommen, fanden sich als gut.

Wenn man bedenkt, welches Unheil durch die Zündung mit einer untauglichen Sicherheitslampe angerichtet werden kann, so ist es doch zu empfehlen, wenigstens durch eineinfaches Aufblasen von Gas die Lampen auf Brauchbarkeit zu prüfen.

Diese Versuche sind aber nur vorläufige; und die Lichtmefskommission ist der Ansicht, dafs es zweckmäfsig sei, die einzelnen Bauarten von transportablen Sicherheitslampen für den Gebrauch in Gasanstalten zu prüfen, und empfiehlt, die Lehr- und Versuchsgasanstalt in Karlsruhe mit der Ausführung genauer Untersuchungen zu betrauen. Diese Anstalt soll entscheiden, welche Arten von Sicherheitslampen als zulässig in Gasanstalten anzusehen sind.

Die Lichtmefskommission hat durch ihre Arbeiten nur geringe Kosten gehabt, zumal keine besondere Sitzung stattfand; sie erbittet aber doch zur Ausführung von Versuchen wie früher den Betrag von M. 500.

Der Vorsitzende der Lichtmefskommion:

Dr. W. Leybold, Hamburg.

Zum Bericht der Heizkommission.

Herr Dr. E. Schilling, München: M. H., in Anbetracht der vorgerückten Zeit will ich darauf verzichten, den Bericht, der in Ihren Händen ist (s. ds. Journ. Nr. 27, S. 634 bis 635), zur Verlesung zu bringen, ebenso auch näher auf die Einzelheiten des Entwurfs einzugehen, der Ihnen ebenfalls gedruckt zugegangen ist (s. ds. Journ. Nr. 27, S. 635 bis 645) und, wie ich hoffe, Ihre Genehmigung finden wird.

Schon in Berlin und in Frankfurt hat die Heizkommission Entwürfe für die Neugestaltung der Installationsvorschriften unterbreitet. Damals hat hauptsächlich die Heranziehung der Polizei zur Durchführung der

Installationsvorschriften

den Anstofs zu Ihren Bedenken gegeben, und die weiteren Verhandlungen, die wir innerhalb unserer Kommission gepflogen haben, haben nun zu einer Einigung geführt, und zwar ist in dem vorliegenden Entwurf vermieden worden, die Polizei als solche irgendwie mit der Durchführung der Vorschriften in Verbindung zu bringen. Es sind die Mittel, die bisher zur Verfügung standen, als zur Durchführung geeignet und genügend belassen worden, erstens einmal das Mittel, die Gaszufuhr abzusperren in solchen Fällen, wo die Anlage bei der Prüfung den Vorschriften nicht entspricht. Es steht das weitere Mittel zur Verfügung, sich durch Kaution der Installateure zu sichern und sie bei Wiederholungen durch Abzüge an den Kautionen zu strafen. Es ist weiter zu erwarten, dafs auch die Gerichte die vorliegenden Vorschriften, wenn sie von der Autorität unseres Vereins genehmigt werden, als Regeln der Baukunst betrachten und Zuwiderhandlungen nach dem bestehenden Strafgesetz bestrafen werden. So gut die Erfahrungen sind, die mit den ortspolizeilichen Vorschriften in vielen Städten und namentlich im Süden gemacht worden sind, so glaubt man doch, dafs auch auf diese Weise die Ausführung möglich ist, und es ist somit der Hauptdifferenzpunkt aus den Vorschriften glücklich verschwunden.

Wir haben nun grofsen Wert darauf gelegt, auch einen Verband der Installateure — es gibt deren mehrere — zu hören und womöglich seine Zustimmung, seine Mitwirkung zu den Vorschriften zu bekommen, und es ist uns das auch gelungen. Der vorliegende Entwurf enthält Installationsvorschriften mit der Bemerkung: Aufgestellt vom Deutschen Verein für Gas- und Wasserfachmänner im Zusammenwirken mit dem Verbande selbständiger deutscher Installateure. Dieser Verband tagt in den nächsten Tagen in Cassel. Ich mufste selbstverständlich nochmals vor der Genehmigung durch unsere heutige Versammlung den Entwurf auch dem Installateurverbande vorlegen. Dieser Entwurf entspricht genau den Vereinbarungen, die wir mit dem Verbande zuletzt in Frankfurt getroffen haben; das hindert aber nicht, dafs noch Wünsche der Installateure geltend gemacht wurden. Wir haben schon gemäfs unseren letzten Vereinbarungen in der gemeinsamen Sitzung in Frankfurt einen Anhang angefügt, in dem die Wünsche der Installateure noch besonders zum Ausdruck kommen. Sie kennen ja diese Wünsche von jeher. Sie gehen dahin, die Gasinstallationen hinter den Gasmessern mögen alleiniges Reservat der Installateure sein. Wir haben diese Frage überhaupt aus den Installationsvorschriften ausgeschaltet. Um aber die Installateure zufriedenzustellen, haben wir in einem Anhange diese Wünsche in Form von Leitsätzen abgedruckt.

Ich glaube, ich kann mich kurz fassen, fühle mich aber doch verpflichtet, Ihnen mitzuteilen, dafs die Installateure, die sonst technisch ganz vollständig mit uns auf einem Wege gehen und uns auch zur Durchführung der Vorschriften in jeder Beziehung behilflich sein wollen, in dem einen Punkt sehr subtil sind und an kleinen Wörtchen Anstofs nehmen, wie z. B. auf Seite 25 an der Überschrift: Arbeiten, welche auch von Privatinstallateuren ausgeführt werden können. Da möchten sie das »auch« gestrichen haben. Dann weiter im Text möchten sie auch gestrichen haben: »sowohl vom Gaswerk, wie auch von den Privatinstallateuren«. Es ist also immer der Wunsch vorhanden, das Gaswerk als Installateur nicht anzuführen und nicht zu nennen. Ich meine, es ist doch Sache unseres Vereins, direkt auszusprechen, dafs wir installieren wollen, und zwar in erster Linie. Es ist das notwendig. Darüber brauche ich kein Wort zu verlieren.

Ich glaube also, wir können über diese schriftlichen Wünsche hier hinweggehen und so beschliefsen, wie es vorliegt. Es würde nur in Frage kommen, wenn der Installateurverband hiermit nicht zufrieden ist, dafs wir eventuell die Aufschrift streichen müfsten: »Im Zusammenwirken mit dem Verbande«. Vorerst liegt aber keinerlei Grund vor, sie zu streichen, und ich möchte nochmals beantragen, die Vorschriften so, wie sie sind, zu genehmigen, nur mit dem einen formellen Zusatz, der noch gewünscht wurde: »Eingetragener Verein, Sitz in Düsseldorf.«[1])

Ich darf wohl nun die weiteren Aufgaben der Heizkommission, die ihr im Laufe der letzten Jahre zugeteilt waren, kurz besprechen. Es ist das: die Beteiligung des Deutschen Vereins bei der Hygiene-Ausstellung in Dresden. Die Heizkommission hat sich der Sache in einer Sitzung angenommen und hat gemeinsam mit der Kommission für den Betrieb von Wasserwerken einen Ausschufs gebildet. Wir haben in dieser Sitzung ein vorläufiges Material für ein Programm zusammengestellt. Inzwischen ist aber die Zentrale für Gasverwertung ins Leben getreten, und diese hat ja gerade die Veranstaltung von Fachausstellungen auf ihre Fahne geschrieben. Deshalb war ein Zusammengehen der Heizkommission mit der Zentrale angezeigt, und es wurde ja auch schon von seiten der Zentrale der Weg geebnet, um mit der

[1]) Vgl. Journ. f. Gasbel. Nr. 27, S. 638, rechte Spalte.

Ausstellungsleitung in Dresden zusammen zu wirken und zu arbeiten. Um diese Aufgabe zu vereinfachen, hat sowohl die Zentrale für Gasverwertung als auch der Deutsche Verein beschlossen, eine Person als Kommissar zu delegieren. Es wird das für die Verhandlungen mit den verschiedenen Gruppen, die dort gebildet sind, eine wesentliche Vereinfachung bedeuten, und da auch der Wunsch nahe lag, mit dem Deutschen Museum in München zusammenzuarbeiten, so haben die Herren meine Wenigkeit dazu ausersehen, dieses Kommissariat zu übernehmen. (Beifall.)

Ich möchte das deswegen mitteilen, damit keine Zersplitterung eintritt, und damit die Herren, die sich für die Ausstellung interessieren und auszustellen wünschen, wissen, wohin sie sich wenden sollen. Wir haben alle Aussicht, trotz vieler Widerstände, die dort an der prinzipiellen Einteilung in einer Reihe von Gruppen gefunden wurden, doch möglichst geschlossen ausstellen zu können, und haben eine sehr wertvolle Zusage schon erreicht, das ist die, die ursprünglich nicht von der Ausstellungsleitung vorgesehen war, aber auf die wir sehr grofses Gewicht legen, nämlich sowohl die Beleuchtung wie die Verwendung des Gases zum Kochen und Heizen abends im Betriebe vorzuführen und durch Kochvorträge und sonstige Demonstrationen noch direkt ein Attraktionsobjekt zu schaffen, das gerade besonders an Abenden sehr wirkungsvoll werden wird.

Ich werde also gemeinsam mit der Zentrale für Gasverwertung diese wichtige Aufgabe verfolgen, und die Heizkommission wird dabei sehr wertvoll durch Beschaffung von Material und von wissenschaftlichen Ausarbeitungen und durch neue Versuche uns unterstützen können.

Ich habe zum Schlufs nur noch zu erwähnen, dafs unser hochverdientes Mitglied, das Ehrenmitglied unseres Vereins, Herr Direktor Körting, den Wunsch geäufsert hat, sich zurückzuziehen, und dafs Herr Galley infolge Ausscheidens aus dem Deutschen Verein auch aus der Heizkommission ausgeschieden ist. Die Kommission besteht sonach gegenwärtig aus folgenden 8 Herren: Eisele, Junkers, Meyer, Reichhardt, Ries, Schäfer, Schilling und Söhren.

Vorsitzender: Meine Herren, wünscht jemand das Wort zu dem Bericht der Heizkommission? Das ist nicht der Fall.

Meine Herren, ich kann wohl feststellen, daſs die Installationsvorschriften, welche von der Heizkommission aufgestellt, von den Bezirksvereinen geprüft worden sind, nun auch von Ihnen gutgeheiſsen werden. Damit haben wir jedenfalls eine groſse Arbeit vollendet, die auſserordentlich wichtig ist, und von der wir hoffen, daſs sie die besten Früchte für die Installationen im Anschluſs an die Gaswerke tragen wird.

Da die Heizkommission z. Zt. noch aus 8 Herren besteht, so ist im Vorstand und Ausschuſs die Ansicht ausgesprochen worden, daſs eine Zuwahl nicht erforderlich ist, da 8 Herren jedenfalls wohl genügen werden.

Vorschriften für Wasserinstallationen.

Meine Herren, im Anschluſs daran möchte ich Ihnen noch mitteilen, daſs von Herrn Kollegen Kordt ein Antrag eingebracht ist, daſs auch für die Wasserinstallationen in gleicher Weise Installationsvorschriften erlassen werden, da hier eine Lücke ebenso vorhanden ist, wie das bei den Gasinstallationen der Fall gewesen Herr Lindley hat sich in dankenswerter Weise der Aufgabe unterzogen, zunächst einen Entwurf solcher Wasserinstallationsvorschriften auszuarbeiten. Sie sollen zunächst den einzelnen Zweigvereinen zugehen, um dort geprüft und durchberaten zu werden und von da an den Hauptverein zur ev. Genehmigung gelangen. Ich glaube, daſs wir wohl alle mit einer derartigen Maſsnahme einverstanden sind. (Zustimmung.)

Herr Direktor Lempelius, Berlin: Meine Herren! Ich finde eigentlich in dem Verhalten der Versammlung eine Lücke; ich gestatte mir, das frank und frei auszusprechen. Die Lücke besteht darin, daſs der Heizkommission nicht der ganz besondere Dank ausgesprochen worden ist, der ihr für ihre Arbeit gebührt. Ich meine, die Heizkommission hat ein Werk geschaffen, wie es in unserer Vereinsgeschichte zu den Seltenheiten gehört, ein Werk, nach dem wir uns alle gesehnt haben; gerade in unserer jetzigen Tätigkeit ist von allen Seiten der Wunsch laut geworden, solche Installationsvorschriften zu besitzen. Aber auch sonst sind die Gesichtspunkte, die uns hier vorgeführt worden sind, aufserordentlich dankenswert. Die Arbeit, die alle Mitglieder der Heizkommission für die Installationsvorschriften aufgewendet haben, wird mit der Zeit reichen Erfolg bringen. Ich bitte, mir durch Ihren Zuruf zu bestätigen, dafs wir der Heizkommission für die ausgezeichnete Leistung, die sie ehrenamtlich entfaltet hat, den allerwärmsten Dank schuldig sind. (Lebhafter, anhaltender Beifall.)

Vorsitzender: Meine Herren! Wir sind mit den Kommissionsberichten nun zu Ende. Sie haben gehört, wie aufserordentlich fleifsig in diesem Jahre unsere Kommissionen, namentlich die Erdstromkommission und die Heizkommission gearbeitet haben. Wir sind allen grofsen Dank schuldig. Diesen wollte ich auch besonders der Heizkommission hierbei zum Ausdruck bringen, den Herr Lempelius bereits vor mir ausgesprochen hat. Ich danke ihm, dafs er mich hierin so beredt unterstützt hat.

Meine Herren, in den Arbeiten der Kommissionen liegt eigentlich der Schwerpunkt, die Kraft unseres Vereins. Sie sind gewissermafsen die Arbeitsbienen, die ihren Rüssel in Form von Fragebogen und verschiedenen sonstigen schönen Rundschreiben in die einzelnen Gas- und Wasserwerke hineinstecken (Heiterkeit) und das Brauchbare, den süfsen Honig heraussaugen, den sie nachher unter sich verarbeiten und in einer feinen wohlgeformten und geniefsbaren Form uns vorlegen, vollständig wabenfrei und geklärt bis ins kleinste. (Heiterer Beifall.)

Meine Herren! Ich bitte Sie, noch besonders dem Ausdruck zu geben, dafs Sie allen Kommissionen ihren Dank für ihre Arbeit aussprechen und zugleich der Erwartung Ausdruck geben, dafs die Kommissionen eifrig weiter arbeiten und weiter Honig zusammentragen zum Wohle und zum weiteren Gedeihen unseres schönen Gas- und Wasserfachs. (Lebhafter Beifall und Händeklatschen.)

Meine Herren, diese Kommissionsarbeiten sind so wichtig, dafs Vorstand und Ausschufs beschlossen haben, sie noch zu erweitern. Damit kommen wir zum nächsten Punkt unserer Tagesordnung, nämlich dem Antrag auf Errichtung einer

Kommission für den Betrieb von Gaswerken.

Meine Herren, diese Kommission, die ich schon vorgestern erwähnt habe, soll sich mit den jeweilig im Gasfach vorliegenden wichtigen Fragen technischer und besonders wirtschaftlicher Art befassen. Darunter ist eine Hauptaufgabe die, gegenüber dem immerhin sehr guten statistischen Material, welches die Elektrizitätswerke aufweisen, auch für die Gaswerke eine möglichst vollständige Statistik aufzustellen und zu bearbeiten. Wir wissen z. B. gar nicht, wieviel Gas wir in Deutschland produzieren. Unsere jetzige Gasstatistik ist durchaus unvollständig und umfafst nur im ganzen rd. 280 Werke, während in Wirklichkeit in ganz Deutschland viel mehr Steinkohlengasanstalten existieren[1]). Wie stark wir sind, wissen wir gar nicht, und es ist wirklich die höchste Zeit, dafs wir uns einmal auf uns selbst besinnen und einmal der Aufsenwelt zeigen, was wir sind, und was wir können. Auch die von Herrn v. Oechelhaeuser angeregte Aufstellung eines geeigneten Buchungsschemas für Gaswerke, ferner die am ersten Versammlungstag so lebhaft erörterte Frage, wie die Abschreibungen bei Gaswerken zu halten sind, gehören zu den Aufgaben dieser Kommission.

Vorstand und Ausschufs haben nach längerer Beratung beschlossen, Ihnen die Begründung dieser Kommission warm zu empfehlen, und ich bitte Sie, sich hier zu dem Antrage und Vorschlage des Ausschusses zu äufsern. (Rufe: Einverstanden!) Widerspruch erhebt sich nicht. Dann kann ich wohl annehmen, dafs auch Sie einstimmig der Meinung sind, dafs wir eine derartige Kommission hier wählen sollen.

Grofse Kommissionen arbeiten bekanntlich nicht besonders schnell; intensiv kann man nur in kleinerem Kreise

---

[1]) Ende 1909 rund 1300. D. Red.

wirken. Vorstand und Ausschufs schlagen Ihnen deshalb vor, diese Kommission nur aus fünf Herren zusammenzusetzen, und sie empfehlen Ihnen zunächst die Herren, welche sich seit Jahren besonders um wirtschaftliche Fragen bemüht haben, nämlich die Herren Kordt und Kobbert, den Direktor der Zentrale für Gasverwertung Herrn Lempelius, Herrn Dr. Schilling und aufserdem den jeweiligen Vorsitzenden des Vereins. Die Kommission soll das Recht der Kooptation haben. Werden sonst noch Vorschläge gemacht? — Das geschieht nicht, dann kann ich den Antrag wohl als angenommen feststellen.

Zum Bericht der Erdstromkommission.

Vorsitzender Herr Direktor Prenger, Köln: Die Vereinigte Erdstromkommission hat im letzten Jahre aufserordentlich intensiv gearbeitet, und es ist ihr gelungen, endlich die Normen aufzustellen, welche dazu dienen sollen, unsere Gas- und Wasserröhren vor den vagabundierenden Strömen zu schützen. Ich glaube, wir müssen ganz besonders aufmerksam dem Bericht zuhören, den diese Kommission jetzt über ihre Tätigkeit geben wird.

Leider ist der verehrte Vorsitzende der Kommission, Herr Baurat Lindley, verhindert, selbst hier zu erscheinen und den Schlufsakt hier zu vollziehen. Er hat aber den ausführenden Ingenieur der Erdstromkommission, Herrn Besig, beauftragt, dieses in seinem Namen zu tun.

Herr Ingenieur F. Besig, Frankfurt a. M.: Meine Herren! Es wird bei dem wichtigen Abschlufs der Tätigkeit der Vereinigten Erdstromkommission nicht unangebracht sein, Ihnen nochmals kurz ins Gedächtnis zurückzurufen, was Ihre Erdstromkommission seit ihrem Bestehen getan hat.

Die Kommission wurde 1897 auf der Jahresversammlung zu Leipzig auf Antrag des Herrn Lindley gewählt, besteht demnach schon länger als zehn Jahre. Es war ihr Wunsch die Arbeit gemeinsam mit dem Verbande Deutscher Elektrotechniker durchzuführen. Die hierauf gerichteten Verhandlungen dauerten bis 1902, führten aber zu keinem Ergebnis.

Ihre Kommission entschlofs sich darauf, selbständig vorzugehen. Als die nächste Periode der Tätigkeit sind die Jahre 1903/04 hervorzuheben, in denen eine Reihe von wichtigen Vorversuchen, die Versendung des Fragebogens an die deutschen

Verwaltungen von Röhrennetzen und die ersten praktischen Untersuchungen an einem gröfseren städtischen Röhrennetz zur Durchführung gelangten. Das Ergebnis dieser Arbeiten war die Aufstellung von Leitsätzen im ersten Entwurf, die von der Jahresversammlung in Hannover angenommen wurden.

Darauf folgte eine längere Periode, in der in zwölf nach Art der Röhren und Bodenverhältnisse und der Strafsenbahnrückleitungsanlage verschiedenartigen Städten systematische Untersuchungen vorgenommen wurden. Diese dauerten bis zum Anfang des Jahres 1907; ihr Hauptergebnis war, dafs die Untersuchungsmethoden, mit denen man in der Lage ist, derartige einigermafsen schwierige Messungen wenigstens bis zu einem gewissen, für die Praxis genügenden Grad der Genauigkeit auszuführen und sich ein Urteil über die Verhältnisse zu verschaffen, ausprobiert und festgelegt wurden, und dafs vor allem ein sehr umfangreiches Beobachtungsmaterial gesammelt wurde, auf Grund dessen weiter vorgegangen werden konnte. Im Anschlufs an diese Periode wurden die Leitsätze revidiert und ergänzt, jedoch wesentliche Änderungen nicht vorgenommen. Dieser zweite Entwurf der Leitsätze gelangte auf der Jahresversammlung in Bremen zur Annahme. Die Kommission stand damals kurz vor dem Abschlufs ihrer Tätigkeit und beabsichtigte, die Ergebnisse ihrer Arbeiten in einem Gesamtbericht zu veröffentlichen.

Dieser Abschlufs wurde hinausgeschoben durch Verhandlungen mit dem Verein Deutscher Strafsenbahn- und Kleinbahn-Verwaltungen, dem sich der Verband Deutscher Elektrotechniker anschlofs. Diese Vereine machten den Vorschlag, dafs die von Ihrer Kommission begonnenen Arbeiten nunmehr gemeinschaftlich fortgesetzt würden. Da dieser Vorschlag dem, wie bereits erwähnt, von Ihrer Kommisson von vorneherein gehegten Wunsch entsprach, wurde demselben zugestimmt. Es war wünschenswert, dafs die Leitsätze nicht von einer Seite, sondern gemeinschaftlich anerkannt und herausgegeben würden. Diese Verhandlungen waren von Erfolg gekrönt, und im April 1907 konstituierte sich die Vereinigte Erdstromkommission, die nunmehr drei Jahre gearbeitet und in weiteren 6 Städten umfangreiche Untersuchungen vorgenommen hat, wobei an die Erfahrungen Ihrer Kommission bezüglich der anzuwendenden Meſsmethoden angeknüpft und weiteres wertvolles Beobachtungsmaterial gesammelt wurde.

Das Ergebnis der Arbeiten der Vereinigten Erdstromkommission ist die Aufstellung der Vorschriften, die sich in Ihren Händen befinden; sie sind als Anlage zu dem Bericht der Erdstromkommission gedruckt.[1])

Meine Herren, ich möchte Ihnen nun zu diesen Vorschriften einige Erläuterungen geben. Sie haben wohl noch die früheren Leitsätze in Erinnerung und werden sich sagen, daſs die neuen Vorschriften ein anderes Bild bekommen haben; dies ist wohl äuſserlich der Fall, aber, um es vorweg zu sagen, dem Sinne nach entsprechen diese Vorschriften auch Ihren früheren Leitsätzen; nur die Form ist mit Rücksicht auf die bei der gemeinsamen Beratung hervorgetretenen Gesichtspunkte eine etwas andere geworden.

Als einen der Unterschiede möchte ich zunächst den Titel hervorheben. Es hieſs früher »Leitsätze«, und jetzt heiſst es »Vorschriften«. Von Leitsätzen ist eine so bindende Kraft, wie sie Vorschriften besitzen müssen, nicht zu erwarten, und ehe man Leitsätze zu Vorschriften erhebt, wird man oftmals abschwächen müssen, und das ist auch in diesen Vorschriften gegenüber den früheren Leitsätzen der Fall.

Ein weiterer Unterschied besteht im folgenden: Die Leitsätze beziehen sich auf alle Straſsenbahnanlagen, d. h. sowohl auf neu zu errichtende als auch bereits vorhandene, und betonen die Ergebnisse der Messungen an den letzteren unter Anwendung der ausprobierten Meſsmethoden. Von diesen Grundsätzen muſste in den Vorschriften zum Teil abgesehen werden, namentlich weil es nicht durchführbar erschien, den Vorschriften rückwirkende Kraft zu geben. Dies ist insofern verständlich, als sehr viele Städte mit den Straſsenbahnverwaltungen, soweit sie in Privathänden liegen, Sonderverträge bezüglich des Schutzes der Rohrleitungen haben und eine Einmischung der Kommission in derartige

---

[1]) Siehe S. 106.

Rechtsfragen nicht tunlich ist. Deshalb wurde beschlossen, dafs die gemeinsam herauszugebenden Vorschriften für neue Anlagen und bzw. für Erweiterungen von bestehenden Anlagen Geltung haben sollen. Die Strafsenbahnverwaltungen brauchen vor allem Vorschriften für den Projektanten; dieser mufs von vornherein in der Lage sein, das Strafsenbahnnetz so zu berechnen, dafs es später den Vorschriften genügt. Sind die Vorschriften nicht darauf eingerichtet, und sind nach Fertigstellung der Anlagen noch diese oder jene Arbeiten nachzuliefern, dann wird die Anlage teurer und die Wirtschaftlichkeit geringer, als wenn schon im Projekte darauf Rücksicht genommen werden kann. Deshalb wurden die Vorschriften nicht auf Messungen an bestehenden Anlagen, sondern auf Vorausberechnungen neu zu errichtender Anlagen aufgebaut. Dabei wurde von dem Grundsatz ausgegangen, dafs dem Projektanten möglichste Freiheit in der Wahl der Ausführungsarten gelassen werde, und wurde davon Abstand genommen, eine Reihe technischer Einzelheiten, die in den früheren Leitsätzen als, ich möchte sagen: empfehlenswerte Mafsnahmen angeführt sind, in die Vorschriften hinüberzunehmen. So ist es z. B. nicht zweckmäfsig, eine bestimmte Art der Schienenstofsverbindung heute vorzuschreiben, da die Möglichkeit vorliegt, dafs morgen eine neue Art erfunden wird, die besser und billiger ist. Auch die Wahl des Rückleitungssystems mufs dem Projektanten überlassen bleiben. Ob Rückleitungskabel mit Ausgleichwiderständen oder das Dreileitersystem, das nach den Untersuchungen der Vereinigten Erdstromkommission übrigens grofse Vorteile zu haben scheint und gröfsere Beachtung als bisher verdient, anzuwenden ist, das hängt immer von den örtlichen Verhältnissen ab und mufs von Fall zu Fall entschieden werden. Die Hauptsache ist, dafs die Anlage den Vorschriften genügt.

Noch in einem anderen Punkte unterscheiden sich die Vorschriften von den Leitsätzen. Als oberster Grundsatz für letztere galt selbstverständlich Schutz der Röhren. In den gemeinsamen Vorschriften kam hierzu noch die Wirtschaftlichkeit der Bahnanlage. Auch in Ihren Leitsätzen war auf diesen Punkt Rücksicht genommen worden, die Vertreter der

Strafsenbahnen verlangten jedoch noch weiteres Entgegenkommen, und so kam es, dafs in verschiedenen ziffernmäfsigen Angaben der früheren Leitsätze nachgegeben wurde. Es ist aber auf beiden Seiten nachgegeben worden, und man kann nicht sagen, dafs die eine oder die andere Partei übervorteilt worden wäre.

Was nun die Frage nach dem Schutz der Röhren anbelangt, so möchte ich die Frage lieber anders stellen: Wie haben wir es einzurichten, dafs die Gefährdung eine möglichst geringe wird? Mafsgebend für die Gefährdung ist die Dichte, mit der der elektrische Strom aus dem Rohr austritt. Als die früheren Leitsätze vorbereitet wurden, gab es noch kein Mittel, die wichtige Gröfse der Stromdichte am Rohr unmittelbar zu messen. Das ist dann später durch die Arbeiten von Professor H a b e r usw., die Ihnen aus früheren Berichten bekannt sind, gelungen. Die Stromdichte läfst sich jedoch nicht mit irgendwelcher Sicherheit vorausberechnen, weil die Bodenverhältnisse den Projektanten gewöhnlich nicht genügend bekannt und auch an jedem Orte verschieden sind. Die Berechnung und Messung von Übergangswiderständen stöfst auf aufserordentliche Schwierigkeiten. Dazu kommt, dafs die Stromdichte auf der Rohroberfläche wegen der überall verschiedenen Verhältnisse beim Stromübergang keine gleichmäfsige ist und es leicht vorkommt, dafs die mittlere Stromdichte, bezogen auf eine verhältnismäfsig grofse Rohroberfläche von der Dichte an kleineren Flächenteilen, die besonders ungünstigen Verhältnissen beim Stromübergang ausgesetzt sind, bedeutend überschritten wird. Dies erschwert die Beurteilung der Ergebnisse von Stromdichtemessungen. Auch ist zu bedenken, dafs die Messungen selbst aus naheliegenden praktischen Gründen gewisse Schwierigkeiten bieten. Aus diesen Gründen wurde das Schwergewicht in den Vorschriften wie in den Leitsätzen nicht auf die Frage gerichtet: Wie hoch darf die Dichte des austretenden Bahnstroms am Rohr sein? sondern auf die Frage: Wie ist die Rückleitungsanlage, die sich vorausberechnen läfst, und die man auf der Oberfläche der Erde sehen und leicht prüfen kann, einzurichten, damit die Stromdichte möglichst gering wird? Und dies führt zu der wichtigsten Frage: Welcher Spannungsabfall darf im Schienennetz zugelassen werden?

Meine Herren, der § 3, der vom Spannungsabfall im Schienennetz handelt, ist zweifellos der allerwichtigste und bildete naturgemäfs auch den schwierigsten Punkt bei den Beratungen der Vereinigten Erdstromkommission. Sie finden in diesem Paragraph die Gröfse von $2^1/_2$ Volt angegeben. Hierzu gestatten Sie mir einige erläuternde Bemerkungen.

Der Spannungsabfall im Schienennetz setzt sich folgendermafsen zusammen. Ich betrachte den Fall einer geraden unverzweigten Rohrstrecke, die einer unverzweigten Strafsenbahngleisstrecke parallel läuft. Also kein kompliziertes Netz, um die Verhältnisse möglichst einfach darzustellen. Die Schienenstrecke besitze einen Rückleitungspunkt an einem Ende. Dies entspricht in der Statik einem Träger, der an einem Ende gestützt ist, man hat deshalb eine solche Strecke auch »freitragende Strecke« genannt. Ein Teil der Strafsenbahnströme, der am freien Ende aus den Schienen in die Erde eintritt, erzeugt beim Übergang von den Schienen nach der Rohrleitung einen Spannungsabfall E_u' (s. Fig. 28). Die Ströme, die jetzt in die Rohrleitung eingetreten sind, fliefsen entlang den Röhren und rufen in diesen, da die Röhren nicht widerstandslos sind, einen weiteren Spannungsabfall hervor. E_r bedeute den Rohrspannungsabfall. Bei der Rückkehr der Rohrströme in die Schienen am Rückleitungspunkt entsteht schliefslich infolge des Übergangswiderstandes zwischen Rohr und Schiene ein dritter Spannungsabfall E_u''. Der gesamte Spannungsabfall auf der Schienenstrecke, E_s, ist gleich der Summe dieser drei Teilspannungen, also gleich $E_u' + E_r + E_u''$.

Verfolgt man die Erdströmung rechnerisch, so ergeben sich selbst in diesem einfachen Fall aufserordentlich verwickelte Beziehungen; man kann sich aber durch Annäherungsverfahren immerhin ein ungefähres Bild über die Verhältnisse verschaffen. Ich setze noch voraus, dafs die Schienen-, Rohr- und Übergangswiderstände längs der Strecke konstant sind, der Wagenverkehr auf der Gleisstrecke vom freien Ende nach dem Rückleitungspunkt hin gleichmäfsig zunimmt, und dafs der Betrag der nach der Erde entweichenden Ströme im Verhältnis zu den Schienenströmen klein ist. Dann verläuft das Potential in den Schienen, wie Fig. 28 zeigt, gefähr parabelförmig. Der Rückleitungspunkt hat das tiefste, das freie Ende das höchste Potential. Vernachlässigt man zunächst den Rohrspannungsabfall — in Wirklichkeit würde das Rohrpotential ebenfalls parabelartig verlaufen — so stellt sich die Erde mit der Rohrleitung auf ein zwischen beiden Potentialen liegendes Potential, gleich dem Schienenpotential am sog. »neutralen Punkt«, *N*, ein, und es entstehen bezüglich der Spannung zwischen Rohr und Schiene zwei charakteristische Gebiete diesseits und jenseits des neutralen Punktes. In dem einen Gebiet, nach dem freien Ende zu, sind die Röhren negativ gegen die Schienen (Schutzzone, höchste Spannung zwischen Schiene und Rohr E_u'), in dem anderen Gebiete, nach dem Rückleitungspunkt zu, sind die Röhren positiv gegen die Schienen (Gefahrzone, höchste Spannung zwischen Rohr und Schiene E_u''). Dies ist Ihnen ja aus früheren Darstellungen geläufig. Unter den vorhin gemachten Voraussetzungen sind die den Gebieten entsprechenden, mit Plus- und Minuszeichen schraffierten Flächen einander gleich und ist, zufolge einer bekannten Eigenschaft der Parabel, E_u'' doppelt so grofs als E_u'. Es wäre dann, d. h. wenn E_r vernachlässigt werden dürfte, nur nötig, einen dieser beiden Werte, z. B. E_u'' anzunehmen, so wäre damit der gesamte Schienenspannungsabfall als das Anderthalbfache der Spannung zwischen Rohr und Schiene an dem am meisten gefährdeten Punkte der Rohrstrecke gegeben.

Hiervon wurde ausgegangen, und es ist da die Ansicht des Herrn Professor Haber gewesen, dafs zwar bei ungünstigen Boden- und Übergangsverhältnissen schon sehr geringe Spannungen zwischen Rohr und Schiene, sagen wir von wenigen Zehntel Volt, genügen, um Zerstörungen an den Röhren hervorzurufen, dafs aber, mittlere Verhältnisse vorausgesetzt, bei Spannungen unter 1 Volt zwischen Rohr und Schiene stärkere Zerstörungen im allgemeinen nicht zu erwarten sind. Diese Ansicht eines als Autorität anerkannten Fachmannes, die sich auf sorgfältige Untersuchungen teils im Laboratorium, teils am Rohrnetz der Stadt Karlsruhe stützt, wurde von der Kommission als mafsgebend betrachtet. Demgemäfs dürfte nach den vorhergehenden Erläuterungen der Schienenspannungsabfall nicht mehr als $1^1/_2$ Volt betragen.

Nun trifft aber die vorher gemachte Annahme, dafs der Rohrspannungsabfall zu vernachlässigen sei, an praktischen Rohrnetzen in der Regel nicht zu. Die Messungsergebnisse haben gezeigt, dafs der Rohrspannungsabfall sogar einen erheblichen Prozentsatz des Schienenspannungsabfalls ausmacht, es wurden Werte zwischen 20 und 60 % beobachtet. Der Rohrspannungsabfall ist, was die Wirtschaftlichkeit der Bahnanlage betrifft, insofern ein günstiges Moment, als der zulässige gesamte Schienenspannungsabfall um dessen Wert gröfser sein

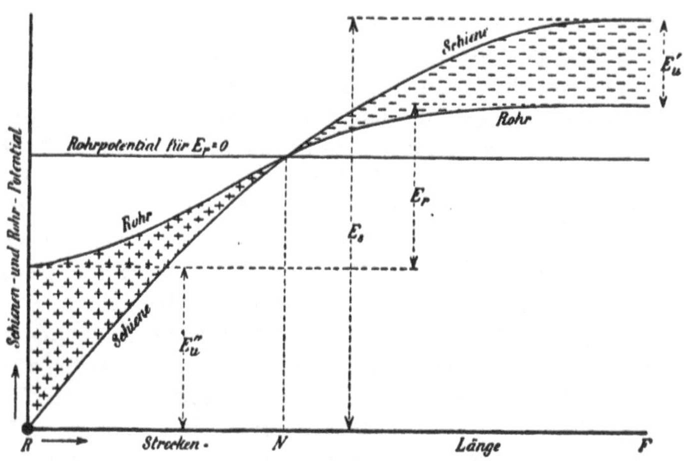

Fig. 28.

Verlauf des Schienen- und Rohrpotentials längs einer freitragenden Gleisstrecke bei gleichmäfsig zunehmender Belastung und gleichmäfsigen Widerständen.

R = Rückleitungspunkt.
F = Freies Ende der Strecke.
N = Neutraler Punkt.
E_s = Schienen-Spannungsabfall.
E_r = Rohr-Spannungsabfall.
E_u' = Höchste Spannung zwischen Schiene und Rohr in der Schutzzone.
E_u'' = Höchste Spannung zwischen Rohr und Schiene in der Gefahrzone.

darf als die Summe $E_u' + E_u''$, die sich zu $1^1/_2$ Volt ergab. Legt man einen mittleren Prozentsatz, d. h. 40 % des Schienenspannungsabfalls, für den Rohrspannungsabfall zugrunde, so ergibt sich unter der Voraussetzung, dafs das Verhältnis der Spannung zwischen Rohr und Schiene am Rückleitungspunkt zu der am freien Ende der Strecke infolge des Spannungsabfalles in der Rohrleitung nicht wesentlich geändert wird, der zulässige Schienenspannungsabfall aus der Gleichung

$$E_s = 1{,}5 + 0{,}4\ E_s$$

zu $2^1/_2$ Volt.

Man kommt so in dem gewählten einfachen Fall in der Tat auf die in § 3 der Vorschriften angegebene Gröfse. Bei verwickelteren Rohrnetzen können die Verhältnisse von den soeben geschilderten wesentlich abweichen. Dann würde sich bei $2^1/_2$ Volt Schienenspannungsabfall auch ein anderer Wert als 1 Volt für die Spannung zwischen Rohr und Schiene an dem am meisten gefährdeten Punkt des Rohrnetzes ergeben können. Der Unterschied dürfte jedoch in den meisten Fällen kaum von Belang sein, und für alle Fälle ausreichende Vorschriften zu schaffen, ist ohnehin unmöglich. Übrigens ist zu berücksichtigen, dafs der Projektant nach der Vorschrift des § 1 den Nebenschlufs der Erde nicht in Rechnung ziehen darf. Die Folge dieses Nebenschlusses ist aber, dafs der an der fertiggestellten Anlage wirklich auftretende Schienenspannungsabfall etwas kleiner als der berechnete ausfallen wird.

Meine Herren, diese Erläuterungen wollte ich Ihnen hier bringen, damit Sie sich über die Höhe des zu fordernden Schienenspannungsabfalles, als einer der wichtigsten Bestimmung in den Vorschriften, ein Bild machen können.

Dann möchte ich noch auf einen Punkt aufmerksam machen. Im § 3 ist vom »inneren verzweigten Schienennetz« und von »auslaufenden Strecken« die Rede. Diese Unterscheidung wurde deshalb getroffen, weil bei langen, auslaufenden Strecken, die in vielen Fällen zum Teil noch innerhalb des Rohrnetzes liegen und oft sehr weit von der Zentrale entfernt sind, verhältnismäfsig hohe Aufwendungen erforderlich werden können, wenn solche Strecken in der gleichen Weise behandelt werden sollen wie verzweigte Ortsnetze, wo das Schienennetz schon in sich einen guten Ausgleich der Spannungen verbürgt. Die Kommission ist auch darüber einig geworden und hat beschlossen, dafs die Bedingung von $2^1/_2$ Volt nur für das innere Netz einschliefslich eines anschliefsenden Gürtels von 2 km Breite gelten soll, während darüber hinaus auf auslaufenden Strecken noch ein zusätzlicher Spannungsabfall zugelassen wird. Dieser ist so zu bemessen, dafs das »gröfste Spannungsgefälle« auf einer solchen Strecke nicht mehr als 1 Volt pro Kilometer beträgt. Dieses gröfste Spannungsgefälle ist nicht zu verwechseln mit dem »mittleren Spannungsgefälle« der Strecke. Letzteres ist bei einer Schienenstrecke mit vom Endpunkt nach dem Anfangspunkt gleichmäfsig zunehmender Strombelastung und mit gleichmäfsigen Widerständen längs der Strecke gleich dem arithmetischen Mittel aus dem gröfsten und kleinsten Spannungsgefälle. Ist, wie gewöhnlich, das kleinste Spannungsgefälle am Ende gleich 0, dann ist das gröfste am Anfang der Strecke gleich dem doppelten Werte des mittleren Spannungsgefälles. Die Vorschrift sagt dann für diesen gewöhnlichen Fall aus, dafs der Gesamtspannungsabfall längs der Strecke ausgedrückt in Volt nicht gröfser sein darf als die halbe Länge der Strecke ausgedrückt in Kilometern.

Ich habe vorhin von der Stromdichte gesprochen, die in erster Linie für die Gefährdung der Röhren mafsgebend ist. Nun ist es, wie erwähnt, möglich, dafs bei besonders ungünstigen Verhältnissen schon bei Spannungen von weniger als 1 Volt zwischen Rohr und Schiene und folglich trotz Einhaltung der Vorschriften des § 3 stärkere Rohrzerstörungen auftreten. Damit die Besitzer von Rohrleitungen ein Mittel an der Hand haben, sich nachträglich gegen solche Fälle zu schützen, ist in § 5 ein Höchstmafs für die zulässige Stromdichte angegeben. Dort steht: »Wenn die durch Bahnströme hervorgerufene Stromdichte beim Austritt am Rohr $^3/_4$ Milliampere pro Quadratdecimeter erreicht, dann ist die Rohrleitung u n b e d i n g t als durch die Bahn gefährdet zu bezeichnen, und sind weitere Schutzmafsnahmen zu treffen.« Dieser Paragraph ist sozusagen ein Schutzparagraph für solche Rohrnetze, bei denen besonders ungünstige Bodenverhältnisse vorliegen, und die deshalb durch den § 3 nicht genügend geschützt sind. (Beifall.)

Herr Baurat Scheelhaase, Frankfurt a. M.: Meine Herren! Wir können den Herren der Kommission nur danken, dafs sie das erreicht hat, was erreicht worden ist. Es war aufserordentlich schwierig, so weit zu kommen. Wenn auch in einzelnen Punkten die Wünsche der Wassertechniker vielleicht etwas weiter gegangen sein mögen, so glaube ich doch, dafs im grofsen ganzen wir mit dem Ergebnis, mit der Zusammenstellung dieser Vorschriften sehr zufrieden sein können. Ich glaube, wir können der Kommission den Dank für ihre so erfolgreiche Arbeit aussprechen. (Beifall.)

Stellvertretender Vorsitzender Herr Direktor Kordt, Düsseldorf: Wünscht noch jemand das Wort? — Das ist nicht der Fall. Dann empfehlen wir Ihnen, diese Vorschriften anzunehmen. Die einzelnen Versammlungen müssen die Vorschriften annehmen, damit sie nachher allgemeine Gültigkeit haben, damit man auf Grund dieser Vorschriften nachher weiter verhandeln kann.

Bei der Wichtigkeit des Gebietes wollte ich noch mitteilen, dafs der Vorstand beschlossen hat, unsere Erdstromkommission weiter bestehen zu lassen. Das umfangreiche Untersuchungsmaterial und die bei den Untersuchungen gesammelten Erfahrungen sollen verwertet werden, wenn Streitfragen auftreten, oder wenn Städte das Bedürfnis haben, Messungen vornehmen zu lassen und sich an den Verein wenden. Diese Messungen sollen natürlicherweise gegen Entgelt vorgenommen werden; wir werden aufserdem in dem Etat, den wir Ihnen morgen vorlegen werden, zu diesem Zwecke noch besondere Mittel vorsehen.

Im übrigen danke ich Herrn Besig verbindlich für seine bisherige Arbeit und auch für das Referat.

Ich denke wohl, dafs Sie diese Vorschriften angenommen haben. Ich habe noch nicht formell gefragt, ob Sie Abstimmung wünschen; ist jemand dagegen, so bitte ich ihn, die Hand zu erheben. — Das ist nicht der Fall, also sind die Vorschriften von uns angenommen.

Zum Bericht der Unterrichtskommission.

Generalsekretär Dr. K. Bunte, Karlsruhe: Herr Generaldirektor Dr.-Ing. W. v. Oechelhaeuser ist durch Gesundheitsrücksichten verhindert, dem schriftlichen Bericht der Unterrichtskommission[1]) noch einiges hinzuzufügen, und er hat mich beauftragt, die folgenden Berichte über die einzelnen Schulen Ihnen vorzutragen.

In Altenburg hat die dem Technikum angegliederte Schule für Gas- und Wassermeister und für Installationstechniker eine Steigerung der Besuchsziffer erfahren. Am Gasmeisterkursus (Dauer $^1/_2$ Jahr) nahmen im Sommer 24, im Winter 25 Schüler teil, am Installationstechnikerkursus (Dauer 1 Jahr) 5 Schüler. Es wurden wieder, wie früher, Ausflüge zur Besichtigung von Gaswerken u. dgl. unternommen. Im letzten Jahre beteiligten sich u. a. ein Diplomingenieur und mehrere junge Leute mit dem Einjährigenzeugnis an den Kursen.

In Bremen nahmen im Januar ds. Js. an dem einmonatigen Vorkursus der Gasmeisterschule 41, an dem vierteljährigen Hauptkursus 51 Schüler teil, wovon eine Reihe durch Erbauer von Gasanstalten entsandt wurde, um für die Praxis in kleineren Gasanstalten ausgebildet zu werden. In den Hauptfächern bestanden 2 Parallelklassen. Die bisherigen praktischen Übungen der Schüler in Gasanstalten (diesmal in Delmenhorst, Aumund-Fähr und Grohn) haben sich aufs beste bewährt; sie erstreckten sich auf Bedienung und Untersuchung der Öfen, Funktion der Apparate, Aufsuchung und Beseitigung von Betriebsstörungen od. dgl. Daneben wurden Ausflüge zur Besichtigung von Gas- und Wasserwerken unternommen.

---

[1]) Siehe S. 112.

Der diesjährige Installateurkursus wurde von 41 Schülern — hauptsächlich Schlosser und Gasinstallateure — besucht, dauerte 3 Wochen und erstreckte sich auf alle im Gasfach und Wasserfach vorkommenden Installationsarbeiten.

Mit dem Gasmeisterkursus war aufserdem ein Ofenmaurerkursus verbunden, in welchem ein Gasofen mit 2 Retorten im Hofe des Technikums erbaut, einige Zeit in Feuer genommen und wieder abgebrochen wurde.

Das Technikum der freien Hansestadt Bremen hat eine neue, am 27. August 1909 vom Senat genehmigte Prüfungsordnung für die Abteilung E (Gasmeisterschule) aufgestellt, die unserer Kommission im Druck vorliegt.

In Breslau wird die der städtischen gewerblichen Fortbildungsschule angegliederte Installateurfachklasse, die für alle im Installationsfach beschäftigten Lehrlinge bis zum 17. Lebensjahre obligatorisch ist, zurzeit von 33 Lehrlingen besucht, die in 2 Klassen wöchentlich 6 Unterrichtsstunden erhalten. Der Fachunterricht und das Fachzeichnen erstrecken sich auf alle bei Gas-, Wasser- und Kanalanlagen vorkommenden Installationen.

In Köln sind bei den Kgl. Vereinigten Maschinenbauschulen auf Anregung unseres Vereins seit 3 Jahren folgende Meisterkurse eingerichtet:

a) für Gas- und Wasserinstallateure und Monteure,
b) für Elektroinstallateure,
c) für Elektromonteure und Wärter elektrischer Anlagen,
d) für Gasmeister.

In diesen Kursen sind bis zum 1. April ds. Js. zusammen 215 Meister ausgebildet worden. Die Kurse haben sich sehr gut entwickelt und der Erfolg im Unterricht ist durchaus zufriedenstellend. Über die Teilnehmerzahl ist zu bemerken, dafs bei den Gasmeisterkursen 15, höchstens 20, und bei den übrigen Kursen 12, höchstens 15 Teilnehmer zugelassen werden sollen, um den Unterricht der Eigenart der einzelnen Teilnehmer besser anpassen zu können. Der Voruntericht

(Dauer 4 Wochen) und der Fachunterricht (Dauer 8 Wochen) umfassen je wöchentlich 48 Stunden.

In München fand der 3. Kursus für Installateure und Monteure vom Oktober v. Js. bis Ende April ds. Js. statt; er bestand aus Vor- und Hauptkursus von wöchentlich 9 Stunden und wurde von 27 Teilnehmern besucht, wovon allein 20 im städtischen Gaswerk und Wasserwerk beschäftigt waren. Die Schulleitung hat beschlossen, den Physik- und Chemieunterricht einzuschränken, um mehr Zeit für den Fachunterricht zu gewinnen. Obgleich die Kurse erst kurze Zeit bestehen, so läfst sich doch ein günstiger Einflufs auf das Installationsgewerbe nicht verkennen. Die Arbeiten der Installateure in München werden solider und mit mehr Verständnis ausgeführt als früher. Anderseits steigen die Anforderungen an feinere Installationen mit der besseren Ausgestaltung der Wohnungen immer mehr, und daraus ergibt sich die Forderung nach einer noch weitergehenden fachlichen Ausbildung der Installateure, als dies im jetzigen Unterrichtsrahmen möglich ist. Es soll deshalb eine Auslese unter den Schülern getroffen und den fähigeren Gelegenheit zur Weiterbildung in einem Oberkursus gegeben werden.

In Nürnberg wird auf Anregung des städtischen Gaswerks die Direktion der Bayerischen Landesgewerbeanstalt die Frage prüfen, ob die am Gewerbemuseum bestehende Fachschule für Blechschmiede und Installateure durch Angliederung eines Vorkursus für Installateure und Monteure erweitert und dieser Vorkursus nach den vom Bayerischen Verein aufgestellten Normen ausgebaut werden kann.

Aus den Berichten der Schulen und ihrer fast überall zunehmenden Frequenz ergibt sich, dafs das Bedürfnis nach Meisterschulen in unserem Fache weiter zunimmt. Wir möchten deshalb besonders den Zweigvereinen, in deren Bezirk solche Schule noch nicht besteht, empfehlen, tunlichst auf die Errichtung einer solchen hinzuwirken, die, je nach den Bedürfnissen des betreffenden Bezirkes, entweder als Schule für Gas- und Wasserwerksmeister oder als blofse Installateurschule ins Leben treten kann.

Deutscher Verein von Gas- und Wasserfachmännern

Eingetragener Verein — Berlin N. 4 — Gartenstraße 16/17.

Teilnehmer-Verzeichnis

(Vereinsjahr 1910/1911)

Aufgestellt mit Berücksichtigung der bis Mitte Dezember 1910 angezeigten Änderungen

(Die Vereinsgenossen sind mit * bezeichnet)

München
Druck von R. Oldenbourg.

Deutscher Verein von Gas- und Wasserfachmännern.

Eingetragener Verein.

Vorstand und Ausschufs[1]) sowie Kommissionen

für das Vereinsjahr 1910/1911

nach den Beschlüssen der 51. Jahresversammlung in Königsberg i. Pr.

Ehrenmitglied des Vorstandes.

Geheimer Rat Dr. H. Bunte, Professor an der Technischen Hochschule in Karlsruhe.

Vorstand.

H. Prenger,
Direktor der städt. Gas-, Elektrizitäts- und Wasserwerke, Cöln,
Vorsitzender.

F. Kordt,
Direktor der städt. Gas-, Elektrizitäts- u. Wasserwerke, Düsseldorf
(1912),

H. Ries,
Direktor der städt. Gasanstalten, München
(1913),

stellvertretende Vorsitzende.

Generalsekretär:

Dr. K. Bunte, Dipl.-Ingenieur, Leiter der Lehr- und Versuchsgasanstalt in Karlsruhe.

Ausschufs.

a) Von der Vereinsversammlung gewählte Mitglieder:

Dr. W. Leybold, Hamburg (1911),
G. Eggert, Berlin (1911),
Dr. L. Lang, Potsdam (1911),
E. Körting, Berlin (1912),
A. Dieckmann, Magdeburg (1912),
W. H. Lindley, Frankfurt a. M. (1913),
K. Lempelius, Berlin (1913).

---

[1]) Die beigefügten Jahreszahlen bedeuten das Jahr, in welchem mit Schluß der Jahresversammlung die Amtsdauer endet.

b) Vertreter der Zweigvereine:

K. Pfudel (Charlottenburg) (Märkischer Verein).

R. Terhaerst (Nürnberg) (Bayerischer Verein).

E. Frahm (Baden-Baden) (Mittelrheinischer Verein).

A. Gellendien (Elbing) (Baltischer Verein).

F. Goerisch (Schweidnitz) (Verein Schlesiens und der Lausitz).

G. Martin (Erfurt) (Sächsisch-Thüringischer Verein).

K. Spanjer (Witten) (Verein Rheinlands und Westfalens).

M. Hase (Lübeck) (Niedersächsischer Verein).

Kommissionen.

Lichtmefskommission: Dr. Leybold (Hamburg), Vorsitzender, Dr. Krüfs (Hamburg), stellvertretender Vorsitzender, Dr. K. Bunte (Karlsruhe), Prof. Drehschmidt (Tegel b. Berlin), Hase (Lübeck), Dr. Schilling (München), Zinck (Halberstadt).

Heizkommission: Dr. Schilling (München), Vorsitzender, Eisele (Cassel), Prof. Junkers (Aachen), Meyer (Dortmund), Reichard (Karlsruhe), Ries (München), Schäfer (Dessau), Söhren (Bonn).

Gasmesserkommission: Kohn (Frankfurt a. M.), Vorsitzender, Eisele (Cassel), Dr. Leybold (Hamburg), Niemann (Dessau), Reichard (Karlsruhe), Ries (München), Söhren (Bonn).

Kommission für Gasbehälter-Normalien: Niemann (Dessau), Vorsitzender, Helck (Karlsruhe), Knaut (Stettin), Mollberg (Greiz), Schneider (Kottbus), Söhren (Bonn).

Kommission für Normalien: Lindley (Frankfurt a. M.), Vorsitzender, Harbich (Wien), C. Blecken (Höchst a. M.), v. Feilitzsch (Braunschweig), Götze (Bremen), Lubszynski (Crefeld), Mertens (Posen), Ruoff (Regensburg).

Kommission für den Betrieb von Wasserwerken: Reese (Dortmund), Vorsitzender, Anklam (Friedrichshagen), Götze (Bremen), Lindley (Frankfurt a. M.), Smroker (Mannheim).

Erdstromkommission: Lindley (Frankfurt a. M.), Vorsitzender, Dr. Leybold (Hamburg), stellvertretender Vorsitzender, Dr. H. Bunte (Karlsruhe), Prof. Dr. F. Haber (Karlsruhe), Dr. H. Goldschmidt (Essen), Hasse (Dresden), Schäfer (Dessau), Söhren (Bonn). Ausführender Ingenieur der Kommission: F. Bosig (Frankfurt a. M.).

Unterrichtskommission: Dr. v. Oechelhaeuser (Dessau), Vorsitzender, Dr. H. Bunte (Karlsruhe), Hasse (Dresden), Lindley (Frankfurt a. M.); ferner sind die acht Zweigvereine durch je ein Mitglied ihres Vorstandes in der Kommission vertreten.

Kommission für die Versuchsgasanstalt: Der Vorstand des Vereins; ferner: Helck (Karlsruhe), Dr. H. Bunte (Karlsruhe), Wunder (Leipzig), Reichard (Karlsruhe), Dr. v. Oechelhaeuser (Dessau), Dr. Leybold (Hamburg).

Kommission für das Deutsche Museum: H. Prenger (Cöln), Vorsitzender, Reese (Dortmund), Ries (München), Dr. Schilling (München), Söhren (Bonn).

Kommission für den Betrieb von Gaswerken: Der jeweilige Vorsitzende des Vereins, ferner: Kordt (Düsseldorf), Kobbert (Königsberg), Lempelius (Berlin), Dr. Schilling (München), Schimming (Berlin).

Unterstützungsausschufs: H. Prenger (Cöln), Vorsitzender, Dr. Leybold (Hamburg), Müller (Charlottenburg), Pfudel (Charlottenburg), R. Pintsch (Berlin), Schneider (Kottbus).

Stiftungsausschufs der Schiele-Stiftung: H. Prenger (Cöln), Vorsitzender, Körting (Berlin), Frahm (Baden-Baden), Goerisch (Schweidnitz), Spanjer (Witten).

Zuschriften an den Vorsitzenden sind zu richten an:

H. Prenger, Direktor der städt. Gas-, Wasser- und Elektrizitätswerke, Cöln, Rosenstr. 32.

Zuschriften an den Generalsekretär:

Dr. **K. Bunte**, Dipl.-Ingenieur, Karlsruhe (Baden), Nowacksanlage 13.

Zuschriften an den Geschäftsführer:

Direktor **K. Heidenreich**, Berlin N. 4, Gartenstr. 16/17.

Teilnehmer-Verzeichnis des Deutschen Vereins von Gas- und Wasserfachmännern.

Gegr. 21. Mai 1859.

a) Persönliche Mitglieder,
b) Zweigvereine, Firmen, Gesellschaften,
c) Behörden, Städtische Werke,
d) Teilnehmerverzeichnis nach Städten geordnet.

(Vereinsjahr 1910/1911.)

Aufgestellt mit Berücksichtigung der bis Mitte Dezember 1910 angezeigten Änderungen.

(Die Vereinsgenossen sind mit * bezeichnet.)

Ehrenmitglied des Vorstands.

Dr. H. Bunte, Geheimer Rat, Professor an der Technischen Hochschule in Karlsruhe, Karlsruhe, Nowacksanlage 13.

Ehrenmitglieder des Vereins.

Dr. Karl Auer, Freiherr von Welsbach, Wien IV, Hauptstr. 69.
L. Körting, Direktor, Hannover-Waldhausen, Brunestr. 7.
Dr.-Ing. h. c. W. v. Oechelhaeuser, Dessau.

Inhaber der Bunsen-Pettenkofer-Ehrentafel.

Dr. Karl Auer, Freiherr von Welsbach, Wien IV, Hauptstr. 69.
Dr.-Ing. h. c. E. Blum, Geh. Baurat, Generaldirektor der Berlin-Anhalt. Maschinenbau-A.-G., Berlin, Reuchlinstraße.
Dr. H. Bunte, Geheimer Rat, Professor an der Technischen Hochschule Karlsruhe, daselbst, Nowacksanlage 13.
L. Körting, Direktor, Hannover-Waldhausen, Brunestr. 7.
C. Kohn, Direktor der Frankfurter Gasgesellschaft, Frankfurt a. M., Gr. Eschenheimerstr. 29.
W. H. Lindley, Baurat, Zivilingenieur, Frankfurt a. M., Blittersdorffsplatz 29.
Dr.-Ing. h. c. R. Pintsch, Geh. Kommerzienrat, Berlin O., Andreasstraße 72.
C. H. Söhren, Direktor der städtischen Gas-, Elektrizitäts- und Wasserwerke, Bonn.
G. Wunder, Kgl. Baurat, Stadtrat a. D., Leipzig, Sophienstr. 7.

Ehemalige Vorsitzende des Vereins,

welche noch am Leben und auch noch Mitglied des Vereins sind.

1. Dr. H. Bunte, Karlsruhe (1882/83).
2. A. Hegener, Bonn (1886/87, 1887/88).
3. C. Kohn, Frankfurt a. M. (1891/92, 1892/93).
4. G. Wunder, Leipzig (1894/95).
5. Dr. ing. h. c. W. v. Oechelhaeuser, Dessau (1895/96, 1898/99, 1899/1900).
6. L. Körting, Hannover (1896/97, 1897/98, 1903/04, 1904/05, 1905/06).
7. E. Körting, Berlin (1908/1909).

Derzeitiger Vorsitzender: Direktor H. Prenger, Cöln a. Rh.

a) Persönliche Teilnehmer.

Achtermann, C., Direktor der städt. Gasanstalt, Annaberg (Sachsen).

Acker, Eugen, Direktor des städt. Gaswerks, Zweibrücken.

*Ackermann, Otto, in Firma Ackermann & Co., Fabrikant von Fittings für Gas- und Wasserleitungen, Haspe, Cölnerstr. 52 a.

Adolf, H., Oberingenieur, Wien XVIII, Bartensteingasse 14.

Ambrosius, Karl Adolf, Zivilingenieur, Malmö (Schweden), Valhalla.

Amelang, Richard, Direktor der Gas- und Wasserwerke, Ratibor.

Anderson, William, Direktor der Gasanstalt Hannover.

Andre, Paul, Ingenieur, Betriebsleiter des Gas- und Wasserwerks der Farbenfabriken vorm. Fr. Bayer, Leverkusen (Bez. Cöln a. Rh.), Friedrich Bayerstr. 16.

Anger, Paul, Inhaber der Firma P. Anger, Unternehmung für Tiefbohrungen, Brunnenbauten und Wasserleitungen, Ilversgehofen Erfurt.

Angermann, Paul, Ingenieur, Halle a. S., Karzerplan 2/3.

Anklam, G., Ingenieur und Dirigent des Berliner städtischen Wasserwerks Müggelsee, Friedrichshagen b. Berlin.

Arnd, Alexander, Direktor der Gesellschaft für elektrische Beleuchtung vom Jahre 1886, St. Petersburg, Kadettenlinie 31.

*Arnhold, Ed., in Firma C. Wollheim, Mitbesitzer der Gasanstalten Zabrze, Ostrau, Krems und Lodz, Berlin W., Französische Str. 60/61.

Arnold, G., Oberingenieur der Firma A. Borsig-Tegel, Berlin NW., Ottostr. 5.

Aron, Professor Dr. Hermann, Geh. Reg.-Rat, Lehrer der Elektrotechnik an der Vereinigten Artillerie- und Ingenieurschule in Charlottenburg, technischer Leiter der Elektrizitätszählerfabrik H. Aron, Ges. m. b. H. in Charlottenburg, und der »Vesta«, Fabrik automatischer Gasmesser, Charlottenburg, Wilmersdorferstr. 39.

Backhuis, I. E. H., Direktor der Gasanstalt, Haag (Holland).

*Backstroh, Otto, Ingenieur, Chemnitz, Stadlerstr. 13/II.

Barth, Siegfried, Generalvertreter der Firma Prof. Dr. Strache, Wassergas- und Patentverwertungsgesellschaft m. b. H., Wien, für Rheinland u. Westfalen, Düsseldorf-Oberkassel, Brendamourstraße 43.

Dr. Th. von Bauer, Berg- und Hüttenkonsulent, Berlin W. 15, Hohenzollerndamm 208.

Baumgärtel, H., Gasingenieur und Gaswerksbesitzer, Lübben (Lausitz).

Bause, Paul, Ingenieur und Direktor der Prager Gemeinde-Gasanstalten, Prag-Žižkov (Böhmen), Gemeinde-Gasanstalt, Nr. 44.

Dr. Becker, J., Chemiker der Frankfurter Gasgesellschaft, Frankfurt a. M., Gutleutstr. 204.

Behn, Anton, Direktor der städt. Gas- und Wasserwerke, Bautzen.

Benninghoff, Otto, Oberingenieur der Firma Aug. Klönne, Dortmund, Heiligerweg 97.

Bentzen, Ed., Direktor der städtischen Gas- und Wasserwerke, Koblenz.

Bernauer, Isidor, Beleuchtungsdirektor der Allgemeinen österreich.-ungar. Gasgesellschaft, Budapest (Ungarn), Tisza-Kálmántér 19.

Dr. Bertelsmann, Chemiker der Berliner städt. Gaswerke in Tegel, Waidmannslust bei Berlin, Waidmannstr. 33.

Besig, Friedrich, Dipl.-Ingenieur, Frankfurt a. M., Günthersburg-Allee 75 II.

Besser, Max, Ingenieur der städt. Gas- und Wasserwerke, Heidelberg, Brückenkopfstr. 4/IV.

Bessin, Max, Ingenieur, Berlin NO., Höchstestr. 4.

Bethe, Alexander, Generaldirektor a. D. der Allgemeinen Gas-Aktiengesellschaft zu Magdeburg.

*Beyer, Jos., in Firma Karl Beyer Sohn, Metallwarenfabrik, Frankfurt a. M., Sandweg 66.

Beyer, Karl, Kreisingenieur, Trier, Petrusstr. 34.

Birkholz, Alb. Aug., Ingenieur, Direktor, Yverdon (Schweiz).

Birnbaum, Eduard, Zivilingenieur, Kiel, Fährstr. 7.

*Bischoff, Gottfried, Oberingenieur des Technischen Bureaus Essen von Zschokkes Maschinenfabrik Kaiserslautern, Essen (Ruhr), Gärtnerstr. 31.

*Blankenburg, Fritz, Ingenieur, Braunschweig, Neuestr. 18.

Blafs, Eugen, Ingenieur der Firma Martin & Pagenstecher, Mülheim am Rhein, Freiheitstr. 34.

Blecken, Karl, Ingenieur, Höchst a. M., Hauptstr. 5.

Dr.-Ing. h. c. E. Blum, Geh. Baurat, Generaldirektor der Berlin-Anhalt. Maschinenbau-Aktiengesellschaft, Berlin NW., Reuchlinstr. 6.

Blum, Richard, Direktor der Berlin-Anhalt. Maschinenbau-Aktiengesellschaft, Berlin NW. 87, Reuchlinstr.

Bock, Anselm, Direktor der städt. Kanalisations- und Wasserwerke, Hannover, Fundstr. 1 c.

Böhm, Michelangelo, Diplom-Ingen. (früher Direktor des Gaswerks St. Celto - Mailand), Sachverständiger für Gasanlagen, Mailand, Via Vittoria 43.

Boissière, Ingenieur, Chef du service des houilles, Compagnie parisienne d'éclairage et de chauffage par le gaz, Paris, Rue Condorcet 6.

*Bollmann, Georg, Diplomingenieur, Hamburg, Bornstr. 1.

Bolsius, P., Direktor der städtischen Gasanstalt, Herzogenbusch (Holland).

Bolz, C., technischer Direktor der Allgemeinen österreichisch-ungarischen Gasgesellschaft, Budapest (Ungarn), VIII, Gaswerk.

Bonitz, Ludwig, Ingenieur der städt. Licht- und Wasserwerke, Braunschweig, Riedestr. 2 a.

Borchardt, C., Direktor der Gas- und Wasserwerke der Stadt Remscheid, Pastoratstr. 10.

Boyer, Shirk, Oberingenieur bei J. Pintsch, Charlottenburg 4, Leibnitzstr. 63.

Brandrup, Artur, Ingenieur, Züllichau, Kaiser Wilhelmstr.

Brandt, Johannes, Ingenieur, Bremen, Bachstr. 116.

*Brauer, M., Direktor der »Krone«, Gasglühlichtgesellschaft m. b. H., Berlin SO. 16, Cöpenickerstr. 56/57.

Braun, Ludwig, Ingenieur und Direktor, Berlin O. 112, Gürtelstraße 37a.

Brender à Brandis, Direktor der Imp. Cont. Gasassociation, Antwerpen, Place de Meir.

*Bresina, Richard, Direktor der Hannoverschen Eisengießerei, Anderten bei Hannover.

Breuer, A., Wasserwerksdirektor, Oberhausen (R.-Bez. Düsseldorf), Falkensteinstr. 7.

Brock, H., Ingenieur, Direktor des Gaswerks, Mödling bei Wien (Österreich).

*Brockhues, Bernhard, Gasingenieur und Patentanwalt, Teilhaber der Firma Brockhues & Co., Cöln, Zülpicherplatz 1.

Brodmärkel, Adolf, Direktor des städt. Gaswerks, Hof a. d. Saale.

*Brünig, Rudolf, Vertreter des Eisenhüttenwerks Marienhütte-Kotzenau, Berlin O., Beymestr. 19.

Bruhn, Karl, Betriebsingenieur des städt. Gaswerks, Königsberg i. Pr., Viktoriastr. 5 p.

Brummenbaum, Jacqu., Stadtbauingenieur und Gaswerksdirektor, Spremberg, N.-L.

Brunck, Franz, Besitzer einer Kohlendestillationsanlage, Dortmund.

Buck, Eugen, Direktor der Gas-, Wasser- und Elektrizitätswerke der Stadt Biel (Schweiz).

Dr. J. Bueb, Chemiker der Deutschen Kontinental-Gasgesellschaft, Dessau, Albrechtstr. 109.

Bueb, W., Ingenieur, Geschäftsführer der Deutschen Wassergas-Beleuchtungsgesellschaft, Berlin W., Schöneberger Ufer 25.

Dr. Karl Bunte, Diplom-Ingenieur, Generalsekretär des Vereins, Karlsruhe (Baden), Vorholzstr. 5.

Bunzel, Paul, Stadtbaumeister, Köthen (Anhalt), Antoinettenstr. 19.

*Burckhardt, Walter, Direktor d. Gasmesserfabrik S. Elster, Wien XIV, Felberstr. 80.

*Burgemeister, Ernst, Ingenieur, Celle, Fufsestr.

Burgemeister, H., Ingenieur, Heerlen (Holland), Akerstraat B 52.

Burkhard, Ernst, Direktor des städt. Gaswerks, Luzern (Schweiz).

Catel, Erich, Zivilingenieur, Halle a. S., Lindenstraße.

Cedercreutz, Ed., Freiherr, Diplom.-Ingenieur, Direktor der städt. Gasanstalt, Helsingfors (Finnland).

Chaudoir, Eugène, Directeur de la Cie. des Eaux de la Banlieue de Paris, Suresnes sur Seine, rue Pagès 1.

Chavannes, Louis, Direttore della Compagnia Napolitana del gas, Neapel, 138 Via di Chiaia.

Christensen, Peter, Direktor des Gaswerks, Randers (Dänemark), Jernbanegade 9.

Clas, Ferd., Gaswerksdirektor a. D., Eisenach, Richardstr. 8.

Colman, Harold Gavett, Consultierend. Chemiker, London, 1 Arundel Street.

Croissant, Herm., Gaswerksdirektor a. D., Pasing bei München, Maria-Eichstr. 18.

Debreczeni, Eugen, Ingenieur und städt. Gasdirektor, Debreczen (Ungarn).

*Dedecke, Friedrich, Kaufmann (Kohlen- etc. Handlung), Hannover, Sedanstr. 57.

Delbrück, Klaus, Ingenieur der Imperial Continental Gas Association, Weißensee bei Berlin, König-Chaussee 6.

Delbrück, Ludwig, Bevollmächtigter der Imperial Continental Gas Association, Berlin W., Mauerstr. 61/62.

van Deventer, A. M., Diplom-Ingenieur, Hallein bei Salzburg.

Dicke, H., Chefingenieur des Frankfurter Wassergas-Syndikats, Frankfurt a. M., Marienstr. 5.

Dieckmann, A., Direktor der städt. Gas- und Wasserwerke, Magdeburg.

Disselhoff, L., Ingenieur und Wasserwerksdirektor, Hagen i. W.

Dobert, Heinr., Direktor der Gas- und Wasserwerke, Geestemünde.

Döhne, Ferdinand, Direktor bei A. Borsig-Tegel, Pankow b. Berlin, Neue Schönholzerstr. 14.

Döhnert, Eugen, Direktor der städt. Gasanstalten, Krimmitschau.

Drehschmidt, Heinrich, Professor, Chemiker der städt. Gaswerke Berlin, in Tegel, Berliner Str. (Gaswerke).

*Drochner, Bruno Theodor, Direktor und Oberingenieur, Schöneberg-Berlin, Helmstr. 1.

Drory, William W., Direktor der Frankfurter Gasgesellschaft, Frankfurt a. M., Obermainstr. 40.

*Dyckerhoff, Eugen, in Firma Dyckerhoff & Widmann, Zementwarenfabrik, Biebrich a. Rh.

*Dr.-Ing. Rud. Dyckerhoff, Fabrikbesitzer, i. Fa. Dyckerhoff & Söhne, Portlandzementfabrik, Amöneburg bei Biebrich a. Rh.

Egeler, A. R., Direktor der Wiener Gaswerke der Imperial Continental Gas Association, Wien I, Schenkenstr. 10.

Eggert, G., Regierungsbaumeister, Direktor der städtischen Berliner Wasserwerke, Berlin C., Klosterstr. 68.

Ehlert, Hermann, Zivilingenieur, Düsseldorf-Grafenberg, Vautierstr. 77.

Eigel, Jean, Zivilingenieur, Vertreter der Firma O. Smreker-Mannheim, in Cöln-Ehrenfeld, Venloerstr. 422.

Eisele, W., Direktor des städt. Gaswerks, Cassel.

Eisner, Wilhelm, Regierungsbaumeister, Oberingenieur der Berliner Wasserwerke, Berlin NW., Sigmundshof 5.

*Eitle, C., Ingenieur und Besitzer einer Maschinenfabrik und Eisenkonstruktionswerkstätte, Stuttgart.

*Eitle, Emil, Ingenieur, Cöln, Kaiser Wilhelmring 29.

Dr. P. Eitner, a. o. Professor an der Technischen Hochschule und Abteilungsvorstand der Großh. Chemisch-Technischen Prüfungs- und Versuchsanstalt, Karlsruhe (Baden), Vorholzstr. 5.

Elster, Johannes, } Inhaber der Firma S. Elster, Gasmesserfabrik,
Elster, Konrad, } Berlin NO., Neue Königstr. 67/68.

English, J. W., Zivilingenieur, Frankfurt a. M., Finkenhofstr. 20.

Erbe, Walter, Dipl.-Ing., Dortmund, Johannesstr. 24/I.

Escher, Fritz, Ingenieur des Gaswerks, Strafsburg (Elsafs).

Euchène, M., Ingenieur, St. Cloud (Dep. Seine et Oise), 8 Boulevard de Versailles.

Faehndrich, G., Oberingenieur der Deutschen Kontinental-Gasgesellschaft, Dessau, Mariannenstr. 32.
von Feilitzsch, A., Direktor der städt. Licht- und Wasserwerke, Braunschweig.
Feith, Wilhelm, Ingenieur und technischer Leiter des Gaswerks in Memmingen (Bayern).
*Dr. Alfred Feldmann, Chemiker, Bremen, Dechanatstr. 1 b.
Fey, H. J., Kreisbaumeister a. D., Ingenieur, Neuwied a. Rh.
Fischbach, Gustav, Chemiker und Ingenieur, Betriebsleiter der Société Franç. de Chaleur et Lumière, Levallois-Perret bei Paris, 115 Rue Fazillau.
Fischer, E., Direktor des Gaswerks, Efslingen a. N.
*Fischer, F., in Firma Fischer & Cie., Mainz, Rheinstr. 36.
Förster, Hubert, Direktor der Gas-, Wasser- und Elektrizitätswerke, Mülheim (Ruhr), Froschenteich 77.
Förtsch, Direktor des städt. Gaswerks, Ludwigshafen a. Rh.
Dr. ing. E. Forbát, Zivilingenieur, Privatdozent an der Technischen Hochschule, Budapest V (Ungarn), Lipótkörút 32.
Fortmann, W., Fabrikbesitzer u. Direktor der Gasanstalt Varel i. O., in Oldenburg i. Gr.
Franke, Alfred, Ingenieur, Friedenau b. Berlin, Wilhelmshöhestr. 5 III.
Franke, Felix, Direktor der Gasanstalt, Hagen i. Westf.
Franke, K., Direktor der städt. Gas- und Wasserwerke, Gera (Reufs j. L.).
Freyss, Jules, Ingenieur, Inspecteur technique de la Cie. l'Union des Gaz, Paris XVI, 15 Rue Gustave Zédé.
Friederich, Karl, Grofsherzoglicher Baurat, Karlsruhe (Baden), Helmholtzstr. 13.
von Friedländer, Fritz, Vorstand der Oberschlesischen Kokswerke und Fabriken-Akt.-Ges., Berlin W., Unter den Linden 2.
Friedrich, Ernst, Syndikus der I. C. G. A., Gr.-Lichterfelde-Lankwitz, Kurfürstenstr. 30.
Führich, Ludwig, Direktor der städt. Gas- und Wasserwerke, Kattowitz (Oberschles.).
*Fürth, Emil, Vertreter engl. Kohlenwerke, Berlin W. 30, Martin Lutherstr. 79.
Funcke, Emil, Direktor der Zentralwerkstatt der Deutschen Kontinental-Gasgesellschaft, Dessau.

Gardiner, Rob. S., vorm. Generalsekretär der Imperial Continental Gas Association, London E. C., 39 Lombardstreet.
Gareis, Jakob, Ingenieur, Cöln-Marienburg, Marienburgerstr. 90.

Gavuzzi, Otto Johann, Direktor der städt. Gaswerke, Malmö (Schwed.).

*Geith, J. R., Chemiker, Coburg-Öslau.

Gerdes, Heinr., Fabrikdirektor (Fa. Jul. Pintsch), Charlottenburg, Giesebrechtstr. 13.

*Gernhöfer, L., Vertreter der Firma Johnasson, Gordon & Co., Lim., Kohlengrubenbesitzer in Newcastle on Tyne und Sunderland, Stettin.

Gersdorf, Paul, Beigeordneter a. D., Angerort b. Duisburg-Wanheim.

Giebeler, Karl, Ingenieur der Wasserwerke der Stadt Berlin, Grofs-Lichterfelde bei Berlin, Wilhelmsplatz 8.

Giulini, B., Ingenieur, Bukarest, Uzina hydraulica.

Gleitsmann, Albert, Reg.-Baumeister und Zivilingenieur für Wasserversorgung und Entwässerung, Dresden, Reichenbachstr. 31/II.

Goebel, P., Direktor der städt. Gaswerke, Dresden-A. 20, Mockritzerstrafse 6.

Götze, Eugen, Direktor des Wasserwerks, Bremen, Werderstr. 66.

Dr. phil. H. Goldschmidt, Fabrikbesitzer, Essen a. Ruhr, Bismarckstraße 98.

des Gouttes, Ad., Gasdirektor, Genf (Schweiz), Stand 57.

Grafsmann, Bergrat, Essen (Ruhr).

Grob, Walter, Direktor d. Gasbeleuchtungsgesellsch., Aarau (Schweiz).

*Gronewaldt, Karl, Kaufmann, Berlin N., Schönhauser Allee 147.

Grofs, Oskar, Bauinspektor, Staatstechniker für das öffentl. Wasserversorgungswesen in Württemberg, Stuttgart, Hohenheimerstr. 4 I.

Grofsmann, Paul, Direktor a. D., Bremen, Delmestr. 53.

Grothe, Theodor, Oberingenieur, Charlottenburg, Grolmanstr. 55.

Gruhle, A., Direktor des städt. Gaswerks, Glauchau, Kratzstr. 10/1.

*Grünebaum, Franz, k. u. k. Major a. D., Mitglied der Verwaltung der Wiener Gasindustrie-Gesellschaft, Wien I, Kolowratring 6.

Gruner, Georg, Betriebsleiter der Gasanstalt Friedrichshagen, G. m. b. H. in Friedrichshagen.

Günther, C., Regierungsbaumeister, Direktor des städtischen Wasserwerks, Cassel.

Guidi, Ugo, Gaswerksdirektor, Lugano (Schweiz).

Gunst, Elor, Direktor a. D., Kopenhagen V, Niels Ebbesensvey 23.

*Haag, Karl, Geschäftsführer und Teilhaber der Firma G. Haag G. m. b. H., Installationsgeschäft, Cöln, Schildergasse 66/68.

*Haas, Ludwig, Mitinhaber der Gasmesserfabrik Mainz (Elster & Co.), Mainz.

Haberland, Walter (i. Fa. David Grove), Regierungsbaumeister und Fabrikbesitzer, Charlottenburg, Uhlandstr. 173/174.

*Hahn, Karl, Direktor der Rheinisch. Kohlenhandel- und Reederei-Gesellschaft m. b. H., Mannheim, Mollstr. 45 a.
Halbig, H., Zivilingenieur, Chemnitz, Kaſsbergstr. 40.
*Hanyzer, Direktor der »Multiplex« - Gaszünder - Ges. m. b. H., Berlin, Potsdamerstr. 22a.
Harbich, Jos., Baurat, Wien III, Barichgasse 23.
Harnisch, Leonhard, Baumeister, Mügeln (Bez. Dresden).
*Hartmann, Otto, Teilhaber der Firma Ad. Guilleaume & Co., Gas- und Wasserapparatefabrik, Cöln, Gr. Witschgasse 32/34.
Hartmann, Wilh., Generaldirektor der Oberschlesischen Schamottefabrik, Akt.-Ges., Gleiwitz (Oberschl.), Lindenstr.
Hase, Direktor der städt. Gas-, Elektrizitäts- und Wasserwerke, Lübeck.
Hasse, Julius, Stadtbaurat, Dresden, Palaisstr. 2.
Hasselblatt, Karl, Ingenieur-Technolog, Direktor der Odessaer Akt.-Ges. für Gasbeleuchtung, Odessa, Liteinaja 4.
van Hasselt, Direktor der Amsterdamer Wasserwerksgesellschaft, Amsterdam (Holland), Weesperzyde 28.
Haymann, Arthur F. P., Ingenieur, Antwerpen, Place de Meir 52.
*Dr. Gustav Heckert, Vertreter der Schamottefabriken vorm. Didier und vorm. Kulmiz, München, Bavariaring 29.
Hegener, August, Generaldirektor a. D., Bonn, Kronprinzenstr. 39.
Heimsoth, Heinrich, Inspektor d. städt. Wasserwerks, Cochem a. Mosel.
Heinke, Gustav, Direktor des städt. Wasserwerks, Brünn (Mähren).
Heinrich, Joh., Betriebsingenieur des Gaswerks, Pforzheim.
*Heise, F., Gasmesserfabrikant, Berlin C., Kleine Rosenthalerstr. 10.
Helck, Otto, Stadtbaurat, Karlsruhe (Baden), Parkstr. 9.
Hempel, M., Ingenieur, Westend b. Berlin, Ebereschenallee 13/15.
Hengstenberg, Rudolf, Ingenieur, Wannsee b. Berlin, Friedrich Karlstr. 8.
Henochsberg, Albert, Oberingenieur d. Firma Aug. Löffler, G. m. b. H., Freiberg i. S.
Herrmann, Th., Direktor der Gasanstalt, Gablonz a. d. N.
Herzner, Kurt, Diplom-Ingenieur, Plauen, Bahnhofstr. 59/II.
Hessemer, Max, Zivilingenieur, Frankfurt a. M., Mainzerlandstr. 13.
Hieronimus, Friedrich, Mülhausen i. E., Baslerstr. 24.
Hilpert, August, Ingenieur, Nürnberg, Bergauerplatz 8.
*Himmel, G., Direktor der Fabrik für Beleuchtungsanlagen vorm. G. Himmel, G. m. b. H., Tübingen.
Dr. A. Hipper, Direktor der Gasanstalt, Frankfurt a. O.
*Höndorf, Max, Vertreter der Vereinigt. Schamottefabriken vorm. C. Kulmiz, Magdeburg-Werder, Zollstr. 7.

von Hof, Friedrich, Inhaber der gleichnamigen Firma (Tiefbau und Maschinenfabrik) in Bremen. — Besitzer und technischer Leiter der Gasanstalt, Haltern (Westf.).

Hohmann, E., Direktor der Stettiner Schamottefabrik-Akt.-Ges. vorm. Didier, Stettin, Werderstr. 30.

Hollweck, Wilh., Gaswerksdirektor a. D., München, Äußere Wienerstrafse 96/II.

Holzt, Adolf, Direktor der Berliner Wasserreinigungs- und -Versorgungsgesellschaft m. b. H., Friedenau b. Berlin, Bennigsenstr. 23/24.

*Holzt, Alfred, Professor, Direktor des Technikums, Mittweida, Erlauerstr.

*Hommel, Herm., Fabrikant, Mainz.

van den Honert, D. J., Direktor, Almen bei Zütphen (Holland), Huize »Ehze«.

*Huber, O., Direktor der »Krone«, Gasglühlichtgesellschaft m. b. H., Berlin SO. 16, Cöpenickerstr. 56/57.

Hülser, Franz, Ingenieur am städt. Gaswerk, Düsseldorf, Ahnfeldstrafse 137.

Imhof, Alfred, Ingenieur und Unternehmer für Wasserversorgungen, Bad Nauheim.

Inoüe, Shiuji, Chefingenieur der Yokohama Water Works in Yokohama (Japan).

*Jeidel, Oskar, Berlin SW. 61, Johannistisch 1.

Jipp, Karl, Stadtbaumeister und Direktor der städt. Gasanstalt, Leer (Ostfriesland).

de Jongh, Marcel, Generaldirektor der Società Anglo-Romana per la illuminazione di Roma col Gas ed altri Sistemi, Rom, Via Poli 14.

*Dr. H. Jordt, Inhaber der Flensburger Schamotte- und Steinzeugfabrik vorm. A. Niemann, Flensburg.

*Jucho, Heinrich, Diplomingenieur und Fabrikbesitzer, Dortmund, Weißenburgerstr. 73.

Junkers, Hugo, Professor, Zivilingenieur, Aachen, Brabantstr. 64.

Kaasch, Maximilian, Betriebsingenieur der Gas- und Wasserwerke, Coblenz, Hohenzollernstr. 56.

Kämpe, Hans, Ingenieur der Imperial Continental Gas Association, Charlottenburg, Knesebeckstr. 12 pt.

*Kahl, Jos. F., Ingenieur, Inh. der Fa. Kahl & Neubert, Metallwarenfabrik, Potsdam, Waldemarstr. 6.

Kalt, Karl, Diplom-Ingenieur, Tiefbauunternehmung, Riga, Thronfolger-Boulevard 25.

Dr. Franz Kapaun, Oberbaurat, Ingenieur und Betriebsdirektor a. D. der Wiener städt. Gaswerke, Wien IX, Nufsdorferstr. 75.

Keller, Viktor Otto, Kgl. Kommerzienrat, Generaldirektor der Zentral-Gas- und Elektrizitäts-Akt.-Ges., Budapest V, Akadémia utcza 13.

Kellner, Fedor, Direktor der Gasanstalt, Mülhausen (Elsafs).

Kemner, C. (i. F. Kemner & Co.), Gaswerksbesitzer, Saarburg (Lothr.).

*Ketterer, Felix, Fabrikant von Wassermessern etc., Furtwangen Hauptstr. 149.

*Kilchmann, Ed., St. Ludwig (Oberelsaß), Mitinhaber der Firma Deutsche Laternen-Automatenfabrik.

Kilchmann, L., Stadtrat, St. Gallen (Schweiz), Rathaus.

*Klein, Joh., Kommerzienrat, Ingenieur und Fabrikbesitzer, Frankenthal (Rheinpfalz).

Klein, Wilh., Direktor der Gas- und Elektrizitätswerke, Schönebeck (Elbe).

*Kleinschmit, Karl, Ingenieur, Vertreter der Halberger-Hütte, Berlin W., Mansteinstr. 5.

Klev, W., Bürgermeister, Vorstand des Gemeinde-Gas- und Wasserwerks, Troisdorf.

Klönne, Max, Diplom-Ingenieur, Inhaber der Fa. Aug. Klönne, Dortmund, Kronprinzenstr. 67.

Klönne, Moritz, Diplom-Ingenieur, Inhaber der Fa. Aug. Klönne, Dortmund, Bismarckstr. 44.

*Knoch, Max, in Firma M. Knoch & Co., Ton- und Dinaswerke, Lauban (Schlesien).

Knottnerus, O. S., Direktor, Nederlandsch-Indische Gas-Maatschappy, Rotterdam, Boompjes 71.

Dr. Oskar Knublauch, Chemiker, Laboratorium für Untersuchungen im Gas- und Wasserfach, Cöln-Ehrenfeld, Gutenbergstr. 16.

Knudsen, Albrecht, cand. polyt., Betriebsleiter des Gaswerks, Svendborg (Dänemark), Havnegade Nr. 2.

Kobbert, Ernst, Direktor der städt. Gaswerke, Königsberg i. Pr., Postamt 1.

Kölwel, Ed., Ingenieur, Zweibrücken.

Körting, Ernst, Generaldirektor der Imperial Continental Gas Association, Berlin S., Gitschinerstr. 19.

Kohler, Ernst, Direktor der Gasbeleuchtungs-Akt.-Ges. der Stadt Metz, Priesterstr. 9.

Kohn, Karl, Ingenieur und Direktor der Frankfurter Gasgesellschaft, Frankfurt a. M., Grofse Eschenheimerstr. 29.

*Konrad, Johann, Ingenieur und Mitinhaber der Firma J. Götz & Konrad in Berlin, Cöln-Bayenthal, Ulmenallee 124.

Koppers, Heinrich, Ingenieur, Unternehmer für Kohlendestillation, Essen (Ruhr), Isenbergstr.

Kordt, F., Direktor der städt. Gas-, Elektrizitäts- und Wasserwerke, Düsseldorf, Arnoldstr. 6.

Korsgaard, Peder, Ingenieur, Nyborg (Dänemark).

Dr. Korten, Betriebsleiter, Oberhausen (Rheinland), Grillostr. 18.

Kofs, Gustav, Direktor a. D., Ingenieur, Bad Kreuznach, Salinenstraße 57 a.

*Koźminski, Samuel, Chemiker, Geschäftsführer der Firma H. Aron, Gasmesserfabrik, G. m. b. H., Charlottenburg, Wilmersdorferstraße 39.

Dr. Krey, Direktor, Fabrik Webau.

Kromschröder, Georg Heinrich, Fabrikant für Gasmesser, Osnabrück.

Dr. Hugo Krüfs, Physiker, Hamburg, Adolfsbrücke 7.

Kuckuk, Direktor der städt. Gas-, Wasser- und Elektrizitätswerke, Heidelberg.

Küchler, Franz, Fabrikant, in Firma Schuhmann & Küchler, Erfurt.

Kühn, Franz, Betriebsinspektor, Dresden-N. 17, Löfsnitzstr. 14.

Kümmel, Anton, Direktor der städtischen Wasserwerke, Regierungsbaumeister a. D., Charlottenburg, Neue Kantstr. 25.

Küppers, Ewald, Direktor des Rheinisch-Westfälischen Kohlensyndikats, Essen (Ruhr), Brunnenstr. 7.

Kuhlo, K., Kgl. bayer. Kommerzienrat, Generaldirektor der Armaturen- und Maschinenfabrik, Akt.-Ges., vorm. J. A. Hilpert, Nürnberg.

Labryn, Pieter Nikolaas, Direktor der Gemeindegasanstalt Wormerveer (Holland).

Laedlein, Hippolyte, Ingénieur des travaux chimiques, Comp. parisienne d'éclairage et de chauffage par le gaz, Paris, 31 Avenue Trudaine.

Lang, Alexander, Diplomingenieur, städt. Wasserbauingenieur, Oberhausen (Reg.-Bez. Düsseldorf), Gutenbergstr. 16.

Dr. Lang, Gasanstaltsdirektor, Potsdam.

Larsen, L. C., Stadtingenieur, Direktor der Gas- und Wasserwerke, Silkeborg (Dänemark).

Laurain, Henri, Directeur des Services Techniques, Paris, Rue Condorcet 6.

Lebau, Giuseppe, Direktor der städt. Gas- und Wasserwerke, Pola (Österreich).

Lechner, Ernst, Generaldirektor der Cölnischen Maschinenbau-Akt.-Ges. in Cöln-Bayenthal.

Ledig, E., Gasanstaltsdirektor, Chemnitz, Wilhelmplatz 10.

Leithäuser, W., Dipl.-Ing. (Prokurist der Fa. H. Leithäuser, Ingenieur-Bureau für Wasserwerks- etc. Anlagen), Cassel, Cölnische Allee 65.

*Lemier, Aug., Kaufmann, Fabrik für Gas- und Wasserartikel, Hannover, Engelbostelerdamm.

Lempelius, K., Direktor der Zentrale f. Gasverwertung, Berlin N. 4, Chausseestr. 13.

Lenze, Philipp, Direktor der städt. Gasanstalt, Düren.

Leopolder, Lambert, Teilhaber und Chef der Firma Leopolder & Sohn, Wassermesserfabrik, Wien III, Erdbergstr. 52.

Lerch, G., Direktor der städt. Gas- und Wasserwerke, Arnstadt.

Dr. Rud. Lessing, konsultierender Chemiker, London W. C., Southampton House, High Holborn 317.

Lévy, Ingenieur, Chef du service des travaux mécaniques, Comp. parisienne d'éclairage et de chauffage par le gaz, Paris, Rue Condorcet 6.

Dr. Wilhelm Leybold, Direktor der Hamburger Gaswerke, Hamburg, Kurze Mühren 22.

Leymanns, Karl, Direktor des Gaswerks, Ruhrort.

Licht, Walter, Direktor d. Gaswerks Holzmarktstr. der I. C. G. A., Berlin.

de Liefde, H., Direktor der Gasanstalt, Culemborg (Holland).

de Liefde, Willem, Gasfabrikant, Zeist (Holl.), Stationslaan 6.

Lindemann, H., Inhaber der Firma G. Lindemann & Co., Schweriner Gaswerke, Schwerin (Mecklenbg.), Wismarschestr. 1.

Lindley, W. H., Baurat, Zivilingenieur, Frankfurt a. M., Blittersdorffsplatz 29.

Lindner, Max, Oberingenieur der Firma Karl Francke, Bremen, Friedrich Wilhelmstr. 39.

Lindstedt, Karl, Ingenieur und Direktor der Gasanstalten, Warschau, Erywanska 3.

*Lodter, Wilhelm, München, Karlstr. 14.

Loeber, Konrad, Generaldirektor a. D. der Allgemeinen Gas- und Elektrizitätsgesellschaft, Bremen, Ansgariitorstr. 23.

Louvel, Maurice, Ingénieur, Chef des services des études et travaux, Comp. parisienne d'éclairage et de chauffage par le gaz, Paris, 83 Avenue de la Grande Armée.

*Ludwik, Kamill, Direktor der Prager Maschinenbau-Akt.-Ges., Lieben bei Prag, Nr. 145.

Madsen, Hans, Betriebsinspektor der Gasanstalt, Flensburg, Gasstr. 7.

Dr. Ceciliano Mamede, Direktor der Gesellschaft für Wasserversorgung der Stadt Recife, Pernambuco (Brasilien).

Manzin, Adolfo, Ingenieur der Gasanstalt Pola (Österreich).

Martin, G., Direktor der Gasanstalten, Erfurt, Luisenstr. 25.

Martin, Karl, Maschineningenieur, Betriebsleiter des Gaswerks des Österr. Vereins für chemische und metallurgische Produktion, Aussig (Böhmen).

Marx, Anton, Ingenieur und Direktor, Frankfurt a. M., Oppenheimerlandstr. 20.

Dr. Karl Meinecke, Direktor der Akt.-Ges. vorm. H. Meinecke, Breslau, Garvestr. 28.

Mennicke, C., Ingenieur, Berlin SW., Wilhelmstr. 128.

Menzel, Hermann, Direktor der Berlin-Anhalt. Maschinenbauaktiengesellschaft, Berlin NW. 87, Wullenweberstr. 12 I.

Mestel, Reinhold, Zivilingenieur, Breslau, Wörtherstr. 25.

*Meyer, Karl W. E., Vertreter der Luxschen Industriewerke A.-G., Hamburg, Georgsplatz 8/10, Georgshof.

Meyer, Otto, Betriebsdirektor der Dortmunder Akt.-Ges. für Gasbeleuchtung, Dortmund, Auf dem Berge 32.

Meystre, E., Directeur de la Société veveysanne d'éclairage par le gaz in Vevey (Schweiz).

Miehr, Albert, Ingenieur und Betriebsleiter des städt. Gaswerks II, Augsburg, Badstr. 5.

Miescher, Paul, Ingenieur u. Direktor des Gas- u. Wasserwerks, Basel.

Dr.-Ing. von Miller, Oskar, Kgl. Baurat, Ingenieur, München, Ferd.-Millerplatz 3.

Mitgau, Ludwig, Baurat, Oberingenieur und Direktor der städt. Gas- und Wasserwerke, Braunschweig, Wolfenbüttlerstr. 4.

Moder, Antonio, Zivilingenieur für Wasserversorgung und Kanalisation, Wiesbaden, Luisenstr. 26.

Möller, Professor an der Technischen Hochschule, Braunschweig, Geysostr. 1.

Mohr, Harry, Direktor des städt. Gaswerks Altenburg (Sachs.-Altbg.).

Mohr, Lothar, Gaswerksdirektor, Gotha.

Moleschott, Karl, Ingenieur, Rom, Via Volturno 58.

Moll, Joh., Gasanstaltsdirektor a. D., Eger (Böhmen).

Mollberg, G., Direktor der städt. Gas-, Elektrizitäts- und Wasserwerke, Greiz.

Montgomery, Viktor, Direktor der städt. Gas-, Wasser und Elektr.-Werke, Lund (Schweden).

Mooij, Th., Direktor der Gemt. Gasfabrik, Zeist (Holland), Gasweg.

Moser, H., Direktor der Allgem. Gasindustrie-Gesellschaft, Bern, Neuengasse 20.

Müller, A., Gasanstaltsdirektor a. D., Charlottenburg, Berlinerstr. 55 II.

Müller, A. W., Unternehmer für Gas- und Wasserleitungsanlagen, Danzig, Lastadie 37/38.

Müller, August, Oberingenieur der Deutschen Kontinental-Gasgesellschaft, Dessau.

Müller, Hermann, Ingenieur für Gas- und Wasserleitung, Eigentümer der Wasserwerke Neviges und Böhle-Cabel, Bochum, Friedrichstrafse 27.

Müller, J. M., Direktor der Gemeinde-Gasfabrik, Amsterdam (Holland) Haarlemerweg.

Müller, Wilhelm, Ingenieur, Essen a. d. Rh., Gutenbergstr. 17.

Dr. G. Nafs, Professor an der Vereinigten Artillerie- und Ingenieurschule, Vorsteher der anorganischen und metallurgischen Abteilung der Militärtechnischen Akademie, Charlottenburg, Mommsenstr. 63 II.

Neuberg, Ernst, Ingenieur, Berlin W., Fasanenstr. 29.

Neumann, J., Direktor des städt. Gaswerks, Dorpat (Rufsland), Alexanderstr. 88.

Dr. J. Neurdenburg, Direktor der Gasanstalt, Utrecht (Holland).

Niemann, Moritz, Oberingenieur und Prokurist der Deutschen Kontinental-Gasgesellschaft, Dessau, Antoinettenstr. 22 a.

Niermeyer, W., Direktor der Gemeindegasfabrik, Arnhem (Niederlande).

Nufs, Ernst, Direktor a. D., Lörrach (Baden), Teichstr. 1.

*Oberdhan, Martin (alleiniger Inhaber der Firma Oberdhan & Beck), Fabrikant für Gasbeleuchtungskörper, Mainz, Bauhofstr. 2.

Oechelhaeuser, H., Direktor der Dessauer Gasanstalten in Rheydt, München-Gladbach, Gasstr. 11.

Oesten, Gustav, Zivilingenieur und gerichtlicher Sachverständiger, Berlin SW., Wilhelmstr. 51.

Ohler, Max, Direktor der Kontinentalen Wasserwerksgesellschaft, Berlin O., Schicklerstr. 6.

*von Oldenbourg, R. A., General-Konsul, Verlagsbuchhandlung und Verlag von Schillings Journal für Gasbeleuchtung und Wasserversorgung, München, Glückstr. 8.

Olff, W., Direktor der Kontinentalen Wasserwerksgesellschaft, Karlshorst bei Berlin, Dorotheastr. 5.

Oster, Aug., Direktor a. D., Bremen, Brahmstr. 23.

Oster, Ph., Direktor der Gasbeleuchtungsgesellschaft, Biebrich a. Rh.

van Ostrom-Meyjes, J. Willem, Direktor der Gasanstalt zu Hengeloo und Winterwyk, Deventer (Holland).

*Pallenberg, Franz, Ingenieur, Dortmund, Kaiser Wilhelm-Allee 52.

Panse, Karl, Zivilingenieur, Wetzlar.

Pennink, J. M. K., Ingenieur der Amsterdamer Wasserversorgung, Amsterdam (Holland), Keizersgracht 629.

Permien, Martin, Betriebsdirektor des städt. Gaswerks, Rostock, Bleicherstr. 26.

Peters, A., Regierungsbaumeister, Zivilingenieur für Gas- und Wasserwerksbauten, Cöln, Hansaring 31.

Peterson, N. O., Driftsinspecteur ved Kjøbenhavns vestre Gasvoerk, Kopenhagen.

Pfeffer, Walter, Stadtrat, Königl. Baurat, Zivilingenieur, Spezialtechniker für Wasserversorgung und Kanalisation, Halle a. S., Bornburgerstr. 10.

*Pfeifer, G. A., Fabrikdirektor a. D., Düsseldorf, Graf Adolfstr. 83.

Pfudel, Karl, Direktor der städt. Gaswerke, Charlottenburg, Gaufsstr.

Philippsborn, A., Direktor, Charlottenburg, Wilmersdorferstr. 98/99.

Pichler, Joseph, Direktor der städt. Wasser-, Gas- und Elektrizitätswerke, Mannheim, Werderplatz 7.

Pietsch, Hugo, Stadtbaumeister und Dirigent des Gas- und Wasserwerks, Memel.

Pintsch, Jul., Geheimer Kommerzienrat, Gasingenieur, Berlin O., Andreasstr. 72.

Pintsch, Oskar, Ingenieur, Berlin O., Andreasstr. 72.

Dr. ing. h. c. Richard Pintsch, Geh. Kommerzienrat, Gasingenieur und Gasmesserfabrikant, Berlin O., Andreasstr. 72.

*Pipersberg, Hermann, Gas- und Wassermesserfabrikant, Lüttringhausen (Rheinld.)

Pippig, R., Direktor der städt. Gas-, Elektrizitäts- und Wasserwerke, Kiel.

van Poelgeest, J., Zivilingenieur, Zütphen (Holland).

*Pohlig, Jul., Ingenieur und Maschinenfabrikant (Bau von Transporteinrichtungen), Cöln, Vorgebirgstr. 33.

Pohmer, Heinr., Ingenieur der Imp. Cont. Gas-Assoc. und Betriebsleiter des Gaswerks in Mariendorf bei Berlin.

Post, Direktor der Waterleiding-Maatschappy, Nymegen (Niederland), 23 Van Berchenstraat.

Prenger, Heinrich, Direktor der städt. Gas-, Wasser- und Elektrizitätswerke, Cöln, Rosenstr. 32.

Prinz, E., Zivilingenieur, Berlin W., Meierottostr. 5.

Quist, Johannes, Gaswerksdirektor, Horsens (Dänemark).

Rabe, Karl, Direktor dei Aktien-Gasanstalt, Sangerhausen.

Dr. phil. Oskar Rau, ordentlich. Professor an der Technischen Hochschule in Aachen. Wohnung: Aachen-Forst, Villa Neuhaus.

Raupp, Heinrich, Gasdirektor a. D., Heilbronn, Paulinenstr. 19.

Rauschenbach, Otto, Direktor der städt. Gas- und Wasserwerke, Stralsund, Greifswalder Chaussee 6.

Rauser, F., Oberingenieur der Firma Jul. Pintsch A.-G., Berlin O. 27, Andreasstr. 71/73.

*Redtel, Rudolf, Ingenieur, Inhaber der Firma C. Mennicke Nachf., Dresden-N., Antonstr. 21.

Reese, Friedrich, Königl. Baurat, Direktor des städt. Wasserwerks, Dortmund.

Reichard, Franz, Stadtbaurat für die Licht- und Wasserversorgung, Karlsruhe (Baden), Kaiserallee 11.

Reinbrecht, Ernst Hermann, Ingenieur und Direktor der Gas- und Wasserwerke, Göttingen.

Reinhard, Karl, Ingenieur, Direktor der städt. Gasanstalten, Leipzig, Yorkstr. 21/I.

Reister, Robert, Oberingenieur der Deutschen Kont.-Gasgesellschaft, Dessau, Ruststr. 2.

Reufs, Aug., Ingenieur, Mitglied der Direktion der Gesellschaft für Wasserversorgung und Gasbeleuchtung, St. Petersburg, Admiralitätsplatz, Haus Gambs.

*Rheinbay, Hans, Ingenieur, Höchst a. M., Homburgerstr. 24.

Ribbius, C. P. E., Zivilingenieur, Direktor der städt. Gas- und Wasserwerke, Delft (Holland).

Dr. Ad. Richter, Chemiker, Stadtrat und Vorsitzender der städt. Gaskommission, Pforzheim.

Ries, Hans, Direktor der städt. Gaswerke, München, Maistr. 17.

Ringk, E., Direktor des Gas- und Wasserwerks, Konstanz.

Ritter, Oskar, Generaldirektor der Akt.-Ges. für Gas- und Elektrizität, Cöln a. Rh., Göbenstr. 16.

Rosenfeld, Karl, Ingenieur, Berlin SW., Gitschinerstr. 1.

Rosenkranz, Max, Betriebsinspektor der städt. Gasanstalt II, Riga (Rufsland), Ritterstr. 157.

Rofs, Friedrich, Ingenieur, Wien III, Rechte Bahngasse 28.

van Rossum du Chattel, J., Generaldirektor der städt. Gaswerke, Amsterdam, Gasfabrik West.

Roth, Kreisbaumeister, Ahrweiler (Rheinld.).

Roth, Konrad, Direktor des Gaswerks und der Wasserversorgung der Stadt Bern.

Rothenbach, A., Ingenieur, Bern, Monbijoustr. 63.

*Roye, Friedrich, Techniker, Soest, Kesselstr. 26.

Ruhland, Fritz, Ingenieur und Subdirektor des Gaswerks, Straßburg (Elsaß).

Ruoff, Ernst, Baurat für städt. Ingenieurwesen und Vorstand der Gas- und Wasserwerke, Regensburg.

Salbach, Franz, Dipl.-Ingenieur, Inhaber eines technischen Bureaus für Wasserleitungs- und Kanalisationsbau, Dresden, Reichenbachstraße 67.

Salomons, M., Ingenieur, Direktor der Gasanstalt der Imperial Continental Gasassociation, Bureau Central, Brüssel, 133 Chaussée d'Ixelles.

*Salvisberg, Emil, Leiter der Gasmesserfabrik Elster & Co., Luzern (Schweiz).

Salzenberg, E., Zivilingenieur, Brüssel, 43 Rue de la Poste.

Salzenberg, Hermann, Direktor a. D. der Gas-, Wasser- u. Elektrizitätswerke, Bremen, Benquestr. 20.

Sanmartini, G. B. L., Direktor des Gaswerks, Chiavari b. Genua.

Schäfer, Franz, Ingenieur, Sekretär der Deutschen Kontinental-Gasgesellschaft, Dessau, Krosigkstr. 5.

Dr. Johannes Scharrer, Fabrikbesitzer, i. F. Reinhold Tschuschke Nfl., Mineralwasserfabrik und Kohlensäureniederlage, Zehlendorf b. Berlin, Stahnsdorferstr. 4.

Scheelhaase F., Direktor der städt. Wasserwerke, Frankfurt a. M.

Dr. Waldemar Scheithauer, Direktor der Waldauer Braunkohlen-Industrie, Akt.-Ges., Waldau bei Osterfeld (Bez. Halle a. S.).

Schenk, Robert, Gasingenieur, Cöln, Brüsselerstr. 58.

Schertel, Otto, Direktor der Wasserwerke, Hamburg, Gr. Bleichen 53.

Scheven, Heinrich, Unternehmer für Gas- und Wasserleitungsanlagen, Düsseldorf.

Schiele, Ludwig, Direktor der Frankfurter Gasgesellschaft, Frankfurt a. M., Gutleutstr. 26.

Schiffczyk, P., Inspektor der städt. Gas- und Wasserwerke, Wurzen.

Schiller, Karl, Zivilingenieur, Cannstatt, Olgastr. 37.

Dr. Eugen Schilling, Gaswerksdirektor a. D., München, Georgenstraſse 38/II.

Schilling, Karl, Direktor a. D., Braunschweig, Hagenstr. 23.

Schmick, Heinrich, technischer Direktor des Wasserwerks für das nördl. westfäl. Kohlenrevier, Gelsenkirchen, Rhein-Elbestr. 37.

Schmick, Rud., Geh. Oberbaurat, München, Kolbergerstr. 33.

Schmidt, Friedr., Ingenieur, Frankfurt a. M., Frankenallee 179, I.

Schnabel-Kühn, Direktor, Vorstand der Höchster Gasbeleuchtungsgesellschaft, Höchst a. M.

Schneider, Direktor der städt. Gasanstalt, Stadtbaurat a. D., Cottbus.

Schneider, Karl, Direktor des städt. Gas- und Wasserwerks, Mayen.

Schneider, V., Direktor a. D. der städt. Gas- und Wasserwerke, Breslau, Ohlauerufer 36/I.

Dr. F. Schniewind, Präsident der German-American Coke and Gas Comp., New York, N. Y., 17 Battery Place.

Schön, Viktor, Ingenieur, Budapest VIII, Berkocsis utka 41/II³.

Schönfelder, Hermann, Stadtbaumeister, Betriebsleiter der Gas- und Wasserwerke, Póſsneck.

Schönstein, Max, städt. Oberingenieur und Direktor des städt. Gaswerks, Agram (Kroatien).

Schröter, W., Zivilingenieur, Düsseldorf, Hansahaus Z. 185.

Dr. phil. Heinrich Schütte, Direktor des Gaswerks, Bremen, Neues Gaswerk.

Schulte, E., Direktor der Gasanstalt, Libau (Ruſsland).

Schulz, Ernst, Betriebsdirektor der städt. Gas-, Elektrizitäts- und Wasserwerke, Itzehoe, Bergstr. 7.

*Silbereiſsen, F., in Firma F. Silbereiſsen & Co., Fabrik von elektrischen Gasfernzündern, Straſsburg (Elsaſs).

Silbermann, A., Besitzer einer Metallwarenfabrik, Mitglied der städt. Gasdeputation, Berlin O., Blumenstr. 74.

Simmelkjaer, S., Zivilingenieur, London WC., 5 Grower Street; Bedfort Square.

Slater, A. B. jr., Generaldirektor der Société Anonyme du Gaz de Rio de Janeiro, in Rio de Janeiro (Brasilien), 274 Mass. Ave.

Smreker, Oskar, Ingenieur, Mannheim L. 10. 7.

Söhren, C. H., Direktor der städt. Gas-, Elektrizitäts- und Wasserwerke, Bonn, Endenicher Allee 12.

*Sohn, Emil, Syndikatsdirektor, Bochum, Wittenerstr. 45.

Sommerfeldt, Georg, Betriebsingenieur beim städt. Gaswerk, Pforzheim.

Sorge, Max, Direktor der städt. Gaswerke, Thorn, Kopernikusstr. 45.
Sospisio, Enrico, Direktor der Gasanstalt, Triest, Via Broletto 302.
Spanjer, Karl, Direktor der städt. Gas- und Wasserwerke, Witten.
Spanner, A. C., Fabrikant für Fallersche Wassermesser, Wien III, Strohgasse 6.
Stang, Theodor, Direktor der städtischen Wasserwerke, Haag (Holland).
van Staphorst-Villerius, K., Besitzer der Gasanstalt, Ems.
*Steilberg, Richard, Generalvertreter der Millenniumlicht-Gesellschaft m. b. H., Hamburg, in Berlin W., Fürtherstr. 11.
Steiner, Karl, Direktor des städt. Gaswerks, Temesvar.
*Steinfeldt, Richard, Oberingenieur und Prokurist, Bunzlau, Löwenbergerstr. 32.
Dr. Moritz W. Steude, Chemiker, Redaktionssekretär des Journals für Gasbeleuchtung und Wasserversorgung, Karlsruhe (Baden), Hirschstr. 71.
Steuernagel, C., Direktor der Gasanstalt, Meerane (Sachsen).
Steuerwald, Wilhelm, Ingenieur, Libau (Rußland), Gasanstalt.
Dr. Hugo Strache, Privatdozent des Beleuchtungswesens, Leiter des Bureaus für Wassergas, Wien VIII, Alserstr. 71.
*Stühlen, Franz, Kaufmann, Teilhaber der Eisengiefserei P. Stühlen, Cöln-Deutz Nr. 180.
Stühlen, P., Ingenieur und Eisengiefsereibesitzer, Cöln-Deutz Nr. 180.
*Suchanek, Frankfurt a. M., Holzhausenstr. 65.

Tasch, C., Direktor der Gas-, Wasser- und Elektrizitätswerke der Gemeinde Lichtenberg bei Berlin.
Dr. phil. H. Teichmann, Fabrikdirektor, Rauxel (Westf.).
Teichmann, Hugo, Direktor des städt. Gaswerks, Werdau (Sachsen).
Dr. Leop. von Teltscher, Hof- u. Gerichtsadvokat, juristischer Vertreter der Imperial Continental Gasassociation, Wien I, Schenkenstrafse 10.
Teodorowicz, Adam, Direktor der städtischen Gasanstalt, Lemberg (Galizien).
Terhaerst, Rudolf, Direktor des städt. Gaswerks, Nürnberg, Lorenzerstrafse 26.
*Terhaerst, Wilh., Maschinenfabrikant, Nürnberg, Gleisbühlstr. 17 I.
Dr. L. J. Terneden, Chemiker, Ingenieur der städt. Gaswerke, Amsterdam, Nicolaes Maesstraat 85.
Theilgaard, C., Gasdirektor a. D., Horsens (Dänemark), Slotsgade 15.
Theilgaard, C. E., Ingenieur, Kopenhagen V, Henrik Steffensvay 6 III.

Theuerkauf, Heinrich Karl, Direktor der Allgemeinen Gas- und Elektrizitätsgesellschaft, Bremen, Schönhauserstr. 47.

Dr.-Ing. G. Thiem, Zivilingenieur, Leipzig, Kaistr. 2.

Thompson, Edward, Direktor der Imperial Continental Gas-Association, Aachen.

Tormin, R., Stadtbaurat und Direktor der städt. Gas-, Elektrizitäts- und Wasserwerke, Münster (Westf.).

Trebst, Hugo, Direktor des Gaswerks, Wilhelmsburg a. d. Elbe, Harburger Chaussee 125.

Tremus, G., Direktor, Lichtenberg bei Berlin, Alfredstr. 5.

Trimborn, Wilh., Eigentümer und Dirigent der Gasanstalt, Grevenbroich (Rheinprov.).

Vaigl, Wenzel, Direktor des städt. Gaswerks, Pilsen.

Vancl, Jan, Wasserwerksingenieur, Smichov bei Prag, Korunni trida 984.

Volk, R., Ingenieur, Beleuchtungsinspektor und Betriebsdirigent a. D. der Berliner städt. Gaswerke, Berlin S., Mathieustr. 2.

*Vofs, Hermann, Magdeburg, Scharnhorststr. 1.

Wagenmann, Gustav, Ingenieur und Direktor des Gaswerks, Lahr (Baden), Lotzbeckstr. 20.

Wählert, Herm., Ingenieur und Leiter des Toplitz-Schönauer Gaswerks, Teplitz (Böhmen).

Wahl, Karl, Direktor der Gas- und Wasserwerke, Trier.

Walkhoff, Otto, Stadtbaumeister und Leiter des Wasserwerkes, Stafsfurt.

Weber, Gustav, Direktor des städt. Gaswerks, Schwabach.

Dr. phil. W. Wedding, Professor an der Technischen Hochschule zu Charlottenburg, Grofs-Lichterfelde bei Berlin, Wilhelmstr. 2.

Weinberg, Karl, Direktor des Elektrizitäts- u. Wasserwerks, Oranienburg.

Weifs, Albert, Direktor der Gaswerke der Stadt, Zürich (Schweiz).

Weifs, Emil, Gaswerksdirektor zu Rahnsdorf (Post Rahnsdorfer Mühle).

Wellmann, L., I. Direktor der Charlottenburger Wasserwerke, Wilmersdorf bei Berlin, Aschaffenburgerstr. 2.

Ritter von Wessely, Zdenko, b. g. Bauingenieur, Baumeister und Chef der Bauunternehmung für Wasser- und Gasanlagen, in Firma C. Korte & Co., Prag (Böhmen), Stadtpark 11.

*Wever, Paul, Ingenieur, Zweigbureau A. Borsig, Düsseldorf, Wilhelmplatz 9 II.

*Weyhenmeyer, K., Direktor der Rheinischen Kohlenhandel- und Reederei-Gesellschaft, Mülheim (Ruhr).

Prof. Dr. ing. Robert Weyrauch, Stuttgart, Hauptmannsreute 40.

Dr. phil. W. Wielandt, Direktor der Gesellschaft »Torfkoks« m. b. H., Oldenburg i. Gr., Elisabethstr. 3 a.

*Wiener, Albert, Mitinhaber der Firma Johnasson, Gordon & Co., Hamburg, Boltenhof, Admiralitätsstr.

Wiese, Georg, Direktor der städt. Gas- u. Wasserwerke, Harburg (Elbe), Staderstr. 21.

Wilhelm, Adolf, Betriebsdirektor des städt. Gaswerks, Zittau.

Willecke, Karl, Betriebsdirektor des Gaswerks in Kiel-Gaarden.

Wilson, Rob. W., Generalsekretär der Imperial Continental Gasassociation, London EC., 21 Austin Friars.

*Windschild, Gustav, Ingenieur, Cossebaude bei Dresden.

*Winkelmann, Cäsar, Inhaber der Firma Cäsar Winkelmann & Co., Fabrik von hochfeuerfestem vulkanischen Zement, Dresden, Reissigerstr. 28.

Winter, Ernst, Kgl. Baurat und Stadtbaudirektor, Wiesbaden.

Wobbe, J. G., Ingenieur und Gaswerksdirektor, Pisa, Via Lavagna 15.

Wörmsdorf, Wilh., Oberingenieur, Breslau XVI, Piastenstr. 10.

Dr. Hans Wolf, Chemiker, Charlottenburg, Mommsenstr. 4.

*Wolff, Louis, Direktor der Firma Wolff-Licht-Gesellschaft, Berlin SO., Köpenickerlandstr. 21.

Wolters, G. J., Direktor der Gasfabrik, Zaandam (Holland).

Wunder, Georg, Kgl. Baurat, Stadtrat a. D., Leipzig, Sophienstr. 7.

Wunderlich, Hermann, Verantwortlicher Betriebsleiter des Gaswerks, Gaswerksbureau, Morgenzeile, Haus »Augarten«, Karlsbad.

Zierold, Wilhelm, Ingenieur und Professor der Kgl. Sächsischen Technischen Staatslehranstalten, Chemnitz, Enzmannstr. 8.

Zimmermann, J., Direktor des städt. Gaswerks Recklinghausen in Recklinghausen-Süd.

Zimmermann, Waldemar, Ingenieur, Direktor der Maschinenfabrik F. Weigel Nachf., Akt.-Ges., Mittelneuland (Neiße).

Zobel, Direktor der städt. Gasanstalt, Zwickau.

Zörner, Richard, Kgl. Bergrat a. D., Generaldirektor der Maschinenbauanstalt Humboldt, Kalk.

Zollikofer, Herm., Ingenieur, Direktor der Gas- und Wasserwerke, St. Gallen (Schweiz).
***Zschocke, Gottfried, Maschinenfabrikant, Kaiserslautern.**

Anzahl der persönlichen Teilnehmer 502,
und zwar:

4 Ehrenmitglieder,
420 Mitglieder,
78 Genossen.

b) Zweigvereine, Firmen, Gesellschaften.

Zweigvereine.

Märkischer Verein von Gas-, Elektrizitäts- und Wasserfachmännern. Gegr. 5. 7. 1879. 1 Ehrenmitglied und 200 Mitglieder. Eine Mitgliedschaft.
Vorsitzender: Direktor K. Pfudel in Charlottenburg.

Mittelrheinischer Gas- und Wasserfachmänner-Verein. Gegr. 15. 5. 1864. 271 Mitglieder. Eine Mitgliedschaft.
Vorsitzender: Direktor Emil Frahm in Baden-Baden.

Verein der Gas- und Wasserfachmänner Schlesiens und der Lausitz. Gegr. 23. 4. 1867. 2 Ehrenmitglieder und 164 Mitglieder. Eine Mitgliedschaft.
Vorsitzender: Direktor Fr. Goerisch in Schweidnitz.

Verein der Gas-, Elektrizitäts- und Wasserfachmänner Rheinlands und Westfalens. Gegr. 3. 2. 1873. 2 Ehrenmitglieder und 371 Mitglieder. Zwei Mitgliedschaften.
Vorsitzender: Direktor Spanjer in Witten (Ruhr).

Bayerischer Verein von Gas- und Wasserfachmännern. Gegr. 14. 6. 1885. 169 Mitglieder. Eine Mitgliedschaft.
Vorsitzender: Direktor Rud. Terhaerst in Nürnberg.

Baltischer Verein von Gas- und Wasserfachmännern. Gegr. 21. 7. 1873. 167 Mitglieder. Eine Mitgliedschaft.
Vorsitzender: Direktor A. Gellendien in Elbing.

Verein Sächsisch-Thüringischer Gas- und Wasserfachmänner. Gegr. 21. 1. 1872. 187 Mitglieder. Eine Mitgliedschaft.
Vorsitzender: Direktor G. Martin in Erfurt.

Niedersächsischer Verein von Gas- und Wasserfachmännern. Gegr. 16. 6. 1899. 165 Mitglieder. Eine Mitgliedschaft.
Vorsitzender: Direktor M. Hase in Lübeck.

Firmen, Gesellschaften.

Aachen. Gaserleuchtungsanstalt der Imperial Continental Gasassociation.
*Houben, J. G., Sohn Karl.
Wasserwerk des Landkreises Aachen, G. m. b. H., Bismarckstr. 84.

Achim bei Bremen. •Otten, L., Bohr-, Brunnenbau- und Wasserversorgungsgesellschaft m. b. H., Maschinenfabrik.

Apolda. Thüringische Elektrizitäts- und Gaswerke, A.-G., Luttstädterstr. 7.

Augsburg. Gesellschaft für Gasindustrie, Bahnhofstr. 24 n.
Riedinger, L. A., Maschinen- und Bronzewarenfabrik.
Vereinigte Gaswerke, Aktiengesellschaft.

Aussig (Böhmen). Verkaufsbureau der Montan- und Industrialwerke (vorm. Joh. Dav. Starck), J. Petscheck in Aussig.

Berlin. Aktiengesellschaft für Gas-, Wasser- und Elektrizitätswerke, NW., Altonaerstr. 7.
•Aktiengesellschaft für Selas-Beleuchtung, N. 39, Gerichtstr. 23.
Aktiengesellschaft Schäffer & Walker, SW., Lindenstr. 19.
Allgemeine Elektrizitätsgesellschaft, NW., Friedrich Karl-Ufer 2/4.
•Allgemeine Metallwerke für Beleuchtung, G. m. b. H., O., Rotherstraße 8/12.
Allgemeine Städtereinigungsgesellschaft (Aktiengesellschaft) in Berlin W. 35, Steglitzerstr. 76.
•Apparate-Vertriebsgesellschaft m. b. H., Berlin-Wilmersdorf, Xantenerstr. 5.
Berlin-Anhaltische Maschinenbau-Aktiengesellschaft, NW., Reuchlinstr. 6.
•Berliner Gasglühlichtwerke, O., Blumenstr. 65.
Börner & Herzberg, Installationsgeschäft für Gas- und Wasseranlagen, SW., Bernburgerstr. 14.
•Bruno-Gesellschaft m. b. H., Glühkörperfabrik, N., Liebenwalderstraße 10.
Butzke & Co., F., Aktiengesellschaft für Metallindustrie, S., Ritterstraße 12.
•Cerofirm-Gesellschaft m. b. H., N. 4, Chausseestr. 116.
Continentale Wasserwerksgesellschaft, O., Schicklerstr. 6.
•Conveyor Baugesellschaft, W. 15, Meinekestr. 21.
•Deutsche Gasglühlicht-Aktiengesellschaft, O. 17, Rotherstr. 20/23.
Deutsche Wasserwerke-Aktiengesellschaft, SW., Charlottenstr. 86.
•Ehrich & Graetz, Lampenfabrik, SO., Elsenstr. 92/93.
Feuer, Richard, Gesellschaft für Gasglühlichtindustrie, O. 17, Am Warschauer Platz 9/10.
Gasanstalts-Betriebsgesellschaft m. b. H., NW., Reuchlinstr. 6.
Gaserleuchtungsanstalt der Imperial Continental Gasassociation, S., Gitschinerstr. 19.

Berlin. *Gaslaternen-Fernzündung, System Dr. Rostin, G. m. b. H., NW., Unter den Linden 56.

*Dr. Otto Götze, G. m. b. H., Engros-Handlung von Gas- und Wasserleitungsartikeln, W., Kurfürstenstr. 146.

*Joseph, Bernhard, Fabrik von Gas- und Wasserleitungsgegenständen, S., Ritterstr. 26.

*Kersten, Johann, Spezialgeschäft für Gas-, Wasser- und Elektrizitätswerke, Beleuchtungsgegenstände, N., Friedrichstr. 131.

*Kiesewetter & Co., E., Gasmesser- und Gasapparatefabrik, N., Zehdenickerstr. 21.

*Kunheim & Co., Chemische Fabriken, NW., Dorotheenstraße 32.

*Lüdy & Schreiber, Lager von Röhrenfabrikaten, NO., Neue Königstraße 63.

*Märkische Eisengießerei F. W. Friedeberg, G. m. b. H., NW., Mittelstr. 63.

*Müller & Gareis, G. m. b. H., Gasglühlichtfabrik, N., Chausseestraße 88.

*Nathan, Philipp, Steinkohlengeschäft, G. m. b. H., N., Am Kupfergraben 6.

Plagge & Hartmann, Gasbehälterfabrik, Berlin-Reinickendorf W., Eichbornstr. 49.

*Ravené Söhne & Co., C., Wallstr. 5/8.

*Ressel, Paul (in Firma Franz Ressel), Spezialgeschäft für Beleuchtungsgegenstände, S., Elisabeth-Ufer 2.

*Rütgerswerke, Aktiengesellschaft, W., Lützowstr. 33/36.

*Schäffer & Oehlmann, Fabrik für Gasanstaltsbedarfs- und Gasverbrauchsgegenstände, N., Chausseestr. 46/48.

*Schmidt, F. A., Fabrik für Gas-, Wasser- und Kanalisationsanlagen, O., Memelerstr. 41.

Schulz & Sackur, Fabrik für Bau und Umbau von Gasanstalten, SW., Wilhelmstr. 121.

*Seelmeyer, J. C. L., Fabrik für Gas- und Wasseranlagen, N., Schlegelstr. 6.

Stinnes, Hugo, G. m. b. H., W. 35, Steglitzerstr. 44.

*Weichbrodt & Friedrich, Fabrik für Gas-, Wasser- und Dampfleitungsgegenstände, S., Kottbuser Damm 75/75a.

Bernburg. *Sächs. Anhalt. Armaturenfabrik u. Metallwerke, Akt.Ges.

Biebrich a. Rh. *Tonwerk Biebrich, Aktiengesellschaft, Fabrik von feuerfesten Produkten.

Bingerbrück. *Stöck & Fischer, Kohlenhandlung.

Bochum. Deutsch-Luxemburgische Bergwerks- u. Hütten-Akt.-Ges., Abtl. Bochum.

Verbandswasserwerk, G. m. b. H.

Brackwede. *Gronemeyer & Banck, Gasbehälterbauanstalt, Eisenkonstruktionswerkstatt, Bahnhof.

Braunschweig. Dampfkessel- und Gasometerfabrik vorm. A Wilke & Co.

*Maschinenfabrik und Mühlenbauanstalt G. Luther, A.-G., Frankfurterstr. 61.

Bremen. Francke, Karl, Bau- und Projektierung von Gas-, Wasser- und Kanalisationswerken, Bremen, Am Seefelde.

Breslau. Aktiengesellschaft vorm. H. Meinecke, Breslau-Carlowitz.

*Maschinenfabriken vorm. Gebrüder Guttsmann und Breslauer Metallgießerei, Aktiengesellschaft, Siebenhufenerstr. 57/65.

Budapest (Ungarn). Allgemeine österr.-ung. Gasgesellschaft, Lokaldirektion der Budapester Gaswerke, technischer Direktor L. v. Stephani, VIII Tisza Kálmán-tér 20.

Zentral-Gas- und Elektrizitäts-Aktiengesellschaft, Akademia utcza.

Cassel. *Rosenzweig & Baumann, Farbenfabrik.

*Witte, Rud., Kohlengroßhandlung, Hohenzollernstr. 28/I.

Charlottenburg. *Berlin-Anhalt. Maschinenbau-Akt.-Ges., Abt. 12, Friedrich Karl-Platz 3.

Charlottenburger Wasserwerke in Westend.

Förster, Rud., Inh. Heynen & Schmidt, Wasserwerksbaugeschäft, Berlinerstr. 150.

*Halvor Breda, G. m. b. H., Ingenieurbureau und Laboratorium für Wasserreinigung, Kantstr. 156.

Wasserwerk der Berliner Aktiengesellschaft für Eisengießerei und Maschinenfabrikation (vorm. Freund & Co.), Salzufer 10.

Chemnitz. *Sächsische Maschinenfabrik vorm. Rich. Hartmann, A.-G., Hartmannstraße.

Cöln. *Büsché, Hugo Wilhelm & Co., Hansaring 139.

*Deutsches Gußröhren-Syndikat, Aktiengesellschaft Unter-Sachsenhausen 25/27.

*Richard & Schreyer, Fabrik und Großhandlung für Gas- und Wasserapparate und Gegenstände für Kanalbau, Filzengraben 8.

Wirtschaftliche Vereinigung deutscher Gaswerke, A.-G., Deutscher Ring 2/I.

Cöln-Braunsfeld. *Reisert, Hans, G. m. b. H., Bauanstalt und Armaturenfabrik, Maarwegstr. 233.

Cöln-Deutz. Gasmotorenfabrik.

Rheinische Wasserwerksgesellschaft (Direktor E. Froitzheim, Mathildenstr. 38/40).

Cöln-Ehrenfeld. *Court & Baur m. b. H., Farben- und Lackfabrik.

Cossebaude bei Dresden. *Meurer, G., Eisenwerke.

Crosta (Post Merka, Bez. Dresden). *Adolfs-Hütte, vorm. Gräflich Einsiedelsche Kaolin-, Ton- und Kohlenwerke, A.-G.

Dahlhausen (Ruhr). *Dr. C. Otto & Co., G. m. b. H., Fabrik feuerfester Produkte.

Degerloch bei Stuttgart. Gaswerk (Besitzer Rob. Mayer, Ingenieur).

Dessau. Deutsche Kontinental-Gasgesellschaft.

*Junkers & Co., Dessau, Fabrik von Gasbadeöfen.

Dortmund. Dortmunder Aktiengesellschaft für Gasbeleuchtung.

Klönne, Aug., Gasapparat- und Gasometer-Bauanstalt; Bau kompletter Gasfabriken, Klönne-Patent-Retortenöfen, Brückenbauanstalt, Eisenkonstruktion.

Westfälisches Verbands-Elektrizitätswerk, A.-G., Eisenmarkt 18.

Dresden. Barnewitz, Gebrüder, Fabrik für Gas- und Wasseranlagen, Falkenstr. 63. Besitzer der Gasanstalt Rumburg in Böhmen.

*Langelott, Wilhelm, Zementwarenfabrik, Dresden-A., Strehlener Str. 52.

*Liebold, Hermann, Fabrik für Gas-, Wasser- und Zentralheizungsanlagen, Gr. Kirchgasse 5.

Siemens, Friedrich, Fabrik patentierter Beleuchtungs- und Heizapparate, Nossenerstr. 1.

Düren. Zimmermann & Jansen, Maschinenfabrik und Eisengießerei.

Düsseldorf. *Daniels, Hugo, G. m. b. H., Kohlenimport, Kaistr. 22.

*Deutsch-Österr. Mannesmannröhrenwerke.

*Düsseldorfer Röhrenindustrie, Höherweg 271.

Düsseldorf-Grafenberg. *Haniel & Lueg, Maschinenfabrik, Eisengießerei und Hammerwerk.

Duisburg. Vygen & Cie., H. J., Schamottewarenfabrik.

Eisenberg (Thüringen). *Gebr. Kaempfe, Schamottefabriken.

Erfurt. *Fix, Gustav, Kohlen- und Eisengeschäft.

Eschweiler. *Neuman, F. A., Kesselschmiede, Eisenkonstruktionswerkstätten und Verzinkerei, Eschweiler II.

Esseg. Gaswerk der Zentral-Gas- und Elektrizitäts-Aktiengesellschaft.

Essen a. d. R. Gas- und Wasserwerke der Fr. Kruppschen Gußstahlfabrik, Sälzerstraße.

Gewerkschaft Carolus Magnus, Destillationskokerei.

» Friedrich Ernstine, »

» Viktoria Mathias, »

Zeche Mathias Stinnes.

Eßlingen a. N. Gasgesellschaft Eßlingen.

Eulau (Wilhelmshütte). Aktiengesellschaft Wilhelmshütte in Schlesien. (Generaldirektor N. Leistikow.)

Eutrizsch-Leipzig. Magnus, D., Maschinenfabrik und Eisengießerei.

Frankfurt a. M. Frankfurter Gasgesellschaft, Gr. Eschenheimerstraße 29. (2 Mitgliedschaften).

Holzmann & Co., Ph., Bauunternehmer, Obermainstr. 51.

*Sensenschmidt, Max, Maschinenfabrik, Taunusstr. 44.

Süddeutsche Wasserwerke, Aktiengesellschaft, Fichardstr. 28/30.

*Wehner & Co., Hydrotechnische Gesellschaft, Kaiserstr. 58.

Freiberg i. S. *Dr. G. P. Droßbach & Co., chemische Fabrik.

Freienwalde a. d. O. *Freienwalder Schamottefabrik Henneberg & Cie.

Gaggenau (Baden). Eisenwerke Gaggenau, Aktiengesellschaft.

Gelsenkirchen. Aktiengesellschaft für Kohlendestillation.

*Gelsenkirchener Bergwerks-Aktiengesellschaft, Abteilung Schalker Gruben- und Hüttenverein, Gießerei.

Wasserwerk für das nördliche westfälische Kohlenrevier, Luisenstraße dem Bahnhof gegenüber.

Gelsenkirchen-Schalke. *Gewerkschaft Grillo, Funke & Co., Stahl- und Blechwalzwerke, König Wilhelmstr. 1.

Graz. Grazer Wasserversorgungsgesellschaft.

Greppin-Werke, Kreis Bitterfeld. *Aktiengesellschaft für Anilinfabrikation.

Gröditz (Sachsen). Aktiengesellschaft Lauchhammer (Gröditz bei Riesa).

Großalmerode. *Aktiengesellschaft Vereinigte Großalmeroder Tonwerke.

Großenbaum (Bez. Düsseldorf). *Hahnsche Werke, A.-G. (Röhrenwerk, Stahlwerk, Walzwerk).

Hagen i. W. Dessauer Gas- und Elektrizitätswerk Hagen-Eckesey. (Dirigent Ewald Seeliger.)

Hagen-Delstern i. W. *Westfälische Gasglühlichtfabrik F. W. & Dr. C. Killing.

Halbergerhütte bei Saarbrücken. Gaswerk von Rud. Böcking & Co., Post Brebach a. S.

Halle a. d. S. Dehne A. L. G., Maschinenfabrik und Eisengießerei.

Pfeffer, Walter, Nachfl., Bureau für Wasserversorgung und Entwässerung, Magdeburgerstr. 6.

Thiem & Töwe, Fabrik für Benoidgasapparate, Hordorferstr. 4.

Hamburg. Gerling, C. F. A., Technisches Bureau, Hamburg 36, Kontorhaus, Kaiser-Galerie.

Hanseatische Azetylengasindustrie, Aktiengesellschaft, Hamburg 36, Kaiser Wilhelmstr. 93/109.

*Holle, Joh., Fabrik für Gasmesser, Merkurstr. 22.

*Müller, Ferd., Fabrik für Beleuchtungskörper, Alter Wall 64.

*Pharoslicht, Klatte & Co., Kommanditgesellschaft, Schlump 55.

*Schemmann & Forstmann, Vertreter der Deutsch-österr. Mannesmannröhrenwerke Düsseldorf und der Hannoverschen Eisengießerei, A.-G., Misburg.

Hamburg-Harburg. *Westphal & Co., F., Kohlen-Aufbereitungs-, Anthrazit- und Brikettwerke, Zweiter Seehafen.

Hannover. Aerogengas-Gesellschaft m. b. H., Kornstr. 35.

*Aktiengesellschaft Hannoversche Eisengießerei, Anderten vor Hannover, Station Misburg.

Dreyer, Rosenkranz & Droop, Wassermesserfabrik, Fabrikstr. 4.

Gaserleuchtungsanstalt der Imperial Continental Gasassociation.

*Germania, Ofen- und Herdfabrik, Winter & Co.

Körting, Gebr., Fabrik von Gasexhaustoren und Dampfstrahlapparaten, Körtingsdorf bei Hannover.

Hermsdorf bei Waldenburg (Schlesien). Vereinigte Glückhilf-Friedenshoffnung.

Höchst a. M. Maschinen- und Armaturenfabrik vorm. H. Breuer & Co.

Zulauf & Co., Gasapparatefabrik.

Jena. Schott & Genossen, Glaswerk.

Karlsruhe (Baden). *Geigersche Fabrik für Straßen- und Hausentwässerungsartikel, G. m. b. H., Rüppurerstr. 66.

*Junker & Ruh, Eisengießerei, Sophienstr. 61/65.

König Ludwig (Bezirk Münster). *Gewerkschaft König Ludwig.

Königsberg i. Pr. *Gasmesser- und Armaturenfabrik Ließmann & Ebeling, G. m. b. H., Kneiphöfische Langgasse 1/4.

Königswusterhausen bei Berlin. Leopold & Hurtig, Kesselschmiede und Eisenkonstruktionswerkstatt.

Kopenhagen. *Aktieselskabet Nordiske Auer Kompagni, Frederiksholms Kanal 6.

*Bang & Pingel, Engrosgeschäft für Gas- und Wasserleitungsartikel, Jernbanegade 1.

*Edwards & Rasmussen, Ingenieure, K., Vestergade 3.

Kotzenau. Eisenhüttenwerk Marienhütte bei Kotzenau.

Leipzig. Schirmer, Richter & Co., Gasmesserfabrik, Leipzig-Connewitz.

*Schneider, Hugo, A. G., Spezialfabrik für alle Arten Petroleum- und Gasglühlicht- etc. Brenner.

Thüringer Gasgesellschaft, Dorotheenplatz 11.

Leipzig-Gohlis. *Bleichert, Ad. & Co., Fabrik für den Bau von Transportanlagen.

Linden vor Hannover. *Hannoversche Maschinenbau-Akt.-Ges. vorm. Gg. Eggestoff.

Ludwigshafen a. Rh. *Luxsche Industriewerke, Akt.-Ges.

Lüttich (Liège, Belgien). Société anonyme pour la Fabrication du Gaz.

Magdeburg. Allgem. Gas-Akt.-Gesellsch. zu Magdeburg, Breiteweg 223.

Mainz. *Cahn & Mayer, Metall- und Röhrenhandlung, Mitternachtgasse 1.

Gasapparate und Gußwerk, Neutorstr. 3.

Mannheim. Bopp & Reuther, Mannheim-Waldhof.

*Mannheimer Kohlenhandelsgesellschaft m. b. H.

Markt-Redwitz (Bayern). *Vereinigte Schamottefabriken (vorm. C. Kulmiz).

Meiningen. Gaswerk Meiningen, Gebrüder Westerholz.

Mendoza (Rep. Argentina). Compagnia de Gaz de Mendoza de Carlos Fader Sucesion.

Messel, Grube. *Gewerkschaft Messel, Braunkohlen-Destillation, Fabrik von Karburierölen.

Mülhausen (Elsaß). *Elsässische Glühlicht-Aktiengesellschaft, Zimmerleutstr. 20—24.

Mülheim a. Rh. *Forsbach, P. Chr. & Cie., Fabrik feuerfester Produkte, Deutzerstr. 9.

Martin & Pagenstecher, Fabrik feuerfester Produkte.

Mülheim a. d. R. Aktiengesellschaft Bergwerksverein Friedrich-Wilhelms-Hütte.

München. *Jooß Söhne & Co., Unternehmer von Gas-, Wasserleitungs- und Kanalisationsanlagen, Schöttlstr. 12.

*Kefer, Wilhelm, Großhandlung für Armaturen und Bedarfsartikel für Gas- und Wasserwerke, Arcisstr. 52 II.

*Kustermann, F. S.; Eisenhandlung, Eisengießerei, Konstruktionswerkstätte, Rosenheimerstr. 120.

*Münchener Installationsgeschäft für Licht und Wasser, Akt.-Ges., Salvatorstr. 20.

*Rank, Gebr., Bauunternehmung, Hoch- u. Tiefbau, Promenadeplatz 6.

*Schlesische Kohlenhandelsges. m. b. H., Rosenstr. 12 I.

Münster i. Els. Steinbrenner & Co., Gasanstalt Barr (Els.), in Münster i. Els.

Neustadt a. d. Hdt. *Ad. Deidesheimer, A.-G., Neustadter Mosaikplattenfabrik.

Nonnendamm (bei Berlin). *Siemens & Halske, A.-G., Wernerwerk.

Nürnberg. Bayerisches Gewerbemuseum, Abteilung zur Lösung wirtschaftlicher Beleuchtungsfragen.

*von Schwarz, J, Fabrik für Gasbrenner aus Speckstein, Nürnberg, Ostbahnhof.

*Stadelmann, Jean & Co., Gasbrennerfabrik, Untere Turnstr. 12.

Vereinigte Maschinenfabrik Augsburg und Maschinenbaugesellschaft Nürnberg, Aktiengesellschaft.

Obercassel (Siegkreis). *Hüser & Co., Gesellschaft für Zementsteinfabrikation und Unternehmung für Beton- und Eisenbetonbau.

Oberhausen bei Augsburg. Keller & Knappich, Gesellschaft für Gaskarburation m. b. H.

Oberhausen (Rheinland). *Pascher, Gerhard, Gas-, Wasser- und Heizungsanlagen, Mülheimerstr. 315.

Oberschöneweide (b. Berlin). *R. Frister, A.-G., Fabrik für Beleuchtungsgegenstände für Gas- und elektr. Licht, Edisonstraße.

Oedenburg (Ungarn). Soproner Beleuchtungs- und Kraftübertragungs-Aktiengesellschaft.

Potsdam. Schlösser, Karl, Metallwarenfabrik, Inhaber Paul Baumgart, Charlottenstr. 27.

Radebeul (b. Dresden). Franke & Berghold, Technisches Bureau für Projektierung und Ausführung von Wasserversorgungs- und Kanalisationsanlagen, Gartenstr. 46.

Remscheid-Bliedingshausen. *Mannesmannlicht-Gesellschaft m. b. H.

Rheinau (Baden). *Kunheim & Co., Rheinau.

Rhein-Elbe bei Gelsenkirchen. Gelsenkirchener Bergwerks-Aktiengesellschaft.

Rummelsburg. *Fritze, Wilh., Kronleuchterfabrik, Hauptstr. 80.

Saarau (Schlesien). *Vereinigte Schamottefabriken (vorm. C. Kulmiz).

Saargemünd (Lothringen). Röchling, Gebr., Gaswerk. (Direktor Heinr. Viehoff.)

St. Margarethen. (Schweiz). Rheintalische Gasgesellschaft.

Sarstedt. *Voß, A., sen., Eisengießerei und Vernickelungsanstalt.

Schöneberg-Berlin. *Gesellschaft für Röhrenreinigung m. b. H., Gutzkowstr. 2.

*Dr. Graf & Co., Fabrik chem.-techn., pharmazeut. und kosmet. Präparate, Hauptstr. 25.

*Liebrecht, Leopold, Fabrik von Armaturen für Gas- und Wasserleitungsanlagen und Werkzeugen, Vorbergstr. 4.

Siegen. *Hortmann, Carl, Röhrengroßhandlung, Vertreter der Fa. Bopp & Reuther, Schnabelstr. 1.

Singen (Baden). *Aktiengesellschaft der Eisen- und Stahlwerke von Georg Fischer.

Speyer. Wasserwerk. (Eigentümer A. F. Lindemann.)

Sterkrade (Rheinl.). Gaswerke Sterkrade, A.-G., Friedrichstr. 31.

Stettin. *»Hedwigshütte«, Anthrazit-, Kohlen- und Kokswerke, James Stevenson A. G., Königstor 2.

*Niedermeyer & Götze, Spezialgeschäft für Wasserwerksbauten, Schuhstr. 4.

Stettin-Pommerensdorf. Stettiner Schamottefabrik, Aktiengesellschaft, vorm. Didier.

Straßburg (Elsaß). *Danubia, Aktiengesellschaft für Gaswerks-, Beleuchtungs- und Meßapparate, Straßburg-Neudorf (Elsaß), Baslerstr. 96.

L'Union des Gaz, Aktiengesellschaft, Gutleutstr. 1.

*Rombach, J. B., Fabrikation von trockenen Gasmessern, Straßburg-Neudorf, Spitalstr. 28.

Stuttgart. *Andrae, Karl, Wassermesserfabrik.

*Gas- und Wasserleitungsgeschäft, G. m. b. H.

*»Monitor«, Gasapparate-Industrie, G. m. b. H.

*Württembergische Gasmesserfabrik J. Braun & Co., Vogelsangstraße 18a.

Styrum a. d. Ruhr. Wasserwerk Thyssen & Co., G. m. b. H.

Tegel bei Berlin. Borsig, A., Maschinenfabrik.
Gaswerk Tegel, Aktiengesellschaft.

Varel. Fortmann, W., Gasanstalt.

Waldenburg (Schlesien). *Niederschles. Kohlensyndikat G. m. b. H.
Warstein. Warsteiner Gruben- und Hüttenwerke, Gasfabrik.
Weilburg. Weilburger Gasbeleuchtungsgesellschaft.
Wetzlar. *Buderussche Eisenwerke.
Wien. Gaserleuchtungsanstalt der Imperial Continental Gas Association, I, Schenkenstr. 10.
*Manoschek, Frz., Fabrik für Gaswerkbau, Gas- und Wasserapparate, Metallwaren- und Maschinenfabrik, Gießerei, XIII, Linzerstr. 160.
Österreichische Gasbeleuchtungs-Akt.-Ges., I, Maria Theresienstr. 8.
Wiener Gasindustriegesellschaft, I, Maria Theresienstr. 8.
Wittenberg (Bez. Halle). *Oestsche Schamottewerke Kraft, Dienstbach & Joly.
Worms. Aktiengesellschaft für Großfiltration und Apparatebau.
*Kuntze, Gustav, Wassergasschweißwerk, A.-G.

Zabrze. Donnersmarckhütte, Oberschlesische Eisen- und Kohlenwerke, Aktiengesellschaft.
Gasanstalt, Aktiengesellschaft.
Zürich (Schweiz). *Munzinger & Co., Gas-, Wasser- und sanitäre Artikel en gros, Zollstr. 38.

Anzahl der Zweigvereine, Firmen und Gesellschaften 250 mit 252 Mitgliedschaften, und zwar:

124 Mitglieder,
128 Genossen,

252 Mitgliedschaften.

c) Behörden, Städtische Werke.

Aachen. Städtisches Wasserwerk.
Adlershof bei Berlin. Wasserversorgungsverband für die Landgemeinden Adlershof, Alt-Glienicke und Grünau zu Adlershof, Bismarckstr. 1.
Allenstein. Städtische Gas- und Wasserwerke.
Altona. Städtische Gas- und Wasserwerke.
Annaberg (Sachsen). Rat der Stadt (Gasanstalt).
Ansbach. Städtische Gasanstalt.
Arnswalde. Magistrat (Gasanstalt).
Asch (Böhmen). Gasanstalt.
Aschaffenburg. Städtische Gasanstalt.
Aschersleben. Städtische Gas- und Wasserwerke.
Augsburg. Magistrat (Gas- und Wasserwerk).

Baden-Baden. Städtisches Betriebsamt.
Bad Harzburg. Städtische Gas- und Wasserwerke.
Bad Nauheim. Städtisches Gaswerk.
Bamberg. Städtisches Gaswerk.
Städtisches Wasserwerk.
Barmen. Städtische Wasser- und Lichtwerke.
Bautzen. Städtisches Gas- und Wasserwerk.
Bayreuth. Städtische Gasanstalt.
Benrath a. Rh. Städt. Gas-, Wasser- und Kanalwerke.
Bergisch-Gladbach. Städtisches Gas- und Wasserwerk.
Berlin. Städtische Gaswerke, C., Neue Friedrichstr. 109.
Bernburg. Magistrat der Stadt.
Biberach a. R. Stadtgemeinde, als Unternehmerin des Gas- und Wasserwerks.
Biebrich a. Rh. Städtisches Wasserwerk.
Bielefeld. Städtische Gasanstalt.
Städtisches Wasserwerk.
Bingen a. Rh. Städtische Gasanstalt.
Bocholt. Städtisches Gaswerk.
Bochum. Städtische Beleuchtungs- und Wasserwerke.
Bonn. Gas-, Elektrizitäts- und Wasserwerke der Stadt.
Brackwede. Gemeinde als Besitzerin des Gas- und Wasserwerks.
Brandenburg a. H. Städtische Gasanstalt.
Bremen. Städtische Beleuchtungs- und Wasserwerke.

Bremerhaven. Städtische Gas- u. Wasserwerke.
Breslau. Magistrat, Verwaltung der städischen Gaswerke.
Magistrat, Verwaltung der städtischen Wasserwerke.
Brieg (Bez. Breslau). Städtische Gas- und Wasserwerke.
Bromberg. Magistrat (Gas-, Wasserwerke und Kanalisation).
Bruchsal. Stadtgemeinde als Unternehmerin des Gaswerks.
Brühl (Bez. Cöln). Städtische Gas- und Wasserwerke.
Brünn (Mähren). Städtische Gas- und Elektrizitätswerke.
Bückeburg. Städtisches Gas- und Wasserwerk.
Burg (Bez. Magdeburg). Magistrat (Gas- und Wasserwerk).
Buxtehude. Städtische Gasanstalt.

Celle. Städtische Gasanstalt.
Charlottenburg. Magistrat (Gaswerk).
Magistrat (Kanalisationswerk).
Magistrat (Wasserwerk).
Chemnitz. Direktion der städt. Gaswerke.
Wasserwerksamt der Stadt Chemnitz.
Cleve. Städtisches Gas- und Wasserwerk.
Coburg. Verwaltung der städtischen Gasfabrik.
Cöln. Gas-, Elektrizitäts- und Wasserwerke der Stadt Cöln.
Cöpenick. Städtische Gaswerke.
Colmar (Elsaß). Städtisches Gas- und Wasserwerk.
Cottbus. Städtische Gasanstalt.
Crefeld. Direktion der städtischen Wasserwerke.

Danzig. Städtische Gas- und Wasserwerke.
Darmstadt. Städtisches Gaswerk.
Städtisches Wasserwerk.
Delmenhorst. Städt. Gas- und Wasserwerke.
Dessau. Magistrat (städt. Wasserwerk).
Detmold. Direktion der städtischen Gas- und Wasserwerke.
Dillenburg. Städt. Gas- und Wasserwerke.
Doebeln i. S. Städt. Gas- und Wasserwerke.
Dresden. Städtische Gasfabriken, Gewandhausstr. 7.
Wasserwerk der Stadt Dresden, Am See 4 I.
Düsseldorf. Städtische Gas- und Wasserwerke.
Duisburg. Gas- und Wasserwerk der Stadt Duisburg.

Eger (Böhmen). Städtische Gas- und Wasserwerke.
Eilenburg. Städt. Gas- und Wasserwerke.
Eisenach. Gas- und Wasserwerk der Stadt Eisenach.

Elberfeld. Städtische Gas- und Wasserwerke.
Elbing. Städtische Gas- und Wasserwerke.
Elmshorn. Städtische Gas- und Wasserwerke.
Emden. Städtisches Gaswerk.
Erfurt. Magistrat als Unternehmer des Wasserwerks.
Eschwege. Städtische Gasanstalt.
Eschweiler. Städtisches Wasserwerk.
Essen a. d. R. Städtische Gas- und Wasserwerke.
Eupen. Städt. Gas- und Wasserwerke.
Euskirchen. Städtisches Gas- und Wasserwerk.

Fechenheim a. M. Gemeinde (Elektrizitäts- und Wasserwerk).
Feuerbach (bei Stuttgart). Gas- und Wasserwerksverwaltung.
Fiume (Österreich-Ungarn). Städtisches Wasserwerk.
Flensburg. Magistrat (Wasserwerk).
Forst i. d. L. Städtische Gasanstalt.
Frankenstein i. Schl. Städtische Gasanstalt.
Frankenthal (Rheinpfalz). Städtisches Gaswerk.
Frankfurt a. M. Tiefbauamt der Stadt.
Frankfurt a. d. O. Wasserwerk, Lindenstr. 25.
Freiberg i. S. Städt. Gas- und Wasserwerke.
Freiburg i. Breisgau. Städtisches Gaswerk.
Freiburg (Schlesien). Städt. Gas- und Wasserwerke.
Friedberg (Hessen). Städtisches Gas- und Wasserwerk.
Fürth (Bayern). Städtische Gas-, Elektr.- und Wasserwerke.
Fulda. Städtische Gasanstalt.

Gebweiler (Elsaß). Städt. Gas- und Wasserwerke.
Gelsenkirchen. Städtisches Gaswerk.
Gera (Reuß j. L.). Stadtrat.
Gießen. Städtische Gasanstalt.
Glatz. Städtische Gasanstalt.
Gleiwitz. Magistrat (Gasanstalt).
Glogau. Glogauer Gasanstalt
Magistrat (Wasserwerk in Ober-Zarkau).
Gmünd (Schwäb.). Städtisches Gaswerk.
Goch. Städtische Gasanstalt.
Godesberg a. Rh. Städtisches Gaswerk.
Göppingen. Städtisches Gaswerk.
Görlitz. Städtische Gasanstalt.
Goslar. Städtische Gasanstalt.

Graudenz. Magistrat. Adresse: Städt. Wasserwerksverwaltung.
Griesheim a. M. Gas- und Wasserwerke der Gemeinde.
Grimma. Städtische Gas- und Wasserwerke.
Großenhain. Städtische Gasanstalt.
Güstrow. Städtische Gasanstalt.
Hadersleben. Städtische Gas- und Wasserwerke, Osterstr. 117a.
Hagen i. W. Städtische Gas- und Wasserwerke.
Halberstadt. Städtische Gas- und Wasserwerke.
Hall (Schwäb.). Städtische Gas- und Wasserwerke.
Halle a. d. S. Städtische Gas- und Wasserwerke.
Hamburg. Direktion der Gaswerke, Kurze Mühren 22 } 2 Mitgliedschaften.
Hameln a. W. Städtische Gasanstalt.
Hamm a. d. Lippe. Städtische Gasanstalt.
Hanau a. M. Städtisches Gaswerk.
Hannover. Städtisches Elektrizitätswerk, Osterstr. 86/87.
Städtische Kanalisations- und Wasserwerke.
Harburg a. E. Städtisches Gas- und Wasserwerk.
Haspe (Westf.). Städtische Gasanstalt.
Heidenheim. Städtische Gas- und Wasserwerke.
Heilbronn. Städtisches Gaswerk, Dammstr. 14.
Helmstedt. Städt. Gas- und Wasserwerk.
Helsingborg (Schweden). Städtische Gasanstalt.
Herford. Städtisches Gas- und Wasserwerk.
Herne. Kommunales Gaswerk.
Heydekrug (Ostpreußen). Heydekrug-Szibbener Gasanstalt.
Hörde i. W. Magistrat (Gas- und Wasserwerk).
Wasserwerk des Kreises Hörde, Kreishaus.
Hofgeismar. Städtische Gasanstalt.
Hohensalza. Städtisches Wasserwerk.
Hohenstein-Ernstthal. Der Rat der Stadt.
Holzminden. Städtische Gasanstalt.
Homberg a. Rh. Gemeindebetriebsverwaltung des Gas-, Wasser- und Elektrizitätswerks.
Homburg v. d. H. Städtisches Gas- und Wasserwerk.
Honnef a. Rh. Städtische Gasanstalt.

Ingolstadt. Städtisches Gaswerk.
Iserlohn. Städtisches Gas- und Wasserwerk.
Jena. Städtisches Gas- und Wasserwerk.

Kaiserslautern. Gasanstalt Kaiserslautern.
Stadtgemeinde, für das Wasserwerk. Adresse: Stadtbauamt.

Karlsbad. Städtisches Gaswerk.
Karlsruhe (Baden). Städtische Gasanstalt.
Städtisches Wasserwerk.
Kaschau (Ungarn). Gas- und Elektrizitätswerk Kaschau.
Kiel. Städtische Gas-, Elektrizitäts- und Wasserwerke.
Kolberg. Städt. Gas- und Wasserwerk.
Kolding (Dänemark). Städtische Gas- und Wasserwerke.
Königsberg (Preußen). Direktion der städt. Gasanstalt, Postamt 1.
Wasseramt der Stadt Königsberg.
Köslin. Städt. Gas- und Wasserwerk.
Kötzschenbroda. Gemeinderat als Unternehmer des Gaswerks.
Kreuznach. Städtische Gasanstalt.
Kristiania (Norwegen). Kristiania Gaswerk.

Landau (Pfalz). Städtische Gasanstalt.
Landshut (Bayern). Städtische Gasanstalt.
Langen (Hessen). Städtisches Gaswerk.
Lauban (Schlesien). Städtische Gasanstalt.
Lauenburg (Pommern). Städtische Gasanstalt.
Lauscha (Thüringen). Gas- und Wasserwerk (Adr.: Direktion des Gas- und Wasserwerks).
Lehe. Städt. Gas-, Wasser- und Elektrizitätswerke.
Leipzig. Der Rat der Stadt.
Wasserwerk der Stadt Leipzig.
Lennep. Städtische Gasanstalt.
Lichtenberg bei Berlin. Gas- und Wasserwerk der Gemeinde.
Liegnitz. Städtische Gasanstalt.
Lodz (Rußland). Verwaltung der städt. Gaswerke.
Lörrach (Baden). Städt. Gas- und Wasserwerke.
Ludwigsburg. Städtische Gasanstalt.
Lübeck. Direktion der städt. Gas-, Elektr.- und Wasserwerke.
Lüdenscheid. Städtisches Wasserwerk.
Lüneburg. Städtische Gasanstalt.
Luxemburg. Städtisches Gaswerk.
Luzern. Direktion der städt. Unternehmungen (Gas- und Wasserversorgung).

Magdeburg. Städtische Gas- und Wasserwerke.
Mainz. Großherzogliche Bürgermeisterei.
Städtisches Gasamt.
Städtisches Wasserwerk.

Mannheim. Städtische Gas- und Wasserwerke.
Marburg a. L. Städtische Gas- und Wasserwerke, Afföller 3.
Marienwerder. Magistrat, Wasserwerk.
Markirch (Oberelsaß). Städtisches Gaswerk.
Meißen. Städtische Gasanstalt.
Melle. Städtisches Gas- und Wasserwerk.
Memel. Städtisches Gaswerk.
Merseburg. Städtisches Gaswerk.
Minden. Städtische Gas- und Wasserwerke.
Mittweida. Städtisches Gas- und Wasserwerk.
Mockritz (bei Dresden). Gemeindeverband Bannewitz und Umgegend (Adresse: Gemeinde-Verbandsgaswerk in Mockritz bei Dresden).
Mühlhausen (Thüringen). Städtische Gasanstalt.
Mülheim a. Rh. Städtische Gasanstalt.
Mülheim a. d. R. Städtische Gas- und Wasserwerke.
München. Stadtbauamt.
Städtische Gasanstalt.
München-Gladbach. Städt. Gas- und Wasserwerke.
Münden (Hannover). Städtische Gasanstalt.
Münster (Westfalen). Städtisches Gas- und Wasserwerk.

Naumburg a. d. S. Städtische Gasanstalt.
Naunhof bei Leipzig. Stadtgemeinde.
Neiße. Städtische Gasanstalt.
Netzschkau. Städt. Gaswerk.
Neumünster. Magistrat (Gasanstalt).
Neu-Ruppin. Städtische Gas- und Wasserwerke. (Adresse: Direktor R. Freyer, Seestr. 13.)
Neuß. Städtische Gasanstalt.
Neuwied a. Rh. Städtische Gasanstalt.
Nieder-Schöneweide bei Berlin. Gemeindegasanstalt.
Nieder-Wildungen. Gemeindegasanstalt.
Nürnberg. Städtische Gaswerke, Rothenburgerstr. 10.
Städtisches Wasserwerk, Winklerstr. 22.
Nykobing (F. Dänemark). Städtische Gas- und Wasserwerke.

Oberhausen (Reg.-Bez. Düsseldorf). Städtische Gasanstalt.
Ölsnitz i. V. Städtisches Gas- und Wasserwerk.
Offenbach a. M. Städtisches Gas- und Wasserwerk.
Offenburg. Städtisches Gas- und Wasserwerk.
Ohligs (Reg.-Bez. Düsseldorf). Städtische Gas- und Wasserwerke.

Oldenburg i. Gr. Städtische Gas- und Wasserwerke.
Olmütz (Mähren). Gas- und Wasserwerke der Stadt.
Oppeln. Magistrat der Stadt.
Oschatz. Städtische Gasanstalt.
Osnabrück. Städtische Gasanstalt.
Ostrowo. Städtische Gasanstalt.

Pasewalk. Städtische Gasanstalt.
Passau. Städtische Gasanstalt.
Peine. Städtische Gas- und Wasserwerke.
Perleberg. Städtische Gas- und Wasserwerke.
Pforzheim. Die städtische Gasanstalt.
Pirmasens. Städtische Gasanstalt.
Wasserwerk.
Pirna. Städtische Gasanstalt.
Plauen i. V. Städtische Gasanstalt.
Städtisches Wasserwerk.
Posen. Städtische Gas- und Wasserwerke.
Potsdam. Städtische Wasserwerke.
Prenzlau. Städt. Gas- und Wasserwerke.
Preßburg (Pozsony). Städtisches Gaswerk.

Quedlinburg. Städtische Gas- und Wasserwerke.

Ragnit (Ostpreußen). Städt. Gas- und Wasserwerk.
Rathenow. Städtische Gasanstalt.
Ratibor. Städtische Gas- und Wasserwerke.
Ravensburg. Städtisches Gaswerk.
Rawitsch. Städtische Gas- und Wasserwerke.
Regensburg. Städtisches Gaswerk.
Städtisches Wasserwerk.
Reichenberg (Böhmen). Gaswerk der Stadt.
Rendsburg. Städtisches Gas- und Wasserwerk.
Reutlingen. Städtische Gas- und Wasserwerke.
Rheydt. Städtisches Wasserwerk.
Riesa a. E. Rat der Stadt.
Rinteln. Städtisches Gas- und Wasserwerk.
Rixdorf. Städtisches Gaswerk.
Ronsdorf. Städtische Elektrizitäts- und Wasserwerke.
Rostock. Städtisches Wasserwerk.
Rotterdam. Gemeente Gasbedryf.
Rottweil a. N. Gaswerk.
Rudolstadt. Städtisches Gas- und Wasserwerk.
Rummelsburg bei Berlin. Gemeinde Rummelsburg.

Saarbrücken. Königliche Bergwerksdirektion.
Städtische Gasanstalt.

Säckingen. Städtisches Gaswerk.

Sagan (Schlesien). Städtische Gasanstalt.

Salzburg. Die Stadt Salzburg.

Sandhofen (Amt Mannheim) i. Baden. Gemeinde als Unternehmerin des Gaswerks.

St. Gallen (Schweiz). Städt. Gas- und Wasserwerke.

Schiedam (Holland). Gas- und Wasserwerke der Gemeinde Schiedam.

Schweidnitz. Magistrat der Stadt.
Schweinfurt. Städtische Gasanstalt.
Schwelm. Städtische Gas- und Wasserwerke.
Siegburg. Städtische Gas- und Wasserwerke.
Siegen. Städtische Gas- und Wasserwerke.
Soest. Städtische Gas- und Wasserwerke.
Solingen. Städtische Gas- und Wasserwerke.
Sondershausen. Magistrat.
Sonneberg (S.-Meiningen). Städtisches Gaswerk.
Sorau. Städtische Gasanstalt.
Spandau. Königliche Geschützgießerei.
Magistrat, Gasanstalt.
Städtisches Wasserwerk.

Speyer. Städtisches Gaswerk.
Stade. Städtisches Gas- und Wasserwerk.
Stargard (Pommern). Städtische Gasanstalt.
Staßfurt. Stadtbauamt (Wasserwerk).
Steele. Städtische Gas- und Wasserwerke.
Stendal. Städtische Gas- und Wasserwerke.
Stettin. Kommission für die städtische Gasanstalt.
Wasserleitungsdeputation.

Stockholm. Städtisches Gaswerk.
Stolp (Pommern). Städtische Gasanstalt.
Straßburg (Elsaß). Städtisches Wasserwerk.
Straubing. Städtische Gasfabrik.

Stuttgart. Staatliches Neckarwasserwerk. (Sendungen usw. sind zu richten an: Oberbaurat Gsell in Stuttgart, Militärstr. 15.)
Städtisches Gaswerk.
Städtisches Wasserwerk.
Sulzbach (Saar). Gemeinde-Gas- und Wasserwerk.

Tarnowitz. Städtische Gas- und Wasserwerke.
Teplitz (Böhmen). Teplitz-Schönauer Gaswerk.
Teschen (Österr. Schlesien). Städtische Gasanstalt.
Tilsit. Städtische Gasanstalt.
Trier. Stadtgemeinde.

Uerdingen. Städtische Gasanstalt.
Uetersen. Städtisches Gaswerk.
Ulm. Städtisches Gas- und Wasserwerk.
Urfahr (Oberösterreich). Stadtgemeinde (Wasserwerk).

Vegesack. Städtisches Gas- und Wasserwerk.
Velbert. Städtische Gas- und Wasserwerke.
Verden a. Aller. Städtische Gas- und Wasserwerke.
Vlothe a. W. Städtische Gasanstalt.

Wald (Rheinland). Städtische Gas- und Wasserwerke.
Waldenburg (Schlesien). Städtisches Gas- und Wasserwerk.
Wandsbek. Magistrat, Gasanstalt.
Wattenscheid (Westfalen). Städtische Gasanstalt.
Weimar. Städtisches Gas- und Wasserwerk.
Weinheim i. B. Direktion der städt. Gas- und Wasserwerke.
Wernigerode. Städtische Gas- und Wasserwerke.
Wesel. Städtisches Gaswerk.
Städtisches Wasserwerk.
Wetzlar. Städtische Gasanstalt.
Wien. Die Gemeinde Wien. } Direktion des Stadtbauamts, I.
» » » } 2 Mitgliedschaften.
Wiesbaden. Städtische Gas- und Wasserwerke.
Winterthur (Schweiz). Städtisches Gas- und Wasserwerk.
Wismar. Städtische Gasanstalt.
Wittenau bei Berlin. Gemeinde (Gasanstalt), Rosenthalerstr. 14.
Wittenberg (Bez. Halle). Städtische Gas- und Wasserwerke.
Wittenberge a. E. Städtische Gasanstalt.
Wolfenbüttel. Städtisches Gas- u. Wasserwerk.
Worms a. Rh. Großherzogl. Bürgermeisterei, Gas- und Wasserwerk.
Würzburg. Städtisches Gas- und Wasserwerk.

Zabrze. Königliche Bergwerksdirektion.
Zeitz. Städtische Gasanstalt.
Zerbst. Städtisches Gaswerk.
Städtisches Wasserwerk.

Zittau. Städtische Gasanstalt.
Züllichau. Städtische Gasanstalt.
Zürich (Schweiz). Städtische Wasserversorgung.
Zwönitz (Sachsen). Städtische Gasanstalt.

Anzahl der Behörden, Städtische Werke 344
mit 346 Mitgliedschaften.

Zusammenstellung:

Anzahl der persönlichen Teilnehmer (4 Ehrenmitglieder, 420 Mitglieder, 78 Genossen) 502
Anzahl der Zweigvereine, Firmen, Gesellschaften (122 Mitglieder mit 124 Mitgliedschaften, 128 Genossen) . . 252
Anzahl der Behörden, Städtische Werke (344 Mitglieder mit 346 Migliedschaften) 346

Summe der Mitgliedschaften . . 1100.

d) Teilnehmerverzeichnis nach Städten geordnet.

Aachen.

Gaserleuchtungsanstalt der Imperial Continental Gasassociation.

*Houben, J. G., Sohn Karl.

Junkers, Hugo, Professor, Zivilingenieur, Brabantstr. 64.

Dr. phil. Oskar Rau, ordentlicher Professor an der Technischen Hochschule in Aachen, Wohnung: Aachen-Forst, Villa Neuhaus.

Städtisches Wasserwerk.

Thompson, Edward, Direktor der Imperial Continental Gasassociation.

Wasserwerk des Landkreises Aachen, G. m. b. H., Bismarckstraße 84.

Aarau (Schweiz).

Grob, Walter, Direktor der Gasbeleuchtungsgesellschaft.

Achim bei Bremen.

*Otten, L., m. b. H., Bohr-, Brunnenbau und Maschinenfabrik, Wasserversorgungsgesellschaft.

Adlershof bei Berlin.

Wasserversorgungsverband für die Landgemeinden Adlershof, Alt-Glienicke und Grünau zu Adlershof, Bismarckstr. 1.

Agram (Kroatien).

Schönstein, Max, städt. Oberingenieur und Direktor des städt. Gaswerks.

Ahrweiler (Rheinland).

Roth, Kreisbaumeister.

Allenstein.

Städtische Gas- und Wasserwerke.

Almen bei Zütphen (Holland).

van den Honert, D. J., Direktor, Huize »Ehze«.

Altenburg (Sachsen-A.).

Mohr, Harry, Direktor des städtischen Gaswerks.

Altona.

Städtische Gas- und Wasserwerke.

Amsterdam (Holland).

van Hasselt, Direktor der Amsterdamer Wasserwerksgesellschaft, Weesperzyde 28.

Amsterdam (Holland).
Müller, J. M., Direktor der Gemeindegasfabrik Haarlemerweg.
Pennink, J. M. K., Ingenieur der Amsterdamer Wasserversorgung, Keizersgracht 629.
van Rossum du Chattel, J., Generaldirektor der städt. Gaswerke, Gasfabrik-West.
Dr. L. J. Terneden, Chem. Ingenieur der städtischen Gaswerke, Nicolass Maesstraat 85.

Anderten bei Hannover.
*Bresina, Richard, Direktor der Hannoverschen Eisengießerei.

Angerort bei Duisburg-Wanheim.
Gersdorf, Beigeordneter a. D.

Annaberg (Sachsen).
Achtermann, C., Direktor der städt. Gasanstalt.
Rat der Stadt (Gasanstalt).

Ansbach.
Städtische Gasanstalt.

Antwerpen.
Brender à Brandis, Direktor der Imperial Contin. Gasassociation, Place de Meir.
Haymann, Arthur F. P., Ingenieur, Place de Meir 52.

Apolda.
Thüringische Elektrizitäts- und Gaswerke, A.-G., Luttstädterstr. 7.

Arnhem (Niederlande).
Niermeyer, W., Direktor der Gemeindegasfabrik.

Arnstadt.
Lerch, G., Direktor der städt. Gas- und Wasserwerke.

Arnswalde.
Magistrat (Gasanstalt).

Asch (Böhmen).
Gasanstalt.

Aschaffenburg.
Städtische Gasanstalt.

Aschersleben.
Städtische Gas- und Wasserwerke.

Augsburg.
Gesellschaft für Gasindustrie, Bahnhofstr. 24 n.
Magistrat (Gas- und Wasserwerke).
Miehr, Albert, Ingenieur und Betriebsleiter des städtischen Gaswerks II, Badstr. 5.
Riedinger, L. A., Maschinen- und Bronzewarenfabrik.
Vereinigte Gaswerke, Aktiengesellschaft.

Aussig (Böhmen).

Martin, Karl, Maschineningenieur, Betriebsleiter des Gaswerks des Österreich. Vereins für chemische und metallurgische Produktion.

Verkaufsbureau der Montan- und Industrialwerke (vorm. Joh. Dav. Starck), J. Petschek in Aussig.

Baden-Baden.

Städtisches Betriebsamt.

Bad Harzburg.

Städtische Gas- und Wasserwerke.

Bad Nauheim.

Imhof, Alfred, Ingenieur und Unternehmer für Wasserversorgungen.

Städtisches Gaswerk.

Bamberg.

Städtisches Gaswerk.

Städtisches Wasserwerk.

Barmen.

Städtische Wasser- und Lichtwerke.

Basel.

Miescher, Paul, Ingenieur und Direktor des Gas- und Wasserwerks.

Bautzen.

Behn, Anton, Direktor der städt. Gas- und Wasserwerke.

Städtisches Gas- und Wasserwerk.

Bayreuth.

Städtische Gasanstalt.

Benrath a. Rh.

Städtische Gas-, Wasser- und Kanalisationswerke.

Bergisch-Gladbach.

Städtisches Gas- und Wasserwerk.

Berlin.

Aktiengesellschaft für Gas-, Wasser- und Elektrizitätswerke, NW., Altonaerstr. 7.

*Aktiengesellschaft für Selas-Beleuchtung, N. 39, Gerichtstr. 23.

Aktiengesellschaft Schäffer & Walker, SW., Lindenstr. 19.

Allgemeine Elektrizitätsgesellschaft, NW., Friedrich-Karl-Ufer 2/4.

*Allgemeine Metallwerke für Beleuchtung, G. m. b. H., O., Rotherstraße 20—23.

Allgemeine Städtereinigungsgesellschaft (Aktiengesellschaft), W. 35, Steglitzerstr. 76.

*Apparate-Vertriebsgesellschaft m. b. H., Berlin-Wilmersdorf, Xantenerstr. 5.

Berlin.

*Arnhold, Ed., in Firma C. Wollheim, Mitbesitzer der Gasanstalten Zabrze, Ostrau, Krems und Lodz, W., Französische Strafse 60/61.

Arnold, Georg, Oberingenieur der Firma A. Borsig-Tegel, Berlin NW., Ottostr. 5.

Dr. v. Bauer, Theodor, Berg- und Hüttenwerkskonsulent, W. 15, Hohenzollerndamm 208.

Berlin-Anhaltische Maschinenbau-Akt.-Ges., NW., Reuchlinstraße.

*Berliner Gasglühlicht-Werke, O., Blumenstr. 65.

Bessin, Max, Ingenieur, NO., Höchstestr. 4.

Dr.-Ing. h. c. E. Blum, Geh. Baurat, Generaldirektor der Berlin-Anhaltischen Maschinenbau-Aktiengesellschaft, NW. 87, Reuchlinstraße.

Blum, Richard, Direktor der Berlin-Anhalt. Maschinenbau-Akt.-Ges., NW. 87, Reuchlinstr.

Börner & Herzberg, Installationsgeschäft für Gas- und Wasseranlagen, SW., Bernburgerstr. 14.

*Brauer, M., Direktor der »Krone«, Gasglühlicht-G. m. b. H., SO 16, Cöpenickerstr. 56/57.

Braun, L., Ingenieur, O. 112, Gürtelstr. 37 a.

*Brünig, Rudolf, Vertreter des Eisenhüttenwerks Marienhütte in Kotzenau, O., Boymestr. 19.

*Bruno, Gesellschaft m. b. H., Glühkörperfabrik, N., Liebenwalderstr. 10.

Bueb, W., Ingenieur, Geschäftsführer der Deutschen Wassergas-Beleuchtungsgesellschaft, W., Schöneberger Ufer 25.

Butzke & Co., F., Akt.-Ges. für Metallindustrie, S., Ritterstr. 12.

*Cerofirm-Gesellschaft m. b. H., N. 4, Chausseestr. 116.

Continentale Wasserwerksgesellschaft, O., Schicklerstr. 6.

*Conveyor-Baugesellschaft m. b. H., W. 15, Meinekestr. 21.

Delbrück, Ludwig, Bevollmächtigter der Imperial Continental Gasassociation, W., Mauerstr. 61/62.

*Deutsche Gasglühlicht-Aktiengesellschaft, O. 17, Rotherstr. 20—23.

Deutsche Wasserwerke-Aktiengesellschaft, SW., Charlottenstr. 86.

Eggert, G., Reg.-Baumeister, Direktor der städt. Berliner Wasserwerke, C., Klosterstr. 68.

*Ehrich & Graetz, Lampenfabrik, SO., Elsenstr. 92/93.

Eisner, Wilhelm, Regierungsbaumeister, Oberingenieur der Berliner Wasserwerke, NW., Siegmundshof 5.

Elster, Konrad, }
Elster, Johannes, } Inhaber der Firma S. Elster, Gasmesserfabrik, NO., Neue Königstr. 67/68.

Berlin.

Feuer, Rich., Gesellschaft für Gasglühlicht-Industrie, O. 17, Am Warschauerplatz 9/10.

von Friedländer, Fritz, Vorstand der Oberschlesischen Kokswerke und Fabriken-Aktiengesellschaft, W., Unter den Linden 8.

*Fürth, Emil, Vertreter englischer Kohlenwerke, W. 30, Martin Lutherstr. 79.

Gasanstalts-Betriebsgesellschaft m. b. H., NW., Reuchlinstr. 6.

Gaserleuchtungsanstalt der Imperial Continental Gasassociation, S., Gitschinerstr. 19.

*Gaslaternen-Fernzündung, System Dr. Rostin, G. m. b. H., NW., Unter den Linden 56.

*Dr. Otto Götze, G. m. b. H., Engros-Handlung von Gas- und Wasserleitungsartikeln, W., Kurfürstenstr. 146.

*Gronewaldt, Karl, Kaufmann, N., Schönhauser Allee 147.

*Hanyzer, Direktor der »Multiplex« - Gaszünder - Ges. m. b. H., W., Potsdamerstr. 22a.

*Heise, F., Gasmesserfabrikant, C., Kleine Rosenthalerstr. 10.

*Huber, O., Direktor »Der Krone«, Gasglühlicht-G. m. b. H., SO. 16, Cöpenickerstr. 56/57.

*Jeidel, Oskar, SW. 61, Johannistisch 7.

*Joseph, Bernhard, Fabrik von Gas- und Wasserleitungsgegenständen, S., Ritterstr. 26.

*Kersten, Johann, Spezialgeschäft für Gas-, Wasser- und Elektrizitätswerke, Beleuchtungsgegenstände, N., Friedrichstr. 131.

*Kiesewetter & Co., E., Gasmesser- und Gasapparatefabrik, N., Zehdenickerstr. 21.

*Kleinschmit, Karl, Ingenieur, Vertreter der Halberger Hütte, W., Mansteinstr. 5.

Körting, Ernst, Generaldirektor der Imperial Continental Gasassociation, S., Gitschinerstr. 19.

*Kunheim & Co., Chemische Fabriken, NW., Dorotheenstr. 32.

Lempelius, K., Direktor der Zentrale für Gasverwertung, N. 4, Chausseestr. 13.

Licht, Walter, Direktor des Gaswerks der J. C. G. A., Holzmarktstr.

*Lüdy & Schreiber, Lager von Röhrenfabrikaten, NO., Neue Königstraße 63.

*Märkische Eisengießerei F. W. Friedeberg, G. m. b. H., NW., Mittelstr. 63.

Mennicke, C., Ingenieur, SW., Wilhelmstr. 128.

Menzel, Hermann, Direktor bei der Berlin-Anhalt. Maschinenbau-Akt.-Ges., Wullenweberstr. 12/I.

Berlin.

*Müller & Gareis, G. m. b. H., Gasglühlichtfabrik, N., Chausseestr. 88.

*Nathan, Philipp, Steinkohlengeschäft, G. m. b. H., N., Am Kupfergraben 6.

Neuberg, Ernst, Ingenieur, W., Fasanenstr. 29.

Oesten, Gustav, Zivilingenieur und gerichtlicher Sachverständiger, W., Wilhelmstr. 51.

Ohler, Max, Direktor der Kontinentalen Wasserwerks-Gesellschaft, O., Schicklerstr. 6.

Pintsch, Julius, Geh. Kommerzienrat, Gasingenieur, O., Andreasstraße 72.

Pintsch, Oskar, Ingenieur, O., Andreasstr. 72.

Dr.-Ing. h. c., Richard Pintsch, Geh. Kommerzienrat, Gasingenieur und Gasmesserfabrikant, O., Andreasstr. 72.

Plagge & Hartmann, Gasbehälterfabrik, Berlin-Reinickendorf W., Eichbornstr. 49.

Prinz, E., Zivilingenieur, W., Meierottostr. 5.

Rauser, F., Oberingenieur der Firma Julius Pintsch A.-G., O. 27, Andreasstr. 71/73.

*Ravené Söhne & Co., C., Wallstr. 5/8.

*Ressel, Paul (in Firma Franz Ressel), Spezialgeschäft für Beleuchtungsgegenstände, S., Elisabeth-Ufer 2.

Rosenfeld, Karl, Ingenieur, SW., Gitschinerstr. 1.

*Rütgerswerke, Akt.-Ges., W. 35, Lützowstr. 33/36.

*Schäffer & Oehlmann, Fabrik für Gasanstaltsbedarf und Gasverbrauchsgegenstände, N., Chausseestr. 46/48.

*Schmidt, F. A., Fabrik für Gas-, Wasser- und Kanalisationsanlagen, O., Memelerstr. 41.

Schulz & Sackur, Fabrik für Bau und Umbau von Gasanstalten, SW., Wilhelmstr. 121.

*Seelmeyer, J. C. L., Fabrik für Gas- und Wasseranlagen, N., Schlegelstr. 6.

Silbermann, A., Besitzer einer Metallwarenfabrik, Mitglied der städtischen Gasdeputation, O., Blumenstr. 74.

Städtische Gaswerke, C., Neue Friedrichstr. 109.

*Steilberg, Rich., Generalvertreter der Millenniumlicht-Gesellschaft m. b. H. in Hamburg, W., Fürtherstr. 11.

Stinnes, Hugo, G. m. b. H., W. 35, Steglitzerstr. 44.

Volk, R., Ingenieur, Beleuchtungsinspektor und Betriebsdirigent a. D. der Berliner städt. Gaswerke, S., Mathieustr. 2.

*Weichbrodt & Friedrich, Fabrik für Gas-, Wasser- und Dampfleitungsgegenstände, S., Kottbuser Damm 75/75a.

Berlin.

*Wolff, Louis, Direktor der Firma Wolff-Licht-Gesellschaft, SO., Cöpenickerlandstr. 21.

Bern.

Moser, H., Direktor der Allgemeinen Gasindustrie-Gesellschaft, Neuengasse 20.

Roth, Konrad, Direktor des Gaswerks und der Wasserversorgung der Stadt Bern.

Rothenbach, A., Ingenieur, Monbijoustr. 63.

Bernburg.

Magistrat der Stadt.

*Sächsisch-Anhaltische Armaturenfabrik und Metallwerke, Aktiengesellschaft.

Biberach a. R.

Stadtgemeinde, als Unternehmerin des Gas- und Wasserwerks.

Biebrich a. Rh.

*Dyckerhoff, Eugen, in Firma Dyckerhoff & Widmann, Zementwarenfabrik.

*Dr.-Ing., Rud. Dyckerhoff, Fabrikbesitzer, in Firma Dyckerhoff & Söhne, Portlandzementfabrik, Amöneburg b. Biebrich a. Rh.

Oster, Ph., Direktor der Gasbeleuchtungsgesellschaft.

Städtisches Wasserwerk.

*Tonwerk Biebrich, Akt.-Ges., Fabrik von feuerfesten Produkten.

Biel (Schweiz).

Buck, Eugen, Direktor der Gas-, Wasser- und Elektrizitätswerke der Stadt Biel.

Bielefeld.

Städtische Gasanstalt.

Städtisches Wasserwerk.

Bingen (Rhein).

Städtische Gasanstalt.

Bingerbrück.

*Stöck & Fischer, Kohlenhandlung.

Bocholt.

Städtisches Gaswerk.

Bochum.

Deutsch-Luxemburgische Bergwerks- und Hütten-Aktiengesellschaft, Abteilung Bochum.

Müller, Hermann, Ingenieur für Gas- und Wasserleitung, Eigentümer der Wasserwerke Neviges u. Böhle-Cabel, Friedrichstr. 27.

*Sohn, Emil, Syndikatsdirektor, Wittenerstr. 45.

Städtische Beleuchtungs- und Wasserwerke.

Bochum.

Verbandswasserwerk, G. m. b. H.

Bonn.

Gas-, Elektrizitäts- und Wasserwerke der Stadt.

Hegener, August, Generaldirektor a. D., Kronprinzenstr. 39.

Söhren, C. H., Direktor der städtischen Gas-, Elektrizitäts- und Wasserwerke, Endenicher Allee 12.

Brackwede.

Gemeinde als Besitzerin des Gas- und Wasserwerks.

*Gronemeyer & Banck, Gasbehälterbauanstalt, Eisenkonstruktionswerkstatt, Bahnhof.

Brandenburg a. H.

Städtische Gasanstalt.

Braunschweig.

*Blankenburg, Fritz, Ingenieur, Neuestr. 18.

Bonitz, Ludwig, Ingenieur der städtischen Licht- und Wasserwerke, Riedestr. 2 A.

Dampfkessel- und Gasometerfabrik vorm. A. Wilke & Co.

von Feilitzsch, A., Direktor der städt. Licht- und Wasserwerke.

*Maschinenfabrik und Mühlenbauanstalt G. Luther, Akt.-Ges., Frankfurterstr. 61.

Mitgau, Ludwig, Baurat, Oberingenieur und Direktor der städtischen Gas- und Wasserwerke, Wolfenbüttelerstr. 4.

Möller, Professor an der Techn. Hochschule, Geysostr. 1.

Schilling, Karl, Direktor a. D., Hagenstr. 23.

Bremen.

Brandt, Johannes, Ingenieur, Bachstr. 116.

*Feldmann, Dr. Alfred, Chemiker, Dechanatstr. 1 b.

Francke, Karl, Bau und Projektierung von Gas-, Wasser- und Kanalisationswerken, Am Seefelde.

Götze, Eugen, Direktor des Wasserwerks, Werderstr. 66.

Großmann, Paul, Oberingenieur der Firma Karl Francke, Delmestraße 53.

von Hof, Friedrich, Inhaber der gleichnamigen Firma (Tiefbau und Maschinenfabrik) in Bremen. Besitzer und technischer Leiter der Gasanstalt Haltern in Westfalen.

Lindner, Max, Oberingenieur der Firma Karl Francke, Friedrich Wilhelmstr. 39.

Loeber, Konrad, Generaldirektor a. D. der Allgem. Gas- und Elektrizitätsgesellschaft, Ansgariitorstr. 23.

Oster, Aug., Gaswerksdirektor a. D., Brahmstr. 23.

Bremen.

Salzenberg, Herm., Direktor a. D. der Gas-, Wasser- und Elektrizitätswerke, Benquestr. 20.

Dr. phil. Schütte, Heinrich, Direktor des Gaswerks in Bremen, Neues Gaswerk.

Städtische Beleuchtungs- und Wasserwerke.

Theuerkauf, Heinrich Karl, Direktor der Allgemeinen Gas- und Elektr.-Ges., Schönhauserstr. 47.

Bremerhaven.

Städtische Gas- und Wasserwerke.

Breslau.

Aktiengesellschaft vorm. H. Meinecke, Breslau-Carlowitz.

Magistrat, Verwaltung der städtischen Gaswerke.

Magistrat, Verwaltung der städtischen Wasserwerke.

*Maschinenfabriken vorm. Gebrüder Guttsmann und Breslauer Metallgießerei, Aktiengesellschaft, Siebenhufenerstr. 57/65.

Dr. Karl Meinecke, Direktor der A.-G. vorm. H. Meinecke, Garvestraße 28.

Mestel, Reinhold, Zivilingenieur, Wörtherstr. 25.

Schneider, V., Direktor a. D. der städt. Gas- und Wasserwerke, Ohlauerufer 36 I.

Wörmsdorf, Wilhelm, Oberingenieur, Piastenstr. 10.

Brieg (Bez. Breslau).

Städtische Gas- und Wasserwerke.

Bromberg.

Magistrat (Gas-, Wasserwerke und Kanalisation).

Bruchsal.

Stadtgemeinde als Unternehmerin des Gaswerks.

Brühl (Bez. Köln).

Städtische Gas- und Wasserwerke.

Brünn (Mähren).

Heinke, Gustav, Direktor des städt. Wasserwerks.

Städtische Gas- und Elektrizitätswerke.

Brüssel.

Salomons, M., Ingenieur, Direktor der Gasanstalt der Imperial Continental Gasassociation, Bureau Central, 133 Chaussée d'Ixelles.

Salzenberg, E., Zivilingenieur, 43 rue de la Poste.

Bückeburg.

Städtisches Gas- und Wasserwerk.

Budapest (Ungarn).

Allgemeine österr.-ungar. Gasgesellschaft, Lokaldirektion der Budapester Gaswerke, technischer Direktor L. v. Stephani, VIII, Tisza Kálmán-tér 20.

Bernauer, Isidor, Beleuchtungsdirektor der Allgemeinen österr.-ungar. Gasgesellschaft, Tisza Kálmán-tér 19.

Bolz, C., technischer Direktor der Allgemeinen österr.-ungar. Gasgesellschaft in Budapest, VIII, Gaswerk.

Central-Gas- und Elektrizitäts-Aktiengesellschaft, Akademia utcza 13.

Forbát, Emmerich, Dr.-Ing., Zivilingenieur, Privatdozent an der Technischen Hochschule, Budapest V, Lipótkörút 32.

Keller, Viktor Otto, K. Kommerzienrat, Generaldirektor der Central-Gas- und Elektrizitäts-Aktiengesellschaft, Budapest V, Akademia utcza 13.

Schön, Viktor, Ingenieur, VIII Bárkocsis utca 41 II[3].

Bukarest.

Giulini, B., Ingenieur, Uzina hydraulica.

Bunzlau.

*Steinfeldt, Richard, Oberingenieur und Prokurist, Löwenbergerstraße 32 p.

Burg (Bez Magdeburg).

Magistrat (Gas- und Wasserwerk).

Buxtehude.

Städtische Gasanstalt.

Cannstatt.

Schiller, Karl, Zivilingenieur, Olgastr. 37.

Cassel.

Eisele, W., Direktor des städt. Gaswerks.

Günther, C., Regierungsbaumeister, Direktor des städt. Wasserwerks.

Leithäuser, W., Diplomingenieur (Prokurist der Firma H. Leithäuser, Ingenieurbureau für Wasserwerks- etc. Anlagen), Cöln. Allee 65.

*Rosenzweig & Baumann, Farbenfabrik.

*Witte, Rud., Kohlengroßhandlung, Hohenzollernstr. 28 I.

Celle.

*Burgemeister, Ernst, Ingenieur, Fußestraße.

Städtische Gasanstalt.

Charlottenburg.

Aron, Prof. Dr. Hermann, Geh. Reg.-Rat, Lehrer der Elektrotechnik an der Vereinigten Artillerie- und Ingenieurschule in Charlottenburg, technischer Leiter der Elektrizitätszählerfabrik H. Aron, Ges. m. b. H. in Charlottenburg, und der Vesta, Fabrik automatischer Gasmesser, Wilmersdorferstr. 39.

*Berlin-Anhaltische Maschinenbau-A.-G., Abteilung 12, Friedrich-Karl-Platz 3.

Boyer, Shirk, Oberingenieur bei J. Pintsch, Leibnizstr. 63.

Charlottenburger Wasserwerke in Westend.

Förster, Rudolf, Inh. Heynen & Schmidt, Wasserwerksbaugeschäft, Berlinerstr. 150.

Gerdes, Heinr., Fabrikdirektor (Fa. Jul. Pintsch), Giesebrechtstr. 13.

Grothe, Theodor, Oberingenieur, Grolmanstr. 55.

Haberland, Walter (i. Fa. David Grove), Regierungsbaumeister und Fabrikbesitzer, Uhlandstr. 173/174.

*Halvor Breda, G. m. b. H., Ingenieur-Bureau und Laboratorium für Wasserreinigung, Kantstr. 156.

Kämpe, Hans, Ingenieur der Imp. Cont.-Gas-Assoc., Knesebeckstraße 12, parterre.

*Koźminski, Samuel, Chemiker, Geschäftsführer der Fa. H. Aron, Gasmesserfabrik, G. m. b. H., Wilmersdorferstr. 39.

Kümmel, Anton, Direktor der städt. Wasserwerke, Regierungs-Baumeister a. D., Neue Kantstr. 25.

Magistrat (Gaswerk).

Magistrat (Kanalisationswerk).

Magistrat (Wasserwerk).

Müller, A., Gasanstaltsdirektor a. D., Berlinerstr. 55 II.

Dr. G. Naß, Professor an der Vereinigten Artillerie- und Ingenieurschule, Vorsteher der anorganischen und metallurgischen Abteilung der Militärtechnischen Akademie, Mommsenstr. 63/II.

Pfudel, Karl, Direktor der städt. Gaswerke, Gaußstr.

Philippsborn, A., Direktor, Wilmersdorferstr. 98/99.

Wasserwerk der Berliner Aktiengesellschaft für Eisengießerei und Maschinenfabrikation (vorm. Freund & Co.), Salzufer 10.

Wolf, Dr. Hans, Chemiker, Mommsenstr. 4.

Chemnitz.

*Backstroh, Otto, Ingenieur, Stadlerstr. 13 II.

Direktion der städt. Gaswerke.

Halbig, H., Zivilingenieur, Kaßbergstr. 40.

Ledig, E., Gasanstaltsdirektor a. D., Wilhelmplatz 10.

Chemnitz.

*Sächsische Maschinenfabrik, vorm. Rich. Hartmann, Aktiengesellschaft, Hartmannstr.

Wasserwerksamt der Stadt Chemnitz.

Zierold, Wilhelm, Ingenieur und Professor der Kgl. Sächs. Technischen Staatslehranstalten, Enzmannstr. 8.

Chiavari bei Genua.

Sanmartini, G. B. L., Direktor des Gaswerks.

Cleve.

Städtisches Gas- und Wasserwerk.

Coblenz.

Bentzen, Ed., Direktor der städt. Gas- und Wasserwerke.

Kaasch, Maximilian, Betriebsingenieur der Gas- und Wasserwerke Hohenzollernstr. 56.

Coburg.

*Geith, J. R., Chemiker, Coburg-Öslau.

Verwaltung der städtischen Gasfabrik.

Cochem (Mosel).

Heimsoth, Heinrich, Inspektor des städt. Gas- und Wasserwerks.

Cöln.

*Brockhues, Bernhard, Gasingenieur und Patentanwalt, Teilhaber der Firma Brockhues & Co., Zülpicherplatz 1.

*Büsché, Hugo Wilhelm & Co., Hansaring 139.

*Deutsches Gußröhren-Syndikat, Aktiengesellschaft, Unter-Sachsenhausen 25/27.

*Eitle, Emil, Ingenieur, Kaiser Wilhelmring 29.

Gareis, Jakob, Ingenieur, Cöln-Marienburg, Marienburgerstr. 90.

Gas-, Elektrizitäts- und Wasserwerke der Stadt Cöln.

*Haag, Karl, Geschäftsführer und Teilhaber der Firma G. Haag, G. m. b. H., Installationsgeschäft, Schildergasse 66/68.

*Hartmann, Otto, Teilhaber der Firma Ad. Guilleaume & Co., Gas- und Wasserapparatenfabrik, Große Witschgasse 32/34.

Peters, A., Regierungsbaumeister, Zivilingenieur für Gas- und Wasserwerksbauten, Hansaring 31.

*Pohlig, Jul., Ingenieur und Maschinenfabrikant (Bau von Transporteinrichtungen), Vorgebirgstr. 33.

Prenger, Heinrich, Direktor der städt. Gas-, Elektrizitäts- und Wasserwerke, Rosenstr. 32.

*Richard & Schreyer, Fabrik und Großhandlung für Gas- und Wasserapparate und Gegenstände für Kanalbau, Filzengraben 8.

Ritter, Oskar, Generaldirektor der Aktiengesellschaft für Gas und Elektrizität, Göbenstr. 16.

Cöln.

Schenk, Robert, Gasingenieur, Brüsselerstr. 7.

Wirtschaftliche Vereinigung deutscher Gaswerke A.-G., Deutscher Ring 2 I.

Cöln-Bayenthal.

*Konrad, Johann, Ingenieur und Mitinhaber der Firma J. Götz & Konrad in Berlin, Ulmen-Allee 124.

Lechner, Ernst, Generaldirektor der Cöln. Maschinenbau-Akt.-Ges. in Cöln-Bayenthal.

Cöln-Braunsfeld.

*Reisert, Hans, G. m. b. H., Brauanstalt und Armaturenfabrik, Maarweg 233.

Cöln-Deutz.

Gasmotoren-Fabrik.

Rheinische Wasserwerksgesellschaft (Direktor E. Froitzheim, Mathildenstr. 38/40).

*Stühlen, Franz, Kaufmann, Teilhaber der Eisengießerei P. Stühlen, Cöln-Deutz Nr. 180.

Stühlen, P., Ingenieur und Eisengießereibesitzer, Cöln-Deutz Nr. 180.

Cöln-Ehrenfeld.

*Court & Baur m. b. H., Farben- und Lackfabrik.

Eigel, Jean, Zivilingenieur, Vertreter der Firma O. Smreker-Mannheim, Venloerstr. 422.

Dr. Oskar Knublauch, Chemiker, Laboratorium für Untersuchungen im Gas- und Wasserfach, Gutenbergstr. 16.

Cöpenick.

Städtische Gaswerke.

Cöthen (Anhalt).

Bunzel, Paul, Stadtbaumeister, Antoinettenstr. 19.

Colmar (Elsaß).

Städtisches Gas- und Wasserwerk.

Cossebaude bei Dresden.

*Meurer, G., Eisenwerke.

*Windschild, Gustav, Ingenieur.

Cottbus.

Schneider, Direktor der städtischen Gasanstalt, Stadtbaurat a. D.

Städtische Gasanstalt.

Crefeld.

Direktion der städt. Wasserwerke.

Crimmitschau.

Döhnert, Eugen, Direktor der städt. Gasanstalten.

Crosta (Post Merka, Bez. Dresden).
*Adolfs-Hütte, vorm. Gräflich Einsiedelsche Kaolin-, Ton- und Kohlenwerke, Aktiengesellschaft.

Culemborg (Holland).
de Liefde, H., Direktor der Gasanstalt.

Dahlhausen (Ruhr).
*Dr. C. Otto & Co., G. m. b. H., Fabrik feuerfester Produkte.

Danzig.
Müller, A. W., Unternehmer für Gas- und Wasserleitungsanlagen, Lastadie 37/38.
Städtische Gas- und Wasserwerke.

Darmstadt.
Städtisches Gaswerk.
Städtisches Wasserwerk.

Debreczen (Ungarn).
Debreczeni, Eugen, Ingenieur und städt. Gasdirektor.

Degerloch bei Stuttgart.
Gaswerk (Besitzer Rob. Mayer, Ingenieur).

Delft.
Ribbius, C. P. E., Zivilingenieur, Direktor der städt. Gas- und Wasserwerke.

Delmenhorst.
Städtische Gas- und Wasserwerke.

Dessau.
Dr. J. Bueb, Chemiker der Deutschen Kontinental-Gasgesellschaft, Albrechtstr. 109.
Deutsche Kontinental-Gasgesellschaft.
Faehndrich, G., Oberingenieur der Deutschen Kontinental-Gasgesellschaft in Dessau, Mariannenstr. 32.
Funcke, Emil, Direktor der Zentralwerkstatt der Deutschen Kontinental-Gasgesellschaft.
*Junkers & Co., Fabrik von Gasbadeöfen.
Magistrat (städt. Wasserwerk).
Müller, August, Oberingenieur der Deutschen Kontinental-Gasgesellschaft.
Niemann, Moritz, Oberingenieur und Prokurist der Deutschen Kontinental-Gasgesellschaft, Antoinettenstr. 22 a.
Reister, Robert, Oberingenieur der Deutschen Kontinental-Gasgesellschaft, Ruststr. 2.
Schäfer, Franz, Ingenieur, Sekretär der Deutschen Kontinental-Gasgesellschaft, Krosigkstr. 5.

Detmold.
Direktion der städtischen Gas- und Wasserwerke.

Deventer (Holland).
van Ostrom-Meyjes, J. Willem, Direktor der Gasanstalt zu Hengeloo und Winterwyk.

Dillenburg.
Städt. Gas- und Wasserwerke.

Doebeln i. S.
Städt. Gas- und Wasserwerke.

Dorpat (Rußland).
Neumann, J., Direktor des städtischen Gaswerks, Alexanderstr. 88.

Dortmund.
Benninghoff, Otto, Oberingenieur der Firma Aug. Klönne, Heiligerweg 97.
Brunck, Franz, Besitzer einer Kohlendestillationsanlage.
Dortmunder Aktiengesellschaft für Gasbeleuchtung.
Erbe, Walter, Diplomingenieur, Johannesstr. 24 I.
*Jucho, Heinrich, Diplomingenieur und Fabrikbesitzer, Weißenburgerstr. 73.
Klönne, Aug., Gasapparat- und Gasometer-Bauanstalt; Bau kompletter Gasfabriken, Klönne-Patent-Retortenöfen, Brückenbauanstalt, Eisenkonstruktion.
Klönne, Max, Diplomingenieur, Inhaber der Firma Aug. Klönne, Kronprinzenstr. 67.
Klönne, Moritz, Diplomingenieur, Inhaber der Firma Aug. Klönne, Bismarckstr. 44.
Meyer, Otto, Betriebsdirektor der Dortmunder A.-G. für Gasbeleuchtung, Auf dem Berge 32.
*Pallenberg, Franz, Ingenieur, Kaiser Wilhelm-Allee 52.
Reese, Friedrich, Kgl. Baurat, Direktor des städt. Wasserwerks.
Westfälisches Verbands-Elektrizitätswerk A.-G., Eisenmarkt 18.

Dresden.
Barnewitz, Gebrüder, Fabrik für Gas- und Wasseranlagen, Falkenstraße 63. Besitzer der Gasanstalt Rumburg in Böhmen.
Gleitsmann, Albert, Reg.-Baumeister und Zivilingenieur für Wasserversorgung und Entwässerung, Reichenbachstr. 31 II.
Goebel, P., Direktor der städtischen Gaswerke, Dresden-A. 20, Mockritzerstr. 6.
Hasse, Julius, Stadtbaurat, Palaisstr. 2.
Kühn, F., Betriebsinspektor, Dresden-N. 17, Lößnitzstr. 14.
*Langelott, Wilhelm, Zementwarenfabrik, Dresden-A., Strehlenerstraße 52.

Dresden.

*Liebold, Hermann, Fabrik für Gas-, Wasser- und Zentralheizungsanlagen, Gr. Kirchgasse 5.

*Redtel, Rudolf, Ingenieur, Inhaber der Firma C. Mennicke Nachfolger, Dresden-N., Antonstr. 21.

Salbach, Franz, Dipl.-Ingenieur, Inhaber eines techn. Bureaus für Wasserleitungs- und Kanalisationsbau, Reichenbachstr. 67.

Siemens, Friedrich, Fabrik patentierter Beleuchtungs- und Heizapparate, Nossenerstr. 1.

Städtische Gasfabriken, Gewandhausstr. 7.

Wasserwerk der Stadt Dresden, Am See 4 I.

*Winkelmann, Cäsar, Inhaber der Firma Cäsar Winkelmann & Co., Fabrik von hochfeuerfestem vulkan. Zement, Reissigerstr. 28.

Düren.

Lenze, Philipp, Direktor der städtischen Gasanstalt.

Zimmermann & Jansen, Maschinenfabrik und Eisengießerei.

Düsseldorf.

Barth, Siegfried, Generalvertreter der Firma Professor Dr. Strache, Wassergas- und Patentverwertungsgesellschaft m. b. H., Wien, für Rheinland und Westfalen, Düsseldorf-Oberkassel, Brend'amourstr. 43.

*Daniels, Hugo, G. m. b. H., Kohlenimport, Kaistr. 22.

*Deutsch-Österreichische Mannesmannröhrenwerke.

*Düsseldorfer Röhrenindustrie, Höherweg 271.

Hülser, Franz, Ingenieur am städtischen Gaswerk, Ahnfeldstr. 137.

Kordt, F., Direktor der städtischen Gas-, Elektrizitäts- und Wasserwerke, Arnoldstr. 6.

*Pfeifer, G. A., Fabrikdirektor a. D., Graf Adolfstr. 83.

Scheven, Heinrich, Unternehmer für Gas- u. Wasserleitungsanlagen.

Schröter, W., Zivilingenieur, Hansahaus Z. 185.

Städtische Gas- und Wasserwerke.

*Wever, Paul, Ingenieur, Zweigbureau A. Borsig, Wilhelmpl. 9 II.

Düsseldorf-Grafenberg.

Ehlert, Herm., Zivilingenieur, Vautierstr. 77.

*Haniel & Lueg, Maschinenfabrik, Eisengießerei u. Hammerwerk.

Duisburg.

Gas- und Wasserwerk der Stadt Duisburg.

Vygen & Cie., H. J., Schamottewarenfabrik.

Eger (Böhmen).

Moll, Joh., Gasanstaltsdirektor a. D.

Städtische Gas- und Wasserwerke.

Eilenburg.
Städt. Gas- und Wasserwerke.

Eisenach.
Clas, Ferd., Gaswerksdirektor a. D., Richardstr. 8.
Gas- und Wasserwerk der Stadt Eisenach.

Eisenberg (Thüringen).
*Gebr. Kaempfe, Schamottefabriken.

Elberfeld.
Städtische Gas- und Wasserwerke.

Elbing.
Städtische Gas- und Wasserwerke.

Elmshorn.
Städtische Gas- und Wasserwerke.

Emden.
Städtisches Gaswerk.

Ems.
van Staphorst-Villerius, K., Besitzer der Gasanstalt.

Erfurt.
*Fix, Gustav, Kohlen- und Eisengeschäft.
Küchler, Franz, Fabrikant, in Firma Schuhmann und Küchler.
Magistrat als Unternehmer des Wasserwerks.
Martin, G., Direktor der Gasanstalten, Luisenstr. 25.

Eschwege.
Städtische Gasanstalt.

Eschweiler.
*Neuman, F. A., Kesselschmiede, Eisenkonstruktionswerkstätten und Verzinkerei, Eschweiler II.
Städtisches Wasserwerk.

Esseg.
Gaswerk der Zentral-Gas- und Elektrizitäts-Aktiengesellschaft.

Essen a. d. R.
*Bischoff, G., Oberingenieur des technischen Bureaus Essen von Zschokkes Maschinenfabrik Kaiserslautern, Gärtnerstr. 31.
Gas- u. Wasserwerke der Fr. Kruppschen Gußstahlfabrik, Sälzerstr.
Gewerkschaft Viktoria Mathias, Destillationskokerei.
Gewerkschaft Friedrich Ernstine, Destillationskokerei.
Gewerkschaft Carolus Magnus, Destillationskokerei.
Goldschmidt, Hans, Dr. phil., Fabrikbesitzer, Bismarckstr. 98.
Graßmann, Bergrat.
Koppers, Heinrich, Ingenieur, Unternehmer für Kohlendestillation, Isenbergstraße.

Essen a. d. R.
Küppers, Ewald, Direktor des Rheinisch-Westfälischen Kohlensyndikats in Essen, Brunnenstr. 7.
Müller, Wilhelm, Ingenieur, Gutenbergstr. 17.
Städtische Gas- und Wasserwerke.
Zeche Mathias Stinnes, Destillationskokerei.
Eßlingen a. N.
Fischer, E., Direktor des Gaswerks.
Gasgesellschaft Eßlingen.
Eulau (Wilhelmshütte).
Akt.-Ges. Wilhelmshütte in Schlesien. (Gen.-Direkt. N. Leistikow.)
Eupen.
Städtische Gas- und Wasserwerke.
Euskirchen.
Städtisches Gas- und Wasserwerk.
Eutritzsch-Leipzig.
Magnus, D., Maschinenfabrik und Eisengießerei.

Fechenheim a. M.
Gemeinde (Elektrizitäts- und Wasserwerk).
Feuerbach (bei Stuttgart).
Gas- und Wasserwerksverwaltung.
Fiume (Österreich-Ungarn).
Städtisches Wasserwerk.
Flensburg.
*Dr. H. Jordt, Inhaber der Flensburger Schamotte- und Steinzeugfabrik vorm. A. Niemann, Harrisleerstr. 52b.
Madsen, Hans, Betriebsinspektor der Gasanstalt, Gasstr. 7.
Magistrat (Wasserwerk).
Forst i. d. L.
Städtische Gasanstalt.
Frankenstein (Schlesien).
Städtische Gasanstalt.
Frankenthal (Rheinpfalz).
*Klein, Joh., Kommerzienrat, Ingenieur und Fabrikbesitzer.
Städtisches Gaswerk.
Frankfurt a. M.
Dr. J. Becker, Chemiker der Frankfurter Gasgesellsch., Gutleutstraße 204.
Besig, Friedrich, Diplomingenieur, Günthersburg-Allee 75/II.
*Beyer, Jos., in Firma Karl Beyer Sohn, Metallwarenfabrik, Sandweg 66.

Frankfurt a. M.

Dicke, H., Chefingenieur des Frankfurter Wassergas-Syndikats, Marienstr. 5.

Drory, William W., Direktor der Frankfurter Gasgesellschaft, Obermainstr. 40.

English, J. W., Zivilingenieur, Finckenhofstr. 20.

Frankfurter Gasgesellschaft, Gr. Eschenheimerstr. 29. } 2 Mitgliedschaften.
» » » » » }

Hessemer, Max, Zivilingenieur, Mainzer Landstr. 13.

Holzmann & Co., Ph., Bauunternehmer, Obermainstr. 51.

Kohn, Karl, Ingenieur und Direktor der Frankfurter Gasgesellschaft, Gr. Eschenheimerstr. 29.

Lindley, W. H., Baurat und Zivilingenieur, Blittersdorffsplatz 29.

Marx, Anton, Ingenieur und Direktor, Oppenheimer Landstr. 20.

Scheelhaase, F., Direktor der städtischen Wasserwerke.

Schiele, Ludwig, Direktor der Frankfurter Gasgesellschaft, Gutleutstr. 216.

Schmidt, Friedrich, Ingenieur, Franken-Allee 179 I.

*Sensenschmidt, Max, Maschinenfabrik, Taunusstr. 44.

*Suchanek, Holzhausenstr. 65.

Süddeutsche Wasserwerke, Aktiengesellschaft, Fichardstr. 28/30.

Tiefbauamt der Stadt Frankfurt a M.

*Wehner & Co., Hydrotechnische Gesellschaft, Kaiserstr. 58.

Frankfurt a. d. O.

Dr. A. Hipper, Direktor der Gasanstalt.

Wasserwerk, Lindenstr. 25.

Freiberg (Sachsen).

*Dr. G. P. Droßbach & Co., chemische Fabrik.

Henochsberg, Albert, Oberingenieur der Fa. August Loeffler, G. m. b. H.

Städt. Gas- und Wasserwerke.

Freiburg (Breisgau).

Städtisches Gaswerk.

Freiburg (Schlesien).

Städtische Gas- und Wasserwerke.

Freienwalde a. d. O.

*Freienwalder Schamottefabrik Henneberg & Cie.

Friedberg (Hessen).

Städtisches Gas- und Wasserwerk.

Friedenau b. Berlin.

Franke, Alfred, Ingenieur, Wilhelmshöhestr. 5 III.

Holzt, Adolf, Direktor der Berliner Wasserreinigungs- und Versorgungsgesellschaft m. b. H., Bennigsenstr. 23/24.

Friedrichshagen b. Berlin.

Anklam, G., Ingenieur und Dirigent des Berliner städt. Wasserwerks Müggelsee.

Gruner, Georg, Betriebsleiter der Gasanstalt Friedrichshagen, G. m. b. H.

Fürth (Bayern).

Städtische Gas-, Elektrizitäts- und Wasserwerke.

Fulda.

Städtische Gasanstalt.

Furtwangen.

*Ketterer, Felix, Fabrikant von Wassermessern etc., Hauptstr. 149.

Gablonz a. d. N.

Herrmann, Th., Direktor der Gasanstalt.

Gaggenau (Baden).

Eisenwerke Gaggenau, Aktiengesellschaft.

Gebweiler i. Els.

Städtische Gas- und Wasserwerke.

Geestemünde.

Dobert, Heinr., Direktor der Gas- und Wasserwerke.

Gelsenkirchen.

Aktiengesellschaft für Kohlendestillation.

*Gelsenkirchener Bergwerks - Aktiengesellsch., Abteilung Schalker Gruben- und Hüttenverein, Gießerei.

Schmick, Heinrich, technischer Direktor des Wasserwerks für das nördliche westfälische Kohlenrevier, Rhein-Elbestr. 37.

Städtisches Gaswerk.

Wasserwerk für das nördliche westfälische Kohlenrevier, Luisenstraße, dem Bahnhof gegenüber.

Gelsenkirchen-Schalke.

*Gewerkschaft Grillo, Funke & Co., Stahl- und Blechwalzwerke, König Wilhelmstr. 1.

Genf (Schweiz).

Des Gouttes, Ad., Gasdirektor, Stand 57.

Gera (Reuß j. L.).

Franke, K., Direktor der städt. Gas- und Wasserwerke.

Stadtrat.

Gießen.
Städtische Gasanstalt.

Glatz.
Städtische Gasanstalt.

Glauchau.
Gruhle, A., Direktor des städt. Gaswerks, Kratzstr. 10/1.

Gleiwitz (Oberschlesien).
Hartmann, Wilh., Direktor der Oberschlesischen Schamottefabrik-Aktiengesellschaft, Lindenstraße.
Magistrat (Gas- und Wasserwerk).

Glogau.
Glogauer Gasanstalt.
Magistrat (Wasserwerk in Ober-Zarkau).

Gmünd (Schwäb.).
Städtisches Gaswerk.

Goch.
Städtische Gasanstalt.

Godesberg a. Rh.
Städtisches Gaswerk.

Göppingen.
Städtisches Gaswerk.

Görlitz.
Städtische Gasanstalt.

Göttingen.
Reinbrecht, Ernst Hermann, Ingenieur und Direktor der Gas- und Wasserwerke.

Goslar.
Städtische Gasanstalt.

Gotha.
Mohr, Lothar, Gaswerkdirektor.

Graudenz.
Magistrat. Adresse: Städt. Wasserwerksverwaltung.

Graz.
Grazer Wasserversorgungs-Gesellschaft.

Greiz.
Mollberg, G., Direktor der städtischen Gas-, Elektrizitäts- und Wasserwerke.

Greppin-Werke (Kreis Bitterfeld).
*Aktiengesellschaft für Anilinfabrikation.

Grevenbroich (Rheinprovinz).
Trimborn, Wilh., Eigentümer und Dirigent der Gasanstalt.

Griesheim a. M.
Gas- und Wasserwerke der Gemeinde.

Grimma.
Städtische Gas- und Wasserwerke.

Gröditz (Sachsen).
Aktiengesellschaft Lauchhammer (Gröditz bei Riesa).

Großalmerode.
*Aktiengesellschaft Vereinigte Großalmeroder Tonwerke.

Großenbaum (Bez. Düsseldorf).
*Hahnsche Werke A.-G. (Röhrenwerk, Stahlwerk, Walzwerk).

Großenhain.
Städtische Gasanstalt.

Groß-Lichterfelde.
Giebeler, Karl, Ingenieur der Wasserwerke der Stadt Berlin, Wilhelmsplatz 8.
Dr. phil. W. Wedding, Professor an der Technischen Hochschule zu Charlottenburg, Wilhelmstr. 2.

Groß-Lichterfelde-Lankwitz.
Friedrich, Ernst, Syndikus der I. C. G. A., Kurfürstenstr. 30.

Güstrow.
Städtische Gasanstalt.

Haag (Holland).
Backhuis, J. E. H., Direktor der Gasanstalt.
Stang, Theodor, Direktor der städt. Wasserwerke.

Hadersleben.
Städtische Gas- und Wasserwerke, Osterstr. 117a.

Hagen i. W.
Dessauer Gas- und Elektrizitätswerk Hagen-Eckesey.
Disselhoff, L., Ingenieur und Wasserwerksdirektor.
Franke, Felix, Direktor der Gasanstalt.
Städtische Gas- und Wasserwerke.

Hagen-Delstern i. W.
*Westfälische Gasglühlichtfabrik F. W. & Dr. C. Killing.

Halbergerhütte bei Saarbrücken.
Gaswerk von Rud. Böcking & Co., Post Brebach a. S.

Halberstadt.
Städtische Gas- und Wasserwerke.

Hall (Schwäb.).
Städtische Gas- und Wasserwerke.

Halle a. d. S.

Angermann, Paul, Ingenieur, Karzerplan 2/3.

Catel, Erich, Zivilingenieur, Lindenstr.

Dehne, A. L. G., Maschinenfabrik und Eisengießerei.

Pfeffer, Walter, Stadtrat, Kgl. Baurat, Zivilingenieur, Spezialtechniker für Wasserversorgung und Kanalisation, Bernburgerstr. 10.

Pfeffer, Walter, Nachfl., Bureau für Wasserversorgung und Entwässerung, Magdeburgerstr. 6.

Städtische Gas- und Wasserwerke.

Thiem & Töwe, Fabrik für Benoidgasapparate, Hordorferstr. 4.

Hallein bei Salzburg.

van Deventer, A. M., Diplomingenieur.

Hamburg.

*Bollmann, Georg, Diplomingenieur, Bornstr. 1.

Direktion der Gaswerke, Kurze Mühren 22. } 2 Mitgliedschaften.
» » » » » »

Gerling, C. F. A., Technisches Bureau, Hamburg 36, Kontorhaus »Kaiser-Galerie«.

Hanseatische Azetylengasindustrie, Aktiengesellschaft, Hamburg 36, Kaiser Wilhelmstr. 93/109.

*Holle Joh., Fabrik für Gasmesser, Merkurstr. 22.

Dr. Hugo Krüfs, Physiker, Adolfsbrücke 7.

Dr. Wilh. Leybold, Direktor der Hamburger Gaswerke, Kurze Mühren 22.

*Meyer, Karl W. E., Vertreter der Luxschen Industriewerke, Akt.-Ges., Georgsplatz 8/10, Georgshof.

*Müller, Ferd., Fabrik für Beleuchtungskörper, Alter Wall 64.

*Pharoslicht, Klatte & Co., Kommanditgesellschaft, Schlump 55.

*Schemmann & Forstmann, Vertreter der deutsch-österr. Mannesmannröhrenwerke Düsseldorf und der Hannoverschen Eisengießerei A.-G., Misburg.

Schertel, Otto, Direktor der Wasserwerke, Gr. Bleichen 53.

*Wiener, Albert, Mitinhaber der Firma Johnasson, Gordon & Co., Boltenhof, Admiralitätsstraße.

Hamburg-Harburg.

*Westphal & Co., F., Kohlen-Aufbereitungs-Anthrazit- und Brikettwerke, Zweiter Seehafen.

Hameln a. W.

Städtische Gasanstalt.

Hamm a. d. Lippe.

Städtische Gasanstalt.

Hanau a. M.
Städtisches Gaswerk.

Hannover.
Aerogengas-Gesellschaft m. b. H., Kornstr. 35.
*Aktiengesellschaft Hannoversche Eisengießerei, Anderten vor Hannover, Station Misburg.
Anderson, William, Direktor der Gasanstalt.
Bock, Anselm, Direktor der städt. Kanalisations- und Wasserwerke, Fundstr. 1 c.
*Dedecke, Friedrich, Kaufmann, Kohlen-etc. Handlung, Sedanstr. 57.
Dreyer, Rosenkranz & Droop, Wassermesserfabrik, Fabrikstr. 4.
Gaserleuchtungsanstalt der Imperial Continental Gasassociation.
*Germania-Ofen- und Herdfabrik, Winter & Co.
Körting, Gebr., Fabrik von Gasexhaustoren und Dampfstrahlapparaten, Körtingsdorf bei Hannover.
*Lemier, Aug., Kaufmann, Fabrik für Gas- und Wasserartikel, Engelbostelerdamm.
Städtische Kanalisations- und Wasserwerke.
Städtisches Elektrizitätswerk, Osterstr. 86/87.

Harburg a. E.
Städtisches Gas- und Wasserwerk.
Wiese, Georg, Direktor der städt. Gas- und Wasserwerke, Staderstraße 21.

Haspe (Westf.).
*Ackermann, Otto, in Firma Ackermann & Co., Fabrikant von Fittings für Gas- und Wasserleitungen, Cölnerstr. 52a.
Städtische Gasanstalt.

Heerlen (Holland).
Burgemeister, H., Ingenieur, Akerstraat B 52.

Heidelberg.
Besser, Max, Ingenieur der städt. Gas- und Wasserwerke, Brückenkopfstr. 4 IV.
Kuckuk, Direktor der städt. Gas-, Wasser- und Elektrizitätswerke.

Heidenheim.
Städtische Gas- und Wasserwerke.

Heilbronn.
Raupp, Heinrich, Gasdirektor a. D., Paulinenstr. 19.
Städtisches Gaswerk, Dammstr. 14.

Helmstedt.
Städt. Gas- und Wasserwerke.

Helsingborg (Schweden).
Städtische Gasanstalt.

Helsingfors (Finnland).
Cedercreutz, Ed., Freiherr, Diplomingenieur, Direktor der städt. Gasanstalt.

Herford.
Städtisches Gas- und Wasserwerk.

Hermsdorf bei Waldenburg (Schlesien).
Vereinigte Glückhilf-Friedenshoffnung.

Herne.
Kommunales Gaswerk.

Herzogenbusch (Holland).
Bolsius, P., Direktor der städtischen Gasanstalt.

Heydekrug (Ostpreußen).
Heydekrug-Szibbener Gasanstalt.

Höchst a. M.
Blecken, Karl, Ingenieur, Hauptstr. 5.
Maschinen- und Armaturenfabrik vorm. H. Breuer & Co.
*Rheinbay, Hans, Ingenieur, Hamburgerstr. 24.
Schnabel-Kühn, Direktor, Vorstand der Höchster Gasbeleuchtungsgesellschaft.
Zulauf & Co., Gasapparatefabrik.

Hörde i. W.
Magistrat (Gas- und Wasserwerk).
Wasserwerk des Kreises Hörde, Kreishaus.

Hof a. d. Saale.
Brodmärkel, Adolf, Direktor des städt. Gaswerks.

Hofgeismar.
Städtische Gasanstalt.

Hohensalza.
Städtisches Wasserwerk.

Hohenstein-Ernstthal.
Der Rat der Stadt.

Holzminden.
Städtische Gasanstalt.

Homberg a. Rh.
Gemeinde-Betriebsverwaltung des Gas-, Wasser- und Elektrizitätswerks.

Homburg v. d. H.
Städtisches Gas- und Wasserwerk.

Honnef a. R.
Städtische Gasanstalt.

Horsens (Dänemark).

Quist, Johannes, Gaswerksdirektor.

Theilgaard, C., Gasdirektor a. D., Slotsgade 15.

Ilversgehofen-Erfurt.

Anger, Paul, Inhaber der Firma P. Anger, Unternehmung für Tiefbohrungen, Brunnenbauten und Wasserleitungen.

Ingolstadt.

Städtisches Gaswerk.

Iserlohn.

Städtisches Gas- und Wasserwerk.

Itzehoe.

Schulz, Ernst, Betriebsdirektor der städt. Gas-, Elektrizitäts- und Wasserwerke, Bergstr. 7.

Jena.

Schott & Genossen, Glaswerk.

Städtisches Gas- und Wasserwerk.

Kaiserslautern.

Gasanstalt Kaiserslautern.

Stadtgemeinde, für das Wasserwerk. Adresse: Stadtbauamt.

*Zschocke, Gottfried, Maschinenfabrikant.

Kalk.

Zörner, Rich., Kgl. Bergrat a. D., Generaldirektor der Maschinenbauanstalt Humboldt.

Karlsbad.

Städtisches Gaswerk.

Wunderlich, Hermann, Verantwortlicher Betriebsleiter des städt. Gaswerks, Gaswerksbureau, Morgenzeile, Haus »Augarten«.

Karlshorst bei Berlin.

Olff, W., Direktor der Kontinentalen Wasserwerks-Gesellschaft, Dorotheastr. 5.

Karlsruhe (Baden).

Dr. Karl Bunte, Diplomingenieur, Generalsekretär des Vereins, Vorholzstr. 5.

Dr. P. Eitner, a. o. Professor an der Technischen Hochschule und Abteilungsvorstand der Großh. Chemisch-Technischen Prüfungs- und Versuchsanstalt, Vorholzstr. 5.

Friederich, Karl, Großherzoglicher Baurat, Helmholtzstr. 13.

*Geigersche Fabrik für Straßen- und Hausentwässerungsartikel, G. m. b. H., Rüppurerstr. 66.

Karlsruhe (Baden).
Helck, Otto, Stadtbaurat, Parkstr. 9.
*Junker & Ruh, Eisengießerei, Sophienstr. 61/65.
Reichard, Franz, Stadtbaurat für die Licht- und Wasserversorgung, Kaiserallee 11.
Städtische Gasanstalt.
Städtisches Wasserwerk.
Dr. Moritz W. Steude, Chem., Redaktionssekretär des Journals für Gasbeleuchtung und Wasserversorgung, Hirschstr. 71.

Kaschau (Ungarn).
Gas- und Elektrizitätswerk Kaschau.

Kattowitz (Oberschlesien).
Führich, Ludwig, Direktor der städt. Gas- und Wasserwerke.

Kiel.
Birnbaum, E., Zivilingenieur, Fährstr. 7.
Pippig, R., Direktor der städt. Gas-, Elektrizitäts- und Wasserwerke.
Städtische Gas-, Elektrizitäts- und Wasserwerke.

Kiel-Gaarden.
Willecke, Karl, Betriebsdirektor des Gaswerks.

Kolberg.
Städt. Gas- und Wasserwerk.

Kolding (Dänemark).
Städtische Gas- und Wasserwerke.

König Ludwig (Bez. Münster).
*Gewerkschaft König Ludwig.

Königsberg (Preußen).
Bruhn, Karl, Betriebsingenieur des städt. Gaswerks, Viktoriastraße 5p.
Direktion der städt. Gasanstalt, Postamt 1.
*Gasmesser- und Armaturenfabrik Ließmann & Ebeling, G. m. b. H., Kneiphöfische Langgasse 1/4.
Kobbert, Ernst, Direktor der städt. Gaswerke, Postamt 1.
Wasseramt der Stadt Königsberg.

Königswusterhausen bei Berlin.
Leopold & Hurtig, Kesselschmiede und Eisenkonstruktionswerkstatt.

Köslin.
Städt. Gas- und Wasserwerk.

Kötzschenbroda.
Gemeinderat als Unternehmer des Gaswerks.

Konstanz.
Ringk, E., Direktor des Gas- und Wasserwerks.

Kopenhagen.
*Aktieselskabet Nordiske Auer Kompagni, Frederiksholms Kanal 6.
*Bang & Pingel, Engrosgeschäft für Gas- und Wasserleitungsartikel, Jernbanegade 1.
*Edwards & Rasmussen, Ingenieure, K., Vestergade 3.
Gunst, Elor, Direktor a. D., Niels Ebbesensvey 23.
Petersen, N. O., Driftsinspecteur ved Kjøbenhavns Vestre-Gasvoerk.
Theilgaard, C. E., Ingenieur, Henrik Steffensvey 6 III.

Kotzenau.
Eisenhüttenwerk Marienhütte bei Kotzenau.

Kreuznach.
Koß, Gustav, Direktor a. D., Ingenieur, Salinenstr. 57 a.
Städtische Gasanstalt.

Kristiania (Norwegen).
Kristiana Gasverk.

Lahr (Baden).
Wagenmann, Gust., Ingen. u. Direktor des Gaswerks, Lotzbeckstr. 20.

Landau (Pfalz).
Städtische Gasanstalt.

Landshut (Bayern).
Städtische Gasanstalt.

Langen (Hessen).
Städtisches Gaswerk.

Lauban (Schlesien).
*Knoch, Max, in Firma M. Knoch & Co., Ton- und Dinaswerke.
Städtische Gasanstalt.

Lauenburg (Pommern).
Städtische Gasanstalt.

Lauscha (Thüringen).
Gas- und Wasserwerk (Adr.: Direktion des Gas- und Wasserwerks).

Leer (Ostfriesland).
Jipp, Karl, Stadtbaumeister u. Direktor der städt. Gas- u. Wasserwerke.

Lehe.
Städtische Gas-, Wasser- und Elektrizitätswerke.

Leipzig.
Der Rat der Stadt.
Reinhard, Karl, Ingenieur, Direktor der städt. Gasanstalten, Yorkstr. 21 I.
Schirmer, Richter & Co., Gasmesserfabrik, Leipzig-Connewitz.
*Schneider, Hugo, A.-G., Spezialfabrik für alle Arten Petroleum-, Gasglühlicht- etc. Brenner.

Leipzig.
Dr. Ing. G. Thiem, Zivilingenieur, Kaistr. 2.
Thüringer Gasgesellschaft, Dorotheenplatz 1 I.
Wasserwerk der Stadt Leipzig.
Wunder, Georg, Kgl. Baurat, Stadtrat a. D., Leipzig, Sophienstr. 7.

Leipzig-Gohlis.
*Bleichert, Ad. & Co., Fabrik für den Bau von Transportanlagen.

Lemberg (Galizien).
Teodorowicz, Adam, Direktor der städt. Gasanstalt.

Lennep.
Städtische Gasanstalt.

Levallois-Perret bei Paris.
Fischbach, Gust., Chemiker und Ingenieur, Betriebsleiter der Société Franç. de Challeur & Lumière, 115 Rue Fazillau.

Leverkusen (Bez. Cöln).
Andre, Paul, Ingenieur, Betriebsleiter des Gas- und Wasserwerks der Farbenfabriken vorm. Fr. Bayer & Co., Friedrich-Bayerstr. 16.

Libau (Rußland).
Schulte, E., Direktor der Gasanstalt.
Steuerwald, Wilhelm, Ingenieur, Gasanstalt.

Lichtenberg bei Berlin.
Gas- und Wasserwerk der Gemeinde.
Tasch, C., Direktor der Gas-, Wasser- und Elektrizitätswerke der Gemeinde Lichtenberg.
Tremus, G., Direktor, Alfredstr. 5.

Liegnitz.
Städtische Gasanstalt.

Linden vor Hannover.
*Hannoversche Maschinenbau-Akt.-Ges. vorm. Gg. Eggestorff.

Lodz (Rußland).
Verwaltung der städt. Gaswerke.

Lörrach (Baden).
Nuß, Ernst, Direktor a. D., Teichstr. 1.
Städtische Gas- und Wasserwerke.

London EC.
Colman, Harold Gavett, konsultierender Chemiker, 1 Arundel Street.
Gardiner, Rob. S., vorm. Generalsekretär der Imperial Continental Gasassociation, 39 Lombardstreet.
Simmelkjaer, S., Zivilingenieur, 5 Gower Street, Bredfort Square.
Wilson, Rob. W., Generalsekretär der Imperial Continental Gasassociation, 21 Austin Friars.

London WC.
Lessing, Dr. Rud., konsultierender Chemiker, Southampton House, High Holborn 317.

Ludwigsburg.
Städtische Gasanstalt.

Ludwigshafen a. Rh.
Förtsch, Direktor des städtischen Gaswerks.
*Luxsche Industriewerke, Akt.-Ges.

Lübben (Lausitz).
Baumgärtel, H., Gasingenieur und Gaswerksbesitzer.

Lübeck.
Direktion der städt. Gas-, Elektr.- und Wasserwerke.
Hase, Direktor der städt. Gas-, Elektrizitäts- und Wasserwerke.

Lüdenscheid.
Städtisches Wasserwerk.

Lüneburg.
Städtische Gasanstalt.

Lüttich (Liège, Belgien).
Société anonyme pour la Fabrication du Gaz.

Lüttringhausen (Rheinland).
*Pipersberg, Hermann, Gas- und Wassermesserfabrikant.

Lugano (Schweiz).
Guidi, Ugo, Gaswerksdirektor.

Lund (Schweden).
Montgomery, Viktor, Direktor der städtischen Gas-, Wasser- und Elektrizitätswerke.

Luxemburg.
Städtisches Gaswerk.

Luzern (Schweiz).
Burkhard, Ernst, Direktor des städtischen Gaswerks.
Direktion der städtischen Unternehmungen (Gas- und Wasserversorgung).
*Salvisberg, Emil, Leiter der Gasmesserfabrik Elster & Co.

Magdeburg.
Allgemeine Gas-Aktiengesellschaft zu Magdeburg, Breiteweg 223.
Bethe, Alexander, Generaldirektor a. D. der Allgemeinen Gas-Aktiengesellschaft zu Magdeburg.
Dieckmann, A., Direktor der städtischen Gas- und Wasserwerke.
*Höndorf, Max, Vertreter der Vereinigt. Schamottefabriken vorm. C. Kulmiz, Magdeburg-Werder, Zollstr. 7.

Magdeburg.

Städtische Gas- und Wasserwerke.

*Voß, Hermann, Kohlenhandlung, Scharnhorststr. 1/I.

Mailand.

Böhm, Michelangelo, Diplomingenieur (früher Direktor des Gaswerks St. Celto-Mailand), Sachverständiger für Gasanlagen, 43 Via Vittoria.

Mainz.

*Cahn & Mayer, Metall- und Röhrenhandlung, Mitternachtgasse 1.

*Fischer, F., in Firma Fischer & Cie., Rheinstr. 36.

Gasapparate- und Gußwerk, Neutorstr. 3.

Großherzogliche Bürgermeisterei.

*Haas, Ludwig, Mitinhaber der Gasmesserfabr. Mainz (Elster & Co.).

*Hommel, Herm., Fabrikant.

*Oberdhan, Martin (alleiniger Inhaber der Firma Oberdhan & Beck), Fabrikant für Gasbeleuchtungskörper, Bauhofstr. 2.

Städtisches Gasamt.

Städtisches Wasserwerk.

Malmö (Schweden).

Ambrosius, Karl Adolf, Zivilingenieur, Valhalla.

Gavuzzi, Otto Johann, Direktor der städt. Gaswerke.

Mannheim.

Bopp & Renther, Mannheim-Waldhof.

*Hahn, Karl, Direktor der Rheinischen Kohlenhandel- und Reederei-Ges. m. b. H., Mollstr. 45 a.

*Mannheimer Kohlenhandelsgesellschaft m. b. H.

Pichler, Joseph, Direktor der städt. Wasser-, Gas- und Elektrizitätswerke, Werderplatz 7.

Smreker, Oskar, Ingenieur, L. 10. 7.

Städtische Gas- und Wasserwerke.

Marburg a. L.

Städtische Gas- und Wasserwerke, Afföller 3.

Mariendorf bei Berlin.

Pohmer, Heinrich, Ingenieur der Imp. Cont. Gasassoc. und Betriebsleiter des Gaswerks Mariendorf.

Marienwerder.

Magistrat, Wasserwerk.

Markirch (Oberelsaß).

Städtisches Gaswerk.

Markt-Redwitz (Bayern).

*Vereinigte Schamottefabriken (vorm. C. Kulmiz).

Mayen.
Schneider, Karl, Direktor des städtischen Gas- und Wasserwerks.
Meerane (Sachsen).
Steuernagel, C., Direktor der Gasanstalt.
Meiningen.
Gaswerk Meiningen, Gebrüder Westerholz.
Meißen.
Städtische Gasanstalt.
Melle.
Städtisches Gas- und Wasserwerk.
Memel.
Pietsch, Hugo, Stadtbaumeister u. Dirigent des Gas- u. Wasserwerks.
Städtisches Gaswerk.
Memmingen (Bayern).
Feith, Wilhelm, Ingenieur und technischer Leiter des Gaswerks.
Mendoza (Rep. Argentina).
Compagnia de Gas de Mendoza de Carlos Fader Sucesion.
Merseburg.
Städtisches Gaswerk
Messel, Grube.
*Gewerkschaft Messel, Braunkohlen-Destillation, Fabrik von Karburierölen.
Metz.
Kohler, Ernst, Direktor der Gasbeleuchtungs-Aktiengesellschaft der Stadt Metz, Priesterstr. 9.
Minden.
Städtische Gas- und Wasserwerke.
Mittelneuland (Neiße).
Zimmermann, Waldemar, Ingenieur, Direktor der Maschinenfabrik F. Weigel Nfl., Akt.-Ges.
Mittweida.
*Holzt, Alfred, Professor, Direktor des Technikums, Erlauerstr.
Städtisches Gas- und Wasserwerk.
Mockritz bei Dresden.
Gemeindeverband Bannewitz und Umgegend für das Gaswerk. (Adresse: Gemeinde-Verbandsgaswerk in Mockritz bei Dresden.)
Mödling bei Wien (Österreich).
Brock, H., Ingenieur, Direktor des Gaswerks Mödling.
Mügeln (Bez. Dresden.)
Harnisch, Leonhard, Baumeister.
Mühlhausen (Thüringen).
Städtische Gasanstalt.

Mülhausen (Elsaß).

*Elsässische Glühlicht-Aktiengesellschaft, Zimmerleutstr. 20—24.
Hieronimus, Friedrich, Baslerstr. 24.
Kellner, Fedor, Direktor dor Gasanstalt.

Mülheim a. Rh.

Blaß, Eugen, Ingenieur der Fa. Martin & Pagenstecher, Freiheitstr. 34.
*Forsbach, P. Chr. & Cie., Fabrik feuerfester Produkte, Deutzerstr. 9.
Martin & Pagenstecher, Fabrik feuerfester Produkte.
Städtische Gasanstalt.

Mülheim a. d. R.

Aktiengesellschaft Bergwerksverein Friedrich-Wilhelms-Hütte.
Förster, Hubert, Direktor der Gas-, Elektr.- und Wasserwerke, Froschenteich 77.
Städtische Gas- und Wasserwerke.
*Weyhenmeyer, K., Direktor der Rheinischen Kohlenhandel- und Reedereigesellschaft.

München.

*Dr. Gustav Heckert, Vertreter der Schamottefabriken vorm. Didier und vorm. Kulmiz, Bavariaring 29.
Hollweck, Wilh., Gaswerksdirektor a. D., Äußere Wienerstr. 96 II.
*Jooß Söhne & Co., Unternehmer von Gas-, Wasserleitungs- und Kanalisationsanlagen, Schöttlstr. 12.
*Kefer, Wilhelm, Großhandlung für Armaturen und Bedarfsartikel für Gas- und Wasserwerke, Arcisstr. 52 II.
*Kustermann, F. S., Eisenhandlung, Eisengießerei, Konstruktionswerkstätte, Rosenheimerstr. 120.
*Lodter, Wilhelm, Kohlengeschäft, Karlstr. 14.
Dr. Ing. O. von Miller, Kgl. Baurat, Ingenieur, Ferd.-Millerplatz 3.
*Münchener Installationsgeschäft für Licht und Wasser, Akt.-Ges., Salvatorstr. 20.
*von Oldenbourg, R. A., Generalkonsul, Verlagsbuchhandlung und Verlag von Schillings Journal für Gasbeleuchtung und Wasserversorgung, Glückstr. 8.
*Rank, Gebr., Bauunternehmung, Hoch- und Tiefbau, München, Promenadepl. 6.
Ries, Hans, Direktor der städt. Gaswerke, Maistr. 17.
Dr. Eugen Schilling, Gaswerksdirektor a. D., Georgenstr. 38 II.
*Schlesische Kohlenhandelsges. m. b. H., Rosenstr. 12 I.
Schmick, R., Geh. Oberbaurat, Kolbergerstr. 33.
Stadtbauamt.
Städtische Gasanstalt.

München-Gladbach.
Oechelhaeuser, H., Direktor der Dessauer Gasanstalten in Rheydt, Gasstr. 11.
Städtische Gas- und Wasserwerke.

Münden (Hannover).
Städtische Gasanstalt.

Münster i. Els.
Steinbrenner & Co., Gasanstalt Barr i. Els., in Münster i. Els., Kupferschmiedegasse 4.

Münster (Westfalen).
Städtisches Gas- und Wasserwerk.
Tormin, R., Stadtbaurat und Direktor der städt. Gas-, Elektrizitäts- und Wasserwerke.

Naumburg a. d. S.
Städtische Gasanstalt.

Naunhof bei Leipzig.
Stadtgemeinde.

Neapel.
Chavannes, L., Direttore della Compagnia Napolitana del gas, 138 Via di Chiaia.

Neiße.
Städtische Gasanstalt.

Netzschkau.
Städtisches Gaswerk.

Neumünster.
Magistrat (Gasanstalt).

Neu-Ruppin.
Städt. Gas- u. Wasserwerke. (Adresse: Direktor R. Freyer, Seestr. 13.)

Neuß.
Städtische Gasanstalt.

Neustadt a. d. Hdt.
*Deidesheimer, Ad., Akt.-Ges., Neustadter Mosaikplattenfabrik.

Neuwied a. Rh.
Fey, H. J., Kreisbaumeister a. D., Ingenieur.
Städtische Gasanstalt.

New York, N. Y.
Dr. F. Schniewind, Präsident der German-American Coke and Gas Company, 17 Battery Place.

Nieder-Schöneweide bei Berlin.
Gemeindegasanstalt.

Nieder-Wildungen.
Gemeindegasanstalt.

Nonnendamm bei Berlin.
*Siemens & Halske, Akt.-Ges. Wernerwerk.

Nürnberg.
Bayerisches Gewerbe-Museum, Abt. zur Lösung wirtschaftlicher Beleuchtungsfragen.
Hilpert, August, Ingenieur, Bergauerplatz 8.
Kuhlo, K., Königl. Bayer. Kommerzienrat, Generaldirektor der Armaturen- und Maschinenfabrik-Akt.-Ges., vorm. J. A. Hilpert.
*von Schwarz, J., Fabrik für Gasbrenner aus Speckstein, Nürnberg, Ostbahnhof.
*Stadelmann, Jean & Co., Gasbrennerfabrik, Untere Turnstr. 12.
Städtische Gaswerke, Rothenburgerstr. 10.
Städtisches Wasserwerk, Winklerstr. 22.
Terhaerst, Rud., Direktor des städt. Gaswerks, Sandreuthstr. 19.
*Terhaerst, Wilh., Maschinenfabrikant, Gleisbühlstr. 17 I.
Vereinigte Maschinenfabrik Augsburg und Maschinenbaugesellschaft Nürnberg, A.-G.

Nyborg (Dänemark).
Korsgaard, Peder, Ingenieur.

Nykobing.
Städtische Gas- und Wasserwerke, Nykobing F. Dänemark.

Nymegen (Niederland).
Post, Direktor der Waterleiding-Maatschappij, 23 Van Berchenstraat.

Obercassel (Siegkreis).
*Hüser & Co., Gesellschaft für Zementsteinfabrikation und Unternehmung für Beton- und Eisenbetonbau.

Oberhausen bei Augsburg.
Keller & Knappich, Gesellschaft für Gaskarburation m. b. H.

Oberhausen (Reg.-Bez. Düsseldorf).
Breuer, A., Wasserwerksdirektor, Falkensteinstr. 7.
Lang, Alexander, Diplomingenieur, städt. Wasserbauingenieur, Gutenbergstr. 16.
Städtische Gasanstalt.

Oberhausen (Rheinld.).
Dr. Korten, Betriebsleiter, Grillostr. 18.
*Pascher, Gerhard, Gas-, Wasser- und Heizungsanlagen, Mülheimerstraße 315.

Oberschöneweide bei Berlin.
*R. Frister, Aktiengesellschaft, Fabrik für Beleuchtungsgegenstände für Gas- und elektrisches Licht, Edisonstr.

Odessa.
Hasselblatt, Karl, Ingenieur-Technolog, Direktor der Odessaer Aktiengesellschaft für Gasbeleuchtung, Liteinaja 4.

Oedenburg (Ungarn).
Soproner Beleuchtungs- und Kraftübertragungs-Aktiengesellschaft.

Ölsnitz i. V.
Städtisches Gas- und Wasserwerk.

Offenbach a. M.
Städtisches Gas- und Wasserwerk.

Offenburg.
Städtisches Gas- und Wasserwerk.

Ohligs (Reg.-Bez. Düsseldorf).
Städtische Gas- und Wasserwerke.

Oldenburg i. Gr.
Fortmann, Wilhelm, Fabrikbesitzer und Direktor der Gasanstalt Varel i. Oldenburg.
Städtische Gas- und Wasserwerke.
Dr. W. Wieland, Direktor der Gesellschaft ›Torfkoks‹ m. b. H., Elisabethstr. 3 a.

Olmütz (Mähren).
Gas- und Wasserwerke der Stadt.

Oppeln.
Magistrat der Stadt.

Oranienburg.
Weinberg, Karl, Direktor des Elektrizitäts- und Wasserwerks.

Oschatz.
Städtische Gasanstalt.

Osnabrück.
Kromschröder, Georg Heinr., Fabrikant für Gasmesser.
Städtische Gasanstalt.

Ostrowo.
Städtische Gasanstalt.

Pankow bei Berlin.
Döhne, Ferdinand, Direktor bei A. Borsig, Neue Schönholzerstraße 14.

Paris.

Boissière, Ingénieur, Chef du service des houilles.
Laedlein, Hippolyte, Ingénieur des travaux chimiques, 31 Avenue Trudaine.
Laurain, Henri, Directeur des services techniques.
Lévy, Ingénieur, Chef du service des travaux mécaniques.
Louvel, Maurice, Ingénieur, Chef des services des études et travaux, 83 Avenue de la Grande Armée.

} Comp. parisienne d'éclairage et de chauffage par le gaz, rue Condorcet 6.

Freyss, Jules, Ingénieur, Inspecteur technique de la Cie. l'Union des Gaz, Paris XVI, 15 Rue Gustave Zédé.

Pasewalk.

Städtische Gasanstalt.

Pasing bei München.

Croissant, H., Gaswerksdirektor a. D., Maria-Eichstr. 18.

Passau.

Städtische Gasanstalt.

Peine.

Städtische Gas- und Wasserwerke.

Perleberg.

Städtische Gas- und Wasserwerke.

Pernambuco (Brasilien).

Dr. Ceciliano Mamede, Direktor der Gesellschaft für Wasserversorgung der Stadt Recife (Pernambuco).

St. Petersburg.

Arnd, Alexander, Direktor der Gesellschaft für elektrische Beleuchtung vom Jahre 1886, Kadettenlinie 31.

Reuß, Aug., Ingenieur, Mitglied der Direktion der Gesellschaft für Wasserversorgung und Gasbeleuchtung, Admiralitätsplatz, Haus Gambs.

Pforzheim.

Städtische Gasanstalt.

Heinrich, Joh., Betriebsingenieur des Gaswerks.

Dr. Ad. Richter, Chemiker, Stadtrat und Vorsitzender der städtischen Gaskommission.

Sommerfeldt, Georg, Betriebsingenieur beim städtischen Gaswerk.

Pilsen.

Vaigl, Wenzel, Direktor des städtischen Gaswerks.

Pirmasens.

Städtische Gasanstalt.

Wasserwerk.

Pirna.
Städtische Gasanstalt.

Pisa.
Wobbe, J. G., Ingenieur und Gaswerksdirektor, Via Lavagna 15.

Plauen i. V.
Herzner, Kurt, Diplomingenieur, Bahnhofstr. 59/2.
Städtische Gasanstalt.
Städtisches Wasserwerk.

Pößneck.
Schönfelder, Hermann, Stadtbaumeister, Betriebsleiter der Gas- und Wasserwerke.

Pola (Österreich).
Lebau, Giuseppe, Direktor der städtischen Gas- und Wasserwerke.
Manzin, Adolfo, Ingenieur der Gasanstalt.

Posen.
Städtische Gas- und Wasserwerke.

Potsdam.
*Kahl, Jos. F., Ingenieur, Inhaber der Firma Kahl & Neubert, Metallwarenfabrik, Waldemarstr. 6.
Dr. Lang, Direktor der Gasanstalt.
Schlösser, Karl, Metallwarenfabrik, Inhaber Paul Baumgart, Charlottenstr. 27.
Städtische Wasserwerke.

Prag (Böhmen).
Bause, Paul, Ingenieur und Direktor der Prager Gemeinde-Gasanstalten, Prag-Zižlov, Gemeindegasanstalt Nr. 44.
*Ludwik, Kamill, Direktor der Prager Maschinenbau-Aktiengesellschaft, Lieben bei Prag Nr. 145.
Zdenko Ritter v. Wessely, behördlich geprüfter Bauingenieur, Baumeister und Chef der Bauunternehmung für Wasser- und Gasanlagen, in Firma C. Korte & Co., Stadtpark 11.

Prenzlau.
Städtische Gas- und Wasserwerke.

Preßburg (Pozsony).
Städtisches Gaswerk.

Quedlinburg.
Städtische Gas- und Wasserwerke.

Radebeul bei Dresden.
Franke & Berghold, Technisches Bureau für Projektierung und Ausführung von Wasserversorgungs- und Kanalisationsanlagen, Gartenstr. 46.

Ragnit (Ostpr.).
Städtisches Gas- und Wasserwerk.

Rahnsdorf (Post Rahnsdorfer Mühle).
Weiß, Emil, Gaswerksdirektor.

Randers (Dänemark).
Christensen, Peter, Direktor des Gaswerks, Jernbanegade 9.

Rathenow.
Städtische Gasanstalt.

Ratibor.
Amelang, Richard, Direktor der Gas- und Wasserwerke.
Städtische Gas- und Wasserwerke.

Rauxel (Westf.)
Dr. phil. Teichmann, Fabrikdirektor.

Ravensburg.
Städtisches Gaswerk.

Rawitsch.
Städtische Gas- und Wasserwerke.

Recklinghausen-Süd.
Zimmermann, J., Direktor des städt. Gaswerks Recklinghausen.

Regensburg.
Ruoff, Ernst, Baurat für städt. Ingenieurwesen und Vorstand der Gas- und Wasserwerke.
Städtisches Gaswerk.
Städtisches Wasserwerk.

Reichenberg (Böhmen).
Gaswerk der Stadt.

Remscheid.
Borchardt, C., Direktor der Gas- und Wasserwerke der Stadt Remscheid, Pastoratstr. 10.

Remscheid-Bliedingshausen.
*Mannesmannlicht-Gesellschaft m. b. H., Kölnerstraße.

Rendsburg.
Städtisches Gas- und Wasserwerk.

Reutlingen.
Städtische Gas- und Wasserwerke.

Rheinau (Baden).
*Kunheim & Co., Rheinau.

Rhein-Elbe bei Gelsenkirchen.
Gelsenkirchener Bergwerks-Aktiengesellschaft.

Rheydt.
Städtisches Wasserwerk.

Riesa.
Rat der Stadt.

Riga (Rußland).
Kalt, Karl, Diplomingenieur, Tiefbauunternehmung, Thronfolger-Boulevard 25.
Rosenkranz, Max, Betriebsinspektor der städt. Gasanstalt II. Ritterstr. 157.

Rinteln.
Städtisches Gas- und Wasserwerk.

Rio de Janeiro (Brasilien).
Slater, A. B. jr., Generaldirektor der Société Anonyme du Gaz de Rio de Janeïro, 274 Mass. Ave.

Rixdorf.
Städtisches Gaswerk.

Rom.
de Jongh, Marcel, Generaldirektor der Società Anglo Romana per la illuminazione di Roma col Gas ed altri Sistemi, Via Poli 14.
Moleschott, Karl, Ingenieur, Via Volturno 58.

Ronsdorf.
Städtische Elektrizitäts- und Wasserwerke.

Rostock.
Permien, Martin, Betriebsdirektor des städtischen Gaswerks, Bleicherstr. 26.
Städtisches Wasserwerk.

Rotterdam.
Gemeente Gasbedryf.
Knottnerus, O. S., Direktor, Nederlandsch-Indische Gas-Maatschappy, Boompjes 71.

Rottweil a. N.
Gaswerk.

Rudolstadt.
Städtisches Gas- und Wasserwerk.

Ruhrort.
Leymanns, Karl, Direktor des Gaswerks.

Rummelsburg bei Berlin.
*Fritze, Wilh., Kronleuchterfabrik, Hauptstr. 80.
Gemeinde Rummelsburg.

Saarau (Schlesien).
*Vereinigte Schamottefabriken (vorm. C. Kulmiz).
Saarbrücken.
Königliche Bergwerksdirektion.
Städtische Gasanstalt.
Saarburg i. L.
Kemner, C., in Firma Kemner & Co., Gaswerksbesitzer.
Saargemünd (Lothringen).
Röchling, Gebr., Gaswerk.
Säckingen.
Städtisches Gaswerk.
Sagan (Schlesien).
Städtische Gasanstalt.
Salzburg.
Die Stadt Salzburg.
Sandhofen (Amt Mannheim) i. Baden.
Gemeinde als Unternehmerin des Gaswerks.
Sangerhausen.
Rabe, Karl, Direktor der Aktien-Gasanstalt.
St. Cloud (Dep. Seine et Oise).
Euchène, M., Ingenieur, 8 Boulevard de Versailles.
St. Gallen (Schweiz).
Kilchmann, L., Stadtrat, Rathaus.
Städtische Gas- und Wasserwerke
Zollikofer, Herm. Ingenieur, Direktor der Gas- und Wasserwerke.
St. Ludwig (Oberelsaß).
*Kilchmann, Ed., Mitinhaber der Firma Deutsche Laternen-Automatenfabrik.
St. Margarethen (Schweiz).
Rheintalische Gasgesellschaft.
Sarstedt.
*Voß, A., sen., Eisengießerei und Vernickelungsanstalt.
Schiedam (Holland).
Gas- und Wasserwerke der Gemeinde Schiedam.
Schönebeck (Elbe).
Klein, Wilh., Direktor der Gas- und Elektrizitätswerke.
Schöneberg-Berlin.
*Drochner, Bruno Theodor, Direktor und Oberingenieur, Helmstr. 1.
*Gesellschaft für Röhrenreinigung m. b. H., Gutzkowstr. 2.
*Dr. Graf & Co., Fabrik chem.-techn., pharmazeut. und kosmet. Präparate, Hauptstr. 25.

Schöneberg-Berlin.
*Liebrecht, Leopold, Fabrik von Armaturen für Gas- und Wasserleitungsanlagen und Werkzeugen, Vorbergstr. 4.

Schwabach.
Weber, Gustav, Direktor des städtischen Gaswerks.

Schweidnitz.
Magistrat der Stadt.

Schweinfurt.
Städtische Gasanstalt.

Schwelm.
Städtische Gas- und Wasserwerke.

Schwerin (Mecklenburg).
Lindemann, H., Inhaber der Firma G. Lindemann & Co., Schweriner Gaswerke, Wismarschestr. 1.

Siegburg.
Städtische Gas- und Wasserwerke.

Siegen.
*Hortmann, Karl, Röhrengroßhandlung, Vertreter der Firma Bopp & Reuther, Schnabelstr. 1.
Städtische Gas- und Wasserwerke.

Silkeborg (Dänemark).
Larsen, L. C., Stadtingenieur, Direktor der Gas- und Wasserwerke.

Singen (Baden).
*Aktiengesellschaft der Eisen- und Stahlwerke von Georg Fischer.

Smichov bei Prag.
Vancl, Jan., Wasserwerksingenieur, Korunni trida 984.

Soest.
*Roye, Friedrich, Techniker, Kesselstr. 26.
Städtische Gas- und Wasserwerke.

Solingen.
Städtische Gas- und Wasserwerke.

Sondershausen.
Magistrat.

Sonneberg (S.-Meiningen).
Städtisches Gaswerk.

Sorau.
Städtische Gasanstalt.

Spandau.
Königliche Geschützgießerei.
Magistrat, Gasanstalt.
Städtisches Wasserwerk.

Speyer.

Städtisches Gaswerk.

Wasserwerk. (Eigentümer A. F. Lindemann.)

Spremberg.

Brummenbaum, Jacqu., Stadtbauingenieur und Gaswerksdirektor.

Stade.

Städtisches Gas- und Wasserwerk.

Stargard i. Pomm.

Städtische Gasanstalt.

Staßfurt.

Stadtbauamt (Wasserwerk).

Walkhoff, Otto, Stadtbaumeister und Leiter des Wasserwerks.

Steele.

Städtische Gas- und Wasserwerke.

Stendal.

Städtische Gas- und Wasserwerke.

Sterkrade (Rhld.).

Gaswerke Sterkrade A.-G., Friedrichstr. 31.

Stettin.

*Gernhöfer, L., Vertr. d. Firma Johnasson, Gordon & Co., Limited, Kohlengrubenbesitzer in Newcastle on Tyne und Sunderland.

*»Hedwigshütte«, Anthrazit-, Kohlen- und Kokswerke, James Stevenson, A.-G., Königstor 2.

Hohmann, E., Direktor der Stettiner Schamottefabrik, Aktiengesellschaft, vorm. Didier, Werderstr. 30.

Kommission für die städtische Gasanstalt.

*Niedermeyer & Götze, Spezialgeschäft für Wasserwerksbauten, Schuhstr. 4.

Wasserleitungsdeputation.

Stettin-Pommerensdorf.

Stettiner Schamottefabrik, Aktiengesellschaft, vorm. Didier.

Stockholm.

Städtisches Gaswerk.

Stolp (Pommern).

Städtische Gasanstalt.

Stralsund.

Rauschenbach, Otto, Direktor der städt. Gas- und Wasserwerke, Greifswalder Chaussee 6.

Straßburg (Elsaß).

*Danubia, Aktiengesellschaft für Gaswerks-, Beleuchtungs- und Meßapparate, Straßburg-Neudorf (Elsaß), Baslerstr. 96.

Escher, Fritz, Ingenieur des Gaswerks.

Straßburg (Elsaß).
L'Union des Gaz, Aktiengesellschaft, Gutleutstr. 1.
*Rombach, J. B., Fabrikation von trockenen Gasmessern, Straßburg-Neudorf, Spitalstr. 28.
Ruhland, Fritz, Ingenieur und Subdirektor des Gaswerks.
*Silbereißen, F., in Firma F. Silbereißen & Co.
Städtisches Wasserwerk.

Straubing.
Städtische Gasfabrik.

Stuttgart.
*Andrae, Karl, Wassermesserfabrik.
*Eitle, C., Ingenieur und Besitzer einer Maschinenfabrik und Eisenkonstruktions-Werkstätte.
*Gas- und Wasserleitungsgeschäft, G. m. b. H.
Groß, Oskar, Bauinspektor, Staatstechniker für das öffentliche Wasserversorgungswesen in Württemberg, Hohenheimerstr. 4 I.
*»Monitor«-Gasapparate-Industrie, G. m. b. H.
Staatliches Neckarwasserwerk. (Sendungen usw. sind zu richten an: Oberbaurat Gsell in Stuttgart, Militärstr. 15.)
Städtisches Gaswerk.
Städtisches Wasserwerk.
Dr.-Ing. Robert Weyrauch, Prof., Hauptmannsreute 40.
*Württembergische Gasmesserfabrik J. Braun & Co., Vogelsangstraße 18 a.

Styrum a. d. Ruhr.
Wasserwerk Thyssen & Co., G. m. b. H.

Sulzbach (Saar).
Gemeinde-Gas- und Wasserwerk.

Suresnes sur Seine.
Chaudoir, Eugène, Directeur de la Cie. des Eaux de la Banlieue de Paris, rue Pagès 1.

Svendborg (Dänemark).
Knudsen, Albrecht, cand. polyt., Betriebsleiter des Gaswerks, Havnegade Nr. 2.

Tarnowitz.
Städtische Gas- und Wasserwerke.

Tegel bei Berlin.
Borsig, A., Maschinenfabrik.
Drehschmidt, Heinr., Professor, Chemiker der städt. Gaswerke Berlin, in Tegel, Berlinerstr. (Gaswerke).
Gaswerk Tegel, Aktiengesellschaft.

Temesvar.
Steiner, Karl, Direktor des städt. Gaswerks.
Teplitz (Böhmen).
Teplitz-Schönauer Gaswerk.
Wählert, Herm., Ingen. u. Leiter des Teplitz-Schönauer Gaswerks.
Teschen (Österr.-Schlesien).
Städtische Gasanstalt.
Thorn.
Sorge, Max, Direktor der städt. Gaswerke, Koppernikusstr. 45.
Tilsit.
Städtische Gasanstalt.
Trier.
Beyer, Karl, Kreisingenieur, Petrusstr. 34.
Stadtgemeinde.
Wahl, K., Direktor der Gas- und Wasserwerke.
Triest.
Sospisio, Enrico, Direktor der Gasanstalt, Via Broletto 302.
Troisdorf.
Klev, W., Bürgermeister, Vorstand des Gemeinde-Gas- und Wasserwerks.
Tübingen.
*Himmel, G., Direktor der Fabrik für Beleuchtungsanlagen, vorm. G. Himmel, G. m. b. H.

Uerdingen.
Städtische Gasanstalt.
Uetersen.
Städtisches Gaswerk.
Ulm.
Städtisches Gas- und Wasserwerk.
Urfahr (Oberösterreich).
Stadtgemeinde (Wasserwerk).
Utrecht (Holland).
Dr. J. Neurdenburg, Direktor der Gasanstalt.

Varel.
Fortmann, W., Gasanstalt.
Vegesack.
Städtisches Gas- und Wasserwerk.
Velbert.
Städtische Gas- und Wasserwerke.

Verden a. Aller.
Städtische Gas- und Wasserwerke.
Vevey (Schweiz).
Meystre, E., Directeur de la Société veveysanne d'éclairage par le gaz.
Vlotho a. W.
Städtische Gasanstalt.

Waidmannslust bei Berlin.
Dr. Bertelsmann, Chemiker der Berliner städt. Gaswerke in Tegel, Waidmannstr. 33.
Wald (Rheinl.).
Städtische Gas- und Wasserwerke.
Waldau bei Osterfeld, Bez. Halle a. S.
Dr. Waldemar Scheithauer, Direktor der Waldauer Braunkohlen-industrie, Akt.-Ges.
Waldenburg (Schlesien).
*Niederschlesisches Kohlensyndikat, G. m. b. H.
Städtisches Gas- und Wasserwerk.
Wandsbek.
Magistrat, Gasanstalt.
Wannsee bei Berlin.
Hengstenberg, Rud., Ingenieur, Friedr. Karlstr. 8.
Warschau.
Lindstedt, Karl, Direktor der Gasanstalten, Erywanska 3.
Warstein.
Warsteiner Gruben- und Hüttenwerke, Gasfabrik.
Wattenscheid (Westfalen).
Städtische Gasanstalt.
Webau.
Dr. Krey, Direktor, Fabrik Webau.
Weilburg.
Weilburger Gasbeleuchtungs-Gesellschaft.
Weimar.
Städtisches Gas- und Wasserwerk.
Weinheim i. B.
Direktion der städt. Gas- und Wasserwerke.
Weißensee bei Berlin.
Delbrück, Klaus, Ingenieur der Imp. Cont. Gasassoc., König-Chaussee 6.
Werdau (Sachsen).
Teichmann, Hugo, Direktor des städtischen Gaswerks.

Wernigerode.

Städtische Gas- und Wasserwerke.

Wesel.

Städtisches Gaswerk.

Städtisches Wasserwerk.

Westend bei Berlin.

Hempel, M., Ingenieur, Ebereschenallee 13/15.

Wetzlar.

*Buderussche Eisenwerke.

Panse, Karl, Zivilingenieur.

Städtische Gasanstalt.

Wien.

Adolf, H., Oberingenieur, XVIII, Bartensteingasse 14.

*Burckhardt, Walter, Direktor der Gasmesserfabrik S. Elster in Wien, XIV, Felberstr. 80.

Die Gemeinde Wien | Direktion des Stadtbauamts, I. 2 Mitgliedschaften.
» » » |

Egeler, A. R., Direktor der Wiener Gaswerke der Imperial Continental Gasassociation, I, Schenkenstr. 10.

Gaserleuchtungsanstalt der Imperial Continental Gasassociation, I, Schenkenstr. 10.

*Grünebaum, Franz, k. u. k. Major a. D., Mitglied der Verwaltung der Wiener Gasindustrie-Gesellsch., I, Kolowratring 6.

Harbich, Jos., Baurat, III, Barichgasse 23.

Dr. Franz Kapaun, Oberbaurat, Ingenieur und Betriebsdirektor a. D. der Wiener städt. Gaswerke, IX, Nußdorferstr. 75.

Leopolder, Lambert, Teilhaber und Chef der Firma Leopolder und Sohn, Wassermesserfabrik, III, Erdbergstr. 52.

*Manoschek, Frz., Fabrik f. Gaswerkbau, Gas- u. Wasserapp., Metallwaren- und Maschinenfabrik, Gießerei, XIII, Linzerstr. 160.

Österreichische Gasbeleuchtungs-Akt.-Ges., I, Maria Theresienstr. 8.

Roß, Friedrich, Ingenieur, III, Rechte Bahngasse 28.

Spanner, A. C., Fabrikant für Fallersche Wassermesser, III, Strohgasse 6.

Dr. Hugo Strache, Privatdozent des Beleuchtungswesens, Leiter des Bureaus für Wassergas, VIII, Alserstr. 71.

Dr. Leop. von Teltscher, Hof- u. Gerichtsadvokat, juristischer Vertreter d. Imperial Continental Gasassociation, I, Schenkenstr. 10.

Wiener Gasindustriegesellschaft, I, Maria Theresienstr. 8.

Wiesbaden.

Moder, Antonio, Zivilingenieur für Wasserversorgung und Kanalisation, Luisenstr. 26.

Wiesbaden.
Städtische Wasser- und Gaswerke.
Winter, Ernst, Kgl. Baurat und Stadtbaudirektor.
Wilhelmsburg a. E.
Trebst, Hugo, Direktor des Gaswerks, Harburger Chaussee 125.
Wilmersdorf b. Bln.
Wellmann, L., Direktor der Charlottenburger Wasserwerke Aschaffenburgerstr. 2.
Winterthur (Schweiz).
Städtisches Gas- und Wasserwerk.
Wismar.
Städtische Gasanstalt.
Witten.
Spanjer, Karl, Direktor der städt. Gas- und Wasserwerke.
Wittenau bei Berlin.
Gemeinde (Gasanstalt), Rosenthalerstr. 14.
Wittenberg (Bez. Halle).
*Oestsche Schamottewerke Kraft, Dienstbach & Joly.
Städt. Gas- und Wasserwerke.
Wittenberge a. E.
Städt. Gasanstalt.
Wolfenbüttel.
Städt. Gas- und Wasserwerk.
Wormerveer (Holland).
Labryn, Pieter Nikolaas, Direktor der Gemeindegasanstalt.
Worms a. Rh.
Aktiengesellschaft für Großfiltration und Apparatebau.
Großherzogliche Bürgermeisterei, Gas- u. Wasserwerk.
*Kuntze, Gustav, Wassergasschweißwerk A.-G.
Würzburg.
Städtisches Gas- und Wasserwerk.
Wurzen.
Schiffczyk, P., Inspektor der städt. Gas- und Wasserwerke.

Yokohama (Japan).
Inoüe, Shinji, Chefingenieur der Yokohama Waterworks office.
Yverdon (Schweiz).
Birkholz, Alb. Aug., Ingenieur, Direktor.

Zaandam.
Wolters, G. J., Direktor der Gasfabrik.

Zabrze.
Donnersmarckhütte, Oberschlesische Eisen- und Kohlenwerke, Aktiengesellschaft.
Gasanstalt, Aktiengesellschaft.
Königliche Bergwerksdirektion.
Zehlendorf bei Berlin.
Dr. Joh. Scharrer, Fabrikbesitzer, i. F. Reinhold Tschuschke Nfl., Mineralwasserfabrik u. Kohlensäure-Niederlage, Stahnsdorferstr. 4.
Zeist (Holland).
de Liefde, Willem, Gasfabrikant, Stationslaan Nr. 6.
Mooij, Th., Directeur der Gemt. Gasfabrik, Gasweg.
Zeitz.
Städtische Gasanstalt.
Zerbst.
Städtisches Gaswerk.
Städtisches Wasserwerk.
Zittau.
Städtische Gasanstalt.
Wilhelm, Adolf, Betriebsdirektor des städt. Gaswerks.
Züllichau.
Brandrup, Artur, Ingenieur, Kaiser Wilhelmstr.
Städtische Gasanstalt.
Zürich (Schweiz).
*Munzinger & Co., Gas-, Wasser- u. sanitäre Artikel en gros, Zollstr. 38.
Städtische Wasserversorgung.
Weiß, Albert, Direktor der Gaswerke der Stadt.
Zütphen (Holland).
van Poelgeest, J., Zivilingenieur.
Zweibrücken.
Acker, Eugen, Direktor des städtischen Gaswerks.
Kölwel, Ed., Ingenieur.
Zwickau.
Zobel, Direktor der städt. Gasanstalt.
Zwönitz (Sachsen).
Städtische Gasanstalt.

Gesamtzahl der Vereinsteilnehmer 1096 mit 1100 Mitgliedschaften, und zwar:

4 Ehrenmitglieder,
890 Mitglieder,
206 Genossen,

1100 Mitgliedschaften.